LES

PLANTES INSECTIVORES

PARIS. — Impr. J. CLAYE. — A. QUANTIN et C*, rue St-Benoît. [409]

LES

PLANTES INSECTIVORES

PAR

CHARLES DARWIN

OUVRAGE TRADUIT DE L'ANGLAIS

PAR ED. BARBIER

Précédé d'une Introduction biographique

ET AUGMENTÉ DE NOTES COMPLÉMENTAIRES

PAR CHARLES MARTINS

Professeur d'Histoire naturelle à la Faculté de médecine de Montpellier
Correspondant de l'Institut

AVEC TRENTE FIGURES DANS LE TEXTE

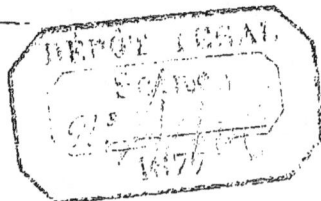

PARIS

C. REINWALD ET Cie, LIBRAIRES-ÉDITEURS

15, RUE DES SAINTS-PÈRES, 15

1877

©

TABLE DES MATIÈRES

Pages.

INTRODUCTION BIOGRAPHIQUE. . . . .   IX.

CHAPITRE PREMIER. — LE DROSERA ROTUNDIFOLIA.   1

Nombre des insectes capturés. — Description des feuilles; leurs appendices
ou tentacules. — Remarques préliminaires sur l'action des divers organes
et sur le mode de capture des insectes. — Durée de l'inflexion des tentacules. — Nature de la sécrétion. — Procédé par lequel les insectes sont
amenés au centre de la feuille. — Preuve que les glandes ont une puissance d'absorption. — Petitesse des racines.

CHAPITRE II. — MOUVEMENTS DES TENTACULES AU CONTACT
DES CORPS SOLIDES.   21

Inflexion des tentacules extérieurs lorsque l'on excite les glandes du disque
par des attouchements répétés ou qu'on laisse les objets en contact avec
elles. — Différence de l'action des corps selon qu'ils contiennent ou non
des matières azotées solubles. — Inflexion des tentacules extérieurs causée directement par des objets mis en contact avec leurs glandes. — Période du commencement de l'inflexion et du redressement subséquent. —
Extrême petitesse des particules qui suffisent pour provoquer une inflexion. — Action sous l'eau. — Inflexion des tentacules extérieurs quand
on excite leurs glandes par des attouchements répétés. — Les gouttes de
pluie ne provoquent pas l'inflexion.

CHAPITRE III. — AGRÉGATION DU PROTOPLASMA A L'INTÉ-
RIEUR DES CELLULES DES TENTACULES.   41

Nature du contenu des cellules avant l'agrégation. — Différentes causes qui
excitent l'agrégation. — Cette agrégation commence à l'intérieur des
glandes et se propage le long des tentacules. — Description des masses
agrégées et de leurs mouvements spontanés. — Courants de protoplasma
le long des parois des cellules. — Action du carbonate d'ammoniaque. —
Les granules du protoplasma qui circulent le long des parois se confondent avec les masses centrales. — Une quantité extrêmement petite de
carbonate d'ammoniaque suffit pour déterminer l'agrégation. — Action des
autres sels d'ammoniaque. — Action d'autres substances, de liqueurs organiques, etc. — Action de l'eau, de la chaleur. — Redissolution des
masses agrégées. — Causes immédiates de l'agrégation du protoplasma.
— Résumé et conclusions. — Observations supplémentaires sur l'agrégation dans les racines des plantes.

Pagrs.

CHAPITRE IV. — EFFETS DE LA CHALEUR SUR LES FEUILLES. 72

Nature des expériences. — Effets de l'eau bouillante. — L'eau tiède provoque une inflexion rapide. — L'eau portée à une température plus élevée ne provoque pas une inflexion immédiate, mais ne tue pas les feuilles,
ce que prouvent leur redressement subséquent et l'agrégation du protoplasma. — Une température encore plus élevée tue les feuilles et fait
coaguler les parties albumineuses des glandes.

CHAPITRE V. — EFFETS PRODUITS SUR LES FEUILLES PAR LES
LIQUIDES NON AZOTÉS ET LES LIQUIDES ORGANIQUES AZOTÉS. 83

Liquides non azotés. — Solutions de gomme arabique, de sucre, d'amidon,
d'alcool étendu, d'huile d'olive. — Infusion et décoction de thé. — Liquides azotés. — Lait. — Urine, albumine liquide. — Infusion de viande
crue. — Mucosités impures. — Salive. — Solution de colle de poisson.
— Différence de l'action exercée par ces deux séries de liquides. — Décoction de pois verts. — Décoction et infusion de choux. — Décoction de
brins d'herbe.

CHAPITRE VI. — PUISSANCE DIGESTIVE DE LA SÉCRÉTION DU
DROSERA. 93

L'excitation directe ou indirecte des glandes rend la sécrétion acide. — Nature de l'acide. — Substances digestibles. — Albumine ; les alcalis arrêtent
la digestion ; l'addition d'un acide la fait recommencer. — Viande. — Fibrine. — Syntonine. — Tissu aréolaire. — Cartilages. — Fibro-cartilage.
— Os. — Émail et dentine. — Phosphate de chaux. — Base fibreuse des
os. — Gélatine. — Chondrine. — Lait, caséine et fromage. — Gluten.
— Légumine. — Pollen. — Globuline. — Hématine. — Substances indigestes. — Productions épidermiques. — Tissu fibro-élastique. — Mucine.
— Pepsine. — Urée. — Chitine. — Cellulose. — Fulmi-coton. — Chlorophylle. — Graisses et huiles. — Amidon. — Action de la sécrétion sur les
graines vivantes. — Résumé et conclusions.

CHAPITRE VII. — EFFETS PRODUITS PAR LES SELS D'AMMO-
NIAQUE. 149

Manière dont ont été faites les expériences. — Action de l'eau distillée comparativement à l'action des solutions. — Les racines absorbent le carbonate
d'ammoniaque. — Les glandes absorbent la vapeur d'une solution de
carbonate. — Gouttes sur le disque. — Gouttes microscopiques appliquées
à des glandes séparées. — Feuilles plongées dans des solutions faibles. —
Petitesse de la dose qui provoque l'agrégation du protoplasma. — Azotate d'ammoniaque ; expériences analogues faites avec des solutions de
ce sel. — Phosphate d'ammoniaque ; expériences analogues. — Autres
sels d'ammoniaque. — Résumé et conclusions sur l'action des sels d'ammoniaque.

CHAPITRE VIII. — EFFETS PRODUITS SUR LES FEUILLES PAR
DIVERS SELS ET PAR DIVERS ACIDES. 197

Sels de soude, de potasse et autres sels alcalins, terreux et métalliques. —
Résumé de l'action produite par ces sels. — Acides divers. — Résumé
de leur action.

Pages.

CHAPITRE IX. — EFFETS PRODUITS PAR CERTAINS POISONS ALCA-
LOÏDES, PAR D'AUTRES SUBSTANCES ET PAR DES VAPEURS. . . . 229

Sels de strychnine. — Le sulfate de quinine n'arrête pas rapidement les
mouvements du protoplasma. — Autres sels de quinine. — Digitaline. —
Nicotine. — Atropine. — Vératrine. — Colchicine. — Théine. — Curare.
— Morphine. — Hyoscyamine. — Le poison du Cobra capello semble
accélérer les mouvements du protoplasma. — Le camphre est un stimulant puissant. — Sa vapeur agit comme narcotique. — Certaines huiles
essentielles provoquent l'inflexion. — Glycérine. — L'eau et certaines
solutions retardent ou empêchent l'action subséquente du phosphate
d'ammoniaque. — L'alcool est inoffensif; la valeur d'alcool agit comme
narcotique et comme poison. — Chloroforme, Éther sulfurique et Éther
azotique; leur propriété stimulante, vénéneuse et narcotique. — L'acide
carbonique est un narcotique, mais il n'agit pas comme poison rapide. —
Conclusions.

CHAPITRE X. — DE LA SENSIBILITÉ DES FEUILLES ET DE LA
DIRECTION DANS LAQUELLE L'IMPULSION SE PROPAGE. 266

Les glandes et le sommet des tentacules sont seuls sensibles. — Propagation de l'impulsion dans les pedicelles des tentacules et à travers le
limbe de la feuille. — Agrégation du protoplasma; c'est une action
reflexe. — La première décharge de l'impulsion est soudaine. — Direction des mouvements des tentacules. — L'impulsion motrice se propage
à travers le tissu cellulaire. — Mécanisme des mouvements. — Nature
de l'impulsion motrice. — Redressement des tentacules.

CHAPITRE XI. — RÉCAPITULATION DES PRINCIPALES OBSER-
VATIONS FAITES SUR LE DROSERA ROTUNDIFOLIA. 303

CHAPITRE XII. — STRUCTURE ET MOUVEMENTS DE QUELQUES
AUTRES ESPÈCES DE DROSERA. 321

Drosera anglica. — Drosera intermedia. — Drosera capensis. — Drosera
spathulata. — Drosera filiformis. — Drosera binata. — Conclusions.

CHAPITRE XIII. — DIONÆA MUSCIPULA 330

Structure des feuilles. — Sensibilité des filaments. — Mouvement rapide
des lobes causé par l'irritation des filaments. — Les glandes, leur faculté
de sécrétion. — Mouvements lents causés par l'absorption de matières
animales. — Preuves de l'absorption tirées de l'agrégation dans les
glandes. — Puissance digestive de la sécrétion. — Action du chloroforme,
de l'éther et de l'acide cyanhydrique. — Mode de capture des insectes. —
Utilité des poils marginaux. — Nature des insectes capturés. — Transmission de l'impulsion motrice et mécanisme des mouvements. —
Redressement des lobes.

CHAPITRE XIV. — ALDROVANDIA VESICULOSA. 375

Capture des crustacés. — Conformation de ses feuilles comparativement à
celles de la Dionée. — Absorption par les glandes, par les processus
quadrifides et par des pointes sur les bords repliés. — *Aldrovandia vesiculosa*, var. *australis.* — Capture de certaines proies. — Absorption des
matières animales. — *Aldrovandia vesiculosa,* variété *verticillata.* —
Conclusions.

TABLE DES MATIÈRES.

CHAPITRE XV. — DROSOPHYLLUM. — RORIDULA. — BYBLIS. — POILS GLANDULEUX D'AUTRES PLANTES. — CONCLUSIONS SUR LES DROSÉRACÉES. 387

Drosophyllum. — Structure des feuilles. — Nature de la sécrétion. — Mode de capture des insectes. — Faculté d'absorption. — Digestion des substances animales. — Résumé sur le Drosophyllum. — Roridula. — Byblis. — Poils glanduleux d'autres plantes; leur faculté d'absorption. — Saxifrages. — Primula. — Pelargonium — Erica. — Mirabilis. — Nicotiana. — Résumé sur les poils glanduleux. — Remarques finales sur les Droséracées.

CHAPITRE XVI. — PINGUICULA. 430

Pinguicula vulgaris. — Conformation des feuilles. — Nombre des insectes et des autres objets capturés. — Mouvement des bords des feuilles. — Utilité de ce mouvement. — Sécrétion, digestion et absorption. — Action de la sécrétion sur divers matières animales et végétales. — Effets sur les glandes des matières qui ne contiennent pas de substances azotées solubles. — Pinguicula grandiflora. — Pinguicula lusitanica, capture des insectes. — Mouvement des feuilles, sécrétion et digestion.

CHAPITRE XVII. — UTRICULARIA. 464

Utricularia neglecta. — Conformation de la vessie. — Destination des différentes parties. — Nombre des animaux emprisonnés. — Mode de capture. — Les vessies ne peuvent pas digérer les matières animales, mais elles absorbent les produits de leur décomposition. — Expériences sur l'absorption de certains liquides par les processus quadrifides. — Absorption par les glandes. — Résumé des observations sur l'absorption. — Développement des vessies. — Utricularia vulgaris, — Utricularia minor. — Utricularia clandestina.

CHAPITRE XVIII. — UTRICULARIA (suite). 504

Utricularia mentana. — Description des vessies qui se trouvent sur les rhizomes souterrains. — Insectes capturés par les vessies des plantes à l'état cultivé et à l'état sauvage. — Absorption par les processus quadrifides et par les glandes. — Tubercules servant de réservoir pour l'eau. — Diverses autres espèces d'Utricularia. — Polypompholyx. — Genlisea; nature différente de la trappe pour capturer les insectes. — Modes divers d'alimentation des plantes.

TABLE ANALYTIQUE. 529

FIN DE LA TABLE DES MATIÈRES.

INTRODUCTION BIOGRAPHIQUE.

Les grands naturalistes se distinguent de la foule des savants estimables voués à l'étude des êtres organisés par un ensemble de qualités qui, toujours isolées et incomplètes chez le plus grand nombre, se trouvent réunies et concentrées dans le génie de ces grands hommes. Le talent d'observation, l'absence d'idées préconçues, la méfiance de soi-même, la patience, la sincérité, caractérisent le naturaliste ordinaire : les grandes vues, l'esprit de comparaison et de généralisation, le pouvoir de se dégager des conceptions dogmatiques antérieures, l'application de nouvelles méthodes d'investigation, lui font défaut ; ses travaux agrandissent les domaines de la Zoologie, de la Botanique ou de la Paléontologie, mais ils n'embrassent pas l'ensemble des êtres organisés et ne modifient en rien la philosophie de la science. Les heureux novateurs dont la mémoire se rattache à l'inauguration des grandes phases que l'histoire naturelle a traversées, résumaient au contraire en eux toutes les qualités dont la combinaison est seule capable de la transformer. Tels furent Aristote, Linnée, Lamarck, Cuvier, les Jussieu, Robert Brown, Jean Müller et Alexandre de Humboldt. Tous se montrèrent à la fois des observateurs exacts et de hardis généralisateurs, tous découvrirent et signalèrent des horizons lointains, à peine entrevus par leurs prédécesseurs.

Charles Darwin appartient à cette noble famille, et l'ère féconde dans laquelle entre l'histoire naturelle, préparée par Lamarck, Gœthe, Geoffroy Saint-Hilaire, de Baer et Agassiz, porte et portera désormais son nom. L'idée d'évolution a éclairé la Zoologie, la Botanique, la Paléontologie et l'Embryologie d'un jour nouveau; elle les a élevées du rang de sciences purement descriptives à celui de sciences dans laquelle l'observation et l'expérience sont fécondées par le raisonnement. Les ouvrages de M. Darwin portent cette double empreinte : tous sont des modèles d'observation attentive, minutieuse, d'expérimentation habile et patiente, de déductions sobres et rigoureuses; tels sont, en Botanique : le livre sur la fécondation des Orchidées, les recherches sur les formes et les relations sexuelles des *Linum*, des *Lythrum* et des *Primula*, le volume sur les mouvements et les habitudes des plantes grimpantes, celui sur les fécondations croisées et enfin le présent ouvrage dont les végétaux insectivores sont l'objet. Il n'en est aucun, où l'auteur ait déployé plus de persévérance, de suite et de finesse d'observation pour analyser les phénomènes de mouvement et d'absorption des plantes carnivores. Un nombre considérable d'expériences instituées avec méthode comme celles des physiciens et des chimistes, se contrôlant réciproquement et répétées des centaines de fois, lui ont permis d'apprécier numériquement l'action des agents physiques et celle de doses infinitésimales d'une foule de substances azotées sur les organes impressionnables de ces végétaux. La capture et l'absorption de petits animaux vivants et de ces substances ont été mises hors de doute, par M. Clark (*Journal of Botany,* septembre 1875). Cet observateur a fait macérer des mouches dans une solution de citrate de lithium dont le spectre présente des raies très-caractéristiques. Il plaçait ces mouches sur des feuilles de *Drosera* et de *Pinguicula,* et examinait ensuite au spectroscope les tissus de la feuille. Toujours ils ont donné des signes de la présence du lithium. M. Ed. Morren a achevé la démonstration en montrant (note, p. 423) que la digestion végétale et la digestion animale sont des opérations chimiques analogues par lesquelles les substances alimentaires sont assimilées à l'économie.

La question du rôle utile et profitable à la plante de ces substances animales absorbées par les feuilles n'en reste pas moins indécise : elle doit être élucidée par des expériences subséquentes, celles publiées jusqu'ici étant contradictoires ou peu décisives. La solution de cette partie du problème incombe donc aux Botanistes et aux Chimistes qui compléteront ces recherches en suivant les méthodes inaugurées par l'auteur.

Les expériences contradictoires faites jusqu'ici soulèvent d'ailleurs une question préjudicielle. Tout le monde convient aujourd'hui qu'on observe chez les végétaux comme chez les animaux des organes rudimentaires et inutiles à l'être organisé qui les possède. On est, par conséquent, en droit de se demander s'il n'existe pas des fonctions qui se trouvent dans le même cas; si ces captures d'insectes, la dissolution et l'absorption de leurs parties molles par les feuilles de la plante ne seraient pas un mode d'assimilation sinon anormal, du moins accidentel, comparable à l'absorption de substances actives par la peau chez les animaux supérieurs. On peut, écartant toute idée de finalité, aller encore plus loin ; en effet, cette absorption de matériaux qui, d'après certains observateurs, ne contribuent en rien à l'alimentation du végétal, ne serait-elle pas l'ébauche d'une fonction sans profit pour lui, mais qui déjà dans les animaux inférieurs les plus rapprochés des végétaux et immobiles comme eux, tels que les Polypes, les Coraux, les Actinies, devient la fonction nutritive principale. Nulle chez les végétaux qui absorbent par leurs racines l'eau chargée de principes nutritifs et par leurs feuilles les gaz qui composent l'air atmosphérique, cette fonction devient le principal et le seul mode de nutrition chez les animaux inférieurs fixés sur des pierres, dépourvus de racines absorbantes, mais qui capturent aussi des animalcules vivants au moyen de tentacules mobiles, les digèrent, les absorbent, se les assimilent et s'en nourrissent exclusivement. L'avenir décidera cette question.

Jetons un rapide coup d'œil sur les publications de M. Darwin, pour montrer par quels travaux aussi nombreux que variés il s'était préparé aux grandes généralisations qui ont illustré son nom.

En Zoologie, les ouvrages spéciaux et descriptifs de M. Darwin sont la *Monographie des Cirripèdes vivants et fossiles*, l'*Anatomie du Sagitta* et la *Description de quelques Planariées terrestres ou marines*. En Géologie, je citerai le volume sur la structure et la distribution des récifs coralliens, les observations sur les îles volcaniques, les îles Falkland, les terrasses parallèles de Glen-Roy en Écosse, la distribution des blocs erratiques dans l'Amérique du Sud, la géologie de ce continent, l'origine des dépôts salifères de la Patagonie, etc., etc. Quoique tous ces ouvrages renferment les vues générales qui s'imposent nécessairement à un esprit supérieur embrassant les trois branches de l'histoire naturelle, ils sont néanmoins le résultat de travaux dont l'observation est le caractère dominant, mais qui n'auraient pas profondément modifié la philosophie des sciences de la nature. Ceux qui ont amené les progrès et la transformation dont nous sommes témoins sont les ouvrages sur l'*Origine des espèces*, sur les *Variations des végétaux et des animaux sous l'influence de la domestication*, sur la *Descendance de l'homme* et sur l'*Expression des émotions* : ils ont eu pour résultat de détruire ou de modifier les anciennes idées sur la création, la succession, les affinités des êtres organisés, la notion de l'espèce, du genre et de la famille, en Zoologie comme en Botanique.

M. Darwin ayant bien voulu m'autoriser à faire précéder son ouvrage d'une notice biographique et à le compléter de notes additionnelles résumant les principales observations faites sur les plantes insectivores depuis la publication de son ouvrage en anglais, je vais essayer de répondre à la confiance de l'auteur en lui consacrant une courte notice biographique. Les *notes* signées Ch. M., qu'on trouvera dans le cours du texte, contiennent l'analyse de toutes les recherches sur les plantes carnivores qui sont venues à ma connaissance. Les lacunes qu'elles peuvent présenter tiennent à l'impossibilité où je me trouvais d'être informé de tout ce qui a été publié sur ce sujet, non d'une omission volontaire. Quant aux critiques vagues résultant d'idées préconçues ou de préjugés religieux, elles ne m'ont pas paru devoir être mentionnées, la recherche scientifique basée sur l'observation et l'expérience ayant seule droit à l'attention du public compétent.

Voici la biographie de l'auteur telle qu'elle a paru dans le journal anglais *Nature*, du 4 juin 1874, avec le consentement de M. Darwin, qui a bien voulu me l'envoyer comme étant le récit abrégé, mais exact, de sa laborieuse vie.

Charles-Robert Darwin naquit à Shrewsbury, le 12 février 1809. Il est le fils du Dr Robert Waring Darwin, membre de la Société royale, et petit-fils du Dr Erasmus Darwin, également membre de la Société royale et auteur de la *Zoonomia*, ou lois de la vie organique, du *Jardin botanique*, poëme en deux chants, et de la *Phytologie*, ou philosophie de l'agriculture et de l'horticulture. Du côté de sa mère il est petit-fils du célèbre fabricant de faïences Josiah Wedgwood. Charles Darwin fut élevé à Shrewsbury dans une école dirigée par le Dr Butler depuis évêque de Lichfield. Dans l'hiver de 1825, il se rendit comme étudiant à l'université d'Édimbourg; il y resta deux ans, s'appliqua à l'étude des animaux marins et lut à la Société Plinienne deux courtes notes sur les mouvements des œufs des Flustres. D'Édimbourg, M. Darwin se rendit au *Christ-college* de Cambridge où il obtint le grade de bachelier ès arts, en 1831. Dans l'automne de la même année le capitaine Fitzroy ayant offert de céder la moitié de sa cabine à un naturaliste qui voudrait l'accompagner dans un voyage autour du monde, M. Darwin se présenta comme volontaire sans accepter aucune indemnité, mais à la condition de rester le maître de ses collections, dont il a disposé depuis en faveur de plusieurs établissements publics. Le *Beagle,* c'était le nom du navire, quitta l'Angleterre le 27 décembre 1831, et revint le 22 octobre 1836, après avoir accompli son voyage de circumnavigation.

M. Darwin épousa sa cousine, Marie Wedgwood, au commencement de 1839, et, depuis 1842, il habite Down-Beckenham, dans le canton de Kent dont il est l'un des magistrats. La Société royale lui accorda en 1853 la médaille royale et en 1864 celle de Copley. En 1859, la Société géologique de Londres lui décerna la médaille de Wollaston; il est membre honoraire de plusieurs sociétés savantes étrangères et chevalier de l'ordre prussien du Mérite.

Depuis son retour de l'Amérique du Sud sur le *Beagle,* la vie de M. Darwin a été sans événements; les seuls notables ont été la publication de ses ouvrages et de ses mémoires, beaucoup plus nombreux qu'on ne le suppose généralement; en voici la liste complète :

PUBLICATIONS DE M. CH. DARWIN.

OUVRAGES GÉNÉRAUX.

A Naturalist's Voyage round the world on board of H. M. S. Beagle, traduit en français par M. Edmond Barbier, sous le titre : Voyage d'un naturaliste autour du monde, de 1831 à 1836. Paris, 1875.

Journal of researches into the natural history and geology of countries visited by H. M. S. Beagle 1845. — Journal de recherches d'histoire naturelle et de géologie dans les contrées visitées par *le Beagle*.

The Variation of plants and animals under domestication, 2 vol., 1858. — De la variation des animaux et des plantes sous l'action de la domestication, traduction par J.-J. Moulinié, avec préface de Carl Vogt, 1868.

On the origin of species by means of the natural selection, 1 vol., 1859. — L'origine des espèces par la sélection naturelle, traduite en français sur la 6ᵉ édition anglaise par M. Ed. Barbier, 1876.

On the variation of organic beings in a state of nature (Journal of the Linnæan Society, t. III, Zoology, 1859, p. 46). — Sur les variations des êtres organisés dans l'état de nature (Journal de la Société Linnéenne, 1859).

The Descent of man and selection in relation to sex, 2 vol., 1871. — La Descendance de l'homme et la sélection sexuelle, traduction par J.-J. Moulinié avec préface de Carl Vogt, 2ᵉ édition, revue par M. Edmond Barbier, 1874.

The Expression of the emotions in man and animals, 1 vol. 1871. — L'Expression des émotions chez l'homme et les animaux. Traduction par Samuel Pozzi et René Benoît. Paris, 1874.

ZOOLOGIE.

The Zoology of the voyage of H. M. S. Beagle edited and superintended by Ch. Darwin, 1840, *consisting in five parts.* — La Zoologie du voyage du *Beagle,* éditée et dirigée par Ch. Darwin, 1840.

Observations on the structure of the genus Sagitta. Ann. nat. hist., vol. XIII, 1844. — Observations sur l'anatomie du genre *Sagitta.* Annales d'histoire naturelle, t. XIII.

Brief Description of several terrestrial Planariœ and of some marine species. Ann. nat. hist., vol. XIV, 1844. — Description abrégée de quelques Planariées terrestres et marines. Ann. d'hist. naturelle, t. XIV, p. 241.

A Monograph of the Cirripedia. Part. I, *Lepadidœ* Ray. Soc., 1851, pp. 400. — Monographie des Cirrhipèdes. 1re Partie, *Lepadidæ*, publiée par la Société de Ray.

A Monograph of the Cirripedia. Part. II, *Balanidæ*, 1854, p. 684. — Monographie des Cirrhipèdes, *Balanidæ*, publiée par la Société de Ray.

A Monograph of the fossil Lepadidæ. Pal. Society, 1851, pp. 86. — Monographie des Lepadidées fossiles, publiée par la Société paléontologique.

Monograph of the fossil Balanidæ and Verrucidæ. Pal. Soc., 1854, pp. 44. — Monographie des Balanides et des Verrucides fossiles, publiée par la Société paléontologique, 44 pages.

BOTANIQUE.

On the action of sea-water on the germination of seeds. Journ. Linn. Soc., vol. I, 1857. Bot., p. 130. — Sur l'influence de l'eau de mer sur la germination des graines. Journ. de la Société Linnéenne, 1857.

On the agency of bees in the fertilisation of papilionaceous flowers. Ann. nat. hist., vol. II, 1858, p. 459. — Sur le rôle des abeilles dans la fécondation des fleurs papilionacées. Ann. d'histoire naturelle, t. II, p. 459. 1858.

On the two forms or dimorphic condition of the spe-

cies of Primula. Journ. Linn. Soc., vol. VI, 1862. Bot., p. 77. — Sur les deux formes ou le dimorphisme des espèces de *Primula.* Journ. de la Soc. Linnéenne, t. VI, p. 77.

On the various contrivances by which British and Foreign Orchids are fertilised, 1862. — Des différents modes suivant lesquels les Orchidées anglaises et exotiques sont fécondées, 1 vol. traduit par M. Rérolle avec le titre : De la fécondation des Orchidées par les insectes. . .

On the existence of two forms and their reciprocal sexual relations in the genus Linum. Journ. Linn. Soc., vol. VII, 1863. Bot., p. 69. — Sur l'existence de deux formes et leurs relations sexuelles réciproques dans le genre *Linum.* Journ. de la Soc. Linnéenne, t. VII, p. 69.

On the sexual relations of three forms of Lythrum. Jour. Linn. Soc., vol VIII, 1864, p. 169. — Sur les relations sexuelles des trois formes de *Lythrum.* Journ. de la Soc. Linnéenne, t. VIII, 1864, p. 169.

On the character and hybrid-like nature of the illegitimate offspring of dimorphic and trimorphic Plants. Jour. Linn. Soc., vol. X, 1867. Bot., p. 393. — Sur les caractères et la nature hybride des produits adultérins de plantes dimorphiques et trimorphiques. Journ. de la Soc. Linnéenne, t. X, 1867.

On the specific difference between Primula veris and

P. vulgaris and the hybrid nature of the common Oxslip.
Journ. Linn. Soc., vol. X, 1867 Bot., p. 437. — Sur
la différence spécifique entre les *Primula vulgaris* et *P.
veris* et la nature hybride du Museau de bœuf (*Primula
grandiflora Jacq.*). Journ. de la Soc. Linnéenne. Bot., X,
p. 437.

Insectivorous Plants, 1 vol., 462 p., 1875. — Les
Plantes insectivores, traduction par E. Barbier, avec préface et notes complémentaires par Ch. Martins, 1877.

On the movements and habits of climbing Plants.
Journ. Linn. Soc., vol. IX, 1865. Bot., p. I. Ce mémoire
a été publié avec additions, en 1875, en un volume avec
le même titre et traduit en français par le Dr R. Gordon,
sous celui de : Les Mouvements et les habitudes des
Plantes grimpantes, 1877.

*The Effects of cross and self fertilisation in the vege-
tal kingdom,* un vol. in-12, 482 p., 1876. — Les Effets
de la fécondation propre ou croisée dans le règne
végétal, dont la traduction française par le professeur
E. Heckel est sous presse.

GÉOLOGIE.

On the formation of mould. Trans. geolog. Soc.,
vol. V, p. 505, read Nov. 1837. — Sur la formation de
la terre végétale. Mémoires de la Soc. géologique de
Londres, t. V, p. 505, lu en novembre 1837.

Origin of the saliferous depots of Patagonia. Journ. Geol. Soc., vol. II, 1838, p. 127. — Origine des dépôts salifères de la Patagonie. Journ. de la Soc. géologique de Londres, 1838, p. 127.

On the connection of the volcanic phenomena in South America. Transact. Geolog. Soc., vol. V, read March 1838. — Sur la connexion des phénomènes volcaniques dans l'Amérique du Sud. Transactions de la Société géologique de Londres, t. V. Mémoire lu en mars 1838.

On the parallel roads of Glen-Roy. Trans. Phil. Soc., 1839, p. 39. — Sur les terrasses parallèles de Glen-Roy. Transactions philosophiques, 1839, p. 39.

On the distribution of the erratic boulders in South America. Trans. Geolog. Soc., vol. VI, read April 1841. — Sur la distribution des blocs erratiques dans l'Amérique du Sud. Mémoires de la Soc. géologique de Londres, t. VI. Mémoire lu en avril 1841.

On a remarkable bar of sandstone of Fernambuco. Phil. Mag., oct 1841, p. 257. — Sur un barrage remarquable de grès devant Fernambouc. Magasin philosophique, 1841, p. 257.

Notes on the ancient glaciers of Caernarvonshire. Phil. Mag., vol. XX, 1842, p. 180. — Notes sur les anciens glaciers du Caernarvonshire. Magasin philosophique, t. XXI, p. 180.

The Structure and Distribution of coral-reefs, 1844, pp. 214. Second edition, 1874. — La Structure et la distribution des récifs de coraux. 2ᵉ édition.

Geological Observations on volcanic islands, 1842, pp. 175. Second edition, 1875. — Observations géologiques sur les îles volcaniques, 2ᵉ édition, 1875.

An account of the fine dust which often falls on the vessels in the Atlantic Ocean. Proceed. Geolog. Soc., 1845, p. 26. — Note sur la fine poussière qui tombe parfois sur les navires dans l'océan Atlantique. Bulletin de la Société géologique de Londres, 1845, p. 26.

On the geology of the Falkland islands. Journ. Geol. Soc., 1846., p. 247. — Sur la géologie des îles Falkland (Malouines). Journal de la Soc. géologique de Londres, 1846, p. 247.

On the transportal of erratic boulders from a lower to a higher level. Journ. Geol. Soc., 1848, p. 315. — Sur le transport des blocs erratiques d'un niveau plus bas à un niveau plus élevé. Journal de la Soc. géologique de Londres, 1848, p. 315.

On the power of icebergs to make grooves on a submarine surface. Phil. Mag., Aug. 1855. — Sur le pouvoir des glaces flottantes de graver des stries sur des surfaces sous-marines, août 1855.

Geological Observations on South America, 1846, pp. 279. Second edition, 1875. — Observations géolologiques sur l'Amérique méridionale, 2ᵉ édition, 1875.

CH. MARTINS.

Jardin des plantes de Montpellier, mars 1877.

LES
PLANTES INSECTIVORES

CHAPITRE PREMIER.

LE DROSERA ROTUNDIFOLIA.

Nombre des insectes capturés. — Description des feuilles ; leurs appendices ou tentacules. — Remarques préliminaires sur l'action des divers
organes et sur le mode de capture des insectes. — Durée de l'inflexion
des tentacules. — Nature de la sécrétion. — Procédé par lequel les
insectes sont amenés au centre de la feuille. — Preuve que les glandes
ont une puissance d'absorption. — Petitesse des racines.

Me trouvant pendant l'été de 1860 dans les landes du
comté de Sussex, je remarquai, avec une grande surprise, le nombre considérable d'insectes saisis par les
feuilles du Rossolis (*Drosera rotundifolia*). J'avais entendu
dire que les feuilles de cette plante capturent les insectes ;
mais là se bornait tout ce que je savais à ce sujet [1]. Je
pris au hasard une douzaine de plantes portant cinquante-

1. Le Dr Nitschke ayant donné (*Bot. Zeitung,* 1860, p. 229) la bibliographie du Drosera, il est inutile que j'entre ici dans aucun détail à ce
sujet. La plupart des mémoires publiés avant 1860 sont très-courts et très-
peu importants. Le mémoire le plus ancien, publié à ce sujet, semble être
aussi celui qui a le plus de valeur ; il a été écrit par le Dr Roth en 1782.
Le Dr Milde a publié, en 1852, dans la *Bot. Zeitung,* p. 540, un mémoire
fort intéressant, mais malheureusement trop court, sur les habitudes du
Drosera. MM. Groenland et Trécul ont inséré, en 1855, dans les *Annales des
sc. nat. bot.,* t. III, p. 297 et 304, des mémoires accompagnés de figures
sur la conformation des feuilles du *Drosera ;* mais M. Trécul va jusqu'à
douter que ces feuilles possèdent aucune faculté de mouvement. Les mémoires du Dr Nitschke dans la *Bot. Zeitung,* 1860 et 1861, sont de beaucoup
les plus importants qui aient été publiés sur les habitudes et la conformation de cette plante, et j'aurai fréquemment l'occasion de les citer. Ses
aperçus sur plusieurs points, par exemple sur la transmission de l'excita-

six feuilles bien ouvertes, sur trente et une desquelles se trouvaient des insectes morts ou des débris d'insectes. Sans aucun doute, ces mêmes feuilles auraient saisi encore un grand nombre d'insectes, et les feuilles qui

tion d'une partie de la feuille à l'autre, sont tout particulièrement excellents. Le 11 décembre 1862, M. J. Scott a lu un mémoire devant la Société botanique d'Édimbourg, mémoire publié plus tard par le *Gardener's Chronicle*, 1863, p. 30. M. Scott a démontré que si l'on irrite un peu les poils qui recouvrent la feuille, ou que si l'on place un insecte sur la feuille, les poils tendent à s'infléchir en dedans. M. A.-W. Bennett a lu aussi, en 1873, devant l'Association britannique pour l'avancement des sciences, un intéressant mémoire sur les mouvements des feuilles du Drosera. Pendant la même année, le Dr Warming a publié un mémoire dans lequel il décrit la structure des prétendus poils, intitulé : *Sur la différence entre les Trichomes*, etc., extrait des *Annales de la Société d'histoire naturelle de Copenhague*. J'aurai aussi bientôt occasion de parler d'un mémoire de Mme Treat, de New-Jersey, sur quelques espèces américaines de Drosera. Le Dr Burdon Sanderson a lu devant l'Institution royale (publié dans *Nature*, 14 juin 1874), un mémoire sur la Dionée, dans lequel a paru pour la première fois un court résumé de mes observations sur la vraie puissance digestive que possèdent le *Drosera* et la Dionée. Le professeur Asa Gray a appelé l'attention sur le *Drosera* et d'autres plantes ayant des habitudes analogues dans la *Nation* (1874, p. 232 et 261) et dans d'autres publications scientifiques. Le Dr Hooker, dans son important discours sur les plantes carnivores (*British Association*, Belfort, 1874), a tracé l'historique des travaux faits sur ces plantes. (Ce dernier mémoire a été publié par la *Revue des cours scientifiques*, 21 nov. 1874. — *Note du traducteur.*)

Depuis la publication du présent ouvrage en anglais, quelques mémoires ont paru sur le même sujet. Nous les mentionnerons ici dans l'intérêt du lecteur désireux de connaître l'état actuel de la question. Abbé Bellynck, les plantes carnivores (*Précis historiques*, t. XXIV, février 1875). — Ed. Morren, Observations sur les procédés insecticides des *Pinguicula* (*Bulletin de l'Académie de Belgique*, juin 1875. *La Belgique horticole*, 1875, p. 290). — Ed. Morren, Note sur les procédés insecticides du *Drosera rotundifolia*, *Bulletin de l'Académie de Belgique*, juillet 1875, et *Belgique horticole*, 1875, p. 308). — Ed. Morren, Note sur le *Drosera binata*, Lab., sa structure et ses procédés insecticides (*Bulletin de l'Académie de Belgique*, novembre 1875). — Ed. Morren, La théorie des plantes carnivores et irritables (*Bulletin de l'Académie de Belgique*, novembre 1875). — Th. Balfour, Account on some experiments on *Dionaea muscipula*. — Th. Balfour, Venus' Fly-trap (*Gardeners chronicle*, 3 juillet 1875. — *Transactions of the botanical Society of Edinburgh*, vol. XII, p. 334.) — Rees und Will, Einige Bemerckungen über fleischfressende Pflanzen (*Botanische Zeitung* 1875, n° 44). — Lawson Tait, Experiments (*Nature*, 29 juillet 1875). — J. E. Planchon, Les plantes carnivores (*Revue des Deux Mondes*, 1er février 1876).

CH. M.

n'étaient pas développées au moment où je les vis en auraient infailliblement pris un plus grand nombre encore. Les six feuilles que portait l'une des plantes avaient saisi chacune sa proie ; sur d'autres plantes, beaucoup de feuilles avaient attrapé plus d'un insecte. Je trouvai, en effet, sur une grande feuille, les restes de treize insectes différents. Les mouches (*Diptera*) sont capturées beaucoup plus souvent que les autres insectes. L'in-
secte le plus gros que j'aie vu saisir par une feuille est un petit papillon (*Cænonym-
pha pamphilus*) ; mais le Rév. H.-M. Wilkin-
son m'apprend qu'il a trouvé une grosse libellule vivante empri-
sonnée entre deux feuilles. Cette plante est extrêmement commune dans quelques districts ; aussi le nom-
bre des insectes dé-
truits par elle chaque

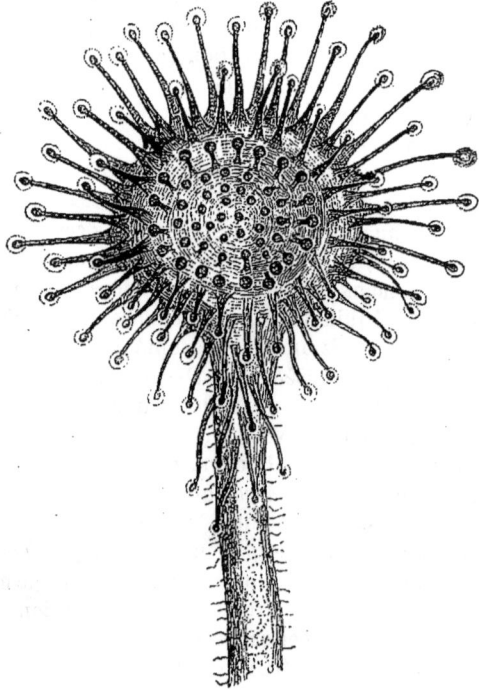

Fig. 1. — *Drosera rotundifolia.*
Feuille vue de face ; grossie quatre fois.

année doit-il être prodigieux. Beaucoup de plantes causent la mort des insectes, les bourgeons visqueux du marron d'Inde (*Æsculus hippocastanum*), par exemple ; mais, autant toutefois que nous pouvons le savoir, sans en tirer

1. Mon fils, Georges Darwin, s'est chargé de dessiner les figures du Drosera et de la Dionée représentées dans ce volume ; mon fils Francis a dessiné l'Aldrovandie et les diverses espèces d'*Utricularia.* Ces dessins ont été admirablement gravés sur bois par M. Cooper, 188, Strand.

aucun avantage. Il devint, au contraire, bientôt évident
pour moi que le Drosera est tout particulièrement adapté
à un but spécial, celui de saisir les insectes, et ce sujet
me sembla digne de recherches attentives.

Ces recherches m'ont permis d'obtenir des résultats
très-remarquables, dont les principaux sont : 1° la sensibilité extraordinaire des glandes quand on les soumet à une
légère pression ou quand on les traite par des doses
infinitésimales de certaines liqueurs azotées, sensibilité qui
se traduit par les mouvements des poils ou tenta-

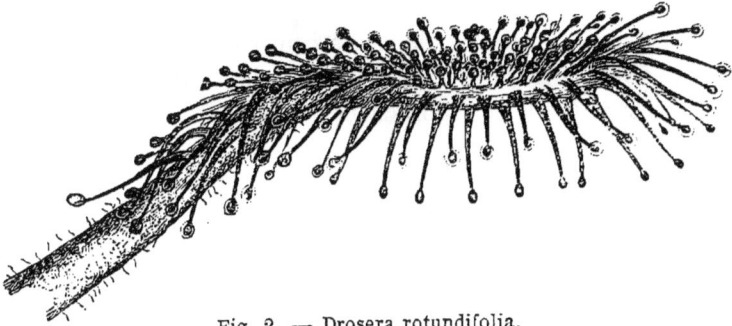

Fig. 2. — Drosera rotundifolia.
Vieille feuille, vue de côté, grossie environ cinq fois.

cules ; 2° la faculté que possèdent les feuilles de rendre
solubles ou de digérer les substances azotées, puis de les
absorber ; 3° les changements qui se produisent à l'intérieur des cellules des tentacules, quand on excite les
glandes de différentes façons.

Mais il est tout d'abord indispensable de décrire brièvement la plante. Le Rossolis porte deux ou trois, et quelquefois cinq ou six feuilles, étendues ordinairement dans
une position plus ou moins horizontale, mais quelquefois
aussi se dressant verticalement. La figure 1 représente la
forme et l'aspect général d'une feuille vue de face, et la
figure 2 une feuille vue de côté. Les feuilles sont ordinairement un peu plus larges que longues ; mais tel n'est pas
le cas dans celle que représente la figure 1. Toute la face

supérieure de la feuille est recouverte de filaments portant des glandes; j'appellerai ces filaments des tentacules, à cause de leur mode d'action. J'ai compté les tentacules de trente et une feuilles, et le nombre moyen des glandes s'est trouvé être de 192; mais quelques-unes de ces feuilles étaient extraordinairement grandes. Le nombre le plus considérable de glandes trouvées sur une feuille est de 260 et le plus petit de 130. Chaque glande est entourée de larges gouttes d'une sécrétion extrêmement visqueuse; ces gouttes, brillant au soleil, ont valu à la plante son nom poétique de rossolis[1].

Les tentacules du disque ou partie centrale de la feuille sont courts et droits; leurs pédicelles sont verts. Ils deviennent de plus en plus longs à mesure qu'ils se rapprochent davantage du bord de la feuille,

---

1. Nous possédons en France quatre espèces de *Drosera;* savoir : 1° *D. rotundifolia,* L., la plus commune de toutes; 2° *D. obovata,* M. K.; 3° *D. longifolia,* L., et 4° *D. intermedia,* Hayn. Elles habitent toutes les marais tourbeux et les prairies spongieuses. Ainsi aux environs de Paris on trouve l'une ou l'autre des quatres espèces, à Montmorency, Dampierre, Saint-Léger, Rambouillet, Compiègne, Russe-Montigny, Malesherbes, etc. Le *Drosera obovata* est le plus rare de tous. La première et la dernière espèce sont signalées en Bretagne et en Vendée par M. Lloyd. La première est commune en Bourgogne, la dernière y est rare. Aux environs de Lyon, M. Balbis mentionne la première et la troisième au Pilat et dans les marais de Dessines. Communs dans les Alpes, le Jura et les montagnes de l'Auvergne, les *Drosera* disparaissent avec les marais tourbeux dans les plaines de la Provence et du Languedoc. Le *Drosera rotundifolia* seul existe encore sur les derniers contre-forts des Cévennes vers le Sud et de la montagne Noire; il reparaît ensuite dans toute la chaîne des Pyrénées. Cette espèce s'étend en latitude, du Cap nord de la Laponie jusqu'en Portugal et en Syrie; en longitude, des îles Aléontiennes au Canada, c'est-à-dire sur presque toute la circonférence du globe. Ce petit végétal, doué de propriétés physiologiques si extraordinaires, est originaire du Nord et s'est propagé vers le sud pendant l'époque glaciaire. On peut consulter à cet égard mes observations sur l'origine glaciaire des tourbières du Jura neuchâtelois et la végétation spéciale qui les caractérise, insérées dans le *Bulletin de la Société botanique de France,* t. XVIII, p. 406, et celles de M. Magnin sur la flore des marais tourbeux du Lyonnais, *ibid.,* t. XXI, p. 46, 1874. Les autres espèces du genre *Drosera,* au nombre de 50 environ, sont toutes exotiques et distribuées en Australie, dans les deux Amériques, en Asie et en Afrique.   CH. M.

et s'inclinent de plus en plus en dehors; les pédicelles de ces derniers sont pourpres. Les tentacules, placés sur le rebord même de la feuille, s'étendent dans le même plan que celle-ci, ou plus ordinairement ils sont considérablement réfléchis (voir fig. 2). Quelques tentacules s'élèvent de la base, de la queue ou pétiole; ce sont les plus longs de tous, car ils atteignent quelquefois près d'un quart de pouce (6 millim.) de longueur. Sur une feuille portant 252 tentacules, le nombre des tentacules courts du disque, ayant des pédicelles verts, était au nombre des tentacules plus longs du bord et de l'extrême bord, ayant des pédicelles pourpres, comme 9 est à 16.

Un tentacule consiste en un pédicelle, droit, mince, ressemblant à un poil, et portant une glande à l'extrémité supérieure. Le pédicelle est quelque peu aplati et est formé par plusieurs rangées de cellules allongées, remplies d'un fluide pourpre ou de matières granuleuses [1]. On remarque cependant chez les longs tentacules, juste au-dessous de la glande, une zone étroite de couleur verte, et, près de la base, une zone plus large, verte aussi. Des vaisseaux spiraux, accompagnés de simples tissus vasculeux, partent des membranes vasculaires de la feuille et traversent les tentacules pour aboutir dans les glandes.

Plusieurs physiologistes éminents ont longuement discuté sur la nature homologique de ces appendices ou tentacules; la question est, en effet, de savoir s'il faut les considérer comme des poils (trichomes) ou comme des prolongements de la feuille. Nitschke a démontré qu'on trouve dans ces appendices tous les éléments propres à la feuille, et le fait qu'ils contiennent des tissus vasculaires eût été autrefois une preuve suffisante que ce ne sont que de simples prolongements de la feuille; mais on sait aujourd'hui que ces vaisseaux pénètrent quelquefois dans les vrais poils [2]. La faculté de se mouvoir que possèdent ces appendices est un fort argument pour ne pas les considérer comme des poils. Je donnerai, dans le chapitre xv, la conclusion qui me

1. Selon Nitschke (*Bot. Zeitung*, 1861, p. 224), le fluide pourpre provient de la métamorphose de la chlorophylle. M. Sorby a examiné cette matière colorante à l'aide du spectroscope, et il me dit qu'elle se compose de l'espèce la plus commune d'érythrophylle « que l'on trouve souvent dans les feuilles qui ont peu de vitalité et dans les parties de la feuille, telles que le pétiole, qui accomplissent de façon imparfaite les fonctions propres à la feuille. Tout ce que l'on peut donc dire, c'est que les poils (ou tentacules) sont colorés comme l'est la partie d'une feuille qui ne remplit pas ses fonctions. »

2. Le Dr Nitschke a discuté ce sujet dans la *Bot. Zeitung*, 1861, p. 241, etc. Voir aussi le Dr Warming (*Sur la différence entre les Trichomes,* etc., 1873), qui renvoie à diverses autres publications. Voir aussi Groenland et Trécul, *Annales des sc. nat. Bot.* (4e série), t. III, 1855, p. 297 et 303.

semble la plus probable, c'est-à-dire que ces appendices étaient, dans le principe, des poils glandulaires ou de simples formations de l'épiderme, et qu'il faut encore considérer ainsi leur partie supérieure ; mais que la partie inférieure, la seule qui soit douée de la faculté du mouvement, est un prolongement de la feuille, les vaisseaux en spirale s'étendant de cette partie jusqu'à l'extrémité supérieure. Nous verrons ci-après que les tentacules terminaux des feuilles dentelées de la *Roridula* se trouvent encore dans une condition intermédiaire.

Les glandes, à l'exception de celles portées par les tentacules situés au bord extrême de la feuille, sont ovales et ont une grandeur presque uniforme, à peu près 4/500e de pouce de longueur (0,2 millim.). Leur conformation est remarquable et leurs fonctions complexes, car elles sécrètent et elles absorbent divers stimulants et sont affectées par eux. Ces glandes consistent en une couche extérieure de petites cellules polygonales, contenant des matières pourpres à l'état granuleux ou à l'état fluide ; les cloisons qui séparent ces cellules sont plus épaisses que

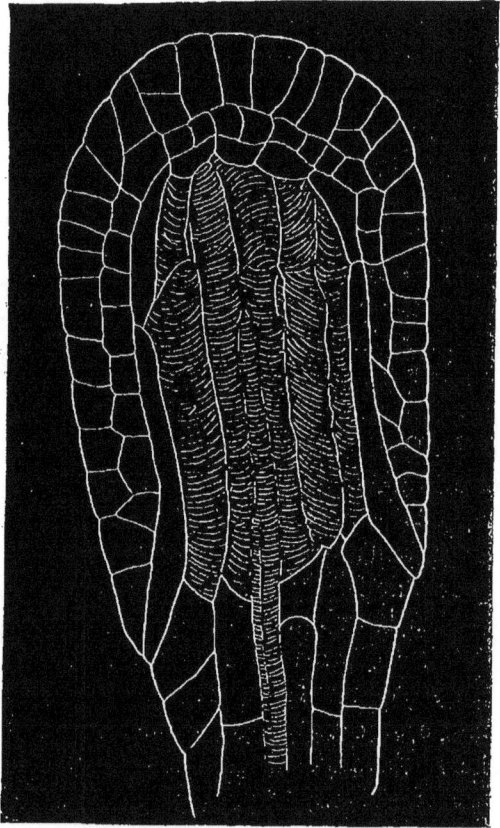

Fig. 3. — Drosera rotundifolia.
Coupe longitudinale d'une glande grossie considérablement, d'après le Dr Warming.

celles des pédicelles. A l'intérieur de cette couche de cellules, il y a une seconde couche d'autres cellules qui ont une forme différente et qui sont aussi remplies d'un fluide pourpre ; mais cette liqueur a une teinte quelque peu différente et le chlorure d'or l'affecte différemment aussi. Parfois, on peut très-bien voir ces deux couches quand on a écrasé la glande ou qu'on l'a fait bouillir dans une solution de potasse

caustique. Selon le Dr Warming, il y a encore une autre couche de
cellules beaucoup plus allongées, ainsi qu'on le voit dans la coupe
ci-dessus (fig. 3), que j'ai empruntée à son ouvrage. Toutefois,
Nitschke n'a pas vu ces cellules et je ne les ai pas vues plus que lui.
Au centre de la glande, se trouve un groupe de cellules cylindriques
allongées, de longueur inégale, terminées en pointe grossière à leur
extrémité supérieure, et tronquées ou arrondies à leur extrémité
inférieure; elles sont étroitement pressées les unes contre les autres.
Il est à remarquer qu'elles sont entourées par une ligne en spirale
que l'on peut isoler comme une fibre distincte.

Ces dernières cellules sont remplies d'une liqueur limpide, laquelle,
après une longue immersion dans l'alcool, dépose une quantité considérable de matières brunes. Je suppose que ces cellules sont en relation immédiate avec les vaisseaux spiraux qui se prolongent jusqu'à
l'extrémité des tentacules; car, dans plusieurs occasions, j'ai vu ces
derniers se diviser en deux ou trois branches extrêmement minces,
dont on pouvait suivre la trace jusqu'aux cellules spirales. Le
Dr Warming a décrit leur développement. Le Dr Hooker m'apprend
qu'on a observé des cellules de la même espèce dans d'autres plantes;
j'en ai observé moi-même dans les bords de la feuille de la *Pinguicula*. Quelle que puisse être la fonction de ces cellules, elles ne sont
nécessaires ni à la sécrétion de la liqueur digestive, ni à l'absorption,
ni à la communication d'une impulsion motrice à d'autres parties
de la feuille, comme la structure des glandes dans quelques autres
genres de Droséracées nous autorise à le penser.

Les tentacules qui se trouvent sur le bord extrême de la feuille
diffèrent légèrement des autres. Leur base est plus large, et, outre
leurs propres vaisseaux, ils comprennent un prolongement très-
mince de ceux qui pénètrent dans les tentacules qui les entourent.
Leurs glandes sont très-allongées et se trouvent enfouies dans la surface supérieure du pédicelle au lieu de reposer sur le sommet. Sous
les autres rapports, ces tentacules ne diffèrent pas essentiellement des
tentacules ovales; sur un échantillon, j'ai trouvé toutes les transitions
possibles entre les deux états; sur un autre spécimen je n'ai pas
trouvé de glandes allongées. Ces tentacules du bord de la feuille
perdent leur irritabilité plus tôt que les autres; quand on applique un
stimulant au centre de la feuille, ils se mettent en mouvement après
les autres. Quand on plonge dans l'eau des feuilles coupées, ce sont
souvent les seuls qui s'infléchissent.

La liqueur pourpre ou la matière granuleuse qui remplit les cellules des glandes diffère, jusqu'à un certain point, de celle qui remplit les cellules des pédicelles. En effet, quand on plonge une feuille

dans l'eau chaude ou dans certains acides, les glandes deviennent entièrement blanches et opaques, tandis que les cellules des pédicelles tournent au rouge brillant, à l'exception de celles qui se trouvent immédiatement au-dessous des glandes. Ces dernières cellules perdent leur teinte rouge pâle; les matières vertes qu'elles contiennent en commun avec les cellules de la base, prennent une teinte verte plus brillante. Les pétioles portent beaucoup de poils multicellulaires, dont quelques-uns, selon Nitschke, sont surmontés par quelques cellules arrondies qui paraissent être des glandes rudimentaires. Les deux surfaces de la feuille, les pédicelles des tentacules, surtout les côtés inférieurs des tentacules extérieurs et les pétioles, sont couverts de petites papilles (poils ou trichomes) ayant une base conique, et portant à leur sommet deux et parfois trois ou même quatre cellules arrondies, contenant beaucoup de protoplasma. Ces papilles sont ordinairement incolores; quelquefois, cependant, elles renferment un peu de liqueur pourpre. Leur grandeur varie et, comme le constate Nitschke[1] et ainsi que je l'ai observé bien des fois, elles se transforment graduellement en longs poils multicellulaires. Ces derniers, aussi bien que les papilles, sont probablement les rudiments de tentacules qui existaient autrefois.

Je puis ajouter ici, afin de n'avoir plus à m'occuper des papilles, qu'elles ne sécrètent pas de liqueur, mais qu'elles se laissent facilement traverser par différents fluides; ainsi, quand on plonge des feuilles mortes ou vivantes dans une solution composée d'une partie de chlorure d'or ou d'azotate d'argent et de 437 parties d'eau, les papilles noircissent rapidement, et la décoloration s'étend bien vite aux tissus environnants. Les longs poils multicellulaires ne sont pas affectés aussi rapidement. Après une immersion de dix heures dans une faible infusion de viande crue, les cellules des papilles avaient évidemment absorbé des matières animales; car, au lieu de contenir une liqueur limpide, elles contenaient alors de petites masses agglutinées de protoplasma, qui changeaient constamment mais lentement de forme. On obtient le même résultat par une immersion de quinze minutes seulement, dans une solution d'une partie de carbonate d'ammoniaque et de 218 parties d'eau; les cellules avoisinant les tentacules sur lesquels reposent les papilles, contiennent alors aussi des masses agglutinées de protoplasma. Nous pouvons conclure de ces faits que, lorsqu'une feuille s'est complétement refermée sur un insecte qu'elle vient de saisir de la façon que nous allons décrire, les papilles

1. Nitschke a admirablement décrit et figuré ces papilles; *Bot. Zeitung,* 8611, p. 234, 253, 254.

qui font saillie sur la surface supérieure de la feuille et des tentacules absorbent probablement quelques parties des substances animales dissoutes dans la sécrétion ; mais il n'en peut être de même pour
les papilles placées à la surface inférieure des feuilles ou sur les·
pétioles.

Observations préliminaires sur l'action des diverses parties et sur le mode de capture des insectes.

Si on place un objet organique ou inorganique sur les
glandes qui se trouvent au centre d'une feuille, ces glandes
transmettent une impulsion aux tentacules marginaux. Les
tentacules les plus rapprochés sont les premiers affectés et s'inclinent lentement vers le centre de la feuille ;
ce mouvement se communique progressivement jusqu'à ce
qu'enfin tous les tentacules de la feuille s'infléchissent
pour reposer sur l'objet. Ce résultat final se produit en un
temps très-variable, c'est-à-dire en une heure, ou bien en
quatre ou cinq heures, ou même plus. Cette différence de
temps dépend de beaucoup de circonstances : d'abord de
la grosseur de l'objet et de sa nature, c'est-à-dire s'il
contient des matières solubles qui conviennent à la plante ;
de la vigueur et de l'âge de la feuille ; du laps de temps
qui s'est écoulé depuis qu'elle a agi ; et, enfin, selon
Nitschke[1], de la température, observation que j'ai été à
même de confirmer. Un insecte vivant fait infléchir les
tentacules plus rapidement qu'un insecte mort, parce
qu'en se débattant il appuie sur les glandes de beaucoup
d'entre eux. Un insecte tel qu'une mouche, dont les téguments sont minces et à travers lesquels, par conséquent,
les substances animales en solution passent facilement
pour se mêler à la sécrétion épaisse qui les environne,
cause une inflexion plus prolongée qu'un insecte à l'armure
épaisse, tel qu'un scarabée. Les tentacules s'infléchissent

1. *Bot. Zeitung*, 1860, p. 216.

indifféremment à la lumière et dans l'obscurité, la plante n'étant pas sujette au mouvement nocturne qu'on désigne ordinairement sous le nom de sommeil.

Si l'on touche plusieurs fois, ou si l'on chatouille les glandes qui se trouvent sur le disque, bien qu'on n'y laisse aucun objet, les tentacules marginaux s'infléchissent vers le centre. Si l'on place sur les glandes centrales des gouttes de différents liquides, par exemple quelques gouttes de salive ou d'une solution d'un sel d'ammoniaque, le même résultat se produit rapidement, quelquefois même en moins d'une demi-heure.

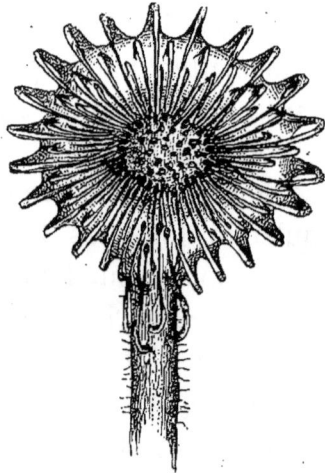

Fig. 4. — Drosera rotundifolia.

Feuille (grossie) dont tous les tentacules sont complétement infléchis par suite d'une immersion dans une solution de phosphate d'ammoniaque (une partie de phosphate pour 87,500 parties d'eau).

Les tentacules, quand ils s'infléchissent, traversent un large espace ; ainsi, un tentacule marginal s'étendant dans le même plan que la feuille décrit un angle de 180° ; j'ai vu les tentacules très-réfléchis d'une feuille qui, à l'état naturel, se tenaient parfaitement droits, décrire un angle de 270°. La partie apte à se courber est confinée à un court espace auprès de la base ; toutefois, une portion un peu plus grande des tentacules extérieurs plus longs se courbe légèrement ; la moitié libre restant droite. Les tentacules courts, placés au centre du disque, ne s'infléchissent pas quand on les excite directement, mais ils peuvent s'infléchir s'ils sont excités par un mouvement qui leur a été communiqué par d'autres glandes placées à une certaine distance. Ainsi, si on plonge une feuille dans une infusion de viande crue, ou dans une faible solution d'ammoniaque (si la solution est un peu forte, la feuille est paralysée),

tous les tentacules extérieurs s'infléchissent vers le centre
de la feuille (voir fig. 4), excepté, toutefois, ceux situés
près du centre qui restent droits; mais ces derniers se
courbent vers un objet placé sur un des côtés du disque
comme on peut le voir dans la figure 5. On peut remarquer,
dans la figure 4, que les glandes forment un véritable
anneau autour du centre ; cela provient de ce que les
tentacules extérieurs augmen-
tent en longueur, proportion-
nellement à leur éloignement
du centre.

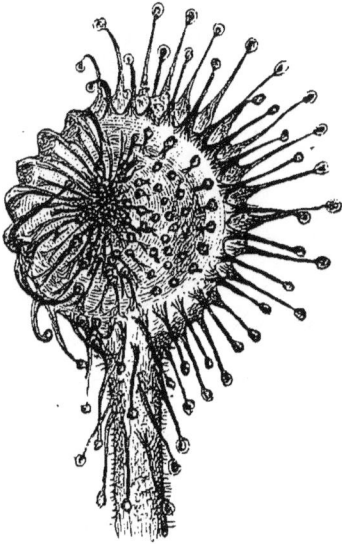

On peut étudier avec plus
de fruit le mode d'inflexion
des tentacules si l'on excite la
glande de l'un des longs tentacules extérieurs, parce que,
dans ce cas, ceux qui l'environnent ne sont pas affectés.
La figure 6 représente un tentacule sur lequel on a placé
une parcelle de viande ; il s'incline vers le centre de la feuille

Fig. 5. — Drosera rotundifolia.
Feuille (grossie) dont une partie des
tentacules sont infléchis sur un morceau de viande placé sur le disque.

tandis que les deux autres
conservent leur position originelle. On peut exciter une
glande en la touchant simplement 3 ou 4 fois, ou en la
mettant en contact prolongé avec des objets organiques ou
inorganiques et avec différents liquides. Au moyen d'un
verre grossissant, j'ai pu observer distinctement qu'un
tentacule commence à s'infléchir dix secondes après qu'un
objet a été placé sur la glande ; j'ai remarqué souvent une
inflexion fortement prononcée en moins d'une minute. Il
est à remarquer qu'un morceau fort petit d'une substance
quelconque, tel qu'un fil, un cheveu, ou un éclat de
verre, placé en contact immédiat avec la surface d'une

glande, suffit pour faire infléchir le tentacule. Si l'objet
que ce mouvement a transporté au centre de la feuille
n'est pas très-petit, ou s'il contient des substances azotées
solubles, il agit sur les glandes centrales ; celles-ci transmettent à leur tour une impulsion aux tentacules extérieurs
et les font s'infléchir vers le centre. Quand une substance
très-excitante ou qu'un liquide est placé sur le disque, les
tentacules ne sont pas les seuls à s'infléchir ; la feuille
elle-même se recourbe
souvent, mais pas tou-
jours. Une goutte de
lait ou une goutte d'une
solution d'azotate d'am-
moniaque ou de soude
sont particulièrement
aptes à produire cet
effet. La feuille se transforme alors en une sorte
de petite coupe. Le
mode d'incurvation va-
rie beaucoup. Quelque-
fois le sommet seul de
la feuille, quelquefois

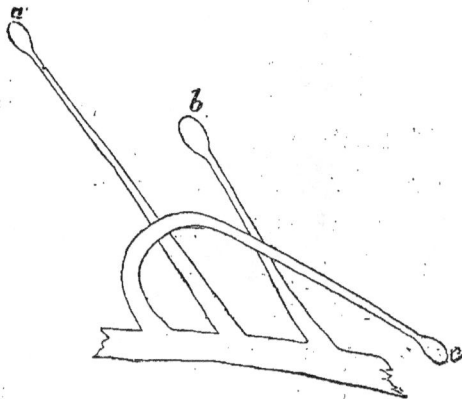

Fig. 6. — Drosera rotundifolia.

Diagramme montrant un des tentacules extérieurs complétement infléchi ; les deux tentacules adjacents ont conservé leur position
ordinaire.

un des côtés, quelquefois même les deux côtés s'infléchissent vers l'intérieur. Par exemple, j'ai placé quelques
parcelles d'œuf dur sur trois feuilles ; chez l'une d'elles,
le sommet s'est incliné vers la base ; chez la seconde
les deux bords se sont considérablement infléchis, de
telle sorte que la feuille était presque devenue triangulaire, c'est là, d'ailleurs, le cas le plus commun ; la troisième n'a pas été affectée, bien que les tentacules se soient
aussi complétement infléchis que dans les cas précédents.
D'ordinaire aussi, la feuille entière se soulève ou se redresse,
et forme avec la tige un angle plus petit qu'auparavant. A
première vue, on pourrait prendre ce mouvement pour un

mouvement distinct, mais il provient de l'inflexion de
cette partie de la feuille qui est attachée à la tige,
inflexion qui amène la feuille entière à éprouver un mouvement de bas en haut.

Le laps de temps pendant lequel les tentacules, aussi
bien que la feuille elle-même, restent infléchis sur un objet
placé sur le disque dépend de diverses circonstances ;
c'est-à-dire de la vigueur et de l'âge de la feuille, et,
selon le docteur Nitschke, de la température ; en effet, pendant le froid, alors que les feuilles sont inactives, elles
reprennent leur position normale beaucoup plus rapidement
que lorsque le temps est chaud. Toutefois, la nature de
l'objet est de beaucoup la circonstance la plus importante ;
de nombreuses observations m'autorisent à conclure que
les tentacules restent fixés beaucoup plus longtemps sur
des objets qui fournissent des matières azotées solubles
que sur ceux, organiques ou inorganiques, qui ne fournissent pas de matières semblables. Après une période
variant de un à sept jours, les tentacules et la feuille
reprennent leur position normale et sont prêts à agir une
seconde fois. J'ai vu la même feuille s'infléchir trois fois de
suite sur des insectes placés sur le disque, et il est probable qu'elle aurait pu agir un bien plus grand nombre de
fois.

La sécrétion des glandes est si visqueuse qu'elle peut
s'étirer en longs fils. Elle paraît incolore, cependant elle
tache le papier en rose pâle. Dès qu'un objet, quel qu'il
soit, est placé sur une glande, celle-ci, je crois pouvoir
l'affirmer, émet toujours des sécrétions plus abondantes ;
mais la présence même de l'objet rend la preuve de cette
assertion très-difficile. Dans quelques cas, cependant,
l'effet est très-marqué, quand on met, par exemple, sur la
glande une parcelle de sucre ; il est vrai que, dans ce cas,
l'abondance de la sécrétion est probablement due à l'exosmose.

· La présence de parcelles de carbonate et de phosphate d'ammoniaque et de quelques autres sels comme,
par exemple, le sulfate de zinc, augmente aussi la sécrétion. L'immersion dans une solution contenant une partie de chlorure d'or ou de quelques autres sels pour
437 parties d'eau augmente aussi considérablement la sécrétion des glandes; d'autre part, le tartrate d'antimoine
ne produit aucun effet semblable. L'immersion dans beaucoup d'acides (dilués dans la proportion d'une partie
d'acide pour 437 parties d'eau) cause aussi une sécrétion
si abondante que, quand on sort la feuille du liquide, on
y voit pendre de longs fils de liqueur très-visqueuse.
D'autre part, quelques acides n'agissent pas de cette
façon. L'augmentation de la sécrétion ne dépend pas
nécessairement de l'inflexion des tentacules, car les particules de sucre et de sulfate de zinc ne provoquent aucun
mouvement.

Il est beaucoup plus à remarquer que, quand on place
sur le disque d'une feuille un objet tel qu'un morceau de
viande ou un insecte, les glandes des tentacules environnants produisent une sécrétion beaucoup plus abondante
dès qu'ils sont très-infléchis. J'ai observé ce fait en choisissant des feuilles dont les gouttes de sécrétion étaient
égales de chaque côté et en plaçant des morceaux de
viande sur un des côtés du disque; dès que les tentacules
de ce côté étaient très-infléchis, mais avant que les glandes
ne touchassent la viande, les gouttes sécrétées devenaient beaucoup plus grosses. J'ai répété cette observation bien des fois, mais je n'ai enregistré que les résultats
de treize expériences, sur lesquelles la sécrétion s'est augmentée visiblement neuf fois; dans les quatre autres cas,
j'ai attribué le défaut d'augmentation, soit à ce que les
feuilles étaient peu actives, soit à ce que les morceaux de
viande étaient trop petits pour causer une grande inflexion.
Il faut donc conclure de ces faits que les glandes centrales,

quand elles sont fortement excitées, transmettent quelque
influence aux glandes des tentacules de la circonférence et
provoquent chez elles des sécrétions plus abondantes.

Un fait encore plus important, comme nous le verrons
avec plus de détails quand nous traiterons de la puissance
digestive de la sécrétion, c'est que la sécrétion des tentacules qui s'infléchissent, non-seulement devient plus
abondante, mais change de nature et devient acide, soit
parce que les glandes centrales ont été stimulées mécaniquement, ou qu'elles se trouvent en contact avec des matières animales; ce changement se produit avant que les
glandes aient touché l'objet placé au centre de la feuille.
Cet acide a une nature différente de celui qui est contenu
dans le tissu des feuilles. Aussi longtemps que les tentacules restent fortement infléchis, les glandes continuent à
sécréter, et la sécrétion est acide; de telle sorte que, si
on neutralise cette acidité au moyen du carbonate de
soude, la sécrétion redevient acide au bout de quelques
heures. J'ai observé sur une feuille dont les tentacules
étaient étroitement infléchis sur des substances assez indigestes, telles que de la caséine préparée chimiquement,
que ces tentacules ont déversé sur ces matières leurs
sécrétions acides pendant huit jours consécutifs et pendant dix jours sur des morceaux d'os.

Cette sécrétion, comme les sucs gastriques des animaux
plus élevés, semble posséder quelque puissance antiseptique. J'ai placé, tout auprès l'un de l'autre, par un temps
très-chaud, deux morceaux d'égale grosseur de viande
crue, l'un sur une feuille de *Drosera*, l'autre sur de la
mousse humide. Je les ai examinés au bout de quarante-
huit heures; le morceau placé sur la mousse grouillait d'infusoires et était si putréfié qu'on ne pouvait plus distinguer
les stries transversales des fibres musculaires; au contraire,
le morceau placé sur la feuille et qui baignait dans les
sécrétions ne contenait pas un seul infusoire et les stries

étaient parfaitement distinctes dans les parties centrales non encore dissoutes. J'ai expérimenté de la même façon sur des petits cubes d'albumine et de fromage ; ceux que j'ai placés sur de la mousse humide ont présenté bientôt des signes de moisissure et leur surface décolorée semblait sur le point de se désagréger ; tandis que ceux placés sur les feuilles de *Drosera* ont conservé leur couleur sans montrer aucun signe de moisissure, l'albumine se transformant en un liquide transparent.

Dès que les tentacules, après être restés étroitement infléchis pendant plusieurs jours sur un objet, commencent à se redresser, la sécrétion diminue ou cesse même complétement et les glandes restent sèches. Dans cet état, elles sont recouvertes d'une couche de substance blanchâtre demi-fibreuse qui se trouvait en solution dans la sécrétion. Le desséchement des glandes pendant l'acte du redressement rend quelques petits services à la plante ; j'ai remarqué souvent, en effet, que le moindre souffle d'air suffit alors pour enlever les objets qui adhèrent aux feuilles ; elles sont ainsi débarrassées et libres de recommencer leurs fonctions. Néanmoins, il arrive souvent que toutes les glandes ne se sèchent pas complétement ; dans ce cas, les objets délicats, tels que les petits insectes, sont quelquefois déchirés en morceaux par le redressement des tentacules, et ces morceaux sont répandus sur toute la feuille. Dès que le redressement est complet, les glandes se remettent immédiatement à sécréter, et du moment que les gouttes de sécrétion ont atteint leur grosseur normale, les tentacules sont prêts à saisir un nouvel objet.

Quand un insecte se pose sur le disque central il est immédiatement englué par la sécrétion visqueuse ; quelques moments après, les tentacules environnants commencent à s'infléchir et finissent par l'enserrer de tous côtés. D'après le docteur Nitschke, un quart d'heure suffit ordinairement pour tuer un insecte, parce que les trachées sont fermées

par la sécrétion. Si un insecte se pose sur quelques glandes
des tentacules extérieurs, ceux-ci s'infléchissent bientôt et
portent leur proie aux tentacules situés plus près de l'intérieur de la feuille ; ceux-ci, à leur tour, s'inclinent et font
passer l'insecte, par une sorte de curieux mouvement de
rotation, jusqu'au centre de la feuille. Puis, après un certain intervalle, tous les tentacules s'infléchissent et viennent baigner leur proie dans leurs sécrétions, comme si
l'insecte s'était posé d'abord sur le disque central. Un
insecte très-petit, et c'est là un fait fort curieux, suffit pour
provoquer cette action ; par exemple, j'ai vu un jour un cousin, appartenant à une des plus petites espèces (*Culex*), qui
venait de poser délicatement ses pattes sur les glandes des
tentacules les plus extrêmes ; ceux-ci commençaient déjà
à s'infléchir quoique pas une glande n'eût encore touché
le corps de l'insecte. Si je n'étais pas intervenu, ce petit
cousin aurait été certainement porté au centre de la feuille
et saisi de tous côtés. Nous verrons, ci-après, quelle dose
excessivement petite de certains liquides organiques et de
certaines solutions salines suffisent pour causer de fortes
inflexions.

Je ne saurais dire si les insectes se posent sur les
feuilles par pur hasard et pour se reposer, ou s'ils sont
attirés par l'odeur de la sécrétion. J'ai lieu de penser que
l'odeur les attire d'après le nombre des insectes capturés
par quelques espèces anglaises de *Drosera*, et d'après ce
que j'ai pu observer sur quelques espèces exotiques que je
cultive dans mon orangerie. Dans ce dernier cas, on pourrait
comparer les feuilles à un piége amorcé ; dans le premier
cas, on pourrait les comparer à un piége placé sur une
route fréquentée par beaucoup de gibier, mais sans
amorce.

Les glandes changent presque immédiatement de couleur et prennent une teinte plus foncée quand on leur
donne une petite quantité de carbonate d'ammoniaque, ce

qui prouve qu'elles possèdent la faculté d'absorption ; ce changement de couleur est principalement ou exclusivement dû à l'agrégation rapide de leur contenu. Quand on ajoute certains autres liquides, elles deviennent roses. Ce qui prouve le mieux, d'ailleurs, cette faculté d'absorption, ce sont les résultats si divers que l'on obtient quand on place des gouttes de divers liquides azotés ou non azotés, ayant la même densité, sur les glandes du disque ou sur une seule glande marginale ; ce sont aussi les longueurs de temps si différentes pendant lesquelles les tentacules restent repliés sur des objets selon qu'ils contiennent ou non des substances azotées solubles. On aurait pu, d'ailleurs, tirer cette même conclusion de la conformation et des mouvements des feuilles qui sont si admirablement adaptées pour capturer les insectes.

L'absorption des substances animales fournies par les insectes qu'elles capturent, explique comment il se fait que le *Drosera* puisse vivre dans les terrains tourbeux très-pauvres, dans les endroits même où rien ne pousse à l'exception des mousses, et on sait que les mousses tirent absolument toute leur nourriture de l'atmosphère. Bien qu'au premier abord les feuilles du *Drosera* ne paraissent pas vertes à cause de la couleur pourpre des tentacules, un examen plus attentif révèle, cependant, que les surfaces supérieures et inférieures du limbe de la feuille, les pédicelles, les tentacules du centre et les pétioles contiennent de la chlorophylle, de telle sorte que, sans aucun doute, la plante se procure et s'assimile l'acide carbonique contenu dans l'air. Néanmoins, si l'on considère la nature du sol où elle pousse, la plante ne pourrait se procurer qu'une fort petite quantité d'azote, en admettant même qu'elle pût s'en procurer si elle n'avait pas la faculté de trouver cet important élément dans les insectes qu'elle capture. Cela nous explique comment il se fait que les racines du *Drosera* sont si peu développées ; ces racines, en effet, ne consistent d'ordinaire qu'en deux ou trois radicelles peu divisées, ayant de 12 à 25 millimètres de longueur et garnies de filaments absorbants. Il semble donc que les racines ne servent qu'à absorber l'humidité, bien que, sans aucun doute, elles absorberaient d'autres substances nutritives si elles en trouvaient dans le sol, car nous verrons ci-après qu'elles absorbent une faible solution de carbonate d'ammoniaque. On peut dire qu'un pied de *Drosera,* avec ses feuilles recourbées de façon à former un estomac temporaire, dans lequel les glandes des tentacules étroitement infléchis déchargent leurs sécrétions acides qui dissolvent les substances animales pour les absorber ensuite, se nourrit exactement comme un animal. Mais, au contraire d'un animal, il boit par ses racines et il doit boire beaucoup pour pouvoir former tant de gouttes de liquide visqueux autour des glandes ; or, j'en ai compté quelquefois plus de deux cent soixante, exposées toute la journée aux rayons brûlants du soleil.

CHAPITRE II.

MOUVEMENTS DES TENTACULES AU CONTACT DES CORPS SOLIDES.

Inflexion des tentacules extérieurs lorsque l'on excite les glandes du disque par des attouchements répétés ou qu'on laisse les objets en contact avec elles. — Différence de l'action des corps selon qu'ils contiennent ou non des matières azotées solubles. — Inflexion des tentacules extérieurs causée directement par des objets mis en contact avec leurs glandes. — Période du commencement de l'inflexion et du redressement subséquent. — Extrême petitesse des particules qui suffisent pour provoquer une .nflexion. — Action sous l'eau. — Inflexion des tentacules extérieurs quand on excite leurs glandes par des attouchements répétés. — Les gouttes de pluie ne provoquent pas l'inflexion.

Dans ce chapitre et dans les chapitres suivants, je relaterai quelques-unes des nombreuses expériences qui servent le mieux à indiquer le mode et l'étendue des mouvements des tentacules quand on les excite de différentes façons. Les glandes seules, dans tous les cas ordinaires, sont susceptibles d'être excitées. Quand on les excite elles ne bougent pas elles-mêmes et ne changent pas de forme, mais elles transmettent une impulsion à la partie mobile de leurs propres tentacules et des tentacules adjacents qui les transportent alors vers le centre de la feuille. A proprement parler, on devrait appliquer aux glandes le terme *irritable*, car le terme *sensitif* implique ordinairement la conscience de l'acte accompli; personne ne suppose, cependant, que la sensitive ait conscience de ses mouvements; aussi, comme je trouve le terme sensitif plus commode, je l'emploierai sans aucune espèce de scrupule. Je commencerai par étudier les mouvements des tentacules extérieurs quand on les excite indirectement par des stimulants appliqués aux glandes des tentacules courts qui se trouvent sur le disque. Je dis indirectement, dans ce cas, parce qu'on n'agit pas

directement sur les glandes des tentacules extérieurs.
L'impulsion partant des glandes du disque agit directement sur la partie mobile des tentacules extérieurs, partie
située auprès de leur base ; elle ne se propage pas d'abord,
comme nous le prouverons plus tard, à travers les pédicelles jusqu'aux glandes qui renverraient ensuite cette
impulsion à la partie mobile. Néanmoins, une certaine influence parvient jusqu'aux glandes, leur fait produire des
sécrétions plus abondantes et les rend acides. Je crois
que ce dernier fait est tout nouveau dans la physiologie
des plantes; on n'a même démontré que tout récemment
que, dans le règne animal, une impulsion peut se transmettre le long des nerfs jusqu'aux glandes et modifier
leur puissance de sécrétion indépendamment de l'état des
vaisseaux sanguins.

*Inflexion des tentacules extérieurs lorsque l'on excite les
glandes du disque par des attouchements répétés ou
qu'on laisse des objets en contact avec elles.*

J'ai excité les glandes centrales d'une feuille avec un
petit pinceau de poils de chameau un peu durs : au bout de
soixante-dix minutes, plusieurs tentacules extérieurs étaient
infléchis; au bout de cinq heures tous les tentacules
marginaux étaient infléchis ; le lendemain matin, après un
intervalle d'environ vingt-deux heures, ils s'étaient complétement redressés. Dans tous les cas suivants je compte
le temps à partir de la première excitation. Chez une autre
feuille traitée de la même façon, quelques tentacules s'infléchirent au bout de vingt minutes; au bout de quatre
heures tous les tentacules, marginaux et quelques-uns
des tentacules du bord extrême s'étaient infléchis, aussi
bien que les bords eux-mêmes de la feuille; au bout de
dix-sept heures ils étaient complétement redressés. Je
plaçai alors une mouche morte au centre de cette dernière

feuille; le lendemain matin, tous les tentacules s'étaient fermés sur elle; cinq jours après, la feuille s'était redressée et les glandes des tentacules couvertes de sécrétions étaient toutes prêtes à agir de nouveau.

J'ai placé bien des fois sur des feuilles des morceaux de viande, des mouches mortes, des parcelles de papier, de bois, de mousse desséchée, d'éponge, de cendre, de verre, etc.; tous ces objets sont embrassés par les tentacules dans des périodes de temps qui varient entre une heure et vingt-quatre heures, puis la feuille et les tentacules reprennent leur position normale dans des périodes variant de un, à deux, à sept, ou même à dix jours, selon la nature de l'objet. Je plaçai un jour une mouche sur une feuille qui avait déjà capturé naturellement deux mouches et qui s'était déjà fermée et ouverte une, ou plus probablement deux fois; au bout de sept heures, cette mouche fut modérément embrassée, ou bout de vingt et une heures elle l'était complétement et les bords de la feuille étaient infléchis. Deux jours et demi après, la feuille avait presque repris sa position normale; l'objet excitant étant un insecte, cette période extraordinairement courte d'inflexion était probablement due à ce que la feuille avait été récemment mise en action. Je laissai cette même feuille se reposer pendant un seul jour, puis je plaçai sur elle une autre mouche; les tentacules s'infléchirent de nouveau, mais très-lentement. Cependant, en moins de deux jours, ils avaient complétement embrassé la mouche.

Quand on place un petit objet sur les glandes du disque, d'un côté de la feuille, aussi près que possible de la circonférence, les tentacules placés de ce côté sont les premiers affectés; ceux placés du côté opposé de la feuille s'infléchissent beaucoup plus tard et souvent même ils ne s'infléchissent pas du tout. J'ai fait à ce sujet de nombreuses expériences en me servant de morceaux de viande. Je me contenterai, toutefois, de citer ici un seul

exemple : une mouche très-petite vint se poser naturellement sur le bord gauche du disque central d'une feuille
et ses pattes adhérèrent aux glandes. Les tentacules marginaux de ce côté de la feuille s'infléchirent et tuèrent la
mouche. Quelque temps après, le bord même de la feuille,
de ce même côté, s'infléchit aussi et resta en cet état pendant plusieurs jours; mais, ni les tentacules situés de
l'autre côté de la feuille, ni le bord de la feuille à l'extrémité opposée ne furent affectés le moins du monde.

Quand on expérimente sur des feuilles jeunes et actives,
une parcelle d'un corps inorganique, à peine grosse
comme la tête d'une petite épingle, placée sur les glandes
centrales suffit parfois pour faire infléchir les tentacules
extérieurs. Mais ce résultat s'obtient plus sûrement
et plus rapidement si l'objet contient des matières azotées qui peuvent être dissoutes par les sécrétions. J'observai
une fois la circonstance extraordinaire suivante. Je plaçai
sur plusieurs feuilles des petits morceaux de viande crue
(substance qui agit plus énergiquement que toutes les
autres), de papier, de mousse desséchée, une barbe de
plume, et tous ces objets furent également embrassés dans
un délai d'environ deux heures. D'autres fois, j'employai les
substances que je viens d'indiquer, ou, plus ordinairement, des éclats de verre, des parcelles de charbon prises
dans le foyer, des petites pierres, de la feuille d'or, de
l'herbe desséchée, du liége, du papier buvard, du coton,
des cheveux roulés en petites pelotes; or, bien que ces substances fussent quelquefois complétement embrassées, il
arrivait souvent qu'elles ne provoquaient aucun mouvement
dans les tentacules extérieurs, ou seulement un mouvement
très-faible et très-lent. Cependant, ces feuilles étaient en
pleine activité, ce dont je m'assurai en les excitant au
moyen de substances contenant des matières azotées solubles, telles que des morceaux de viande crue ou rôtie, le
blanc ou le jaune d'un œuf cuit, des fragments d'insectes

de toute espèce, araignées, etc. Je ne citerai que deux exemples. Je plaçai des mouches très-petites sur les disques de plusieurs feuilles et, sur d'autres, des boulettes de papier, de mousse, de barbes de plume, ayant à peu près la même grosseur que les mouches ; ces dernières furent toutes embrassées par les tentacules au bout de quelques heures ; tandis qu'après avoir séjourné vingt-cinq heures sur les feuilles, les autres objets n'avaient produit l'inflexion que d'un petit nombre de tentacules. J'enlevai alors les boulettes de papier, de mousse, de barbes de plume et je les remplaçai par des morceaux de viande crue ; presque immédiatement après tous les tentacules s'infléchirent énergiquement.

Derechef je plaçai sur le centre de trois feuilles des petits morceaux de charbon pesant un peu plus que les mouches employées dans la dernière expérience ; après un intervalle de dix-neuf heures, l'un de ces morceaux était assez bien embrassé ; un second, par quelques tentacules seulement ; le troisième n'avait provoqué aucun mouvement dans la feuille. J'enlevai alors les deux morceaux placés sur ces deux dernières feuilles et je les remplaçai par des mouches récemment tuées. Ces mouches furent assez bien embrassées au bout de sept heures et demie et complétement au bout de vingt heures et demie ; les tentacules restèrent infléchis pendant plusieurs jours. D'autre part, la feuille qui avait, en dix-neuf heures, embrassé dans une certaine mesure, le morceau de charbon, et à laquelle je n'avais pas donné de mouches, avait repris sa position normale et était, par conséquent, prête à agir de nouveau trente-trois heures après, c'est-à-dire cinquante-deux heures à partir du moment où le morceau de charbon avait été placé sur elle.

Il résulte de ces expériences, ainsi que d'une foule d'autres qu'il est inutile de rapporter ici, que les substances inorganiques ou certaines substances organiques qui ne sont pas attaquées par la sécrétion, agissent sur la feuille beaucoup moins rapidement et beaucoup moins efficacement que les substances organiques contenant des matières solubles que la plante peut absorber. En outre, j'ai observé fort peu d'exceptions à la règle suivante : les tentacules restent infléchis sur les corps organiques de la nature de ceux que nous venons d'indiquer beaucoup plus longtemps que sur ceux sur lesquels la sécrétion n'a aucun effet ou que sur les objets inorganiques ; et encore ces exceptions semblent s'expliquer naturellement par le fait que la feuille avait été récemment en action [1].

1. J'ai fait de nombreuses expériences, en m'entourant de toutes les précautions possibles, pour vérifier les opinions extraordinaires exprimées par M. Ziegler (*Comptes rendus*, mai 1872, p. 122), c'est-à-dire que les substances albumineuses acquièrent la propriété de faire contracter les tentacules du *Drosera* si on tient ces substances un instant entre les doigts, mais que, si on ne les touche pas elles perdent cette faculté. Le résultat de mes expériences n'a pas confirmé cette opinion. J'ai expérimenté en me servant d'éclats de charbon pris tout rouges dans le foyer, de morceaux de verre, de fils de coton, de papier buvard, de liége, que je plongeais dans l'eau bouillante avant de m'en servir ; je plaçais alors ces substances, en ayant soin de plonger aussi dans l'eau bouillante tous les instruments avec lesquels je les touchais, sur les glandes de différentes feuilles ; leur action est exactement la même que celle d'autres parcelles semblables qui avaient été tenues à dessein dans les doigts pendant quelque temps. Des morceaux d'œuf cuit, coupés avec un couteau qui avait été lavé à l'eau bouillante, agirent exactement comme toutes les autres substances animales. Je soufflai sur quelques feuilles pendant plus d'une minute, et je répétai cette action deux ou trois fois en plaçant ma bouche tout près de la feuille ; mais cela ne produisit aucun effet. Je puis ajouter ici, pour prouver que l'odeur des substances azotées n'a aucune action sur les feuilles, que je plaçai aussi près que possible de plusieurs feuilles des morceaux de viande crue, sans permettre toutefois qu'elles les touchassent, et qu'aucun effet ne fut produit. D'autre part, comme nous le verrons bientôt, les vapeurs de certaines substances volatiles et de certains liquides, tels que le carbonate d'ammoniaque, le chloroforme, certaines huiles essentielles, etc., provoquent l'inflexion. M. Ziegler constate quelques autres faits aussi extraordinaires, relativement au pouvoir de certaines substances animales placées immédiatement auprès, mais non pas en contact absolu avec le sulfate de quinine. Je décrirai, dans un prochain chapitre, l'action des sels de quinine. Depuis la publication du mémoire auquel je viens de faire allusion, M. Ziegler a publié sur le même sujet un volume intitulé : *Atonicité et Zoïcité,* 1874.

Inflexion des tentacules extérieurs causée directement
par des objets mis en contact avec leurs glandes.

J'ai fait un grand nombre d'expériences en plaçant, au
moyen d'une aiguille très-fine, humectée d'eau distillée, et en me servant d'une loupe, des parcelles de
diverses substances sur les sécrétions visqueuses qui
entourent les glandes des tentacules extérieurs. J'ai
répété ces expériences sur les glandes ovales et sur les
glandes allongées. Quant on place ainsi une parcelle d'une
substance quelconque sur une seule glande, on peut
facilement observer les mouvements du tentacule, d'autant
mieux que tous ceux qui l'environnent restent immobiles
(voir, p. 13, la fig. 6). Dans quatre expériences, des petites
parcelles de viande crue ont fait considérablement infléchir
les tentacules au bout de cinq ou six minutes. J'ai observé
avec beaucoup de soin un tentacule traité de la même façon,
et j'ai pu m'assurer qu'il changeait de position au bout de
dix secondes ; c'est, d'ailleurs, le mouvement le plus rapide
que j'aie jamais observé. Au bout de deux minutes trente
secondes, ce tentacule avait décrit un angle d'environ 45° ;
ces mouvements, observés au moyen d'une loupe, ressemblent à ceux d'une aiguille sur une horloge. Au
bout de cinq minutes, il avait décrit un angle de 90°, et, dix
minutes plus tard, la parcelle de viande avait été transportée au centre de la feuille ; ce tentacule avait donc
exécuté son mouvement d'inflexion complet en moins
de dix-sept minutes trente secondes. Au bout de quelques heures, ce petit morceau de viande, mis en contact
avec quelques glandes du disque central, avait agi sur tous
les tentacules extérieurs, qui tous s'étaient complétement
infléchis. Des fragments de mouches placés sur les glandes
de quatre tentacules extérieurs, projetés dans le même
plan que la feuille, causèrent aussi l'inflexion de ces tenta-

cules ; trois d'entre eux décrivirent en trente-cinq minutes un angle de 180° pour porter ces fragments au centre de la feuille. Le fragment posé sur le quatrième tentacule était très-petit, et il ne fut amené au centre qu'au bout de trois heures. Dans trois autres cas, des petites mouches ou des parties de grosses mouches furent portées au centre de la feuille au bout d'une heure trente secondes. Dans ces sept expériences, les petites mouches ou les fragments de mouches, qui avaient été amenés aux glandes centrales par un seul tentacule, causèrent l'inflexion de tous les autres tentacules dans un espace de temps qui a varié de quatre à dix heures.

J'ai placé, de la même façon, sur les glandes de six tentacules extérieurs de feuilles différentes, six petites boulettes de papier roulées à l'aide de pinces de façon à ne pas les toucher avec les doigts. Trois de ces boulettes furent amenées au centre au bout d'une heure environ ; les trois autres, au bout d'un peu plus de quatre heures. Mais ce n'est que vingt-quatre heures après que deux des six boulettes furent embrassées par tous les autres tentacules de la feuille. Il est possible que la sécrétion ait dissous une trace de colle ou de matière animalisée dans ces boulettes de papier. Je plaçai alors quatre parcelles de cendre de charbon sur les glandes de quatre tentacules extérieurs ; l'un de ces tentacules atteignit le centre de la feuille au bout de trois heures quarante minutes ; le second, au bout de neuf heures ; le troisième, au bout de vingt-quatre heures, mais ce dernier n'avait décrit qu'un angle fort petit au bout de neuf heures ; quant au quatrième, il n'avait, en vingt-quatre heures, parcouru qu'une faible partie de la distance et était alors resté stationnaire. Sur les trois morceaux de cendre de charbon qui avaient été portés au centre, un seul causa l'inflexion de la plupart des autres tentacules. Il est donc évident que des corps tels que des parcelles de cendres ou des petites boulettes de papier, après avoir été amenés par les tentacules extérieurs jusqu'aux glandes centrales, agissent sur les autres tentacules de toute autre façon que ne le font les mouches.

J'ai fait, sans noter avec beaucoup de soin le laps de temps employé par les mouvements, beaucoup d'essais analogues avec d'autres substances, telles que des éclats de verre blanc ou bleu, des parcelles de liége, des petits morceaux de feuille d'or, etc. Le nombre proportionnel des cas où les tentacules portèrent leur fardeau jusqu'au centre de la feuille ou ne parcoururent qu'une petite partie de la distance, ou ne bougèrent pas du tout, a beaucoup varié. Un soir, je plaçai, sur douze glandes environ, des parcelles de verre et de liége un peu plus grosses que celles que j'employais ordinairement; le lendemain matin, c'est-à-dire environ treize heures après, chaque tentacule avait transporté son petit fardeau jusqu'au centre; il est probable que la grosseur extraordinaire des morceaux employés explique ce résultat. Dans un autre cas, les 6/7es des particules de cendre, de verre et de fil, placés sur des glandes séparées, provoquèrent une inflexion ou furent portées jusqu'au centre; dans un autre cas, j'obtins le même résultat pour les 7/9es; dans un autre, pour les 7/12es; et, enfin, dans un dernier cas, pour les 7/26es; il est probable que cette dernière proportion, si minime, était due, au moins en partie, à ce que les feuilles étaient assez vieilles et inactives. Quelquefois, en me servant d'une loupe puissante, j'ai pu voir une glande chargée de son petit fardeau parcourir une très-petite distance, puis s'arrêter; cela arrivait surtout quand j'employais des parcelles extrêmement petites, c'est-à-dire beaucoup plus petites que celles dont je vais indiquer ci-après les dimensions. On peut donc atteindre ainsi les limites de l'action sur les tentacules.

J'ai été tellement surpris de la petitesse des parcelles qui causent une inflexion considérable des tentacules, qu'il m'a paru utile de m'assurer avec soin jusqu'à quel

point on pourrait réduire ces parcelles, à condition toutefois qu'elles causent un mouvement. J'ai donc demandé à
M. Trenham Reeks de peser avec soin, dans l'excellente
balance qui se trouve dans le laboratoire de Jermyn-
Street, des longueurs déterminées d'une bande fort
étroite de papier buvard, de fil de coton fin et de cheveux
de femme. On a commencé par mesurer et par couper,
à l'aide d'un micromètre, des morceaux extrêmement
petits de papier, de fils et de cheveux, de façon à ce que
le poids de ces différents objets puisse être facilement
calculé. Je plaçai ces petits morceaux sur la sécrétion
visqueuse entourant les glandes des tentacules extérieurs,
en prenant toutes sortes de précautions afin de ne pas
toucher la glande elle-même; un simple attouchement
n'aurait d'ailleurs produit aucun effet. Je plaçai une parcelle de papier buvard, pesant 1/465e de grain (0,14 de
milligr.), de façon à ce qu'il reposât sur trois glandes en
même temps; or, les trois tentacules se mirent lentement
en mouvement; en supposant que le poids ait été distri-
bué également, chaque glande n'avait à supporter que le
1/1395e de grain, ou 0,0464 de milligramme. J'employai
alors cinq morceaux à peu près égaux de fils de coton et
tous provoquèrent l'inflexion. Le plus court de ces morceaux avait 1/50e de pouce (0,508 de millim.) de longueur
et pesait 1/8197e de grain (0,00793 de milligr.) Le tentacule, dans ce cas, s'infléchit considérablement en une
heure trente minutes, et le morceau de fil fut porté au
centre de la feuille en une heure quarante minutes. Je
plaçai sur deux glandes, aux côtés opposés d'une même
feuille, deux morceaux coupés à l'extrémité la plus mince
d'un cheveu de femme; l'un de ces morceaux avait
18/1000es de pouce (0,457 de millim.) de longueur, et pesait 1/35714es de grain (0,00181 de milligr.); l'autre avait
19/1000es de pouce (0,482 de millim.) de longueur, et
pesait, bien entendu, un peu plus. Ces deux tentacules

décrivirent en une heure dix minutes la moitié de la distance vers le centre de la feuille; tous les autres tentacules de la feuille restèrent immobiles. L'aspect de cette
feuille prouvait, de la façon la plus évidente, qu'une parcelle aussi petite suffit pour provoquer l'inflexion des
tentacules. En résumé, j'ai placé dix parcelles de cheveux semblables sur dix glandes appartenant à autant de
feuilles, et sept d'entre elles provoquèrent un mouvement
apparent des tentacules; le plus petit morceau que j'aie
essayé, et qui causa une action évidente, avait seulement
8/1000e de pouce (0,203 de millim.) de longueur, et pesait 1/78740 de grain ou 0,000822 de milligramme. Dans
ces divers cas, non-seulement l'inflexion des tentacules
était apparente, mais encore le liquide pourpre contenu dans
leurs cellules s'agrégea en petites masses de protoplasma,
ainsi qu'il sera décrit dans le prochain chapitre; cette
agrégation était si évidente que j'aurais pu, par ce
moyen seul, indiquer facilement, en me servant du microscope, tous les tentacules qui s'étaient infléchis vers le
centre, au milieu des centaines d'autres appartenant aux
mêmes feuilles, qui n'avaient pas été mis en mouvement.

La petitesse des parcelles qui suffisent pour provoquer
l'inflexion m'a considérablement surpris; mais je l'ai été
plus encore quand je me suis demandé comment il était
possible que ces parcelles eussent une action sur les glandes;
il faut se rappeler, en effet, que ces parcelles avaient été
placées avec le plus grand soin sur la surface convexe de
la sécrétion. Je pensai d'abord, mais je sais aujourd'hui
que je me trompais, que des parcelles de substances ayant
une densité aussi minime que le liége, le fil et le papier ne
devaient pas pouvoir arriver au contact de la surface des
glandes. Ces parcelles ne peuvent agir simplement en raison de ce que leur poids s'ajoute à celui de la sécrétion,
car j'ai placé bien des fois sur cette sécrétion des petites
gouttes d'eau beaucoup plus lourdes que ces parcelles, et

aucun effet n'a jamais été produit. On ne peut pas attribuer non plus l'inflexion au trouble apporté dans la sécrétion, car, au moyen d'une aiguille, j'en ai souvent étiré de longs filaments, et je les ai fixés à quelque objet voisin, laissant les choses en cet état pendant des heures; or, les tentacules restaient immobiles.

J'ai aussi enlevé avec soin la sécrétion de quatre glandes, en me servant d'un morceau de papier buvard roulé en pointe fine, de façon à ce que ces glandes nues restassent pendant quelque temps exposées à l'air; cela ne provoqua aucun mouvement. Cependant, ces glandes étaient en parfait état, car, au bout de vingt-quatre heures, je plaçai sur elles des petits morceaux de viande, et elles s'infléchirent toutes très-rapidement. Il me vint alors à la pensée que des parcelles suspendues au-dessus de la surface sécrétante projettent une ombre sur les glandes, et que celles-ci pouvaient être très-sensibles à l'interception de la lumière. Bien que cela fût très-improbable, car des éclats de verre incolore très-petits et très-minces ont une action puissante, je n'en résolus pas moins de tenter un essai. Dès qu'il fit nuit, je plaçai aussi rapidement que possible, en m'éclairant d'une seule bougie, des parcelles de liége sur les glandes d'une douzaine de tentacules, et des morceaux de viande sur d'autres glandes, puis je les recouvris de façon à ce que pas un rayon de lumière ne pût parvenir jusqu'à la feuille. Le lendemain matin, après un intervalle de treize heures, toutes ces particules avaient été transportées au centre des différentes feuilles.

Ces résultats négatifs me conduisirent à tenter beaucoup d'autres expériences. Je plaçai des parcelles à la surface des gouttes de sécrétion, en observant avec beaucoup de soin si elles pénétraient dans la sécrétion pour toucher la surface des glandes. La sécrétion, grâce à son poids, forme généralement une couche plus épaisse sur le côté inférieur des glandes que sur leur côté supérieur, quelle

que puisse être d'ailleurs la position des tentacules. J'expérimentai donc avec des morceaux extrêmement petits, tels
que ceux que j'avais employés déjà, de liége desséché, de
fil, de papier buvard et de charbon ; j'observai qu'ils absorbent en quelques minutes une quantité beaucoup plus considérable de la sécrétion que je ne l'aurais cru possible.
Placées à la surface supérieure de la sécrétion à l'endroit où
elle est le plus mince, ces parcelles sont souvent entraînées quelques minutes après, de façon à se trouver en contact au moins avec un point de la glande. Quant aux éclats
de verre très-petits et aux parcelles de cheveux, j'observai
que la sécrétion les recouvre lentement et qu'ils sont aussi
attirés du haut en bas ou de côté, et qu'ainsi une de leurs
extrémités arrive à toucher la glande plus ou moins vite.

Dans les cas que je viens d'indiquer et dans les cas qui
suivent, il est probable que les vibrations auxquelles on
est exposé dans toutes les chambres, contribuent beaucoup
à amener les parcelles en contact avec les glandes. Or,
comme il est quelquefois difficile, à cause de la réfraction
produite par la sécrétion, de s'assurer si la parcelle est
réellement en contact avec la glande, j'essayai l'expérience
suivante. Je plaçai, avec beaucoup de soin, sur les goute-
lettes entourant diverses glandes, des morceaux extraordinairement petits de verre, de cheveux et de liége ; peu de
glandes furent affectées. J'agitai alors, au bout d'une
demi-heure environ, avec une aiguille très-fine, et en me
servant du microscope, les parcelles qui se trouvaient sur
les tentacules qui n'avaient donné aucun signe d'action,
tout en ayant soin de ne pas toucher les glandes. Or, au
bout de quelques minutes, presque tous les tentacules
jusqu'alors immobiles commencèrent à s'infléchir, mouvement causé sans doute parce qu'une extrémité des parcelles avait été placée en contact avec la surface des
glandes. Toutefois, comme les molécules étaient extrêmement petites, le mouvement fut peu considérable.

J'employai enfin du verre bleu foncé réduit dans le mortier en éclats très-petits, afin de pouvoir mieux distinguer les extrémités des parcelles plongées dans la sécrétion ; je plaçai treize de ces parcelles en contact avec les parties pendantes et, par conséquent, plus épaisses, des gouttes autour de treize glandes. Cinq tentacules se mirent en mouvement après un intervalle de quelques minutes, et je pus m'assurer, dans ces cas, que les parcelles étaient en contact avec la surface inférieure de la glande. Un sixième tentacule se mit en mouvement au bout d'une heure quarante-cinq minutes ; la parcelle de verre se trouvait alors en contact avec la glande, contact qui ne s'était pas produit jusque-là ; il en fut de même pour un septième tentacule, mais il ne commença à s'infléchir qu'au bout de trois heures quarante-cinq minutes. Les six autres tentacules restèrent immobiles pendant tout le temps que je les observai ; il est probable que, chez eux, les parcelles ne se trouvèrent jamais en contact avec la surface des glandes.

Ces expériences nous enseignent que les parcelles de substances ne contenant aucune matière soluble, causent souvent l'inflexion des tentacules dans un laps de temps variant de une à cinq minutes ; mais il faut, dans ce cas, que les parcelles se soient trouvées tout d'abord en contact avec la surface des glandes. Quand les tentacules ne commencent à se mouvoir qu'au bout d'un temps beaucoup plus long, c'est-à-dire d'une demi-heure à trois ou quatre heures, c'est que les parcelles ont été lentement amenées au contact des glandes, soit parce qu'elles ont absorbé la sécrétion, soit parce que celle-ci les a graduellement recouvertes, et qu'il s'y est joint une évaporation plus rapide. Quand les tentacules restent immobiles, c'est que les parcelles ne se sont pas trouvées en contact avec les glandes, ou que les tentacules ne sont pas à l'état actif. En tout cas, il est indispensable pour provoquer un mouvement des tentacules qu'une molécule d'un corps, quel qu'il soit, repose immédiatement sur les glandes, car un attouchement répété une, deux, ou même trois fois, avec un corps dur ne suffit pas pour provoquer un mouvement.

Je puis citer ici une autre expériénce qui prouve que des parcelles extrêmement petites suspendues dans l'eau agissent sur les glandes. J'ai fait dissoudre un grain (0,065 de gramme) de sulfate de quinine dans une once d'eau (31,091 grammes) sans filtrer la solution. Je plongeai trois feuilles dans quatre-vingt-dix minimes de ce liquide, et je fus tout étonné de voir que les trois feuilles s'infléchissaient considérablement au bout de vingt-cinq minutes; je savais, en effet, à la suite d'essais précédents, que la solution n'agit pas aussi rapidement. Il me vint immédiatement à la pensée que des parcelles de sulfate de quinine non dissous, parcelles assez légères pour se trouver en suspension dans l'eau, avaient pu se trouver en contact avec les glandes, et causer ce mouvement rapide. Pour m'en assurer, j'ajoutai à de l'eau distillée une pincée d'une substance très-innocente, c'est-à-dire un précipité de carbonate de chaux qui, comme on le sait, consiste en une poudre impalpable ; j'agitai le mélange et j'obtins ainsi un liquide ressemblant à du lait très-étendu d'eau. Je plongeai deux feuilles dans ce liquide, et, au bout de six minutes, presque tous les tentacules étaient infléchis. Je plaçai une de ces feuilles sous le microscope, et je pus m'assurer que d'innombrables atomes de chaux adhéraient à la surface extérieure de la sécrétion. Quelques autres l'avaient traversée et reposaient sur la surface des glandes ; c'étaient sans doute ces dernières parcelles qui avaient provoqué l'inflexion des tentacules. Quand on plonge une feuille dans l'eau, la sécrétion se gonfle beaucoup ; je suppose qu'il se produit çà et là une fissure, et que, de cette façon, l'eau peut pénétrer jusqu'à la glande. S'il en est ainsi, il est facile de s'expliquer que les atomes de chaux qui reposaient à la surface des glandes aient pu traverser la sécrétion. Quiconque a écrasé entre ses doigts de la chaux précipitée a pu se rendre compte de l'excessive finesse de cette poudre. Sans doute, il doit y avoir une limite au delà de laquelle une molécule serait trop petite pour agir sur la glande; mais je ne saurais dire quelle est cette limite. J'ai souvent vu des fibres et de la poussière tomber de l'atmosphère sur les glandes des plantes que je cultive dans ma chambre, mais cette poussière n'a jamais provoqué le moindre mouvement; il est vrai d'ajouter que ces parcelles reposaient à la surface du liquide sécrété, et ne pénétraient jamais jusqu'aux glandes.

Enfin, n'est-ce pas un fait extraordinaire qu'un petit morceau de fil ayant 1/50e de pouce (0,508 de millim.) de longueur, et pesant 1/8197e de grain (0,00793 de milligr.), qu'un cheveu humain ayant 8/1000e de pouce (0,203 de millim.) de longueur, et ne pesant que 1/78740e de grain (0,000822 de milligr.), ou que des molécules d'un précipité de chaux, après avoir reposé quelque temps sur une glande, amènent quelque changement dans ses cellules, et les provoquent à transmettre une impulsion à travers toute la longueur du pédicelle, qui comprend environ vingt cellules, jusque vers la base, fassent fléchir cette base et fassent décrire aux tentacules un angle de plus de 180°? Nous pourrons citer, en traitant de l'agrégation du protoplasma, des preuves nombreuses qui prouvent que le contenu des cellules des glandes, et ensuite le contenu des cellules des pédicelles, sont évidemment affectés par la pression de parcelles extrêmement petites. Le cas, d'ailleurs, est encore bien plus remarquable que je ne l'ai indiqué jusqu'à présent, car les parcelles reposent sur une sécrétion dense et visqueuse; néanmoins, des molécules encore plus petites que celles dont j'ai pu donner la mesure, amenées au contact de la surface d'une glande par un des moyens que je viens d'indiquer et par un mouvement insensible, agissent sur cette glande et causent l'inflexion du tentacule.

Il est impossible d'exprimer combien doit être minime la pression exercée par un morceau de cheveu, ne pesant que 1/78740ᵉ de grain (0,00082 de milligr.), supporté qu'il est en outre par un liquide dense. Nous pouvons supposer que cette pression peut à peine égaler un millionième de grain; nous verrons d'ailleurs bientôt que moins d'un millionième de grain de phosphate d'ammoniaque en solution, absorbé par une glande, agit sur elle et provoque un mouvement du tentacule. J'ai placé sur ma langue un morceau de cheveu ayant 1/50ᵉ de pouce de longueur, morceau par conséquent beaucoup plus gros que ceux employés dans les expériences précédentes ; or, il m'a été impossible de m'apercevoir de sa présence. Il est très-douteux, je crois, que le nerf le plus sensible du corps humain, en admettant même que ce nerf soit le siége d'une inflammation, puisse être affecté par une substance aussi petite, supportée par un liquide dense qui l'amène lentement en contact avec lui. Cependant, ces parcelles suffisent à irriter les glandes du *Drosera* et à provoquer une impulsion qui se transmet à un point éloigné et qui se traduit par un mouvement apparent. Il me semble que c'est là un des faits les plus remarquables qu'on ait observés jusqu'à présent dans le règne végétal.

Inflexion des tentacules extérieurs quand on excite leurs glandes par des attouchements répétés.

Nous avons déjà vu que si on excite les glandes centrales en les frottant légèrement, ces glandes transmettent une impulsion aux tentacules extérieurs et déterminent leur inflexion. Nous avons actuellement à examiner l'effet produit par des attouchements opérés sur les glandes des tentacules extérieurs. Il m'est arrivé bien souvent de toucher une fois seulement, avec une aiguille ou avec un pinceau, un grand nombre de glandes assez fortement pour incliner tout

le tentacule flexible ; or, bien que la pression ainsi opérée ait
dû être mille fois plus grande que celle opérée par le poids
des parcelles ci-dessus décrites, pas un seul tentacule ne
s'est infléchi. Dans une autre occasion, j'ai touché quarante-cinq glandes sur onze feuilles, une, deux et même
trois fois avec une aiguille ou avec un pinceau assez rude.
Cet attouchement a été fait aussi rapidement que possible,
mais avec assez de force pour incliner les tentacules ;
cependant, six seulement s'infléchirent, trois d'une façon
apparente et trois très-légèrement. Afin de m'assurer si les
tentacules qui n'avaient pas été affectés se trouvaient à
l'état actif, je plaçai sur dix d'entre eux des petits morceaux de viande, et tous s'infléchirent bientôt de façon
très-apparente. D'autre part, quand on répète sur un grand
nombre de glandes quatre, cinq ou six fois de suite l'attouchement que je viens d'indiquer, avec une aiguille ou
un éclat aigu de verre, une proportion beaucoup plus
grande des tentacules s'infléchissent ; mais le résultat est
si incertain, qu'on pourrait presque l'appeler capricieux.
Par exemple, je touchai, ainsi que je viens de le dire, trois
glandes qui se trouvaient extrêmement sensibles, et les
trois tentacules s'infléchirent presque aussi rapidement
que si j'avais placé des morceaux de viande sur les glandes.
Dans une autre occasion, j'exerçai une seule pression très-
vive sur un nombre considérable de glandes, et pas un
tentacule ne se mit en mouvement ; mais, en exerçant,
quelques heures après, quatre ou cinq attouchements sur
ces mêmes glandes avec une aiguille, plusieurs tentacules
s'infléchirent aussitôt.

Le fait qu'un, deux ou même trois attouchements ne
causent pas d'inflexion doit être fort utile à la plante. En
effet, pendant le mauvais temps, il est à peu près certain
que les glandes doivent être touchées par les herbes ou
par les plantes qui croissent auprès d'elles ; or, ce serait
un grand malheur pour elles si ces attouchements suffi-

saient pour faire infléchir les tentacules ; car il leur faut
beaucoup de temps pour reprendre leur position normale,
et il leur est impossible de saisir une proie jusqu'à ce
qu'ils se soient redressés. D'autre part, une sensibilité
extrême pour une pression, quelque légère qu'elle soit,
rend les plus grands services à la plante ; car, ainsi que
nous l'avons vu, si les pattes fines d'un insecte très-
petit pressent légèrement deux ou trois glandes au moment où il se débat, les tentacules portant ces glandes
s'infléchissent et portent l'insecte vers le centre de la
feuille ; le mouvement se communique au bout de quelques
intants à tous les tentacules de la circonférence, qui viennent
à leur tour embrasser la proie commune. Néanmoins, les
mouvements de la plante ne sont pas parfaitement adaptés
à ses besoins ; car si un morceau de mousse desséchée, si
une parcelle d'une feuille ou d'un autre objet est porté
par le vent au centre de la feuille, comme cela arrive
souvent, les tentacules s'infléchissent inutilement pour le
saisir. Il est vrai qu'ils reconnaissent bientôt leur erreur et
relâchent ces objets, qui ne leur fournissent aucun aliment.

Il est aussi un fait remarquable, c'est que les gouttes
d'eau, tombant d'en haut sous forme de pluie naturelle ou
artificielle, ne provoquent pas de mouvement dans les tentacules ; cependant, les gouttes d'eau doivent frapper les
glandes avec une force considérable, surtout quand une
pluie abondante a enlevé toute la sécrétion ; or, ceci arrive
souvent, bien que la sécrétion soit si visqueuse, qu'il est
difficile de l'enlever en agitant les feuilles dans l'eau. Si
les gouttes d'eau sont petites, elles adhèrent à la sécrétion, dont le poids doit être ainsi beaucoup plus augmenté,
comme nous l'avons déjà fait remarquer, que dans le cas
où on place sur elles des morceaux extrêmement petits de
matières solides ; cependant les gouttes d'eau ne provoquent jamais l'inflexion des tentacules. Il est évident que
c'eût été un grand malheur pour la plante si, comme nous

l'avons déjà dit pour les attouchements accidentels, une ondée avait provoqué l'inflexion des tentacules; mais ce malheur a été évité, soit parce que les glandes, en raison d'une longue habitude, sont devenues insensibles aux coups et à la pression prolongée des gouttes d'eau, soit parce que, dès le principe, elles ont été sensibles seulement au contact des corps durs. Nous verrons ci-après que les filaments des feuilles de la Dionée sont aussi insensibles au choc des liquides, bien qu'elles soient très-sensibles au moindre attouchement d'un corps solide quel qu'il soit.

Quand on coupe avec des ciseaux bien affilés le pédicelle d'un tentacule juste au-dessous de la glande, le tentacule s'infléchit ordinairement. J'ai répété bien des fois cette expérience, ce fait m'ayant beaucoup surpris; car toutes les autres parties du pédicelle sont insensibles, de quelque façon qu'on veuille les exciter. Ces tentacules décapités reprennent au bout de quelque temps leur position normale; mais j'aurai à revenir sur ce point. D'autre part, j'ai quelquefois réussi à écraser une glande avec des pinces; mais cela ne produit aucune inflexion. Dans ce dernier cas, le tentacule semble paralysé, de même qu'il l'est par l'action d'une solution trop forte de certains sels et par une trop grande chaleur; tandis que les solutions plus faibles du même sel et qu'une chaleur plus douce provoquent chez lui un mouvement. Nous verrons aussi, dans les chapitres suivants, que divers autres liquides, que quelques vapeurs et que l'oxygène (après que la plante a été pendant quelque temps soustraite à l'action de ce gaz) provoquent des inflexions; on peut en provoquer aussi en se servant d'un courant électrique induit [1].

1. Mon fils Francis, guidé par les observations du Dr Burdon Sanderson sur la Dionée, a constaté que si l'on plante deux aiguilles dans une feuille de *Drosera*, les tentacules ne se mettent pas en mouvement; mais que si l'on place ces deux aiguilles en rapport avec les pôles de la bobine secondaire d'un appareil inducteur de Dubois, les tentacules s'infléchissent au bout de quelques minutes. Mon fils espère publier bientôt ses observations à ce sujet.

CHAPITRE III.

AGRÉGATION DU PROTOPLASMA A L'INTÉRIEUR DES CELLULES DES TENTACULES.

Nature du contenu des cellules avant l'agrégation. — Différentes causes qui excitent l'agrégation. — Cette agrégation commence à l'intérieur des glandes et se propage le long des tentacules. — Description des masses agrégées et de leurs mouvements spontanés. — Courants de protoplasma le long des parois des cellules. — Action du carbonate d'ammoniaque. — Les granules du protoplasma qui circulent le long des parois se confondent avec les masses centrales. — Une quantité extrèmement petite de carbonate d'ammoniaque suffit pour déterminer l'agrégation. — Action des autres sels d'ammoniaque. — Action d'autres substances, de liqueurs organiques, etc. — Action de l'eau, de la chaleur. — Redissolution des masses agrégées. — Causes immédiates de l'agrégation du protoplasma. — Résumé et conclusions. — Observations supplémentaires sur l'agrégation dans les racines des plantes.

J'interromprai ici la description des mouvements des feuilles pour étudier les phénomènes d'agrégation auxquels j'ai déjà fait allusion. Si l'on examine les tentacules d'une plante jeune, bien que complétement développée, mais qui n'a jamais été excitée, ou dont les tentacules ne se sont jamais infléchis, on voit que les cellules composant les pédicelles sont remplies d'une liqueur pourpre homogène. Les parois sont garnies d'une couche de protoplasma incolore douée d'un certain mouvement de circulation ; mais on aperçoit ce protoplasma beaucoup plus distinctement quand l'agrégation a été provoquée en partie. La liqueur pourpre qui sort d'un tentacule écrasé est quelque peu adhésive et ne se mélange pas avec l'eau ; elle contient beaucoup de matière floconneuse ou granuleuse. Mais il se peut que ces matières aient été engendrées par l'écrasement des cellules, car une certaine agrégation a dû se produire instantanément pendant cet écrasement.

Si l'on examine un tentacule quelques heures après que la glande a été excitée par des attouchements répétés ou parce qu'on a placé sur elle des particules organiques ou inorganiques, ou qu'on lui a fait absorber différents liquides, son aspect est tout autre. Les cellules, au lieu d'être remplies d'un liquide pourpre homogène, contiennent alors des masses de matières pourpres affectant différentes formes, suspendues dans un liquide incolore ou presque incolore. Ce changement est si évident qu'on peut l'observer en se servant d'une loupe très-faible ou quelquefois même à l'œil nu; les tentacules ont alors une sorte d'apparence bigarrée qui permet de les distinguer facilement de tous les autres. On obtient le même résultat si, par un moyen quelconque, on excite les glandes du disque de façon à ce que les tentacules extérieurs s'infléchissent; leur contenu, en effet, s'agrége alors, bien que leurs glandes n'aient été en contact avec aucun objet. Toutefois, comme nous allons le voir tout à l'heure, l'agrégation peut se produire indépendamment de l'inflexion. Quelle que soit la cause qui produise l'agrégation, elle commence dans les glandes et se propage ensuite le long des tentacules. On peut observer cette agrégation beaucoup plus distinctement dans les cellules supérieures des pédicelles que dans les glandes elles-mêmes, car celles-ci sont quelque peu opaques. Peu de temps après que les tentacules ont repris leur position naturelle à la suite d'une inflexion, les petites masses de protoplasma se dissolvent toutes et le liquide pourpre contenu dans les cellules devient aussi homogène et aussi transparent qu'il l'était auparavant. Cette dissolution commence à la base des tentacules pour se diriger vers les glandes et suit, par conséquent, une direction contraire à celle de l'agrégation. J'ai soumis au professeur Huxley, au docteur Hooker et au docteur Burdon

Sanderson des tentacules agrégés ; ils en ont observé les changements au microscope et ont été très-frappés de ce phénomène.

Les petites masses de matières agrégées affectent les formes les plus diverses ; elles sont souvent sphériques ou ovales, quelquefois très-allongées ou tout à fait irrégulières avec des projections qui ressemblent à des fils, à des colliers ou à des bâtons. Elles consistent en une matière épaisse, évidemment visqueuse, qui, dans les tentacules extérieurs, revêt une couleur pourprée et, dans les courts

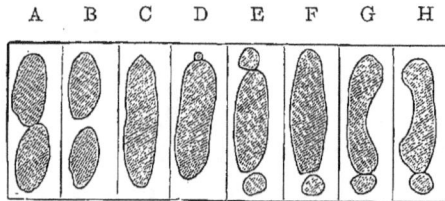

Fig. 7. — *Drosera rotundifolia.*

Dessins faits d'après une même cellule d'un tentacule indiquant les formes que revêtent successivement les masses agrégées de protoplasma.

tentacules du disque, une couleur verdâtre. Ces petites masses ne restent jamais au repos, elles changent incessamment de forme et de position. Une seule masse se sépare souvent en deux parties qui se réunissent ensuite. Leurs mouvements sont assez lents et ressemblent à ceux des corpuscules blancs du sang. Nous pouvons donc conclure que ces masses sont composées de protoplasma. Si on les dessine à l'intervalle de quelques minutes, on observe invariablement que ces masses ont considérablement changé de forme ; or, j'ai observé les mêmes cellules pendant plusieurs heures. J'en ai fait huit dessins à des intervalles de deux ou trois minutes ; ces dessins sont représentés par la fig. 7 ; ils indiquent les changements les plus simples et les plus ordinaires.

Quand je dessinai pour la première fois la cellule A elle renfermait deux masses ovales de protoplasma pourpre en contact l'une avec l'autre. Ces deux masses se séparèrent, comme il est indiqué en B, puis se réunirent comme l'indique la fig. C. Après un court intervalle, le protoplasma prit un aspect très-habituel D, c'est-à-dire qu'il se forma une boule très-petite à l'extrémité d'une masse allongée. Cette boule augmenta rapidement, comme il est indiqué en E, puis fut réabsorbée ainsi qu'il est indiqué en F; en même temps une autre boule se formait à l'autre extrémité.

La cellule que je viens de représenter faisait partie d'un tentacule surmontant une feuille d'un rouge foncé, lequel

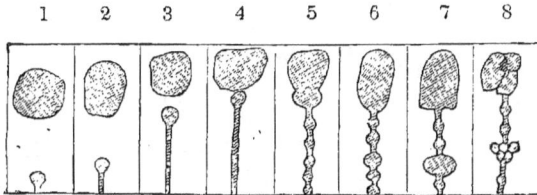

Fig. 8. — *Drosera rotundifolia*.

Dessins faits d'après une même cellule d'un tentacule indiquant les formes que revêtent successivement les masses agrégées de protoplasma.

tentacule avait saisi un petit insecte et fut examiné sous l'eau. Je pensai d'abord que les mouvements du protoplasma pouvaient être dus à l'absorption de l'eau; je plaçai donc une mouche sur une feuille, et quand, au bout de dix-huit heures, tous les tentacules se furent infléchis, je les examinai sans les plonger dans l'eau. La cellule que représente la fig. 8 appartenait à cette feuille, et les huit formes différentes qu'elle affecte ont été dessinées dans l'espace de quinze minutes.

Ces dessins indiquent les changements les plus remarquables que subit le protoplasma. Tout d'abord, j'observai à la base de la fig. n° 1 une petite masse surmontant une petite tige et une plus grosse masse à l'extrémité supérieure; ces deux masses semblaient absolument isolées. Il se peut, néanmoins, qu'elles aient été réunies par un filament de protoplasma assez fin pour être invisible, car, dans deux autres occasions, tandis qu'une des masses augmentait rapidement et qu'une autre masse de la même cellule diminuait non moins rapidement, j'ai pu, en variant l'illumination et en employant un grossissement plus fort, observer un filament extrêmement ténu qui servait évidemment de moyen de communication entre les deux masses. D'autre part, ce filament se brise quelquefois, et alors ses extrémités revêtent promptement la forme de boules. La fig. 8 représente les formes qu'a revêtues successivement le protoplasma.

Dès que le liquide pourpre qui remplit les cellules s'est agrégé, les petites masses flottent dans un liquide incolore ou presque incolore. On peut alors observer beaucoup plus distinctement la couche de protoplasma blanc granuleux qui se meut le long des parois. Le courant circule avec une vitesse irrégulière, s'élevant le long d'une des parois, et descendant le long de la paroi opposée ; il traverse d'ordinaire plus lentement les extrémités étroites des cellules allongées, mais il décrit toujours un mouvement circulaire. Toutefois, le courant s'arrête quelquefois. Le mouvement affecte parfois la forme de vagues dont la crête s'étend alors à travers toute la cellule, puis se calme presque immédiatement. Souvent aussi de petites boules de protoplasma qui semblent tout à fait isolées sont entraînées par le courant autour des cellules ; les filaments attachés aux masses centrales s'agitent de toutes parts comme s'ils essayaient de s'échapper. En un mot, ces cellules avec leurs masses centrales changeant constamment de forme et le courant de protoplasma circulant le long des parois, présentent une scène étonnante d'activité vitale.

J'ai fait de nombreuses observations sur le contenu des cellules pendant l'agrégation du protoplasma ; mais je me contenterai d'indiquer quelques cas sous différents chefs. J'ai coupé une petite partie d'une feuille, puis j'ai comprimé lentement les glandes tout en les examinant avec un fort grossissement. Au bout de quinze minutes, j'ai vu distinc-

tement des boules extrêmement petites de protoplasma s'agréger
dans le liquide pourpre; ces boules augmentaient rapidement en
grosseur à l'intérieur des cellules des glandes et des cellules de l'extrémité supérieure des pédicelles. J'ai placé des parcelles de verre,
de liége et de charbon sur les glandes de nombreux tentacules;
au bout d'une heure, plusieurs étaient infléchis, mais, au bout
d'une heure trente-cinq minutes, je n'ai pu apercevoir aucune agrégation. J'ai examiné, au bout de huit heures, des tentacules portant des parcelles analogues; toutes les cellules présentaient alors
des phénomènes d'agrégation. Il en était de même des cellules des
tentacules extérieurs qui s'étaient infléchis par suite de l'impulsion
qui leur avait été transmise par les glandes du disque sur lesquelles
reposaient les parcelles. J'ai observé le même phénomène à l'intérieur des cellules des tentacules courts, qui entourent le disque, bien
qu'aucun d'eux ne se fût encore infléchi. Ce dernier fait prouve
que les phénomènes d'agrégation se produisent indépendamment de
l'inflexion des tentacules; nous en avons, d'ailleurs, de nombreuses
preuves. Dans une autre expérience, j'ai examiné avec beaucoup de
soin les tentacules extérieurs de trois feuilles et j'ai pu m'assurer
qu'ils ne contenaient que du liquide pourpre homogène; je plaçai
alors des petits morceaux de fil sur les glandes de trois de ces tentacules; au bout de vingt-deux heures, le fluide pourpre de leurs
cellules jusqu'à la base des pédicelles s'était transformé en innombrables masses sphériques allongées ou filamenteuses de protoplasma.
Les morceaux de fil avaient été, depuis quelque temps, transportés
jusqu'au disque central, ce qui avait causé l'inflexion plus ou moins
prononcée de tous les autres tentacules; les cellules de ces derniers
présentaient aussi quelques traces d'agrégation, mais j'ai pu observer
que cette agrégation ne s'étendait pas jusqu'à la base des pédicelles
et était restreinte aux cellules placées immédiatement au-dessous des
glandes.

Non-seulement les attouchements répétés opérés sur les glandes et
le contact de parcelles extrêmement petites produisent l'agrégation[1],
mais, si on coupe, sans les blesser, les glandes qui surmontent les
pédicelles, on provoque par ce fait une certaine agrégation dans les
tentacules décapités qui commencent par s'infléchir. D'autre part, si on

1. A en juger d'après certaines observations de M. Heckel, dont je viens
de lire le détail dans le *Gardener's Chronicle* (10 octobre 1874), un phénomène
semblable se produit dans les étamines du *Berberis* après qu'elles ont été
excitées par un attouchement et qu'elles se sont mises en mouvement; il
dit en effet : « Le contenu de chaque cellule individuelle se groupe au centre
de la cavité. »

écrase soudainement les glandes avec des pinces, comme je l'ai essayé dans six cas différents, une blessure aussi subite semble paralyser les tentacules, car ils ne s'infléchissent pas et ne présentent aucun signe d'agrégation.

Carbonate d'ammoniaque. — De toutes les causes qui provoquent l'agrégation, celle qui agit le plus rapidement et qui est la plus énergique, autant toutefois que j'ai pu en juger, est une solution de carbonate d'ammoniaque. Quelle que puisse être la force de cette solution elle agit immédiatement sur les glandes qui deviennent assez opaques pour paraître noires. Par exemple, j'ai placé une feuille dans quelques gouttes d'une forte solution, c'est-à-dire contenant une partie de carbonate pour cent quarante-six parties d'eau (ou trois grains de carbonate pour une once d'eau, 195 milligr. de carbonate pour 31 grammes d'eau) et j'ai observé la feuille au microscope avec un fort grossissement. Au bout de dix secondes, toutes les glandes commencèrent à noircir; au bout de treize secondes, elles étaient noires. Au bout d'une minute, j'ai pu voir se former des petites masses sphériques de protoplasma dans les cellules placées immédiatement au-dessous des glandes, aussi bien que dans les renflements sur lesquels reposent les longues glandes marginales. Dans quelques cas l'agrégation s'est propagée, en dix minutes environ, le long des pédicelles sur une longueur deux ou trois fois aussi grande que celle des glandes. Il est intéressant d'observer que le phénomène s'arrête momentanément à chaque cloison transversale qui sépare deux cellules; puis le contenu transparent de la cellule inférieure se transforme presque immédiatement en une masse nuageuse. Cette action se propage plus lentement dans la partie inférieure des pédicelles, de telle sorte qu'il s'écoule environ vingt minutes avant que les cellules situées à moitié de la longueur des tentacules marginaux et sous-marginaux présentent des traces d'agrégation.

Nous pouvons conclure de ces faits que les glandes absorbent le carbonate d'ammoniaque, non-seulement parce que son action est très-rapide, mais encore parce que les effets qu'il produit sont quelque peu différents de ceux produits par les autres sels. Comme les glandes quand on les excite, sécrètent un acide appartenant à la série acétique, il est probable que le carbonate est immédiatement transformé en un sel de cette série; nous verrons, d'ailleurs, tout à l'heure, que l'acétate d'ammoniaque provoque l'agrégation aussi énergiquement que le fait le carbonate. Si on ajoute quelques gouttes d'une solution contenant une partie de carbonate pour quatre cent trente-sept parties d'eau (ou un grain de carbonate pour une once d'eau, 65 milligr.

pour 31 grammes d'eau) au liquide pourpre qui découle des tentacules écrasés, ou sur du papier qu'on a teinté en le frottant sur
ces tentacules, le liquide et le papier prennent une teinte vert-pâle
sale. Cependant, j'ai pu encore distinguer, au bout d'une heure
trente minutes, quelque coloration pourpre dans les glandes d'une
feuille plongée dans une solution ayant le double de la force de
celle dont je viens de parler (c'est-à-dire deux grains de carbonate
pour une once d'eau); et, vingt-quatre heures après, les cellules situées
immédiatement au-dessous des glandes contenaient encore des boules
de protoplasma ayant une belle teinte pourpre. Ces faits prouvent que
l'ammoniaque n'avait pas pénétré dans les cellules sous forme de carbonate, car autrement la couleur aurait disparu. Toutefois, j'ai observé
quelquefois, et surtout sur les tentacules à tête allongée situés sur
le bord de feuilles peu colorées, plongées dans une solution, que
les glandes aussi bien que les cellules supérieures des pédicelles perdent leur couleur; je présume, dans ce cas, que le carbonate a été
absorbé sans modification. J'ai indiqué tout à l'heure que la propagation de l'agrégation subit un court temps d'arrêt à chaque cloison
transversale; cela imprime à l'esprit l'idée de matières transportées de
cellule à cellule. Mais comme l'agrégation se propage dans les cellules
superposées les unes aux autres quand on place sur les glandes des
parcelles inorganiques et insolubles, cette agrégation doit provenir,
au moins dans ces cas, d'une modification moléculaire transmise
par les glandes, indépendamment de l'absorption d'une matière quelle
qu'elle soit. Il peut en être de même pour le carbonate d'ammoniaque. Toutefois, comme l'agrégation provoquée par ce sel se propage
beaucoup plus rapidement dans les tentacules que lorsqu'on place des
parcelles insolubles sur les glandes, il est probable que l'ammoniaque,
sous une forme quelconque, n'est pas seulement absorbée par les
glandes, mais qu'elle pénètre dans les tentacules.

Ayant examiné une feuille dans l'eau, et trouvé le contenu des cellules parfaitement homogène, je la plongeai dans quelques gouttes d'une
solution contenant une partie de carbonate pour quatre cent trente-
sept parties d'eau, puis j'examinai les cellules placées immédiatement
au-dessous des glandes, mais sans employer un fort grossissement.
Au bout de trois minutes, je ne remarquai aucun signe d'agrégation;
au bout de quinze minutes, des petites boules de protoplasma se formèrent, plus particulièrement au-dessous des glandes allongées de la
marge, mais la transformation dans ce cas s'opéra avec une lenteur
extraordinaire. Au bout de vingt-cinq minutes, il y avait des masses
sphériques dans les cellules des pédicelles sur une longueur à peu
près égale à celle des glandes, au bout de trois heures, l'agrégation

s'était étendue à un tiers, ou même à une moitié, des tentacules entiers.

Si l'on place dans quelques gouttes d'une faible solution, contenant une partie de carbonate pour quatre mille trois cent soixante-quinze parties d'eau (un grain de carbonate pour dix onces d'eau) des tenta-cules dont les cellules ne contiennent qu'un liquide rose très-pâle et apparemment peu de protoplasma, et que l'on examine avec soin, en se servant d'un grossissement considérable, les cellules très-transpa-rentes qui se trouvent au-dessous des glandes, on observe bientôt qu'elles deviennent légèrement nuageuses par suite de la formation de granules innombrables : ceux-ci sont d'abord à peine percep-tibles, puis s'accroissent rapidement, soit en raison d'une agréga-tion, soit parce qu'ils attirent le protoplasma qui peut se trouver dans le liquide environnant. Dans une expérience, je choisis une feuille particulièrement pâle et je plaçai sur elle, pendant que je l'examinais au microscope, une seule goutte d'une solution plus forte, c'est-à-dire contenant une partie de carbonate pour quatre cent trente-sept parties d'eau ; dans ce cas, le contenu des cellules ne devint pas nuageux, mais, au bout de dix minutes, je pus observer des granules irréguliers de protoplasma qui, se développant rapidement, se transformèrent en masses irrégulières et en globules affectant une coloration verdâtre ou pourpre très-pâle ; toutefois, ces globules ne se transformèrent jamais en boules parfaites bien qu'ils changeassent incessamment de forme et de position.

Le premier effet d'une solution de carbonate sur les feuilles modé-rément rouges est ordinairement la formation de deux, trois ou plusieurs boules pourpres très-petites, dont la grosseur augmente rapidement. Pour donner une idée de la rapidité avec laquelle ces boules augmen-tent en grosseur, je puis relater que je plaçai une goutte d'une solution contenant une partie de carbonate pour 292 parties d'eau, sur une feuille pourpre pâle, que j'avais disposée sous une plaque de verre ; au bout de treize minutes, quelques petites boules de protoplasma s'étaient formées ; au bout de deux heures et demie une de ces boules occupait environ les 2/3 du diamètre de la cellule. Au bout de quatre heures vingt-cinq minutes, elle occupait presque le diamètre de la cellule, et une seconde boule s'était formée ayant à peu près la moitié de la grosseur de la première et quelques autres petites boules commen-çaient à paraître. Au bout de six heures, le liquide dans lequel flot-taient ces boules était devenu presque incolore ; au bout de huit heu-res trente-cinq minutes (en comptant toujours du moment où j'avais placé la solution sur la feuille), 4 nouvelles petites boules s'étaient formées. Le lendemain matin, au bout de vingt-deux heures, je pus observer outre les 2 grosses boules, 7 autres plus petites flottant dans un liquide absolument incolore, qui tenait en suspension quelques matières floconneuses verdâtres.

Au commencement de l'agrégation, plus particulièrement dans les feuilles rouge foncé, le contenu des cellules présente souvent un aspect différent, comme si la couche de protoplasma (utricules primordiaux) qui garnit les cellules s'était séparée de la paroi en se ratatinant, ce qui provoque la formation d'un petit sac pourpre à forme irrégulière. La solution de carbonate n'est pas la seule qui produise cet effet; d'autres solutions agissent de même, une infusion de viande crue, par exemple. Mais il y a certainement erreur quand on se figure que l'utricule primordial se ratatine et se sépare de la paroi[1]; en effet, avant d'ajouter la solution j'observai, dans plusieurs occasions, que les parois sont recouvertes d'une couche de protoplasma incolore en circulation et, après la formation des masses ressemblant à un sac, le protoplasma circulait encore le long des parois d'une façon très-apparente plus même qu'auparavant. Il semble même que le courant de protoplasma est augmenté par l'action du carbonate, mais il m'a été impossible de déterminer si tel est réellement le cas. Les masses en forme de sac se mettent à circuler lentement autour des cellules dans lesquelles elles se sont formées; quelquefois il se forme sur elles des petites projections qui se séparent et constituent des petites boules; d'autres boules paraissent dans le liquide qui enveloppe les sacs et ces dernières ont un mouvement de translation beaucoup plus rapide. Le fait que, parfois, une boule, puis une autre, avance plus rapidement, et que, parfois, elles tournent l'une autour de l'autre, prouve que les petites boules sont absolument indépendantes les unes des autres. J'ai observé quelquefois des boules de cette espèce montant et descendant le long de la même paroi d'une cellule au lieu de tourner autour d'elle. Les masses en forme de sac se divisent ordinairement, au bout d'un certain temps, en deux masses ovales ou arrondies et ces dernières subissent les transformations indiquées dans les fig. 7 et 8. D'autres fois, des boules se forment à l'intérieur des sacs, se réunissent et se séparent et subissent ainsi des transformations perpétuelles.

Quand les feuilles ont plongé pendant quelques heures dans une solution de carbonate et que l'agrégation est complète, on cesse d'apercevoir le courant de protoplasma le long des parois des cellules; j'ai observé ce fait bien des fois, je me contenterai toutefois

1. J'ai observé souvent chez d'autres plantes ce qui paraît être une vraie séparation de l'utricule primordial des parois des cellules; cette séparation causée par une solution de carbonate d'ammoniaque peut être aussi le résultat de moyens mécaniques.

de citer un seul exemple. Je plaçai une feuille pourpre pâle dans quelques gouttes d'une solution contenant une partie de carbonate pour
292 parties d'eau; au bout de deux heures, quelques belles boules
pourpres s'étaient formées dans les cellules supérieures des pédicelles
et le courant de protoplasma autour des parois était encore parfaitement distinct; mais, quatre heures après ces deux premières heures,
pendant lequel laps de temps beaucoup d'autres boules s'étaient formées, l'examen le plus attentif ne me permit plus de distinguer le
courant; cela provenait sans doute de ce que les granules s'étaient
unis aux boules, de telle sorte que le protoplasma étant devenu
parfaitement limpide, il ne restait plus rien qui pût faire apercevoir
les mouvements qui l'agitaient. Toutefois, des petites boules isolées
circulaient toujours dans les cellules, ce qui prouve qu'il y avait encore
un courant. Le lendemain matin, au bout de vingt-deux heures,
les choses étaient encore dans le même état, bien qu'il se fût formé
de nouvelles petites boules qui oscillaient de place en place et
qui changeaient de position; donc le courant n'avait pas cessé bien
qu'il fût impossible de distinguer la circulation du protoplasma.
Dans une autre expérience, j'ai pu, cependant, observer le courant
circulant autour des parois des cellules d'une vigoureuse feuille de
couleur foncée après une immersion de vingt-quatre heures dans une
solution un peu plus forte, c'est-à-dire une partie de carbonate pour
218 parties d'eau. Cette feuille n'avait donc pas été attaquée ou l'a-
vait été très-peu par une immersion aussi prolongée dans une solution de 2 grains de carbonate par once d'eau (13 centigrammes pour
31 grammes d'eau); je plongeai ensuite cette feuille dans de l'eau
pure et l'y laissai pendant vingt-quatre heures; au bout de ce temps,
les masses agrégées dans la plupart des cellules s'étaient dissoutes
et elles présentaient le même aspect que présentent les feuilles à
l'état de nature, quand elles se redressent après avoir capturé des
insectes.

Je pressai légèrement avec une plaque de verre, puis j'examinai
sous un grossissement considérable des boules de protoplasma (formées par la division naturelle d'une masse en forme de sac) appartenant à une feuille qui était restée pendant vingt-deux heures dans
une solution d'une partie de carbonate pour 292 parties d'eau. Ces
boules étaient alors distinctement séparées par des fissures rayonnantes bien définies, ou se trouvaient brisées en fragments séparés
ayant des bords très-nets; elles étaient solides jusqu'au centre. La
partie centrale des plus grosses boules brisées était plus opaque, plus
foncée et moins cassante que les parties extérieures; dans quelques cas,
les fissures n'avaient pénétré qu'à une petite distance à l'intérieur.

Dans beaucoup de boules la ligne de séparation entre la partie intérieure et la partie extérieure était assez bien définie. Les parties extérieures affectaient exactement la même teinte pourpre pâle que revêtent les petites boules formées en dernier lieu ; ces dernières n'ont
aucun noyau central plus foncé.

Nous pouvons conclure de ces divers faits que, lorsqu'on soumet
des feuilles foncées vigoureuses à l'action du carbonate d'ammoniaque,
le liquide contenu dans les cellules des tentacules s'agrége souvent
extérieurement en une matière cohérente visqueuse formant une sorte
de sac. Des petites boules apparaissent quelquefois à l'intérieur de ce
sac et le tout se divise ordinairement bientôt en deux ou plusieurs
boules qui se réunissent et se séparent incessamment. Après un laps de
temps plus ou moins long, les granules en suspension dans la couche
de protoplasma incolore qui coule le long des parois, se trouvent attirés vers les masses plus grosses et s'unissent avec elles, ou forment
des petites boules indépendantes ; ces dernières ont une couleur
beaucoup plus pâle et sont plus cassantes que les masses primitive-
ment agrégées. Après que les granules contenus dans le protoplasma
ont été ainsi attirés, on ne peut plus apercevoir la couche de protoplasma en circulation, bien qu'un courant de liquide limpide circule
encore le long des parois.

Si l'on plonge une feuille dans une solution très-forte, presque
concentrée, de carbonate d'ammoniaque, les glandes noircissent immédiatement et produisent d'abondantes sécrétions, mais il ne se produit aucun mouvement des tentacules. Deux feuilles traitées ainsi devinrent flasques au bout d'une heure et me semblèrent mortes ; toutes
les cellules de leurs tentacules contenaient des petites sphères incolores de protoplasma. Deux autres feuilles plongées dans une solution
un peu moins forte présentèrent des signes d'agrégation bien distincts
au bout de trente minutes. Au bout de vingt-quatre heures, les masses de protoplasma sphériques, ou plus communément oblongues, devinrent opaques et granuleuses au lieu d'être translucides comme à
l'ordinaire ; les cellules inférieures ne contenaient que d'innombrables
granules sphériques très-petits. Il est évident que la force de la solution s'était opposée à la marche naturelle du phènomène, et nous
verrons que l'application d'une trop grande chaleur produit le même
effet.

Toutes les observations précédentes s'appliquent aux tentacules
extérieurs qui ont une couleur pourpre ; toutefois, le carbonate d'ammoniaque ou une infusion de viande crue agissent exactement de la
même façon sur les pédicelles verts des tentacules courts du centre de
la feuille, avec cette seule différence que les masses agrégées affectent

une couleur verdâtre. On peut donc conclure que cette transformation ne dépend aucunement de la couleur des liquides contenus dans les cellules.

Enfin, le fait le plus remarquable relativement à ce sel est la quantité extrêmement petite qui suffit pour causer l'agrégation. Nous entrerons à ce sujet, dans le VIIᵉ chapitre, dans des détails complets ; il suffira de dire ici que, si on emploie une feuille active, l'absorption par une glande de 1/134400ᵉ de grain (0,000482 de milligr.) suffit pour causer, au bout d'une heure, une agrégation bien marquée dans les cellules situées immédiatement au-dessous de la glande.

Effets de certains autres sels et d'autres liquides. — J'ai placé deux feuilles dans une solution contenant une partie d'acétate d'ammoniaque pour 146 parties d'eau environ ; cette solution agit sur les feuilles aussi énergiquement que le carbonate, mais peut-être pas aussi rapidement. Au bout de dix minutes, les glandes étaient noires et on pouvait distinguer des signes d'agrégation dans les cellules situées au-dessous d'elles ; au bout de 15 minutes, cette agrégation était très-prononcée et elle s'étendait dans les tentacules sur une longueur égale à celle des glandes. Au bout de deux heures, le contenu de presque toutes les cellules, dans tous les tentacules, s'était transformé en masses de protoplasma. J'ai plongé une feuille dans une solution contenant une partie d'oxalate d'ammoniaque pour 146 parties d'eau ; au bout de vingt-quatre minutes, j'ai pu observer un changement très-minime dans les cellules situées au-dessous des glandes. Au bout de quarante-sept minutes, beaucoup de masses sphériques de protoplasma s'étaient formées et elles s'étendaient le long des tentacules sur une longueur égale à peu près à celle des glandes. Ce sel n'agit donc pas aussi rapidement que le carbonate. Quant au citrate d'ammoniaque, une feuille plongée dans une solution, au même degré que celui que je viens d'indiquer, ne présenta une trace d'agrégation dans les cellules situées au-dessous des glandes qu'au bout de cinquante-six minutes ; mais l'agrégation était bien marquée au bout de deux heures vingt minutes. Dans une autre expérience, je plongeai une feuille dans une solution plus forte, c'est-à-dire contenant une partie de citrate pour 109 parties d'eau (4 grains pour 1 once), et, en même temps, une autre feuille dans une solution de carbonate préparée au même degré. Les glandes de cette dernière étaient devenues noires en moins de deux minutes et au bout d'une heure quarante-sept minutes des masses agrégées sphériques et très-foncées de protoplasma s'étendaient dans tous les tentacules sur la moitié ou les 2/3 de leur longueur ; au contraire, au bout de trente minutes, les glandes de la feuille plongée dans la solution de citrate étaient encore rouge foncé et les masses, dans les cellules inférieures, roses et allongées. Au bout d'une heure quarante-cinq minutes, ces masses s'étendaient seulement sur le 1/5e, ou tout au plus sur le 1/4 de la longueur des tentacules.

J'ai plongé deux feuilles, chacune dans 10 minimes d'une solution composée d'une partie d'azotate d'ammoniaque pour 5250 parties d'eau (1 grain d'azotate pour 12 onces d'eau), de façon que chaque feuille reçut 1/576 de grain (0,1124 de millig.) du sel. Cette quantité suffit pour faire infléchir tous les tentacules, mais au bout de vingt-quatre heures on ne pouvait apercevoir qu'une légère trace d'agrégation. Une de ces mêmes feuilles fut alors plongée dans une faible solution de carbonate et, au bout d'une heure quarante-cinq minutes, les tentacules présentaient un degré extraordinaire d'agrégation sur la moitié de leur longueur. Deux autres feuilles furent alors plongées dans une solution beaucoup plus forte d'azotate d'ammoniaque composée d'une partie d'azotate pour 146 parties d'eau (3 grains d'azotate pour 1 once d'eau). Une de ces feuilles ne présenta aucune trace de changement au bout de trois heures; dans l'autre feuille, j'observai quelques signes d'agrégation au bout de cinquante-deux minutes et ces signes devinrent parfaitement distincts au bout d'une heure vingt-deux minutes; toutefois, au bout même de deux heures douze minutes il n'y avait certainement pas plus d'agrégation dans cette feuille qu'il n'y en aurait eu après une immersion de cinq à dix minutes dans une solution également forte de carbonate.

Enfin, une feuille fut plongée dans 80 minimes d'une solution contenant une partie de phosphate d'ammoniaque pour 43750 parties d'eau (1 grain de phosphate pour 100 onces d'eau), de telle sorte qu'elle reçoive 1/1600 de grain (0,04079 de milligr.) de phosphate. Sous l'action de ce sel les tentacules s'infléchirent bientôt fortement et, au bout de vingt-quatre heures, le contenu des cellules était agrégé en masses ovales ou en globules irréguliers et un courant de protoplasma très-distinct circulait le long des parois. Toutefois, je dois faire remarquer qu'après un laps de temps aussi considérable l'agrégation devait se faire, quelle qu'ait été d'ailleurs la cause qui ait fait infléchir les tentacules.

Outre les sels d'ammoniaque, je n'ai expérimenté qu'avec fort peu d'autres sels au point de vue des phénomènes d'agrégation. Au bout d'une heure d'immersion dans une solution contenant une partie de chlorure de sodium pour 218 parties d'eau, le contenu des cellules d'une feuille se trouvait agrégé en petites masses brunâtres affectant la forme de globules irréguliers; au bout de deux heures, ces masses avaient presque disparu pour faire place à une sorte de matière pulpeuse. Il était évident que le protoplasma avait été profondément affecté; bientôt après, quelques cellules semblèrent se vider complétement. Ces effets diffèrent absolument de ceux produits par les divers sels d'ammoniaque, ainsi que de ceux causés par différents liquides organiques et par des parcelles inorganiques placées sur les glandes. Des solutions de la même force de carbonate de soude et de carbonate de potasse agirent à peu près de la même façon que la solution de chlorure de sodium; je remarquai encore qu'au bout de deux heures et demie les cellules extérieures de quelques-unes des glandes s'étaient vidées. Nous verrons, dans le VIIIe chapitre, que les solutions de plusieurs sels de soude, ayant la moitié de la force de celles dont nous venons de parler, causent l'inflexion des tentacules, mais n'attaquent pas les feuilles. De faibles solutions de sulfate de quinine, de nicotine, de camphre, de poison du cobra, etc., produisent bientôt une agrégation bien marquée; certaines autres substances, au contraire, une solution de curare, par exemple, n'ont aucun effet semblable.

Beaucoup d'acides, bien que très-étendus d'eau, font l'effet de poisons. Comme on le verra dans le VIIIe chapitre ils produisent l'inflexion des tentacules, mais ne causent pas une véritable agrégation. Ainsi, j'ai plongé les feuilles dans une solution contenant une partie d'acide benzoïque pour 437 parties d'eau; au bout de quinze minutes, le liquide pourpre contenu dans les cellules s'était un peu séparé des parois; cependant, malgré l'examen le plus attentif, au bout d'une heure vingt minutes, je ne pus découvrir aucune trace de véritable agrégation; au bout de vingt-quatre heures, la feuille était évidemment morte. D'autres feuilles plongées dans l'acide iodique, étendu d'eau dans les mêmes proportions, présentèrent, au bout de deux heures quinze minutes, le même aspect de séparation du liquide pourpre que dans le cas précédent; en examinant les cellules avec un fort grossissement, au bout de six heures quinze minutes, je vis qu'elles étaient remplies de boules extrêmement petites de protoplasma rougeâtre terne; le lendemain matin, c'est-à-dire au bout de vingt-quatre heures, ces boules avaient presque disparu, la feuille étant évidemment morte. Je ne distinguai aucune agrégation véritable dans des feuilles plongées dans l'acide propionique étendu d'eau dans les mêmes proportions; toutefois, dans ce cas, le protoplasma se réunit en masses irrégulières vers la base des cellules inférieures des tentacules.

Une infusion filtrée de viande crue provoque une forte agrégation, mais non pas très-rapide. Une petite agrégation se produisit chez une feuille plongée chez une infusion semblable après un délai d'une heure vingt minutes et dans une autre feuille après un délai d'une heure cinquante minutes. Chez d'autres feuilles, le délai nécessaire pour la production de l'agrégation est beaucoup plus considérable; par exemple, une feuille plongée pendant cinq heures dans une infusion de viande ne présenta aucun signe d'agrégation et cette même feuille fut attaquée, au bout de cinq minutes, par quelques gouttes d'une solution contenant une partie de carbonate d'ammoniaque pour 146 parties d'eau. J'ai laissé quelques feuilles dans une infusion de viande pendant vingt-quatre heures; l'agrégation est alors extrême, car les tentacules infléchis, vus à l'œil nu, semblent tachetés. Dans ce cas, les petites masses de protoplasma pourpre sont ordinairement ovales et affectent rarement la forme sphérique que l'on remarque chez les feuilles soumises à l'action du carbonate d'ammoniaque; en outre, ces masses subissent des changements de forme incessants et le courant de protoplasma incolore le long des parois de la cellule est encore parfaitement visible après une immersion de vingt-cinq heures. La viande crue est un stimulant trop puissant; des morceaux très-petits suffisent pour blesser et même quelquefois pour tuer les feuilles sur lesquelles on les place. Dans ce cas, les masses agrégées de protoplasma deviennent ternes, presque incolores, et présentent un aspect granuleux extraordinaire qui rappelle l'aspect d'une feuille qui a été plongée dans une solution très-forte de carbonate d'ammoniaque. Le liquide contenu dans les cellules d'une feuille plongée dans du lait s'est quelque peu agrégé au bout d'une heure. Une feuille plongée dans la salive humaine pendant deux heures et demie, et une autre, plongée dans un blanc d'œuf cru pendant une heure et demie, ne présentèrent aucune trace d'agrégation; mais il est plus que probable que cet effet se serait produit si je les avais laissées plus longtemps dans ces liquides. Ces deux mêmes feuilles furent plongées ensuite dans une solution de carbonate d'ammoniaque (3 grains de carbonate pour 1 once d'eau); le liquide de leurs cellules s'agrégea, chez l'une, au bout de dix minutes, chez l'autre, au bout de cinq minutes.

Je plongeai plusieurs feuilles dans une solution contenant une partie de sucre blanc pour 146 parties d'eau, et je les y laissai quatre heures et demie sans qu'il se produisît aucune agrégation; une solution de carbonate d'ammoniaque faite dans les mêmes proportions a agi sur ces feuilles au bout de cinq minutes; il en a été de même pour une feuille que j'avais laissée pendant une heure quarante-cinq minutes dans une solution assez épaisse de gomme arabique. Je plongeai plusieurs autres feuilles dans des solutions plus denses de sucre, de gomme et d'amidon, et, au bout de quelques heures, le contenu de leurs cellules s'était complètement agrégé. On peut attribuer cet effet à l'exosmose; car les feuilles plongées dans un sirop deviennent tout à fait flasques; celles qui sont plongées dans la gomme et dans

l'amidon deviennent aussi un peu flasques et leurs tentacules se
contournent de la façon la plus irrégulière, les plus longs affectant
absolument la forme de tire-bouchons. Nous verrons, ci-après, que
ces solutions placées sur le disque des feuilles ne causent pas l'inflexion des tentacules. Des parcelles de cassonade placées sur la
sécrétion qui entoure les glandes se dissolvent bientôt et la secrétion
augmente dans une proportion considérable, sans doute par suite de
l'exosmose; au bout de vingt-quatre heures, on remarque un certain
degré d'agrégation dans les cellules, bien que les tentacules ne s'infléchissent pas. La glycérine provoque, au bout de quelques minutes,
une agrégation bien prononcée qui commence, comme à l'ordinaire,
à l'intérieur des glandes et qui se propage le long des tentacules; on
peut, je crois, attribuer cet effet à la grande attraction que la glycérine exerce sur l'eau. L'immersion dans l'eau, prolongée pendant plusieurs heures, produit un certain degré d'agrégation. J'ai examiné
20 feuilles avec beaucoup de soin, puis je les ai étudiées de nouveau après les avoir laissées dans l'eau distillée pendant des espaces
de temps différents; j'ai obtenu les résultats suivants : il est rare de
trouver des traces d'agrégation à moins que les feuilles n'aient été
plongées dans l'eau pendant quatre ou cinq heures et même ordinairement pendant plus longtemps. Toutefois, quand une feuille s'est rapidement infléchie après l'immersion, ce qui arrive quelquefois, surtout
quand il fait très-chaud, l'agrégation peut se produire au bout d'une heure
à peu près. Dans tous les cas, les glandes des feuilles plongées dans l'eau
pendant plus de vingt-quatre heures sont complétement noircies, ce qui
prouve que le liquide qu'elles contiennent est complétement agrégé ;
dans les spécimens dont je viens de parler et qui ont été examinés
avec soin, j'ai pu remarquer des traces d'agrégation bien marquées
dans les cellules supérieures des pédicelles. Ces essais, ayant été faits
avec des feuilles coupées, il me parut que cette circonstance était de
nature à influencer les résultats, car les tiges ne pouvaient peut-être
pas absorber l'eau assez rapidement pour subvenir aux besoins des
glandes qui continuent à sécréter. Toutefois, cette hypothèse ne se vé-
rifia pas; j'expérimentai, en effet, sur une plante portant 4 feuilles et
dont les racines étaient en parfait état; je la plongeai dans l'eau distillée
pendant quarante-sept heures ; au bout de ce temps, les glandes
avaient noirci bien que les tentacules ne fussent que fort peu infléchis. Chez l'une de ces feuilles, je ne remarquai que quelques traces
d'agrégation dans les tentacules; chez la seconde, l'agrégation était
un peu plus marquée et le liquide pourpre des cellules s'était un peu
séparé des parois; chez la troisième et chez la quatrième, qui étaient
des feuilles pâles, l'agrégation des parties supérieures des pédicelles

fut marquée. Les petites masses de protoplasma contenues dans les cellules étaient pour la plupart ovales et changeaient lentement de forme et de position; une immersion de quarante-sept heures n'avait donc pas tué le protoplasma. Dans une expérience précédente faite sur une plante submergée, les tentacules ne présentèrent aucune trace d'inflexion.

La chaleur provoque l'agrégation. Une feuille dont les cellules des tentacules ne contenaient que du liquide homogène fut agitée, pendant une minute environ, dans de l'eau portée à 130° F (54°,4 centig.) et examinée ensuite au microscope aussi rapidement que possible, c'est-à-dire au bout de deux ou trois minutes; le contenu des cellules présentait alors quelques traces d'agrégation. Une seconde feuille agitée pendant deux minutes dans de l'eau portée à 125° F. (51°, 6 centig.) fut examinée aussi rapidement que dans le cas précédent; le liquide pourpre de toutes les cellules s'était un peu écarté des parois et contenait plusieurs masses ovales et allongées de protoplasma avec quelques petites boules. Une troisième feuille fut plongée dans de l'eau portée à 125° F. (51°, 6 centig.) et y fut laissée jusqu'à ce que l'eau se fût refroidie; examinés au bout d'une heure quarante-cinq minutes les tentacules infléchis présentaient quelques traces d'agrégation; au bout de trois heures, elle était beaucoup plus marquée, mais elle n'augmenta pas davantage. Enfin, j'agitai une feuille pendant une minute dans de l'eau portée à 120° F. (48°, 8 centig.), puis je la plongeai pendant une heure vingt-six minutes dans de l'eau froide; les tentacules n'étaient que peu infléchis et on ne remarquait que çà et là quelques traces d'agrégation. Dans tous ces essais avec l'eau chaude, le protoplasma a montré beaucoup moins de tendance à s'agréger en masses sphériques que lorsqu'on l'excite avec du carbonate d'ammoniaque.

Redissolution des masses agrégées de protoplasma. — Dès que les tentacules qui ont saisi un insecte ou un objet inorganique, ou qui ont été excités de quelque façon que ce soit, se sont complétement redressés, les masses agrégées de protoplasma se dissolvent et disparaissent; les cellules sont alors de nouveau remplies d'un liquide pourpre homogène de même qu'elles l'étaient avant l'inflexion des tentacules. Dans tous les cas, la dissolution commence à la base des tentacules et se propage jusque dans les glandes. Toutefois, dans les vieilles feuilles, et surtout dans celles qui ont agi plusieurs fois, le protoplasma des cellules supérieures des pédicelles reste plus ou moins agrégé de façon permanente. J'ai fait les observations suivantes pour observer la marche de la dissolution : je laissai une feuille pendant vingt-quatre heures dans une faible solution contenant une partie de carbonate d'ammoniaque pour 218 parties d'eau ; comme d'ordinaire, le protoplasma s'était agrégé en innombrables globules pourpres qui changeaient incessamment de forme. Je lavai alors la feuille et je la plaçai dans de l'eau distillée ; au bout de trois heures quinze minutes, quelques globules perdirent leurs contours bien définis, indice certain que la dissolution allait commencer. Au bout de neuf heures, la plupart des globules s'étaient allongés et le liquide des cellules avait repris quelque peu sa coloration, ce qui indiquait évidemment que la dissolution avait commencé. Au bout de vingt-quatre heures, bien que beaucoup de cellules continssent encore des globules, on pouvait en observer quelques-unes qui ne contenaient plus que du liquide pourpre sans trace de protoplasma agrégé ; tout le protoplasma s'était dissous. Une feuille contenant des masses agrégées par suite de son immersion, pendant deux minutes, dans de l'eau portée à la température de 125° F. (51°,6 centig.), fut plongée dans de l'eau froide, et, au bout de onze heures, le protoplasma commença à se dissoudre. Examinée trois jours après son immersion dans l'eau chaude, cette feuille présentait un aspect tout différent, bien que le protoplasma fût encore quelque peu agrégé. Je plongeai, pendant trois ou quatre jours, dans un mélange que je sais être inoffensif, contenant un drachme (1,771 gram.) d'alcool pour 8 drachmes d'eau, une feuille dont tout le liquide des cellules était fortement agrégé par suite de l'action d'une faible solution de phosphate d'ammoniaque ; au bout de ce temps, toute trace d'agrégation avait disparu et les cellules étaient de nouveau remplies de liquide homogène.

Nous avons vu que, lorsque l'on plonge les feuilles pendant quelques heures dans une épaisse solution de sucre, de gomme ou d'amidon, le contenu des cellules s'agrége fortement, que les feuilles deviennent plus ou moins flasques et que les tentacules se contournent irrégulièrement. Après une immersion de quatre jours dans l'eau distillée ces feuilles deviennent moins flasques, leurs tentacules reprennent en partie leur position naturelle, et les masses agrégées de protoplasma sont dissoutes en partie. Je plongeai, dans un peu de vin de Xérès, une feuille dont les tentacules étaient étroitement refermés sur une mouche et dont les cellules étaient fortement agrégées. Au bout de deux heures, la plupart des tentacules s'étaient redressés, et ceux qui ne l'étaient pas encore, pouvaient l'être avec le doigt : toute trace d'agrégation avait disparu, les cellules étant remplies de liquide rose parfaitement homogène. Dans ce cas la dissolution est due probablement à l'endosmose.

Des causes immédiates de l'agrégation.

La plupart des stimulants qui déterminent l'inflexion des tentacules produisant aussi l'agrégation du liquide contenu dans les cellules, on pourrait supposer que l'agrégation est le résultat direct de l'inflexion ; il n'en est cependant pas ainsi. Si on plonge les feuilles dans des solutions assez fortes de carbonate d'ammoniaque, contenant 3 ou 4 grains de carbonate ou même quelquefois 2 grains seulement par once d'eau (c'est-à-dire une partie de carbonate pour 109, pour 146 ou pour 218 parties d'eau), les tentacules sont paralysés et ne s'infléchissent pas ; cependant, il se produit bientôt une agrégation très-marquée. En outre, les tentacules courts de la partie centrale d'une feuille qui a été plongée dans une faible solution d'un sel quelconque d'ammoniaque, ou dans un liquide quelconque contenant des matières azotées organiques, ne s'infléchissent en aucune façon ; toutefois, ces tentacules présentent tous les phénomènes de l'agrégation. D'autre part, on connaît plusieurs acides qui causent une inflexion très-marquée, mais qui ne donnent lieu à aucune agrégation.

Il est un fait important qu'il faut remarquer tout d'abord, c'est que si l'on place une substance organique ou inorganique sur les glandes du disque et que l'on provoque ainsi l'inflexion des tentacules extérieurs, non-seulement les sécrétions des glandes de ces derniers augmentent en quantité et deviennent acides, mais encore le liquide contenu dans les cellules de leurs pédicelles s'agrége. Ce phénomène commence toujours dans la glande, bien qu'elle n'ait encore touché aucun objet. Il faut donc admettre que les glandes centrales transmettent aux tentacules extérieurs quelque force ou quelque impulsion qui, agissant d'abord sur un point rapproché de la base, fait infléchir cette partie et qui, agissant ensuite sur les glandes les fait sécréter plus abondamment. Au bout de quelques instants les glandes excitées indirectement de cette façon transmettent ou réfléchissent cette impulsion à leurs propres pédicelles, ce qui produit une agrégation qui se propage de cellule en cellule jusqu'à la base.

Il semble probable, à première vue, que l'agrégation provient de ce que l'irritation provoquant des sécrétions plus abondantes chez les glandes, il ne reste plus dans leurs cellules et dans les cellules des pédicelles une quantité suffisante de liquide pour dissoudre le protoplasma. A l'appui de cette hypothèse on peut citer le fait que l'agrégation suit l'inflexion des tentacules et que, pendant ce mouvement d'inflexion, les glandes sécrètent ordinairement ou toujours même, je le crois, plus abondamment qu'elles ne le faisaient auparavant. En outre, pendant le redressement des tentacules les glandes sécrètent moins abondamment ou cessent complétement de sécréter ; or, c'est à ce moment que les masses agrégées de protoplasma se dissolvent. Enfin, quand on plonge les feuilles dans des solutions végétales assez épaisses, ou dans la glycérine, le fluide contenu dans les cellules des glandes s'échappe et il se produit une agrégation ; quand les feuilles sont ensuite plongées dans l'eau ou dans un liquide inoffensif, ayant une densité moindre que celle de l'eau, le protoplasma se redissout, phénomène qui est dû sans doute à l'endosmose.

On peut opposer à l'hypothèse que l'agrégation est causée par l'exosmose du liquide des cellules, les quelques faits suivants. Il ne semble y avoir aucun rapport entre le degré de l'augmentation des sécrétions et celui de l'agrégation. Ainsi, une parcelle de sucre placée sur le liquide sécrété qui entoure une glande cause une bien plus grande augmentation de sécrétion et beaucoup moins d'agrégation que ne le fait une parcelle de carbonate d'ammoniaque placée dans les mêmes conditions. Il ne paraît pas probable que l'eau pure provoque une exosmose considérable; cependant l'agrégation résulte souvent d'une immersion dans l'eau prolongée de seize à vingt-quatre heures et toujours d'une immersion prolongée de vingt-quatre à quarante-huit heures. Il est encore moins probable que de l'eau portée à une température de 125° à 130° F. (51°,6 à 54°,4 centig.) fasse sortir le liquide non-seulement des glandes, mais encore de toutes les cellules des tentacules jusqu'à la base, assez rapidement pour que l'agrégation se produise en deux ou trois minutes. Il est un autre argument puissant contre cette hypothèse, c'est que, après l'agrégation complète, les sphères et les masses ovales de protoplasma flottent dans un liquide incolore, peu dense, et qui se trouve en quantité considérable ; la dernière partie du phénomène, tout au moins, ne peut donc pas être causée par l'absence d'une quantité suffisante de liquide pour tenir le protoplasma en solution. Toutefois, on peut citer une preuve encore plus forte que l'agrégation se produit indépendamment de la sécrétion ; en effet, les papilles décrites dans le premier chapitre et qui recouvrent toute la feuille ne portent pas de glandes, elles ne sont donc le siége d'aucune sécrétion; cependant, elles absorbent rapidement le carbonate d'ammoniaque ou une infusion de viande crue, et leur contenu subit rapidement une agrégation qui se propage ensuite dans les cellules des tissus environnants. Nous verrons bientôt que le liquide pourpre contenu dans les filaments sensitifs de la Dionée, filaments qui ne sont le siége d'aucune sécrétion, s'agrége aussi sous l'action d'une faible solution de carbonate d'ammoniaque.

L'agrégation est un phénomène vital. J'entends par là que le contenu des cellules doit être vivant et bien portant pour être affecté ainsi et qu'il doit être, en outre, à l'état oxygéné pour pouvoir transmettre assez rapidement cette agrégation. Je pressai, sous un morceau de verre, quelques tentacules plongés dans une goutte d'eau; plusieurs cellules se rompirent et des matières pulpeuses de couleur

pourpre s'échappèrent, en même temps que des granules
ayant toutes les grosseurs et toutes les formes ; cependant,
aucune des cellules ne se vida complétement. J'ajoutai alors
une petite goutte d'une solution contenant une partie de carbonate d'ammoniaque pour 109 parties d'eau et, une heure
après, j'examinai les spécimens. Çà et là, quelques cellules
des glandes et des pédicelles avaient échappé à la rupture ; leur contenu s'était parfaitement agrégé en sphères
qui changeaient constamment de forme et de position et on
pouvait voir encore un courant circuler le long des parois ;
le protoplasma était donc vivant. D'autre part, les matières
expulsées, devenues presque incolores au lieu d'être pourpres, ne présentaient pas la moindre trace d'agrégation.
On n'en trouvait pas non plus une trace dans les nombreuses cellules rompues, mais qui ne s'étaient pas complètement vidées. Malgré un examen attentif, je n'ai pu observer
aucun signe de courant à l'intérieur de ces cellules rompues. Evidemment, la pression les avait tuées et les matières qu'elles contenaient encore ne s'agrégèrent pas plus
que les matières qui en étaient sorties. Je puis ajouter que,
dans ces spécimens, je fus à même d'observer l'individua-
lité de la vie de chaque cellule.

Je donnerai, dans le chapitre suivant, des détails complets relativement à l'action de la chaleur sur les feuilles ; je
me contenterai donc de dire ici que des feuilles plongées
d'abord pendant quelques instants dans de l'eau portée
à une température de 120° F. (48°,8 centigr.), température qui, comme nous l'avons vu, ne cause pas une agrégation immédiate, furent ensuite plongées dans quelques
gouttes d'une forte solution de carbonate d'ammoniaque,
contenant une partie de carbonate pour 109 parties
d'eau ; une belle agrégation se produisit bientôt. D'autre
part, des feuilles plongées dans cette même solution,
après une immersion dans de l'eau portée à 150° F.
(65°,5 centigr.) ne présentèrent aucune trace d'agréga-

tion; les cellules se remplirent de matières brunâtres, pulpeuses ou boueuses. On peut, d'ailleurs, observer chez des feuilles soumises à des températures variant entre ces deux extrêmes, 120° et 150° F. (48°,8 et 65°,5 centigr.), des gradations complètes dans la marche de l'agrégation ; la température plus basse n'empêche pas l'agrégation causée par l'action subséquente du carbonate d'ammoniaque, la température plus élevée s'y oppose au contraire absolument. Ainsi, des feuilles plongées dans de l'eau portée à 130° F. (54°,4 centig.), puis, dans la solution, présentèrent des boules parfaitement définies, mais certainement plus petites que dans les cas ordinaires. D'autres feuilles plongées dans de l'eau portée à 140° F. (60° centigr.) présentèrent des sphères très-petites quoique bien définies; toutefois, beaucoup de cellules contenaient, en outre, des matières pulpeuses brunâtres. Dans deux expériences où les feuilles furent plongées dans de l'eau portée à 145° F. (62°,7 cent.), quelques tentacules présentaient, dans quelques-unes de leurs cellules, des sphères très-petites, tandis que les autres cellules et des tentacules entiers ne contenaient plus que des matières brunâtres ou pulpeuses.

Il est nécessaire que le liquide contenu dans les cellules des tentacules soit à l'état oxygéné pour que la force ou l'influence qui cause l'agrégation se transmette assez rapidement d'une cellule à l'autre. J'ai placé, pendant quarante-cinq minutes, un plant dont les racines plongeaient dans l'eau sous une cloche contenant 122 onces d'acide carbonique (1729 cent. cubes.) Je plongeai ensuite, pendant une heure, dans une solution assez forte de carbonate d'ammoniaque, une feuille détachée de ce plant et une autre feuille d'un plant qui n'avait pas été exposé à l'acide et dont je me servais comme terme de comparaison. Je comparai les deux feuilles au bout d'une heure; or, il s'était produit certainement beaucoup moins d'agrégation dans la feuille soumise à l'action de l'acide carbonique. J'exposai un autre plant, pendant deux heures, à l'action de l'acide carbonique, puis je plongeai une de ses feuilles dans une solution contenant une partie de carbonate pour 437 parties d'eau; les glandes noircirent immédiatement, ce qui indique qu'elles avaient absorbé le carbonate et que leur contenu s'était agrégé; toutefois, je ne pus distinguer aucune trace d'agrégation dans les cellules situées immédiatement au-dessous des glandes, même après un intervalle de trois heures. Au bout de quatre heures quinze minutes, quelques petites boules de protoplasma se formèrent dans ces cellules, mais, au bout de cinq heures trente minutes, l'agrégation ne s'était pas propagée le long des pédicelles sur une longueur égale à celle des glandes. Dans mes innombrables essais sur des feuilles fraîches plongées dans une solution de cette force, je n'ai jamais vu l'agrégation se propager aussi lentement. Une autre plante plongée pendant deux heures dans l'acide carbonique fut ensuite exposée pendant vingt minutes à l'action de l'air; pendant ce temps les feuilles avaient rougi, ce qui indique qu'elles avaient absorbé de l'oxygène. Je détachai l'une d'elles et je la plongeai en même temps qu'une feuille fraîche dans la solution que je viens d'indiquer. J'observai très-fréquemment la feuille qui avait été soumise à l'action de l'acide carbonique; au bout de soixante-cinq minutes, j'aperçus quelques sphères de protoplasma dans les cellules situées immédiatement au-dessous des glandes, mais seulement dans 2 ou 3 des plus longs tentacules. Au bout de trois heures, l'agrégation s'était propagée le long des pédicelles de quelques-uns des tentacules sur une longueur égale à celle des glandes. D'autre part, dans la feuille fraîche soumise au même traitement, l'agrégation était parfaitement distincte dans beaucoup de tentacules au bout de quinze minutes; au bout de soixante-cinq minutes, elle s'était propagée dans les pédicelles, sur 4 ou 5 fois la longueur des glandes ou même plus, et, au bout de trois heures, les

cellules de tous les tentacules étaient affectées sur 1/3
ou sur 1/2 de leur longueur totale. Il est donc évident que
l'exposition des feuilles à l'acide carbonique arrête pour
un temps la marche de l'agrégation, ou empêche la transmission de l'impulsion nécessaire quand les glandes sont
subséquemment soumises à l'action du carbonate d'ammoniaque ; or, on sait que cette substance agit plus promptement et plus énergiquement qu'aucune autre. On sait
que le protoplasma des plantes continue ses mouvements
spontanés aussi longtemps seulement qu'il est à l'état
oxygéné ; il en est de même pour les globules blancs
du sang, ils n'agissent qu'aussi longtemps qu'ils reçoivent
de l'oxygène des globules rouges[1] ; mais les exemples
ci-dessus rapportés sont quelque peu différents, car ils
ont trait au retard apporté dans la formation ou l'agrégation des masses de protoplasma par suite de l'exclusion
de l'oxygène.

Résumé et conclusions.

Le phénomène de l'agrégation est indépendant de
l'inflexion des tentacules et de la sécrétion plus considérable des glandes. L'agrégation commence dans les glandes,
soit qu'elles aient été directement excitées, ou qu'elles
soient soumises à l'influence indirecte des autres glandes.
Dans les deux cas, l'agrégation se propage de haut en bas,
passant d'une cellule à l'autre, tout le long des tentacules,
avec un court temps d'arrêt à chaque cloison transversale.
Chez les feuilles à couleur pâle, le premier changement
perceptible, et cela seulement avec un grossissement très-
considérable, est l'apparition de granules très-petits dans
le liquide contenu dans les cellules, ce qui rend ce liquide

1. Voir pour les plantes, Sachs, *Traité de Bot.*, 3ᵉ éd., 1874, p. 864.
Pour les globules du sang, voir : *Quarterly Journal of Microscopical
Science,* avril 1874, p. 185.

quelque peu nuageux. Ces granules s'agrégent bientôt en petits globules. J'ai vu un nuage de cette sorte apparaître dix secondes après qu'une goutte d'une solution de carbonate d'ammoniaque avait été posée sur une glande. Chez les feuilles rouge foncé, le premier changement visible consiste souvent dans la conversion de la couche extérieure du liquide contenu dans les cellules en masses ressemblant à un sac. Toutefois, quel qu'ait pu être le mode de développement des masses agrégées, elles changent incessamment de forme et de position. Ces masses ne sont pas remplies de liquide, mais sont solides jusqu'au centre. Enfin, les granules incolores, en suspension dans le protoplasma qui circule le long des parois, se réunissent aux sphères ou aux masses centrales, mais un courant de liquide limpide continue encore à circuler dans les cellules. Aussitôt que les tentacules se sont complétement redressés, les masses agrégées se dissolvent et les cellules se remplissent d'un liquide pourpre homogène, comme elles l'étaient précédemment. La dissolution commence à la base des tentacules et se propage de bas en haut jusqu'aux glandes; elle marche donc en direction inverse de celle de l'agrégation.

Les causes les plus diverses produisent l'agrégation; ainsi, par exemple : les attouchements répétés sur les glandes; la pression de parcelles de quelques matières que ce soit, et comme ces parcelles reposent sur la sécrétion visqueuse, c'est à peine si la pression qu'elles exercent sur la glande peut s'évaluer à un millionième de grain[1]; la section des tentacules immédiatement au-

1. Selon Hofmeister (cité par Sachs, *Traité de Bot.*, 1874, p. 958), une pression très-légère exercée sur la membrane cellulaire arrête immédiatement les mouvements du protoplasma et détermine même sa séparation des parois de la cellule. Mais l'agrégation est un phénomène différent, car elle affecte le contenu des cellules et n'affecte que secondairement la couche de protoplasma qui circule le long des parois; bien que, sans aucun doute, les effets d'une pression ou d'un attouchement exercé sur l'extérieur doive se transmettre à travers cette couche.

dessous des glandes ; l'absorption par les glandes de différents liquides ou de diverses substances extraites de
certains corps ; l'exosmose ; un certain degré de chaleur.
D'autre part, une température d'environ 150° F. (65°,5 centigr.) ne provoque pas l'agrégation ; l'écrasement soudain d'une glande ne la cause pas non plus. Si on rompt
une cellule, ni les matières qui en sortent, ni celles qui
restent dans la cellule ne s'agrégent quand on les soumet
à l'action du carbonate d'ammoniaque. Une solution très-
forte de ce sel et des morceaux de viande crue assez gros
empêchent les masses agrégées de se bien développer.
Nous pouvons conclure de ces faits que le liquide protoplasmique contenu dans une cellule ne s'agrége qu'autant
qu'il est en pleine santé, et qu'il ne s'agrége qu'imparfaitement si la cellule a été blessée. Nous avons vu aussi que
le liquide doit être oxygéné pour que l'agrégation se propage assez rapidement de cellule à cellule.

Divers liquides organiques azotés et plusieurs sels
d'ammoniaque causent l'agrégation, mais à divers degrés
et avec une rapidité différente. De toutes les substances
connues, le carbonate d'ammoniaque est la plus puissante ;
l'absorption de 1/134400ᵉ de grain (0,000482 de millig.) par
une glande, suffit pour faire agréger toutes les cellules d'un
même tentacule. Le premier effet du carbonate et de certains autres sels d'ammoniaque, aussi bien que de quelques
autres liquides, est de faire prendre un ton plus foncé aux
glandes ou de les noircir. Cet effet accompagne même une
longue immersion dans l'eau distillée froide. Il semble
provenir en grande partie de la forte agrégation du contenu de leurs cellules, qui deviennent opaques et ne réfléchissent plus la lumière. Quelques autres liquides donnent aux glandes une couleur rouge brillant ; tandis que
certains acides, bien que très-étendus d'eau, le poison du
cobra, etc., rendent les glandes parfaitement blanches et
opaques ; cela semble résulter de la coagulation de leur

contenu sans aucune agrégation. Néanmoins, avant d'être ainsi affectées, les glandes, dans quelques cas tout au moins, peuvent transmettre à leurs tentacules l'impulsion qui les fait s'agréger.

Le plus intéressant peut-être de tous les faits cités dans ce chapitre, c'est que les glandes centrales, à la suite d'une irritation, communiquent aux glandes extérieures une impulsion qui s'étend du centre à la circonférence, impulsion qui les excite à provoquer une autre impulsion centripète qui détermine l'agrégation. Toutefois, la marche de l'agrégation constitue en elle-même un phénomène remarquable. Quand on touche ou que l'on presse l'extrémité périphérique d'un nerf et qu'il en résulte une sensation, on admet qu'un changement moléculaire invisible se propage d'une extrémité du nerf à l'autre ; or, quand on touche plusieurs fois ou qu'on presse doucement une glande du *Drosera*, on peut voir distinctement un changement moléculaire se propager de la glande jusqu'à la base du tentacule, bien que ce changement soit probablement d'une nature toute différente de celui qui affecte le nerf. Enfin, comme tant de causes si complétement différentes excitent l'agrégation, il semblerait que la matière vivante contenue dans les cellules de la glande se trouve dans une condition si peu stable que le moindre trouble peut suffire pour modifier sa nature moléculaire, comme on le voit chez certains composés chimiques. Or, ce changement dans les glandes, qu'elles soient excitées directement, ou indirectement par une impulsion reçue d'autres glandes, se transmet d'une cellule à l'autre, produisant la formation de granules de protoplasma dans le liquide précédemment limpide, ou l'agrégation de ces granules qui deviennent alors visibles.

*Observations supplémentaires sur le phénomène de l'agrégation
dans les racines des plantes.*

Nous verrons bientôt qu'une faible solution de carbonate d'ammoniaque provoque l'agrégation dans les cellules des racines du *Drosera*. Cette observation me conduisit à faire quelques essais sur les
racines d'autres plantes. Dans la dernière partie d'octobre je déterrai
la première plante qui me tomba sous la main, c'était une *Euphorbia
Peplus;* je fis grande attention à ne pas endommager les racines, je les
lavai avec soin, puis je les plongeai dans une solution contenant une
partie de carbonate d'ammoniaque pour 146 parties d'eau. En moins
d'une minute, je vis un nuage se propager avec une rapidité étonnante
d'une cellule à l'autre dans toute l'étendue des racines. Au bout de huit
ou neuf minutes, les petits granules qui produisaient cette apparence
nuageuse s'agrégèrent vers les extrémités des racines en masses quadran-
gulaires de matière brune; quelques-unes de ces masses changèrent
bientôt de forme et devinrent sphériques. Quelques cellules cependant
ne furent pas affectées. Je répétai l'expérience sur une autre plante de
la même espèce; mais, avant d'avoir pu disposer le microscope pour
mettre la racine au foyer, des nuages de granules et des masses qua-
drangulaires de substances brunes et rougeâtres s'étaient formés et
s'étaient propagés tout le long des racines. Je plongeai une autre
racine dans un drachme (18 centigr.) d'une solution contenant une
partie de carbonate d'ammoniaque pour 437 parties d'eau, de telle façon
que 1/8 de grain ou 2,024 millig. de carbonate agissaient sur la racine;
je la laissai dix-huit heures dans cette solution. Au bout de ce temps,
les cellules de toutes les racines, dans toute la longueur de ces dernières, contenaient des masses agrégées de matières brunes et rougeâtres. Avant de faire ces expériences, j'avais examiné avec soin
plusieurs racines et je n'avais pu découvrir dans aucune d'elles la
moindre trace d'apparence nuageuse ou de granules. Je plongeai
aussi des racines dans une solution contenant une partie de carbonate
de potasse pour 218 parties d'eau et je les y laissai pendant trente-
cinq minutes; mais ce sel ne produisit aucun effet.

Je puis ajouter ici que des sections très-minces de la tige de
l'*Euphorbia* placées dans la même solution subissent une modification;
les cellules vertes deviennent immédiatement nuageuses, tandis que
d'autres, précédemment incolores, se nuancent de brun, grâce à la
formation de nombreux granules de cette couleur. J'ai observé aussi
sur plusieurs espèces de feuilles, plongées pendant quelque temps
dans une solution de carbonate d'ammoniaque, que les grains de chlo-

rophylle se précipitent les uns sur les autres et se confondent en partie, ce qui semble une autre forme d'agrégation.

Je plongeai des plants de lentilles d'eau (*Lemna*) dans une solution de carbonate d'ammoniaque contenant une partie de carbonate pour 146 parties d'eau et je les y laissai séjourner de trente à quarante-cinq minutes; j'examinai alors trois de leurs racines. Chez deux de ces racines, dont les cellules ne contenaient précédemment qu'un liquide limpide, je trouvai alors des petits globules verts. Au bout d'une heure et demie ou deux heures, des globules semblables apparurent dans les cellules sur le bord des feuilles; mais je ne saurais dire si l'ammoniaque s'était propagée le long des racines ou si elle avait été absorbée directement par les feuilles. Comme une espèce, la *Lemna arrhiza* n'a pas de racines, cette dernière hypothèse est sans doute la plus probable. Au bout de deux heures et demie, quelques-uns des petits globules verts contenus dans les racines se brisèrent en petits granules animés du mouvement brownien. Je plongeai aussi quelques plants de *Lemna* pendant une heure trente minutes dans une solution contenant une partie de carbonate de potasse pour 218 parties d'eau, mais je ne pus discerner aucun changement dans les cellules des racines; toutefois, ces mêmes racines plongées pendant vingt-cinq minutes dans une solution de carbonate d'ammoniaque, faite dans les mêmes proportions, contenaient des petits globules verts.

Je laissai, pendant quelque temps, dans cette même solution, une algue marine verte; l'effet produit fut très-douteux. D'autre part, une algue marine rouge, aux frondes admirablement pennées, fut très-fortement affectée. Les matières contenues dans les cellules s'agrégèrent en anneaux irréguliers, conservant une teinte rouge, et qui changeaient très-lentement et très-légèrement de forme; l'espace contenu dans ces anneaux devenait nuageux par suite de la formation de granules rouges. Je ne sais si les faits que je viens d'indiquer sont nouveaux; en tout cas, ils prouvent qu'on pourrait obtenir sans doute d'intéressants résultats en observant l'action de diverses solutions salines et d'autres liquides sur les racines des plantes.

CHAPITRE IV.

EFFETS DE LA CHALEUR SUR LES FEUILLES.

Nature des expériences. — Effets de l'eau bouillante. — L'eau tiède provoque une inflexion rapide. — L'eau portée à une température plus élevée ne provoque pas une inflexion immédiate, mais ne tue pas les feuilles, ce que prouvent leur redressement subséquent et l'agrégation du protoplasma. — Une température encore plus élevée tue les feuilles et fait coaguler les parties albumineuses des glandes.

Dans le cours de mes observations sur le *Drosera rotundifolia* je m'aperçus que les feuilles semblaient s'infléchir plus rapidement sur les substances animales et restaient infléchies pendant un laps de temps plus long quand la température était élevée que pendant un temps froid. Ceci me conduisit à rechercher si la chaleur seule cause l'inflexion, et quelle température est la plus efficace. Il se présentait, en outre, un autre point intéressant à élucider : à quel degré de température la vie s'éteint-elle ? Le *Drosera,* en effet, offre des facilités extraordinaires pour des recherches de cette nature, non pas tant parce que les tentacules perdent la faculté de s'infléchir, mais parce qu'ils perdent la faculté de reprendre subséquemment leur position naturelle et, surtout, parce que le protoplasma ne s'agrége plus quand les feuilles, après avoir été soumises à l'action de la chaleur, sont plongées dans une solution de carbonate d'ammoniaque[1].

1. Lorsque j'entrepris mes expériences sur les effets de la chaleur, je ne savais pas que ce sujet avait fait l'objet des études attentives de plusieurs observateurs. Sachs, par exemple, est convaincu *(Traité de Bot.*, 1874, p. 772, 854) que les espèces les plus différentes de plantes périssent toutes si on les maintient, pendant dix minutes, dans de l'eau portée à 45° ou 46° centig., soit 113° à 115° F.; il en conclut que le protoplasma contenu dans les cellules se coagule toujours, s'il est à l'état humide, à une température de 50°

Voici quelles furent mes expériences et la façon dont je procède. Je coupe des feuilles, et je dois faire remarquer tout d'abord que cela n'a pas la moindre influence sur leur puissance d'action ; par exemple, j'ai placé des petits morceaux de viande sur 3 feuilles coupées, placées dans un endroit humide ; au bout de vingt-trois heures les tentacules et la feuille elle-même s'étaient complétement infléchis pour embrasser la viande et le protoplasma des cellules était complétement agrégé. Je place dans une capsule de porcelaine 3 onces (93 grammes) d'eau, provenant d'une double distillation, et je plonge obliquement dans cette eau un thermomètre très-sensible ayant un long réservoir. L'eau est portée graduellement à la température requise au moyen d'une lampe à alcool dont je dirige la flamme alternativement sur toutes les parties de la capsule ; dans tous les cas, j'agite les feuilles pendant quelques minutes tout auprès du réservoir du thermomètre. Je plonge ensuite les feuilles dans l'eau froide ou dans une solution de carbonate d'ammoniaque. Dans d'autres cas, je laisse les feuilles dans l'eau, portée à une certaine température, jusqu'à ce que cette eau se soit refroidie. Dans d'autres cas encore, je plonge brusquement les feuilles dans de l'eau portée à une certaine température et je les y laisse pendant un laps de temps déterminé. Si l'on considère que les tentacules sont extrêmement délicats et qu'ils ont des parois très-minces, il n'est guère possible que le liquide contenu dans les cellules ne soit pas porté à la même température que l'eau environnante, ou qu'il y ait tout au plus 1 degré ou 2 de différence. Il m'aurait semblé, d'ailleurs, parfaitement superflu de prendre d'autres précautions, car les feuilles présentent quelques légères différences dans leur sensibilité à la chaleur, selon qu'elles sont plus ou moins âgées, ou qu'elles ont une constitution un peu différente.

à 60° centig., soit 122° à 140° F. Max Schultze et Kühne (cités par le docteur Bastian dans la *Contemp. Review*, 1874, p. 528) « ont trouvé que le protoplasma des cellules des plantes sur lesquelles ils ont expérimenté a toujours été tué ou a toujours été profondément altéré par une brève exposition à une température de 118° 5 F. (48° centig.) au maximum ». Comme mes résultats sont déduits de phénomènes spéciaux, c'est-à-dire l'agrégation subséquente du protoplasma et le redressement des tentacules, il me semble utile de les indiquer. Nous verrons que le *Drosera* résiste à la chaleur un peu mieux que la plupart des autres plantes. Il n'est pas étonnant que l'on trouve des différences considérables sous ce rapport si l'on considère que quelques organismes végétaux inférieurs croissent dans les sources d'eau chaude ; on peut consulter à cet égard les faits cités par le professeur Wyman (*American journal of Science*, vol. XLIV, 1867.) Ainsi, le docteur Hooker a trouvé des conferves dans de l'eau à 168° F. (75°,5 centig.) ; Humboldt dans de l'eau à 185° F (85° centig.) et Descloiseaux à 208° F. (97°, 7 centig.).

Il est indispensable de décrire d'abord les effets d'une immersion pendant trente secondes dans l'eau bouillante. Les feuilles deviennent flasques, les tentacules s'inclinent en arrière, ce qui est probablement dû, comme nous le verrons dans un autre chapitre, à ce que les surfaces extérieures conservent leur élasticité pendant plus longtemps que les surfaces intérieures ne conservent la faculté de se contracter. Le liquide pourpre contenu dans les cellules des pédicelles se transforme en granules très-petits, mais il ne se produit aucune agrégation véritable. Cette agrégation ne se produit d'ailleurs pas davantage quand on plonge subséquemment les feuilles dans une solution de carbonate d'ammoniaque. Toutefois, la modification la plus remarquable est que les glandes deviennent opaques et uniformément blanches; on peut attribuer ce fait à la coagulation des matières albumineuses qu'elles contiennent.

Ma première expérience, expérience toute préliminaire, consista à placer 7 feuilles dans une même capsule et à porter lentement l'eau qu'elle contenait à la température de 110° F. (43°,3 centig.). Je retirai une feuille dès que la température se fut élevée à 80° F (26°,6 centig.), une autre à 85° F., une autre à 90° F. et ainsi de suite. Chaque feuille, dès qu'elle était retirée de l'eau chaude, était placée dans de l'eau à la température ambiante; tous les tentacules de toutes les feuilles s'infléchirent bientôt légèrement, mais irrégulièrement. Je retirai alors les feuilles de l'eau froide et je les disposai dans un endroit humide en plaçant un petit morceau de viande sur le disque de chacune d'elles. Au bout de quinze minutes, la feuille qui avait été exposée à une température de 110° F. s'était infléchie dans de fortes proportions; au bout de deux heures, tous les tentacules de cette feuille s'étaient complétement recourbés sur la viande. Il en fut de même des 6 autres feuilles, mais après un intervalle un plus long. Il semble donc que le bain chaud augmente la sensibilité de la feuille au point de vue de l'excitation par la viande.

J'observai ensuite le degré d'inflexion que subissent les feuilles, pendant une période de temps déterminée, quand on les laisse dans l'eau chaude conservée autant que possible à la même température; mais je ne relaterai ici que quelques-unes des nombreuses expériences que j'ai faites. Je laissai une feuille pendant dix minutes, dans de l'eau portée à 100° F. (37°,8 centig.); aucune inflexion ne se produisit. Toutefois, chez une seconde feuille traitée de la même façon, quelques tentacules extérieurs s'infléchirent très-légèrement au bout de six minutes et plusieurs autres irrégulièrement au bout de dix minutes, mais sans qu'ils fussent fortement infléchis. Une troisième feuille, maintenue dans de l'eau portée de 105° à 106° F. (40°,5 à 41°,1 centig.), présenta de légères traces d'inflexion au bout de six minutes. Une quatrième feuille, maintenue dans de l'eau à 110° F. (43°,3 centig.) s'infléchit quelque peu au bout de quatre minutes et considérablement au bout de six à sept minutes.

. Je plaçai alors 3 feuilles dans de l'eau chauffée assez rapidement; au moment où la température s'élevait à 115° ou 116° F. (46°,1 à 46°, 6 centig.), les tentacules de ces 3 feuilles s'étaient infléchis. J'enlevai alors la lampe et, au bout de quelques minutes, tous les tentacules étaient fortement infléchis. Le protoplasma, à l'intérieur des cellules, n'avait pas été tué, car on le voyait distinctement en mouvement; d'ailleurs, après une immersion de vingt heures dans l'eau froide, les tentacules de ces trois feuilles se redressèrent. Je plongeai une autre feuille dans de l'eau portée à 100° F. (37°,8 centig.) que je portai ensuite à 120° F. (48°,8 centig.); tous les tentacules, sauf ceux du bord extrême, s'infléchirent bientôt fortement. Je plongeai alors la feuille dans l'eau froide et, au bout de sept heures et demie, les tentacules étaient en partie redressés : au bout de dix heures, ils étaient complétement redressés. Le lendemain matin, je plongeai cette feuille dans une faible solution de carbonate d'ammoniaque; les glandes noircirent rapidement et j'observai une forte agrégation dans les tentacules, preuve que le protoplasma était vivant et que les glandes n'avaient pas perdu leur puissance d'action. Je plongeai une autre feuille dans de l'eau à 110° F. (43°,3 centig.) que je portai à 120° F. (48°,8 centig.); tous les tentacules, sauf un, seul, s'infléchirent fortement au bout de quelques instants. Je plongeai alors cette feuille dans quelques gouttes d'une forte solution de carbonate d'ammoniaque (1 partie de carbonate pour 109 parties d'eau); au bout de dix minutes toutes les glandes étaient devenues noir foncé, et au bout de deux heures le protoplasma des cellules des pédicelles était complétement agrégé. Je plongeai soudainement une autre feuille et je l'agitai, comme à l'ordinaire, dans de l'eau portée à 120° F.; tous les tentacules étaient infléchis au bout de deux ou trois minutes, mais seulement de façon à faire un angle droit avec le disque. Je plongeai alors la feuille dans la même solution (c'est-à-dire une partie de carbonate d'ammoniaque pour 109 parties d'eau ou 4 grains à l'once, ce que je désignerai à l'avenir sous le nom de *forte solution*); quand j'examinai la feuille au bout d'une heure, les glandes étaient noircies et l'agrégation très-prononcée. Après un autre intervalle de quatre heures, les tentacules étaient beaucoup plus infléchis. Il est bon de remarquer qu'une solution aussi forte que celle que je viens d'indiquer ne cause jamais d'inflexion dans les cas ordinaires. Enfin, je plongeai brusquement une feuille dans de l'eau portée à 125° F. (51°,6 centig.)

et je l'y laissai jusqu'à ce que l'eau fût refroidie; les tentacules devenus rouge brillant s'infléchirent bientôt. Le liquide des cellules
présenta quelque degré d'agrégation qui augmenta pendant trois
heures ; toutefois, les masses de protoplasma ne devinrent pas
sphériques, contrairement à ce qui arrive presque toujours quand on
plonge les feuilles dans une solution de carbonate d'ammoniaque.

.Ces différentes expériences nous prouvent qu'une température de 120° à 125° F. (48°,8 à 51°,6 centig.) provoquent
chez les tentacules des mouvements rapides, mais ne tuent
pas les feuilles, ce que prouve le redressement ultérieur
des tentacules et l'agrégation du protoplasma. Nous allons
voir actuellement qu'une température de 130° F. (54°,4
centig.) est trop élevée pour causer une inflexion immédiate, mais que, cependant, elle ne tue pas les feuilles.

Première expérience. — Je plongeai une feuille, et, comme dans
toutes les .expériences qui vont suivre, je l'agitai pendant quelques
minutes, dans de l'eau portée à 130° F. (55°,5 centig.); aucune trace
d'inflexion ne se produisit. Je plongeai alors la feuille dans l'eau froide
et, au bout de quinze minutes, j'observai un mouvement distinct, mais
très-lent dans une petite masse de protoplasma renfermée dans une
des cellules d'un tentacule[1]. Au bout de quelques heures tous les tentacules et la feuille elle-même étaient infléchis.

Deuxième expérience. — Je plongeai une autre feuille dans de
l'eau portée de 130° à 131° F. (55°,5 à 56°,1 cent.); comme dans l'expérience précédente, aucune inflexion ne se produisit. Après avoir
maintenu la feuille dans l'eau froide pendant une heure, je la plongeai
dans la forte solution de carbonate d'ammoniaque; au bout de cinquante-cinq minutes les tentacules s'étaient considérablement infléchis. Les glandes, qui avaient d'abord pris une teinte rouge brillant, étaient devenues noires. Le protoplasma des cellules des tentacules
s'était nettement agrégé, mais les globules étaient beaucoup plus petits que ceux produits ordinairement par l'action du carbonate
d'ammoniaque chez les feuilles qui n'ont pas été soumises à la chaleur.

1. Sachs constate (*Traité de Bot.*, 1874, p. 855) que les mouvements du
protoplasma dans les poils d'une courge cessent après une immersion
d'une minute dans de l'eau portée à une température de 47° à 48° centig.,
soit 117° à 119° F.

Au bout d'un autre intervalle de deux heures tous les tentacules, sauf 6 ou 7, s'étaient complétement infléchis.

Troisième expérience. — Expérience faite dans les mêmes conditions que la précédente avec des résultats absolument analogues.

Quatrième expérience. — Je plongeai une belle feuille dans de l'eau à 100° F. (37°,7 centig.) que je portai ensuite à 145° F. (62°,7 centig.). Peu après l'immersion il se produisit, comme on devait s'y attendre, une forte inflexion. J'enlevai alors la feuille et je la plongeai dans l'eau froide; mais, en raison de la haute température à laquelle elle avait été exposée, les tentacules ne se redressèrent pas.

Cinquième expérience. — Je plongeai une feuille dans de l'eau à 130° F. (55°,5 centig.), puis je portai l'eau à 145° F. (62°,7 centig.); l'inflexion ne se produisit pas immédiatement; je plongeai alors la feuille dans l'eau froide et, au bout d'une heure vingt minutes, quelques tentacules d'un côté de la feuille s'infléchirent. Je mis alors cette feuille dans la forte solution de carbonate d'ammoniaque; au bout de quarante minutes tous les tentacules sous-marginaux s'étaient bien infléchis et les glandes s'étaient noircies. Après un autre intervalle de deux heures quarante-cinq minutes tous les tentacules sauf 8 ou 10 étaient fortement infléchis et les cellules présentaient quelques traces d'agrégation; toutefois, les globules de protoplasma étaient très-petits et les cellules des tentacules extérieurs contenaient quelques matières brunâtres pulpeuses ou désagrégées.

Sixième et septième expérience. — Je plongeai deux feuilles dans de l'eau à 135° F. (57°,2 centig.) que je portai à 145° F. (62°,7 centig.); ni l'une ni l'autre ne présenta aucun signe d'inflexion. Toutefois, l'une de ces feuilles, après avoir été maintenue pendant trente et une minutes dans l'eau froide, présenta quelques traces d'inflexion; celle-ci s'accrut pendant un autre intervalle d'une heure quarante-cinq minutes au bout duquel temps tous les tentacules, sauf 16 ou 17, étaient plus ou moins infléchis; mais la feuille avait été si complétement atteinte que les tentacules ne se redressèrent plus. L'autre feuille, après avoir séjourné pendant une demi-heure dans l'eau froide, fut plongée dans la forte solution de carbonate d'ammoniaque, mais aucune inflexion ne se produisit; toutefois, les glandes noircirent et je remarquai quelques traces d'agrégation dans quelques cellules, mais les globules de protoplasma restèrent extrêmement petits; dans d'autres cellules, surtout dans celles des tentacules extérieurs, j'observai beaucoup de matière pulpeuse brun-verdâtre.

Huitième expérience. — Je plongeai une feuille et je l'agitai pendant quelques minutes dans de l'eau portée à 140° F. (60° centig.); je la plongeai ensuite dans de l'eau froide et je l'y laissai pendant une demi-heure sans qu'il se produisît aucune inflexion; je la plongeai enfin dans la forte solution de carbonate d'ammoniaque; au bout de deux heures trente minutes, les tentacules sous-marginaux intérieurs étaient bien infléchis, leurs glandes s'étaient noircies, et je pus observer des traces d'agrégation imparfaite dans les cellules des pédicelles. 3 ou 4 glandes portaient des taches blanches ayant l'aspect de la porcelaine et semblables à celles que produit l'eau bouillante. C'est la seule fois que j'aie observé ce résultat après une immersion de quelques minutes dans de l'eau portée seulement à 140° F.; j'ai vu le même résultat se produire chez une feuille sur quatre après une immersion semblable à une température de 145° F. D'autre part, je plongeai deux feuilles, l'une dans de l'eau portée à 145° F. (62°,7 centig.) et l'autre dans de l'eau à 140° F. (60° centig.); je les y laissai jusqu'à ce que l'eau se fût refroidie; les glandes des deux feuilles blanchirent et prirent l'aspect de la porcelaine. Cette expérience prouve que la durée de l'immersion constitue un élément important.

Neuvième expérience. — Je plongeai une feuille dans de l'eau à 140° F. (60° centig.) que je portai à 150° F. (65°,5 centig.); aucune inflexion ne se produisit; au contraire, les tentacules extérieurs étaient quelque peu inclinés en arrière. Les glandes ressemblaient à de la porcelaine, toutefois, quelques-unes étaient légèrement tachetées de pourpre. La base des glandes était souvent plus affectée que le sommet. Je plongeai cette feuille dans la forte solution de carbonate d'ammoniaque, mais il ne se produisit ni inflexion ni agrégation.

Dixième expérience. — Je plongeai une feuille dans de l'eau portée de 150° à 150°,5 F. (65°,5 centig.); elle devint quelque peu flasque; les tentacules extérieurs s'inclinèrent légèrement vers l'extérieur; les tentacules intérieurs, mais seulement vers le sommet, s'infléchirent un peu vers l'intérieur; ce fait prouve que ce n'était pas un mouvement de véritable inflexion, car, dans ce dernier cas, c'est seulement la base qui se courbe. Comme à l'ordinaire, les tentacules prirent une teinte d'un rouge très-brillant; les glandes étaient presque aussi blanches que de la porcelaine bien que légèrement teintées de rose. Après l'immersion de cette feuille dans la forte solution de carbonate d'ammoniaque, le liquide contenu dans les cellules des tentacules se transforma en une sorte de boue brune, mais sans présenter aucune trace d'agrégation.

Onzième expérience. — Je plongeai une feuille dans de l'eau à 145° F. (62°,7 centig.) que je portai à 156° F. (68°,8 centig.). Les tentacules devinrent rouge brillant et s'inclinèrent quelque peu vers l'extérieur, presque toutes les glandes ressemblaient à de la porcelaine; les glandes surmontant les tentacules du disque avaient conservé une teinte rosée, celles surmontant les tentacules extérieurs étaient absolument blanches. Je plongeai cette feuille, comme à l'ordinaire, d'abord dans l'eau froide, puis dans la forte solution de carbonate d'ammoniaque; le liquide des cellules des tentacules se transforma en une boue brun-verdâtre sans que le protoplasma s'agrégeât. Néanmoins, 4 glandes ne prirent pas cette apparence de porcelaine et leurs pédicelles se courbèrent en spirale vers leur extrémité supérieure; mais on ne peut, en aucune façon, considérer ce mouvement comme un cas de véritable inflexion. Le protoplasma contenu dans les cellules des parties contournées s'était agrégé en globules pourpres distincts, mais très-petits. Cette expérience prouve clairement que le protoplasma, après avoir été exposé pendant quelques minutes à une haute température, conserve encore la faculté de s'agréger quand on le soumet à l'action du carbonate d'ammoniaque, à moins que la chaleur n'ait été suffisante pour causer la coagulation.

Conclusions. — Comme les tentacules piliformes sont très-minces et ont des parois très-délicates, comme les feuilles ont été, dans toutes mes expériences, agitées pendant quelques minutes tout auprès du réservoir du thermomètre, il n'est guère possible que la température des tentacules n'ait pas été presque exactement la même que celle indiquée par l'instrument. Les onze observations précédentes nous enseignent qu'une température de 130° F. (55°,5 centig.) ne produit jamais l'inflexion immédiate des tentacules, bien qu'une température de 120° à 125° F. (48°,8 à 54°,6 centig.) produise rapidement cet effet. Mais la température de 130° F. ne paralyse les feuilles que pendant quelques instants; car, soit qu'on les plonge ensuite dans l'eau pure ou dans une solution de carbonate d'ammoniaque, les tentacules s'infléchissent et le protoplasma s'agrège. On peut comparer cette grande différence résultant d'une température plus haute

ou plus basse, avec les effets produits sur la feuille par l'immersion dans une solution forte ou faible des sels d'ammoniaque; les solutions fortes, en effet, ne causent aucun
mouvement, tandis que les solutions faibles agissent très-
énergiquement. Sachs[1] appelle rigidité calorifique la suspension temporaire de la faculté du mouvement causée par
la chaleur; chez la sensitive (*Mimosa*) cette suspension est
produite par l'exposition de la plante, pendant quelques
minutes, à un courant d'air humide porté à 120° ou 122° F.,
soit 49° à 50° centig. Il faut remarquer que les feuilles du
Drosera, après avoir été plongées dans de l'eau portée
à 130° F., se mettent en mouvement sous l'action d'une
solution de carbonate d'ammoniaque si forte qu'elle para-
lyserait des feuilles ordinaires et ne causerait aucune
inflexion.

L'exposition des feuilles, pendant quelques minutes,
même à une température de 145° F. (62°,7 centig.) ne les
tue pas toujours; en effet, quand on les plonge ensuite
dans l'eau froide, ou dans une forte solution de carbonate
d'ammoniaque, les tentacules s'infléchissent ordinairement
et le protoplasma des cellules s'agrége, bien que les globules formés soient très-petits et que beaucoup de cellules
soient remplies en partie de matière trouble brunâtre.
Dans deux cas où les feuilles ont été plongées dans de
l'eau à une température inférieure à 130° F. (55°,5 centig.);
portée ensuite à 145° F. (62°,7 centig.), ces feuilles s'infléchirent pendant la première partie de l'immersion, mais,
malgré un séjour subséquent très-prolongé dans l'eau
froide, les tentacules ne purent pas se redresser. Une
exposition de quelques minutes à une température de
145° F. produit quelquefois sur les glandes les plus sensibles des taches ayant tout l'aspect de la porcelaine; dans
un cas, ce phénomène se produisit à une température

1. *Traité de Bot.*, 1874, p. 1034.

de 140° F. (60° centig.). Dans une autre occasion, toutes les glandes d'une feuille plongée dans l'eau à cette température peu élevée de 140° F., mais laissée dans cette eau jusqu'à ce qu'elle se soit refroidie, prirent l'aspect de la porcelaine. L'exposition, pendant quelques minutes, à une température de 150° F. (65°,5 centig.) produit ordinairement cet effet; cependant, beaucoup de glandes conservent une teinte rosée et beaucoup deviennent tachetées. Cette haute température ne cause jamais une véritable inflexion; les tentacules, au contraire, s'inclinent ordinairement en sens inverse, mais à un degré moindre que quand on plonge la feuille dans l'eau bouillante, effet qui semble dû à leur faculté élastique passive. Après l'exposition à une température de 150° F. le protoplasma soumis à l'action du carbonate d'ammoniaque se désagrége au lieu de s'agréger et se transforme en matières pulpeuses incolores. En un mot, ce degré de chaleur tue ordinairement les feuilles; mais, grâce à des différences d'âge et de constitution elles varient quelque peu sous ce rapport. Dans un cas anormal, quatre des innombrables glandes d'une feuille qui avait été plongée dans de l'eau portée à 156° F. (68°,8 centig.) ne prirent pas l'aspect de la porcelaine et le protoplasma contenu dans les cellules situées immédiatement au-dessous de ces glandes présenta quelques légères traces d'agrégation imparfaite[1].

Enfin, il est très-remarquable que les feuilles du *Drosera rotundifolia,* qui fleurit sur les landes élevées et froides de toute la Grande-Bretagne, et qui existe, d'après Hooker dans le cercle arctique, puissent supporter, même pendant

---

1. L'opacité et l'aspect de porcelaine des glandes étant probablement dus à la coagulation de l'albumine, je puis ajouter, en m'appuyant sur l'autorité du docteur Burdon Sanderson, que l'albumine se coagule à environ 155° F.; toutefois, en présence d'acides, la température de coagulation est plus basse. Les feuilles du *Drosera* contiennent un acide; or, une différence dans la quantité contenue dans chaque feuille explique peut-être les légères différences que présentent les résultats indiqués ci-dessus.

très-peu de temps, une immersion dans de l'eau portée à une température de 145° F[1].

Il est utile d'ajouter que l'immersion dans l'eau froide ne cause aucune inflexion : j'ai plongé brusquement quatre feuilles, coupées sur des plantes qui avaient été maintenues pendant plusieurs jours à une haute température d'environ 75° F. (23°,8 centig.), dans de l'eau à 45° F. (7°,2 centig.), mais c'est à peine si elles furent affectées; en tout cas, elles le furent beaucoup moins que d'autres feuilles prises sur les mêmes plantes qui furent au même moment plongées dans de l'eau à 75° F. Ces dernières, en effet, s'infléchirent quelque peu.

---

1. Il paraît que les animaux à sang froid sont, comme on aurait pu s'y attendre d'ailleurs, beaucoup plus sensibles que le *Drosera* à une augmentation de température. Ainsi le docteur Burdon Sanderson m'apprend qu'un crapaud commence à montrer des signes d'inquiétude dans de l'eau portée à la température de 85° F. (30°,6 cent.) seulement. A 95° F. (35,0 cent.) les muscles deviennent rigides et l'animal meurt en se raidissant.

CHAPITRE V.

EFFETS PRODUITS SUR LES FEUILLES
PAR LES LIQUIDES NON AZOTÉS ET LES LIQUIDES
ORGANIQUES AZOTÉS.

Liquides non azotés. — Solutions de gomme arabique, de sucre, d'amidon, d'alcool étendu, d'huile d'olive. — Infusion et décoction de thé. — Liquides azotés. — Lait. — Urine, albumine liquide. — Infusion de viande crue. — Mucosités impures. — Salive. — Solution de colle de poisson. — Différence de l'action exercée par ces deux séries de liquides. — Décoction de pois verts. — Décoction et infusion de choux. — Décoction de brins d'herbe.

Quand j'observai le *Drosera* pour la première fois, en 1860, et que je fus porté à croire que les feuilles absorbent les matières nutritives contenues dans les insectes qu'elles capturent, je pensai immédiatement qu'il était utile de faire des essais préliminaires avec quelques liquides ordinaires contenant ou ne contenant pas des substances azotées. Il est bon, je crois, d'indiquer les résultats que j'ai obtenus.

Dans toutes les expériences suivantes, je me suis servi d'un même instrument pointu pour laisser tomber une goutte de liquide sur le centre de la feuille; après de nombreux essais je m'assurai que ces gouttes contiennent en moyenne un demi-minime ou 1/960 d'once de liquide ou 0,0295 de millig. Je ne prétends pas, toutefois, indiquer par là des mesures absolument exactes; en effet, les gouttes formées par les liquides visqueux sont évidemment plus grosses que les gouttes d'eau. Je n'expérimentai jamais que sur une seule feuille de la même plante et je me procurai des plantes de deux endroits fort éloignés l'un de l'autre. Mes expériences ont été faites pendant les mois d'août et de septembre. Une remarque est nécessaire quand il s'agit de juger les résultats; si on laisse tomber une goutte d'un liquide adhésif sur une feuille vieille ou affaiblie, dont les glandes ont cessé de produire des sécrétions abondantes, la goutte se dessèche quelquefois, surtout si l'on conserve la plante dans une chambre : par suite, quelques-uns des tentacules centraux et des tentacules extérieurs se trouvent attirés l'un vers l'autre, ce qui pourrait faire croire qu'ils se sont infléchis. Cet effet se produit même quelquefois avec de l'eau rendue adhésive par son mélange avec les sécrétions visqueuses. Aussi, la seule preuve évidente, et c'est celle sur laquelle je me suis toujours reposé, est l'inflexion des tentacules extérieurs qui n'ont pas été placés en contact avec le liquide, ou qui n'ont été touchés par lui qu'à la base. Dans ce cas, le mouvement que font les tentacules extérieurs est entièrement dû à ce que les glandes centrales stimulées par le fluide leur ont transmis une impulsion. La feuille elle-même se recourbe quelquefois de manière à former une sorte de coupe, de même que lorsqu'on place sur le disque un insecte ou un morceau de viande. Mais, autant que j'ai pu m'en assurer, ce dernier mouvement ne provient jamais du simple desséchement d'un liquide adhésif et du retrait des tentacules qui en est la conséquence.

Occupons-nous d'abord des liquides non azotés. Comme essai préliminaire, j'ai placé une goutte d'eau distillée sur 30 ou 40 feuilles et il n'en est résulté aucun effet; toutefois, mais c'est la grande exception, quelques tentacules se sont infléchis pendant quelques instants; je serais même disposé à attribuer ce résultat à un attouchement accidentel opéré sur les glandes au moment où je disposais la feuille pour l'expérience. Il est facile de comprendre que l'eau ne produise aucun effet, car, autrement, les feuilles se trouveraient excitées dès qu'il tombe quelques gouttes de pluie.

Gomme arabique. — Je préparai 4 solutions à des degrés différents : l'une contenant 6 grains de gomme par once d'eau (1 partie de
gomme pour 73 parties d'eau) ; une seconde un peu plus forte tout en
étant très-liquide ; une troisième assez épaisse et une quatrième si
épaisse que la goutte tombait à peine d'un instrument pointu. J'expérimentai ces solutions sur 14 feuilles, en laissant les gouttes sur le
disque de vingt-quatre à quarante-quatre heures, mais, en moyenne,
pendant trente heures. Ces solutions ne causèrent jamais la moindre
inflexion. Il est indispensable de se procurer, pour répéter ces expériences, de la gomme arabique parfaitement pure ; en effet, un de mes
amis a expérimenté avec une solution qu'il avait achetée toute faite
et il vit les tentacules s'infléchir ; mais il découvrit ensuite que cette
solution contenait beaucoup de matières animales probablement de la
gélatine.

Sucre. — Des gouttes contenant une solution de sucre raffiné à
3 degrés différents (la plus faible contenant 1 partie de sucre pour
73 parties d'eau), laissées sur les feuilles pendant un espace de temps
variant de trente-deux à quarante-huit heures, n'ont produit aucun
effet.

Amidon. — Un mélange d'amidon ayant à peu près la consistance
de la crème fut placé sur 6 feuilles et y fut laissé pendant environ
trente heures sans produire aucun effet. Je suis fort surpris de ce fait,
car je crois que l'amidon du commerce contient ordinairement une
trace de gluten et, comme nous le verrons dans le chapitre suivant,
cette substance azotée provoque l'inflexion des tentacules.

Alcool étendu. — Je préparai une solution contenant 1 partie
d'alcool pour 7 parties d'eau et je laissai tomber une goutte sur le
disque de 3 feuilles. Aucun effet ne s'était produit au bout de quarante-huit heures. Désirant savoir si l'alcool avait attaqué les feuilles,
je plaçai sur elles des petits morceaux de viande et, au bout de
vingt-quatre heures, tous les tentacules étaient complétement infléchis. Je plaçai aussi des gouttes de vin de Xérès sur 3 autres feuilles ;
les tentacules ne s'infléchirent pas, mais 2 feuilles me parurent quelque peu attaquées. Nous verrons bientôt que les feuilles coupées,
plongées dans de l'alcool étendu dans les proportions que je viens
d'indiquer, ne s'infléchissent pas.

Huile d'olive. — Je plaçai des gouttes d'huile sur le disque de
11 feuilles et aucun effet ne fut produit dans un espace de temps va-

riant de vingt-quatre à quarante-huit heures. Je plaçai ensuite des
morceaux de viande sur le disque de ces feuilles; tous les tentacules
de 3 d'entre elles s'étaient complétement infléchis au bout de vingt-
quatre heures; quelques tentacules seulement d'une 4ᵉ feuille s'étaient
infléchis. Toutefois, on verra bientôt que les feuilles coupées plongées
dans l'huile d'olive sont puissamment affectées.

Infusion et décoction de thé. — Je plaçai sur 10 feuilles des
gouttes d'une forte infusion de thé ainsi que des gouttes d'une forte
décoction et d'une faible décoction; aucune d'elles ne s'infléchit. Je
plaçai ensuite sur 3 de ces feuilles des petits morceaux de viande sur
les gouttes encore présentes sur le disque; au bout de vingt-
quatre heures les tentacules étaient complétement infléchis. J'expérimentai ensuite avec le principe chimique du thé, la théine, qui
ne produisit aucun effet. Les substances albumineuses que les
feuilles de thé contiennent très-certainement avaient été sans doute
rendues insolubles par leur desséchement complet.

Nous voyons donc qu'à l'exclusion des expériences faites
avec l'eau, j'ai expérimenté avec les liquides non azotés,
ci-dessus mentionnés, sur 61 feuilles, et que, dans aucun
cas, les tentacules ne se sont infléchis.

Quant aux liquides azotés, j'ai expérimenté avec les premiers qui
me sont tombés sous la main. Les expériences ont été faites à la
même époque et exactement de la même façon que les expériences
précédentes. Je remarquai immédiatement que ces liquides produisent un grand effet; je négligeai donc, dans la plupart des cas, de
tenir compte du laps de temps au bout duquel les tentacules s'infléchissent; toutefois, l'inflexion se produit toujours en moins de vingt-
quatre heures. Je dois faire observer que, dans tous les cas, les
gouttes de liquide non azoté qui ne produisirent aucun effet reposè-
rent beaucoup plus longtemps sur les feuilles.

Lait. — Je plaçai une goutte de lait sur 16 feuilles, les tentacules
de toutes ces feuilles, aussi bien que le limbe de la feuille elle-même
dans plusieurs cas, s'infléchirent rapidement. Je n'ai noté le laps de
temps que dans trois cas seulement, c'est-à-dire pour les feuilles sur
lesquelles j'avais placé une goutte extraordinairement petite. Les
tentacules de ces feuilles présentaient des traces d'inflexion au bout
de quarante-cinq minutes; au bout de sept heures quarante-cinq mi-

nutes, le limbe de 2 feuilles s'était si complétement recourbé qu'il formait une petite coupe renfermant la goutte de lait. Ces feuilles se redressèrent le troisième jour. Dans une autre expérience, le limbe d'une feuille se recourba cinq heures après qu'une goutte de lait avait été placée sur elle.

Urine humaine. — Je plaçai des gouttes d'urine sur 12 feuilles, et, avec une seule exception, les tentacules de toutes s'infléchirent beaucoup. En raison, je pense, de différences dans la nature chimique de l'urine dans diverses occasions, le temps nécessaire au mouvement des tentacules varie beaucoup, mais ces mouvements s'accomplissent toujours en moins de vingt-quatre heures. Je notai, dans deux expériences, que tous les tentacules extérieurs s'étaient infléchis complétement au bout de dix-sept heures, mais la feuille elle-même n'avait pas bougé. Dans un autre cas, les bords d'une feuille s'étaient si complétement infléchis au bout de vingt-cinq heures trente minutes qu'elle se trouvait transformée en une coupe. L'action de l'urine ne provient pas de l'urée qui, comme nous le verrons plus tard, ne produit aucun effet.

Albumine (empruntée à un œuf de poule frais). — Des gouttes placées sur sept feuilles produisirent l'inflexion des tentacules de six d'entre elles. Dans un cas, le bord de la feuille se recourba considérablement au bout de vingt heures. Je laissai la goutte d'albumine pendant vingt-six heures sur la feuille chez laquelle ne s'était produit aucun mouvement; je remplaçai alors la goutte d'albumine par une goutte de lait et tous les tentacules s'infléchirent au bout de douze heures.

Infusion à froid filtrée de viande crue. — J'expérimentai cette infusion sur une seule feuille; au bout de dix-neuf heures presque tous les tentacules extérieurs et la feuille elle-même étaient infléchis. Pendant les années suivantes, j'employai très-souvent cette infusion pour expérimenter sur des feuilles que j'avais déjà traitées avec d'autres substances; je trouvai que l'infusion de viande crue agit très-énergiquement, mais comme je n'ai pas gardé de note précise sur ces expériences, je n'en parle pas ici.

Mucosités. — Des mucosités épaisses ou fluides provenant des bronches placées sur trois feuilles produisirent une inflexion. Les tentacules marginaux d'une feuille traitée avec des mucosités fluides, ainsi que la feuille elle-même, se recourbèrent quelque peu au bout de cinq heures trente minutes et beaucoup au bout de vingt heures. L'action des mucosités est due, sans aucun doute, soit à la salive, soit à quelques substances albumineuses qui y sont mélangées, et non pas, comme nous le verrons dans le prochain chapitre, à la mucine principe chimique des mucosités[1].

Salive. — La salive humaine évaporée produit de 1,14 à 1,19 p. 100 de résidus[2]; ce résidu produit 0,25 p. 100 de cendres, de telle sorte que la proportion de matières azotées que contient la salive doit être très-petite. Néanmoins, des gouttes de salive placées sur le disque de huit feuilles provoquèrent une action chez chacune d'elles. Dans un cas, tous les tentacules extérieurs, sauf neuf, étaient infléchis au bout de dix-neuf heures trente minutes; dans un autre cas, quelques-uns étaient infléchis au bout de deux heures, et, au bout de sept heures trente minutes tous ceux situés dans le voisinage de la goutte aussi bien que la feuille elle-même, présentaient des signes d'activité. Depuis que j'ai fait ces expériences, il m'est arrivé souvent de toucher légèrement les glandes avec le manche de mon scalpel imprégné de salive pour m'assurer si une feuille est à l'état actif; en effet, les tentacules s'infléchissent dans ce cas au bout de quelques minutes. Les nids comestibles faits par les hirondelles de Chine sont composés de matières sécrétées par les glandes salivaires; j'ajoutai 2 grains provenant d'un de ces nids à une once d'eau distillée (c'est-à-dire une partie pour 218 parties d'eau), je fis bouillir pendant quelques minutes, ce qui ne suffit pas pour dissoudre toute la substance solide. Je plaçai sur 3 feuilles des gouttes du liquide ainsi obtenu; au bout d'une heure trente minutes, ces feuilles étaient bien infléchies; au bout de deux heures quinze minutes, elles l'étaient complétement.

Colle de poisson. — Je plaçai sur 8 feuilles des gouttes d'une solution ayant la consistance du lait et, sur quelques autres, des gouttes d'une solution un peu plus épaisse; les tentacules de toutes ces feuilles s'infléchirent. Dans un cas, les tentacules extérieurs étaient bien infléchis au bout de six heures trente minutes et la feuille elle-même s'était recourbée dans une certaine mesure au bout de vingt-quatre heures. Comme la salive qui contient une si petite proportion de matières azotées agit si puissamment, je cherchai à me rendre compte de la plus petite quantité de colle de poisson qui agi-

---

1. Les mucosités provenant des bronches contiennent, selon Marshall, *Outlines of Physiology*, vol. II, 1867, p. 364, un peu d'albumine.
2. Müller, *Elements of Physiology*, Traduct. anglaise, vol. I, p. 514.

rait sur les feuilles. Je fis donc dissoudre une partie de colle dans 248 parties d'eau distillée et je plaçai des gouttes du liquide ainsi obtenu sur 4 feuilles. Au bout de cinq heures, 2 de ces feuilles s'étaient considérablement infléchies et les 2 autres modérément; au bout de vingt-deux heures les premières étaient complétement infléchies et les dernières beaucoup plus qu'auparavant. Quarante-huit heures après que les gouttes avaient été placées sur les feuilles toutes quatre s'étaient presque complétement redressées. Je plaçai alors sur elles des petits morceaux de viande qui agirent plus puissamment que la solution. Je fis ensuite dissoudre une partie de colle de poisson dans 437 parties d'eau; le liquide ainsi obtenu ne pouvait pas se distinguer de l'eau pure. Je plaçai, comme à l'ordinaire, une goutte sur 7 feuilles, dont chacune reçut ainsi 1/960 de grain (0,0295 de milligr.) de colle de poisson. J'observai 3 de ces feuilles pendant quarante et une heures mais elles ne montrèrent pas le moindre signe d'excitation; 2 ou 3 tentacules extérieurs de la quatrième et de la cinquième s'infléchirent au bout de dix-huit heures; un nombre un peu plus grand de tentacules s'infléchirent chez la sixième; chez la septième, le bord de la feuille s'était en outre quelque peu recourbé. Les tentacules des 4 dernières feuilles se redressèrent huit heures après. Ainsi donc, 1/960 d'un grain de colle de poisson suffit pour affecter très-légèrement les feuilles les plus sensibles ou les plus actives. Je plaçai des gouttes de la solution ayant la consistance du lait sur une des feuilles chez laquelle la solution faible n'avait produit aucune action, et sur une seconde, dont deux tentacules seulement s'étaient infléchis; le lendemain matin, c'est-à-dire après un intervalle de seize heures, tous les tentacules de ces deux feuilles s'étaient fortement infléchis.

En somme, j'ai expérimenté sur 64 feuilles avec les liquides azotés dont je viens de parler; je ne compte pas les 5 feuilles que j'ai traitées avec la solution très-faible de colle de poisson; je ne parle pas non plus des nombreux essais que j'ai faits ultérieurement à leur égard, n'ayant gardé aucune note bien précise : 63 de ces feuilles présentèrent des phénomènes bien marqués d'inflexion, tant chez les tentacules que chez la feuille elle-même. Celles chez lesquelles ne se produisit aucun mouvement étaient probablement vieilles et inertes. Je dois faire remarquer que pour obtenir une proportion aussi considérable de résultats sa-

tisfaisants, il faut avoir soin de choisir des feuilles jeunes
et actives. J'avais choisi tout particulièrement des feuilles
dans cet état pour les 61 expériences faites avec les liquides non azotés, sans compter l'eau; or, nous avons
vu que pas une de ces feuilles ne présenta trace d'excitation. Nous sommes donc autorisés à conclure que, chez les
64 feuilles soumises à l'action des liquides azotés, l'inflexion des tentacules extérieurs est due à l'absorption de
matières azotées par les glandes des tentacules du disque.

Comme je l'ai déjà dit, plusieurs feuilles qui n'avaient
pas été excitées par les liquides non azotés ont reçu
immédiatement après des morceaux de viande de façon à prouver qu'elles étaient à l'état actif. Outre ces
essais avec la viande, 23 feuilles sur le disque desquelles
reposaient encore des gouttes de gomme, de sirop ou
d'amidon, qui n'avaient produit aucun effet au bout d'un
laps de temps variant de vingt-quatre à quarante-huit heures, ont été soumises à l'action de gouttes de lait, d'urine
ou d'albumine. Les tentacules et quelquefois le limbe même
de 17 feuilles, des 23 ainsi traitées, s'infléchirent considérablement; toutefois, elles avaient perdu une certaine partie
de leur activité, car les mouvements qui les animaient étaient
certainement plus lents que ceux que l'on pouvait observer
chez des feuilles fraîches traitées avec ces mêmes liquides
azotés. On peut attribuer cette lenteur de mouvements, ainsi
que l'insensibilité absolue de 6 feuilles, à des effets d'exosmose causés par la densité des liquides placés sur le disque.

Il n'est pas inutile d'indiquer ici les résultats de quelques autres
expériences faites avec les liquides azotés. J'ai préparé des décoctions de quelques légumes riches en azote; ces décoctions agissent
comme les liquides provenant de substances animales. Ainsi, j'ai fait
bouillir pendant quelque temps des pois verts dans de l'eau distillée, puis j'ai laissé reposer la décoction légèrement épaisse que
j'avais ainsi obtenue. Je plaçai sur 4 feuilles une goutte du liquide cla-
rifié; au bout de seize heures, tous les tentacules et les feuilles elles-
mêmes s'étaient considérablement infléchis. Je conclus d'après une

remarque de Gerhardt[1] que les pois contiennent de la légumine
« combinée avec un alcali formant une solution qui ne se coagule pas »
et que cette solution se mêle à l'eau bouillante. Je puis ajouter, relativement aux expériences qui précèdent et à celles qui vont suivre, que,
selon Schiff[2], il existe certaines formes d'albumine qui ne se coagulent
pas dans l'eau bouillante, mais qui se convertissent en matières solubles.

Dans trois occasions, je fis bouillir dans de l'eau distillée, pendant
une heure et un quart, des feuilles de chou hachées[3] ; en décantant la
décoction après l'avoir laissé reposer, j'ai obtenu un liquide vert pâle
sale. Je plaçai sur 13 feuilles des gouttes ayant le volume de toutes
celles dont je me suis servi dans ces expériences. Les tentacules et les
feuilles elles-mêmes s'infléchirent d'une façon extraordinaire au bout
de quatre heures. Le lendemain le protoplasma des cellules des tentacules était complétement agrégé. Je posai aussi des gouttes très-petites
de la décoction sur la sécrétion visqueuse qui entoure les glandes
des tentacules ; ces tentacules s'infléchirent au bout de quelques minutes. Ce liquide exerçant une action si énergique, je l'étendis de
3 parties d'eau et je plaçai une goutte du liquide étendu sur le disque de 5 feuilles ; l'action fut si violente que, le lendemain matin, ces
feuilles s'étaient complétement repliées sur elles-mêmes. Nous sommes donc autorisés à conclure qu'une décoction de feuilles de chou
est tout aussi énergique qu'une infusion de viande crue.

Je plaçai une quantité égale de feuilles de chou hachées et d'eau
distillée dans un endroit chaud et je laissai infuser pendant vingt heures,
mais sans porter le liquide au point d'ébullition. Je plaçai des gouttes
de cette infusion sur 4 feuilles. Au bout de vingt-trois heures, l'une
de ces feuilles s'était considérablement infléchie ; une seconde légèrement ; chez la troisième je n'observai que l'inflexion de quelques tentacules sous-marginaux et la quatrième ne fut affectée en aucune façon.
La puissance de l'infusion est donc beaucoup moins considérable que
celle de la décoction : il est évident, en effet, que l'immersion, pendant
une heure, des feuilles de chou dans de l'eau bouillante doit amener
l'extraction beaucoup plus efficace des substances qui excitent le *Drosera,* qu'une immersion dans de l'eau tiède prolongée pendant plusieurs
heures. Cela tient peut-être, ainsi que l'a fait remarquer Schiff pour

1. Watts, *Dict. of Chemistry,* vol. III, p. 568.
2. *Leçons sur la phys. de la digestion,* tome I, p. 379 ; tome II, p. 154,
166, sur la légumine.
3. J'employai des feuilles cueillies avant la formation du cœur ; ces feuilles contiennent 2,1 p. 100 de matières albumineuses ; les feuilles externes
de la plante complétement développée n'en contiennent que 1,6 p. 100.
Watts, *Dict. of Chemistry,* vol. I, p. 653.

la légumine, à ce que le contenu des cellules est protégé par des parois formées de cellulose et qu'une très-faible quantité des matières albumineuses peut seule se dissoudre jusqu'à ce que ces parois soient rompues par l'action de l'eau bouillante. La forte odeur que répandent les feuilles de chou bouillies indique que l'ébullition produit chez elles quelques changements chimiques qui les rend beaucoup plus nutritives et beaucoup plus digestibles pour l'homme. Or, il est intéressant de noter que l'eau bouillante extrait des feuilles du chou des matières qui excitent le *Drosera* à un degré extraordinaire.

Les graminées contiennent beaucoup moins de matières azotées que les pois ou les choux. J'ai haché les tiges et les feuilles de trois espèces communes de graminées, et je les ai fait bouillir pendant quelque temps dans de l'eau distillée. Je plaçai des gouttes de la décoction, que j'avais laissé reposer pendant vingt-quatre heures, sur 6 feuilles; cette décoction agit de façon assez singulière; j'en donnerai quelques exemples dans le chapitre VII, lorsque je traiterai des effets des sels d'ammoniaque. Au bout de deux heures et demie, quatre feuilles s'étaient recourbées, mais leurs tentacules extérieurs n'avaient pas bougé; il en fut de même pour les 6 feuilles au bout de vingt-quatre heures. Deux jours après, les feuilles, aussi bien que les quelques tentacules sous-marginaux qui s'étaient infléchis, se redressèrent; d'ailleurs, la plus grande quantité du liquide qui se trouvait sur le disque était alors absorbée. Il résulte de ces expériences que cette décoction agit puissamment sur les glandes du disque et force la feuille elle-même à se recourber très-rapidement, mais l'impulsion, contrairement à ce qui arrive dans les cas ordinaires, ne se communique qu'à un degré très-faible aux tentacules extérieurs.

Je puis ajouter ici que je fis dissoudre dans 437 parties d'eau une partie d'extrait de belladone achetée chez un pharmacien et que j'en plaçai une goutte sur 6 feuilles. Le lendemain, ces 6 feuilles s'étaient un peu infléchies et, quarante-six heures après, elles s'étaient complétement redressées. Ce n'est pas l'atropine que contient l'extrait de belladone qui produit cet effet, car je m'assurai par des expériences ultérieures que cette substance est absolument impuissante. J'achetai aussi, chez trois pharmaciens différents, de l'extrait de jusquiame et je préparai des infusions dans la même proportion que celle que je viens d'indiquer, une seule de ces infusions agit sur quelques feuilles. Bien que les pharmaciens prétendent que toute l'albumine est précipitée lors de la préparation de ces médicaments, je ne doute pas qu'il n'en reste quelques traces qui sont suffisantes pour exciter les feuilles les plus actives du *Drosera*.

CHAPITRE VI

PUISSANCE DIGESTIVE DE LA SÉCRÉTION DU DROSERA.

L'excitation directe ou indirecte des glandes rend la sécrétion acide. — Nature de l'acide. — Substances digestibles. — Albumine; les alcalis arrêtent la digestion; l'addition d'un acide la fait recommencer. — Viande. — Fibrine. — Syntonine. — Tissu aréolaire. — Cartilages. — Fibro-cartilage. — Os. — Émail et dentine. — Phosphate de chaux. — Base fibreuse des os. — Gélatine. — Chondrine. — Lait, caséine et fromage. — Gluten. — Légumine. — Pollen. — Globuline. — Hématine. — Substances indigestes. — Productions épidermiques. Tissu fibro-élastique. — Mucine. — Pepsine. — Urée. — Chitine. — Cellulose. — Fulmi-coton. — Chlorophylle. — Graisses et huiles. — Amidon. — Action de la sécrétion sur les graines vivantes. — Résumé et conclusions.

Nous avons vu que les liquides azotés exercent sur les feuilles du *Drosera* une action toute différente de celle exercée par les liquides non azotés; nous avons vu aussi que les tentacules restent recourbés sur diverses substances organiques pendant beaucoup plus longtemps que sur les corps inorganiques, tels que des morceaux de verre, de charbon, de bois, etc.; il devient donc fort intéressant de rechercher si les feuilles peuvent seulement absorber des substances déjà en solution, ou si elles peuvent les rendre solubles, c'est-à-dire, si elles peuvent digérer. Nous verrons tout à l'heure qu'elles possèdent très-certainement cette faculté de la digestion et qu'elles agissent sur les composés albumineux exactement de la même façon que le font les sucs gastriques des mammifères; elles absorbent ensuite les matières ainsi préparées. Ce fait que nous allons clairement établir, est très-extraordinaire dans la physiologie des plantes. On me permettra d'ajouter ici que le docteur Burdon Sanderson a bien voulu m'aider de ses conseils et de ses indications dans mes dernières expériences.

Peut-être sera-t-il utile de rappeler tout d'abord, pour
ceux de mes lecteurs qui ignorent complétement comment
se fait la digestion des composés albumineux chez les animaux, que cette digestion s'effectue au moyen d'un ferment,
la pepsine, combiné à de l'acide chlorhydrique très-faible,
ou à quelque autre acide que ce soit. Cependant, ni la pepsine, ni aucun acide n'ont par eux-mêmes une semblable
faculté[1]. Nous avons vu que, lorsqu'on excite les glandes du
disque en les mettant en contact avec une substance quelconque, et surtout avec une substance contenant des matières azotées, les tentacules extérieurs et, souvent même,
la feuille elle-même s'infléchissent ; la feuille se transforme
ainsi en une coupe ou estomac temporaire. En même
temps, les glandes du disque produisent des sécrétions plus
abondantes et ces sécrétions deviennent acides. En outre,
ces glandes transmettent une impulsion aux glandes des
tentacules extérieurs, ce qui provoque chez elles des sécrétions plus abondantes qui deviennent aussi acides ou plus
acides qu'elles n'étaient auparavant.

Comme ce résultat est fort important, j'en donnerai
quelques preuves. J'essayai, avec du papier de tournesol, la
sécrétion de beaucoup de glandes appartenant à 30 feuilles
qui n'avaient été excitées en aucune façon ; la sécrétion
produite par 22 de ces feuilles n'affecta en rien la couleur
du papier ; 8 autres produisirent une teinte rouge très-
faible et parfois même très-douteuse. Toutefois, 2 autres
vieilles feuilles, qui semblaient s'être infléchies plusieurs
fois, agirent beaucoup plus vivement sur le papier. Je plaçai alors des parcelles de verre bien propre sur 5 feuilles,
des cubes d'albumine sur 6, des petits morceaux de viande
sur 3, en ayant soin de disposer ces substances sur des

---

1. Il paraît cependant, d'après Schiff, et contrairement à l'opinion de
quelques physiologistes, que l'acide chlorhydrique étendu dissout, bien
que lentement, une très-petite quantité d'albumine coagulée. Schiff, *Phys.
de la digestion,* t. II (1867), p. 25.

glandes dont la sécrétion n'avait pas la moindre trace d'acidité. Au bout de vingt-quatre heures, alors que tous les tentacules de ces 14 feuilles étaient plus ou moins infléchis, j'essayai de nouveau la sécrétion en ayant soin de choisir des glandes qui n'avaient pas encore atteint le centre ou touché un objet quel qu'il soit; les sécrétions étaient alors nettement acides. Le degré d'acidité de la sécrétion varie quelque peu sur les glandes de la même feuille. Chez quelques feuilles, certains tentacules, comme il arrive souvent, ne s'infléchirent pas en raison de quelque cause inconnue; dans cinq cas différents, la sécrétion des tentacules qui n'étaient pas infléchis ne présentait pas la moindre trace d'acidité, tandis que la sécrétion des tentacules de la même feuille placés dans leur voisinage immédiat, mais infléchis, était nettement acide. Chez les feuilles excitées par des parcelles de verre, placées sur les glandes centrales, la sécrétion qui se réunit sur le disque était beaucoup plus acide que celle des tentacules extérieurs qui ne s'étaient encore que modérément infléchis. Quand on place sur le disque des morceaux d'albumine, substance naturellement alcaline, ou des morceaux de viande, la sécrétion qui se rassemble sous ces morceaux est fortement acide. Comme la viande crue humectée d'eau est légèrement acide, j'observai son action sur le papier de tournesol avant de placer les morceaux sur les feuilles, puis j'observai de nouveau cette action quand le morceau fut baigné dans la sécrétion; on ne peut avoir le moindre doute que le morceau, dans ce dernier cas, est beaucoup plus acide. En un mot, j'ai contrôlé des centaines de fois l'état de la sécrétion du disque des feuilles infléchies sur divers objets et, dans tous les cas, je l'ai trouvée acide. Nous sommes donc autorisés à conclure que la sécrétion de feuilles non excitées, bien que très-visqueuse, n'est pas acide ou ne l'est que très-légèrement, mais qu'elle le devient ou que l'acidité se développe beaucoup dès que les

tentacules commencent à s'infléchir pour embrasser une
substance organique ou inorganique; et, en outre, que la
sécrétion devient beaucoup plus acide quand les tentacules
sont restés infléchis quelque temps pour embrasser un
objet quelconque.

Je puis rappeler ici que la sécrétion paraît posséder,
jusqu'à un certain point, des propriétés antiseptiques, car
elle empêche le développement de la moisissure et des
infusoires; elle empêche ainsi, pendant quelque temps, la
décoloration et la pourriture de substances telles que le
blanc d'œuf, le fromage, etc. La sécrétion agit donc comme
le suc gastrique des animaux supérieurs qui, ainsi qu'on
le sait, empêche la putréfaction en détruisant les germes.

Désireux de savoir quel acide contient la sécrétion visqueuse,
je fis laver 445 feuilles avec de l'eau distillée que m'avait donnée le
professeur Frankland; toutefois, la sécrétion est si visqueuse qu'il
est presque impossible de l'enlever tout entière. En outre, les conditions étaient quelque peu défavorables, en ce sens que la saison
était avancée et les feuilles petites. Le professeur Frankland voulut bien analyser les liquides ainsi recueillis. Les feuilles avaient
été excitées en plaçant sur elles pendant vingt-quatre heures des
parcelles de verre parfaitement nettoyé; sans doute, j'aurais obtenu
beaucoup plus d'acide dans la sécrétion en excitant les feuilles avec
des matières animales, mais l'analyse serait alors devenue beaucoup
plus difficile. Le professeur Frankland s'assura d'abord que le liquide
ne contenait aucune trace d'acide muriatique, sulfurique, tartrique,
oxalique ou formique. Ce premier point obtenu, il évapora le liquide
jusqu'à siccité et le traita par l'acide sulfurique; il se produisit
alors des vapeurs acides que l'on condensa et que l'on traita par le
carbonate d'argent. « Le poids du sel d'argent ainsi produit, m'écrit le
professeur Frankland, s'élevait seulement à 37 grains, quantité beaucoup trop petite pour déterminer exactement le poids moléculaire de
l'acide. Toutefois, l'équivalent obtenu correspond presque exactement
à celui de l'acide propionique; je crois que cet acide ou un mélange
d'acide acétique et d'acide butyrique est présent dans le liquide.
En tout cas, cet acide appartient à la série acétique ou à la série des
acides gras. »

Le professeur Frankland, aussi bien que son préparateur, a observé, et c'est là un fait important, que le liquide, « acidulé avec de l'acide sulfurique, émet une forte odeur ressemblant à celle de la pepsine. » J'envoyai aussi au professeur Frankland les feuilles dont j'avais enlevé les sécrétions; il les fit macérer pendant quelques heures, ajouta au liquide une certaine quantité d'acide sulfurique et fit distiller; mais il n'obtint aucun acide. En conséquence, l'acide que contiennent les feuilles fraîches, acide qui décolore le papier tournesol quand on écrase les feuilles, doit avoir une nature différente de l'acide présent dans la sécrétion. En outre, la décoction des feuilles n'émet aucune odeur de pepsine.

Bien qu'on sache depuis longtemps que la pepsine en combinaison avec l'acide acétique a le pouvoir d'opérer la digestion des composés albumineux, il me sembla utile de déterminer si l'on peut, sans qu'il y ait diminution de la faculté digestive, remplacer l'acide acétique par les acides alliés que l'on croit être présents dans la sécrétion du *Drosera,* c'est-à-dire l'acide propionique, l'acide butyrique ou l'acide valérianique. Le docteur Burdon Sanderson fut assez bon pour faire les expériences suivantes dont les résultats sont fort importants, indépendamment de la recherche qui nous occupe. Le professeur Frankland a bien voulu fournir les acides.

« 1. Le but des expériences suivantes est de déterminer l'activité digestive de liquides contenant de la pepsine quand on les acidule avec certains acides volatils, appartenant à la série acétique, comparativement à des liquides acidulés avec de l'acide muriatique employé dans les mêmes proportions que celles dans lesquelles ce dernier acide se trouve dans le suc gastrique.

« 2. On a déterminé empiriquement que l'on obtient les meilleurs résultats de digestion artificielle quand on emploie un liquide qui contient 2 pour 1000 en poids de gaz acide hydrochlorique. Cela correspond à environ 6,25 centimètres cubes par litre d'acide hydrochlorique concentré. Les quantités respectives d'acide propionique, d'acide butyrique et d'acide valérianique nécessaires pour neutraliser une base équivalente à 6,25 centimètres cubes de HCl s'élèvent, en grammes, à 4,04 d'acide propionique, à 4,82 d'acide butyrique et à 5,68 d'acide valérianique. J'ai donc jugé utile pour comparer les pouvoirs digestifs de ces acides avec le pouvoir digestif de l'acide chlorhydrique, de les employer dans ces proportions.

« 3. J'ai préparé 500 centimètres cubes d'un liquide, contenant environ 8 centimètres cubes de glycérine extraite des membranes muqueuses de l'estomac d'un chien tué pendant la digestion; j'en ai fait évaporer 10 centimètres cubes et je les ai laissés sécher à la température de 110° centig. Cette quantité a produit 0,0031 de résidu.

« 4. Je pris quatre quantités égales de ce liquide que j'acidulai avec de l'acide chlorhydrique, de l'acide propionique, de l'acide butyrique et de l'acide valérianique dans les proportions indiquées ci-dessus. Je plaçai alors chaque liquide dans un tube que je laissai flotter dans un bain-marie contenant un thermomètre qui indiquait une température de 38° à 40° centig. J'introduisis dans chaque tube de la fibrine non coagulée et je laissai reposer le tout pendant quatre heures, en ayant soin de maintenir la température au même degré pendant tout le temps et en m'assurant que chaque tube contenait toujours un excès de fibrine. Au bout de ce laps de temps, je filtrai tous les liquides. Je mesurai ensuite et je fis évaporer et sécher à la température de 110° centig., comme auparavant, 10 centimètres cubes de la liqueur filtrée qui contenait, bien entendu, la quantité de fibrine digérée pendant les quatre heures. Les résidus ont été respectivement :

Dans le liquide contenant l'acide chlorhydrique .	0,4079
Dans le liquide contenant l'acide propionique . .	0,0601
Dans le liquide contenant l'acide butyrique . . .	0,1468
Dans le liquide contenant l'acide valérianique . .	0,1254

« Par conséquent, si on déduit de chacune de ces liqueurs les résidus, ci-dessus mentionnés, restant quand le liquide digestif lui-même a été évaporé, c'est-à-dire 0,0031, on obtient :

Pour l'acide propionique.	0,0570
Pour l'acide butyrique.	0,1437
Pour l'acide valérianique.	0,1223

contre 0,4048 pour l'acide chlorhydrique; ces divers nombres expriment les quantités, en poids, de fibrine digérée en présence de quantités équivalentes des acides respectifs placés dans des conditions identiques.

« On peut donc résumer ainsi les résultats de l'expérience : si l'on représente par 100 le pouvoir digestif d'un liquide contenant de la pepsine additionnée de la proportion ordinaire d'acide chlorhydrique, il faudra représenter respectivement par 14,0, par 35,4 et par 30,2 les puissances digestives des trois acides dont nous nous occupons.

« 5. Dans une seconde expérience faite exactement dans les mêmes conditions, sauf toutefois que tous les tubes étaient plongés dans un même bain-marie et que les résidus ont été desséchés à 115° centig. j'ai obtenu les résultats suivants :

« Quantités de fibrine dissoute en quatre heures par 10 centimètres
cubes de liquide :

Acide propionique.	0,0563
Acide butyrique.	0,0835
Acide valérianique.	0,0615

« La quantité digérée par un liquide semblable contenant de
l'acide chlorhydrique s'élevait à 0,3376. Si l'on considère cette quantité
comme équivalente à 100, les nombres suivants représenteront les
quantités relatives digérées par les autres acides :

Acide propionique.	16,5
Acide butyrique.	24,7
Acide valérianique.	16,1

« 6. Une troisième expérience a donné les résultats suivants :
« Quantités de fibrine digérée en quatre heures par 10 centimètres
cubes de liquide.

Acide chlorhydrique.	0,2915
Acide propionique.	0,1490
Acide butyrique.	0,1044
Acide valérianique.	0,0520

« Si l'on compare, comme auparavant, les trois derniers nombres
avec le premier considéré comme 100, la puissance digestive de l'a-
cide propionique est représentée par 16,8; celle de l'acide butyrique par 35,8; et celle de l'acide valérianique par 17,8.
« La moyenne de ces trois expériences, considérant toujours l'acide
chlorhydrique comme 100, donne pour :

L'acide propionique..	15,8
L'acide butyrique	32,0
L'acide valérianique.	21,4

« 7. J'ai fait une autre expérience pour déterminer si l'activité
digestive de l'acide butyrique, que j'ai choisi parce qu'il semble le
plus puissant, est relativement plus grande à la température ordinaire
qu'à la température du corps. Or, j'ai trouvé que, tandis que 10 centimètres cubes d'un liquide, contenant la proportion ordinaire d'acide
chlorhydrique, digère 0,1311 gramme de fibrine, un liquide semblable préparé avec de l'acide butyrique en digère 0,0455.
« En conséquence, si l'on considère comme 100 la quantité digérée

par l'acide chlorhydrique à la température du corps, il faudra représenter par 44,9 la puissance digestive de l'acide chlorhydrique à la
température de 16° à 18° centigr., et celle de l'acide butyrique, à la
même température, par 15°,6. »

Nous voyons par cette dernière expérience qu'à la température la
moins élevée, l'acide chlorhydrique mélangé à la pepsine digère, pendant un même laps de temps, un peu moins de la moitié de la quantité
de fibrine qu'elle digère à une température plus élevée; en outre, la
puissance de l'acide butyrique, placé dans les mêmes conditions et à
la même température, se trouve réduite dans la même proportion.
Nous avons vu aussi que l'acide butyrique, qui est beaucoup plus
puissant que l'acide propionique ou l'acide valérianique, digère, quand
il est mélangé à la pepsine à la température la plus élevée, un peu
moins du tiers de la quantité de fibrine que digère à la même température l'acide chlorhydrique.

Je vais actuellement donner le détail de mes expériences
sur la puissance digestive de la sécrétion du *Drosera*, en
divisant les substances sur lesquelles j'ai expérimenté en
deux séries, c'est-à-dire celles qui sont digérées plus ou
moins complétement et celles qui ne le sont pas du tout.
Nous verrons tout à l'heure que le suc gastrique des animaux les plus élevés agit exactement de la même façon sur
ces substances. J'appelle tout particulièrement l'attention
sur les expériences faites avec l'albumine, parce qu'elles
prouvent que les sécrétions perdent leur puissance digestive quand on les neutralise avec un alcali, et qu'elles recouvrent cette puissance quand on les additionne d'acide.

*Substances qui sont digérées en totalité ou en partie
par la sécrétion du Drosera.*

Albumine. — Après avoir essayé diverses substances,
le docteur Burdon Sanderson me conseilla l'emploi des cubes d'albumine coagulée ou d'œufs durs. Je puis indiquer
tout d'abord que, dans le but d'avoir un terme de comparaison, j'ai placé sur de la mousse humide, située auprès

des plants de *Drosera*, 5 cubes ayant exactement la même grosseur que ceux que j'ai employés dans les expériences suivantes. Il faisait chaud ; au bout de quatre jours, quelques-uns de ces cubes présentèrent quelques traces de décoloration et de moisissure et leurs angles s'étaient quelque peu arrondis, mais ils n'étaient pas entourés d'une zone de liquide transparent comme ceux qui sont soumis à l'acte de la digestion. D'autres cubes conservèrent leurs angles et leur couleur blanche. Au bout de huit jours, ils avaient tous diminué dans une certaine mesure, ils s'étaient décolorés et leurs angles s'étaient considérablement arrondis. Néanmoins, sur ces cinq spécimens, la partie centrale de quatre était encore blanche et opaque. Nous allons voir que leur condition différait donc considérablement de celle des cubes soumis à l'action de la sécrétion.

Première expérience. — J'employai d'abord des cubes d'albumine assez gros ; les tentacules étaient tous infléchis au bout de vingt-quatre heures ; le lendemain, les angles des cubes s'étaient dissous et arrondis[1] ; mais les cubes dont je me servais étaient trop gros, de telle sorte que les feuilles souffrirent ; au bout de sept jours, l'une mourut et les autres étaient mourantes. L'albumine conservée pendant quatre ou cinq jours, et qui, on peut le présumer, a commencé à se désagréger quelque peu, semble agir plus rapidement que celle provenant d'œufs nouvellement cuits. Comme j'employais ordinairement cette dernière, j'avais l'habitude de l'humecter avec un peu de salive, pour que les tentacules s'infléchissent plus rapidement.

Deuxième expérience. — Je plaçai sur une feuille un cube ayant $1/10^e$ de pouce, c'est-à-dire que chaque côté avait $1/10^e$ de pouce ou $2^{mm},54$ de longueur ; au bout de cinquante heures, ce cube s'était transformé en une sphère ayant environ $3/40^e$ de pouce $(1^{mm},905)$ de

1. Dans mes nombreuses expériences sur la digestion des cubes d'albumine, j'ai observé invariablement que les angles et les bords s'arrondissaient d'abord. Or, Schiff constate (*Leçons phys. de la digestion,* vol. II, p. 149, 1867) que c'est là un des caractères de la digestion de l'albumine par le suc gastrique des animaux. D'autre part, il remarque que « les dissolutions en chimie ont lieu sur *toute* la surface des corps en contact avec l'agent dissolvant. »

diamètre, environnée par un liquide parfaitement transparent. Au bout de dix jours, la feuille se redressa, mais il restait encore sur le limbe un morceau très-petit d'albumine complétement transparent. J'avais donné à cette feuille plus d'albumine qu'elle n'en pouvait dissoudre ou digérer.

Troisième expérience. — Je plaçai, sur deux feuilles, 2 cubes d'albumine ayant 1/20e de pouce (1mm,27) de côté. Au bout de quarante-six heures, un de ces cubes était complétement dissous et la plus grande partie de la matière liquéfiée était absorbée; le liquide qui restait encore, dans ce cas comme dans tous les autres, était très-acide et très-visqueux. L'autre cube disparut plus lentement.

Quatrième expérience. — Je plaçai sur deux feuilles des cubes d'albumine ayant la même grosseur que dans l'expérience précédente; au bout de cinquante heures, ils s'étaient transformés en deux grosses gouttes de liquide transparent. J'enlevai ces gouttes de dessous les tentacules infléchis et je les observai au microscope au moyen de la lumière réfléchie; je pus observer, dans l'un, des filaments très-fins de matières blanches opaques, et, dans l'autre, des traces de filaments semblables. Je replaçai alors les gouttes sur les feuilles; celles-ci se redressèrent au bout de dix jours; il ne restait alors sur elles qu'un peu de liquide transparent acide.

Cinquième expérience. — Cette expérience a été faite dans des conditions un peu différentes, de façon que l'albumine fût plus rapidement exposée à l'action de la sécrétion. Je plaçai sur une même feuille deux cubes ayant chacun 1/40e de pouce (0mm,635 de diamètre et deux cubes semblables sur une autre feuille. J'examinai ces cubes au bout de vingt et une heure trente minutes, et tous quatre s'étaient arrondis. Au bout de quarante-six heures, les deux cubes placés sur une feuille s'étaient complétement liquéfiés, le liquide étant parfaitement transparent; sur l'autre feuille, on pouvait encore voir au milieu du liquide quelques filaments blancs opaques. Au bout de soixante-douze heures, ces filaments avaient disparu, mais il restait encore un peu de liquide visqueux sur le limbe de la feuille; l'autre feuille, au contraire, avait absorbé presque tout le liquide. Les deux feuilles commencèrent alors à se redresser.

Le meilleur et presque le seul moyen de déterminer la présence dans la sécrétion de quelque ferment analogue

à la pepsine me sembla être de neutraliser par un alcali
l'acide contenu dans la sécrétion et de m'assurer si la digestion cesse, puis d'ajouter un peu d'acide et d'observer
si elle recommence. C'est ce que je fis et, comme nous le
verrons bientôt, avec beaucoup de succès ; mais il était nécessaire d'abord de faire deux expériences qui devaient me
servir à contrôler toutes les autres, c'est-à-dire de m'assurer si l'addition de petites gouttes d'eau, ayant le même
volume que celles de la solution d'alcali que j'allais employer, arrêterait la digestion et si de petites gouttes d'a-
cide chlorhydrique étendu, ayant le même degré et le
même volume que celles que j'allais employer, attaque-
raient les feuilles. Je fis donc les deux expériences suivantes :

Sixième expérience. — Je plaçai sur trois feuilles des petits cubes
d'albumine et j'ajoutai deux ou trois fois par jour des petites gouttes
d'eau distillée soulevée sur la tête d'une épingle. Cette addition d'eau
ne retarda en aucune façon la marche du phénomène, car, au bout de
quarante-huit heures, les cubes s'étaient complétement dissous sur
chacune de ces trois feuilles. Le troisième jour, les feuilles commencèrent à se redresser et le quatrième jour tout le liquide était absorbé.

Septième expérience. — Je plaçai des petits cubes d'albumine sur
deux feuilles et j'ajoutai, à deux ou trois reprises différentes, des petites
gouttes d'acide chlorhydrique dilué dans la proportion d'une partie
d'acide pour 437 parties d'eau. Cette addition ne parut en aucune
façon retarder la marche de la digestion; tout au contraire, elle sembla l'accélérer, car toute trace d'albumine avait disparu au bout de
vingt-quatre heures trente minutes. Au bout de trois jours, les feuilles s'étaient en partie redressées et presque tout le liquide visqueux
reposant sur le limbe était absorbé. Il est presque superflu de constater que des cubes d'albumine, ayant le même volume que ceux employés dans cette expérience, plongés pendant sept jours dans un peu
d'acide chlorhydrique au même degré, conservèrent tous leurs angles
à l'état parfait.

Huitième expérience. — Je plaçai sur cinq feuilles des cubes d'albumine ayant 1/20e de pouce ($2^{mm},54$) de côté; puis, j'ajoutai à inter-

valles sur trois d'entre elles des petites gouttes d'une solution de carbonate de soude contenant une partie de carbonate pour 437 parties d'eau, et sur les deux autres des gouttes d'une solution de carbonate de potasse préparée dans les mêmes conditions. Les gouttes étaient transportées sur la tête d'une épingle assez grosse et je calculai que chacune d'elles équivalait environ à 1/10e de minime (0,0059 millimètre), de telle sorte que chaque goutte contenait seulement 1/4800e de grain (0,0135 milligrammes) d'alcali. Cela ne fut pas suffisant, car au bout de quarante-six heures, les cinq cubes étaient dissous.

Neuvième expérience. — Je répétai la dernière expérience sur quatre feuilles, avec cette différence que j'ajoutai beaucoup plus souvent des gouttes de la même solution de carbonate de soude, aussi souvent en un mot que la sécrétion devint acide, de telle sorte qu'elle fût efficacement neutralisée. Or, au bout de vingt-quatre heures, les angles de trois des cubes n'étaient en aucune façon arrondis et ceux du quatrième ne l'étaient que fort peu. J'ajoutai alors des gouttes d'acide chlorhydrique très-étendu, c'est-à-dire une partie d'acide pour 847 parties d'eau, mais j'en ajoutai juste assez pour neutraliser l'alcali encore présent; la digestion recommença immédiatement, de telle sorte qu'au bout de vingt-trois heures trente minutes, trois des cubes étaient complétement dissous, tandis que le quatrième s'était transformé en une petite sphère entourée par un liquide transparent; cette sphère disparut le lendemain.

Dixième expérience. — J'employai ensuite des solutions plus fortes de carbonate de soude et de potasse, c'est-à-dire contenant une partie de carbonate pour 109 parties d'eau; comme les gouttes avaient à peu près le même volume que celles que j'ai employées dans les expériences précédentes, chacune d'elles contenait environ 1/1200e d'un grain (0,0539 milligr.) de l'un ou l'autre sel. Je plaçai sur une même feuille deux cubes d'albumine, ayant environ 1/40e de pouce ou 0,635 millimètres de côté, et deux cubes semblables sur une autre feuille. Dès que les sécrétions devenaient légèrement acides, ce qui se présenta quatre fois dans le délai de vingt-quatre heures, j'ajoutai sur chaque feuille des gouttes de la solution de soude ou de potasse pour neutraliser complétement l'acide. L'expérience réussit complétement, en ce sens qu'au bout de vingt-deux heures les angles des cubes étaient aussi définis qu'ils l'étaient dans le principe et nous savons, d'après l'expérience 5, qu'au bout de ce laps de temps les angles de cubes aussi petits auraient dû être complétement arrondis, si l'on avait permis à la sécrétion d'agir dans son état naturel. J'enlevai alors avec du papier buvard une partie du liquide qui reposait sur le limbe des feuilles et j'ajoutai quelques gouttes d'acide chlorhydrique dilué dans la proportion d'une partie d'acide pour 200 parties d'eau. J'employai de l'acide mélangé dans ces fortes proportions parce que les solutions d'alcali étaient elles-mêmes très-fortes. La digestion commença immédiatement de telle sorte que, quarante-huit heures après l'addition de l'acide, les 4 cubes d'albumine étaient non-seulement complétement dissous, mais la plus grande partie de l'albumine liquéfiée était absorbée.

Onzième expérience. — Je plaçai sur deux feuilles deux cubes d'albumine ayant 1/40ᵉ de pouce, soit 0,635 millimètres de côté, et je les traitai avec l'alcali de la même façon que dans l'expérience précédente. J'obtins exactement les mêmes résultats; en effet, au bout de vingt-deux heures, les angles de ces cubes étaient encore parfaitement aigus, ce qui prouve que la digestion avait été complétement arrêtée. Je voulus alors déterminer quel serait l'effet d'une solution plus puissante d'acide chlorhydrique; en conséquence, je plaçai sur la feuille quelques gouttes d'acide à 1 p. 100. Cette solution était sans doute trop forte, car, quarante-huit heures après l'addition de l'acide, l'un des cubes avait conservé sa forme presque parfaite et l'autre n'était que très-légèrement arrondi; tous deux, en outre, s'étaient teintés de rose. Ce dernier fait prouve que les feuilles avaient été attaquées[1], car, pendant la digestion normale, l'albumine ne se colore pas et nous comprenons, par conséquent, pourquoi les cubes ne s'étaient pas dissous.

Ces expériences nous prouvent clairement que la sécrétion a le pouvoir de dissoudre l'albumine; elles nous prouvent, en outre, que l'addition d'un alcali arrête la digestion qui recommence immédiatement dès qu'on neutralise l'alcali au moyen d'une faible solution d'acide chlorhydrique. En admettant même que mes expériences se fussent bornées là, j'aurais presque acquis la preuve suffisante que les glandes du *Drosera* sécrètent un ferment analogue à la pepsine qui, en présence d'un acide, com-

---

1. Sachs fait remarquer (*Traité de Bot.*, 1874, p. 774) que les cellules tuées par la gelée, par une trop grande chaleur, ou par des agents chimiques, laissent échapper leur matière colorante dans l'eau qui les entoure.

munique à la sécrétion la faculté de dissoudre les composés albumineux.

Je saupoudrai un grand nombre de feuilles avec des éclats de verre parfaitement propres; les tentacules de ces feuilles s'infléchirent modérément. Je coupai ces feuilles et je les divisai en 3 lots; je plongeai 2 de ces lots dans de l'eau distillée, je les lavai bien et me procurai ainsi un liquide incolore, visqueux et légèrement acide. Je fis tremper le 3ᵉ lot dans quelques gouttes de glycérine qui, comme l'on sait, dissout la pepsine. Je plongeai alors des cubes d'albumine ayant 1/20 de pouce de côté dans chacun de ces trois liquides, en maintenant les uns pendant quelques jours à une température d'environ 90° F. (32°, 2 centig.) et les autres à la température ambiante; aucun des cubes ne fut dissous, les angles restant parfaits de toutes parts. Ce fait semble indiquer que le ferment n'est sécrété qu'après que les glandes ont été excitées par l'absorption d'une quantité très-petite de matières animales déjà solubles, conclusion que confirme, comme nous le verrons bientôt, quelques expériences faites sur la Dionée. Le docteur Hooker a remarqué aussi que les liquides contenus dans les urnes des *Nepenthes* possèdent une puissance digestive extraordinaire; cependant ces liquides, bien que déjà acides, perdent cette puissance si on les enlève des urnes avant d'avoir été excitées, pour les verser dans un vase. La seule explication que l'on puisse donner de ce fait c'est que le ferment convenable n'est sécrété qu'autant que quelque matière excitante a été précédemment absorbée.

Dans trois autres occasions j'excitai vivement 8 feuilles avec de l'albumine humectée de salive; je coupai alors ces feuilles et je les plongeai pendant plusieurs heures ou même pendant un jour entier dans quelques gouttes de glycérine. J'additionnai cet extrait d'un peu d'acide chlorhydrique dilué dans des proportions différentes, tout en employant ordinairement des solutions d'acide contenant une partie d'acide pour 400 parties d'eau, et je plongeai des petits cubes d'albumine dans ce mélange[1]. Dans deux de ces essais, le liquide n'exerça pas la moindre action sur les cubes d'albumine ; mais dans le troisième, l'expérience eut un résultat tout différent. En effet, 2 cubes contenus dans un même vase diminuèrent considérablement en trois heures et, au bout de vingt-quatre heures, il ne restait plus que quelques fibres d'albumine non dissoutes ; deux petits morceaux d'albumine contenus dans un second vase diminuèrent aussi beaucoup au bout de vingt-quatre heures. J'ajoutai alors une petite quantité d'acide chlorhydrique étendu d'eau au liquide contenu dans les deux vases et je plongeai dans ce liquide de nouveaux cubes d'albumine ; ces derniers restèrent intacts. Ce dernier fait se comprend parfaitement si l'on adopte l'opinion de Schiff[2], qui a démontré, croit-il, contrairement à ce que soutiennent la plupart des physiologistes, qu'une minime quantité de pepsine est détruite pendant l'acte de la digestion. Si la solution dont je me servais contenait, comme il est probable, une quantité extrêmement petite de ferment, il eût été absorbé, selon l'autorité que nous venons de citer, par la dissolution des cubes d'albumine plongés d'abord dans le liquide ; il n'en serait donc pas resté trace après l'addition de l'acide chlorhydrique. La destruction du ferment pendant la digestion, ou son absorption après la transformation de l'albumine, explique aussi qu'une seule de ces expériences ait réussi.

Digestion de la viande rôtie. — Je plaçai sur 5 feuilles des cubes ayant environ 1/20 de pouce ($1^{mm},27$) de viande

---

1. Pour contrôler cette expérience, je plongeai des petits morceaux d'albumine dans de la glycérine additionnée d'acide chlorhydrique de la même force ; comme on pouvait s'y attendre, l'albumine était encore parfaitement intacte au bout de deux jours.

2. *Leçons phys. de la digestion,* 1867, t. II, p. 114-126.

modérément rôtie; au bout de douze heures, les feuilles
étaient complétement infléchies. Au bout de quarante-
huit heures, j'ouvris une feuille avec beaucoup de soin ; le
morceau de viande consistait alors en une petite sphère
centrale, en partie digérée, et entourée par une épaisse enveloppe de liquide visqueux transparent. Je plaçai le tout
sous un microscope en ayant soin de ne rien déranger.
Dans la partie centrale, les stries transversales des fibres
musculaires étaient tout à fait distinctes et il était fort
intéressant d'observer leur disparition graduelle à l'endroit où la fibre était entraînée dans le liquide environnant. Les stries de ces fibres étaient remplacées par des
lignes transversales, consistant en points noirs extrêmement
petits, que l'on ne pouvait observer vers l'extérieur qu'en
se servant d'un grossissement considérable; ces points
finissaient ensuite par disparaître. A l'époque où j'ai fait
ces observations, je n'avais pas lu le récit des expériences
de Schiff[1] sur la digestion de la viande par le suc gastrique,
et je ne comprenais pas la signification des points noirs.
Cette signification devient évidente quand on a lu le passage suivant, qui nous permet en outre de juger combien
la digestion par le suc gastrique se rapproche de la digestion opérée par la sécrétion du *Drosera* :

« On a dit que le suc gastrique faisait perdre à la fibre musculaire ses stries transversales. Ainsi énoncée, cette proposition pourrait donner lieu à une équivoque, car ce qui se perd ce n'est que
l'aspect extérieur de la striature et non les éléments anatomiques
qui la composent. On sait que les stries qui donnent un aspect si
caractéristique à la fibre musculaire, sont le résultat de la juxtaposi-
tion et du parallélisme des corpuscules élémentaires, placés, à distances égales, dans l'intérieur des fibrilles contiguës. Or, dès que le
tissu connectif qui relie entre elles les fibrilles élémentaires vient à
se gonfler et à se dissoudre, et que les fibrilles elles-mêmes se disso-
cient, ce parallélisme est détruit et avec lui l'aspect, le phénomène

1. *Leçons phys. de la digestion,* t. II, p. 145.

optique des stries. Si, après la désagrégation des fibres, on examine au microscope les fibrilles élémentaires, on distingue encore très-nettement à leur intérieur les corpuscules, et on continue à les voir, de plus en plus pâles, jusqu'au moment où les fibrilles elles-mêmes se liquéfient et disparaissent dans le suc gastrique. Ce qui constitue la striature, à proprement parler, n'est donc pas détruit, avant la liquéfaction de la fibre charnue elle-même. »

Dans le fluide visqueux entourant la sphère centrale de viande non digérée se trouvaient des globules de graisse et des petits morceaux de tissu fibro-élastique qui ne présentaient, ni les uns, ni les autres, la moindre trace de digestion. J'ai remarqué aussi des petits parallélogrammes composés de matières jaunâtres très-translucides. Schiff, en parlant de la digestion de la viande par le suc gastrique, fait allusion à ces parallélogrammes et dit :

« Le gonflement par lequel commence la digestion de la viande, résulte de l'action du suc gastrique acide sur le tissu connectif qui se dissout d'abord, et qui, par sa liquéfaction, désagrège les fibres. Celles-ci se dissolvent ensuite en grande partie, mais, avant de passer à l'état liquide, elles tendent à se briser en petits fragments transversaux. Les « sarcous elements » de Bowman, qui ne sont autre chose que les produits de cette division transversale des fibres élémentaires, peuvent être préparés et isolés à l'aide du suc gastrique, pourvu qu'on n'attende pas jusqu'à la liquéfaction complète du muscle. »

J'ouvris les 4 autres feuilles soixante-douze heures après que les 5 cubes de viande avaient été déposés. Sur 2 de ces feuilles il ne restait rien que des petites masses de liquide visqueux transparent; au moyen d'un fort grossissement je pus distinguer dans ces masses des globules de graisse, des fragments de tissu fibro-élastique et quelques parallélogrammes de *sarcous elements*, mais sans une trace de stries transversales. Sur les 2 autres feuilles se trouvaient des petites sphères de viande digérées en partie, au milieu d'une quantité considérable de liquide transparent.

Fibrine. — Je laissai dans l'eau, pendant quatre jours, des fragments de fibrine qui ne subirent aucune modification pendant que je faisais les expériences suivantes. La fibrine dont je me suis servi n'était pas parfaitement pure, elle comprenait des parcelles foncées; elle n'avait pas été bien préparée ou avait subi subséquemment quelques modifications.

Je plaçai sur plusieurs feuilles des petits morceaux ayant environ le 1/10 d'un pouce carré ($2^{mm},5$ carrés); bien que la fibrine se liquéfiât bientôt, la dissolution ne fut jamais complète. Je plaçai alors des morceaux plus petits sur 4 feuilles et j'ajoutai quelques gouttes d'acide chlorhydrique (1 partie d'acide pour 437 parties d'eau); cette addition sembla hâter la digestion, car le morceau placé sur une des feuilles était liquéfié et absorbé au bout de vingt heures; toutefois, il restait encore sur les 3 autres feuilles des résidus non dissous au bout de quarante-huit heures. Il est un fait remarquable, c'est que, dans les expériences dont je viens de parler et dans beaucoup d'autres, aussi bien que dans celles où j'employai des morceaux de fibrine beaucoup plus considérables, les feuilles furent très-peu excitées, et qu'il fut même quelquefois nécessaire d'ajouter un peu de salive pour produire une inflexion complète. En outre, les feuilles commencèrent à se redresser au bout de quarante-huit heures seulement, alors qu'elles seraient restées infléchies beaucoup plus longtemps si j'avais placé sur elles des insectes, de la viande, du cartilage, de l'albumine, etc.

J'essayai alors de la fibrine blanche pure que m'a envoyée le docteur Sanderson :

Première expérience. — Je plaçai, sur les côtés opposés d'une même feuille, deux parcelles de fibrine ayant à peine $1/20^e$ de pouce carré ($1^{mm},25$). L'une de ces parcelles n'excita point les tentacules environnants, et la glande sur laquelle je l'avais placée se dessécha bientôt. L'autre parcelle causa l'inflexion des tentacules courts adjacents. Au bout de 24 heures, les deux morceaux étaient presque dissous; au bout de 72 heures ils l'étaient complétement.

Deuxième expérience. — Je répétai la même expérience avec le même résultat. Un seul des deux morceaux de fibrine excita les tentacules courts adjacents. Ce morceau fut attaqué si lentement qu'au bout d'un jour je le plaçai sur de nouvelles glandes. Trois jours après avoir été mis sur la feuille, il était complétement dissous.

Troisième expérience. — Je plaçai des morceaux de fibrine ayant à peu près le même volume que ceux dont je me servis dans les expériences précédentes sur la partie centrale de deux feuilles; l'inflexion produite au bout de 23 heures était très-minime; au bout de 48 heures, les tentacules courts environnants s'étaient tous repliés sur ces morceaux, et, 24 heures après, ils étaient complétement dissous. Il restait sur le limbe d'une de ces feuilles une assez grande quantité de liquide acide transparent.

Quatrième expérience. — Je plaçai sur la partie centrale de deux feuilles des morceaux semblables de fibrine; les glandes, au bout de 2 heures, paraissant se dessécher, je les humectai avec une quantité assez considérable de salive; cette addition produisit bientôt une inflexion considérable des tentacules et des feuilles elles-mêmes et une abondante sécrétion des glandes. Au bout de 18 heures, la fibrine s'était complétement liquéfiée, mais des atomes non digérés flottaient encore sur le liquide; toutefois ces atomes disparurent au bout de deux jours.

Ces expériences prouvent clairement que la sécrétion dissout complétement la fibrine pure. La dissolution se fait assez lentement, mais cela provient de ce que cette substance n'excite pas suffisamment les feuilles, de telle sorte que les tentacules adjacents s'infléchissent seuls et que, par conséquent, la quantité de sécrétion est peu considérable.

Syntonine. — Le docteur Moore a bien voulu préparer pour moi cette substance que l'on extrait des muscles. Contrairement à ce qui se passe pour la fibrine, elle agit énergiquement et vite. Des petites parcelles placées sur le limbe de 3 feuilles firent infléchir fortement les tentacules et la feuille elle-même dans l'espace de huit heures; je n'ai toutefois pas poussé les observations plus loin. C'est probablement à cause de la présence de cette substance que la viande crue est un stimulant trop puissant et qu'elle attaque ou qu'elle tue même souvent les feuilles.

Tissu aréolaire. — Je plaçai sur le limbe de 3 feuilles des petites parties de ce tissu provenant d'un mouton. Ces 3 feuilles s'infléchirent modérément en vingt-quatre heures, mais elles commencèrent à se redresser au bout de quarante-huit heures et avaient repris leur position naturelle au bout de soixante-douze heures, en comptant toujours depuis le moment où les morceaux avaient été placés sur les feuilles. On peut conclure de là que cette substance, comme la fibrine, excite les feuilles pendant peu de temps. J'ai examiné avec un fort grossissement le résidu laissé sur les feuilles après qu'elles furent complétement redressées ; le tissu aréolaire avait subi de profondes altérations, mais on ne peut pas dire qu'il se soit liquéfié, probablement à cause de la présence d'une grande quantité de tissu élastique sur lequel la sécrétion n'a aucune action.

Je me procurai alors du tissu aréolaire ne contenant. aucun tissu élastique et, pour cela, je le pris dans les intestins d'un crapaud. J'en plaçai des morceaux assez gros et d'autres plus petits sur 5 feuilles. Au bout de vingt-quatre heures, 2 des morceaux s'étaient complétement liquéfiés ; 2 autres étaient devenus transparents, mais ne s'étaient pas tout à fait liquéfiés ; le 5e avait à peine subi quelques altérations. J'humectai alors avec un peu de salive plusieurs glandes de ces 3 dernières feuilles, ce qui les fit s'infléchir bientôt et provoqua d'abondantes sécrétions; au bout de douze heures après cette opération, une feuille seulement portait encore des traces de tissu non digéré.

Rien ne restait, sauf toutefois un peu de liquide visqueux et transparent sur les limbes des 4 autres feuilles, et cependant un morceau assez gros avait été placé sur l'une d'elles. Je puis ajouter que quelques parties de ce tissu comprenaient des points de pigment noir qui ne furent affectés en aucune façon. Pour contrôler cette expérience, je plongeai dans l'eau, ou j'exposai sur la mousse humide, des petits morceaux de ce tissu pendant un laps de temps égal; le tissu resta blanc et opaque. Il ressort clairement de ces faits que le liquide sécrété digère facilement et rapidement le tissu aréolaire, mais que ce tissu a peu d'action au point de vue de l'excitation des feuilles.

Cartilage. — Je coupai, à l'extrémité d'un os de la patte d'un mouton que j'avais fait légèrement rôtir, 3 cubes, ayant 1/20 de pouce (1^{mm},27) de côté, de cartilage blanc, translucide, extrêmement dur. Je plaçai ces cubes sur 3 feuilles appartenant à de pauvres petites plantes cultivées dans une serre pendant le mois de novembre; il me semblait extrêmement improbable que des plantes placées dans des conditions si défavorables pussent digérer une substance aussi dure. Toutefois, au bout de quarante-huit heures, les cubes étaient dissous en partie et transformés en sphères très-petites environnées d'un liquide transparent très-acide. Deux de ces sphères étaient complétement ramollies jusqu'au centre; la 3e contenait encore un petit noyau de cartilage solide affectant une forme régulière. Examinées au microscope, ces sphères présentaient des surfaces curieusement dentelées, ce qui prouvait que la sécrétion avait inégalement attaqué le cartilage. Il est à peine utile d'ajouter que des cubes du même cartilage, plongés dans l'eau pendant le même laps de temps, ne présentèrent aucune trace d'altération.

Je plaçai sur 3 feuilles, pendant une saison plus favorable, des morceaux assez gros de l'oreille d'un chat dont la peau avait été enlevée ; elle contient du cartilage, du tissu aréolaire et du tissu élastique. J'humectai quelques glandes avec de la salive, ce qui provoqua une inflexion rapide. Deux feuilles commencèrent à se redresser au bout de trois jours, et la 3e feuille le cinquième jour. J'examinai au microscope le résidu liquide restant sur les limbes ; dans un cas, ce résidu consistait en matières visqueuses parfaitement transparentes : dans les deux autres cas, il contenait du tissu élastique, et probablement des traces de tissu aréolaire à moitié digéré.

Fibro-cartilage (pris entre les vertèbres de la queue d'un mouton). — Je plaçai sur 9 feuilles des morceaux modérément gros et des petits morceaux (ces derniers ayant environ 1/20 de pouce de côté) de fibro-cartilage ; quelques feuilles s'infléchirent beaucoup, d'autres très-peu. Dans ce dernier cas, je frottai les morceaux sur les limbes de façon à les pénétrer de sécrétion et à irriter plusieurs glandes. Toutes les feuilles se redressèrent au bout de deux jours ; on peut en conclure que cette substance excite peu les feuilles. Aucun morceau ne se liquéfia, mais tous subirent certainement une altération, car ils devinrent beaucoup plus transparents, et si tendres qu'on pouvait les désagréger très-facilement. Mon fils Francis prépara du suc gastrique artificiel dont l'efficacité fut bien vite prouvée par la dissolution de morceaux de fibrine et suspendit dans ce suc des morceaux de fibro-cartilage. Ces morceaux se gonflèrent et devinrent hyalins, exactement comme ceux qui avaient été exposés à la sécrétion du *Drosera*, mais ils ne furent pas dissous. Ce résultat me causa beaucoup de surprise, car deux physiologistes affirment que le suc gastrique digère facilement le fibro-cartilage. Je demandai donc au Dr Klein d'examiner les produits.

Après cet examen, il m'apprit que les deux morceaux qui avaient été soumis à l'action du suc gastrique artificiel se trouvaient « en cet état de digestion dans lequel se trouvent les tissus connectifs quand ils sont traités par un acide, c'est-à-dire qu'ils sont gonflés, plus ou moins hyalins, et que les faisceaux de fibres sont devenus plus homogènes et ont perdu leur structure fibrillaire. » Les fragments qui étaient restés sur les feuilles du *Drosera* jusqu'à ce que celles-ci se redressent « étaient altérés en partie, mais très-légèrement, de la même façon que ceux qui avaient été soumis à l'action du suc gastrique, en ce sens qu'ils étaient devenus plus transparents, presque hyalins, et que la structure des faisceaux de fibres était devenue indistincte. » La sécrétion du *Drosera* agit donc sur le fibro-cartilage à peu près de la même façon que le suc gastrique.

Os. — Je plaçai sur deux feuilles des petits morceaux polis de l'os hyoïde desséché d'un poulet, humecté avec de la salive, et, sur une troisième feuille, un éclat d'os de côtelette de mouton extrêmement dur, que j'avais fait griller et que j'humectai également avec de la salive. Ces feuilles s'infléchirent bientôt complétement et restèrent infléchies pendant un laps de temps extraordinaire ; une feuille, en effet, resta infléchie durant dix jours, et les deux autres pendant neuf jours. Pendant tout ce temps, les morceaux d'os furent enveloppés de sécrétions acides. Je les examinai alors avec un faible grossissement et j'observai qu'ils étaient devenus tout à fait tendres, de telle sorte qu'on pouvait les transpercer avec une aiguille peu pointue, les tordre ou les comprimer. Le Dᴿ Klein voulut bien faire des sections de ces os et les examiner. Il m'apprend qu'ils présentaient l'apparence normale d'os qui auraient perdu leur chaux, mais dans lesquels resteraient encore quelques traces de sels minéraux. Les corpuscules avec leurs saillies étaient très-distincts dans presque toute la masse ; toutefois, dans quelques parties, et surtout auprès de la périphérie de l'os hyoïde, on ne pouvait en découvrir aucun. D'autres parties paraissaient amorphes et l'on ne pouvait plus même distinguer les stries longitudinales de l'os Le Dʳ Klein pense que cette structure amorphe provient probablement de ce que la digestion des éléments fibreux avait commencé, ou de ce que toutes les matières animales avaient été enlevées, ce qui aurait pour résultat de rendre les corpuscules invisibles. Une substance dure, cassante et jaunâtre avait remplacé la moëlle dans les fragments de l'os hyoïde.

Comme les angles et les projections des éléments fibreux n'étaient ni arrondis, ni corrodés, je plaçai deux de ces fragments sur de nouvelles feuilles. Ces deux feuilles s'étaient complétement infléchies le lendemain matin, et elles restèrent dans cet état, l'une pendant six jours, l'autre pendant sept, pendant moins longtemps, par conséquent, que dans l'expérience précédente, mais beaucoup plus longtemps qu'il n'arrive jamais quand on place sur les feuilles des corps inorganiques. Pendant tout ce temps, la sécrétion colora en rouge vif le papier de tournesol ; il est vrai que cela était peut-être dû à la présence d'un superphosphate de chaux acide. Quand les feuilles se redressèrent, les angles et les saillies des éléments fibreux étaient aussi prononcés qu'auparavant. J'en conclus donc, à tort, comme nous allons le voir tout à l'heure, que la sécrétion n'a aucune action sur les éléments fibreux des os. L'explication la plus probable est que tout l'acide servit à décomposer le phosphate de chaux qui restait encore dans l'os, de telle sorte qu'il n'y avait aucun acide libre qui pût se combiner avec le ferment pour attaquer la base fibreuse.

Émail et dentine. — La sécrétion attaquant les os ordinaires, je résolus d'essayer si elle aurait une action sur l'émail et sur la dentine ; je ne m'attendais en aucune façon, d'ailleurs, à ce qu'elle attaquât une substance aussi dure que l'émail. Le Dʳ Klein me donna des tranches minces, coupées

transversalement dans la dent canine d'un chien ; je rompis
ces tranches en petits fragments anguleux que je plaçai
sur quatre feuilles, et je les examinai tous les jours à la
même heure. Il est utile, je crois, de donner en détail le
résultat de ces expériences.

Première expérience. — Je place un fragment sur une feuille
le 1er mai ; le 3, les tentacules ne s'étant que fort peu infléchis, j'ajoute
un peu de salive ; le 6, les tentacules ne s'étant pas complétement
infléchis, je transporte le fragment sur une autre feuille qui agit
d'abord assez lentement, mais dont tous les tentacules embrassaient
étroitement le fragment le 9. Le 11, cette seconde feuille commence à
se redresser ; le fragment s'était certainement amolli, et le docteur
Klein, qui l'a examiné, m'apprend « qu'une grande partie de l'émail
et que presque toute la dentine avaient perdu la chaux qu'ils contenaient. »

Deuxième expérience. — Fragments placés sur une feuille le
1er mai ; le 2, les tentacules étaient assez bien infléchis, les sécrétions du disque étaient abondantes et continuèrent jusqu'au 7,
époque où la feuille se redressa. Je transportai alors le fragment sur
une autre feuille, qui, le lendemain 8, était complétement infléchie
et resta en cet état jusqu'au 11, époque où elle commença à se redresser. D'après le rapport du Dr Klein « une grande partie de l'émail
et presque toute la dentine avaient perdu leur chaux. »

Troisième expérience. — Je plaçai, le 1er mai, un fragment
humecté avec de la salive sur une feuille qui resta complétement
infléchie jusqu'au 5 et qui commença alors à se redresser. L'émail ne
s'était pas du tout ramolli et la dentine ne l'était que fort peu. Je
transportai alors le fragment sur une autre feuille qui, le lendemain 6,
était complétement infléchie, et resta en cet état jusqu'au 11. L'émail et
la dentine s'étaient alors un peu ramollis ; après avoir examiné ce
fragment, le Dr Klein m'apprend que « la moitié à peine de l'émail,
ainsi que la plus grande partie de la dentine, ont perdu leur chaux. »

Quatrième expérience. — Je plaçai, le 1er mai, un morceau très-
petit et très-mince de dentine humecté avec de la salive sur une
feuille qui s'infléchit rapidement et qui commença à se redresser
le 5. La dentine était alors devenue aussi flexible qu'une feuille de
papier mince. Je transportai ensuite ce morceau sur une nouvelle

feuille qui, le lendemain 6, s'était complétement infléchie et qui se redressa le 10. La dentine était alors devenue si molle, que les tentacules, en prenant leur position naturelle, en enlevaient des morceaux.

Il résulte de ces expériences que la sécrétion a moins d'action sur l'émail que sur la dentine, ce à quoi il fallait d'ailleurs s'attendre, à cause de l'extrême dureté de l'émail; en outre, elle exerce une action moins puissante sur ces deux substances que sur les os ordinaires. Dès que la dissolution a commencé elle se continue avec beaucoup plus de facilité, ce que l'on peut conclure du fait que les feuilles sur lesquelles les fragments ont été transportés en second lieu se sont, dans les quatre cas, fortement infléchies en un seul jour, tandis que les premières feuilles ont agi beaucoup moins rapidement et beaucoup moins énergiquement. Les angles ou projections de la base fibreuse de l'émail et de la dentine, excepté peut-être dans la quatrième expérience, où les fragments n'ont pas pu être examinés avec soin, n'ont pas été du tout arrondis; le Dr Klein a observé, au microscope, que leur structure n'avait subi aucune altération. Il devait, d'ailleurs, en être ainsi, car, dans les trois spécimens qui ont été examinés avec soin, toute la chaux n'avait pas été absorbée.

Base fibreuse des os. — La conclusion à laquelle j'arrivai tout d'abord, comme je l'ai déjà dit, est que le liquide sécrété ne peut pas digérer cette substance. Je demandai donc au Dr Burdon Sanderson d'expérimenter sur des os, sur de l'émail et sur de la dentine, avec du suc gastrique artificiel; le résultat de ses expériences fut que ces substances se dissolvaient complétement au bout d'un temps considérable. Le Dr Klein examina quelques-unes des petites lamelles faisant partie du crâne d'un chat qui s'était brisé après une immersion d'une semaine environ dans le liquide, et il trouva que, vers les bords, « la matière paraissait raréfiée, comme si les canalicules des corpuscules des os étaient devenus plus grands. Autrement, les corpuscules et leurs canalicules étaient restés très-distincts. » Il semble donc que, chez les os soumis à l'action du suc gastrique artificiel l'absorption complète de la chaux précède la dissolution de la base fibreuse. Le Dr Burdon Sanderson me suggéra l'idée que l'incapacité du *Drosera* pour digérer la base fibreuse des os, de l'émail et de la dentine, pouvait provenir de ce que l'acide est employé à la décomposition des sels minéraux, de telle sorte qu'il ne reste plus d'acide pour opérer la digestion. En conséquence, mon fils absorba tout le phosphate de chaux de l'os d'un mouton au moyen d'acide chlorhydrique étendu d'eau, et je plaçai sur sept feuilles des petits fragments de la base fibreuse, en ayant soin d'en humecter quatre avec de la salive pour provoquer une inflexion rapide. Les sept feuilles s'infléchirent, modérément il est vrai, au bout d'un jour. Elles commencèrent à se redresser rapidement, cinq le second jour, et les deux autres le troisième jour. Sur ces sept feuilles les fragments de tissu fibreux se transformèrent en petites masses visqueuses plus ou moins liquéfiées et parfaitement diaphanes. Toutefois mon fils, en se servant d'un fort grossissement, découvrit au centre d'une de ces masses quelques corpuscules avec des traces de fibres dans les matières transparentes environnantes. Ces faits prouvent clairement que la base fibreuse des os excite peu les feuilles, mais que la sécrétion liquéfie facilement et rapidement cette base, à condition qu'elle soit complétement débarrassée de son phosphate de chaux. Les glandes qui étaient restées en contact pendant deux ou trois jours avec les masses visqueuses, ne s'étaient pas décolorées et semblaient n'avoir absorbé qu'une petite quantité du tissu liquéfié ; en tout cas, ces masses visqueuses avaient eu peu d'action sur les glandes.

Phosphate de chaux. — Nous avons vu que les tentacules de certaines feuilles restèrent infléchis pendant neuf
ou dix jours, et les tentacules d'autres feuilles pendant
six ou sept jours, sur des petits fragments d'os ; je fus
amené à conclure que c'était le phosphate de chaux et non
pas les matières animales de l'os qui causaient une inflexion
aussi prolongée. Il est certain tout au moins, d'après les
expériences que je viens de rapporter dans le paragraphe
précédent, que cette inflexion ne pouvait pas être due à la
présence de la base fibreuse. Les tentacules de deux
feuilles restèrent en somme infléchis pendant onze jours
sur de l'émail et de la dentine, et le premier de ces corps
ne contient que 4 % de matières organiques. Afin d'expérimenter l'action du phosphate de chaux, je demandai au
professeur Frankland de m'en procurer qui fût absolument débarrassé de substances animales ou d'acides. J'en
plaçai une petite quantité, humectée avec de l'eau, sur le
limbe de deux feuilles. L'une de ces feuilles ne fut que
peu affectée ; l'autre s'infléchit et resta dans cet état pendant dix jours ; au bout de ce temps, quelques tentacules
commencèrent à se redresser, tous les autres étant fortement attaqués ou même tués. Je répétai l'expérience, mais
en ayant soin d'humecter le phosphate avec de la salive
pour assurer une prompte inflexion ; une feuille resta infléchie pendant six jours, et je dois faire remarquer que la
petite quantité de salive employée n'aurait pas pu causer
une inflexion aussi prolongée : au bout de ce temps, la feuille
mourut ; l'autre feuille essaya de se redresser le sixième
jour, mais elle n'y était pas encore parvenue le neuvième,
et elle finit par mourir aussi. Je plaçai alors sur le limbe
de trois feuilles une quantité plus considérable de phosphate humecté avec de l'eau ; ces feuilles étaient très-
fortement infléchies au bout de vingt-quatre heures. Elles
ne se redressèrent jamais ; le quatrième jour elles paraissaient malades, le sixième jour elles étaient presque mor-

tes. Pendant ces six jours, de grosses gouttes de liquide peu visqueux pendaient sur les bords. J'essayai ce liquide tous les jours avec du papier de tournesol, mais il ne le colora jamais; c'est là une circonstance que je ne peux comprendre, car le biphosphate de chaux est acide. Je suppose que l'acide de la sécrétion agissant sur le phosphate a dû former du biphosphate, et que ce biphosphate étant absorbé complétement tua les feuilles; les grosses gouttes qui pendaient le long des bords étant tout simplement une sécrétion anormale. Quoi qu'il en soit, il est évident que le phosphate de chaux est un stimulant très-énergique. De très-petites doses sont même plus ou moins vénéneuses, et cela probablement en vertu du même principe qui veut que la viande crue et d'autres substances alimentaires données en excès amènent la mort des feuilles. Il suit de là qu'on peut, sans doute, conclure correctement que l'inflexion longtemps continuée des tentacules sur des fragments d'os, d'émail et de dentine provient de la présence du phosphate de chaux et non pas de la présence de matières animales.

Gélatine. — J'employai de la gélatine en feuilles minces qui m'a été donnée par le professeur Hoffmann : comme terme de comparaison, je plaçai sur de la mousse humide des morceaux ayant le même volume que ceux que j'ai placés sur les feuilles. Les morceaux placés sur la mousse se gonflèrent et gardèrent leurs angles pendant trois jours; au bout de cinq jours ils formaient des masses molles arrondies, mais le huitième jour même on pouvait encore distinguer dans la masse des traces de gélatine. Je plongeai d'autres morceaux dans l'eau; bien que très-gonflés, les angles de ces morceaux restèrent nets pendant six jours. Je plaçai sur deux feuilles des morceaux ayant 1/10e de pouce carré, ou 2,54 millimètres, qui avaient été humectés avec de l'eau; au bout de deux ou trois jours, il ne res-

tait sur les feuilles qu'un peu de liquide visqueux acide qui
ne montra aucune tendance à se transformer de nouveau en
gélatine, ce qui prouve que la sécrétion doit exercer sur la
gélatine une action différente de celle de l'eau et probablement la même que celle qu'exerce le suc gastrique[1]. Je plongeai dans l'eau pendant trois jours des morceaux de gélatine ayant le même volume que les précédents, puis je les
plaçai sur deux grandes feuilles ; au bout de deux jours, la
gélatine s'était liquéfiée et était devenue acide, mais l'inflexion était peu considérable. Les feuilles commencèrent à
se redresser au bout de quatre ou cinq jours; beaucoup de
liquide restait alors sur le disque, ce qui prouve qu'il y en
avait eu fort peu d'absorbé. Dès qu'elle eut repris sa position naturelle une de ces feuilles captura une petite mouche,
et, au bout de vingt-quatre heures, elle était complètement infléchie, ce qui prouve que les matières animales
provenant d'un insecte exercent une action beaucoup plus
énergique que la gélatine. Je plaçai ensuite sur trois feuilles
des morceaux de gélatine beaucoup plus gros, qui avaient séjourné dans l'eau pendant cinq jours ; les feuilles ne s'infléchirent guère que vers le troisième jour et la gélatine
ne fut complétement liquéfiée que le quatrième. L'une des
feuilles commença à se redresser ce même jour ; la seconde
le cinquième jour, et la troisième le sixième jour. Ces divers
faits prouvent que la gélatine est loin d'exercer une action
énergique sur le *Drosera*.

J'ai constaté, dans le chapitre précédent, qu'une solution de colle de poisson du commerce, aussi épaisse que
l'est la crème, provoque une forte inflexion. Je désirai donc
comparer son action avec celle de la gélatine pure. Je
préparai des solutions contenant une partie de chacune de
ces substances pour 218 parties d'eau, et je plaçai sur le
limbe de huit feuilles des gouttes ayant un volume d'un

---

1. Docteur Lauder Brunton , *Handbook for the Phys. Laboratory*,
1873, pp. 477, 487; Schiff, *Leçons phys. de la digestion*, 1867, p. 249.

demi-minime (0,0296 de milligr.), de telle sorte que chaque
feuille reçoive 1/420ᵉ de grain ou 0,135 de millig. de colle
de poisson ou de gélatine. Les quatre feuilles traitées avec
la colle de poisson s'infléchirent beaucoup plus fortement
que les quatre autres. J'en conclus donc que la colle de
poisson contient quelques substances albumineuses solubles, quoique probablement en très-petite quantité. Aussitôt que ces huit feuilles eurent repris leur position naturelle, je plaçai sur elles des petits morceaux de viande
rôtie, et, au bout de quelques heures, tous les tentacules
étaient considérablement infléchis, ce qui prouve de nouveau que la viande exerce sur le *Drosera* une action beaucoup plus énergique que la gélatine ou que la colle de
poisson. C'est là un fait intéressant, car on sait que la
gélatine en elle-même n'est guère nutritive pour les animaux[1].

Chondrine. — Le Dᴿ Moore m'envoya de la chondrine
à l'état gélatineux. J'en fis lentement dessécher une partie
et j'en plaçai un petit morceau sur une feuille et un morceau beaucoup plus gros sur une seconde feuille. Au bout
d'un jour le premier morceau s'était liquéfié; au bout du
même laps de temps, le gros morceau s'était gonflé et
amolli considérablement, mais il ne se liquéfia complètement que le troisième jour. J'expérimentai ensuite sur la
gelée non desséchée, et, pour contrôler cette expérience,
je plongeai dans l'eau, pendant quatre jours, des petits
cubes taillés dans cette gelée ; ils conservèrent leurs angles bien définis. Je plaçai alors sur deux feuilles des cubes
de même volume et des cubes plus gros sur deux autres
feuilles. Les tentacules et le limbe de ces dernières feuilles
s'infléchirent complètement au bout de vingt-deux heures;

1. Le docteur Lauder Brunton a publié dans le *Medical record,* jan-
vier 1873, p. 36, un résumé des opinions de Voit sur la part indirecte que
joue la gélatine dans la nutrition.

au contraire, les tentacules des feuilles supportant les cubes plus petits ne s'infléchirent que modérément. En tout cas, au bout de vingt-deux heures, la gelée placée sur les quatre feuilles s'était liquéfiée et était devenue très-acide. Les glandes s'étaient noircies par suite de l'agrégation du protoplasma. Quarante-six heures après que la gelée eut été placée sur les feuilles elles commencèrent à se redresser; elles l'étaient complétement au bout de soixante-dix heures; il ne restait alors sur le limbe qu'une petite quantité de liquide légèrement visqueux qui n'avait pas été absorbé.

Je fis dissoudre une partie de cette chondrine en gelée dans 218 parties d'eau bouillante, et je plaçai sur quatre feuilles des gouttes ayant un volume d'un demi-minime, de telle sorte que chacune d'elles reçut 1/480e de grain, soit 0,135 de millig. de la gelée, ce qui est loin d'être équivalent à un poids égal de chondrine desséchée. Toutefois, cette quantité si minime exerça une action très-énergique, car, dans le court espace de trois heures trente minutes, les quatre feuilles s'étaient fortement infléchies. Trois d'entre elles commencèrent à se redresser au bout de vingt-quatre heures; au bout de quarante-huit heures elles avaient complétement repris leur position naturelle; néanmoins la quatrième ne s'était encore redressée qu'en partie. Toute la chondrine liquéfiée était alors complétement absorbée. Il ressort de ces expériences qu'une solution de chondrine agit beaucoup plus rapidement et beaucoup plus énergiquement que la gélatine ou que la colle de poisson pure; toutefois, de hautes autorités m'affirment qu'il est très-difficile, pour ne pas dire impossible, de savoir si la chondrine est pure ou si elle contient des composés albumineux; dans ce dernier cas, on aurait l'explication facile des résultats que je viens d'indiquer. Quoi qu'il en soit, j'ai pensé qu'il était bon d'indiquer ces faits, car il règne beaucoup de doutes sur la valeur nutritive de la gélatine, et le Dr Lauder Brunton ne connaît aucune expérience sur la valeur relative de la gélatine et de la chondrine au point de vue de l'alimentation des animaux.

Lait. — Nous avons vu, dans le dernier chapitre, que le lait exerce une action très-énergique sur les feuilles, mais je ne saurais dire si ce résultat est dû à la caséine ou à l'albumine que contient le lait. Des gouttes de lait assez grosses excitent une sécrétion très-acide si abondante, qu'elle coule quelquefois le long des feuilles; on obtient le même résultat avec de la caséine préparée chimiquement. Des petites gouttes de lait placées sur les feuilles se coagulent au bout de dix minutes environ. Schiff[1] nie que la coagulation du lait par le suc gastrique soit due exclusivement à l'acide présent, il est au contraire disposé à l'attribuer en partie à la pepsine; or, quand il s'agit de gouttes placées sur les feuilles du *Drosera*, il est douteux que la coagulation soit due entièrement à l'acide, car nous avons vu que la sécrétion n'affecte pas ordinairement la couleur du papier de tournesol jusqu'à ce que les tentacules se soient considérablement infléchis; or, comme nous venons de le voir, la coagulation commence au bout de dix minutes environ. Je plaçai sur le limbe de cinq feuilles des petites gouttes de lait écrémé; une grande partie de la substance coagulée ou lait caillé fut dissoute au bout de six heures, et la totalité au bout de huit heures. Ces feuilles se redressèrent au bout de deux jours; j'enlevai alors avec soin, pour l'examiner, le liquide visqueux restant sur le disque. Il me sembla, à première vue, que toute la caséine n'avait pas été dissoute, car il restait quelques substances qui, observées à la lumière réfléchie, paraissaient blanchâtres. Toutefois, quand j'ai observé ces substances avec un fort grossissement et que je les ai com-

---

1. *Leçons phys. de la digestion*, t. II, p. 151.

parées à une petite goutte de lait écrémé coagulé au moyen
de l'acide acétique, je me suis aperçu qu'elles consistent
exclusivement en globules huileux plus ou moins agrégés
les uns avec les autres, mais sans qu'il y ait la moindre
trace de caséine. Peu familier avec l'aspect microscopique
du lait, je demandai au Dr Lauder Brunton d'examiner ces
résidus ; il expérimenta sur les globules avec de l'éther et
obtint une dissolution presque immédiate. Nous pouvons
donc conclure que la sécrétion dissout rapidement la caséine dans l'état où elle se trouve dans le lait.

Caséine préparée chimiquement. — Beaucoup de chimistes supposent que cette substance, insoluble dans l'eau,
diffère de la caséine qui se trouve dans le lait frais. Je me
procurai, chez MM. Hopkins et Williams, des globules très-
durs de caséine préparée chimiquement, et je m'en servis
pour de nombreuses expériences. Des petites parcelles de
ces globules, ou ces globules réduits en poudre, à l'état
sec. ou humectés d'eau font infléchir très-lentement, le
plus ordinairement au bout de deux jours seulement, les
feuilles sur lesquelles on les place. D'autres parcelles humectées d'acide chlorhydrique étendu (1 partie d'acide
pour 437 parties d'eau) aussi bien que de la caséine préparée par le Dr Moore immédiatement avant mes expériences,
agirent au bout d'un seul jour. Les tentacules restent ordinairement infléchis de sept à neuf jours, et, pendant tout
ce temps, la sécrétion est fortement acide. Un peu de sécrétion restant sur le limbe d'une feuille qui s'était complétement redressée était encore fortement acide au bout de
onze jours. L'acide semble se produire rapidement, car,
dans un cas, la sécrétion des glandes du disque saupou-
drée avec un peu de caséine affecta la couleur du papier
de tournesol avant qu'aucun des tentacules extérieurs ne
se fût infléchi.

Je plaçai sur deux feuilles des petits cubes de caséine

dure humectés d'eau; au bout de trois jours les angles
d'un de ces cubes s'étaient un peu arrondis, et, au bout de
sept jours, tous deux ne consistaient plus qu'en masses
rondes amollies, plongeant dans une grande quantité de
sécrétion visqueuse et acide; il ne faut toutefois pas conclure de ce fait à la dissolution des angles, car l'eau produisit le même effet sur d'autres cubes. Ces feuilles commencèrent à se redresser au bout de neuf jours, mais, autant
qu'on en pouvait juger à la vue, la caséine, dans cette expérience et dans beaucoup d'autres, ne paraissait guère réduite
en volume, en admettant même qu'elle le fût du tout.
Selon Hoppe-Seyler et Lubavin[1], la caséine consiste en
substances albumineuses et non albumineuses; or, l'absorption d'une quantité très-minime des premières suffirait
pour exciter les feuilles sans que le volume de la caséine
fût perceptiblement réduit. Schiff[2] affirme, et c'est là un
fait très-important pour nous, que « la caséine purifiée des
chimistes est un corps presque complétement inattaquable
par le suc gastrique. » De telle sorte que nous trouvons là
un autre point de rapport entre la sécrétion du Drosera et
le suc gastrique, en ce que tous deux agissent différemment sur la caséine fraîche du lait et sur la caséine préparée par les chimistes.

Je fis quelques expériences avec du fromage; je plaçai
sur quatre feuilles des cubes ayant 1/20ᵉ de pouce, soit
1,27 millimètre de côté; au bout de un ou deux jours ces
feuilles s'étaient considérablement infléchies, et leurs
glandes déversaient beaucoup de sécrétions acides. Au bout
de cinq jours, elles commencèrent à se redresser, mais l'une
d'elles mourut et quelques glandes des autres feuilles
étaient attaquées. A en juger à la vue, les masses de fromage amollies et affaissées restant sur les limbes avaient
peu diminué en volume ou n'avaient même pas diminué

1. Docteur Lauder Brunton, *Handbook for Phys. Lab.*, p. 529.
2. *Leçons phys. de la digestion*, t. II, p. 153.

du tout. Toutefois, nous pouvons conclure du laps de temps
pendant lequel les tentacules étaient restés infléchis, du
changement de couleur qui s'était produit dans quelques
glandes, de l'état maladif de quelques autres, qu'elles
avaient absorbé certaines substances constitutives du fromage.

Légumine. — Je ne pus me procurer cette substance
à l'état isolé ; toutefois, on ne peut guère douter qu'elle se
digérerait facilement si l'on en juge par l'effet puissant produit par des gouttes d'une décoction de pois verts, comme
nous l'avons indiqué dans le chapitre précédent. Je plaçai
sur deux feuilles des tranches minces de pois secs que
j'avais fait baigner dans l'eau ; ces feuilles s'infléchirent
quelque peu au bout d'une heure et très-fortement au
bout de 21 heures. Elles se redressèrent au bout de trois
ou quatre jours. Les tranches ne furent pas liquéfiées, car
la sécrétion n'a pas la moindre action sur les parois des
cellules composées de cellulose.

Pollen. — Je plaçai sur le limbe de cinq feuilles un
peu de pollen frais pris sur des pois communs ; ces feuilles
s'infléchirent bientôt complétement et restèrent en cet état
pendant deux ou trois jours.
Au bout de ce temps j'enlevai les grains de pollen et je
les examinai au microscope ; ils avaient perdu leur couleur et les globules huileux qu'ils contiennent s'étaient
remarquablement agglutinés ; le contenu de beaucoup de
ces grains s'était considérablement affaissé et quelques-uns
étaient presque vides. Dans quelques cas seulement les tubes
de pollen s'étaient vidés. On ne peut douter que la sécrétion n'ait pénétré à travers le revêtement extérieur des grains
et digéré une partie de leur contenu. Le même phénomène
doit se produire avec le suc gastrique des insectes qui se

nourrissent de pollen sans le mâcher [1]. Le *Drosera* à l'état naturel ne peut certes pas manquer de profiter, dans une certaine mesure, de cette faculté de digérer le pollen, car les innombrables grains de pollen provenant des *Carex*, des Graminées, des *Rumex*, des pins et d'autres plantes fécondées par le vent, qui croissent ordinairement dans son voisinage, sont arrêtés au passage par la sécrétion visqueuse qui entoure les nombreuses glandes de la plante.

Gluten. — Cette substance est composée de deux albuminoïdes, l'un soluble dans l'alcool, l'autre qui ne l'est pas [2]. Je préparai du gluten en lavant simplement dans l'eau de la farine de froment. Je fis un premier essai en plaçant des morceaux assez gros de cette substance sur deux feuilles qui, au bout de 21 heures, s'étaient complétement infléchies et restèrent dans cet état pendant quatre jours ; au bout de ce temps l'une mourut et les glandes de l'autre noircirent entièrement, mais je ne l'observai pas davantage. Je plaçai des morceaux plus petits sur deux feuilles qui s'infléchirent quelque peu au bout de deux jours, mais dont l'infléchissement augmenta considérablement plus tard. Les sécrétions ne furent pas aussi acides que celles des feuilles excitées avec de la caséine. Les morceaux de gluten, après avoir reposé pendant trois jours sur les feuilles, étaient beaucoup plus transparents que d'autres plongés dans l'eau pendant le même laps de temps. Au bout de sept jours, les deux feuilles se redressèrent, mais le gluten ne paraissait pas avoir diminué de volume. Les glandes qui s'étaient trouvées en contact avec les morceaux étaient très-noires. Je plaçai alors sur deux feuilles des morceaux de gluten plus petits et à moitié putréfiés ;

---

1. M. A. W. Bennett a trouvé dans le canal intestinal des diptères qui se nourrissent de pollen, les parois non digérées des grains.—Voir *Journal of Hort. soc. of London*, t. IV, 1874, p. 158.
2. Watts, *Dict. of Chemistry,* t. II, 1872, p. 873.

ces feuilles étaient considérablement infléchies au bout de
24 heures et complétement au bout de quatre jours; les
glandes en contact avec le gluten étaient devenues noires.
Au bout de cinq jours, une des feuilles commença à se
redresser et, au bout de huit jours, toutes deux avaient
repris leur position naturelle au repos; il restait encore
une très-petite quantité de gluten sur le limbe. J'essayai
ensuite quatre morceaux très-petits de gluten desséché
humecté d'eau; son action fut quelque peu différente de
celle du gluten frais. Une feuille s'était presque complètement redressée au bout de trois jours et les trois autres
feuilles au bout de quatre jours. Les parcelles de gluten
s'étaient très-amollies, presque liquéfiées, mais elles étaient
loin d'être complétement dissoutes. Les glandes qui s'étaient
trouvées en contact avec ces parcelles au lieu d'être devenues complétement noires affectaient une couleur très-pâle
et la plupart d'entre elles avaient évidemment été tuées.

Dans aucune des dix expériences que je viens de rapporter, la totalité du gluten n'avait été dissoute, même
quand j'avais placé sur des feuilles des morceaux extrêmement petits; je demandai donc au docteur Burdon Sanderson d'essayer le gluten dans un liquide digestif artificiel
composé de pepsine et d'acide chlorhydrique; la totalité du
gluten plongé dans ce liquide fut dissoute. Toutefois, cette
solution agit beaucoup plus lentement sur le gluten que
sur la fibrine; 40,8 parties de gluten s'étant dissoutes en
4 heures contre 100 parties de fibrine pendant le même
temps. On expérimenta aussi sur le gluten dans deux
autres liquides digestifs où l'acide chlorhydrique était remplacé par de l'acide propionique et de l'acide butyrique;
le gluten fut complétement dissous par ces liquides à la
température ambiante. Nous nous trouvons donc enfin en
présence d'un cas où une différence essentielle semble
exister, au point de vue de la faculté digestive, entre la
sécrétion du *Drosera* et le suc gastrique; mais cette diffé-

rence se limite au ferment, car, ainsi que nous venons de le voir, la pepsine combinée aux acides de la série acétique agit parfaitement sur le gluten. Je crois que l'explication réside simplement dans ce fait que le gluten est un stimulant trop puissant, comme la viande crue, le phosphate de chaux ou même un morceau trop gros d'albumine, et qu'il attaque ou tue les glandes avant qu'elles aient eu le temps de déverser une quantité suffisante de la sécrétion nécessaire. Le laps de temps pendant lequel les tentacules restent infléchis, et l'importante modification de couleur que subissent les glandes, prouvent évidemment que la feuille absorbe quelques matières empruntées au gluten.

Le docteur Sanderson me conseilla de plonger du gluten pendant 15 heures dans de l'acide chlorhydrique étendu (0,02 p. 100 d'acide) afin d'enlever l'amidon. Le gluten ainsi traité se gonfla, devint incolore et plus transparent. J'en lavai quelques parcelles que je plaçai sur cinq feuilles : ces feuilles s'infléchirent bientôt fortement mais, à ma grande surprise, elles étaient complétement redressées au bout de 48 heures. Il ne restait plus, sur deux des feuilles, que quelques parcelles de gluten et pas une trace sur les trois autres. Je recueillis avec soin la sécrétion visqueuse et acide qui restait encore sur le limbe de ces deux dernières feuilles et mon fils l'examina au microscope avec un fort grossissement ; il ne put rien découvrir sauf un peu de saleté et une assez grande quantité de grains d'amidon qui n'avaient pas été dissous par l'acide chlorhydrique. Quelques glandes des feuilles étaient devenues assez pâles. Cette expérience nous apprend que le gluten traité avec de l'acide chlorhydrique étendu d'eau n'exerce pas sur les feuilles une action aussi énergique ou aussi longuement continuée que le gluten frais, et qu'en outre il n'attaque pas les glandes ; elle nous app rend, en outre, que la sécrétion digère rapidement et complétement le gluten ainsi traité.

Globuline ou cristalline. — Le docteur Moore voulut bien préparer pour mes expériences cette substance provenant de la lentille de l'œil; la globuline se présente sous forme de fragments durs, incolores et transparents. On dit [1] que la globuline doit « gonfler dans l'eau et se dissoudre en formant un liquide gommeux; » mais, bien que j'aie laissé dans l'eau, pendant quatre jours, les fragments dont je viens de parler, ils ne présentèrent aucune trace de dissolution. Je plaçai sur dix-neuf feuilles des fragments de globuline dont les uns avaient été humectés d'eau, les autres d'acide chlorhydrique étendu, d'autres enfin plongés dans l'eau pendant un ou deux jours. La plupart de ces feuilles, surtout celles qui reçurent les fragments qui avaient plongé dans l'eau pendant longtemps, s'infléchirent fortement au bout de quelques heures. La plupart d'entre elles se redressèrent au bout de trois ou quatre jours; toutefois, trois feuilles restèrent infléchies pendant un, deux ou trois jours de plus. Cette inflexion prolongée prouve que les feuilles ont dû absorber quelques substances de nature à les exciter; toutefois, les fragments bien qu'un peu plus amollis peut-être que ceux qui étaient restés dans l'eau pendant le même laps de temps, avaient conservé des angles aussi nets que ceux qui n'avaient pas été placés sur les feuilles. Ce résultat m'étonna quelque peu, car la globuline est une substance albumineuse; or, comme je me proposais dans ces expériences de comparer l'action de la sécrétion avec celle du suc gastrique, je demandai au docteur Burdon Sanderson d'expérimenter sur la même globuline que celle dont j'avais fait usage. Il me dit que des fragments « ont été plongés dans un liquide contenant 0,2 % d'acide chlorhydrique et environ 1 % de glycérine extraite de l'estomac d'un chien. Il reconnut que ce liquide peut digérer 1,31 de son poids de fibrine non bouillie en une heure; tandis que ce même liquide n'a dissous, pendant le même laps de temps, que 0,141 des fragments de globuline que je lui avais donnés. Dans les deux cas il avait placé dans le liquide un excès de la substance à digérer [2] ». Nous voyons donc que, pendant un laps de temps égal, le même liquide a dissous moins de $1/9^e$ en poids de

---

1. Watts, *Dict. of Chemistry*, t. II, p. 874.

2. Je puis ajouter que le docteur Sanderson a préparé d'autre globuline par la méthode de Schmidt; pendant le même laps de temps, c'est-à-dire pendant une heure, le même liquide a pu dissoudre 0,865 de cette globuline. La globuline préparée par ce système est donc beaucoup plus soluble que celle que j'ai employée, bien qu'elle soit moins soluble que la fibrine dont, comme nous l'avons vu, le liquide a dissous 1,31. Je regrette de n'avoir pas essayé sur les feuilles du *Drosera* de la globuline préparée par cette méthode.

globuline que de fibrine ; or, si nous nous rappelons que la pepsine combinée aux acides de la série acétique ne possède qu'environ 1/3 de la puissance digestive de la pepsine combinée à l'acide chlorhydrique, il n'est pas surprenant que la sécrétion du *Drosera* n'ait pas rongé les fragments de globuline ou arrondi leurs angles, bien que les glandes aient certainement extrait de ces fragments quelques matières solubles et les aient absorbées.

Hématine. — On m'a donné quelques granules rouge foncé extraits du sang de bœuf ; le docteur Sanderson, qui examina ces granules, observa qu'ils étaient insolubles dans l'eau, dans les acides et dans l'alcool ; ces granules étaient donc probablement composés d'hématine combinée à d'autres corps provenant du sang. Je plaçai sur quatre feuilles de petits fragments de ces granules au milieu d'une petite goutte d'eau ; au bout de deux jours, trois de ces feuilles s'étaient considérablement infléchies, mais la quatrième très-modérément. Le troisième jour, les glandes qui se trouvaient en contact avec l'hématine s'étaient noircies et quelques tentacules étaient attaqués. Au bout de cinq jours, deux feuilles étaient mortes, et une troisième était mourante ; la quatrième commençait à se redresser, mais la plupart de ses glandes étaient noircies et très-malades. Il est donc évident que les glandes avaient absorbé des matières qui constituaient pour elles un poison, ou dont la nature était trop excitante. Les fragments étaient beaucoup plus amollis que des fragments semblables plongés dans l'eau pendant le même laps de temps ; mais, à en juger à la vue, leur volume s'était fort peu réduit. Le docteur Sanderson expérimenta sur cette substance avec du suc gastrique artificiel, comme il l'avait fait pour la globuline ; pour 1,31 parties de fibrine, dissoute en 1 heure, 0,456 parties seulement d'hématine avaient été dissoutes ; toutefois, la solution par la sécrétion d'une quantité moindre suffirait à expliquer son action sur le *Drosera*. Pendant plusieurs jours, le résidu qui se trouvait dans le suc gastrique artificiel ne subit aucune autre diminution nouvelle.

Substances qui ne sont pas digérées par la sécrétion.

Toutes les substances dont nous avons parlé jusqu'à présent provoquent l'inflexion prolongée des tentacules et sont dissoutes en totalité ou en partie par la sécrétion. Mais il y a une foule d'autres substances dont quelques-

unes contiennent de l'azote, sur lesquelles la sécrétion
n'agit en aucune espèce de façon et qui ne provoquent pas
une inflexion plus longue que les substances inorganiques
et insolubles. Ces substances neutres et indigestes sont,
autant que j'ai pu l'observer, les productions épidermiques
telles que les ongles humains, les cheveux, les plumes, les
tissus fibro-élastiques, la mucine, la pepsine, l'urée, la
chitine, la chlorophylle, la cellulose, le coton-poudre, les
graisses, les huiles et l'amidon.

On pourrait ajouter à ces substances, le sucre et la
gomme en dissolution, l'alcool étendu, les infusions végétales qui ne contiennent pas d'albumine, car, ainsi que
nous l'avons démontré dans le chapitre précédent, aucune
de ces substances ne provoque l'inflexion. Je dois faire
remarquer ici, et c'est un fait remarquable qui vient à
l'appui de ce que nous avons déjà avancé, c'est-à-dire que
le ferment du *Drosera* est très-semblable, pour ne pas dire
absolument identique, à la pepsine, que le suc gastrique
des animaux, autant qu'on peut le savoir toutefois, n'agit
sur aucune de ces substances, bien que les autres sécrétions du canal alimentaire aient une action sur certaines
d'entre elles. Quelques-unes des substances dont je viens
de parler ont été placées à de nombreuses reprises sur
les feuilles du *Drosera*, sans que la sécrétion ait agi en
aucune façon sur elles; il est donc inutile de nous en occuper davantage. Quant à quelques autres, je crois devoir
donner les résultats des expériences que j'ai faites sur elles.

Tissu fibro-élastique. — Nous avons déjà vu que, quand on place
sur les feuilles des petits cubes de viande, etc., les muscles, le tissu
aréolaire et le cartilage sont complétement dissous, mais que le tissu
fibro-élastique, et même les fils les plus délicats dont il se compose,
ne sont en aucune façon attaqués. Or on sait que le suc gastrique
des animaux ne peut pas digérer ce tissu[1].

1. Voir, par exemple, Schiff, *Phys. de la Digestion,* 1867, t. II, p. 38.

Mucine. — Cette substance contenant environ 7 %, d'azote, je m'attendais à ce qu'elle excitât beaucoup les feuilles et à ce qu'elle fût digérée par la sécrétion ; je me trompais absolument. D'après les traités de chimie, il paraît très-douteux que l'on puisse préparer la mucine à l'état pur. Celle que j'ai employée (préparée par le docteur Moore) était sèche et dure. Je mis sur quatre feuilles des fragments de cette mucine humectée d'eau ; au bout de deux jours je ne pouvais observer qu'une légère trace d'inflexion dans les tentacules entourant immédiatement les fragments. Je mis alors des morceaux de viande sur ces feuilles et toutes quatre s'infléchirent bientôt considérablement. Plongeant ensuite des morceaux de mucine desséchée dans l'eau et les y laissant séjourner pendant deux jours, je plaçai ces petits cubes sur trois feuilles. Au bout de quatre jours les tentacules entourant les bords du disque s'étaient quelque peu infléchis et la sécrétion, réunie sur le disque, était acide, mais les tentacules extérieurs n'avaient pas été affectés. Une feuille commença à se redresser le quatrième jour ; le sixième jour toutes les feuilles avaient repris leur état naturel au repos. Les glandes, qui s'étaient trouvées en contact immédiat avec la mucine, s'étaient un peu noircies. Nous pouvons donc conclure de cette expérience que ces glandes avaient absorbé une petite quantité de quelques impuretés de nature à les exciter modérément. Une expérience du docteur Sanderson prouve que la mucine, que j'avais employée contenait quelques matières solubles ; il la soumit, en effet, à l'action du suc gastrique artificiel et trouva qu'au bout d'une heure une certaine quantité s'était dissoute, mais seulement dans la proportion de 23 %, de la quantité de fibrine dissoute pendant le même laps de temps. Les cubes placés sur les feuilles, bien que peut-être un peu plus amollis que ceux plongés dans l'eau pendant un laps de temps égal, conservaient encore des angles parfaitement nets. Nous pouvons donc conclure que la mucine elle-même n'a été ni dissoute, ni digérée. Or, le suc gastrique des animaux vivants ne digère pas non plus cette substance et, selon Schiff[1], c'est une couche de mucine qui protége les parois de l'estomac et qui les empêche d'être corrodés pendant la digestion.

Pepsine. — Je crois à peine utile de détailler mes expériences, car il est presque impossible de préparer de la pepsine exempte de tout autre principe albuminoïde. Toutefois, j'étais curieux de déterminer, autant que possible, si le ferment contenu dans la sécrétion du

1. *Leçons phys. de la Digestion,* 1867, t. II, p. 304.

Drosera aurait une action quelconque sur le ferment du suc gastrique des animaux. J'employai d'abord la pepsine commune que
l'on prescrit communément comme médicament, puis ensuite des
échantillons beaucoup plus purs que le docteur Moore voulut bien
préparer pour moi. Je plaçai sur cinq feuilles une quantité considérable de la pepsine commune; elles restèrent infléchies pendant cinq
jours, et, au bout de ce temps, quatre d'entre elles moururent, par suite
probablement d'une stimulation excessive. J'expérimentai alors la
pepsine du docteur Moore; j'en fis une sorte de pâte avec de l'eau et
je plaçai sur le limbe de cinq feuilles des morceaux assez petits pour
se dissoudre rapidement s'ils eussent été de la viande ou de l'albumine. Les feuilles s'infléchirent promptement, deux commencèrent à
se redresser au bout de 20 heures et les trois autres étaient presque
complétement redressées au bout de 44 heures. Quelques-unes des
glandes qui s'étaient trouvées en contact avec les fragments de pepsine, ou avec la sécrétion acide qui les entourait, étaient devenues singulièrement pâles, tandis que d'autres avaient pris une teinte foncée
singulière. Je recueillis avec soin une partie de la sécrétion et je
l'examinai avec un fort grossissement; j'y remarquai un grand nombre
de granules absolument semblables à ceux de la pepsine plongée dans
l'eau pendant le même laps de temps. Nous pouvons donc conclure,
ou tout au moins soupçonner, eu égard aux petites quantités placées
sur les feuilles, que le ferment du *Drosera* n'agit pas sur la pepsine
et ne la digère pas, mais qu'il absorbe les substances albumineuses
qui se trouvent dans la pepsine, impuretés qui provoquent l'inflexion
et qui, en quantité assez considérable, attaquent vivement la feuille.
A ma demande, le docteur Lauder Brunton essaya de déterminer
si la pepsine combinée avec l'acide chlochydrique digère la pepsine
pure; autant qu'il a pu en juger il n'en est rien. Par conséquent le
suc gastrique paraît, sous ce rapport, agir de la même façon que la
sécrétion du *Drosera*.

Urée. — Il me sembla intéressant de déterminer si cette substance,
expulsée par les corps vivants et qui contient tant d'azote, provo-
querait l'inflexion des tentacules et serait absorbée par les glandes
du *Drosera,* comme tant d'autres substances animales liquides ou
solides. Je fis tomber sur le limbe de quatre feuilles des gouttes ayant
1/2 minime de volume d'une solution contenant 1 partie d'urée pour
437 parties d'eau, chaque goutte contenant par conséquent la quantité
que j'emploie ordinairement soit 1/960e de grain ou 0,0674 de millig.,
mais cette quantité affecta à peine les feuilles. Je plaçai alors sur
elles des petits fragments de viande et elles s'infléchirent bientôt

complétement. Je répétai la même expérience sur quatre feuilles avec de l'urée préparée expressément par le docteur Moore ; au bout de deux jours aucune inflexion ne s'était produite ; je répétai alors la dose mais sans plus de succès. Je traitai ensuite ces feuilles par des gouttes égales d'une infusion de viande crue ; au bout de 6 heures l'inflexion était considérable et excessive au bout de 24 heures. Toutefois, l'urée que j'employais n'était pas absolument pure, car lorsque je plongeai quatre feuilles dans 2 drachmes (7,4 millil.) de la solution de façon que toutes les glandes au lieu de celles du disque seulement pussent absorber les petites quantités d'impuretés qui pouvaient s'y trouver, il se produisit une inflexion considérable au bout de 24 heures, inflexion certainement plus forte que celle qui aurait suivi une immersion semblable dans l'eau pure. Il n'y a pas lieu d'être surpris que l'urée, qui n'était pas parfaitement blanche, ait contenu une quantité suffisante de matières albumineuses ou de sels d'ammoniaque pour causer l'effet que je viens d'indiquer, car nous verrons, dans le prochain chapitre, quelles doses extraordinairement petites d'ammoniaque suffisent pour provoquer l'inflexion. Nous pouvons donc conclure que l'urée en elle-même n'excite pas le *Drosera* et qu'elle ne peut lui servir d'aliment ; nous pouvons conclure aussi que la sécrétion ne modifie pas l'urée de façon à la rendre nutritive, car, s'il en avait été ainsi, les feuilles dont le limbe supportait quelques gouttes d'une solution de cette substance, se seraient assurément infléchies. Le docteur Lauder Brunton a fait, à ma demande, quelques expériences dans le laboratoire de l'un des hôpitaux de Londres, et il semble en résulter que le suc gastrique artificiel, c'est-à-dire la pepsine, combinée avec l'acide chlorhydrique, n'a aucune action sur l'urée.

Chitine. — Les téguments chitineux des insectes, capturés naturellement par les feuilles, ne paraissent attaqués en aucune manière. J'ai placé sur quelques feuilles des petits morceaux carrés de l'aile délicate et de l'élytre d'un *Staphylinus ;* j'examinai avec soin ces morceaux quand les feuilles se furent redressées. Les angles étaient parfaitement nets et les morceaux ne différaient en aucune façon de l'autre aile et de l'autre élytre du même insecte qui étaient restés plongés dans l'eau pendant le même laps de temps. Toutefois, l'élytre avait évidemment dû fournir à la feuille quelques substances nutritives, car les tentacules étaient restés infléchis pendant quatre jours entiers, tandis que les feuilles qui supportaient des morceaux d'ailes s'étaient redressées le second jour. Quiconque a examiné les excréments des animaux qui se nourrissent d'insectes sait que le suc gastrique de ces animaux n'exerce pas la moindre action sur la chitine.

Cellulose. — Ne pouvant me procurer cette substance à l'état isolé, j'expérimentai sur des fragments angulaires de bois sec, de liége, de lichens et de fil de lin ou de coton. La sécrétion n'attaqua pas ces corps qui ne provoquèrent que l'inflexion très-modérée que causent ordi- nairement les substances inorganiques. J'essayai avec le même résultat le coton-poudre, qui consiste en cellulose dont l'hydrogène est rem- placé par de l'azote. Nous avons vu qu'une décoction de feuilles de chou provoque une inflexion très-considérable. Je plaçai donc sur deux feuilles de *Drosera* des petits morceaux carrés découpés dans une feuille de chou et, sur quatre autres feuilles, des petits cubes décou- pés dans la côte centrale de la feuille. Ces feuilles de *Drosera* s'inflé- chirent considérablement au bout de 12 heures et restèrent en cet état de deux à quatre jours; pendant tout ce temps, les morceaux de chou baignaient dans la sécrétion acide. Cela prouve que quelque substance excitante dont je m'occuperai bientôt avait été absorbée; toutefois, les angles des carrés et des cubes restèrent parfaitement nets, ce qui prouve que la cellulose n'avait pas été attaquée. J'essayai avec le même résultat des petits morceaux de feuille d'épinards: les glandes déversèrent une quantité assez considérable de sécrétion acide, et les tentacules restèrent infléchis pendant trois jours. Nous avons déjà vu que la sécrétion n'a aucune action sur les parois délicates des grains de pollen. On sait, en outre, que le suc gastrique des animaux n'a aucune action sur la cellulose.

Chlorophylle. — Cette substance contenant de l'azote, je voulus l'essayer. Le docteur Moore m'envoya de la chlorophylle conservée dans l'alcool; je la fis sécher, mais elle devint bientôt déliquescente. J'en plaçai des parcelles sur quatre feuilles; au bout de 3 heures, la sécrétion était devenue acide; 8 heures après, je remarquai quelques traces d'inflexion et, au bout de 24 heures, l'inflexion était bien pro- noncée. Au bout de quatre jours deux feuilles commencèrent à se redresser; les deux autres avaient alors presque complétement repris leur position naturelle. Il est donc évident que cette chlorophylle con- tenait une substance de nature à exciter modérément les feuilles; toutefois, à en juger à la vue, aucune partie ne s'était dissoute; il est donc probable que la sécrétion n'aurait aucune action sur de la chloro- phylle pure. Le docteur Sanderson expérimenta avec du suc gastrique artificiel la chlorophylle que j'avais employée et un autre échan- tillon préparé exprès; elle ne fut pas digérée. Le docteur Lauder

Brunton essaya aussi de la chlorophylle préparée d'après la formule indiquée dans le codex anglais et l'exposa, pendant cinq jours, à la température de 37° centig., à l'action du suc gastrique artificiel. La chlorophylle ne diminua pas de volume, bien que le liquide ait pris une teinte légèrement brune. On essaya aussi cette substance avec de la glycérine extraite du pancréas; mais le résultat fut tout à fait négatif. D'ailleurs, la chlorophylle ne semble pas être affectée non plus par les sécrétions intestinales des différents animaux, à en juger par la couleur de leurs excréments.

Il ne faudrait toutefois pas conclure de ces faits que la sécrétion n'exerce aucune action sur les grains de chlorophylle, tels qu'ils existent dans les plantes vivantes ; ces grains, en effet, se composent de protoplasma coloré simplement par la chlorophylle. Mon fils Francis plaça sur une feuille de *Drosera* une tranche mince de feuille d'épinards humectée avec de la salive et d'autres tranches de la même feuille sur de la ouate humide, en ayant soin d'exposer le tout à la même température. Au bout de 19 heures, la tranche placée sur la feuille de *Drosera* baignait dans d'abondantes sécrétions provenant des tentacules infléchis; il la retira alors pour l'examiner au microscope. Il ne put observer aucun grain parfait de chlorophylle; les uns étaient ratatinés, affectant une couleur vert jaunâtre et rassemblés au centre des cellules ; les autres étaient désagrégés et formaient une masse jaunâtre, rassemblée aussi au milieu des cellules. D'autre part les grains de chlorophylle des tranches placées sur la ouate humide étaient aussi verts et aussi intacts qu'auparavant. Mon fils plaça aussi quelques tranches de la même feuille d'épinard dans du suc gastrique artificiel, qui exerça sur elles à peu près la même action qu'avait fait la sécrétion. Nous avons vu que des morceaux de feuilles fraîches de chou et d'épinards provoquent l'inflexion des tentacules et causent chez les glandes d'abondantes sécrétions acides ; or, il est très-probable que c'est le protoplasma constituant les grains de chlorophylle ainsi que le revêtement des parois des cellules qui excite les feuilles.

Graisses et huiles. — Les angles de cubes de graisses crues presque pures, placés sur plusieurs feuilles, ne furent arrondis en aucune façon. Nous avons vu aussi que les globules huileux du lait ne sont pas digérés. Des gouttes d'huile d'olive placées sur le limbe des feuilles ne provoquent aucune inflexion; toutefois, l'inflexion est considérable chez les feuilles plongées dans l'huile d'olive; mais j'aurai à revenir sur ce point. Le suc gastrique des animaux ne digère pas les matières huileuses.

Amidon. — Des morceaux assez gros d'amidon sec provoquèrent une inflexion bien prononcée et les feuilles ne se redressèrent que le quatrième jour; je pense, toutefois, que cet effet est dû à une irritation prolongée des glandes, l'amidon absorbant les sécrétions à mesure qu'elles se produisaient. Les fragments d'amidon ne furent pas réduits; nous savons, en outre, que les feuilles plongées dans une émulsion d'amidon ne sont pas affectées. Il est inutile que j'ajoute que le suc gastrique des animaux n'a aucune action sur l'amidon.

Action de la sécrétion sur les graines vivantes.

Je puis indiquer ici les résultats de quelques expériences sur des graines vivantes prises au hasard, bien que ces expériences portent seulement de façon indirecte sur le sujet que nous discutons actuellement.

Je plaçai sur sept feuilles sept graines de chou récoltées l'année précédente. Quelques-unes de ces feuilles s'infléchirent modérément, mais le plus grand nombre très-légèrement, et la plupart se redressèrent le troisième jour. L'une d'elles, cependant, resta infléchie jusqu'au quatrième jour et une autre jusqu'au cinquième. Ces feuilles furent donc excitées un peu plus par des graines que par des objets inorganiques ayant le même volume. Après le redressement des feuilles les graines furent placées dans des conditions favorables sur du sable humide, en même temps que d'autres graines provenant des mêmes plantes qui germèrent très-facilement. Sur les sept graines exposées à l'action de la sécrétion, trois seulement germèrent; une des petites plantes produites par l'une d'elles périt bientôt; l'extrémité des radicelles commençant à pourrir et les bords des cotylédons affectant une couleur brun-foncé; en résumé donc, sur les sept graines essayées, cinq périrent.

Je plaçai sur trois feuilles des graines de radis (*Raphanus sativus*), récoltées l'année précédente; ces trois feuilles s'infléchirent modérément et se redressèrent le troisième et le quatrième jour. Deux de ces graines furent placées sur du sable humide; une seulement germa et cela très-lentement. La plante produite n'avait que des radicelles extrêmement courtes, tordues et maladives, sans poils d'absorption; les cotylédons étaient singulièrement tachetés de couleur pourpre et les bords noircis et fanés en partie.

Je plaçai sur quatre feuilles des graines de cresson (*Lepidium sativum*) de la récolte précédente; le lendemain matin, deux de ces feuilles s'étaient modérément infléchies et les deux autres fortement; elles restèrent dans cet état pendant quatre, cinq et même six jours. Peu de temps après que les graines avaient été placées sur les feuilles et qu'elles étaient devenues humides, elles sécrétèrent, comme à l'ordinaire, une couche de mucus visqueux ; afin de déterminer si l'inflexion provenait de l'absorption par les glandes de cette substance visqueuse, je plongeai deux graines dans l'eau et j'enlevai le mucus autant que possible. Je les replaçai ensuite sur les feuilles qui, au bout de 3 heures, étaient fortement infléchies et qui, au bout de trois jours, l'étaient complétement. Il est donc évident que ce n'est pas le mucus qui provoque l'inflexion ; il semble, au contraire, dans une certaine mesure, servir à protéger la graine. Sur les six graines, deux germèrent pendant qu'elles étaient encore sur les feuilles, mais les plants transportés dans du sol humide moururent bientôt ; sur les quatre autres graines, une seule germa.

Deux graines de moutarde (*Sinapis nigra*), deux graines de céleri (*Apium graveolens*), provenant toutes de la dernière récolte, deux graines bien mouillées de carvi (*Carum carvi*) et deux grains de blé, n'excitèrent pas plus les feuilles que ne le font d'ordinaire les objets inorganiques. Cinq graines à peine mûres d'un bouton d'or (*Ranunculus*) et deux graines toutes nouvelles d'*Anemone nemorosa* ne produisirent guère plus d'effet. D'autre part, quatre graines à peine mûres de *Carex sylvatica* provoquèrent une forte inflexion sur les feuilles où elles furent placées ; ces feuilles ne commencèrent à se redresser que le troisième jour, l'une d'elles resta même infléchie pendant sept jours.

Il résulte de ces quelques expériences que divers sortes de graines excitent les feuilles à un degré très-différent ; il n'est pas parfaitement démontré que cette différence provienne uniquement de la nature de l'enveloppe. L'enlèvement partiel de la couche de mucus sur les graines de cresson hâta l'inflexion des tentacules. Quand les feuilles restent infléchies pendant plusieurs jours sur des graines, il est évident qu'elles absorbent quelques-unes des matières que contiennent ces dernières. La grande proportion des graines de chou, de radis et de cresson qui furent tuées par le séjour sur les feuilles, et le fait que la plus grande partie des plants produits par celles qui germèrent ensuite étaient très-maladifs, prouve que la sécrétion pénètre l'enveloppe des graines. Il est vrai que cet effet produit sur les graines et sur les plants peut être dû uniquement à l'acide contenu dans la sécrétion et non pas à une digestion quelconque ; en effet, M. Traherne-Moggridge a démontré que les acides très-faibles de la série acétique attaquent fortement les graines. Je n'ai jamais eu l'idée d'observer si les graines sont souvent portées sur le vent par les feuilles visqueuses du *Drosera* croissant à l'état sauvage ; toutefois, il est probable que cela arrive souvent, comme nous le verrons bientôt, en nous occupant de la Pinguicula. S'il en est ainsi le *Drosera* doit profiter fort peu de l'absorption des substances contenues dans les graines.

Résumé et conclusions sur la puissance digestive du Drosera.

Quand les glandes du disque de la feuille sont excitées soit par l'absorption de matières azotées, soit par des attouchements mécaniques, leurs sécrétions augmentent et deviennent acides. Elles transmettent en même temps aux glandes des tentacules extérieurs une impulsion qui provoque chez elles des sécrétions plus abondantes devenues aussi acides. Chez les animaux, selon Schiff [1], une irritation mécanique provoque chez les glandes de l'estomac la sécrétion d'un acide, mais non pas la sécrétion de pepsine. Or j'ai toute raison de croire, bien que le fait ne soit pas complétement démontré, que les glandes du *Drosera*, tout en sécrétant continuellement des liquides visqueux, pour remplacer ceux qui disparaissent par évaporation, ne sécrètent cependant pas, sous l'influence d'une irritation mécanique, le ferment propre à faciliter la digestion, mais qu'elles attendent pour le faire, d'avoir absorbé certaines substances probablement de nature azotée. J'ai lieu de conclure qu'il en est ainsi parce que la sécrétion d'un grand nombre de feuilles irritées par des fragments de verre, placés sur le limbe, ne digéra pas de l'albumine, et surtout à cause de ce qui se passe chez la *Dionée* et les *Népenthes*. En outre Schiff affirme que les glandes de l'estomac des animaux ne sécrètent de la pepsine qu'après avoir absorbé certaines substances solubles qu'il désigne sous le nom de *peptogènes*. Il existe donc un parallélisme remarquable entre les glandes du *Drosera* et celles de l'estomac au point de vue de la sécrétion des acides et des ferments convenables.

---

1. *Phys. de la Digestion*, 1867, t. II, p. 188-245.

La sécrétion, comme nous l'avons vu, dissout complément l'albumine, les muscles, la fibrine, le tissu aréolaire, le cartilage, la base fibreuse des os, la gélatine, la chondrine, la caséine dans l'état où elle se présente dans le lait, et le gluten traité par de l'acide chlorhydrique très-étendu. La syntonine et la légumine exercent sur les feuilles une action si puissante et si rapide que toutes deux, sans aucun doute, seraient dissoutes par la sécrétion. La sécrétion ne peut digérer le gluten frais, probablement parce que celui-ci attaque les glandes; mais une partie est certainement absorbée. La viande crue, sauf en morceaux très-petits, et les gros morceaux d'albumine, etc., sont aptes à attaquer aussi les feuilles qui semblent, comme les animaux, exposées à souffrir d'indigestion. Je ne sais s'il faut voir une analogie réelle dans le fait suivant, mais il n'en est pas moins digne de remarque, qu'une décoction de feuilles de chou est bien plus excitante et probablement bien plus nutritive pour le *Drosera* qu'une infusion faite dans l'eau tiède ; or on sait que, pour l'homme tout au moins, les feuilles de chou bouillies forment un aliment bien plus nutritif que les feuilles crues. Le fait qui frappe le plus au milieu de tous ces résultats, bien qu'il ne soit réellement pas plus remarquable que tant d'autres, c'est la digestion d'une substance aussi dure et aussi résistante que le cartilage. La dissolution du phosphate de chaux pur, des os, de la dentine et surtout de l'émail semble étonnante ; mais cette dissolution dépend uniquement de la sécrétion longtemps continuée d'un acide, et, dans ces circonstances, l'acide est sécrété pendant plus longtemps que dans aucun autre cas. Il est intéressant d'observer qu'aussi longtemps que l'acide est employé à la dissolution du phosphate de chaux aucune digestion vraie ne se produit; mais, dès que l'os est complétement débarrassé du phosphate qu'il contient, la base fibreuse est attaquée et liquéfiée avec la plus grande facilité. Les douze substances que nous venons d'énumérer, qui sont dissoutes complétement par la sécrétion, sont aussi dissoutes par le suc gastrique des animaux plus élevés; l'action produite est la même, ce que prouvent la disparition des angles de l'albumine et plus particulièrement la manière dont disparaissent les stries transversales des fibres musculaires.

La sécrétion du *Drosera* et le suc gastrique ont pu tous deux dissoudre quelque élément, ou quelque impureté, qui se trouvait dans la globuline et dans l'hématine que j'ai employées. La sécrétion a aussi dissous quelques matières dans de la caséine préparée chimiquement, et que l'on dit formée de deux substances; or, bien que Schiff affirme que le suc gastrique n'attaque pas la caséine préparée dans ces conditions, il a pu facilement négliger une quantité extrêmement petite de matières albumineuses que le *Drosera* a trouvées et absorbées. Bien que le fibrocartilage ne soit pas dissous à proprement parler, la sécrétion du *Drosera* et le suc gastrique agissent sur lui de la même façon. Toutefois, j'aurais peut-être dû classer cette substance ainsi que la prétendue hématine dont je me suis servi au nombre des matières indigestes.

Il est complétement démontré que le suc gastrique agit au moyen d'un ferment, la pepsine, seulement en présence d'un acide; or, nous avons d'excellentes preuves que la sécrétion du *Drosera* contient un ferment qui, lui aussi, n'agit qu'en présence d'un acide. Nous avons vu, en effet, que lorsqu'on neutralise la sécrétion au moyen de petites gouttes d'une solution d'alcali, la digestion de l'albumine s'arrête complétement pour recommencer immédiatement, dès qu'on ajoute une petite dose d'acide chlorhydrique.

Les neuf substances suivantes, ou classes de substances, c'est-à-dire les productions épidermiques, les tissus fibroélastiques, la mucine, la pepsine, l'urée, la chitine, la cellulose, le coton-poudre, la chlorophylle, l'amidon, les graisses et les huiles sont insensibles à l'action de la sécrétion du *Drosera*, et, autant que nous pouvons le savoir, à celle du suc gastrique des animaux. Toutefois, la sécrétion ainsi que le suc gastrique artificiel ont extrait quelques matières solubles de la mucine, de la pepsine et de la chlorophylle que j'ai employées.

Les diverses substances qui sont complétement dissoutes par la sécrétion, et qui sont ensuite absorbées par les glandes, affectent les feuilles de façon très-différente. Elles provoquent l'inflexion à différents degrés et avec une rapidité différente ; en outre, les tentacules restent infléchis pendant un laps de temps très-différent. L'inflexion rapide dépend en partie du volume de la substance placée sur la feuille, et, en conséquence, du nombre de glandes simultanément affectées ; en partie, de la facilité avec laquelle la substance se laisse pénétrer et liquéfier par la solution ; en partie de sa nature, mais principalement de la présence d'une matière excitante dans la solution. Ainsi, la salive ou une solution faible de viande crue, agit beaucoup plus rapidement qu'une forte solution de gélatine. Ainsi encore, les feuilles qui se sont redressées après avoir absorbé des gouttes d'une solution de gélatine pure ou de colle de poisson (cette dernière est de beaucoup la plus puissante des deux), s'infléchissent beaucoup plus énergiquement et beaucoup plus rapidement qu'auparavant, si on leur donne des petits fragments de viande, bien que, d'ordinaire, il faille une période de repos entre deux actes d'inflexion. Le fait que la gélatine et la globuline, amollies par un long séjour dans l'eau, agissent plus rapidement que lorsque l'on se contente de les humecter, provient probablement d'une différence de contexture. Le fait que l'albumine, conservée pendant quelque temps, et que le gluten, qui a été traité par de l'acide chlorhydrique étendu, agissent plus rapidement que ces substances à l'état frais, provient sans doute aussi en

partie d'un changement de contexture, et en partie d'un
changement dans la nature chimique de la substance.

Le laps de temps pendant lequel les tentacules restent
infléchis dépend beaucoup du volume de la substance placée sur la feuille, en partie de la facilité avec laquelle cette
substance se laisse pénétrer par la sécrétion, et en partie
aussi de sa nature essentielle. Les tentacules restent toujours infléchis beaucoup plus longtemps sur de gros morceaux ou sur de grosses gouttes que sur des petits morceaux
ou des petites gouttes. La contexture joue probablement un
rôle pour déterminer le laps de temps extraordinaire pendant lequel les tentacules restent infléchis sur les grains si
durs de la caséine préparée chimiquement. Toutefois, les
tentacules restent infléchis pendant un laps de temps aussi
considérable sur du phosphate de chaux en poudre fine,
obtenu par précipitation; dans ce dernier cas, le phosphore
est évidemment la substance qui cause l'attraction, de
même que dans la caséine ce sont les substances animales.
Les feuilles restent très-longtemps infléchies sur les insectes, mais il est douteux que cela soit dû à la protection
dont les entourent leurs téguments chitineux; en effet,
les substances animales sont promptement extraites du
corps des insectes (probablement à cause d'un phénomène
d'exosmose qui se produit entre leur corps et la sécrétion
visqueuse qui les entoure), ce que prouve l'inflexion rapide
des feuilles. Les morceaux de viande, d'albumine, de
gluten nouvellement préparé, qui agissent tout différemment des morceaux de gélatine, de tissu aréolaire et de
bases fibreuses des os, ayant un volume égal, nous
prouvent l'influence exercée par la nature de différentes
substances. Les substances que nous avons énumérées
d'abord provoquent non-seulement une inflexion plus
prompte et plus énergique, mais aussi une inflexion plus
prolongée que les dernières. Nous sommes donc, je crois,
autorisés à conclure que la gélatine, le tissu aréolaire et

la base fibreuse des os offrent moins d'aliments au *Drosera*
que les insectes, la viande, l'albumine, etc. C'est là une
conclusion intéressante, car on sait que la gélatine n'est
qu'un aliment bien pauvre pour les animaux, et il en
serait probablement ainsi du tissu aréolaire et de la base
fibreuse des os. La chondrine que j'ai employée a agi plus
puissamment que la gélatine, mais il me serait impossible
d'affirmer que cette substance était pure. Il est un fait
plus remarquable encore, c'est que la fibrine, qui appartient à la grande classe des protéides[1], qui comprend l'albumine, dans un des sous-groupes, n'excite pas plus les
tentacules, ou ne les fait pas rester infléchis plus longtemps que la gélatine, que le tissu aréolaire, ou que la
base fibreuse des os. On ne sait pas combien de temps
survivrait un animal si on le nourrissait uniquement de
fibrine ; toutefois, le docteur Sanderson croit qu'il vivrait
plus longtemps que si on le nourrissait de gélatine ; or, on
pourrait presque prédire, à en juger d'après les effets produits sur le *Drosera*, que l'albumine est plus nutritive que
la fibrine. La globuline appartient aussi aux protéides et
forme un autre sous-groupe ; cette substance, bien que
contenant quelques matières qui ont excité assez vivement le *Drosera*, a été à peine attaquée par la sécrétion
et ne l'a été que très-peu et très-lentement par le suc
gastrique. On ne sait pas si la globuline pourrait servir
d'aliment aux animaux. Nous voyons donc que les diverses
substances digestives dont nous avons parlé agissent très-
différemment sur le *Drosera*, et nous pouvons très-probablement conclure qu'il existe entre elles des degrés très-
différents au point de vue nutritif, et pour le *Drosera*, et
pour les animaux.

Les glandes du *Drosera* absorbent certaines matières

---

1. Voir la classification adoptée par le docteur Michael Foster dans le
Dict. of Chemistry de Watts, supplément, 1872, p. 969.

contenues dans les graines vivantes qui sont attaquées ou tuées par la sécrétion. Elles absorbent aussi certaines matières contenues dans le pollen et dans les feuilles fraîches; or, on sait, à n'en pas douter, que le même phénomène se présente dans l'estomac des animaux herbivores. Le *Drosera* est à proprement parler une plante insectivore; mais comme le vent doit souvent projeter sur ses glandes le pollen, les graines et les feuilles des plantes environnantes, le *Drosera* est, dans une certaine mesure, une plante herbivore.

En résumé, les expériences détaillées dans ce chapitre nous prouvent qu'il y a une analogie remarquable au point de vue de la digestion entre le suc gastrique des animaux avec sa pepsine et son acide chlorhydrique, et la sécrétion du *Drosera* avec son ferment et son acide appartenant à la série acétique. Nous ne pouvons donc guère douter que le ferment, dans les deux cas, est très-semblable, pour ne pas dire absolument identique. Qu'une plante et un animal sécrètent le même ou presque le même liquide complexe, adapté à un même but, la digestion; voilà sans contredit un fait nouveau et étonnant dans la physiologie. J'aurai d'ailleurs occasion de revenir sur ce sujet dans le quinzième chapitre en faisant mes dernières remarques sur les Droséracées.

CHAPITRE VII.

EFFETS PRODUITS PAR LES SELS D'AMMONIAQUE.

Manière dont ont été faites les expériences. — Action de l'eau distillée comparativement à l'action des solutions. — Les racines absorbent le carbonate d'ammoniaque. — Les glandes absorbent la vapeur d'une solution de carbonate. — Gouttes sur le disque. — Gouttes microscopiques appliquées à des glandes séparées. — Feuilles plongées dans des solutions faibles. — Petitesse de la dose qui provoque l'agrégation du protoplasma. — Azotate d'ammoniaque; expériences analogues faites avec des solutions de ce sel. — Phosphate d'ammoniaque, expériences analogues. — Autres sels d'ammoniaque. — Résumé et conclusions sur l'action des sels d'ammoniaque.

Je me propose dans ce chapitre de démontrer l'action énergique que les sels d'ammoniaque exercent sur les feuilles du *Drosera*, et plus particulièrement de démontrer quelle quantité extraordinairement petite suffit pour provoquer l'inflexion. Je serai donc obligé d'entrer dans des détails très-minutieux. J'ai toujours employé de l'eau distillée deux fois, et, pour les expériences les plus délicates, de l'eau préparée avec le plus grand soin par le professeur Frankland. J'ai dosé avec soin les éprouvettes, et je me suis servi de celles qui présentaient des mesures aussi exactes que possible. Les sels ont été pesés avec la plus grande précaution, et dans toutes les expériences délicates soumises à une double pesée d'après la méthode de Borda. Toutefois, une exactitude poussée à l'extrême est quelque peu superflue, car les feuilles présentent de grandes différences au point de vue de l'irritabilité selon leur âge, leur état et leur constitution. Les tentacules d'une même feuille sont même plus ou moins irritables, et cela à un degré très-prononcé. J'ai conduit mes expériences de la manière suivante :

Première expérience. — J'ai placé au moyen d'un même instrument pointu, sur le disque des feuilles, des gouttes qu'au moyen
d'essais répétés je savais avoir un volume d'environ un demi-minime,
soit le 1/960ᵉ d'une once liquide, ou 0,0296 millilitres, et j'ai observé
à certains intervalles de temps l'inflexion des rangées extérieures de
tentacules. Je m'assurai d'abord, au moyen de trente ou quarante
expériences, que l'eau distillée placée de cette façon sur la feuille ne
produit aucun effet, sauf toutefois, bien que très-rarement, l'inflexion
de deux ou trois tentacules. En un mot, les nombreux essais que j'ai
faits avec des solutions assez faibles pour ne produire aucun effet,
conduisent toutes à cette même conclusion que l'eau est inefficace.

Deuxième expérience. — Je plonge dans la solution à examiner
la tête d'une petite épingle fixée à un manche. Je place, à l'aide d'une
lentille, la petite goutte qui adhère à la tête de l'épingle et qui est
beaucoup trop petite pour tomber d'elle-même, en contact avec la
sécrétion entourant les glandes d'un, de deux, de trois ou de quatre
tentacules extérieurs de la même feuille. J'ai bien soin de ne pas toucher les glandes elles-mêmes. J'avais supposé que les gouttes avaient
presque toutes le même volume; mais de nombreux essais m'apprirent
que c'est là une grosse erreur. Je mesurai donc de l'eau, et j'enlevai
300 gouttes, en ayant soin d'essuyer la tête de l'épingle, chaque fois
que je l'avais plongée dans l'eau, sur un morceau de papier buvard;
en mesurant de nouveau le liquide après cette opération, je dus conclure que chaque goutte comporte, en moyenne, un volume de 1/60ᵉ de
minime. Je pesai de l'eau dans un petit vase, méthode d'ailleurs bien
plus rigoureuse, et j'enlevai 300 gouttes comme je l'avais fait dans
l'expérience précédente; une nouvelle pesée du liquide m'indiqua que
chaque goutte équivaut en moyenne à 1/89ᵉ de minime. Je répétai
cette opération; mais j'essayai cette fois, en sortant la tête d'épingle
de l'eau obliquement et assez rapidement, d'enlever des gouttes aussi
grosses que possible; le résultat obtenu m'indiqua que j'avais réussi,
car chaque goutte en moyenne équivalait à 1/19.4 de minime. Je
répétai l'opération exactement de la même façon, et j'obtins pour
résultat des gouttes ayant en moyenne 1/23.5 de minime. Si l'on se
rappelle que, dans ces deux dernières expériences, j'essayai autant
que possible de soulever des grosses gouttes, on peut conclure, en
toute sûreté, que les gouttes employées dans mes expériences équi-
valaient en moyenne à 1/20ᵉ de minime, soit 0.0029 de millilitre. Je
puis distribuer une seule de ces gouttes entre trois et même quatre
glandes; si les tentacules s'infléchissent c'est qu'ils ont absorbé une
certaine partie de la solution, car les gouttes d'eau pure appliquées

de la même façon n'ont jamais produit aucun effet. Je ne peux laisser la goutte en contact avec la sécrétion que pendant dix ou quinze secondes; or, ce n'est pas là un temps suffisant pour la diffusion de tout le sel contenu dans la solution, car trois ou quatre tentacules traités successivement avec la même goutte s'infléchissent souvent; il est même probable que la solution n'est pas alors épuisée.

Troisième expérience. — Je coupe des feuilles et je les plonge dans une quantité mesurée de la solution à expérimenter, en ayant soin de plonger en même temps un nombre égal de feuilles dans une même quantité de l'eau distillée qui a servi à faire la solution. Pendant vingt-quatre heures, et quelquefois même pendant quarante-huit heures, je compare à de courts intervalles les feuilles plongées dans la solution à celles plongées dans l'eau distillée. J'adopte le même système pour plonger toutes les feuilles dans le liquide, c'est-à-dire que je les place aussi doucement que possible dans des verres à montre portant chacun un numéro, et que je verse sur chacune d'elles 30 minimes (1,775 millilitre) de solution ou d'eau distillée.

Quelques solutions, celles de carbonate d'ammoniaque, par exemple, décolorent rapidement les glandes; or, comme toutes les glandes d'une même feuille sont décolorées simultanément, toutes doivent absorber une certaine quantité de sel pendant le même laps de temps. L'inflexion simultanée des diverses rangées des tentacules extérieurs est une autre preuve à l'appui de ce que j'avance. Sans ces preuves, on pourrait supposer que les glandes seules des tentacules extérieurs qui s'infléchissent absorbent le sel, ou qu'il est absorbé par les glandes seules du disque qui transmettent une impulsion aux tentacules extérieurs; mais, dans ce dernier cas, les tentacules extérieurs ne s'infléchiraient qu'au bout d'un certain laps de temps, au lieu de s'infléchir au bout d'une demi-heure ou même au bout de quelques minutes, comme cela arrive ordinairement. Toutes les glandes d'une même feuille ont à peu près la même grosseur; on peut s'en assurer en coupant une bande transversale étroite et en l'examinant de côté; les surfaces d'absorption sont donc presque égales chez toutes. Il faut en excepter les glandes à longue tête placées sur le bord extérieur de la feuille, car elles sont beaucoup plus longues que les autres; toutefois l'absorption ne se produit que sur la surface supérieure. Outre les glandes, la surface des feuilles et les pédicelles des tentacules portent de nombreuses petites papilles qui absorbent le carbonate d'ammoniaque, l'infusion de viande crue, les sels métal-

liques et probablement beaucoup d'autres substances ; mais l'absorption d'une substance quelle qu'elle soit, par ces papilles, ne provoque
jamais l'inflexion. Il faut se rappeler que le mouvement de chacun
des tentacules dépend d'une excitation de la glande de ce tentacule,
sauf, toutefois, quand l'impulsion lui est transmise par les glandes du
disque, et, dans ce cas, comme nous venons de le dire, le mouvement
ne se produit qu'au bout d'un certain laps de temps. J'ai fait ces
remarques parce qu'elles prouvent que lorsqu'une feuille est plongée
dans une solution et que tous les tentacules s'infléchissent, on peut
évaluer avec quelque degré de certitude la quantité de sel absorbée
par chaque glande. Par exemple, si l'on plonge un feuille portant
212 glandes dans une quantité mesurée d'une solution contenant
1/10e de grain de sel et que tous les tentacules extérieurs, sauf 12,
s'infléchissent, on peut être sûr que chacune des 200 glandes peut en
moyenne avoir absorbé au plus 1/2000e de grain du sel. Je dis au
plus, car les papilles en auront absorbé un petite quantité, et les
12 tentacules qui ne se sont pas infléchis auront pu aussi en absorber
un peu. L'application de ce principe conduit à quelques conclusions
remarquables relativement à la petitesse des doses qui causent l'inflexion.

De l'action de l'eau distillée au point de vue de l'inflexion.

Bien que, dans toutes les expériences importantes, je doive décrire
la différence existant chez les feuilles plongées simultanément dans
l'eau distillée et dans les différentes solutions, il est bon de donner
tout d'abord un résumé des effets de l'eau. En outre, le fait que l'eau
pure agit sur les glandes mérite en lui-même quelque attention.
Je plongeai dans l'eau 141 feuilles, en même temps que d'autres dans
les solutions, et je notai l'état de ces feuilles à de courts intervalles
de temps. J'observai séparément dans l'eau 32 autres feuilles, ce qui
fait un total de 173 expériences. Je plongeai aussi, à d'autres époques,
de grandes quantités de feuilles dans l'eau, mais sans garder des notes
exactes sur les effets produits ; cependant, ces différentes observations tendent à confirmer les conclusions auxquelles j'arrive dans ce
chapitre. Quelques-uns des tentacules à longue tête, c'est-à-dire
de 1 à 6 environ, s'infléchissent ordinairement une demi-heure
après l'immersion ; il en est de même parfois pour quelques tentacules extérieurs à tête ronde, et rarement pour un nombre considérable de ces tentacules. Après une immersion de cinq à huit heures,
les tentacules courts environnant les parties extérieures du disque

s'infléchissent ordinairement, de telle sorte que leurs glandes forment un petit anneau noir sur le disque; les tentacules extérieurs ne participent pas à ce mouvement. En conséquence, sauf dans quelques cas que nous mentionnerons tout à l'heure, on peut juger si une solution produit un effet quelconque en se contentant d'observer les tentacules extérieurs dans les trois ou quatre heures qui suivent l'immersion.

Résumons actuellement l'état des 173 feuilles après une immersion de trois ou quatre heures dans l'eau pure. Presque tous les tentacules d'une feuille s'étaient infléchis; presque tous les tentacules de 3 feuilles étaient infléchis à moitié; chez 13 autres, 36,5 tentacules étaient infléchis en moyenne. Ainsi, l'eau avait provoqué une action bien marquée chez 17 feuilles sur 173. Chez 18 feuilles, de 7 à 19 tentacules s'étaient infléchis, c'est-à-dire, en moyenne, 9,3 tentacules par feuille. Chez 44 feuilles, de 1 à 6 tentacules s'étaient infléchis, ordinairement les tentacules à longue tête. En résumé donc, sur 173 feuilles observées avec soin, 79 avaient été affectées par l'eau jusqu'à un certain point, mais en somme très-légèrement, et 94 n'avaient pas été affectées du tout. Ces résultats sont complétement insignifiants, comme nous le verrons bientôt, quand on les compare à ceux produits par des solutions très-faibles de divers sels d'ammoniaque.

Les plantes qui ont vécu pendant quelque temps dans un milieu ayant une température assez élevée, sont beaucoup plus sensibles à l'action de l'eau que celles qui poussent en plein air ou qui n'ont séjourné que peu de temps dans une serre. Ainsi, dans les dix-sept cas rapportés ci-dessus, dans lesquels un nombre considérable des tentacules des feuilles s'étaient infléchis, les plantes avaient passé l'hiver dans une serre très-chaude, et elles portaient, au commencement du printemps, des feuilles remarquablement belles de couleur rouge clair. Si j'avais su alors que le séjour dans une serre augmente la sensibilité des plantes, je n'aurais peut-être pas employé ces feuilles pour mes expériences avec les solutions très-faibles de phosphate d'ammoniaque; toutefois, mes expériences ne se trouvent pas viciées par ce fait, car j'ai invariablement employé des feuilles cueillies sur la même plante pour une immersion simultanée dans l'eau. Il est arrivé souvent que quelques feuilles d'une même plante et quelques tentacules d'une même feuille sont beaucoup plus sensibles que d'autres; mais je ne saurais expliquer pourquoi.

Outre les différences que je viens d'indiquer entre les feuilles plongées dans l'eau et celles plongées dans de faibles solutions d'ammoniaque, les tentacules de ces dernières, dans la plupart des cas, s'infléchissent beaucoup plus étroitement. La figure 9 représente l'aspect d'une feuille après une immersion dans quelques gouttes d'une solution contenant un grain de phosphate d'ammoniaque pour deux cents onces d'eau, c'est-à-dire une partie d'ammoniaque pour 87,500 parties d'eau; l'eau seule ne cause jamais une inflexion aussi énergique. Chez les feuilles plongées dans les faibles solutions d'ammoniaque, le limbe s'infléchit souvent; c'est là une circonstance si rare chez les feuilles plongées dans l'eau que je ne l'ai observée que deux fois, et, dans ces deux cas, l'inflexion était presque insensible. En outre, chez les feuilles plongées dans les faibles solutions, l'inflexion des tentacules et du limbe se continue souvent pendant plusieurs heures, augmentant continuellement, bien que lentement; c'est encore là une circonstance si rare chez les feuilles plongées dans l'eau, que je n'ai observé que trois cas où une semblable augmentation de l'inflexion s'est produite après les huit ou douze premières heures, et, dans ces trois cas, les deux rangées extérieures de tentacules n'étaient pas du tout affectées. En conséquence, il se produit une différence beaucoup plus sensible entre les feuilles plongées dans l'eau et celles plongées dans les solutions faibles dans le laps de temps qui s'écoule de huit heures à vingt-quatre heures après l'immersion, qu'il n'y en a pendant les trois premières heures; toutefois, en règle générale, il vaut mieux se fier aux différences observées pendant les premières heures.

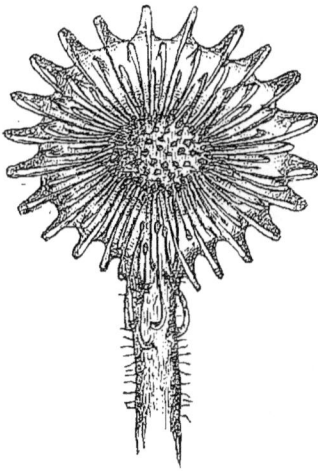

Fig. 9. — (*Drosera rotundifolia.*)

Feuille (grossie) avec tous les tentacules fortement infléchis après une immersion dans une solution de phosphate d'ammoniaque (1 partie de phosphate pour 87,500 parties d'eau).

Rien de plus variable que la période de redressement des feuilles quand on les laisse plongées soit dans l'eau, soit dans les solutions faibles. Dans les deux cas, les tentacules extérieurs commencent à se redresser après un intervalle de six à huit heures seulement, c'est-à-dire juste au moment où les tentacules courts qui entourent les bords du disque commencent à s'infléchir. D'autre part, les tentacules restent quelquefois infléchis pendant un jour entier ou même pendant deux jours; en règle générale, ils restent infléchis plus longtemps dans les solutions très-faibles que dans l'eau. Dans les solutions qui ne sont pas extrêmement faibles, les tentacules

ne se redressent jamais dans un laps de temps aussi court que six ou
huit heures. D'après ce que nous venons de dire, il peut paraître difficile de distinguer les effets de l'eau de ceux des solutions très-
faibles; toutefois, dans la pratique, on n'éprouve pas la moindre difficulté tant qu'on n'emploie pas des solutions excessivement faibles;
mais alors, comme on peut s'y attendre, la distinction devient très-
douteuse et disparaît enfin complétement. Mais, comme dans tous les
cas, sauf dans les plus simples, je décrirai l'état des feuilles plongées
simultanément, pendant un même laps de temps, dans l'eau et dans
les solutions, le lecteur sera à même de juger.

Carbonate d'ammoniaque.

Ce sel, absorbé par les racines, ne provoque pas l'inflexion des tentacules. J'ai placé une plante dans une
solution de 1 partie de carbonate d'ammoniaque pour
146 parties d'eau, de façon à pouvoir observer les jeunes
racines parfaitement saines. Les cellules terminales qui
étaient de couleur rose devinrent immédiatement incolores, et leur contenu limpide devint nuageux, comme une
gravure à la manière noire; une certaine agrégation s'était
donc instantanément produite, mais aucun autre changement ne se produisit, et les poils servant à l'absorption
ne furent pas visiblement affectés. Les tentacules de la
plante ne s'infléchirent pas. Je plaçai deux autres plantes,
dont les racines étaient entourées de mousse humide,
dans 1/2 once (14,198 millilitres) d'une solution contenant 1 partie de carbonate pour 218 parties d'eau, et je
les observai pendant vingt-quatre heures; aucun tentacule
ne s'infléchit. Pour produire l'inflexion, il faut que le carbonate soit absorbé par les glandes.

La vapeur d'une solution d'ammoniaque produit un effet
puissant sur les glandes et provoque l'inflexion. Je plaçai
sous une cloche de verre d'une contenance de 122 onces
liquides, trois plantes dont les racines plongeaient dans
des bouteilles, de façon que l'air environnant ne puisse

pas devenir très-humide, et je mis sous la cloche quatre grains de carbonate d'ammoniaque dans un verre de montre. Au bout de six heures quinze minutes, les feuilles ne paraissaient pas affectées; mais, le lendemain matin, c'est-à-dire vingt heures après, les glandes noircies étaient entourées de sécrétions abondantes, et la plupart des tentacules étaient fortement infléchis. Ces plantes moururent bientôt. Je plaçai sous la même cloche deux autres plantes en même temps qu'un demi-grain de carbonate, mais en ayant soin de rendre l'air aussi humide que possible; au bout de deux heures, la plupart des feuilles étaient affectées, beaucoup de glandes noircies, et les tentacules infléchis. Mais, fait curieux, quelques tentacules, immédiatement voisins sur une même feuille, sur le disque et sur les bords de la feuille, étaient les uns très-affectés, tandis que les autres ne semblaient pas l'être du tout. Je laissai les plantes sous la cloche pendant vingt-quatre heures, mais il ne se produisit pas d'autre changement. Une feuille très-saine paraissait fort peu affectée, bien que d'autres feuilles, sur la même plante, le fussent beaucoup. Sur quelques feuilles, tous les tentacules d'un côté étaient infléchis, tandis que les tentacules de l'autre côté ne l'étaient pas. Je doute que l'on puisse expliquer cette action si inégale par la supposition que les glandes les plus actives absorbent la vapeur aussi rapidement qu'elle se produit, de telle sorte qu'il n'en reste pas pour les autres, car nous observons des cas analogues dans l'air complétement saturé avec des vapeurs d'éther ou de chloroforme.

J'ajoutai des petites parcelles de carbonate à la sécrétion entourant plusieurs glandes. Elles noircirent immédiatement et sécrétèrent abondamment; mais, sauf dans deux cas, où les parcelles étaient extrêmement petites, il ne se produisit pas d'inflexion. Ce résultat est analogue à celui qu'on obtient par l'immersion des feuilles dans une forte solution contenant 1 partie de carbonate pour 109, pour 146, ou même pour 218 parties d'eau, car les feuilles sont alors paralysées, et il ne se produit aucune inflexion, bien que les glandes soient noircies, et que le protoplasma des cellules des tentacules s'agrége considérablement.

Examinons actuellement les effets des solutions du carbonate d'ammoniaque. Je plaçai sur le disque de 12 feuilles un demi-minime d'une solution contenant 1 partie de carbonate pour 437 parties d'eau, de façon que chaque feuille reçoive 1/460 de grain, ou 0,0675 de milligr. Les tentacules extérieurs de 10 de ces feuilles s'infléchirent considérablement; les limbes de quelques-unes d'entre elles s'infléchirent aussi. Dans deux cas, plusieurs tentacules extérieurs étaient infléchis au bout de trente-cinq minutes; toutefois, le mouvement est ordinairement plus lent. Ces 10 feuilles se redressèrent dans un laps de temps variant entre vingt et une heures et quarante-cinq heures, et, dans un cas, après soixante-sept heures; elles se redressèrent donc beaucoup plus rapidement que les feuilles qui ont capturé des insectes.

Je plaçai sur le disque de 11 feuilles une même quantité d'une solution contenant 1 partie de carbonate pour 875 parties d'eau; 6 de ces feuilles ne furent pas affectées; chez les 5 autres, de 3 à 6 ou même 8 tentacules extérieurs s'infléchirent, mais c'est à peine si l'on peut se fier à des mouvements de cette nature. Chacune de ces feuilles avait reçu 1/1920 de grain (0,0337 de milligr.) sur les glandes du disque; mais c'était là, sans doute, une quantité trop minime pour produire un effet sensible sur les tentacules extérieurs dont les glandes n'avaient reçu aucune partie du sel.

J'essayai alors d'employer, suivant le mode que j'ai déjà décrit, une petite goutte, formée sur la tête d'une petite épingle, d'une solution contenant 1 partie de carbonate pour 218 parties d'eau. Une semblable goutte équivaut en moyenne à 1/20 de minime, et contient par conséquent 1/4800 de grain (0,0135 de milligr.) de carbonate. Je touchai avec une goutte les sécrétions visqueuses entourant 3 glandes, de façon que chaque glande reçoive seulement 1/14400 de grain (0,00445 de milligr.) de carbonate. Néanmoins, 2 de ces glandes noircirent immédiatement; dans un cas, les trois tentacules s'infléchirent après un intervalle de deux heures quarante minutes; dans un autre cas, deux tentacules sur trois s'infléchirent. J'essayai alors des gouttes d'une solution plus faible, contenant 1 partie de carbonate pour 292 parties d'eau; j'expérimentai sur 24 glandes, en ayant tou-

jours soin de partager la même petite goutte entre la sécrétion visqueuse entourant trois glandes. Chaque glande ne recevait ainsi que
le 1/19200 de grain (0,00337 de milligr.); cependant, quelques-unes
des glandes noircirent un peu, mais, dans aucun cas, les tentacules ne
s'infléchirent, quoique je les aie surveillés avec soin pendant douze
heures. J'essayai ensuite sur six glandes une solution encore plus
faible, c'est-à-dire une solution contenant 1 partie de carbonate pour
437 parties d'eau, mais sans obtenir aucun résultat perceptible. Ces
expériences nous enseignent que le 1/14400 de grain (0,00445 de milligr.) de carbonate d'ammoniaque absorbé par une glande suffit pour
provoquer l'inflexion de la base du tentacule. Comme je l'ai déjà dit,
une longue habitude me permet de laisser ces petites gouttes en contact
avec la sécrétion pendant quelques secondes seulement; or, je ne doute
pas que si on laissait plus de temps pour la diffusion et l'absorption,
une solution beaucoup plus faible suffirait pour déterminer une
action bien marquée.

Je plongeai alors des feuilles coupées dans des solutions de différente force. Ainsi, je laissai quatre feuilles pendant trois heures plongées chacune dans un drachme (3,549 millil.) d'une solution contenant 1 partie de carbonate pour 5,250 parties d'eau; presque tous les
tentacules de deux de ces feuilles s'infléchirent, une moitié environ
des tentacules de la troisième feuille et environ un tiers de ceux de la
quatrième s'infléchirent aussi; chez les quatre feuilles toutes les glandes
noircirent. Je plaçai une autre feuille dans la même quantité d'une
solution contenant 1 partie de carbonate pour 7,000 parties d'eau. Au
bout d'une heure seize minutes, tous les tentacules de cette feuille
s'étaient infléchis, et toutes les glandes s'étaient noircies. Je plongeai
six feuilles, chacune dans 30 minimes (1,774 millil.) d'une solution
contenant 1 partie de carbonate pour 4,375 parties d'eau; toutes les
glandes étaient devenues noires au bout de trente et une minutes.
Ces six feuilles présentaient quelques traces d'inflexion, une même
s'était considérablement infléchie. Je plongeai alors quatre feuilles
dans 30 minimes d'une solution contenant 1 partie de carbonate pour
8,750 parties d'eau, de façon que chaque feuille reçoive le 1,320e
de grain (0,2025 de milligr.). L'une de ces feuilles s'infléchit considérablement; au bout d'une heure, les glandes de toutes étaient
devenues d'un rouge si foncé qu'on pourrait dire qu'elles étaient
complétement noires. Or, cet effet ne s'est pas produit sur des
feuilles plongées en même temps dans l'eau; jamais, d'ailleurs, l'eau
n'a produit cet effet en un temps aussi court. Ces exemples du noir-
cissement simultané des glandes sous l'influence de solutions faibles
sont très-importants, en ce qu'ils démontrent que toutes les glandes

absorbent le carbonate pendant le même laps de temps, ce qui est d'ailleurs un fait que l'on n'avait aucune raison de mettre en doute. En outre, quand tous les tentacules s'infléchissent pendant un même laps de temps, nous en pouvons conclure, comme nous l'avons déjà fait remarquer, qu'il se produit une absorption simultanée. Je n'ai pas compté le nombre des glandes qui se trouvaient sur ces quatre feuilles, mais comme elles étaient fort belles et que, comme nous l'avons déjà dit, le nombre moyen des glandes calculé sur trente et une feuilles est de 192, nous pouvons conclure, sans crainte de nous tromper, que chacune de ces feuilles portait en moyenne au moins 170 glandes; dans ce cas, chaque glande noircie n'avait pu absorber que le 1/54400e de grain (0,00119 de milligr.) de carbonate.

J'avais fait précédemment un grand nombre d'essais avec des solutions contenant 1 partie d'azotate ou de phosphate d'ammoniaque pour 43,750 parties d'eau, c'est-à-dire un grain du sel pour 100 onces d'eau, et ces solutions s'étaient montrées parfaitement efficaces. Je plongeai donc quatorze feuilles, chacune dans 30 minimes d'une solution contenant 1 partie de carbonate pour la quantité d'eau que je viens d'indiquer, de façon que chaque feuille reçoive 1/1600e de grain (0,0405 de milligr.). Les glandes ne noircirent pas beaucoup; dix feuilles ne furent pas affectées ou ne le furent que très-légèrement. Quatre autres, toutefois, furent très-fortement affectées; tous les tentacules de la première feuille, excepté quarante, s'étaient infléchis au bout de quarante-sept minutes; tous les tentacules, sauf huit, étaient infléchis au bout de six heures trente minutes, et quatre heures après, le limbe de la feuille lui-même s'était infléchi. Au bout de neuf minutes, tous les tentacules de la deuxième feuille, sauf neuf, s'étaient infléchis; au bout de six heures trente minutes, ces neuf tentacules s'étaient infléchis à leur tour, et quatre heures après, la feuille elle-même s'était recourbée. Au bout d'une heure six minutes, tous les tentacules, sauf quarante, de la troisième feuille s'étaient infléchis. Au bout de deux heures cinq minutes, à peu près la moitié des tentacules de la quatrième feuille s'étaient infléchis, et au bout de quatre heures il n'en restait que cinq qui n'avaient pas bougé. Des feuilles plongées en même temps dans l'eau ne furent pas du tout affectées, à l'exception d'une seule, et cette dernière, au bout de huit heures seulement. Il résulte évidemment de ces expériences que le 1/1600e de grain de carbonate agit sur une feuille très-sensible plongée dans la solution, de façon que toutes ses glandes puissent absorber le sel. Si l'on suppose que la grande feuille dont tous les tentacules, sauf huit, s'étaient infléchis, portait 170 glandes, chaque glande n'aurait pu absorber que le 1/268800e de grain

(0,00024 de milligr.) de carbonate; cependant, cette quantité a suffi pour agir sur chacun des cent-soixante-deux tentacules qui se sont infléchis. Toutefois, comme sur quatorze feuilles quatre seulement ont été visiblement affectées, on peut conclure que cette dose est à peu près la plus petite qui ait quelque efficacité.

Agrégation du protoplasma sous l'action du carbonate d'ammoniaque. — J'ai décrit complétement, dans le troisième chapitre, les effets remarquables d'agrégation du protoplasma que produisent, dans les cellules des glandes et des tentacules, des doses modérément fortes de ce sel; je me propose de démontrer ici quelle petite dose suffit pour provoquer ces effets. J'ai plongé une feuille dans 20 minimes (1,183 millil.) d'une solution contenant 1 partie de carbonate pour 1750 parties d'eau, et une autre feuille dans une même quantité d'une solution contenant 1 partie de carbonate pour 3062 parties d'eau; dans le premier cas, l'agrégation se produisit au bout de quatre minutes, et dans le second au bout de onze minutes. Je plongeai alors une feuille dans 20 minimes d'une solution contenant 1 partie de carbonate pour 4375 parties d'eau, de façon que la feuille se trouve en présence de 1/240e de grain (0,27 de milligr.) du sel; au bout de cinq minutes, il se produisit dans les glandes un léger changement de couleur, et, au bout de quinze minutes, des petites sphères de protoplasma s'étaient formées dans les cellules qui se trouvent au-dessous des glandes chez *tous* les tentacules. Dans ces cas, on ne peut douter de l'action exercée par la solution.

Je préparai alors une solution, contenant 1 partie de carbonate pour 5250 parties d'eau, que j'expérimentai sur quatorze feuilles; je me contenterai d'indiquer quelques-uns des résultats obtenus. Je choisis huit jeunes feuilles que j'examinai avec soin et chez lesquelles je ne découvris aucun signe d'agrégation. Je plaçai quatre de ces feuilles dans un drachme (3,549 millil.) d'eau distillée; les quatre autres dans un vase semblable contenant un drachme de la solution. Au bout d'un certain laps de temps, j'examinai ces feuilles au microscope en me servant d'un fort grossissement et en ayant soin de retirer alternativement une feuille du vase contenant la solution, et une autre du vase contenant l'eau distillée. Je retirai la première feuille de la solution après une immersion de deux heures quarante minutes, et la dernière feuille de l'eau distillée après une immersion de trois heures cinquante minutes; l'observation de ces feuilles ayant duré une heure quarante minutes. Je ne remarquai, dans les quatre feuilles que j'avais plongées dans l'eau, aucun signe d'agrégation, sauf toutefois dans un spécimen où des sphères très-petites et peu nombreuses de *protoplasma* s'étaient formées dans les cellules situées au-dessous de quelques-unes des glandes arrondies. Toutes les glandes de ces feuilles étaient restées rouges et transparentes. Les quatre feuilles plongées dans la solution, outre qu'elles étaient infléchies, présentaient un aspect tout différent; en effet, le contenu des cellules de chacun des tentacules des quatre feuilles s'était complétement agrégé, les sphères et les masses allongées du *protoplasma* occupant, dans bien des cas, la moitié de la longueur des tentacules. Toutes les glandes, aussi bien celles des tentacules du centre que des tentacules extérieurs, étaient devenues noires et opaques, ce qui prouve que toutes avaient absorbé une certaine quantité de carbonate. Ces quatre feuilles avaient à peu près toutes la même grandeur; je comptai les glandes de l'une d'elles et j'en trouvai cent soixante-sept. Or, les quatre feuilles ayant été plongées dans un seul drachme de la solution, chacune des glandes n'avait pu absorber en moyenne que le 1/64128 de grain (0,001009 de millig.) du sel. Cette quantité a suffi pour provoquer en peu de temps l'agrégation évidente des cellules placées au-dessous de toutes les glandes.

Je plaçai une feuille rouge, assez petite mais vigoureuse, dans 6 minimes de la même solution, contenant 1 partie de carbonate pour 5250 parties d'eau, de façon à la mettre en présence de 1/960e de grain (0,0675 de milligr.) du sel. Au bout de quarante minutes, les glandes prirent une teinte plus foncée; au bout d'une heure, de quatre à six sphères de *protoplasma* s'étaient formées dans les cellules placées au-dessous des glandes de tous les tentacules. Je ne comptai pas les tentacules de cette feuille, mais on peut supposer, sans crainte de se tromper, qu'il y en avait au moins cent quarante; s'il en est ainsi, chaque glande n'a pu absorber que 1/134400e de grain ou 0,00048 de milligr. de sel.

Je préparai alors une solution plus faible contenant 1 partie de carbonate pour 7000 parties d'eau, dans laquelle je plongeai quatre feuilles; je me contenterai d'indiquer un seul des résultats obtenus. Je plaçai une feuille dans 10 minimes de cette solution; au bout d'une heure 37 minutes les glandes avaient pris une teinte un peu plus foncée et les cellules situées au-dessous de chacune d'elles contenaient un grand nombre de sphères de *protoplasma* agrégé. Cette feuille ne s'était trouvée en présence que de 1/768e de grain (0,09 de millig.) de sel et portait 166 glandes. Chaque glande n'avait donc pu absorber que le 1/127488e de grain (0,000507 de milligr.) de carbonate.

Je citerai encore deux autres expériences assez remarquables. Je laissai, pendant quatre heures quinze minutes, une feuille dans de l'eau distillée, sans qu'il se produisît aucune agrégation; je la plaçai

alors pendant une heure quinze minutes dans une petite quantité
d'une solution contenant 1 partie de carbonate pour 5250 parties
d'eau ; cette immersion suffit pour exciter une inflexion et une agrégation bien marquées. Une autre feuille, après avoir séjourné pendant
vingt et une heures quinze minutes dans de l'eau distillée, avait
toutes ses glandes noircies, mais il n'y avait aucun signe d'agrégation dans les cellules situées au-dessous de ces glandes; je la
plongeai alors dans 6 minimes de la solution que je viens d'indiquer ; au bout d'une heure, une agrégation marquée s'était produite dans beaucoup de tentacules, et au bout de deux heures tous
les tentacules, au nombre de cent quarante-six, étaient affectés, l'agrégation s'étendant le long des pédicelles, sur une longueur égale à la
moitié ou à la longueur totale des glandes. Il est très-improbable
que l'agrégation se serait produite dans ces deux feuilles, si je les
avais laissées un peu plus longtemps dans l'eau, c'est-à-dire pendant une heure ou une heure quinze minutes de plus, laps de temps
pendant lequel elles séjournèrent dans la solution, car l'agrégation
se produit toujours très-lentement et très-graduellement dans l'eau.

Résumé des résultats obtenus avec le carbonate d'ammoniaque.

Les racines, ainsi que le prouvent leur changement de
couleur et l'agrégation du contenu de leurs cellules,
absorbent la solution. Les glandes absorbent la vapeur
du sel, elles noircissent et les tentacules s'infléchissent.
Les glandes du disque, excitées par une goutte ayant
1/2 minime (0,0296 de millil.) de volume, et contenant
1/960e de grain (0,0675 de mill.), transmettent une impulsion aux tentacules extérieurs qui les fait s'incliner vers le
centre. Une petite goutte contenant 1/14400e de grain
(0,00445 de milligr.), placée en contact pendant quelques
secondes avec une glande, provoque rapidement l'inflexion du tentacule qui la porte. Si on laisse séjourner
une feuille pendant quelques heures dans une solution
et qu'une glande absorbe le 1/134400e de grain
(0,00048 de milligr.) de sel, elle prend une teinte plus
foncée, quoiqu'elle ne devienne pas absolument noire, et

le contenu des cellules situées au-dessous de la glande s'agrége de façon évidente. Enfin, dans les mêmes circonstances, l'absorption par une glande du 1/268800e de grain (0,00024 de milligr.) suffit pour provoquer un mouvement dans le tentacule qui porte cette glande[1].

1. M. Francis Darwin, un des deux fils de l'auteur, a inséré dans le tome XVI, p. 309, du *Journal of microscopical science,* un mémoire complémentaire avec planche, intitulé : *The process of aggregation in the tentacles of Drosera rotundifolia.* Cette publication est postérieure à celle du présent ouvrage en anglais. Je crois donc devoir en donner un extrait. L'auteur rappelle que son père a désigné sous le nom d'*aggregation* les changements qui ont lieu dans l'intérieur des tentacules du *Drosera.* Sous l'influence 1° d'attouchements répétés ou du contact prolongé d'agents mécaniques organiques ou inorganiques; 2° de l'absorption de certaines solutions, telles que du carbonate d'ammoniaque ou de la viande ; 3° de la chaleur; 4° des phénomènes d'endosmose dus à l'immersion dans la glycérine, par exemple. L'agrégation a lieu également dans le pédicelle du tentacule et dans la glande qui le surmonte. Le pédicelle se compose de cellules allongées ayant $0^{mm},016$ de diamètre; celles du milieu et du haut sont remplies d'un liquide rosé, qui fait défaut dans les cellules inférieures et les tentacules de feuilles avortées ou venues à l'ombre. Les courants protoplasmatiques suivent les parois de la cellule ou forment un réseau compliqué comme dans les poils staminaux du *Tradescantia.* M. Francis ni son père n'ont pu y découvrir de *nucleus,* mais il y a des grains de chlorophylle dans les cellules inférieures du tentacule : jaunes et avortés dans les moyennes, ils ne contiennent pas de fécule, mais sont de nouveau bien développés dans les cellules supérieures.

Le passage de l'état ordinaire et normal à celui d'agrégation est très-frappant et très-divers. Au lieu d'un liquide rosé homogène, on voit apparaître des masses de matière d'un rouge cramoisi, suspendues dans un liquide incolore; ces masses changent de forme et de position souvent avec une telle rapidité qu'on n'a pas le temps de les dessiner. Quelle que soit la cause de l'agrégation, celle-ci se propage du haut en bas de la glande au tentacule. M. Darwin père compare ces mouvements à ceux des amibes et des globules blancs du sang, et considère les masses agrégées comme protoplasmatiques. M. Ferdinand Cohn, dans son analyse des Plantes insectivores (*Deutsche Rundschau,* 1876, p. 454), décrivant l'agrégation (*Zusammenballung*) de la séve rouge, ne parle pas de *protoplasma.* Cependant on ne saurait considérer ces phénomènes d'agrégation comme purement mécaniques et comparables à la confluence de petites gouttes d'huile qui se réunissent entre elles pour en former de plus grandes; c'est un mouvement vital, et par conséquent protoplasmatique. Si l'on admet avec le professeur Cohn que ces masses agrégées ne sont qu'une condensation passive du liquide intra-cellulaire, il faudrait admettre une impulsion venant du dehors qui agirait sur les masses passives du *protoplasma.*

Il est généralement reconnu qu'une cellule végétale adulte se compose

Azotate d'ammoniaque.

Dans mes expériences avec ce sel, je me suis occupé uniquement
de l'inflexion des feuilles, car, bien que beaucoup plus efficace que le
carbonate d'ammoniaque pour provoquer l'inflexion, il l'est beaucoup
moins pour provoquer l'agrégation. J'ai expérimenté avec un volume
uniforme 1/2 minime (0,0296 de millil.) sur les disques de cinquante-
deux feuilles; je me contenterai toutefois de citer quelques cas. Une
solution contenant 1 partie de sel pour 109 parties d'eau est trop
violente; elle provoque peu d'inflexion; au bout de vingt-quatre
heures cette solution a tué ou presque tué quatre des six feuilles sur
lesquelles je l'avais expérimentée ; chacune d'elles avait reçu 1/240e
de grain ou (0,27 de milligr.) du sel. Une solution contenant 1 partie
d'azotate pour 218 parties d'eau agit très-énergiquement, elle provoque l'inflexion complète non-seulement de tous les tentacules de toutes
les feuilles, mais encore du limbe de quelques feuilles. J'expérimentai
sur quatorze feuilles avec des gouttes d'une solution contenant 1 partie d'azotate pour 875 parties d'eau, de façon que le disque de

d'une paroi externe contenant un sac renfermant le liquide cellulaire et le
protoplasma qui envoie dans toutes les directions des lames ou des fils qui
traversent le suc cellulaire. Le professeur Strasburger (*Sur la formation
des cellules,* p. 263) considère la séparation du protoplasma en granules,
couche membraneuse et *nucleus,* comme une division du travail dans
laquelle le *nucleus* préside aux phénomènes moléculaires, tandis que la
couche membraneuse limite l'ensemble, et que la couche granuleuse, ou
plasma, est le principe nutritif. Or, les cellules des tentacules du *Drosera*
ont les fonctions vitales communes à toutes les cellules, et, en outre, le
pouvoir d'absorber certaines substances alimentaires et d'obéir à des sti-
mulus spéciaux. Il n'est donc pas étonnant qu'elles contiennent une forme
particulière de *protoplasma.* La matière colorante rouge des cellules ne fait
pas partie intégrante du liquide cellulaire, car elle se comporte autrement
à la mort de la cellule que dans le *Tradescantia,* par exemple, où elle est
simplement dissoute dans ce liquide.

Quand l'agrégation est bien marquée sous l'influence du carbonate
d'ammoniaque, par exemple, les masses agrégées changent de couleur;
celle-ci devient plus intense, la masse augmente de densité; ces effets se
propagent de l'extrémité à la base du tentacule. Les masses agrégées sont
d'abord mobiles et circulent comme les globules du sang, puis elles restent
immobiles et prennent une forme rayonnée quand on les comprime avec le
verre qui les recouvre sur le porte-objet du microscope. A la mort de la
cellule, les masses deviennent troubles et se résolvent en granules qui
remplissent la cellule.

Sous l'action des réactifs, ces masses présentent les caractères assignés

chacune d'elles reçoive 1/1920e de grain (0,0337 de milligr.) de sel. Sur ces 14 feuilles, sept furent vivement affectées, leurs bords s'étant pour la plupart infléchis ; deux furent modérément affectées et cinq ne le furent pas du tout. J'expérimentai subséquemment sur trois de ces dernières feuilles avec de l'urine, de la salive et du mucus, mais ces substances ne produisirent sur elles qu'un effet très-léger, ce qui prouve qu'elles ne se trouvaient pas à l'état actif. Je mentionne ce fait pour prouver combien il est nécessaire d'expérimenter en même temps sur beaucoup de feuilles. Deux des feuilles qui s'étaient bien infléchies se redressèrent au bout de cinquante et une heures.

Dans l'expérience suivante, je me trouvai avoir choisi des feuilles très-sensibles. Je plaçai sur le disque de neuf feuilles 1/2 minime d'une solution contenant 1 partie d'azotate pour 1094 parties d'eau (c'est-à-dire 1 grain pour 2 onces et 1/2 de liquide) de façon que chaque feuille reçoive le 1/2400e de grain (0,027 de milligr.) de sel. Les tentacules de trois de ces feuilles s'infléchirent fortement et le limbe se recourba ; cinq ne furent que légèrement affectées, de trois à huit seulement de leurs tentacules extérieurs s'étant infléchis ; une feuille ne fut pas affectée du tout, et cependant un peu de salive produisit plus tard sur elle un effet marqué. Dans six de ces cas, un commencement d'action fut perceptible au bout de sept heures, mais

par Sachs au *protoplasma*. Elles ne se dissolvent pas dans l'alcool absolu, la térébenthine ou la créosote ; elles ne sont pas colorées en bleu par l'iode ou la solution de Schultze, mais d'autres réactions semblent les ranger dans les substances albuminoïdes, telles que la caséine, la fibrine et l'albumine.

Dans une cellule normale, on reconnaît, avant l'agrégation, des courants de matière protoplasmatique qui ne sont pas incolores, mais semblent formés de granules entraînés par un liquide faiblement réfringent ; quand les phénomènes d'agrégation commencent, ces courants sont incolores, quoique charriant des granules. Sous l'influence de la chaleur, le réseau des courants de *protoplasma* change sans cesse de forme, ce qui tend à diviser les masses agrégées. Dans des masses définitivement agrégées, on n'observe plus de courant, et M. Darwin père attribue ce phénomène à la disposition des granules, grâce auxquels les courants sont visibles ; il suppose que ces granules sont absorbés par les masses agrégées. Quelquefois, cependant, on voit quelques granules isolés circulant dans l'intérieur de la cellule.

L'impression de l'auteur est que les courants protoplasmatiques seuls sont incapables de produire les changements qui s'opèrent dans les masses agrégées, et il compare leur formation à celle des amas de chlorophylle que son père a observés dans les cellules du *Drosera*, de l'*Erica tetralix*, sous l'influence du carbonate d'ammoniaque, et que Sachs a revus dans les cellules de plantes placées dans des circonstances défavorables de végétation.

Ch. M.

l'effet complet ne se produisit qu'au bout de vingt-quatre ou de trente heures. Deux des feuilles qui ne s'étaient infléchies que légèrement se redressèrent au bout d'un nouvel intervalle de dix-neuf heures.

J'essayai sur quatorze feuilles un demi-minime d'une solution un peu plus faible contenant 1 partie d'azotate pour 312 parties d'eau (soit 1 grain de sel pour 3 onces d'eau), de façon que chaque feuille reçoive le 1/2880ᵉ de grain (0,0225 de milligr.) au lieu de 1/2400ᵉ de grain comme dans l'expérience précédente. Le limbe d'une de ces feuilles s'infléchit de façon évidente, aussi bien que six de ses tentacules extérieurs; le limbe d'une seconde s'infléchit légèrement, ainsi que deux de ses tentacules extérieurs, tous les autres tentacules s'étant recourbés de façon à former un angle droit avec le disque; chez trois autres feuilles, de cinq à huit tentacules s'infléchirent; chez cinq autres feuilles, deux ou trois tentacules seulement s'infléchirent; or parfois, bien que très-rarement, des gouttes d'eau pure suffisent pour provoquer une action semblable; les quatre autres feuilles ne furent affectées en aucune façon; cependant trois d'entre elles, sur lesquelles j'expérimentai ultérieurement avec de l'urine, s'infléchirent considérablement. Dans la plupart de ces cas, un léger effet se produisit au bout de six ou sept heures, mais l'effet complet ne se produisit qu'au bout de vingt-quatre ou trente heures. Il est évident que nous avons atteint là à peu près la quantité minimum qui, distribuée entre les glandes du disque, peut provoquer une action chez les tentacules extérieurs, ces tentacules eux-mêmes n'ayant pas été touchés par la solution.

Je touchai ensuite la sécrétion visqueuse entourant trois glandes extérieures avec une petite goutte (1/20ᵉ de minime) d'une solution contenant 1 partie d'azotate pour quatre cent trente-sept parties d'eau; au bout de deux heures cinquante minutes, ces trois tentacules s'étaient bien infléchis. Or chacune de ces glandes n'avait pu absorber que 1/28800ᵉ de grain (0,00225 de milligr.) de sel. J'appliquai à quatre autres glandes une goutte de la même solution ayant le même volume; au bout d'une heure, deux de ces tentacules s'étaient infléchis, mais les deux autres ne bougèrent pas. Ces dernières expériences, comme celles que nous venons de rapporter dans le paragraphe précédent, prouvent que l'azotate d'ammoniaque est plus efficace que le carbonate d'ammoniaque pour provoquer l'inflexion; en effet, des gouttes égales d'une solution de ce dernier sel ayant une force semblable à celle que nous venons d'employer ne produisent aucun effet. J'essayai ensuite des gouttes d'une solution encore plus faible d'azotate, c'est-à-dire d'une solution contenant 1 partie de sel pour 875 parties d'eau, sur vingt et une glandes, mais je n'obtins aucun résultat, sauf peut-être dans un seul cas.

Je plongeai soixante-trois feuilles dans des solutions à divers titres, en ayant soin de plonger en même temps d'autres feuilles dans la même eau que celle employée pour faire les solutions. Les résultats obtenus sont si remarquables, bien qu'ils le soient moins que ceux obtenus avec le phosphate d'ammoniaque, que je dois décrire les expériences en détail, en me contentant toutefois d'en citer quelques-unes. En parlant des périodes successives où l'inflexion se produit, je compte toujours du moment de la première immersion.

Après avoir fait quelques essais préliminaires comme terme de comparaison, je plaçai cinq feuilles dans un même vase contenant 30 minimes d'une solution de 1 partie d'azotate pour 7875 parties d'eau (1 grain de sel pour 18 onces d'eau) ; le liquide suffisait juste pour recouvrir les feuilles. Au bout de deux heures dix minutes, trois feuilles s'étaient considérablement infléchies, et les deux autres modérément. Les glandes de toutes les feuilles avaient pris une teinte rouge si foncée qu'on pourrait dire qu'elles étaient devenues noires. Au bout de huit heures, tous les tentacules de quatre des feuilles s'étaient plus ou moins infléchis, tandis que, sur la cinquième, je m'aperçus alors que c'était une vieille feuille, une trentaine de tentacules seulement s'étaient infléchis. Le lendemain matin, au bout de vingt-trois heures quarante minutes, toutes les feuilles se trouvaient dans le même état, excepté la vieille feuille sur laquelle quelques autres tentacules s'étaient infléchis. J'observai à différents intervalles 5 autres feuilles qui avaient été placées en même temps dans l'eau ; au bout de deux heures dix minutes, sur 2 de ces feuilles 4 tentacules marginaux à longue tête s'étaient infléchis, sur une autre sept, sur une autre dix et sur la cinquième, quatre tentacules à tête ronde s'étaient infléchis. Au bout de huit heures, il ne s'était produit aucun changement dans ces feuilles, et, au bout de vingt-quatre heures, tous les tentacules marginaux s'étaient redressés ; toutefois, douze tentacules sous-marginaux sur une feuille et six sur une seconde feuille s'étaient infléchis. Comme toutes les glandes des cinq feuilles plongées dans la solution avaient pris simultanément une teinte plus foncée, il n'est pas douteux qu'elles avaient absorbé toutes une quantité à peu près égale de sel. Or, comme 1/288e de grain avait été donné aux cinq feuilles, chacune d'elles avait reçu 1/1440e de grain (0,045 de milligr.). Je ne comptai pas les tentacules de ces feuilles qui étaient assez belles, mais comme la moyenne prise sur 31 feuilles est de 192 tentacules par feuille, je n'exagère pas en disant que chacune d'elles portait en moyenne au moins 160 tentacules. S'il en est ainsi, chacune des glandes noircies n'a pu absorber que le 1/230400e de grain d'azotate, ce qui a suffi pour provoquer l'inflexion de la grande majorité des tentacules.

Le système qui consiste à plonger plusieurs feuilles dans un même vase est mauvais, car il est impossible de s'assurer que les feuilles plus vigoureuses n'enlèvent pas aux feuilles plus faibles leur part du sel. En outre, les glandes doivent souvent se trouver en contact les unes avec les autres ou avec les parois du vase, ce qui peut suffire à provoquer un mouvement; il est vrai que les feuilles placées en même temps dans l'eau et chez lesquelles il se produisit si peu d'inflexion, bien qu'il s'en soit produit un peu plus qu'il n'arrive d'ordinaire, étaient exposées à un même degré aux mêmes sources d'erreur. Toutefois, bien que j'aie fait un grand nombre d'expériences d'après ce système, qui toutes ont confirmé les résultats que je viens d'indiquer et ceux qui vont suivre, je n'en citerai plus qu'une seule. Je plaçai quatre feuilles dans 40 minimes d'une solution contenant 1 partie d'azotate pour 10500 parties d'eau; en supposant que le sel ait été également réparti entre toutes, chaque feuille pouvait absorber le 1/1152e de grain (0,0562 de milligr.) de sel. Au bout d'une heure vingt minutes, beaucoup de tentacules sur les quatre feuilles s'étaient quelque peu infléchis. Au bout de cinq heures trente minutes, tous les tentacules de deux feuilles s'étaient infléchis; tous ceux d'une troisième, qui paraissait vieille et peu active, sauf les tentacules marginaux extrêmes; et, enfin, la plus grande partie de ceux de la quatrième. Au bout de vingt et une heures tous les tentacules, sans exception, des quatre feuilles étaient fortement infléchis. Quatre autres feuilles avaient été placées en même temps dans l'eau pure; au bout de cinq heures quarante-cinq minutes, cinq tentacules marginaux de la première, dix de la deuxième, neuf tentacules marginaux et sous-marginaux de la troisième, et douze tentacules principalement sous-marginaux de la quatrième s'étaient infléchis. Au bout de vingt et une heures, tous les tentacules marginaux se redressèrent, mais quelques tentacules sous-marginaux sur deux des feuilles restèrent encore légèrement infléchis. Le contraste présenté par les quatre feuilles plongées dans la solution et par celles plongées dans l'eau était réellement étonnant, tous les tentacules des premières étant étroitement infléchis. En supposant, ce qui est loin d'être exagéré, que chacune des feuilles plongées dans la solution portait cent soixante tentacules, chaque glande n'avait pu absorber que 1/184320e de grain (0,000351 de milligr.) de sel. Je répétai cette expérience sur trois autres feuilles avec les mêmes quantités relatives de la solution; au bout de six heures quinze minutes tous les tentacules, sauf neuf, s'étaient fortement infléchis. Dans cet essai, je comptai les tentacules de chaque feuille, et j'ai trouvé une moyenne de cent soixante-deux par feuille.

Je fis les expériences suivantes pendant l'été de 1873 : je plaçai alors les feuilles chacune séparément dans un verre de montre et je versai sur chacune 30 minimes (1,775 millil.) de la solution, en ayant soin de traiter exactement de la même façon d'autres feuilles avec l'eau, deux fois distillée, employée pour faire les solutions. Les expériences que j'ai relatées dans le paragraphe précédent dataient de plusieurs années, et, lorsque je consultai mes notes, je ne pus croire aux résultats obtenus ; je me résolus donc à recommencer ces expériences en me servant d'abord de solutions modérément fortes. Je plongeai d'abord six feuilles, chacune dans 30 minimes d'une solution contenant 1 partie d'azotate pour 8750 parties d'eau (1 grain d'azotate pour 20 onces d'eau), de sorte que chaque feuille reçoive 1/320ᵉ de grain (0,2025 de milligr.) de sel. En moins de trente minutes, quatre de ces feuilles étaient considérablement infléchies et les deux autres modérément. Les glandes avaient pris une teinte rouge foncé. Les quatre feuilles placées en même temps dans l'eau ne furent affectées qu'au bout de six heures, et encore l'action ne porta-t-elle que sur les tentacules placés sur le bord du disque, inflexion qui, comme nous l'avons déjà expliqué, n'a jamais une grande signification.

Je plongeai quatre feuilles, chacune dans 30 minimes d'une solution contenant 1 partie d'azotate pour 17500 parties d'eau (1 grain d'azotate pour 40 onces d'eau), de façon que chacune d'elles reçoive 1/640ᵉ de grain (0,101 de milligr.) de sel ; en moins de quarante-cinq minutes, tous les tentacules, sauf de quatre à dix, sur trois de ces feuilles, s'étaient infléchis ; le limbe de l'une s'infléchit au bout de six heures, et le limbe d'une deuxième au bout de vingt et une heures. La quatrième feuille ne fut pas du tout affectée. Les glandes d'aucune d'elles ne s'étaient noircies. Quant aux feuilles placées en même temps dans l'eau, chez une seulement cinq tentacules extérieurs s'étaient infléchis ; au bout de six heures, dans un cas, et de vingt et une heures dans les deux autres, les tentacules courts bordant le disque formèrent un anneau comme à l'ordinaire.

Je plongeai quatre feuilles, chacune dans 30 minimes d'une solution contenant 1 partie d'azotate pour 43750 parties d'eau (1 grain d'azotate pour 100 onces d'eau), de façon que chaque feuille reçoive le 1/1600ᵉ de grain (0,0405 de milligr.) de sel. L'une de ces feuilles était très-infléchie au bout de huit heures, et, au bout d'un nouveau laps de temps de deux heures sept minutes, tous ses tentacules, sauf treize, s'étaient infléchis. Au bout de dix minutes, tous les tentacules de la seconde feuille, sauf trois, s'étaient infléchis. La troisième et la quatrième feuille furent à peine affectées, guère plus, en un mot, que les feuilles plongées en même temps dans l'eau comme terme de comparaison. Quant à ces dernières, une seulement fut affectée, deux de ses tentacules s'infléchirent outre ceux bordant le disque qui formèrent un anneau comme à l'ordinaire. Si l'on suppose que la feuille, dont tous les tentacules, sauf trois, s'infléchirent en dix minutes, portait cent soixante tentacules, chacune des glandes n'a pu absorber que le 1/251200e de grain, ou 0,000258 de milligr. de sel.

Je plongeai séparément quatre feuilles dans une solution contenant 1 partie d'azotate pour 131250 parties d'eau (1 grain de sel pour 300 onces d'eau), de façon que chacune d'elles se trouve en présence de 1/4800e de grain, ou 0,0135 de mill. de sel. Au bout de cinquante minutes, tous les tentacules d'une de ces feuilles, sauf seize, et au bout de huit heures vingt minutes tous les tentacules, sauf quatorze, s'étaient infléchis. Au bout de quarante minutes tous les tentacules, sauf vingt, de la deuxième feuille l'étaient également; au bout de huit heures dix minutes ils reprirent leur position naturelle. Au bout de trois heures, la moitié environ des tentacules de la troisième feuille s'étaient infléchis, ils commencèrent à se redresser au bout de huit heures quinze minutes. La quatrième feuille, au bout de trois heures sept minutes, n'avait que vingt-neuf tentacules plus ou moins infléchis. Il ressort de cette expérience que cette solution a agi vivement sur trois de ces quatre feuilles. Il est évident que j'avais choisi accidentellement des feuilles très-sensibles, en outre, la température était très-chaude. Les quatre feuilles correspondantes plongées dans l'eau furent aussi affectées plus qu'à l'ordinaire; en effet, chez une, neuf tentacules, chez une autre quatre, chez une autre deux s'étaient infléchis au bout de trois heures, la quatrième n'avait pas été affectée. Si l'on suppose que la feuille, dont tous les tentacules, sauf seize, s'étaient infléchis au bout de cinquante minutes, portait cent soixante tentacules, chaque glande n'avait pu absorber que le 1/694200e de grain (0,0000937 de milligr.) de sel, ce qui paraît d'ailleurs être la quantité la plus faible d'azotate nécessaire pour provoquer l'inflexion d'un seul tentacule.

Comme les résultats négatifs sont fort importants pour confirmer les résultats positifs que je viens d'indiquer, je pris huit nouvelles feuilles que je plongeai, comme il vient d'être dit, chacune dans trente minimes d'une solution contenant 1 partie d'azotate pour 175000 parties d'eau (1 grain d'azotate pour 400 onces d'eau), de façon que chaque feuille se trouve en présence du 1/6400e de grain

(0,0101 de milligr.) de sel seulement. Cette quantité microscopique ne provoqua un léger effet que sur quatre feuilles. Chez l'une, cinquante-six tentacules s'étaient infléchis au bout de deux heures treize minutes; chez une deuxième, vingt-six tentacules s'étaient infléchis totalement ou à moitié au bout de trente-huit minutes; chez la troisième, dix-huit s'étaient infléchis au bout d'une heure, et, chez la quatrième, dix au bout de trente-cinq minutes. Les quatre autres feuilles ne furent pas du tout affectées. Quant aux huit feuilles correspondantes plongées dans l'eau, neuf tentacules s'étaient infléchis au bout de deux heures dix minutes, et chez quatre autres, de un à quatre tentacules à longue tête s'étaient infléchis pendant le même laps de temps; les trois autres feuilles ne furent pas affectées. En conséquence, le 1/6400e de grain, mis en présence d'une feuille sensible, pendant un temps chaud, suffit peut-être pour produire un léger effet; il faut toutefois se rappeler qu'il arrive parfois que l'eau pure provoque une inflexion aussi grande que celle qui s'est produite dans cette dernière expérience.

Résumé des résultats obtenus avec l'azotate d'ammoniaque.

Les glandes du disque, excitées par des gouttes ayant un volume d'un demi-minime (0,0296 de millil.) d'une solution contenant 1/2400e de grain (0,027 de millig.) d'azotate d'ammoniaque, transmettent une impulsion aux tentacules extérieurs qui fait s'infléchir ceux-ci vers le centre de la feuille. Une petite goutte contenant 1/28800e de grain (0,00225 de millig.) d'azotate, mise pendant quelques secondes en contact avec une glande, fait infléchir le tentacule qui porte cette glande. Si l'on plonge une feuille pendant quelques heures, et parfois pendant quelques secondes seulement, dans une solution dosée de façon que chaque glande ne puisse absorber que le 1/691200e de grain (0,0000937 de millig.) d'azotate, cette petite quantité suffit pour provoquer un mouvement dans chaque tentacule, et chacun d'eux s'infléchit fortement.

Phosphate d'ammoniaque.

Ce sel exerce une action bien plus énergique que l'azotate et est, comparativement à ce dernier, beaucoup plus
énergique que n'est l'azotate comparativement au carbonate.
La preuve, c'est que des solutions bien plus faibles de
phosphate provoquent un mouvement chez la feuille quand
on en place une goutte sur le disque, quand on applique
la solution aux glandes, ou que l'on plonge les feuilles dans
ces solutions. La différence dans l'énergie de ces trois
sels, essayés de trois façons différentes, est bien démon-
trée dans les résultats que nous allons indiquer, résultats
si surprenants qu'il est indispensable de citer toutes les
preuves à l'appui. En 1872, j'expérimentai sur 12 feuilles
en les plongeant dans une solution et en ne donnant à
chacune d'elles que 10 minimes ; mais c'était là un système défectueux, car une si petite quantité suffisait à peine
pour recouvrir les feuilles. Je ne citerai donc aucune de ces
expériences, bien qu'elles indiquent que des quantités
extrêmement faibles suffisent pour provoquer une action.
En relisant mes notes, en 1873, il me fut impossible d'y
ajouter foi ; je me décidai donc à faire de nouvelles expériences en prenant des précautions scrupuleuses, et j'adop-
tai le plan que j'avais suivi pour celles faites avec l'azotate,
c'est-à-dire que je plaçai les feuilles dans des verres de
montre et que je versai sur chacune d'elles 30 minimes de
la solution à expérimenter, en traitant de la même façon
d'autres feuilles avec l'eau distillée employée pour préparer la solution. Dans le courant de 1873, j'expérimentai
ainsi sur 71 feuilles avec des solutions de différente force
et sur le même nombre de feuilles dans l'eau. Malgré les
précautions dont je m'étais entouré et le grand nombre des
expériences que j'avais faites, quand j'examinai l'année

suivante les résultats obtenus sans relire tout le détail des observations, je pensai de nouveau qu'il devait y avoir quelque erreur, et je refis trente-cinq nouveaux essais avec la solution la plus faible; mais les résultats furent aussi évidents que ceux que j'avais obtenus l'année précédente. En somme, j'ai expérimenté sur 106 feuilles, choisies avec soin, dans l'eau et dans les solutions de phosphate. En conséquence, après les recherches les plus minutieuses, il ne me reste aucun doute sur la certitude des résultats que j'ai obtenus.

Avant d'indiquer le résultat de mes expériences, je dois constater que le phosphate d'ammoniaque cristallisé que j'ai employé contient 35,33 pour 100 d'eau de cristallisation; de telle sorte que, dans tous les essais subséquents, les éléments efficaces ont formé seulement 64,67 pour 100 du sel employé.

Je plaçai avec la pointe d'une aiguille des parcelles très-petites de phosphate sec sur la sécrétion entourant diverses glandes. La sécrétion augmenta beaucoup, les glandes noircirent et finirent par mourir, mais les tentacules bougèrent à peine. Quelque petite que fût la dose, elle était évidemment trop forte, et le phosphate produisait les mêmes résultats que les parcelles de carbonate d'ammoniaque employé de la même façon.

Je plaçai sur le disque de trois feuilles un demi-minime d'une solution contenant 1 partie d'ammoniaque pour 437 parties d'eau. Ces gouttes agirent très-énergiquement; les tentacules de l'une des feuilles s'infléchirent au bout de quinze minutes et le limbe de toutes les trois s'était considérablement recourbé au bout de deux heures quinze minutes. Je plaçai alors sur le disque de cinq feuilles des gouttes semblables d'une solution contenant une partie de phosphate pour 1312 parties d'eau (1 grain de sel pour 3 onces d'eau), de façon que chaque feuille reçoive 1/2880e de grain (0,0225 de milligr.) de sel. Au bout de huit heures, les tentacules de quatre de ces feuilles s'étaient considérablement infléchis, et au bout de vingt-quatre heures, le limbe de trois d'entre elles s'était incurvé. Au bout de quarante-huit heures, les cinq feuilles s'étaient presque complètement redressées. Je puis ajouter, relativement à une de ces feuilles, que, pendant les vingt-quatre heures qui ont précédé l'expérience, j'avais laissé sur son disque une goutte d'eau, sans qu'il se produisît aucun effet, et cette eau ne s'était pas encore évaporée tout à fait quand j'ajoutai la solution.

Je plaçai ensuite sur le disque de six feuilles des gouttes semblables d'une solution contenant 1 partie de phosphate pour 1750 parties d'eau (1 grain de phosphate pour 4 onces d'eau), de façon que chaque feuille reçoive 1/3840 de grain (0,0169 de milligr.) du sel. Au bout de huit heures, beaucoup de tentacules et le limbe de trois de ces feuilles s'étaient infléchis; quelques tentacules seulement sur deux autres feuilles s'étaient légèrement infléchis, et la sixième n'avait pas été affectée. Au bout de vingt-quatre heures, quelques tentacules de plus s'étaient infléchis sur presque toutes les feuilles, mais une d'elles avait déjà commencé à se redresser. Il résulte de ces expériences que chez les feuilles les plus sensibles 1/3840 de grain de phosphate, absorbé par les glandes centrales, suffit pour provoquer l'inflexion du limbe et d'une grande partie des tentacules extérieurs; or nous avons vu que le 1/1920 de grain de carbonate d'ammoniaque employé dans les mêmes conditions ne produisit aucun effet, et que le 1/2880 de grain d'azotate est juste suffisant pour provoquer une inflexion bien marquée.

Je touchai la sécrétion de trois glandes avec une petite goutte équivalant en volume à 1/20 de minime environ; cette goutte était prise dans une solution contenant 1 partie de phosphate pour 875 parties d'eau; chacune des glandes reçut donc seulement 1/57600 de grain (0,00112 de milligr.) de sel, et les trois tentacules s'infléchirent. J'essayai ensuite sur trois feuilles des gouttes semblables d'une solution contenant 1 partie de phosphate pour 1312 parties d'eau (1 grain de sel pour 3 onces d'eau), en ayant soin de partager la goutte entre quatre glandes de la même feuille. Trois tentacules de la première feuille s'infléchirent légèrement au bout de six minutes, et se redressèrent au bout de huit heures quarante-cinq minutes. Deux tentacules de la deuxième s'infléchirent en douze minutes. Les quatre tentacules touchés de la troisième s'infléchirent au bout de douze minutes; ils restèrent en cet état pendant huit heures trente minutes, mais le lendemain matin ils s'étaient complétement redressés. Dans ce dernier cas, chaque glande n'avait pu absorber que le 1/115200 de grain (0,000563 de milligr.) de sel. J'essayai enfin sur cinq feuilles des gouttes semblables d'une solution contenant 1 partie de phosphate pour 1750 parties d'eau (1 grain de sel pour 4 onces d'eau), en ayant soin de partager chaque goutte entre quatre glandes de la même feuille. Les tentacules de trois de ces feuilles ne furent pas du tout affectés; deux tentacules de la quatrième s'infléchirent; sur la cinquième, qui se trouva être une feuille très-sensible, les quatre tentacules s'étaient évidemment infléchis au bout de six heures quinze minutes, mais un seul restait encore infléchi après un laps de temps de vingt-quatre heures. Je dois toutefois constater que, dans cette dernière expérience, une goutte un peu plus grosse qu'à l'ordinaire avait adhéré à la tête de l'épingle. Chacune de ces glandes n'avait guère pu absorber que le 1/153600 de grain (0,000423 de milligr.) de sel; cependant cette petite quantité avait suffi pour provoquer l'inflexion. Il faut se rappeler que ces gouttes restent en contact avec la sécrétion visqueuse pendant dix ou quinze secondes seulement, et j'ai d'excellentes raisons de croire que tout le phosphate contenu dans la solution n'est pas disséminé et absorbé pendant ce laps de temps. Nous avons vu que, dans les mêmes conditions, l'absorption par une glande du 1/19200e de grain de carbonate d'ammoniaque et de 1/57600e de grain d'azotate d'ammoniaque n'ont pas provoqué l'inflexion du tentacule portant la glande. Le phosphate d'ammoniaque, dans ce cas encore, est donc beaucoup plus énergique que les deux autres sels.

Occupons-nous actuellement des cent-six expériences faites avec les feuilles plongées dans la solution. Ayant reconnu par des essais répétés que les solutions modérément fortes agissent énergiquement, je commençai mes expériences sur seize feuilles en plaçant chacune d'elles dans 30 minimes d'une solution contenant 1 partie de phosphate pour 43750 parties d'eau (1 grain de sel pour 100 onces d'eau), de telle sorte que chaque feuille se trouvait en présence de 1/1600e de grain (0,04058 de milligr.) de sel. Tous ou presque tous les tentacules de onze de ces feuilles étaient infléchis au bout d'une heure, et ceux de la douzième au bout de trois heures. Tous les tentacules de l'une de ces onze feuilles étaient étroitement infléchis au bout de dix minutes. Deux autres feuilles ne furent que modérément affectées, elles le furent plus cependant qu'aucune de celles que j'avais plongées en même temps dans l'eau; enfin les deux dernières, qui étaient très-pâles, ne furent pas affectées du tout. Sur les seize feuilles plongées dans l'eau, neuf tentacules chez l'une, six chez une seconde, deux chez deux autres, s'infléchirent au bout de cinq heures. Aussi le contraste présenté par ces deux lots de feuilles était-il considérable.

Je plongeai dix-huit feuilles, chacune dans 30 minimes d'une solution contenant 1 partie de phosphate pour 87500 parties d'eau (1 grain de sel pour 200 onces d'eau), de façon que chaque feuille reçoive 1/3200e de grain (0,0202 de milligr.) de sel. Quatorze de ces feuilles s'étaient fortement infléchies au bout de deux heures, et quelques-unes au bout de quinze minutes; trois autres ne furent que légèrement affectées ayant respectivement vingt et un, dix-neuf et douze tentacules infléchis; la dix-huitième feuille ne fut pas affectée du tout. En raison d'un accident, je ne plongeai en même temps dans l'eau que quinze feuilles au lieu de dix-huit; j'observai ces quinze feuilles pendant vingt-quatre heures; chez l'une, six tentacules extérieurs; chez une deuxième, quatre, et chez une troisième, deux tentacules s'étaient infléchis; toutes les autres n'avaient pas été affectées.

L'expérience suivante se fit dans des circonstances très-favorables, car la journée (8 juillet) était très-chaude, et je me trouvais avoir des feuilles très-belles. J'en plongeai cinq, comme il a été déjà indiqué, dans une solution contenant 1 partie de phosphate pour 131250 parties d'eau (1 grain de sel pour 300 onces d'eau), de façon que chacune reçoive 1/4800e de grain (0,0135 de milligr.) de sel. Les cinq feuilles s'étaient considérablement infléchies au bout de vingt-cinq minutes. Au bout d'une heure vingt-cinq minutes, tous les tentacules de la première feuille, sauf huit, s'étaient infléchis; chez la deuxième, tous les tentacules, sauf trois; chez la troisième, tous les tentacules, sauf cinq; chez la quatrième, tous les tentacules, sauf vingt-trois; sur la cinquième feuille, d'autre part, jamais plus de vingt-quatre tentacules ne s'infléchirent. Quant aux feuilles plongées en même temps dans l'eau, l'une avait sept tentacules, la seconde deux, la troisième dix, la quatrième un tentacule infléchis; la cinquième ne fut pas affectée du tout. On ne manquera pas d'observer le contraste qui existe entre ces dernières feuilles plongées dans l'eau et celles plongées dans la solution. Je comptai les glandes sur la seconde feuille plongée dans la solution, il y en avait 217; si nous supposons que les trois tentacules qui ne se sont pas infléchis n'ont absorbé aucune partie du sel, nous trouvons que chacune des 214 glandes restantes n'ont pu absorber que le 1/1027200e de grain, soit 0,0000631 de milligr. de sel. La troisième feuille portait 236 glandes; si l'on retranche de ce nombre les 5 tentacules qui ne se sont pas infléchis, chacune des 231 glandes restantes n'a pu absorber que le 1/1108800e de grain, soit 0,0000584 de milligr. de sel, quantité qui a suffi pour provoquer l'inflexion des tentacules.

J'expérimentai sur 12 feuilles dans les conditions qui viennent d'être indiquées avec une solution contenant 1 partie de phosphate pour 175000 parties d'eau (1 grain de phosphate pour 400 onces d'eau), de façon que chaque feuille reçoive 1/6400e de grain (0,0101 de milligr.) de sel. Mes plantes n'étaient pas alors dans un état très-florissant, et beaucoup de feuilles étaient jaunes et pâles. Toutefois, tous les tentacules, sauf trois ou quatre, de deux d'entre elles s'infléchirent étroitement en moins d'une heure. Sept autres furent considérablement affectées, les unes au bout d'une heure, mais les autres au bout de trois heures, de quatre heures trente minutes, et de huit heures seulement; on peut attribuer à la jeunesse et à la pâleur des feuilles cette action si lente. Sur ces 9 feuilles, le limbe de 4 se recourba dans des proportions considérables, et le limbe d'une cinquième assez légèrement. Les trois autres feuilles ne furent pas affectées. Quant aux 12 feuilles que je plongeai en même temps dans l'eau pure, le limbe d'aucune d'elles ne se recourba; 13 tentacules extérieurs de l'une de ces feuilles s'infléchirent au bout d'une ou deux heures; 6 tentacules chez une deuxième, et 1 ou 2 chez 4 autres s'infléchirent aussi. Au bout de huit heures, les tentacules extérieurs de ces feuilles ne s'étaient pas infléchis davantage, ce qui, au contraire, s'était produit chez les feuilles plongées dans la solution. Je trouve dans mes notes qu'au bout de huit heures il était devenu impossible de comparer les deux lots de feuilles et de douter un seul instant de la puissance de la solution.

Tous les tentacules de deux des feuilles plongées dans la solution dont nous venons de parler, sauf trois ou quatre, s'étaient infléchis en moins d'une heure. Je comptai les glandes de ces feuilles, et en me basant sur les principes que j'ai déjà indiqués, je reconnus que chaque glande d'une de ces feuilles n'avait pu absorber que le 1/1164800e de grain, soit 0,0000355 de milligr. de sel, et l'autre feuille seulement 1/1472000e de grain, soit 0,0000439 de milligr. de phosphate.

Je plongeai de la façon ordinaire vingt feuilles, chacune dans 30 minimes d'une solution contenant 1 partie de phosphate pour 218750 parties d'eau (1 grain de sel pour 500 onces d'eau). J'essayai cette solution sur un aussi grand nombre de feuilles, parce que j'étais alors sous la fausse impression qu'une solution plus faible que celle-là ne produirait aucun effet. Chaque feuille, dans ces expériences, se trouvait en présence de 1/8000e de grain, soit 0,0081 de milligr. de sel. Les huit premières feuilles sur lesquelles j'expérimentai dans la solution et dans l'eau, étaient les unes jeunes et pâles, les autres trop vieilles; en outre, il ne faisait pas chaud. Ces feuilles furent à peine affectées, il serait toutefois peu raisonnable de négliger les résultats obtenus dans ces conditions. J'attendis jusqu'à ce que je pusse me procurer huit paires de belles feuilles, et que le temps fût favorable; la température de la chambre dans laquelle se fit l'expérience variait de 75° à 81° F. (23°,8 à 27°,2 centigr.) Dans une autre expérience faite sur quatre paires comprises dans les vingt paires dont j'ai parlé ci-dessus, la température de ma chambre était assez basse, c'est-à-dire environ 60° F. (15°,5 centigr.), mais les plantes étaient restées pendant quelques jours dans une serre très-chaude, ce qui les avait rendues très-sensibles. Je pris des précautions toutes spéciales pour cette expérience : un de nos meilleurs chimistes se chargea de me peser un grain de phosphate dans d'excellentes balances ; le professeur Frankland me donna de l'eau nouvellement distillée qui fut mesurée avec le plus grand soin. Les feuilles furent choisies de la façon suivante sur un grand nombre de plantes : les quatre plus belles furent plongées dans l'eau, les quatre plus belles venant après, plongées dans la solution, et ainsi de suite, jusqu'à ce que j'aie complété les vingt paires. Les spécimens plongés dans l'eau étaient donc un peu favorisés, toutefois ces feuilles ne s'infléchirent pas plus que dans les cas précédents, comparativement à celles plongées dans la solution.

Sur les vingt feuilles plongées dans la solution, onze s'infléchirent en moins de quarante minutes; huit très-certainement, trois d'une façon assez douteuse; toutefois, au moins vingt des tentacules extérieurs de ces dernières s'étaient infléchis. L'inflexion se produisit, sauf toutefois dans le numéro 4, beaucoup plus lentement que dans les essais précédents, à cause de la faiblesse de la solution. Je vais indiquer actuellement la condition des onze feuilles qui s'infléchirent considérablement, à des intervalles constatés, en comptant toujours depuis le moment de l'immersion :

1. — Au bout de huit minutes seulement, un grand nombre de tentacules s'infléchirent; au bout de dix-sept minutes, tous, sauf 15, s'étaient infléchis; au bout de deux heures, tous, sauf 8, s'étaient infléchis ou certainement à moitié infléchis. Au bout de quatre heures, les tentacules commencèrent à se redresser, et il faut remarquer qu'un redressement si prompt est extraordinaire; au bout de sept heures trente minutes, les tentacules s'étaient presque complétement redressés.

2. — Au bout de trente-neuf minutes, un grand nombre de tentacules infléchis; au bout de deux heures dix-huit minutes, tous les tentacules, sauf 25, infléchis; au bout de quatre heures dix-sept minutes, tous les tentacules infléchis, sauf 16. La feuille resta dans cet état pendant plusieurs heures.

3. — Au bout de douze minutes, un degré considérable d'inflexion; au bout de quatre heures tous les tentacules infléchis, sauf ceux des deux rangées extérieures; la feuille resta dans cet état pendant quelque temps; au bout de vingt-trois heures, les tentacules commencèrent à se redresser.

4. — Au bout de quarante minutes, beaucoup d'inflexion; au bout de quatre heures treize minutes, une bonne moitié des tenta-

cules infléchis; au bout de vingt-trois heures, les tentacules encore légèrement infléchis.

5. — Au bout de quarante minutes, beaucoup d'inflexion; au bout de quatre heures vingt-deux minutes, une bonne moitié des tentacules infléchis; au bout de vingt-trois heures, les tentacules encore légèrement infléchis.

6. — Au bout de quarante minutes, un certain degré d'inflexion; au bout de deux heures dix-huit minutes, environ 28 tentacules extérieurs infléchis; au bout de cinq heures vingt minutes, 1/3 environ des tentacules infléchis; au bout de huit heures un redressement considérable s'est produit.

7. — Au bout de vingt minutes, un certain degré d'inflexion; au bout de deux heures, un nombre considérable de tentacules infléchis; au bout de sept heures quarante-cinq minutes, les tentacules commencent à se redresser.

8. — Au bout de trente-huit minutes, 28 tentacules infléchis; au bout de trois heures quarante-cinq minutes, 33 tentacules infléchis et la plupart des tentacules sous-marginaux à moitié infléchis; la feuille resta en cet état pendant deux jours et se redressa alors en partie.

9. — Au bout de trente-huit minutes, 42 tentacules infléchis; au bout de trois heures douze minutes, 66 tentacules infléchis ou à moitié infléchis; au bout de six heures quarante minutes, tous les tentacules, sauf 24, infléchis ou à moitié infléchis; au bout de neuf heures quarante minutes, tous les tentacules, sauf 17, infléchis; au bout de vingt-quatre heures, tous les tentacules, sauf 4, infléchis ou à moitié infléchis, quelques-uns seulement étant étroitement infléchis; au bout de vingt-sept heures quarante minutes, le limbe s'infléchit. La feuille resta dans cet état pendant deux jours, puis commença à se redresser.

10. — Au bout de trente-huit minutes, 24 tentacules infléchis; au bout de trois heures douze minutes, 46 tentacules infléchis ou à moitié infléchis; au bout de six heures quarante minutes, tous les tentacules infléchis, sauf 17, bien qu'aucun ne le fût étroitement; au bout de vingt-quatre heures, tous les tentacules légèrement recourbés vers le centre de la feuille; au bout de vingt-sept heures quarante minutes, le limbe est fortement infléchi et reste en cet état pendant deux jours, puis les tentacules et le limbe se redressèrent très-lentement.

11. — Une belle feuille rouge foncé assez vieille portant, bien qu'elle ne fût pas très-grande, un nombre extraordinaire de tentacules, c'est-à-dire 252; elle se conduit d'une façon très-anormale. Au bout de six heures quarante minutes, les tentacules courts seulement qni se trouvent autour de la partie extérieure du disque s'étaient

infléchis en formant un anneau, comme il arrive si souvent dans un laps de temps variant de huit à vingt-quatre heures, chez les feuilles plongées dans l'eau ou dans les solutions très-faibles. Toutefois, au bout de neuf heures quarante minutes, tous les tentacules extérieurs, sauf 25, s'étaient infléchis aussi bien que le limbe de la façon la plus évidente. Au bout de vingt-quatre heures, tous les tentacules, sauf 1, s'étaient étroitement infléchis et le limbe s'était complétement replié en deux. La feuille resta en cet état pendant deux jours et commença alors à se redresser. Je puis ajouter que les trois dernières feuilles (nᵒˢ 9, 10 et 11) étaient encore quelque peu infléchies au bout de trois jours. Les tentacules, dans quelques-unes seulement de ces 11 feuilles, s'infléchirent *étroitement* dans un temps aussi court que dans les expériences précédentes faites avec des solutions plus fortes.

Examinons maintenant les 20 feuilles plongées en même temps dans l'eau. Chez 9 d'entre elles, aucun des tentacules extérieurs ne s'infléchit; chez 9 autres, 2 ou 3 de ces tentacules s'infléchirent et se redressèrent au bout de huit heures. Les deux autres feuilles furent modérément affectées; chez l'une, 6 tentacules s'infléchirent au bout de trente-quatre minutes; chez l'autre, 23 tentacules s'infléchirent au bout de deux heures quinze minutes ; toutes deux restèrent en cet état pendant vingt-quatre heures. Chez aucune de ces feuilles le limbe ne s'infléchit. En conséquence, la différence entre les 20 feuilles plongées dans l'eau et les 20 feuilles plongées dans la solution fut très-considérable pendant la première heure et alors que huit ou douze heures s'étaient écoulées.

J'en reviens aux feuilles plongées dans la solution. Je comptai les glandes que portait la feuille nᵒ 1, dont tous les tentacules, sauf 8, s'étaient infléchis au bout de deux heures; cette feuille portait 202 tentacules. Or, si l'on retranche les 8 tentacules non affectés, chaque glande n'a pu absorber que le $1/1552000^e$ de grain (0,0000411 de milligramme) de phosphate. La feuille nᵒ 9 portait 213 tentacules qui, à l'exception de 4, s'étaient tous infléchis au bout de vingt-quatre heures. Aucun d'eux, il est vrai, très-fortement, mais le limbe s'était aussi infléchi; or chaque glande n'avait pu absorber que le $1/1672000^e$ de grain ou 0,0000387 de milligramme de phosphate. Enfin la feuille nᵒ 11 dont tous les tentacules, sauf un, ainsi que le limbe s'étaient étroitement infléchis au bout de vingt-quatre heures portait le nombre extraordinaire de 252 tentacules; or, en calculant comme nous l'avons fait précédemment, on arrive à la conclusion que chaque glande n'a pu absorber que le $1/2008000^e$ de grain, soit 0,0000322 de milligramme de phosphate.

Avant d'aller plus loin, je dois faire remarquer que les feuilles plongées dans les solutions, ainsi que celles plongées dans l'eau pendant les expériences suivantes, provenaient de plantes qui avaient passé l'hiver dans une serre très-chaude, ce qui les avait rendues extrêmement sensibles, comme le prouve l'excitation provoquée chez elles par l'immersion dans l'eau, excitation beaucoup plus considérable que celle qui s'est produite dans les expériences précédentes. Avant de transcrire mes notes, il est bon de rappeler que la moyenne des tentacules sur chaque feuille, moyenne calculée d'après le nombre de tentacules se trouvant sur 31 feuilles, est de 192, et que les tentacules extérieurs, les seuls dont les mouvements soient absolument significatifs, sont aux tentacules courts du disque dans la même proportion que 16 est à 9.

Je plongeai quatre feuilles dans les mêmes conditions que celles indiquées précédemment, chacune dans 30 minimes d'une solution contenant 1 partie de phosphate pour 328,125 parties d'eau (1 grain de sel pour 750 onces d'eau). Chaque feuille reçut ainsi le 1/12000e de grain (0,0054 de milligramme) de sel; les tentacules de ces quatre feuilles s'infléchirent considérablement.

1. — Au bout d'une heure, tous les tentacules extérieurs, sauf 1, sont infléchis et le limbe très-recourbé; au bout de sept heures, les tentacules commencent à se redresser.

2. — Au bout d'une heure, tous les tentacules extérieurs, sauf 8, sont infléchis; au bout de douze heures, ils se sont tous redressés.

3. — Au bout d'une heure, l'inflexion est considérable; au bout de deux heures trente minutes, tous les tentacules, sauf 36, sont infléchis; au bout de six heures, ils sont tous infléchis, sauf 22; au bout de douze heures, ils se sont redressés en partie.

4. — Au bout d'une heure, tous les tentacules, sauf 32, sont infléchis; au bout de deux heures trente minutes, il n'en reste que 21 qui ne soient pas infléchis; au bout de six heures, ils sont presque tous redressés.

Examinons actuellement les feuilles plongées dans l'eau :

1. — Au bout d'une heure, 45 tentacules se sont infléchis, mais au bout de sept heures, un si grand nombre s'est redressé que 10 seulement restent très-infléchis.

2. — Au bout d'une heure, 7 tentacules sont infléchis; au bout de six heures, ils se sont presque complétement redressés.

3 et 4. — Ces feuilles ne sont pas affectées; toutefois, comme il arrive d'ordinaire, les tentacules courts situés sur les bords du disque forment un anneau après onze heures d'immersion dans l'eau.

On ne peut donc pas mettre en doute l'efficacité de la solution

que nous venons d'indiquer. En calculant comme nous l'avons fait
précédemment, chaque glande de la feuille n° 1 n'a pu absorber
que le 1/2412000ᵉ de grain (0,0000268 de milligramme) et la feuille
n° 2 que le 1/2460000ᵉ de grain (0,0000263 de milligrammes) de
phosphate.

Je plongeai 7 feuilles, chacune dans 30 minimes d'une solution
contenant 1 partie de phosphate pour 437500 parties d'eau (1 grain
de sel pour 1000 onces d'eau). Chaque feuille ne reçut ainsi que le
1/16000ᵉ de grain (0,00405 de milligramme) de phosphate. La journée
était chaude et les feuilles très-belles, de sorte que toutes les circonstances étaient favorables.

1. — Au bout de trente minutes, tous les tentacules extérieurs,
sauf 5, s'étaient infléchis, et la plupart très-étroitement; au bout d'une
heure, le limbe s'était légèrement infléchi; au bout de neuf heures
trente minutes, les tentacules commencèrent à se redresser.

2. — Au bout de trente-trois minutes, tous les tentacules extérieurs, sauf 25, s'étaient infléchis et je pus remarquer une légère
inflexion du limbe; au bout d'une heure trente minutes, le limbe
s'était fortement infléchi et il resta dans cet état pendant vingt-quatre
heures; cependant quelques tentacules s'étaient redressés avant ce
temps.

3. — Au bout d'une heure, tous les tentacules, sauf 12, s'étaient
infléchis; au bout de deux heures trente minutes, 9 seulement n'avaient
pas été affectés et tous les autres, sauf 4, étaient fortement infléchis;
au bout de ce même laps de temps, le limbe était légèrement infléchi.
Au bout de huit heures, le limbe s'était complétement recourbé et tous
les tentacules, sauf 8, étaient fortement infléchis. La feuille resta
dans cet état pendant deux jours.

4. — Au bout de deux heures vingt minutes, 59 tentacules seulement s'étaient infléchis, mais, au bout de cinq heures, tous les tentacules s'étaient étroitement infléchis, sauf 2, qui ne furent pas affectés
et 11 qui étaient seulement un peu infléchis; au bout de sept heures,
le limbe s'était très-recourbé; au bout de douze heures, j'ai pu
observer un redressement considérable.

5. — Au bout de quatre heures, tous les tentacules, sauf 14,
s'étaient infléchis; au bout de neuf heures trente minutes, ils commencèrent à se redresser.

6. — Au bout d'une heure, 30 tentacules s'étaient infléchis; au
bout de cinq heures, ils l'étaient tous, sauf 54; au bout de douze
heures, redressement considérable.

7. — Au bout de quatre heures trente minutes, 35 tentacules

seulement s'étaient infléchis ou à moitié infléchis, et aucun nouvel effet ne se produisit.

Examinons maintenant les 7 feuilles plongées en même temps dans l'eau pure :

1. — Au bout de quatre heures, 38 tentacules étaient infléchis, mais, au bout de sept heures, ils s'étaient tous redressés à l'exception de 6.

2. — Au bout de quatre heures vingt minutes, 20 tentacules étaient infléchis; au bout de neuf heures, ils étaient tous redressés en partie.

3. — Au bout de quatre heures, 5 tentacules étaient infléchis; ils commencèrent à se redresser au bout de sept heures.

4. — Au bout de vingt-quatre heures, un seul tentacule était infléchi.

5, 6 et 7. — Aucune de ces feuilles ne fut affectée, bien que je les aie observées pendant vingt-quatre heures; toutefois, comme à l'ordinaire, les tentacules courts placés sur les bords du disque formaient un anneau.

Si l'on compare les feuilles plongées dans la solution, surtout les 5 ou mieux les 6 premières, avec celles qui ont été plongées dans l'eau, après un laps de temps d'une heure ou de quatre heures, ou même, et la différence est plus grande encore au bout de sept ou huit heures, on ne peut conserver aucun doute sur l'effet considérable produit par la solution. Le nombre beaucoup plus grand des tentacules infléchis, le degré de leur inflexion et le degré de l'inflexion du limbe démontrent clairement cet effet. Cependant chaque glande de la feuille n° 1, feuille qui portait 255 tentacules qui étaient tous infléchis, sauf 5, au bout de trente minutes, n'avait pu absorber plus de 1/4000000ᵉ de grain (0,0000162 de milligramme) du sel. De même, chaque glande de la feuille n° 3, feuille qui portait 233 tentacules qui tous, sauf 9, étaient infléchis au bout de deux heures trente minutes, n'avait pu absorber au maximum que le 1/3584000 de grain (0,0000181 de milligramme) de phosphate.

Je plongeai 4 feuilles dans une solution contenant une partie de phosphate pour 656,250 parties d'eau (1 grain de sel pour 1500 onces d'eau). Dans cette expérience je tombai sur des feuilles très-peu actives de même que dans d'autres expériences, j'avais choisi par hasard des feuilles extraordinairement sensibles. Au bout de douze heures ces feuilles ne furent pas plus affectées que celles plongées en même temps dans l'eau; au bout de vingt-quatre

heures elles étaient un peu plus infléchies, mais il ne faut pas s'en fier
à un degré si minime d'inflexion.

Je plongeai 12 feuilles, chacune dans 30 minimes d'une solution
contenant une partie de phosphate pour 1,312,500 parties d'eau
(1 grain de sel pour 3000 onces d'eau), de façon à ce que chaque
feuille reçoive un 1/48000ᵉ de grain (0,00135 de milligr.) de phosphate.
Les feuilles n'étaient pas en très-bonne condition ; 4 d'entre elles
étaient trop vieilles et de couleur rouge foncé ; 4 étaient trop pâles ;
cependant l'une de ces dernières se mouvait parfaitement ; les autres,
autant qu'on pouvait en juger à l'apparence, semblaient dans d'excellentes conditions. Voici les résultats obtenus :

1. — Feuille pâle ; au bout de quarante minutes, 38 tentacules environ étaient infléchis ; au bout de trois heures trente minutes le limbe et
la plupart des tentacules extérieurs l'étaient également ; au bout de
dix heures quinze minutes tous les tentacules, sauf 17, étaient infléchis et le limbe absolument courbé en deux ; au bout de vingt-
quatre heures tous les tentacules, sauf 10, étaient plus ou moins
infléchis. La plupart des tentacules étaient fortement infléchis,
toutefois 25 étaient seulement à moitié infléchis.

2. — Au bout d'une heure quarante minutes, 25 tentacules étaient
infléchis ; au bout de six heures ils l'étaient tous, sauf 21 ; au bout de
dix heures ils l'étaient tous plus ou moins, sauf 16 ; au bout de vingt-
quatre heures les tentacules commencèrent à se redresser.

3. — Au bout d'une heure quarante minutes, 35 tentacules étaient
infléchis ; au bout de six heures « un grand nombre de tentacules »,
pour citer les termes mêmes de la note prise pendant l'expérience,
étaient infléchis, mais le manque de temps m'empêcha de les compter ;
au bout de vingt-quatre heures ils commencèrent à se redresser.

4. — Au bout d'une heure quarante minutes, 30 tentacules environ étaient infléchis ; au bout de six heures un grand nombre de
tentacules tout autour de la feuille étaient infléchis, mais je ne les
comptai pas ; au bout de dix heures, ils commencèrent à se redresser.

5 à 12. — Ces feuilles ne furent pas plus affectées que les feuilles
ne le sont ordinairement dans l'eau ; elles eurent respectivement
16, 8, 10, 8, 4, 9, 14 et 0 tentacules infléchis. Deux de ces feuilles
présentèrent cependant cette particularité que leur limbe s'infléchit
légèrement au bout de six heures.

Quant aux 12 feuilles plongées en même temps dans l'eau pure,
voici les résultats obtenus :

1. — Au bout d'une heure trente-cinq minutes, 50 tentacules infléchis, mais au bout de onze heures, il n'en reste que 22 dans

cette position ; ils forment un groupe avec le limbe légèrement infléchi en cet endroit. Je suppose, d'après l'aspect de cette feuille, qu'elle a dû être excitée de façon accidentelle au moyen, par exemple, d'une parcelle de matière animale dissoute dans l'eau.

2. — Au bout d'une heure quarante-cinq minutes, 32 tentacules infléchis, mais au bout de cinq heures, il n'en reste que 25 et au bout de dix heures ils se sont tous redressés.

3. — Au bout d'une heure, 25 tentacules infléchis ; ils se sont tous redressés au bout de dix heures vingt minutes.

4 et 5. — Au bout d'une heure trente-cinq minutes, 6 et 7 tentacules infléchis qui se redressèrent au bout de onze heures.

6, 7 et 8. — De 1 à 3 tentacules infléchis qui se redressèrent bientôt.

9, 10, 11 et 12. — Aucun tentacule infléchi, bien que les feuilles aient été observées pendant vingt-quatre heures.

Si l'on compare les 12 feuilles plongées dans l'eau avec les feuilles plongées dans la solution, on ne peut douter que, chez ces dernières, un plus grand nombre de tentacules se sont infléchis et que l'inflexion a été plus considérable ; toutefois les preuves sont loin d'être aussi évidentes que dans les expériences faites avec des solutions plus fortes. Il faut remarquer que l'inflexion, chez 4 feuilles plongées dans la solution, a augmenté pendant les six premières heures et chez quelques-unes pendant plus longtemps, tandis que, chez les feuilles plongées dans l'eau, l'inflexion des 3 feuilles qui ont été le plus affectées ainsi que celle de toutes les autres a commencé à diminuer pendant le même laps de temps. Il faut remarquer que le limbe de 3 feuilles plongées dans la solution s'est légèrement recourbé, ce qui arrive très-rarement chez les feuilles plongées dans l'eau, bien que nous ayons remarqué chez la feuille n° 1 une légère incurvation qui semblait due à quelque cause accidentelle. Tout ceci prouve que la solution a produit un certain effet, bien que cet effet ait été moindre et se soit produit plus lentement que dans les cas précédents. Toutefois on pourrait attribuer cette lenteur et le petit effet produit à ce que la grande majorité des feuilles sur lesquelles j'ai expérimenté se trouvaient dans un état peu satisfaisant.

La feuille n° 1, plongée dans la solution, portait 200 tentacules ; elle a reçu, comme nous l'avons dit, 1/48000 de grain (0,00135 de milligr.) de sel. Si l'on retranche 17 tentacules qui ne sont pas infléchis, on arrive à ce résultat que chaque glande n'a pu absorber que le 1/8784000e de grain (0,00000738 de milligr.) de phosphate. Or cette quantité a suffi pour causer l'inflexion de presque tous les tentacules ainsi que celle du limbe.

Enfin je plongeai 8 feuilles, chacune dans 30 minimes d'une solution contenant une partie de phosphate pour 2187500 parties d'eau (1 grain de sel pour 5,000 onces d'eau); chaque feuille reçut ainsi le 1/80000 de grain, soit 0,00081 de milligr. de sel. Je m'appliquai tout particulièrement à choisir pour cette expérience, pour l'immersion dans la solution et dans l'eau, les feuilles les plus belles qui se trouvaient dans ma serre et toutes me donnèrent d'excellents résultats. Je vais commencer, comme à l'ordinaire, par les feuilles plongées dans la solution.

1. — Au bout de deux heures trente minutes, tous les tentacules, sauf 22, étaient infléchis, quelques-uns toutefois n'étaient qu'à moitié infléchis; le limbe était très-infléchi; au bout de six heures trente minutes, tous les tentacules, sauf 13, étaient infléchis et le limbe considérablement infléchi; la feuille resta en cet état pendant quarante-huit heures.

2. — Aucun changement produit pendant les douze premières heures, mais, au bout de vingt-quatre heures, tous les tentacules s'étaient infléchis, excepté ceux de la rangée extérieure qui ne présentait que 11 tentacules infléchis. L'inflexion continua à augmenter et, au bout de quarante-huit heures, tous les tentacules, sauf 3, étaient infléchis et la plupart très fortement, 4 ou 5 seulement n'étant qu'à moitié infléchis.

3. — Aucun changement pendant les douze premières heures; au bout de vingt-quatre heures tous les tentacules, sauf ceux de la rangée extérieure, étaient à moitié infléchis et le limbe recourbé. Au bout de trente-six heures, le limbe était fortement recourbé et tous les tentacules, sauf 3, infléchis ou à moitié infléchis. Au bout de quarante-huit heures, la feuille se trouvait encore dans le même état.

4 à 8. — Au bout de deux heures trente minutes, ces feuilles avaient respectivement 32, 17, 7, 4 et 0 tentacules infléchis; la plupart se redressèrent au bout de quelques heures, sauf la feuille 4, dont les 32 tentacules restèrent infléchis pendant quarante-huit heures.

Examinons actuellement les huit feuilles plongées dans l'eau :

1. — Au bout de deux heures quarante minutes, 20 tentacules extérieurs de cette feuille étaient infléchis; 5 se redressèrent au bout de six heures 30 minutes. Au bout de dix heures quinze minutes, il se passa un fait très-singulier : le limbe tout entier s'inclina légèrement sur la tige et resta en cet état pendant quarante-huit heures. Les tentacules extérieurs, à l'exception de ceux appartenant aux trois ou quatre dernières rangées, étaient alors infléchis à un degré extraordinaire.

2 à 8. — Au bout de deux heures quarante minutes, ces feuilles

avaient respectivement 42, 12, 9, 8, 2, 1 et 0 tentacules infléchis ;
tous se redressèrent dans les vingt-quatre heures et la plupart d'entre
eux beaucoup plus tôt.

Quand on compare les 2 lots de feuilles, c'est-à-dire les 8 feuilles
plongées dans la solution et les 8 feuilles plongées dans l'eau, vingt-
quatre heures après l'immersion, on observe sans contredit entre elles
un contraste très-apparent. Les quelques tentacules qui s'étaient infléchis chez les feuilles plongées dans l'eau, s'étaient redressés au
bout de ce laps de temps, sauf toutefois chez une feuille qui présentait cette exception extraordinaire que son limbe s'était infléchi
quoiqu'à un degré infiniment moindre que celui de 2 feuilles plongées
dans la solution. Si l'on examine ces dernières feuilles, presque tous
les tentacules de la feuille n° 1, ainsi que le limbe, étaient infléchis
après une immersion de deux heures trente minutes. Les feuilles
n°s 2 et 3 furent affectées beaucoup plus lentement ; toutefois, au bout
de vingt-quatre heures, et avant que quarante-huit heures ne se fussent
écoulées, presque tous leurs tentacules étaient étroitement infléchis et
le limbe de l'une d'elles était absolument plié en deux. Il faut donc
admettre, quelque incroyable que ce fait puisse paraître tout d'abord,
que cette solution extrêmement faible agit sur les feuilles les plus
sensibles, bien que chacune d'elles n'ait reçu que le 1/80000° de
grain (0,00081 de milligr.) de phosphate. Or la feuille n° 3 portait
178 tentacules ; si l'on déduit de ce nombre les 3 qui ne furent
pas infléchis, chaque glande n'a pu absorber que le 1/14000000° de
grain (0,00000463 de milligr.) de phosphate. La feuille n° 1 sur laquelle
la solution agit si fortement en moins de deux heures trente minutes,
et dont tous les tentacules extérieurs, sauf 13, étaient infléchis au
bout de six heures trente minutes, portait 260 tentacules ; or en calculant comme précédemment chaque glande de cette feuille n'a pu
absorber que le 1/19760000 de grain (0,00000328 de milligr.) de phosphate. Or cette quantité excessivement minime a suffi pour provoquer l'inflexion complète, non-seulement de tous les tentacules portant ces glandes, mais aussi du limbe de la feuille.

Résumé des résultats obtenus avec le phosphate d'ammoniaque.

Si l'on excite les glandes du disque avec des gouttes
ayant un volume d'un demi-minime (0,0296 de millil.) et
contenant 1/3840° de grain (0,0169 de millig.) de phosphate

d'ammoniaque, ces glandes transmettent une impulsion aux tentacules extérieurs et provoquent leur inflexion. Une petite goutte contenant 1/153600ᵉ de grain (0,000423 de millig.) de phosphate, tenue pendant quelques secondes en contact avec une glande, fait infléchir le tentacule qui porte cette glande. Si l'on plonge pendant quelques heures, parfois même pendant un temps plus court, une feuille dans une solution si faible que chacune des glandes ne puisse absorber que le 1/19760000 de grain (0,00000328 de millig.) de phosphate, cette quantité suffit pour provoquer un mouvement chez le tentacule, pour le faire s'infléchir fortement et parfois même pour faire courber le limbe. Dans le résumé de ce chapitre nous ajouterons quelques remarques tendant à démontrer que l'efficacité de doses aussi minimes n'est pas aussi incroyable qu'elle peut le paraître tout d'abord.

Sulfate d'ammoniaque. — J'ai fait quelques expériences avec ce sel et quelques autres sels d'ammoniaque, uniquement dans le but de savoir s'ils provoquent l'inflexion. Je plaçai sur le disque de 7 feuilles un demi-minime d'une solution contenant 1 partie de sulfate d'ammoniaque pour 437 parties d'eau, de façon à ce que chaque feuille reçoive le 1/960ᵉ de grain (0,0675 de milligr.) de sulfate. Au bout d'une heure, les tentacules de 5 de ces feuilles, aussi bien que le limbe de l'une d'elles, étaient fortement infléchis. Je ne continuai pas d'observer ces feuilles.

Citrate d'ammoniaque. — Je plaçai sur le disque de 6 feuilles un demi-minime d'une solution contenant 1 partie de citrate pour 437 parties d'eau. Au bout d'une heure, les tentacules courts de la périphérie du disque étaient un peu infléchis, et les glandes du disque noircies. Au bout de trois heures vingt-cinq minutes, le limbe d'une feuille s'était infléchi sans qu'aucun des tentacules extérieurs ait bougé. Les 6 feuilles restèrent à peu près dans le même état pendant toute la journée; toutefois les tentacules sous-marginaux s'infléchirent davantage. Au bout de vingt-trois heures, le limbe de 3 feuilles s'était quelque peu infléchi, et les tentacules sous-marginaux de toutes étaient considérablement infléchis, mais, chez aucune, les deux, trois ou quatre rangées extérieures n'avaient été affectées. J'ai rarement vu un effet semblable à celui-ci, sauf par suite de l'action d'une décoction d'herbe. Les glandes du disque de ces feuilles, au lieu d'être presque noires, comme après la première heure, devinrent très-pâles au bout de vingt-trois heures. J'expérimentai ensuite sur 4 feuilles avec un demi-minime d'une solution plus faible contenant 1 partie de citrate pour 1312 parties d'eau (1 grain de sel pour 3 onces d'eau), de façon à ce que chaque feuille reçoive 1/2880ᵉ de grain (0,0225 de milligr.) de citrate. Au bout de deux heures dix-huit minutes, les glandes du disque avaient pris une couleur très-foncée; au bout de vingt-quatre heures, 2 feuilles étaient affectées légèrement, mais les deux autres ne l'étaient pas du tout.

Acétate d'ammoniaque. — Je plaçai sur le disque de 2 feuilles un demi-minime d'une solution contenant environ 1 partie d'acétate pour 109 parties d'eau; au bout de cinq heures trente minutes, j'observai quelques mouvements dans les tentacules, et, au bout de vingt-trois heures, tous s'étaient étroitement infléchis.

Oxalate d'ammoniaque. — Je plaçai sur 2 feuilles un demi-minime d'une solution contenant 1 partie d'oxalate pour 218 parties d'eau; au bout de sept heures, les tentacules de ces feuilles étaient modérément infléchis, et, au bout de vingt-trois heures, ils l'étaient complétement.

J'expérimentai sur deux autres feuilles avec une solution plus faible contenant 1 partie d'oxalate pour 437 parties d'eau; au bout de sept heures, une de ces feuilles s'était considérablement infléchie, mais l'autre ne s'infléchit qu'au bout de trente heures.

Tartrate d'ammoniaque. — Je plaçai sur le disque de 5 feuilles un demi-minime d'une solution contenant 1 partie de tartrate d'ammoniaque pour 437 parties d'eau. Au bout de trente et une minutes, j'observai des signes d'inflexion chez les tentacules extérieurs de quelques-unes des feuilles; au bout d'une heure, l'inflexion avait augmenté chez toutes les feuilles, mais les tentacules ne s'infléchirent jamais fortement. Au bout de huit heures trente minutes, les tentacules commencèrent à se redresser. Le lendemain matin, au bout de vingt-trois heures, toutes les feuilles s'étaient redressées, sauf une, qui était encore légèrement infléchie. Le peu de durée de la période d'inflexion, dans ce cas et dans le cas suivant, est fort remarquable.

Chlorure d'ammonium. — Je plaçai sur le disque de 6 feuilles un demi-minime d'une solution contenant 1 partie de chlorure pour 437 parties d'eau. J'observai, au bout de vingt-cinq minutes, une inflexion prononcée chez les tentacules extérieurs et sous-marginaux ; cette inflexion augmenta pendant trois ou quatre heures, mais n'atteignit jamais un degré très-considérable. Au bout de huit heures trente minutes, les tentacules commencèrent à se redresser, et, le lendemain matin, c'est-à-dire au bout de vingt-quatre heures, ils s'étaient tous redressés sur 4 feuilles, mais étaient encore quelque peu infléchis sur les deux autres.

Résumé général et conclusions sur les résultats obtenus avec les sels d'ammoniaque.

Nous venons de voir que les neuf sels d'ammoniaque dont je me suis servi dans mes expériences provoquent l'inflexion des tentacules et souvent celle du limbe lui-même.

Autant que j'ai pu m'en assurer par les essais incomplets faits avec les six derniers sels, le citrate d'ammoniaque est celui dont l'action est la moins énergique, et le phosphate d'ammoniaque est de beaucoup celui qui agit le plus puissamment. Il est bon de remarquer que le tartrate d'ammoniaque et le chlorure d'ammonium exercent une action qui se prolonge pendant fort peu de temps. Le tableau suivant indique l'efficacité relative du carbonate, de l'azotate et du phosphate d'ammoniaque ; nous avons indiqué, dans ce tableau, la dose la plus petite qui suffit à provoquer l'inflexion des tentacules.

D'après les expériences faites de ces trois façons différentes, nous voyons que le carbonate qui contient 23,7 pour 100 d'azote est moins énergique que l'azotate, qui contient 35 pour 100 d'azote. Le phosphate contient moins d'azote que l'un ou l'autre de ces deux sels, c'est-à-dire 21,2 pour 100 seulement, et il est cependant beaucoup plus énergique que l'un ou l'autre ; cette énergie dépend sans doute tout autant du phosphore que de l'azote qu'il

contient. La façon énergique avec laquelle les morceaux
d'os et de phosphate de chaux agissent sur les feuilles,
nous permet d'en arriver à cette conclusion. L'inflexion provoquée par les autres sels d'ammoniaque est probablement
due entièrement à l'azote qu'ils contiennent; car, ainsi
que nous l'avons vu, les liquides organiques azotés agis-

MODE D'APPLICATION DES SOLUTIONS.	CARBONATE D'AMMONIAQUE.	AZOTATE D'AMMONIAQUE.	PHOSPHATE D'AMMONIAQUE.
Solutions placées sur les glandes du disque, de façon à agir indirectement sur les tentacules extérieurs.	1/960° de grain ou 0,0675 de millig.	1/2400° de grain ou 0,027 de millig.	1/3840° de grain ou 0,0169 de millig.
Solutions appliquées directement pendant quelques secondes à la glande d'un tentacule extérieur.	1/14400° de grain ou 0,00445 de millig.	1/28800° de grain ou 0,0025 de millig.	1/153600° de grain ou 0,000423 de mil.
Feuilles plongées dans la solution pendant un temps suffisant pour que la glande puisse absorber la plus grande quantité possible de sel.	1/268800° de grain ou 0,00024 de millig.	1/691200° de grain ou 0,0000937 de mil.	1/19760000° de grain ou 0,00000328 de mil.
Quantité absorbée par une glande, suffisante pour provoquer l'agrégation du protoplasma dans les cellules adjacentes du tentacule.	1/134400° de grain ou 0,00048 de millig.		

sent puissamment, tandis que les liquides organiques non
azotés sont impuissants. Des doses aussi minimes de
sels d'ammoniaque affectant les feuilles, nous sommes
autorisé à conclure que le *Drosera* absorbe et met à profit
la quantité, quelque minime qu'elle soit, d'ammoniaque
contenue dans l'eau de pluie, de même que les autres
plantes absorbent ces mêmes sels par la racine.

La petitesse des doses d'azotate et plus particulièrement de phosphate d'ammoniaque qui provoquent l'inflexion des tentacules, chez les feuilles plongées dans une

solution de ces sels, est peut-être le fait le plus remarquable relaté dans ce volume. Quand on voit que moins
d'un millionième[1] de grain de phosphate d'ammoniaque,
absorbé par la glande de l'un des tentacules extérieurs, provoque l'inflexion de ce tentacule, on peut penser qu'on a
négligé de prendre en considération l'effet de la solution
sur les glandes du disque, c'est-à-dire l'impulsion que
transmettent ces glandes aux tentacules extérieurs. Sans
doute ce mouvement doit contribuer à l'inflexion des tentacules extérieurs, mais, sans contredit, dans une proportion très-insignifiante ; car nous savons qu'une goutte
contenant 1/3840e de grain (0,0169 de millig.) de phosphate, placée sur le disque d'une feuille, suffit à peine
pour provoquer l'inflexion d'un tentacule extérieur d'une
feuille très-sensible. Il est certainement très-surprenant
que le 1/19760000e de grain, ou en nombres ronds, un
vingt-millionième de grain (0,0000033 de millig.) de phosphate puisse affecter une plante ou un animal ; en outre,
comme ce sel contient 35,33 pour 100 d'eau de cristallisation, les éléments efficaces sont réduits à 1/30555126e
de grain, ou, en chiffres ronds, à un trente-millionième de
grain (0,00000216 de millig.) de phosphate. En outre, le
sel, dans ces expériences, a été dissous dans l'eau dans la
proportion d'une partie de sel pour 2,187,500 parties d'eau,
c'est-à-dire un grain de sel pour 5000 onces d'eau. On se
rendra peut-être mieux compte d'une dilution de cette
nature si l'on se rappelle que 5000 onces d'eau rempli-
raient plus d'un tonneau d'une contenance de 31 gallons (140,74 litres) ; or c'est à cette énorme quantité
d'eau que j'ai ajouté un grain de phosphate, puis j'en ai

1. Il est très-difficile, à peine possible même, de se figurer ce que
représente un *million*. Le mode le plus facile d'y arriver que je connaisse
est celui que propose M. Croll : si l'on prend une bande de papier étroite,
ayant 83 pieds 4 pouces (25m,40) de longueur, et qu'on la colle sur le mur
d'une grande salle, et que l'on marque à une des extrémités 1/10e de
pouce (0m,00253), ce dixième représente 100, et la bande entière 1000000.

puisé un demi-drachme ou 30 minimes, pour y plonger la feuille. Et, cependant, cette quantité a suffi pour provoquer l'inflexion de presque tous les tentacules et souvent du limbe même de la feuille.

Je comprends parfaitement que beaucoup de mes lecteurs souriront d'incrédulité. Le *Drosera*, sans doute, est loin d'égaler la puissance du spectroscope ; mais les mouvements de ses feuilles n'en indiquent pas moins une quantité beaucoup plus petite de phosphate d'ammoniaque que ne peut en découvrir le chimiste le plus habile dans une substance quelle qu'elle soit [1]. Pendant longtemps je me suis refusé moi-même à croire aux résultats que j'obtenais, et j'ai fait de nombreuses expériences pour rechercher toutes les causes d'erreur possible. Le sel a été presque toujours pesé par un chimiste dans d'excellentes balances ; je me suis toujours servi d'eau nouvellement distillée et mesurée plusieurs fois avec le plus grand soin ; enfin j'ai répété ces expériences pendant plusieurs années. Deux de mes fils, aussi incrédules que je l'étais moi-même, ont à maintes reprises comparé plusieurs lots de feuilles plongées simultanément dans les solutions les plus faibles et dans l'eau pure, et sont restés convaincus qu'on ne pouvait pas élever le moindre doute quant à la différence de leur aspect. J'espère que quelques naturalistes voudront bien répéter mes expériences ; pour ce faire, ils doivent choisir

---

1. Quand j'ai fait mes premiers essais avec l'azotate d'ammoniaque, il y a de cela quatorze ans, on n'avait pas encore découvert la puissance du spectroscope au point de vue de l'analyse chimique ; je ressentais donc d'autant plus d'intérêt pour la puissance alors sans rivale du *Drosera*. Aujourd'hui le spectroscope a complétement battu le *Drosera,* car, selon Bunsen et Kirchoff, on peut, au moyen de cet instrument, reconnaître la présence de moins de $1/200,000,000$ de grain de sodium (voir Balfour Stewart, *Treatise on heat,* 2ᵉ édition, 1871, p. 228). Quant aux réactifs chimiques ordinaires, je lis dans l'ouvrage du docteur Alfred Taylor sur les poisons, que l'on peut découvrir environ $1/4000$ de grain d'arsenic, $1/4400$ de grain d'acide prussique, $1/1400$ de grain d'iode, et $1/2000$ de grain de tartrate d'antimoine ; toutefois on ne peut arriver à isoler ces substances qu'autant que les solutions sur lesquelles on opère ne sont pas très-faibles.

des feuilles jeunes et vigoureuses, dont les glandes sont
entourées par une abondante sécrétion. Il faut couper les
feuilles avec soin, les déposer doucement dans des verres
de montre et verser sur elles une certaine quantité de la
solution ou de l'eau. L'eau distillée qu'on emploie doit être
aussi pure qu'il est possible. Il faut remarquer tout particulièrement que les expériences avec les solutions faibles
doivent se faire après quelques jours de temps très-chaud.
Les expériences avec les solutions les plus faibles doivent
se faire sur des plantes qui sont restées pendant longtemps dans une serre chaude; mais cela n'est pas nécessaire quand il s'agit d'expériences avec les solutions de
force modérée.

Je désire faire observer que je me suis rendu compte
de la sensibilité ou de l'irritabilité des tentacules par trois
méthodes différentes : indirectement, en plaçant des gouttes
sur le disque; directement, en appliquant des gouttes aux
glandes des tentacules extérieurs, ou en plongeant les
feuilles entières dans la solution. Ces trois méthodes ont
donné pour résultat que l'azotate d'ammoniaque est plus
puissant que le carbonate, et le phosphate beaucoup plus
puissant que l'azotate; on s'explique facilement ce résultat
par la différence de quantités d'azote contenues dans les
deux premiers sels et par la présence du phosphore dans le
troisième. J'engage le lecteur, pour se convaincre, à essayer
quelques expériences avec une solution contenant un grain
de phosphate pour 1000 onces d'eau, et il s'assurera ainsi
que le quatre-millionième d'un grain suffit pour provoquer l'inflexion d'un seul tentacule. Il n'y a donc rien de
très-improbable à ce que le cinquième de ce poids, soit
un vingt-millionième de grain, agisse sur les tentacules
d'une feuille très-sensible. Je puis affirmer, d'ailleurs,
que deux des feuilles plongées dans la solution contenant
un grain de phosphate pour 3000 onces d'eau, et que
trois des feuilles plongées dans la solution contenant un

grain de phosphate pour 5000 onces d'eau, ont été affectées non-seulement incomparablement plus que les feuilles
plongées en même temps dans l'eau pure, mais incomparablement plus aussi qu'aucune des cinq feuilles que l'on
pourrait choisir dans les 173 sur lesquelles j'ai expérimenté avec de l'eau à différentes époques.

Il n'y a rien d'extraordinaire dans le simple fait qu'une
glande absorbe $1/20000000^e$ de grain de phosphate dissous dans plus de deux millions de fois son poids d'eau.
Tous les physiologistes admettent que les racines des
plantes absorbent les sels d'ammoniaque qui leur sont
apportés par les eaux pluviales; or 14 gallons (63,6 litres)
d'eau de pluie contiennent un grain d'ammoniaque[1], par
conséquent, un peu plus de la quantité qui se trouve
dans la solution la plus faible que j'ai employée. Le
fait véritablement extraordinaire, c'est que $1/20000000^e$
de grain de phosphate d'ammoniaque, c'est-à-dire moins
de $1/30000000^e$, si l'on déduit l'eau de cristallisation,
absorbé par une glande, provoque chez cette glande des
changements tels, qu'elle transmet une impulsion qui se
propage dans toute la longueur du tentacule pour arriver
jusqu'à la base, ployer cette base et lui faire souvent
décrire un angle de plus de 180°.

Quelque étonnant que soit ce résultat, il n'y a pas de
raison valable pour que nous le rejetions comme incroyable.
Le professeur Donders d'Utrecht m'apprend qu'à la suite
d'expériences faites par lui de concert avec le docteur de
Ruyter, il en est arrivé à conclure que moins de un millionième de grain de sulfate d'atropine dilué dans une
grande quantité d'eau, appliqué directement à l'iris de
l'œil d'un chien, paralyse les muscles de cet organe. D'ailleurs, chaque fois que nous percevons une odeur, nous
avons la preuve que des parcelles infiniment plus petites

1. Miller, *Elements of Chemistry*, part. II, p. 107, 3ᵉ édition, 1864.

peuvent agir sur nos nerfs. Quand un chien se trouve à un
quart de mille sous le vent d'un cerf ou d'un autre animal,
et que son odorat lui révèle sa présence, les parcelles
odorantes provoquent quelque changement dans les nerfs
olfactifs du chien ; cependant ces parcelles doivent être
infiniment plus petites que celles du phosphate d'ammoniaque, pesant le $1/20000000^e$ d'un grain [1]. Ces nerfs
transmettent une certaine impulsion au cerveau du chien,
impulsion qui le pousse à l'action. Ce qu'il y a de réellement merveilleux chez le *Drosera*, c'est qu'une plante ne
possédant aucun système nerveux spécial, soit affectée par
des parcelles aussi petites ; mais nous n'avons aucun droit
de supposer que d'autres tissus ne puissent pas devenir
aussi admirablement aptes à recevoir les impressions du
dehors que l'est le système nerveux des animaux élevés,
s'il doit en résulter un bénéfice pour l'organisme.

1. Mon fils, Georges Darwin, a calculé le diamètre d'une sphère de
phosphate d'ammoniaque (densité, 1,678) pesant 1/20,000,000e de grain, et
il trouve que ce diamètre est de 1/1644e de pouce. Le docteur Klein m'apprend que les plus petits micrococcus que l'on peut distinctement distinguer
avec un microscope, grossissant 800 fois en diamètre, ont un diamètre que
l'on estime de $0^{mm},0002$ à $0^{mm},0005$, c'est-à-dire du 1/56,800e à 1/127,000e
de pouce. Par conséquent, un objet ayant de 1/31e à 1/77e de la grandeur
d'une sphère de phosphate d'ammoniaque, peut se distinguer avec un fort
grossissement ; et personne ne supposera que l'on puisse distinguer avec
un microscope, si puissant qu'il soit, des parcelles odorantes telles que celles
émises par le cerf dans l'exemple que nous venons de citer.

CHAPITRE VIII.

EFFETS PRODUITS SUR LES FEUILLES PAR DIVERS SELS ET PAR DIVERS ACIDES.

Sels de soude, de potasse et autres sels alcalins, terreux et métalliques. — Résumé de l'action produite par ces sels. — Acides divers. — Résumé de leur action.

Les résultats si extraordinaires que j'avais obtenus avec les sels d'ammoniaque m'encouragèrent à étudier l'action de quelques autres sels. Je pense qu'il vaut mieux donner tout d'abord la liste des substances sur lesquelles j'ai expérimenté; elles comprennent 49 sels et 2 acides métalliques; je divise cette liste en deux colonnes, et je place d'un côté ceux des sels qui provoquent l'inflexion chez les feuilles, et de l'autre ceux qui ne provoquent aucune inflexion ou seulement une inflexion douteuse. J'ai fait mes expériences en plaçant des gouttes de chaque substance sur le disque des feuilles, ou, plus ordinairement, en plongeant les feuilles dans les solutions; quelquefois j'ai employé les deux méthodes. A la suite de cette liste, on trouvera un résumé des résultats obtenus et quelques remarques sur l'action des sels. Je décrirai ensuite l'action de divers acides.

SELS PROVOQUANT L'INFLEXION [1].	SELS NE PROVOQUANT PAS L'INFLEXION.
Sodium, carbonate de soude, inflexion rapide.	Potassium, carbonate de potasse, faiblement vénéneux.
Sodium, azotate de soude, inflexion rapide.	Potassium, azotate de potasse, poison très-faible.
Sodium, sulfate de soude, inflexion modérément rapide.	Potassium, sulfate de potasse.

1. Ces sels sont disposés en groupes, selon la classification chimique adoptée dans le dictionnaire de chimie de Watts.

Sodium, phosphate de soude, inflexion très-rapide.
Sodium, citrate de soude, inflexion rapide.
Sodium, oxalate de soude, inflexion rapide.
Sodium (chlorure de), inflexion modérément rapide.
Sodium (iodure de), inflexion assez lente.
Sodium (bromure de), inflexion modérément rapide.
Potassium, oxalate de potasse, inflexion lente et douteuse.
Lithium, azotate de lithine, inflexion modérément rapide.
Cæsium (chlorure de), inflexion assez lente.
Argent (azotate de), inflexion rapide; poison violent.
Cadmium (chlorure de), inflexion lente.
Mercure (perchlorure de), inflexion rapide; poison violent.

Aluminium (chlorure de), inflexion lente et douteuse.
Or (chlorure d'), inflexion rapide; poison violent.
Étain (chlorure d'), inflexion lente; poison.
Antimoine (tartrate d'), inflexion lente; probablement un poison.
Arsenic, acide arsénieux, inflexion rapide; poison.
Fer (chlorure de), inflexion lente; probablement un poison.
Chrome, acide chromique, inflexion rapide; poison violent.

Potassium, phosphate de potasse.
Potassium, citrate de potasse.
Potassium (chlorure de).
Potassium (iodure de), inflexion légère et douteuse.
Potassium (bromure de).

Lithium, acétate de lithine.
Rubidium (chlorure de).

Calcium, acétate de chaux.
Calcium, azotate de chaux.
Magnesium, acétate de magnésie.
Magnesium, azotate de magnésie.
Magnesium (chlorure de).
Magnesium, sulfate de magnésie.
Baryum, acétate de baryte.
Baryum, azotate de baryte.
Strontium, acétate de strontiane.
Strontium, azotate de strontiane.
Zinc (chlorure de).
Aluminium, azotate d'alumine, traces d'inflexion.
Aluminium et potassium, sulfate d'alumine et de potasse.
Plomb (chlorure de).

Manganèse (chlorure de).

Cuivre (chlorure de), inflexion assez lente; poison.

Nickel (chlorure de), inflexion rapide; probablement un poison.

Platine (chlorure de), inflexion rapide; poison.

Cobalt (chlorure de).

Sodium. — Carbonate de soude pur (donné par le professeur Hoffmann). Je plaçai sur le disque de 12 feuilles un demi-minime (0,0296 millil.) d'une solution contenant 1 partie de carbonate de soude pour 218 parties d'eau (2 grains de sel pour 1 once d'eau). Sept de ces feuilles s'infléchirent bien; chez 3 autres, 2 ou 3 tentacules extérieurs s'infléchirent, et les 2 autres feuilles ne furent pas affectées. Toutefois cette dose, bien qu'elle ne fût que de 1/480ᵉ de grain (0,135 de milligr.), était évidemment trop forte, car sur les sept feuilles dont les tentacules s'infléchirent bien, 3 furent tuées. D'autre part, une des feuilles dont quelques tentacules seulement s'étaient infléchis, se redressa au bout de quarante-huit heures, puis reprit tout l'aspect d'une santé parfaite. En employant une solution plus faible, c'est-à-dire contenant 1 partie de sel pour 437 parties d'eau, ou 1 grain de sel pour 1 once d'eau, je pus placer sur 6 feuilles des doses équivalant à 1/960ᵉ de grain (0,0675 de milligr.) de sel. Quelques-unes de ces feuilles furent affectées au bout de trente-sept minutes; au bout de huit heures, les tentacules extérieurs de toutes les feuilles, aussi bien que le limbe de deux d'entre elles, s'étaient considérablement infléchis. Au bout de vingt-trois heures quinze minutes, les tentacules s'étaient presque redressés; toutefois le limbe de 2 feuilles était encore perceptiblement recourbé. Au bout de quarante-huit heures, les six feuilles s'étaient complétement redressées et paraissaient en parfaite santé.

Je plongeai 3 feuilles, chacune dans 30 minimes d'une solution contenant 1 partie de carbonate de soude pour 875 parties d'eau (1 grain de sel pour 2 onces d'eau), de façon à ce que chacune d'elles reçoive 1/32ᵉ de grain (2,02 milligr.) de sel; au bout de quarante minutes, ces 3 feuilles étaient très-affectées, et au bout de six heures quarante-cinq minutes, les tentacules de toutes trois et le limbe de l'une d'elles étaient étroitement infléchis.

Sodium; azotate de soude pur. — Je plaçai sur le disque de 5 feuilles un demi-minime d'une solution contenant 1 partie d'azotate de soude pour 437 parties d'eau, de façon à ce que chaque feuille reçoive le 1/960ᵉ de grain (0,0675 milligr.) d'azotate. Au bout d'une

heure vingt-cinq minutes, les tentacules de presque toutes les feuilles
et le limbe de l'une d'elles étaient quelque peu infléchis. L'inflexion
continua à augmenter, et, au bout de vingt et une heures vingt-cinq
minutes, les tentacules et le limbe de 4 feuilles étaient considérablement affectés; le limbe de la cinquième l'était dans une certaine mesure.
Au bout d'un nouvel intervalle de vingt-quatre heures les 4 feuilles
étaient encore étroitement infléchies, tandis que la cinquième commençait à se redresser. Quatre jours après l'application de la solution,
2 feuilles s'étaient complétement redressées, la troisième s'était redressée en partie et les 2 autres, encore étroitement infléchies,
paraissaient malades.

Je plongeai 3 feuilles, chacune dans 30 minimes d'une solution
contenant 1 partie d'azotate de soude pour 875 parties d'eau. Au
bout d'une heure cette solution avait produit une inflexion considérable; au bout de huit heures quinze minutes, tous les tentacules et
le limbe de chacune des 3 feuilles étaient étroitement infléchis.

Sodium; sulfate de soude. — Je plaçai sur le disque de 6 feuilles
un demi-minime d'une solution contenant 1 partie de sulfate de soude
pour 437 parties d'eau. Au bout de cinq heures trente minutes, les
tentacules de 3 de ces feuilles, ainsi que le limbe de l'une d'elles,
étaient considérablement infléchis; les 3 autres ne l'étaient que légèrement. Au bout de vingt et une heures, l'inflexion avait un peu
diminué et, au bout de quarante-cinq heures, les feuilles s'étaient
complétement redressées et paraissaient en excellente santé.

Je plongeai 3 feuilles, chacune dans 30 minimes d'une solution
contenant 1 partie de sulfate de soude pour 875 parties d'eau ; au
bout d'une heure trente minutes, j'observai une légère inflexion qui
s'accrut si considérablement qu'au bout de huit heures dix minutes,
tous les tentacules et le limbe de chacune des 3 feuilles étaient étroitement infléchis.

Sodium; phosphate de soude. — Je plaçai sur le disque de 6 feuilles
un demi-minime d'une solution contenant 1 partie de phosphate de soude
pour 437 parties d'eau. Cette solution agit avec une rapidité extraordinaire, car, au bout de huit minutes, les tentacules extérieurs de la
plupart des feuilles étaient considérablement infléchis. Au bout de
six heures, les tentacules de chacune des 6 feuilles et le limbe de
2 d'entre elles étaient étroitement infléchis. Les feuilles restèrent dans
cet état pendant vingt-quatre heures, sauf toutefois que le limbe
d'une troisième feuille s'était infléchi pendant ce laps de temps. Au
bout de quarante-huit heures, toutes les feuilles commencèrent à se

redresser. Il est donc évident que le 1/960ᵉ de grain (0.0675 de millig.) de phosphate de soude suffit à provoquer une inflexion considérable.

Sodium; citrate de soude. — Je plaçai sur le disque de 6 feuilles un demi-minime d'une solution contenant 1 partie de citrate de soude pour 437 parties d'eau; je n'observai ces feuilles qu'au bout de vingt-deux heures. Je trouvai alors que les tentacules sous-marginaux de 5 d'entre elles et le limbe de 4 étaient infléchis; mais les rangées extérieures des tentacules n'avaient pas bougé. La sixième feuille, qui paraissait plus vieille que les autres, semblait fort peu affectée. Au bout de quarante-six heures, 4 feuilles, y compris le limbe, s'étaient complétement redressées. Je plongeai aussi 3 feuilles, chacune dans 30 minimes d'une solution contenant 1 partie de citrate pour 875 parties d'eau; une action fort vive se manifesta au bout de vingt-cinq minutes; au bout de six heures trente-cinq minutes, presque tous les tentacules de ces feuilles, y compris ceux des rangées extérieures, étaient infléchis, mais le limbe d'aucune d'elles n'avait éprouvé le moindre mouvement.

Sodium; oxalate de soude. — Je plaçai sur le disque de 7 feuilles un demi-minime d'une solution contenant 1 partie d'oxalate de soude pour 437 parties d'eau; au bout de cinq heures trente minutes, les tentacules de toutes les feuilles et le limbe de la plupart d'entre elles étaient considérablement affectés. Au bout de vingt-deux heures, outre l'inflexion des tentacules, le limbe de chacune des 7 feuilles s'était si bien replié que l'extrémité touchait presque la base; c'est la seule occasion où j'aie vu le limbe si vivement affecté. Je plongeai aussi 3 feuilles, chacune dans 30 minimes d'une solution contenant 1 partie d'oxalate de soude pour 875 parties d'eau; au bout de six heures trente-cinq minutes, le limbe de 2 feuilles et les tentacules de toutes 3 étaient étroitement infléchis.

Sodium (chlorure de), le meilleur sel de cuisine ordinaire. — Je plaçai sur le disque de 4 feuilles un demi-minime d'une solution contenant 1 partie de chlorure de sodium pour 218 parties d'eau. Au bout de quarante-huit heures, 2 de ces feuilles ne semblaient pas du tout affectées; les tentacules de la troisième étaient légèrement infléchis; presque tous les tentacules de la quatrième, au contraire, étaient complétement infléchis au bout de vingt-quatre heures, et ils ne commencèrent à se redresser que le quatrième jour; ils n'étaient même pas complétement redressés le septième jour. Je supposai que cette feuille avait été attaquée par le sel. Je plaçai donc sur le disque de 6 feuilles un demi-minime d'une solution plus faible, c'est-à-dire contenant 1 partie de chlorure de sodium pour 437 parties d'eau, de façon à ce que chaque feuille reçoive le 1/960e de grain (0.0675 de millig.) de sel. Au bout d'une heure trente-trois minutes, j'observai une légère inflexion ; au bout de cinq heures trente minutes, les tentacules des 6 feuilles étaient considérablement mais non pas complétement infléchis. Au bout de vingt-trois heures quinze minutes, les tentacules s'étaient complétement redressés et les feuilles ne semblaient pas avoir souffert.

Je plongeai 3 feuilles, chacune dans 30 minimes d'une solution contenant 1 partie de chlorure de sodium pour 875 parties d'eau, de façon à ce que chaque feuille reçoive le 1/32e de grain (2,02 milligr.) de sel. Au bout d'une heure, j'observai une inflexion considérable ; au bout de huit heures trente minutes, tous les tentacules et le limbe de chacune des 3 feuilles étaient étroitement infléchis. Je plongeai encore 4 autres feuilles dans la solution, de façon à ce que chacune reçoive la même quantité de sel que dans l'expérience précédente, c'est-à-dire 1/32e de grain. Ces 4 feuilles s'infléchirent bientôt ; au bout de quarante-huit heures elles commencèrent à se redresser, sans qu'elles semblassent attaquées, bien que la solution fût assez forte pour qu'au goût on sentît parfaitement le sel.

Sodium (iodure de). — Je plaçai sur le disque de 6 feuilles un demi-minime d'une solution contenant 1 partie d'iodure de sodium pour 437 parties d'eau. Au bout de vingt-quatre heures, le disque de 4 de ces feuilles et la plupart des tentacules étaient infléchis. Chez les 2 autres, les tentacules sous-marginaux seuls s'étaient infléchis, les tentacules extérieurs chez la plupart des feuilles n'étant que peu affectés. Au bout de quarante-six heures, les feuilles s'étaient presque redressées. Je plongeai aussi 3 feuilles, chacune dans 30 minimes d'une solution contenant 1 partie d'iodure de sodium pour 875 parties d'eau. Au bout de six heures trente minutes, presque tous les tentacules et le limbe d'une de ces feuilles étaient étroitement infléchis.

Sodium (bromure de). — Je plaçai sur le disque de 6 feuilles un demi-minime d'une solution contenant 1 partie de bromure de sodium pour 437 parties d'eau. Au bout de sept heures, j'observai une légère inflexion ; au bout de vingt-deux heures, le limbe de 3 de ces feuilles et presque tous les tentacules étaient infléchis ; la quatrième feuille était légèrement affectée, la cinquième et la sixième ne l'étaient presque pas. Je plongeai aussi 3 feuilles, chacune dans 30 minimes d'une solution contenant 1 partie de bromure pour 875 parties d'eau ; au bout de quarante minutes, j'observai une légère inflexion ; au bout de quatre heures, les tentacules de ces trois feuilles et le limbe de deux d'entre elles étaient infléchis. Je plaçai alors ces feuilles dans l'eau, et au bout de dix-sept heures trente minutes, deux d'entre elles s'étaient complétement redressées et la troisième en partie, d'où je conclus qu'elles n'avaient pas été endommagées par la solution.

Potassium; carbonate de potasse pur. — Je plaçai sur le disque de 6 feuilles un demi-minime d'une solution contenant 1 partie de carbonate de potasse pour 437 parties d'eau. Au bout de vingt-quatre heures, aucun effet ne s'était produit ; mais, au bout de quarante-huit heures, les tentacules de quelques feuilles et le limbe de l'une d'elles étaient considérablement infléchis. Toutefois ce résultat semble provenir de ce qu'elles avaient été endommagées, car, trois jours après que la solution avait été posée sur les feuilles, trois d'entre elles étaient mortes et une quatrième très-malade ; les deux autres feuilles recouvraient la santé ; cependant plusieurs de leurs tentacules semblaient avoir souffert, car ils restèrent infléchis de façon permanente. Il est évident que le 1/960e de grain (0,0675 de millig.) de ce sel agit comme poison. Je plongeai aussi trois feuilles, chacune dans 30 minimes d'une solution contenant 1 partie de carbonate de potasse pour 875 parties d'eau ; je les laissai pendant neuf heures dans le liquide, or, contrairement à ce qui se passe pour les sels de soude, il ne se produisit aucune inflexion.

Potassium; azotate de potasse. — Je plaçai sur le disque de 4 feuilles une forte solution contenant 1 partie d'azotate de potasse pour 109 parties d'eau (4 grains de sel pour 1 once d'eau) ; 2 feuilles furent vivement attaquées, mais il ne se produisit aucune inflexion. Je traitai de la même façon 8 autres feuilles avec une solution plus faible, c'est-à-dire contenant 1 partie d'azotate de potasse pour 248 parties d'eau. Au bout de cinquante heures, aucune inflexion ne s'était produite, et 2 feuilles semblaient avoir été attaquées. J'expérimentai ensuite sur 5 de ces feuilles, en plaçant sur leur disque des gouttes de lait et une solution de gélatine ; or une seule s'infléchit ; de telle sorte que nous sommes autorisés à conclure qu'une solution d'azotate de potasse au degré que nous venons d'indiquer, agissant pendant cinquante heures, attaque ou paralyse les feuilles. Je traitai de la même façon 6 autres feuilles avec une solution encore plus faible, c'est-à-dire contenant 1 partie d'azotate de potasse pour 437 parties d'eau ; au bout de quarante-huit heures, ces feuilles ne

semblaient aucunement affectées, sauf peut-être une seule feuille.
Je plongeai ensuite 3 feuilles, chacune dans 30 minimes d'une solution
contenant 1 partie d'azotate de potasse pour 875 parties d'eau ; au
bout de vingt-cinq heures, aucun effet apparent ne s'était produit.
Je plongeai alors ces feuilles dans une solution contenant 1 partie de
carbonate d'ammoniaque pour 218 parties d'eau ; les glandes noircirent immédiatement, et, au bout d'une heure, je pus observer des
traces d'inflexion ; en outre, le protoplasma contenu dans les cellules
s'agrégea. Ceci prouve que les feuilles n'avaient pas beaucoup souffert d'une immersion de vingt-cinq heures dans l'azotate de potasse.

Potassium; sulfate de potasse. — Je plaçai sur le disque de
6 feuilles un demi minime d'une solution contenant 1 partie de sulfate de
potasse pour 437 parties d'eau. Au bout de vingt heures trente minutes, aucun effet n'avait été produit ; au bout d'un nouveau laps de
temps de vingt-quatre heures, 3 feuilles n'avaient pas été affectées,
2 autres semblaient attaquées, et la troisième paraissait morte, avec
ses tentacules infléchis. Toutefois, au bout de deux jours, les 6 feuilles
recouvrèrent la santé. Aucun effet apparent ne fut produit par l'immersion de 3 feuilles, pendant vingt-quatre heures, chacune dans
30 minimes d'une solution contenant 1 partie de sulfate de potasse
pour 875 parties d'eau. Je traitai alors ces 3 feuilles avec une solution
de carbonate d'ammoniaque, et j'obtins le même résultat que dans
le cas de l'azotate de potasse.

Potassium; phosphate de potasse. — Je plaçai sur le disque de
6 feuilles un demi-minime d'une solution contenant 1 partie de phosphate de potasse pour 437 parties d'eau, et j'observai ces feuilles
pendant trois jours ; aucun effet ne fut produit. L'évaporation
partielle du liquide sur le disque fit quelque peu infléchir les tentacules, comme cela arrive souvent dans les expériences de cette
nature. Le troisième jour, les feuilles paraissaient en excellente
santé.

Potassium; citrate de potasse. — Je plaçai sur le disque de
6 feuilles une solution contenant 1 partie de citrate de potasse pour
437 parties d'eau ; je plongeai ensuite 3 feuilles, chacune dans 30 minimes d'une solution contenant 1 partie de citrate de potasse pour
875 parties d'eau, mais je n'obtins aucun résultat dans l'un ou l'autre
cas.

Potassium; oxalate de potasse. — Je plaçai dans différentes occa-

sions sur le disque de 17 feuilles un demi-minime d'une solution de
ce sel; les résultats obtenus m'ont beaucoup surpris et me surprennent
encore. L'inflexion se produit très-lentement. Au bout de vingt-
quatre heures, les tentacules de 4 feuilles, sur les 17 employées,
étaient bien infléchis, ainsi que le limbe de 2; 6 autres feuilles étaient
légèrement affectées, et les 7 autres pas du tout. J'observai 3 feuilles
pendant cinq jours; toutes moururent; dans un autre lot de
6 feuilles, toutes, sauf une, semblaient en bonne santé au bout de
quatre jours. Je plongeai 3 feuilles, pendant neuf heures, chacune
dans 30 minimes d'une solution contenant 1 partie d'oxalate de potasse pour 875 parties d'eau; ces feuilles ne présentèrent aucun signe
d'inflexion, mais j'aurais dû les observer pendant plus longtemps.

Potassium (chlorure de). — Je plaçai sur le disque de 6 feuilles
un demi-minime d'une solution contenant 1 partie de chlorure de potassium pour 437 parties d'eau, et je laissai les feuilles en cet état pendant trois jours; j'en plongeai 3 autres dans 30 minimes d'une solution contenant 1 partie de chlorure de potassium pour 875 parties
d'eau et je les y laissai pendant vingt-cinq heures; mais je n'obtins
aucun résultat dans l'un ou l'autre cas. J'expérimentai alors avec du
carbonate d'ammoniaque sur les feuilles qui avaient été plongées dans
la solution, comme je l'ai indiqué dans le paragraphe relatif à l'azotate de potasse, j'obtins les mêmes résultats.

Potassium (iodure de). — Je plaçai sur le disque de 7 feuilles un
demi-minime d'une solution contenant 1 partie d'iodure de potassium
pour 437 parties d'eau. Au bout de trente minutes, le limbe d'une feuille
était infléchi; au bout de quelques heures, presque tous les tentacules
sous-marginaux de 3 feuilles étaient modérément infléchis; les
3 autres feuilles n'étaient que légèrement affectées. A peine quelques
tentacules extérieurs de ces feuilles s'infléchirent. Au bout de vingt
et une heures, toutes ces feuilles se redressèrent, à l'exception de 2,
chez lesquelles quelques tentacules sous-marginaux étaient encore
infléchis. Je plongeai ensuite 3 feuilles, chacune dans 30 minimes d'une
solution contenant 1 partie d'iodure de potassium pour 875 parties
d'eau; au bout de huit heures quarante minutes, aucune n'était
affectée. Je ne sais que conclure de ces résultats si différents; mais il
est évident que l'iodure de potassium ne produit pas ordinairement
une action bien vive.

Potassium (bromure de). — Je plaçai sur le disque de 6 feuilles
un demi-minime d'une solution contenant 1 partie de bromure de potas-

sium pour 437 parties d'eau; au bout de vingt-deux heures, beaucoup de tentacules aussi bien que le limbe d'une de ces feuilles étaient infléchis, mais je crois qu'un insecte aurait pu se poser sur cette feuille et s'échapper; les 5 autres feuilles ne furent aucunement affectées. Je plaçai des parcelles de viande sur 3 de ces feuilles, et, au bout de vingt-quatre heures, elles étaient étroitement infléchies. Je plongeai aussi 3 feuilles, chacune dans 30 minimes d'une solution contenant 1 partie de bromure de potassium pour 875 parties d'eau; je les y laissai pendant vingt et une heures, mais aucune feuille ne fut affectée; toutefois les glandes paraissaient un peu plus pâles.

Lithium, acétate de lithine. — Je plongeai 4 feuilles dans un même vase contenant 120 minimes d'une solution d'une partie d'acétate de lithine pour 437 parties d'eau, de façon à ce que chaque feuille reçoive, en admettant que l'absorption fût égale chez toutes, 1/16e de grain de sel. Au bout de vingt-quatre heures, aucune inflexion ne s'était produite. Dans le but d'essayer les feuilles, je les plongeai alors dans une forte solution de phosphate d'ammoniaque contenant 1 grain de phosphate pour 20 onces d'eau, ou 1 partie de sel pour 8,750 parties d'eau; au bout de trente minutes, les 4 feuilles s'étaient étroitement infléchies.

Lithium; azotate de lithine. — Je plongeai 4 feuilles, comme dans le cas précédent, dans 120 minimes d'une solution contenant 1 partie d'azotate de lithine pour 437 parties d'eau; au bout d'une heure trente minutes, les tentacules de ces 4 feuilles étaient un peu infléchis; au bout de vingt-quatre heures, ils l'étaient considérablement. J'ajoutai alors de l'eau à la solution, mais le troisième jour les tentacules restaient encore un peu infléchis.

Cæsium (chlorure de). — Je plongeai 4 feuilles, comme il vient d'être indiqué, dans 120 minimes d'une solution contenant 1 partie de chlorure de cæsium pour 437 parties d'eau. Au bout d'une heure cinq minutes, les glandes avaient noirci; au bout de quatre heures vingt minutes, j'observai quelques traces d'inflexion; au bout de six heures quarante minutes, 2 feuilles étaient considérablement, mais non pas étroitement infléchies, et les 2 autres l'étaient aussi beaucoup. Au bout de vingt-deux heures, l'inflexion était extrêmement grande et le limbe de 2 feuilles s'était recourbé. Je transportai alors les feuilles dans l'eau, et quarante-six heures après le moment de leur première immersion, elles s'étaient presque complétement redressées.

Rubidium (chlorure de). — Je plongeai 4 feuilles, comme il est dit ci-dessus, dans 120 minimes d'une solution contenant 1 partie de chlorure de rubidium pour 437 parties d'eau ; je n'avais obtenu aucun résultat au bout de vingt-deux heures. J'ajoutai alors au liquide une partie de la forte solution de phosphate d'ammoniaque (1 grain de phosphate pour 20 onces d'eau), et, au bout de 30 minutes, les 4 feuilles étaient considérablement infléchies.

Argent (azotate d'). — Je plongeai 3 feuilles dans 90 minimes d'une solution contenant 1 partie d'azotate d'argent pour 437 parties d'eau, de façon à ce que chacune d'elles reçût, comme je l'ai déjà dit, 1/16ᵉ de grain du sel. Au bout de cinq minutes, j'observai une légère inflexion ; au bout de onze minutes, une très-forte inflexion, les glandes devinrent très-noires, et, au bout de quarante minutes, tous les tentacules étaient étroitement infléchis. Au bout de six heures, je sortis les feuilles de la solution, je les lavai et je les plongeai dans l'eau, mais le lendemain matin toutes étaient évidemment mortes.

Calcium, acétate de chaux. — Je plongeai 4 feuilles dans 120 minimes d'une solution contenant 1 partie d'acétate de chaux pour 437 parties d'eau ; au bout de vingt-quatre heures, aucun tentacule n'était infléchi, sauf toutefois quelques-uns, là où le limbe de la feuille se réunit au pétiole ; cette inflexion a pu être provoquée par l'absorption du sel par l'extrémité coupée du pétiole. J'ajoutai alors une certaine quantité de la solution de phosphate d'ammoniaque (1 grain de phosphate pour 20 onces d'eau), mais, à ma grande surprise, cette solution ne provoqua qu'une légère inflexion, même au bout de vingt-quatre heures. Cela semble prouver que l'acétate de chaux avait paralysé les feuilles.

Calcium; azotate de chaux. — Je plongeai 4 feuilles dans 120 minimes d'une solution, contenant 1 partie d'azotate de chaux pour 437 parties d'eau ; je n'avais obtenu aucun résultat au bout de vingt-quatre heures. J'ajoutai alors une certaine quantité de la solution de phosphate d'ammoniaque (1 grain de phosphate pour 20 onces d'eau), mais cette solution ne provoqua qu'une légère inflexion au bout de vingt-quatre heures. Je plongeai alors une nouvelle feuille dans un mélange des solutions d'azotate de chaux et de phosphate d'ammoniaque, de la force que je viens d'indiquer, et les tentacules de cette feuille s'infléchirent étroitement en cinq ou dix minutes. Je plaçai sur le disque de 3 feuilles un demi-minime d'une solution contenant 1 partie d'azotate de chaux pour 218 parties d'eau, mais sans aucun résultat.

Magnésium ; acétate et azotate de magnésie et chlorure de magnesium. — Je plongeai 4 feuilles dans 120 minimes de solutions de chacun de ces 3 sels, contenant chacune 1 partie de sel pour 437 parties d'eau. Au bout de six heures, je n'observai aucune inflexion ; toutefois, au bout de vingt-deux heures, les tentacules de l'une des feuilles plongées dans l'acétate de magnésie étaient un peu plus infléchis qu'il n'arrive d'ordinaire après une immersion dans l'eau pendant ce même laps de temps. J'ajoutai alors à chacune des 3 solutions une certaine quantité de la solution de phosphate d'ammoniaque (1 grain de phosphate pour 20 onces d'eau). Les feuilles plongées dans le mélange d'acétate de magnésie et de phosphate d'ammoniaque s'infléchirent un peu, et cette inflexion se dessina fortement au bout de vingt-quatre heures. Les feuilles plongées dans le mélange d'azotate de magnésie et de phosphate d'ammoniaque étaient bien infléchies au bout de quatre heures trente minutes, mais le degré d'inflexion n'augmenta pas beaucoup ensuite. Au contraire, les 4 feuilles plongées dans le mélange de chlorure de magnesium et phosphate d'ammoniaque étaient considérablement infléchies au bout de quelques minutes, et, au bout de quatre heures, presque tous leurs tentacules l'étaient étroitement. Ces expériences prouvent que l'acétate et l'azotate de magnésie attaquent les feuilles ou tout au moins empêchent l'action subséquente du phosphate d'ammoniaque, tandis que le chlorure n'a pas cet effet.

Magnesium; sulfate de magnésie. — Un demi-minime d'une solution contenant 1 partie de ce sel pour 218 parties d'eau placée sur le disque de 10 feuilles ne produisit aucun effet.

Baryum ; acétate de baryte. — Je plongeai 4 feuilles dans 120 minimes d'une solution contenant 1 partie de ce sel pour 437 parties d'eau ; au bout de vingt-deux heures, aucune inflexion ne s'était produite, mais les glandes étaient noircies. Je plongeai alors ces feuilles dans une solution de phosphate d'ammoniaque (1 grain de phosphate pour 20 onces d'eau) ; au bout de vingt-six heures seulement, j'observai une légère inflexion chez deux des feuilles.

Baryum; azotate de baryte. — Je plongeai 4 feuilles dans 120 minimes d'une solution contenant 1 partie de ce sel pour 437 parties d'eau ; au bout de vingt-deux heures, je n'observai guère que cette légère inflexion que provoque souvent une immersion dans l'eau pure pendant ce laps de temps. J'ajoutai alors une certaine quantité de la solution de phosphate d'ammoniaque dont je me suis déjà servi dans les expériences précédentes; au bout de trente minutes, une feuille s'était considérablement infléchie, deux autres modérément et la quatrième pas du tout. Les feuilles restèrent en cet état pendant vingt-quatre heures.

Strontium; acétate de strontiane. — Je plongeai 4 feuilles dans 120 minimes d'une solution contenant 1 partie de ce sel pour 437 parties d'eau; au bout de vingt-deux heures, aucun résultat ne s'était produit. Je plongeai alors ces feuilles dans la solution de phosphate d'ammoniaque; au bout de vingt-cinq minutes, 2 feuilles étaient très-infléchies; au bout de huit heures, une troisième feuille l'était considérablement, mais la quatrième ne l'était pas du tout. Le lendemain matin, ces feuilles étaient encore dans le même état.

Strontium; azotate de strontiane. — Je plongeai 5 feuilles dans 120 minimes d'une solution contenant 1 partie de ce sel pour 437 parties d'eau. Au bout de vingt-deux heures, j'observai une légère inflexion, mais pas plus considérable que celle qui se produit parfois chez les feuilles plongées dans l'eau. Je plaçai alors ces feuilles dans une solution de phosphate d'ammoniaque; au bout de huit heures, 3 de ces feuilles étaient modérément infléchies et les 5 feuilles l'étaient au bout de vingt-quatre heures; mais aucune d'elles n'était étroitement infléchie. Il résulte de cette expérience que l'azotate de strontiane paralyse à moitié les feuilles.

Cadmium (chlorure de). — Je plongeai 3 feuilles dans 90 minimes d'une solution contenant 1 partie de ce sel pour 437 parties d'eau; au bout de cinq heures vingt minutes, j'observai une légère inflexion qui augmenta pendant les 3 heures suivantes. Au bout de vingt-quatre heures, les tentacules des 3 feuilles étaient bien infléchis et ils restèrent dans cet état pendant un autre laps de temps de vingt-quatre heures; les glandes n'avaient pas changé de couleur.

Mercure (perchlorure de). — Je plongeai 3 feuilles dans 90 minimes d'une solution contenant 1 partie de ce sel pour 437 parties d'eau; au bout de vingt-deux minutes, j'observai une légère inflexion qui avait considérablement augmenté au bout de quarante-huit minutes; en même temps, les glandes s'étaient noircies. Au bout de cinq heures trente-cinq minutes, tous les tentacules étaient étroitement infléchis; au bout de vingt-quatre heures, l'inflexion et la coloration persistaient. J'enlevai alors les feuilles et je les plongeai dans l'eau où je les laissai pendant deux jours, mais elles ne se redressèrent jamais; évidemment elles étaient mortes.

Zinc (chlorure de). — 3 feuilles plongées dans 90 minimes d'une solution contenant 1 partie de ce sel pour 437 parties d'eau n'ont pas été affectées en vingt-cinq heures trente minutes.

Aluminium (chlorure d'). — Je plongeai 4 feuilles dans 120 minimes d'une solution contenant 1 partie de ce sel pour 437 parties d'eau; au bout de sept heures quarante-cinq minutes, je n'observai aucune inflexion; au bout de vingt-quatre heures, les tentacules d'une feuille étaient infléchis assez fortement, ceux d'une deuxième modérément, ceux de la troisième et de la quatrième l'étaient à peine. Le résultat obtenu est donc douteux, je crois cependant que ce sel provoque une certaine inflexion fort lente chez les feuilles. Je plongeai ensuite ces feuilles dans la solution de phosphate d'ammoniaque (1 grain de phosphate pour 20 onces d'eau); au bout de sept heures trente minutes, les 3 feuilles que le chlorure d'aluminium avait peu affectées s'infléchirent assez fortement.

Aluminium; azotate d'alumine. — Je plongeai 4 feuilles dans 120 minimes d'une solution contenant 1 partie de ce sel pour 437 parties d'eau; au bout de sept heures quarante-cinq minutes, j'observai quelques signes d'inflexion; au bout de vingt-quatre heures, les tentacules d'une feuille étaient modérément infléchis. Ici encore on peut concevoir les mêmes doutes que pour le chlorure d'aluminium. Je plongeai alors les feuilles dans la solution de phosphate d'ammoniaque qui, au bout de sept heures trente minutes, n'avait produit qu'un effet très-insignifiant; toutefois, au bout de vingt-cinq heures, une feuille était assez fortement infléchie, mais les 3 autres ne l'étaient guère plus que quand on les plonge dans l'eau.

Aluminium et potassium; sulfate d'alumine et de potasse (alun ordinaire). — Un demi-minime d'une solution de la force ordinairement employée placée sur le disque de 9 feuilles ne produisit aucun effet.

Or (chlorure d'). — Je plongeai 7 feuilles, chacune dans 30 minimes d'une solution contenant 1 partie de chlorure d'or pour 437 parties d'eau, de façon à ce que chacune reçoive 1/16e de grain

(4,048 milligr.) de chlorure. Au bout de huit minutes il se produisit une légère inflexion qui devint considérable au bout de quarante-cinq minutes. Au bout de trois heures, le liquide était devenu pourpre et les glandes noires. Au bout de six heures, j'enlevai les feuilles de la solution pour les plonger dans l'eau; le lendemain matin elles avaient perdu toute trace de couleur et évidemment elles étaient mortes. La sécrétion décompose très-facilement le chlorure d'or, et les glandes sont recouvertes d'une couche très-mince d'or métallique; en outre, des parcelles d'or flottent à la surface du liquide environnant.

Plomb (chlorure de). — Je plongeai 3 feuilles dans 90 minimes d'une solution contenant 1 partie de ce sel pour 437 parties d'eau. Au bout de vingt-trois heures je n'observai aucune trace d'inflexion; les glandes n'étaient pas noircies, et les feuilles ne paraissaient pas attaquées. Je transportai alors ces feuilles dans la solution d phosphate d'ammoniaque (1 grain de phosphate pour 20 onces d'eau); au bout de vingt-quatre heures, les tentacules de 2 de ces feuilles étaient quelque peu infléchis, ceux de la troisième l'étaient très-peu; les feuilles restèrent dans cet état pendant un autre laps de temps de vingt-quatre heures.

Étain (chlorure d'). — Je plongeai 4 feuilles dans 120 minimes contenant environ 1 partie de ce sel, car il ne fut pas entièrement dissous, pour 437 parties d'eau. Au bout de quatre heures, aucun effet n'avait été produit; au bout de six heures trente minutes, les tentacules sous-marginaux des 4 feuilles étaient infléchis; au bout de vingt-deux heures, tous les tentacules et le limbe des feuilles étaient fortement infléchis. Le liquide avait alors pris une teinte rose. Je lavai ensuite les feuilles et je les plongeai dans l'eau; le lendemain matin elles étaient mortes. Le chlorure d'étain est un poison violent pour les feuilles, mais il agit très-lentement.

Antimoine (tartrate d'). — Je plongeai 3 feuilles dans 90 minimes d'une solution contenant 1 partie de ce sel pour 437 parties d'eau. Au bout de huit heures trente minutes, j'observai une légère inflexion; au bout de vingt-quatre heures, les tentacules de 2 feuilles étaient fortement infléchis, et ceux de la troisième l'étaient modérément; les glandes n'étaient pas très-noircies. Je lavai alors les feuilles et je les plongeai dans l'eau; elles restèrent dans le même état pendant un autre laps de temps de quarante-huit heures. Ce sel est probablement un poison, mais il agit très-lentement.

Arsenic; acide arsénieux. — Une partie d'acide pour 437 parties d'eau; je plongeai 3 feuilles dans 90 minimes; au bout de vingt-cinq minutes, j'observai une inflexion considérable, et, au bout d'une heure, une inflexion presque complète; les glandes n'étaient pas décolorées. Au bout de six heures, je plongeai ces mêmes feuilles dans l'eau; le lendemain matin elles paraissaient très-fraîches, mais au bout de quatre jours elles étaient plus pâles et ne s'étaient pas redressées, évidemment elles étaient mortes.

Fer (chlorure de). — Je plongeai 3 feuilles dans 90 minimes d'une solution contenant 1 partie de ce sel pour 437 parties d'eau; au bout de huit heures, aucune inflexion; au bout de vingt-quatre heures, inflexion considérable; les glandes sont devenues noires; le liquide a pris une teinte jaune avec des parcelles floconneuses d'oxyde de fer flottant à la surface. Je plaçai alors les feuilles dans l'eau; au bout de quarante-huit heures, elles s'étaient redressées un peu, mais je crois qu'elles étaient mortes; les glandes étaient excessivement noires.

Chrome; acide chromique. — Une partie d'acide pour 437 parties d'eau; 3 feuilles plongées dans 90 minimes; au bout de trente minutes, une légère inflexion; au bout d'une heure, une inflexion considérable; au bout de deux heures, tous les tentacules fortement infléchis et les glandes décolorées. Je plongeai alors les feuilles dans l'eau; le lendemain, les feuilles étaient complétement décolorées et étaient évidemment mortes.

Manganèse (chlorure de). — 3 feuilles plongées dans 90 minimes d'une solution contenant 1 partie de ce sel pour 437 parties d'eau; au bout de vingt-deux heures, pas plus d'inflexion qu'il ne s'en présente souvent chez les feuilles plongées dans l'eau pure; les glandes ne sont pas noircies. Je plonge alors les feuilles dans la solution ordinaire de phosphate d'ammoniaque qui ne provoque aucune inflexion, même au bout de quarante-huit heures.

Cuivre (chlorure de). — 3 feuilles plongées dans 90 minimes d'une solution contenant 1 partie de ce sel pour 437 parties d'eau; au bout de deux heures, légère inflexion; au bout de trois heures quarante-cinq minutes, les tentacules sont étroitement infléchis et les glandes noircies. Au bout de vingt-deux heures, les glandes sont encore étroitement infléchies et les feuilles devenues flasques. Je plongeai les feuilles dans l'eau pure, le lendemain elles étaient évidemment mortes. Poison rapide.

Nickel (chlorure de). — 3 feuilles plongées dans 90 minimes d'une solution contenant 1 partie de ce sel pour 437 parties d'eau ; au bout de vingt-cinq minutes, inflexion considérable, et au bout de trois heures, tous les tentacules complétement infléchis. Au bout de vingt-deux heures, la feuille reste dans le même état ; la plupart des glandes, mais pas toutes, sont noircies. Les feuilles sont alors placées dans l'eau ; au bout de vingt-quatre heures, l'inflexion persiste ; les feuilles sont quelque peu décolorées, les glandes et les tentacules ont pris une teinte rouge sale. Feuilles probablement tuées.

Cobalt (chlorure de). — 3 feuilles plongées dans 90 minimes d'une solution contenant 1 partie de ce sel pour 437 parties d'eau ; an bout de vingt-trois heures, aucune trace d'inflexion et les glandes ne sont pas plus noircies qu'il n'arrive souvent après une immersion également longue dans l'eau.

Platine (chlorure de). — 3 feuilles plongées dans 90 minimes d'une solution contenant une partie de ce sel pour 437 parties d'eau ; au bout de six minutes une légère inflexion qui devient considérable au bout de quarante-huit minutes. Au bout de trois heures, les glandes étaient assez pâles. Au bout de vingt-quatre heures, tous les tentacules étaient encore étroitement infléchis et les glandes étaient incolores ; les feuilles restèrent dans cet état pendant quatre jours, évidemment elles étaient mortes.

Conclusions relatives à l'action des sels précédents. — Sur les 51 sels et acides métalliques dont je me suis servi dans ces expériences, 25 ont provoqué l'inflexion des tentacules, et 26 n'ont eu aucun effet analogue ; en outre, il s'est présenté deux cas assez douteux dans chaque série. Dans la table que j'ai placée au commencement de ces remarques, j'ai classé les sels selon leurs affinités chimiques ; mais cette classification semble peu importante au point de vue de leur action sur le *Drosera*. Autant qu'on peut en juger par les quelques expériences que je viens de relater, la nature de la base est beaucoup plus importante que celle de l'acide ; or, c'est là la conclusion à laquelle les physiologistes en sont arrivés relativement aux animaux. La preuve de ce fait c'est que 9 sels diffé-

rents de soude provoquent l'inflexion, et qu'aucun d'eux
n'agit comme poison, à moins d'être donné à haute dose,
tandis que 7 sels correspondants de potasse ne provoquent pas l'inflexion, et que quelques-uns agissent
comme poison. Toutefois, 2 d'entre eux, c'est-à-dire
l'oxalate de potasse et l'iodure de potassium, provoquent
une inflexion légère, et en somme assez douteuse. Cette
différence entre les deux séries est d'autant plus intéressante que le Dr Burdon Sanderson m'apprend que l'on
peut introduire les sels de soude à large dose dans la circulation des mammifères, sans qu'il en résulte pour eux
aucun mauvais effet, tandis que des petites doses des sels
de potasse causent la mort en arrêtant soudain les mouvements du cœur. Le phosphate de soude qui provoque rapidement une inflexion vigoureuse, tandis que le phosphate
de potasse est absolument inefficace, offrent un excellent
exemple de l'action différente des deux séries. La grande
énergie du premier est probablement due à la présence
du phosphore, comme dans le cas du phosphate de chaux
et du phosphate d'ammoniaque. Nous pouvons donc en
conclure que le *Drosera* ne peut pas extraire de phosphore du phosphate de potasse. Ce fait est remarquable,
car, selon le Dr Burdon Sanderson, le phosphate de potasse
est certainement décomposé dans le corps des animaux.
La plupart des sels de soude agissent très-rapidement;
l'iodure de sodium est celui qui agit le plus lentement.
L'oxalate, l'azotate et le citrate de soude semblent
avoir une tendance spéciale à provoquer l'inflexion du
limbe de la feuille. Après avoir absorbé le citrate, les
glandes du disque transmettent à peine une impulsion aux
tentacules extérieurs; sous ce rapport, le citrate de soude
ressemble au citrate d'ammoniaque ou à une décoction de
feuilles d'herbe; ces trois liquides, en effet, agissent principalement sur le limbe.

Il semble contraire à la règle de l'influence prépondérante de la base que l'azotate de lithine provoque une inflexion modérément rapide, alors que l'acétate de lithine n'en produit aucune; mais ce métal est étroitement allié au sodium et au potassium[1] qui agissent si différemment l'un de l'autre; on peut donc s'attendre à ce que l'action du lithium ressemble, dans une certaine mesure, à l'action de ces deux métaux. On peut faire la même observation relativement au cæsium, qui provoque l'inflexion, et au rubidium qui n'en provoque aucune; car ces deux métaux sont également alliés au sodium et au potassium. La plupart des sels terreux sont inefficaces. 2 sels de chaux, 4 de magnésie, 2 de baryte et 2 de strontiane n'ont provoqué aucune inflexion, et rentrent ainsi dans la règle de la puissance prépondérante de la base. Sur 3 sels d'alumine, l'un n'a provoqué aucune action, le second une action très-légère, et le troisième une action lente et douteuse, de telle sorte que leurs effets ont été à peu près les mêmes.

Sur les 17 sels de métaux ordinaires employés dans ces expériences, 4 seulement, c'est-à-dire ceux de zinc, de plomb, de manganèse et de cobalt, n'ont provoqué aucune inflexion. Les sels de cadmium, d'étain, d'antimoine et de fer agissent lentement; les 3 derniers semblent être des poisons plus ou moins violents. Les sels d'argent, de mercure, d'or, de cuivre, de nickel et de platine, l'acide chromique et l'acide arsénieux provoquent l'inflexion avec une rapidité extrême, et sont des poisons violents. Il est surprenant, à en juger par ce qui se passe chez les animaux, que les sels de plomb et de baryte ne soient pas des poisons. La plupart des poisons rendent les glandes noires; le chlorure de platine, au contraire, les rend très-pâles. J'aurai occasion, dans le prochain chapitre, d'ajouter quelques remarques sur les effets différents pro-

---

1. Miller, *Elements of Chemistry*, 3e édition, pages 337, 448.

duits par le phosphate d'ammoniaque sur des feuilles
plongées précédemment dans diverses solutions.

ACIDES.

Comme je l'ai fait pour les sels, je vais d'abord donner
la liste des 24 acides avec lesquels j'ai expérimenté, en
les divisant en deux séries, selon qu'ils causent ou non
l'inflexion. Après avoir décrit les expériences, j'ajouterai
quelques remarques.

ACIDES TRÈS-DILUÉS
QUI PROVOQUENT L'INFLEXION.

1. — Acide azotique, forte inflexion,
poison.
2. — Acide chlorhydrique, inflexion
lente et modérée; n'est pas un
poison.
3. — Acide iodhydrique, forte inflexion, poison.
4. — Acide iodique, forte inflexion,
poison.
5. — Acide sulfurique, forte inflexion, poison dans une certaine
mesure.
6. — Acide phosphorique, forte inflexion, poison.
7. — Acide borique, inflexion modérée et assez lente, n'est pas
un poison.
8. — Acide formique, inflexion très-
légère, n'est pas un poison.
9. — Acide acétique, inflexion forte
et rapide, poison.
10. — Acide propionique, inflexion
forte, mais pas très-rapide,
poison.
11. — Acide oléique, inflexion rapide, poison violent.
12. — Acide carbolique, inflexion
très-lente, poison.

ACIDES DILUÉS DANS LES MÊMES PRO-
PORTIONS, QUI NE PROVOQUENT PAS
L'INFLEXION.

1. — Acide gallique, n'est pas un
poison.
2. — Acide tannique, n'est pas un
poison.
3. — Acide tartrique, n'est pas un
poison.
4. — Acide citrique, n'est pas un
poison.
5. — Acide urique (?), n'est pas un
poison.

ACIDES TRÈS-DILUÉS QUI PROVOQUENT L'INFLEXION.

13. — Acide lactique, inflexion lente et modérée, poison.

14. — Acide oxalique, inflexion assez rapide, poison violent.

15. — Acide malique, inflexion très-lente, mais considérable, n'est pas un poison.

16. — Acide benzoïque, inflexion rapide, poison violent.

17. — Acide succinique, inflexion modérément rapide ; poison dans une certaine mesure.

18. — Acide hippurique, inflexion assez lente, poison.

19. — Acide cyanhydrique, inflexion assez rapide, poison violent.

Acide azotique. — Je plaçai 4 feuilles, chacune dans 30 minimes d'une solution contenant 1 partie en poids d'acide pour 437 parties d'eau, de façon à ce que chaque feuille reçoive 1/16e de grain (4,048 milligr.) d'acide. J'ai choisi cette dilution pour cet acide et pour la plupart de ceux qui vont suivre afin d'avoir une solution au même degré que pour les sels avec lesquels j'ai expérimenté. Au bout de deux heures trente minutes, les tentacules de quelques feuilles étaient considérablement infléchis ; au bout de six heures trente minutes tous les tentacules étaient presque complétement infléchis, ainsi que le limbe des feuilles. Le liquide avait pris une légère teinte rose, ce qui prouve toujours que les feuilles ont été attaquées. Je les plongeai alors dans l'eau pure pendant 3 jours, mais les tentacules restèrent infléchis et les feuilles étaient évidemment mortes. La plupart des glandes étaient devenues incolores. Je plongeai alors 2 feuilles chacune dans 30 minimes d'une solution contenant 1 partie d'acide pour 1000 parties d'eau ; au bout de quelques heures j'observai une légère inflexion ; au bout de vingt-quatre heures presque tous les tentacules et le limbe des deux feuilles étaient infléchis ; je plongeai alors ces 2 feuilles dans l'eau pure et je les y laissai pendant trois jours : l'une d'elles se redressa en partie et finit par se remettre. Je plongeai alors 2 feuilles, chacune dans 30 minimes d'une solution contenant 1 partie d'acide pour 2000 parties d'eau ; cette solution produisit peu d'effet ; toutefois, la plupart des tentacules se trouvant près du sommet du pétiole s'infléchirent comme si l'acide avait été absorbé par l'extrémité coupée.

Acide chlorhydrique. — Une partie pour 437 parties d'eau. Je plongeai 4 feuilles, comme auparavant, chacune dans 30 minimes. Au bout de six heures, les tentacules d'une seule feuille étaient considérablement infléchis. Au bout de huit heures quinze minutes, les

tentacules et le limbe d'une feuille étaient bien infléchis ; les 3 autres
feuilles l'étaient modérément et le limbe de l'une de ces dernières
légèrement. Le liquide ne prit aucune teinte rose. Au bout de vingt-
cinq heures, 3 de ces feuilles commencèrent à se redresser, mais leurs
glandes étaient roses au lieu d'être rouges ; la quatrième feuille resta
infléchie, elle semblait très-malade ou même morte, ses glandes
étaient devenues blanches. J'essayai alors, sur 4 feuilles, 30 minimes
d'une solution contenant 1 partie d'acide pour 875 parties d'eau ; au
bout de vingt et une heures elles étaient modérément infléchies ; je les
plongeai ensuite dans l'eau et, au bout de deux jours, elles étaient
redressées complétement et semblaient en parfaite santé.

Acide iodhydrique. — 1 partie pour 437 parties d'eau ; 3 feuilles
plongées, comme il a été dit précédemment, chacune dans 30 minimes de la dilution. Au bout de quarante-cinq minutes, les glandes
avaient perdu leur couleur et le liquide était devenu rosé, mais aucune inflexion ne s'était produite. Au bout de cinq heures, tous les
tentacules étaient étroitement infléchis ; en outre, les glandes avaient,
pendant ce laps de temps, sécrété une si grande quantité de mucus
qu'on pouvait l'étirer en longs filaments. Je plaçai ensuite ces
feuilles dans l'eau, mais elles ne se redressèrent jamais, évidemment elles étaient mortes. Je plongeai alors 4 feuilles dans une dilution contenant 1 partie d'acide pour 875 parties d'eau ; l'action fut
plus lente ; toutefois, au bout de vingt-deux heures, les 4 feuilles étaient
fortement infléchies et furent affectées sous tous les autres rapports
comme celles employées dans l'expérience précédente. Ces feuilles ne
se redressèrent pas quoique je les aie laissées quatre jours dans l'eau.
Cet acide a une action beaucoup plus puissante que l'acide chlorhydrique et, en outre, il agit comme poison.

Acide iodique. — 1 partie pour 437 parties d'eau ; 3 feuilles
plongées chacune dans 30 minimes ; au bout de trois heures forte
inflexion ; au bout de quatre heures, les glandes deviennent brun
foncé ; au bout de huit heures trente minutes, inflexion complète et
les feuilles sont devenues flasques ; le liquide ne s'est pas coloré en
rose. Je plongeai alors ces feuilles dans l'eau et je vis le lendemain
qu'elles étaient mortes.

Acide sulfurique. — 1 partie pour 437 parties d'eau ; 4 feuilles
plongées chacune dans 30 minimes ; au bout de quatre heures
forte inflexion ; au bout de six heures le liquide commence à se co-
lorer en rose. Je plongeai alors ces feuilles dans l'eau ; au bout de

quarante-six heures, 2 étaient encore fortement infléchies et les 2 autres commençaient à se redresser; beaucoup de glandes étaient incolores. Cet acide n'est pas un poison aussi violent que l'acide iodhydrique ou que l'acide iodique.

Acide phosphorique. — 1 partie pour 437 parties d'eau; 3 feuilles plongées ensemble dans 90 minimes de la solution; au bout de cinq heures trente minutes, une légère inflexion et quelques glandes deviennent incolores; au bout de huit heures, tous les tentacules fortement infléchis et beaucoup de glandes incolores; le liquide est devenu rose. Je plongeai alors ces feuilles dans l'eau et je les y laissai pendant deux jours et demi; elles restent dans le même état et paraissent mortes.

Acide borique. — 1 partie pour 437 parties d'eau; 4 feuilles plongées ensemble dans 120 minimes de la dilution; au bout de six heures, inflexion très-légère; au bout de huit heures quinze minutes, les tentacules de 2 feuilles sont considérablement infléchis; ceux des 2 autres légèrement. Au bout de vingt-quatre heures, les tentacules d'une feuille sont assez fortement infléchis, ceux de la deuxième moins étroitement, ceux de la troisième et de la quatrième modérément. Je lavai alors les feuilles et je les plongeai dans l'eau; au bout de vingt-quatre heures, elles étaient presque complétement redressées et paraissaient en bonne santé. Cet acide se rapproche beaucoup par ses effets de l'acide chlorhydrique dilué au même degré; comme lui, il provoque l'inflexion et n'agit pas comme poison.

Acide formique. — 1 partie pour 437 parties d'eau; 4 feuilles plongées ensemble dans 120 minimes de la dilution; au bout de quarante minutes, inflexion légère, et, au bout de six heures trente minutes, inflexion très-modérée; au bout de vingt-deux heures, l'inflexion n'est pas beaucoup plus considérable que celle qui se produit ordinairement dans l'eau. Je lavai alors 2 feuilles et je les plongeai dans une solution de phosphate d'ammoniaque (1 grain de phosphate pour 20 onces d'eau); au bout de vingt-quatre heures, les tentacules étaient considérablement infléchis et le contenu de leurs cellules agrégé, ce qui indique que le phosphate avait exercé son action, mais non pas dans les proportions où il l'exerce ordinairement.

Acide acétique. — 1 partie pour 437 parties d'eau; 4 feuilles plongées ensemble dans 120 minimes de la dilution. Au bout d'une heure vingt minutes, les tentacules des 4 feuilles et le limbe de 2 d'entre elles étaient considérablement infléchis. Au bout de huit heures, les feuilles étaient devenues flasques, les tentacules étaient fortement infléchis et le liquide s'était coloré en rose. Je lavai alors les feuilles et je les plongeai dans l'eau; le lendemain matin l'inflexion persistait et les feuilles avaient pris une couleur rouge très-foncé, bien que les glandes fussent incolores. Le lendemain elles avaient pris une teinte sale et elles étaient évidemment mortes. Cet acide est bien plus puissant que l'acide formique ; c'est, en outre, un poison violent. Je plaçai ensuite sur le disque de 5 feuilles un demi-minime d'une solution plus concentrée, c'est-à-dire contenant 1 partie en volume pour 320 parties d'eau ; aucun des tentacules extérieurs ne s'infléchit, ceux entourant le disque qui avaient pu directement absorber l'acide s'infléchirent. Probablement la dose était trop forte et avait paralysé les feuilles, car une goutte d'une dilution plus faible provoqua une forte inflexion ; quoi qu'il en soit, les feuilles sur lesquelles j'ai expérimenté avec cet acide moururent toutes au bout de 2 jours.

Acide propionique. — 1 partie pour 437 parties d'eau ; 3 feuilles plongées ensemble dans 90 minimes de la dilution ; au bout d'une heure cinquante minutes, aucune inflexion ; au bout de trois heures quarante minutes, une feuille est considérablement infléchie et les deux autres légèrement. L'inflexion continue à augmenter, de telle sorte qu'au bout de huit heures les trois feuilles étaient fortement infléchies. Le lendemain matin, c'est-à-dire au bout de vingt heures, la plupart des glandes étaient devenues très-pâles, mais quelques-unes, au contraire, étaient presque noires. Les glandes n'avaient pas sécrété de mucus et le liquide avait pris une teinte rosée extrêmement légère. Au bout de quarante-six heures, les feuilles devinrent quelque peu flasques ; évidemment elles étaient mortes, comme le prouva ensuite un long séjour dans l'eau. Le *protoplasma* des tentacules fortement infléchis n'était aucunement agrégé, mais vers la base des tentacules il s'était réuni en petites masses brunâtres au fond des cellules. Ce protoplasma était inerte, car l'immersion de la feuille dans une solution de carbonate d'ammoniaque ne provoqua aucune agrégation. L'acide propionique, tout comme son allié, l'acide acétique, est un poison violent pour le *Drosera,* mais il provoque l'inflexion beaucoup plus lentement que ce dernier acide.

Acide oléique donné par le professeur Frankland. — Je plongeai 3 feuilles dans cet acide; un certain degré d'inflexion se manifesta presque immédiatement; il augmenta légèrement, puis cessa, et les feuilles semblèrent mortes. Le lendemain matin les feuilles étaient ridées et beaucoup de glandes s'étaient détachées des tentacules. Je plaçai des gouttes de cet acide sur le disque de 4 feuilles ; au bout de quarante minutes, tous les tentacules étaient considérament infléchis, sauf les tentacules marginaux, et, au bout de trois heures, quelques-uns de ceux-ci commencèrent à s'infléchir. J'expérimentai avec cet acide parce que je croyais, ce qui semble erroné [1], qu'il est présent dans l'huile d'olive qui exerce sur les feuilles une action analogue. Ainsi, si l'on place une goutte de cette huile sur le disque d'une feuille, elle ne provoque pas l'inflexion des tentacules extérieurs ; toutefois, quand on place une goutte microscopique d'huile sur la sécrétion qui entoure les glandes des tentacules exterieurs, ceux-ci s'infléchissent parfois, mais pas toujours. Je plongeai aussi 2 feuilles dans l'huile d'olive, et, pendant les douze premières heures, aucune inflexion ne se produisit; mais, au bout de vingt-trois heures, presque tous les tentacules étaient infléchis. Je plongeai aussi 3 feuilles dans l'huile de lin non bouillie ; bientôt après l'immersion, les tentacules s'infléchirent quelque peu, et l'inflexion devint considérable au bout de trois heures. Au bout d'une heure, la sécrétion qui entoure les glandes s'était colorée en rose. Je conclus de ce dernier fait qu'on ne saurait attribuer à l'albumine, que l'huile de lin contient dit-on, la faculté qu'a cette huile de provoquer l'inflexion.

Acide carbolique. — 1 grain d'acide pour 437 parties d'eau ; 2 feuilles plongées ensemble dans 60 minimes de la solution ; au bout de 7 heures, l'une était légèrement infléchie, et, au bout de vingt-quatre heures, toutes d'eux l'étaient étroitement ; pendant ce laps de temps, les glandes avaient sécrété une quantité extraordinaire de mucus. Je lavai ces feuilles et je les laissai deux jours dans l'eau ; elles restèrent infléchies ; la plupart de leurs glandes étaient devenues pâles et semblaient mortes. Cet acide est un poison, mais il est loin d'agir aussi énergiquement ou aussi rapidement sur les feuilles qu'on aurait pu s'y attendre, en raison de la puissance destructive qu'il possède vis-à-vis des organismes inférieurs. Je plaçai une goutte de la même solution sur le disque de 3 feuilles ; au bout de vingt-quatre heures, les tentacules extérieurs ne s'étaient pas infléchis ; je plaçai alors sur ces feuilles des petits morceaux de viande et les tentacules s'infléchirent bien. J'essayai ensuite de placer sur le disque de 3 feuilles un demi-minime d'une solution plus concentrée,

---

1. Voir les articles Glycérine et Acide oléique dans *Watts Dict. of Chemistry.*

c'est-à-dire contenant 1 partie d'acide pour 218 parties d'eau ; aucune
inflexion des tentacules extérieurs ne se produisit ; je plaçai alors,
comme dans l'expérience précédente, un petit morceau de viande sur
chacune des feuilles ; les tentacules d'une seule feuille s'infléchirent
convenablement, les glandes du disque des 2 autres s'étaient desséchées et paraissaient très-malades. Nous voyons par ces expériences
que les glandes du disque après avoir absorbé cet acide transmettent
rarement une impulsion aux tentacules extérieurs, bien que ces derniers agissent vigoureusement quand leurs glandes absorbent directement l'acide.

Acide lactique. — 1 partie pour 437 parties d'eau ; 3 feuilles
plongées ensemble dans 90 minimes de la solution. Au bout de quarante-huit minutes aucune inflexion, mais le liquide prend une teinte
rose ; au bout de huit heures trente minutes, une feuille seule est
légèrement infléchie, et presque toutes les glandes des 3 feuilles sont
devenues très-pâles. Je lavai alors les feuilles et je les plongeai dans
une solution de phosphate d'ammoniaque (1 grain de phosphate pour
20 onces d'eau) ; au bout de seize heures environ, j'observai seulement une trace d'inflexion. Je laissai les feuilles dans la solution de
phosphate pendant quarante-huit heures ; elles restèrent dans le même
état, presque toutes leurs glandes étant décolorées. Le *protoplasma*
contenu dans les cellules ne s'était pas agrégé, sauf dans les cellules
de quelques tentacules dont les glandes n'étaient pas très-décolorées.
Je suppose donc que presque toutes les glandes et presque tous les
tentacules ont été tués si soudainement par l'acide, qu'à peine une
légère inflexion a pu se produire. Je plongeai alors 4 feuilles dans
120 minimes d'une solution plus faible, c'est-à-dire contenant 1 partie d'acide pour 875 parties d'eau. Deux heures trente minutes
après, le liquide était devenu tout rose et les glandes très-pâles,
mais aucune inflexion ne s'était produite ; au bout de sept heures
trente minutes, les tentacules de 2 feuilles étaient quelque peu infléchis et les glandes étaient presque toutes blanches. Au bout de vingt-
deux heures, ceux de 2 feuilles étaient considérablement infléchis et
ceux de la troisième l'étaient légèrement ; la plupart des glandes
étaient blanches, les autres d'un rouge foncé. Au bout de quarante-cinq
heures, presque tous les tentacules d'une feuille étaient infléchis ; un
grand nombre chez la seconde ; quelques-uns chez la troisième et
chez la quatrième ; presque toutes les glandes étaient devenues
blanches à l'exception de celles du disque de deux feuilles dont la
plupart étaient d'un rouge très-foncé. Les feuilles paraissaient mortes.
L'acide lactique agit donc de façon toute particulière, il provoque

l'inflexion de façon très-lente et c'est un poison violent. L'immersion dans des solutions encore plus faibles, c'est-à-dire contenant 1 partie d'acide pour 1,312 parties et même pour 1,750 parties d'eau, semble tuer les feuilles sans provoquer d'inflexion, car les tentacules, s'inclinent en sens opposé; de plus, les glandes deviennent complétement blanches.

Acides gallique, tannique, tartrique et citrique. — 1 partie de chacun d'eux pour 437 parties d'eau. Je plongeai 3 ou 4 feuilles, chacune dans 30 minimes de ces 4 solutions, de façon à ce que chaque feuille reçoive 1/16e de grain (4,048 milligr.) d'acide. Au bout de vingt-quatre heures, aucune inflexion ne s'était produite et les feuilles ne paraissaient pas du tout attaquées. Je plongeai dans une solution de phosphate d'ammoniaque (1 grain de phosphate pour 20 onces d'eau) les feuilles qui avaient séjourné déjà dans l'acide tannique et dans l'acide tartrique, mais aucune inflexion ne se produisit au bout de vingt-quatre heures. D'autre part, les 4 feuilles qui avaient été traitées par l'acide citrique s'infléchirent sensiblement après cinquante minutes d'immersion dans la solution de phosphate d'ammoniaque; au bout de cinq heures, elles étaient fortement infléchies et elles restèrent dans cet état pendant vingt-quatre heures.

Acide malique. — 1 partie pour 437 parties d'eau; 3 feuilles plongées ensemble dans 90 minimes de la solution; au bout de huit heures vingt minutes, aucune feuille n'était infléchie, mais au bout de vingt-quatre heures, 2 d'entre elles l'étaient considérablement et la troisième légèrement, plus cependant que cela n'a lieu par l'action de l'eau. Les glandes n'avaient pas sécrété beaucoup de mucus. Je plongeai alors les feuilles dans l'eau, et, au bout de deux jours, les tentacules étaient redressés en partie. Il résulte de cette expérience que cet acide n'est pas un poison.

Acide oxalique. — 1 grain d'acide pour 437 parties d'eau; 3 feuilles plongées ensemble dans 90 minimes de la solution; au bout de deux heures dix minutes, inflexion considérable; glandes pâles; le liquide a pris une couleur rouge foncé; au bout de huit heures, inflexion excessive. Je plaçai alors les feuilles dans l'eau; six heures environ après, les tentacules étaient devenus rouge très-foncé, comme ceux des feuilles plongées dans l'acide acétique. Au bout d'un nouveau laps de temps de vingt-quatre heures, les 3 feuilles étaient mortes et les glandes incolores.

Acide benzoïque. — 1 grain d'acide pour 437 parties d'eau;

5 feuilles plongées chacune dans 30 minimes de la solution. Cette solution est si faible que c'est à peine si l'on peut distinguer le goût de l'acide, et cependant, comme nous allons le voir, elle constitue un poison violent pour le *Drosera*. Au bout de cinquante-deux minutes, les tentacules sous-marginaux étaient quelque peu infléchis et toutes les glandes étaient très-pâles; le liquide s'était coloré en rose. Dans une autre expérience, le liquide était devenu rose au bout de douze minutes seulement, et les glandes aussi blanches que si l'on avait plongé la feuille dans l'eau bouillante. Au bout de quatre heures, inflexion considérable, mais aucun des tentacules n'était étroitement infléchi, ce qui provient, je crois, de ce qu'ils avaient été paralysés avant d'avoir eu le temps d'achever leur mouvement. Les glandes avaient sécrété une quantité extraordinaire de mucus. Je laissai quelques feuilles dans la solution; je retirai les autres après une immersion de six heures trente minutes pour les plonger dans l'eau. Le lendemain matin, les unes et les autres étaient mortes; les feuilles restées dans la solution paraissaient flasques, celles plongées dans l'eau, qui avait pris une teinte jaune, étaient devenues brun pâle avec les glandes toutes blanches.

Acide succinique. — 1 grain d'acide pour 437 parties d'eau; 3 feuilles plongées ensemble dans 90 minimes de la solution; au bout de quatre heures quinze minutes, inflexion marquée, et, au bout de vingt-trois heures, inflexion considérable; la plupart des glandes pâles et le liquide coloré en rose. Je lavai alors les feuilles et je les plongeai dans l'eau; au bout de deux jours quelques signes de redressement, mais beaucoup de glandes étaient encore blanches. Cet acide est loin d'être un poison aussi violent que l'acide oxalique ou que l'acide benzoïque.

Acide urique. — Je plongeai 3 feuilles dans 180 minimes d'une dilution contenant 1 grain d'acide pour 875 parties d'eau chaude, ce qui ne suffit pas cependant pour dissoudre tout l'acide, mais, en somme, chaque feuille reçut environ 1/16e de grain (4,048 millig.) d'acide. Au bout de vingt-cinq minutes, j'observai une légère inflexion qui n'augmenta jamais; au bout de neuf heures, les glandes n'étaient pas décolorées et la solution n'avait pas pris une teinte rose; néanmoins, les glandes avaient sécrété beaucoup de mucus. Je plaçai alors les feuilles dans l'eau, et le lendemain matin elles étaient complétement redressées. Je doute que cet acide provoque réellement l'inflexion, car on peut attribuer à la présence de quelques traces de matières albumineuses le léger mouvement que j'ai remarqué tout d'abord. Toutefois, la sécrétion si abondante des glandes prouve que cet acide doit produire quelque effet.

Acide hippurique. — 1 grain d'acide pour 437 parties d'eau; 4 feuilles plongées ensemble dans 120 minimes de la solution. Au bout de deux heures, le liquide s'était coloré en rose, les glandes étaient devenues pâles, mais aucune inflexion ne s'était produite. Au bout de six heures une légère inflexion; au bout de neuf heures, tous les tentacules des 4 feuilles étaient considérablement infléchis; les glandes devenues très-pâles avaient sécrété beaucoup de mucus. Je plongeai alors les feuilles dans l'eau et je les y laissai pendant deux jours; elles restèrent étroitement infléchies avec les glandes incolores et je ne doute pas qu'elles ne fussent mortes.

Acide cyanhydrique. — 1 partie pour 437 parties d'eau; 4 feuilles plongées chacune dans 30 minimes de la solution; au bout de deux heures quarante-cinq minutes, tous les tentacules étaient considérablement infléchis et beaucoup de glandes avaient pâli; au bout de trois heures quarante-cinq minutes tous les tentacules étaient fortement infléchis et le liquide devenu rose; au bout de six heures, tous les tentacules fortement infléchis. Après une immersion de huit heures vingt minutes, je lavai les feuilles et je les plongeai dans l'eau; le lendemain matin, au bout d'environ seize heures, elles restaient encore infléchies et décolorées; le lendemain, elles étaient évidemment mortes. Je plongeai alors 2 feuilles dans une solution plus concentrée contenant 1 partie d'acide pour 50 parties d'eau; au bout de une heure quinze minutes, les glandes devinrent aussi blanches que de la porcelaine, tout comme si on les avait plongées dans l'eau bouillante; quelques tentacules seulement étaient infléchis, mais, au bout de quatre heures, ils l'étaient presque tous. Je plongeai alors ces feuilles dans l'eau et je vis le lendemain qu'elles étaient mortes. Je plaçai ensuite sur le disque de 5 feuilles un demi-minime d'une solution de la même force, c'est-à-dire contenant 1 partie d'acide pour 50 parties d'eau; au bout de vingt et une heures, tous les tentacules extérieurs étaient infléchis et les feuilles semblaient avoir été vivement attaquées. Je touchai aussi la sécrétion visqueuse sur un grand nombre de glandes avec des gouttes microscopiques ayant un volume d'environ 1/20e de minime, soit 0,00296 de milligr. du mélange de Scheele (6 °/₀ d'acide); les glandes devinrent d'abord rouge brillant, et, au bout de trois heures quinze minutes environ, les 2/3 des tentacules portant ces glandes étaient infléchis; ils restèrent en cet état pendant les deux jours suivants, mais alors ils me parurent morts.

Conclusions sur l'action exercée par les acides. — Il
est évident que les acides ont une forte tendance à provoquer l'inflexion des tentacules ; car, sur 24 acides avec
lesquels j'ai expérimenté, 19 provoquent l'inflexion soit
rapidement et énergiquement, soit lentement et légèrement[1]. Ce fait est d'autant plus remarquable que le suc
d'un grand nombre de plantes, à en juger par le goût, contient beaucoup plus d'acide que les solutions employées
dans mes expériences. Les effets énergiques exercés par
tant d'acides sur le *Drosera* nous autorisent à penser que
les acides naturels que contiennent les tissus de cette plante
et de beaucoup d'autres doivent jouer un rôle important
dans leur économie. Sur les cinq cas dans lesquels les acides
n'ont pas provoqué l'inflexion des tentacules, un cas, tout au
moins, est douteux : l'acide urique, en effet, a agi légèrement et a provoqué d'abondantes sécrétions de mucus. La
simple acidité au goût n'est pas un critérium de l'influence
d'un acide sur le *Drosera;* en effet, l'acide citrique et
l'acide tartrique ont un goût très-acide, et cependant ni
l'un ni l'autre n'amènent l'inflexion des tentacules. Il est
à remarquer aussi combien les acides diffèrent de puissance. Ainsi, l'acide chlorhydrique agit beaucoup moins
énergiquement que l'acide iodhydrique et que beaucoup
d'autres acides de la même force et, en outre, il n'est pas
un poison. C'est là un fait intéressant, car l'acide chlorhydrique joue un rôle très-important dans la digestion des
animaux. L'acide formique provoque une inflexion très-
légère, tandis que son allié l'acide acétique exerce une
action rapide, énergique et est un poison. L'acide malique
exerce une action légère, tandis que l'acide citrique et

1. Selon M. Fournier, *De la Fécondation dans les Phanérogames*, 1863,
p. 61, une goutte d'acide acétique, d'acide chlorhydrique ou d'acide sulfurique, provoque la fermeture immédiate des étamines du *Berberis*, bien
qu'une goutte d'eau n'ait pas cette faculté, comme je peux l'affirmer moi-
même.

l'acide tartrique ne produisent aucun effet. L'acide lactique est un poison ; il est un autre fait remarquable à constater à son sujet, c'est le laps de temps considérable qui s'écoule avant qu'il ne provoque l'inflexion. Toutefois, ce qui m'a le plus surpris, c'est qu'une dilution d'acide benzoïque, faible au point qu'il est difficile de reconnaître au goût une trace d'acidité, agisse avec une si grande rapidité et constitue un poison si violent ; on m'apprend, en effet, que cet acide ne provoque aucun effet marqué sur l'économie des animaux. En jetant un coup d'œil sur la liste qui se trouve au commencement de cette discussion on peut voir que la plupart des acides constituent des poisons et souvent des poisons violents. On sait que les acides dilués provoquent une osmose négative [1] ; or, l'action vénéneuse exercée par tant d'acides sur le *Drosera* se relie peut-être à cette propriété, car nous avons vu que le liquide, dans lequel plongent les feuilles, prend souvent une teinte rose et que les glandes deviennent pâles ou blanches. Beaucoup d'acides vénéneux, tels que l'acide iodhydrique, l'acide benzoïque, l'acide hippurique et l'acide carbolique (je ne cite que ceux-là, car j'ai négligé de noter tous les exemples) provoquent la sécrétion d'une quantité si extraordinaire de mucus que de longs filaments de cette substance pendent aux feuilles quand on les retire des solutions. D'autres acides, tels que l'acide chlorhydrique et l'acide malique, n'ont pas cet effet ; avec ces deux derniers, le liquide n'a pas été coloré en rose et les feuilles n'ont pas été empoisonnées. D'autre part, l'acide propionique, qui est un poison, ne provoque pas la sécrétion d'une grande quantité de mucus, et cependant le liquide se teinte légèrement en rose. Enfin, de même que nous l'avons vu pour certaines solutions salines, les feuilles, après une immersion dans certains acides, obéissent rapidement à

---

1. Miller, *Elements of Chemistry,* 1re partie, 1867, p. 87.

l'action du phosphate d'ammoniaque; d'autre part, le phosphate d'ammoniaque n'a aucune action sur elles quand elles ont été plongées dans certains autres acides. J'aurai ailleurs l'occasion de revenir sur ce point.

CHAPITRE IX

EFFETS PRODUITS PAR CERTAINS POISONS ALCALOÏDES,
PAR D'AUTRES SUBSTANCES ET PAR DES VAPEURS.

Sels de strychnine. — Le sulfate de quinine n'arrête pas rapidement les mouvements du protoplasma. — Autres sels de quinine. — Digitaline. — Nicotine. — Atropine. — Vératrine. — Colchicine. — Théine. — Curare. — Morphine. — Hyoscyamine. — Le poison du Cobra capello semble accélérer les mouvements du *protoplasma*. — Le camphre est un stimulant puissant. — Sa vapeur agit comme narcotique. — Certaines huiles essentielles provoquent l'inflexion. — Glycérine. — L'eau et certaines solutions retardent ou empêchent l'action subséquente du phosphate d'ammoniaque. — L'alcool est inoffensif; la vapeur d'alcool agit comme narcotique et comme poison. — Chloroforme, Éther sulfurique et Éther azotique, leur propriété stimulante, vénéneuse et narcotique. — L'acide carbonique est un narcotique, mais il n'agit pas comme poison rapide. — Conclusions.

De même que je l'ai fait dans le dernier chapitre, je donnerai d'abord le détail de mes expériences, puis je ferai un bref résumé des résultats et j'en tirerai quelques conclusions.

Acétate de Strychnine. — Je plaçai sur le disque de 6 feuilles un demi-minime d'une solution contenant 1 partie d'acétate de strychnine pour 437 parties d'eau, de façon à ce que chaque feuille reçoive 1/960e de grain (0,0296 de milligr.) d'acétate. Au bout de deux heures trente minutes, les tentacules extérieurs de quelques-unes de ces feuilles étaient infléchis, mais de façon irrégulière, car quelquefois les tentacules situés d'un côté seulement de la feuille s'étaient mis en mouvement. Le lendemain matin, au bout de vingt-deux heures trente minutes, l'inflexion n'avait pas augmenté. Les glandes du disque étaient devenues noires et avaient cessé de produire des sécrétions. Au bout d'un nouveau laps de temps de vingt-quatre heures, toutes les glandes centrales paraissaient mortes, bien que les tentacules extérieurs qui s'étaient infléchis se fussent redressés et parussent en très-bonne santé. Il semble résulter de cette expérience que l'action vénéneuse de la strychnine est limitée aux glandes qui l'ont absorbée;

toutefois ces glandes transmettent une impulsion aux tentacules extérieurs. Des gouttes microscopiques (environ 1/20ᵉ de minime) de la
même solution appliquées aux glandes des tentacules extérieurs provoquent quelquefois une inflexion. Ce poison ne paraît pas agir
rapidement, car j'ai appliqué à plusieurs glandes des gouttes ayant un
volume semblable d'une solution plus concentrée, c'est-à-dire contenant 1 partie d'acétate pour 292 parties d'eau, ce qui n'a pas empêché
les tentacules de s'incliner quand, au bout d'un laps de temps variant
entre un quart d'heure et trois quarts d'heure, après l'application de la
solution, je les ai excités par des attouchements répétés ou en plaçant
sur eux des parcelles de viande. Des gouttes semblables d'une solution contenant 2 parties d'acétate pour 218 parties d'eau (2 grains
pour 1 once d'eau) font noircir rapidement les glandes; quelques tentacules traités par cette solution se mirent en mouvement tandis que
les autres restèrent immobiles. Toutefois, si l'on humecte ensuite ces
dernières avec un peu de salive ou qu'on place sur elles une parcelle de viande, les tentacules s'infléchissent avec une extrême lenteur,
ce qui prouve que les glandes ont été attaquées. Des solutions plus
concentrées, dont je n'ai pas calculé le degré exact, paralysent quelquefois très-rapidement chez les tentacules la faculté du mouvement;
ainsi, j'ai placé des parcelles de viande sur les glandes de plusieurs
tentacules extérieurs et dès qu'ils se mettaient en mouvement j'ajou-
tais une goutte microscopique de la solution. Ces tentacules continuaient pendant quelques instants leur mouvement d'inflexion, puis
s'arrêtaient soudain, tandis que d'autres tentacules sur la même
feuille, chargés d'une parcelle de viande, mais qui n'étaient pas
humectés avec la strychnine continuaient leur mouvement d'inflexion
et atteignaient bientôt le centre de la feuille.

Citrate de strychnine. — Je plaçai sur le disque de 6 feuilles un
demi-minime d'une solution contenant 1 partie de citrate de strychnine
pour 437 parties d'eau. Au bout de vingt-quatre heures, j'observai à
peine une trace d'inflexion chez les tentacules extérieurs. Je plaçai
alors des parcelles de viande sur 3 de ces feuilles, mais au bout de
vingt-quatre heures il ne s'était produit qu'une inflexion très-légère
et très-irrégulière, ce qui prouve que les feuilles avaient été vivement
attaquées. Les glandes du disque de 2 feuilles sur lesquelles je n'avais
pas placé de viande s'étaient desséchées et étaient très-malades.
J'humectai la sécrétion de plusieurs glandes avec des gouttes microscopiques d'une forte solution contenant 1 partie de citrate pour
109 parties d'eau (4 grains pour 1 once d'eau), mais cette solution
ne produisit pas un effet aussi apparent que les gouttes d'une solu-

tion beaucoup plus faible d'acétate. Je plaçai sur 6 glandes des parcelles de citrate sec; deux de ces glandes commencèrent leur mouvement d'inflexion sur le centre de la feuille, puis s'arrêtèrent tout à
coup, probablement elles étaient tuées; 3 autres se rapprochèrent
du centre, mais restèrent immobiles avant d'y arriver; une seule
décrivit son mouvement d'inflexion jusqu'au centre. Je plongeai
5 feuilles, chacune dans 30 minimes d'une solution contenant 1 partie
de citrate pour 437 parties d'eau, de façon à ce que chacune reçoive
1/16e de grain de citrate ; au bout d'une heure environ, quelques
tentacules extérieurs s'infléchirent et les glandes se bigarrèrent singulièrement de noir et de blanc. Au bout de quatre ou cinq heures,
ces glandes devinrent blanchâtres et opaques; le *protoplasma* contenu
dans les cellules des tentacules était bien agrégé. Au bout de ce temps,
les tentacules de 2 feuilles étaient considérablement infléchis, mais
ceux des 3 autres ne l'étaient pas plus qu'auparavant. Toutefois,
2 nouvelles feuilles plongées respectivement pendant deux heures et
pendant quatre heures dans la solution, ne furent point tuées; car, au
bout d'une immersion d'une heure trente minutes dans une solution contenant 1 partie de carbonate d'ammoniaque pour 218 parties d'eau,
leurs tentacules s'infléchirent considérablement et je remarquai une
forte agrégation dans les cellules. Les glandes de 2 autres feuilles, après
une immersion de deux heures dans une solution plus forte, c'est-
à-dire contenant 1 partie de citrate pour 218 parties d'eau, devinrent
opaques et se colorèrent en rose pâle. Cette teinte disparut bientôt et
elles restèrent blanches. Les tentacules et le limbe d'une de ces
2 feuilles étaient considérablement infléchis ; chez l'autre, ils l'étaient
à peine ; toutefois, chez toutes deux, le *protoplasma* s'était agrégé dans
toutes les cellules des tentacules jusqu'à la base et les masses sphériques de protoplasma dans les cellules situées immédiatement au-
dessus des glandes s'étaient noircies. Au bout de vingt-quatre heures,
une de ces feuilles était incolore et était évidemment morte.

Sulfate de quinine. — J'ajoutai une petite quantité de ce sel à de
l'eau qui en dissout, dit-on, 1/1000e environ de son poids. Je plongeai
5 feuilles, chacune dans 30 minimes de cette solution qui avait un goût
amer. En moins d'une heure, quelques tentacules d'une partie de ces
feuilles étaient infléchis. Au bout de trois heures, la plupart des
glandes prirent une teinte blanchâtre, d'autres une teinte foncée,
beaucoup d'autres se marbrèrent singulièrement. Au bout de six
heures, un bon nombre des tentacules de 2 feuilles étaient infléchis,
mais ce degré très-modéré d'inflexion n'augmenta pas. Je sortis une
des feuilles de la solution au bout de quatre heures et je la plongeai

dàns l'eau, le lendemain matin quelques-uns des tentacules infléchis s'étaient redressés, ce qui prouve qu'ils n'étaient pas morts, mais les glandes étaient encore très-décolorées. J'examinai avec beaucoup de soin, dans une autre expérience, une feuille que j'avais laissée dans la solution pendant trois heures quinze minutes; le *protoplasma* contenu dans les cellules des tentacules extérieurs, ainsi que celui des cellules des tentacules courts du disque, s'était considérablement agrégé jusqu'à la base des tentacules; je vis distinctement les petites masses de *protoplasma* changer assez rapidement de position et de forme; elles se réunissaient et se séparaient de nouveau. Ce fait me surprit beaucoup, car on dit que la quinine arrête tous les mouvements des corpuscules blancs du sang; mais comme, selon Binz[1], cela provient de ce que les corpuscules rouges ne leur fournissent plus d'oxygène, on ne pouvait guère s'attendre à observer un tel arrêt de mouvement chez le *Drosera*. Le changement de couleur des glandes suffisait à prouver qu'elles avaient absorbé une certaine quantité de sel, mais je pensai d'abord que la solution n'avait pas pénétré jusqu'aux cellules des tentacules où le *protoplasma* était entraîné par des mouvements très-actifs. Je pense toutefois que cette hypothèse est erronée, car, après avoir laissé pendant trois heures une feuille dans la solution de quinine, je la plongeai dans une solution contenant 1 partie de carbonate d'ammoniaque pour 218 parties d'eau; au bout de trente minutes les glandes et les cellules supérieures des tentacules étaient devenues noir foncé et le *protoplasma* présentait un aspect très-extraordinaire; il s'était, en effet, agrégé en masses réticulées de couleur sale laissant entre elles des espaces arrondis et angulaires. Or, comme le carbonate d'ammoniaque seul ne produit jamais semblable effet, il faut l'attribuer à l'action de la quinine. J'observai pendant quelques temps ces masses réticulées, mais elles ne changèrent pas de forme; il faut donc en conclure que le *protoplasma* avait été tué par l'action combinée des deux sels, bien qu'il n'ait été exposé que fort peu de temps à cette action.

Une autre feuille, après une immersion de vingt-quatre heures dans la solution de quinine, devint quelque peu flasque et le *protoplasma* de toutes les cellules s'agrégea. La plupart des masses agrégées étaient devenues incolores et présentaient une apparence granuleuse; ces masses étaient sphériques ou allongées, ou, plus ordinairement encore, consistaient en petites chaînes recourbées composées de petits globules. Aucune de ces masses n'était en mouvement, et, sans aucun doute, le *protoplasma* était mort.

1. *Quarterly Journal of Microscopical science*, avril 1874, p. 185.

Je plaçai sur le disque de 6 feuilles un demi-minime de la solution ; au bout de vingt-trois heures, tous les tentacules chez l'une des feuilles, quelques-uns chez 2 autres, étaient infléchis, chez les 3 autres aucun tentacule n'avait bougé ; il résulte de cette expérience que les glandes du disque, irritées par ce sel, ne transmettent aucune forte impulsion aux tentacules extérieurs. Au bout de quarante-huit heures, les glandes du disque des 6 feuilles étaient évidemment très-malades ou étaient mortes. Il est évident que ce sel est un poison violent[1].

Acétate de quinine. — Je plongeai 4 feuilles, chacune dans 30 minimes d'une solution contenant 1 partie d'acétate pour 437 parties d'eau. J'essayai la solution avec du papier de tournesol et elle ne présenta aucune trace d'acidité. Au bout de dix minutes, les tentacules des 4 feuilles s'étaient infléchis, et, au bout de six heures, cette inflexion était devenue considérable. Je laissai alors les feuilles dans l'eau pendant soixante heures, mais les tentacules ne se redressèrent pas ; les glandes étaient blanches et les feuilles évidemment mortes. Ce sel provoque l'inflexion beaucoup plus rapidement que le sulfate de quinine, et, comme ce dernier, est un poison violent.

Azotate de quinine. — Je plongeai 4 feuilles, chacune dans 30 minimes d'une solution contenant 1 partie d'azotate pour 437 parties d'eau. Au bout de six heures, c'est à peine si je pus observer une trace d'inflexion ; au bout de vingt-deux heures, les tentacules de 3 feuilles étaient modérément infléchis, et ceux de la quatrième légèrement. Il résulte donc de cette expérience que ce sel provoque une inflexion lente, mais bien prononcée. Après un séjour de quarante-huit heures dans l'eau, presque tous les tentacules se redressèrent, bien que les glandes fussent très-décolorées. Ce sel n'est donc pas un poison. On ne manquera pas de remarquer l'action si différente qu'exercent les trois sels de quinine dont nous venons de nous occuper.

Digitaline. — Je plaçai sur le disque de 5 feuilles un demi-minime

---

1. Binz a découvert, il y a plusieurs années, ainsi qu'il est constaté dans le *Journal of Anatomy and Physiol.*, novembre 1872, p. 185, que la quinine est un poison violent pour les organismes végétaux et les animaux inférieurs. Une partie de quinine ajoutée à 4000 parties de sang suffit pour arrêter les mouvements des copuscules blancs qui deviennent arrondis et granuleux. Dans les tentacules du *Drosera*, les masses agrégées de *protoplasma* qui paraissaient tuées par la quinine avaient aussi un aspect granuleux. L'eau très-chaude produit un effet semblable.

234   DROSERA ROTUNDIFOLIA.

d'une solution contenant 1 partie de digitaline pour 437 parties d'eau. Au bout de trois heures quarante-cinq minutes, les tentacules de quelques-unes de ces feuilles et le limbe de l'une d'elles étaient modérément infléchis. Au bout de huit heures, les tentacules de 3 feuilles étaient bien infléchis ; chez la quatrième, quelques tentacules seulement s'étaient mis en mouvement, et la cinquième, une vieille feuille, n'avait pas été affectée. Ces feuilles restèrent dans le même état, ou à peu près, pendant deux jours ; toutefois, les glandes du disque étaient devenues pâles. Le troisième jour, les feuilles me semblèrent très-malades. Néanmoins, je plaçai sur deux d'entre elles des parcelles de viande, et les tentacules extérieurs s'infléchirent. J'appliquai à 3 glandes une goutte microscopique (environ 1/20ᵉ de minime) de la solution ; au bout de six heures, les 3 tentacules étaient infléchis, mais le lendemain ils s'étaient presque complétement redressés ; on peut conclure de cette expérience qu'une dose de digitaline s'élevant à 1/28800ᵉ de grain (0,00225 de milligr.) agit sur le tentacule sans constituer un poison. Il résulte de ces divers faits que la digitaline provoque l'inflexion et empoisonne les glandes qui en absorbent une certaine quantité.

Nicotine. — Je touchai avec une goutte microscopique de nicotine pure la sécrétion de plusieurs glandes ; ces glandes noircirent instantanément, et les tentacules s'infléchirent au bout de quelques minutes. Je plongeai 2 feuilles dans une faible solution contenant 2 gouttes de nicotine pour une once ou 437 grains d'eau. Au bout de trois heures vingt minutes, 21 tentacules seulement sur une feuille étaient étroitement infléchis, et 6 l'étaient légèrement sur l'autre ; mais toutes les glandes étaient devenues noires ou avaient pris tout au moins une couleur très-foncée, et le *protoplasma* dans toutes les cellules de tous les tentacules s'était agrégé et avait pris une teinte foncée. Les feuilles n'étaient pas tout à fait mortes, car, plongées dans une solution de carbonate d'ammoniaque (2 grains pour une once d'eau), quelques autres tentacules s'infléchirent sans que le reste se soit mis en action pendant un laps de temps de vingt-quatre heures.

Je plaçai sur le disque de 6 feuilles un demi-minime d'une solution plus forte (2 gouttes de nicotine pour 1/2 once d'eau) ; au bout de trente minutes, tous les tentacules dont les glandes s'étaient trouvées en contact immédiat avec la solution, ce qui était indiqué par leur teinte noire, s'étaient infléchis ; mais aucune impulsion n'avait été transmise aux tentacules extérieurs. Au bout de vingt-deux heures, la plupart des glandes du disque semblaient mortes ; il ne pouvait toutefois en être ainsi, car je plaçai sur 3 d'entre elles des parcelles de viande, et quelques tentacules extérieurs s'infléchirent au bout de vingt-quatre heures. Il résulte de ces expériences que la nicotine a une grande tendance à noircir les glandes et à provoquer l'agrégation du *protoplasma;* mais, à moins qu'elle ne soit pure, elle ne provoque qu'une inflexion très-modérée et elle n'exerce qu'une action plus faible encore au point de vue de la transmission d'une impulsion des glandes du disque aux tentacules extérieurs. La nicotine n'est pas un poison violent.

Atropine. — J'ajoutai 1 grain d'atropine à 437 grains d'eau, mais cette quantité d'eau ne suffit pas à dissoudre l'alcaloïde; j'ajoutai un autre grain à 437 grains d'un mélange contenant 1 partie d'alcool pour 7 parties d'eau; je préparai une troisième solution en ajoutant 1 partie de valérianate d'atropine à 437 parties d'eau. Je plaçai un demi-minime de chacune de ces 3 solutions sur le disque de 6 feuilles, mais sans obtenir aucun effet, si ce n'est toutefois que les glandes qui reçurent la solution de valérianate furent légèrement décolorées. Les 6 feuilles sur lesquelles j'avais laissé, pendant vingt et une heures, une goutte de la solution d'atropine dans de l'alcool étendu d'eau s'infléchirent bien vingt-quatre heures après avoir reçu des parcelles de viande; de sorte que l'on peut conclure que l'atropine ne provoque aucun mouvement des tentacules et n'est pas un poison. J'expérimentai aussi de la même façon avec l'alcaloïde qui se vend sous le nom de daturine, mais qui, croit-on, ne diffère pas de l'atropine; cet alcaloïde ne produisit aucun effet. Je plaçai aussi des parcelles de viande sur 3 feuilles qui, pendant vingt-quatre heures, avaient supporté une goutte de cette dernière solution; au bout de vingt-quatre heures, un assez grand nombre des tentacules sous-marginaux de ces feuilles étaient infléchis.

Vératrine, colchicine, théine. — Je préparai des solutions de ces 3 alcaloïdes en ajoutant 1 partie de chacun d'eux à 437 parties d'eau. Je plaçai dans chaque cas un demi-minime de la solution sur le disque d'au moins 6 feuilles, mais aucune d'elles ne provoqua l'inflexion, sauf peut-être la solution de théine. Comme nous l'avons déjà dit, un demi-minime d'une forte infusion de thé ne produit aucun effet. J'expérimentai aussi avec des gouttes semblables d'une infusion contenant 1 partie d'extrait de colchique, vendu par le pharmacien, pour 218 parties d'eau; je surveillai les feuilles pendant quarante-huit heures, mais il ne se produisit aucune inflexion. Je plaçai des parcelles de viande sur les 7 feuilles qui avaient été pendant vingt-

six heures en contact avec des gouttes de vératrine; au bout de
vingt et une heures, les tentacules étaient bien infléchis. Il résulte
de ces expériences que ces trois alcaloïdes sont absolument inoffensifs.

Curare. — J'ajoutai 1 partie de ce fameux poison à 218 parties d'eau et je plongeai 3 feuilles dans 90 minimes de la solution. Au
bout de trois heures trente minutes, quelques tentacules étaient un
peu infléchis et le limbe d'une feuille au bout de quatre heures. Au
bout de sept heures, les glandes étaient devenues très-noires, ce qui
prouve qu'elles avaient absorbé certaines matières. Au bout de neuf
heures, presque tous les tentacules de 2 feuilles étaient infléchis à
moitié, toutefois l'inflexion n'augmenta pas dans le cours des vingt-
quatre heures qui suivirent. Je plongeai dans l'eau une des feuilles qui
était restée pendant neuf heures dans la solution, et, le lendemain
matin, les tentacules s'étaient presque complétement redréssés. Je
plongeai aussi les 2 autres feuilles dans l'eau après une immersion de
vingt-quatre heures dans la solution, et, au bout de vingt-quatre
heures, elles se redréssèrent, bien que leurs glandes restassent
très-noires. Je plaçai un demi-minime de la solution sur le disque de
6 feuilles sans qu'il se produisît aucune inflexion; au bout de trois
jours, les glandes du disque me parurent assez sèches, mais, à ma
grande surprise, elles n'étaient pas noircies. Dans une autre expérience, je plaçai une quantité semblable de la solution sur le disque
de 6 feuilles et j'observai bientôt une inflexion considérable, mais
dans ce cas je n'avais pas filtré cette solution, et il se peut que des
parcelles solides en suspension aient exercé une action sur les
glandes. Au bout de vingt-quatre heures, je plaçai des parcelles de
viande sur le disque de 3 de ces feuilles dont les tentacules s'infléchirent fortement le lendemain. Je pensai d'abord que peut-être le
poison ne s'était pas dissous dans l'eau pure, aussi je préparai une
nouvelle solution en ajoutant 1 grain de curare à 437 grains d'un
mélange contenant 1 partie d'alcool pour 7 parties d'eau, et je plaçai
un demi-minime de cette solution sur le disque de 6 feuilles. Elles
ne furent affectées en aucune façon et, quand un jour après je plaçai
sur elles des parcelles de viande, les tentacules s'infléchirent légèrement au bout de cinq heures et fortement au bout de vingt-quatre
heures. Il résulte de ces diverses expériences qu'une solution de curare provoque une inflexion très-minime qu'il faut peut-être attribuer
à la présence d'une petite quantité d'albumine. En tout cas, le curare
n'agit pas comme poison. Chez une des feuilles qui était restée plongée
pendant vingt-quatre heures dans la solution et dont les tentacules
s'étaient légèrement infléchis, le *protoplasma* s'était agrégé dans une

faible mesure, mais pas plus qu'il n'arrive quelquefois à la suite d'une immersion aussi prolongée dans l'eau.

Acétate de morphine. — Je fis un grand nombre d'expériences avec cette substance, mais sans obtenir des résultats bien certains. Je plongeai un nombre considérable de feuilles dans une solution contenant 1 partie d'acétate de morphine pour 218 parties d'eau et je les y laissai de deux à six heures, sans que les tentacules d'aucune d'elles s'infléchissent. Elles ne furent pas non plus empoisonnées, car lavées et plongées dans de faibles solutions de phosphate et de carbonate d'ammoniaque elles s'infléchirent bientôt fortement et le *protoplasma* des cellules s'agrégea complétement. Toutefois, si l'on ajoute du phosphate d'ammoniaque à la solution de morphine dans laquelle plongent les feuilles, l'inflexion ne se produit pas rapidement. J'appliquai de la façon ordinaire des gouttes microscopiques de la solution à la sécrétion de 30 ou 40 glandes ; cette application sembla considérablement retarder l'inflexion des tentacules sur les glandes desquels j'avais placé six minutes après des parcelles de viande, un peu de salive ou des éclats microscopiques de verre ; dans d'autres expériences, au contraire, aucun retard semblable ne se produisit. Des gouttes d'eau appliquées dans les mêmes conditions ne retardent jamais l'inflexion des tentacules ; des gouttes d'une solution de sucre de la même force, c'est-à-dire contenant 1 partie de sucre pour 218 parties d'eau retardent quelquefois l'action subséquente de la viande et des parcelles de verre, mais quelquefois aussi n'ont aucun effet. Je pensai un moment que la morphine agit comme narcotique sur le *Drosera,* mais j'ai dû renoncer à cette hypothèse quand de nombreuses expériences m'eurent démontré de quelle façon singulière l'immersion dans certains sels et dans certains acides non vénéneux empêchent l'action subséquente du phosphate d'ammoniaque.

Extrait de jusquiame. — Je plongeai plusieurs feuilles, chacune dans 30 minimes d'une infusion contenant pour 1 once d'eau 3 grains de l'extrait tel qu'il est vendu par les pharmaciens. Après être resté pendant cinq heures quinze minutes dans la solution, l'une de ces feuilles n'était pas infléchie ; je la plongeai alors dans une solution de carbonate d'ammoniaque (1 grain pour 1 once d'eau) ; au bout de deux heures quarante minutes, les tentacules étaient considérablement infléchis et les glandes très-noircies. Je plongeai dans 120 minimes d'une solution de phosphate d'ammoniaque (1 grain de phosphate pour 20 onces d'eau) 4 feuilles, qui étaient restées pendant deux heures quatorze minutes dans la solution d'hyoscyamine ; cette dernière avait déjà provoqué chez elle une légère inflexion due probablement à la présence de quelques matières albumineuses, mais cette inflexion augmenta immédiatement, et au bout d'une heure elle était fortement marquée. L'hyoscyamine n'agit donc ni comme narcotique ni comme poison.

Poison provenant du crochet d'une vipère vivante. — Je plaçai des gouttes microscopiques de ce poison sur les glandes de beaucoup de tentacules; ces tentacules s'infléchirent rapidement tout comme si on les avait touchés avec de la salive. Le lendemain matin, au bout de dix-sept heures trente minutes, ils se redressèrent tous et ne parurent avoir été attaqués en aucune façon.

Poison du cobra. — Le docteur Fayrer, bien connu pour ses recherches sur le poison de ce terrible serpent, a été assez bon pour m'en donner une certaine quantité desséchée. Ce poison est une substance albumineuse analogue, pense-t-on, à la ptyaline de la salive [1]. J'appliquai à la sécrétion de 4 glandes une goutte microscopique (environ 1/20e de minime) d'une solution contenant 1 partie de poison pour 437 parties d'eau, de façon à ce que chaque glande reçût 1/38400e de grain (0,0016 de milligr.) de poison. Je répétai l'opération sur 4 autres glandes; au bout de quinze minutes, quelques-uns de ces 8 tentacules étaient bien infléchis et tous l'étaient au bout de deux heures. Le lendemain matin, c'est-à-dire au bout de vingt-quatre heures, les tentacules étaient encore infléchis et les glandes avaient pris une teinte rose très-pâle. Au bout d'un nouveau laps de temps de vingt-quatre heures, les tentacules s'étaient presque redressés et ils l'étaient complétement le lendemain, mais la plupart des glandes étaient restées presque blanches.

Je plaçai sur le disque de 3 feuilles un demi-minime de la même solution, de façon à ce que chacune reçoive 1/960e de grain (0,0675 de milligr.) de poison. Au bout de quatre heures quinze minutes, les tentacules extérieurs étaient très-infléchis; au bout de six heures trente minutes, les tentacules de 2 de ces feuilles et le limbe de l'une d'elles étaient fortement infléchis; la troisième feuille n'avait été que modérément affectée. Les feuilles restèrent dans le même état pendant un jour et se redressèrent au bout de quarante-huit heures.

Je plongeai alors 3 feuilles, chacune dans 30 minimes de la solution, de façon à ce que chacune d'elles se trouve en présence de 1/16e de grain (4,048 milligr.) de poison. Au bout de six minutes,

1. Dr Fayrer, *The Thanatophidia of India,* 1872, p. 150.

j'observai une légère inflexion qui augmenta régulièrement, de sorte qu'au bout de deux heures trente minutes, tous les tentacules des 3 feuilles étaient étroitement infléchis; les glandes prirent d'abord une teinte un peu plus foncée, puis elles devinrent pâles; le *protoplasma* des cellules des tentacules s'agrégea en partie. J'examinai les petites masses de *protoplasma* au bout de trois heures d'immersion, puis au bout de sept heures; dans aucune autre occasion je n'ai vu le *protoplasma* subir des changements de forme aussi rapides. Au bout de huit heures trente minutes, les glandes étaient devenues complétement blanches; elles n'avaient pas sécrété une quantité considérable de mucus. Je plongeai alors les feuilles dans l'eau; après quarante heures d'immersion, les tentacules se redressèrent, ce qui prouve que les feuilles n'avaient pas souffert. Pendant cette immersion dans l'eau, j'examinai, à plusieurs reprises, le *protoplasma* contenu dans les cellules des tentacules et je pus m'assurer que des mouvements violents l'agitaient encore.

Je plongeai alors 2 feuilles, chacune dans 30 minimes d'une solution beaucoup plus forte contenant 1 partie de poison pour 109 parties d'eau, de façon que chaque feuille reçoive 1/4 de grain ou 16,2 milligr. de poison. Au bout d'une heure quarante-cinq minutes, les tentacules sous-marginaux étaient fortement infléchis et les glandes étaient un peu pâles; au bout de trois heures trente minutes, tous les tentacules des 2 feuilles étaient étroitement infléchis et les glandes étaient devenues blanches. Il résulte de cette expérience, comme nous l'avons vu déjà dans tant d'autres cas, que la solution plus faible a provoqué une inflexion plus rapide que la solution plus forte; toutefois cette dernière a blanchi les glandes beaucoup plus rapidement que la première. J'examinai quelques tentacules après une immersion de vingt-quatre heures; le *protoplasma,* qui conservait encore une belle couleur pourpre, s'était agrégé en petites masses globulaires. Ces masses changeaient de forme avec une rapidité remarquable. Je les examinai de nouveau après une immersion de quarante-huit heures; les mouvements du protoplasma étaient alors si évidents qu'on pouvait les étudier facilement avec un faible grossissement. Je plongeai alors les feuilles dans l'eau et, au bout de vingt-quatre heures, c'est-à-dire soixante-douze heures, à partir du moment de leur première immersion, les petites masses de *protoplasma* qui avaient pris une teinte pourpre sale étaient encore agitées de mouvements rapides; elles changeaient constamment de forme se réunissant et se séparant à chaque instant.

Huit heures après l'immersion de ces 2 feuilles dans l'eau, c'est-à-dire cinquante-six heures après leur première immersion dans la solution, les tentacules commencèrent à se redresser et le lendemain matin ce redressement avait fait quelques progrès. Le surlendemain, c'est-à-dire le quatrième jour après leur immersion dans la solution, les tentacules étaient considérablement, mais non pas complétement redressés. J'examinai alors le contenu des tentacules: les masses agrégées de *protoplasma* s'étaient presque complétement dissoutes, et les cellules étaient remplies d'un liquide homogène, à l'exception çà et là d'une petite masse globulaire. Nous voyons donc que le protoplasma n'avait été en aucune façon attaqué par le poison. Comme les glandes étaient devenues si rapidement blanches, il me vint à la pensée que leur tissu avait pu se modifier de façon à empêcher le poison de passer dans les cellules situées au-dessous d'elles, et qu'en conséquence le *protoplasma* de ces cellules n'avait pu être attaqué par le poison. Pour m'en assurer je plongeai une autre feuille qui avait séjourné pendant quarante-huit heures dans la solution de poison et ensuite vingt-quatre heures dans l'eau, dans une faible quantité d'une solution contenant 1 partie de carbonate d'ammoniaque pour 218 parties d'eau: au bout de trente minutes, le *protoplasma* des cellules situées au-dessous des glandes prit une teinte plus foncée et, au bout de vingt-quatre heures, les tentacules étaient remplis jusqu'à la base de masses sphériques de *protoplasma* de couleur foncée. Il résulte de cette expérience que les glandes n'avaient pas perdu leurs facultés d'absorption, tout au moins en ce qui concerne le carbonate d'ammoniaque.

Ces divers faits prouvent que le poison du cobra, bien que terrible pour les animaux, n'agit pas comme poison sur le *Drosera* : cependant ce poison provoque une inflexion rapide et considérable des tentacules, et fait disparaître bientôt la couleur des glandes. Il semble même agir comme un stimulant sur le *protoplasma,* car, avec l'expérience considérable que j'ai acquise sur les mouvements de cette substance dans le *Drosera,* je ne me rappelle cependant pas l'avoir vu dans un état aussi actif sous l'influence d'une autre matière quelle quelle soit. J'étais, par conséquent, très-désireux de savoir quelle est l'action de ce poison sur le *protoplasma* des animaux. Le docteur Fayrer fut assez bon pour faire, à ma demande, quelques expériences qu'il a publiées depuis [1]. Il plongea dans une solution contenant 0,03 grammes de poison de cobra pour 4,6 centimètres cubes d'eau, l'épithelium ciliaire de la bouche d'une grenouille ; en même temps, il en plongeait d'autres dans l'eau pure pour avoir un terme de comparaison. Les mouvements des cils plongés dans la solution

---

1. *Proceedings of Royal society,* 18 février 1875.

semblèrent augmenter d'abord, mais ils diminuèrent bientôt et, au bout de quinze ou vingt minutes, ils cessèrent complétement; tandis que ceux plongés dans l'eau agissaient encore vigoureusement. Les corpuscules blancs du sang d'une grenouille et les cils de 2 infusoires, un *Paramœcium* et un *Volvox* furent semblablement affectés par le poison. Le docteur Fayrer a trouvé aussi que le muscle d'une grenouille perd son irritabilité après une immersion de vingt minutes dans la solution, car il devient alors insensible à l'action d'un fort courant électrique. D'autre part, les mouvements des cils de l'enveloppe d'un *Unio* ne furent point arrêtés, même après avoir séjourné pendant un temps considérable dans une solution très-concentrée. En résumé, il semble prouvé que le poison du cobra attaque beaucoup plus vivement le *protoplasma* des animaux élevés qu'il n'attaque celui du *Drosera*.

Il y a encore un point qu'il est bon de mentionner. J'ai observé parfois que certaines solutions, et surtout certains acides, rendent quelque peu troubles les gouttes de sécrétions qui entourent les glandes, une espèce de couche se formant à la surface des gouttes; mais je n'ai jamais vu cet effet produit de façon aussi évidente que par le poison du cobra. Chaque fois que j'ai employé la solution la plus forte, les gouttes, au bout de dix minutes, avaient tout l'aspect de petits nuages arrondis. Au bout de quarante-huit heures, la sécrétion se transformait en fils et en lames de substances membraneuses comprenant des petits granules de différentes grosseurs.

Camphre. — Je grattai du camphre et je plaçai la poudre ainsi obtenue dans une bouteille contenant de l'eau distillée; je l'y laissai un jour, puis je filtrai. Une solution faite dans ces conditions contient, dit-on, 1/1000e de son poids de camphre; en tout cas, cette solution avait l'odeur et le goût du camphre. Je plongeai 10 feuilles dans cette solution; au bout de quinze minutes, les tentacules de 5 feuilles étaient bien infléchis; ceux des deux autres avaient commencé à s'infléchir au bout de 11 et de 12 minutes; ceux de la sixième feuille ne commencèrent à se mettre en mouvement qu'au bout de quinze minutes, mais ils étaient bien infléchis au bout de dix-sept minutes, et ils l'étaient fortement au bout de vingt-quatre minutes; ceux de la septième feuille commencèrent leur mouvement au bout de dix-sept minutes et étaient fortement infléchis au bout de vingt-six minutes. La huitième, la neuvième et la dixième feuille étaient vieilles et d'un rouge très-foncé; les tentacules de ces feuilles ne s'infléchirent pas après une immersion de vingt-quatre heures; il faut donc éviter d'employer des feuilles semblables à celles-là quand on veut faire des expériences avec le camphre. Quelques-unes de ces feuilles laissées pendant quatre heures dans la solution prirent une teinte rose assez sale et sécrétèrent beaucoup de mucus; bien que leurs tentacules fussent fortement infléchis, le *protoplasma* des cellules ne s'était pas du tout agrégé. Toutefois, dans une autre expérience, après une immersion de vingt-quatre heures, j'observai une agrégation bien marquée. Une solution faite en ajoutant 2 gouttes d'alcool camphré à 1 once d'eau n'exerça aucune action sur une feuille; d'autre part, une autre solution faite par l'addition de 30 minimes d'alcool camphré à 1 once d'eau a exercé une action sur 2 feuilles plongées ensemble dans la solution.

M. Vogel a démontré[1] que les fleurs de diverses plantes se fanent moins vite quand on plonge la tige dans une solution de camphre que lorsqu'on la plonge dans l'eau; il a démontré, en outre, que si les fleurs sont déjà un peu fanées elles reprennent plus vite leur fraicheur dans la solution de camphre.

La solution de camphre accélère aussi la germination de certaines graines. Le camphre agit donc comme stimulant vis-à-vis des plantes et c'est le seul que l'on connaisse. Cela m'a conduit à faire de nombreuses expériences pour m'assurer si le camphre rend les feuilles du *Drosera* plus sensibles à une irritation mécanique qu'elles ne le sont ordinairement. Je plongeai 6 feuilles dans de l'eau distillée et les y laissai pendant cinq ou six minutes, puis je passai légèrement sur elles, à deux ou trois reprises différentes, pendant qu'elles étaient encore sous l'eau, un pinceau très-doux en poils de chameau; il ne se produisit aucun mouvement. Ensuite, je passai *une fois* seulement le même pinceau, de la même façon qu'auparavant, sur neuf feuilles plongées dans une solution de camphre et que j'y ai laissées le temps indiqué dans le tableau suivant. Dans mes premiers essais je passai le pinceau sur les feuilles quand elles étaient encore dans la solution; mais il me vint à la pensée que je pouvais enlever, en le faisant, la sécrétion visqueuse qui entoure les glandes et que, par conséquent, la solution de camphre pouvait agir plus efficacement sur elles. En conséquence, dans tous les essais subséquents, je sortais les feuilles de la solution de camphre, je les agitais pendant quinze secondes environ dans l'eau, je les plongeais alors dans de l'eau pure et je passais le pinceau sur elles, de façon à ce que cette irritation mécanique ne permette pas au camphre d'agir plus librement sur

---

1. *Gardener's Chronicle*, 1874, p. 671. — Des observations à peu près semblables ont été faites en 1798 par B.-S. Barton.

les glandes; toutefois, cette différence de traitement ne modifie en rien les résultats.

NUMÉRO des feuilles.	DURÉE de l'immersion dans la solution de camphre.	LAPS DE TEMPS ÉCOULÉ entre le moment de l'irritation par le pinceau et l'inflexion des tentacules.	LAPS DE TEMPS ÉCOULÉ entre l'immersion des feuilles dans la solution de camphre et les premiers signes d'inflexion des tentacules.
1	5 minutes.	3 minutes, inflexion considérable ; 4 minutes, tous les tentacules infléchis, sauf 3 ou 4.	8 minutes.
2	5 minutes.	6 minutes, premiers signes d'inflexion.	11 minutes.
3	5 minutes.	6 minutes 30 secondes, légère inflexion ; 7 minutes 30 secondes, inflexion prononcée.	11 minutes 30 sec.
4	4 minutes 30 s.	2 minutes 30 secondes, traces d'inflexion ; 3 minutes, inflexion prononcée ; 4 minutes, inflexion fortement marquée.	7 minutes.
5	4 minutes.	2 minutes 30 secondes, traces d'inflexion ; 3 minutes, inflexion prononcée.	6 minutes 30 sec.
6	4 minutes.	2 minutes 30 secondes, inflexion prononcée ; 3 minutes 30 secondes, inflexion fortement marquée.	6 minutes 30 sec.
7	4 minutes.	2 minutes 30 secondes, légère inflexion ; 3 minutes, inflexion marquée ; 4 minutes, inflexion très-prononcée.	6 minutes 30 sec.
8	3 minutes.	2 minutes, traces d'inflexion ; 3 minutes, inflexion considérable ; 6 minutes, inflexion très-considérable.	5 minutes.
9	3 minutes.	2 minutes, traces d'inflexion ; 3 minutes, inflexion considérable ; 6 minutes, inflexion très-considérable.	5 minutes.

Je laissai d'autres feuilles dans la solution sans les irriter avec le pinceau; une trace d'inflexion se montra chez une de ces feuilles au bout de onze minutes; chez une deuxième, au bout de douze minutes; 5 autres ne commencèrent à s'infléchir qu'au bout de quinze minutes, et 2 autres enfin que quelques minutes plus tard. On verra, en jetant les yeux sur la colonne de droite du tableau ci-dessus, que la plupart des feuilles plongées dans la solution et irritées ensuite avec le pinceau, s'infléchissent beaucoup plus rapidement. En outre, les mouvements des tentacules chez quelques-unes de ces feuilles étaient si rapides qu'on pouvait le suivre en se servant d'une loupe très-faible.

Il est bon de relater deux ou trois autres expériences. Une vieille feuille, très-grande, qui était restée plongée pendant dix minutes dans la solution de camphre, ne semblait pas disposée à s'infléchir de longtemps; je passai donc le pinceau sur elle, et, au bout de deux minutes, les tentacules se mettaient en mouvement et étaient totalement infléchis au bout de trois minutes. Une autre feuille, après une immersion de quinze minutes, ne présentait aucune trace d'inflexion; je passai le pinceau sur elle, et, au bout de quatre minutes, les tentacules étaient considérablement infléchis. Après une immersion de dix-sept minutes, une troisième feuille ne présentait non plus aucune trace d'inflexion; je passai le pinceau sur elle, mais au bout d'une heure, les tentacules n'avaient pas encore bougé; c'était donc là une exception. Je passai de nouveau le pinceau sur cette feuille, et cette fois, neuf minutes après, quelques tentacules s'infléchirent; l'exception n'était donc pas absolue.

On peut conclure de ces expériences qu'une petite dose de camphre en solution constitue pour le *Drosera* un stimulant énergique. Elle excite non-seulement l'inflexion des tentacules, mais elle semble aussi rendre les glandes sensibles à un attouchement qui, par lui-même, ne provoque aucun mouvement. Il se peut qu'une légère irritation mécanique, qui n'est pas suffisante en elle-même pour provoquer l'inflexion, donne cependant à la feuille une légère tendance au mouvement et que cette irritation vienne ainsi s'ajouter à l'action du camphre. Cette dernière hypothèse m'aurait paru la plus probable s'il n'avait été démontré par M. Vogel que le camphre, sous d'autres rapports, constitue un stimulant pour diverses plantes et pour diverses graines.

J'exposai 2 plants, portant chacun 4 ou 5 feuilles, et dont les racines reposaient dans une soucoupe pleine d'eau, à la vapeur de quelques morceaux de camphre, gros environ comme une noisette, en plaçant le tout sous une cloche ayant une capacité de 10 onces fluides. Au bout de dix heures, aucune inflexion ne s'était produite, mais les glandes semblaient émettre des sécrétions plus abondantes. Les feuilles étaient narcotisées, car je plaçai sur 2 d'entre elles des petits morceaux de viande, et, au bout de trois heures quinze minutes, aucune inflexion ne s'était produite; au bout même de treize heures quinze minutes, quelques tentacules extérieurs seulement étaient légèrement infléchis; toutefois, ce degré de mouvement prouve qu'une exposition de dix heures aux vapeurs du camphre n'avait pas tué les feuilles.

Huile de carvi. — On dit que l'eau dissout 1/1000ᵉ environ de son poids de cette huile. Je mis une goutte d'huile dans une once d'eau, et j'eus soin de secouer maintes fois la bouteille pendant la journée; toutefois, beaucoup de petits globules ne furent pas dissous. Je plongeai cinq feuilles dans ce mélange; au bout de quatre ou cinq minutes, j'observai une légère inflexion qui, après deux ou trois autres minutes, augmenta dans des proportions assez considérables. Au bout de quatorze minutes, tous les tentacules des cinq feuilles étaient bien infléchis, et quelques-uns l'étaient même fortement. Au bout de six heures, les glandes qui avaient sécrété beaucoup de mucus étaient devenues blanches, les feuilles flasques affectaient une couleur rouge sombre toute particulière; évidemment elles étaient mortes. Après une immersion de quatre minutes, j'excitai une des feuilles avec le pinceau, de même que j'avais fait pour celles plongées dans la solution de camphre; mais cette excitation ne produisit aucun effet; je plaçai un plant, dont les racines reposaient dans l'eau, sous une cloche d'une capacité de 10 onces pour l'exposer à la vapeur de cette huile; au bout d'une heure vingt minutes, une feuille présenta quelques traces d'inflexion. Au bout de cinq heures vingt minutes, j'enlevai la cloche pour examiner les feuilles; tous les tentacules de l'une d'elles étaient fortement infléchis; chez une seconde, la moitié environ des tentacules était infléchie; chez une troisième, tous les tentacules étaient à moitié infléchis. J'exposai alors la plante à l'air libre pendant quarante-deux heures, mais pas un seul tentacule ne se redressa; toutes les glandes semblaient mortes, sauf çà et là, une ou deux, qui sécrétaient encore du mucus. Il est évident que cette huile est en même temps un stimulant et un poison violent pour le *Drosera.*

Essence de girofle. — Je préparai un mélange de la même façon que dans le cas précédent, j'y plongeai 3 feuilles. Au bout de trente minutes, j'observai quelques signes d'inflexion qui n'augmentèrent jamais. Au bout d'une heure trente minutes, les glandes étaient devenues pâles, et blanches au bout de six heures. Sans aucun doute, les feuilles avaient été vivement attaquées, ou même elles avaient été tuées.

Essence de térébenthine. — Quelques gouttes placées sur le

disque de plusieurs feuilles les tuèrent, comme le fait la créosote.
Je laissai un plant pendant quinze minutes sous une cloche d'une
capacité de 12 onces, après avoir humecté la surface intérieure de
cette cloche avec 12 gouttes d'essence de térébenthine; aucun mouvement ne se produisit chez les tentacules. Au bout de vingt-quatre
heures, la plante était morte.

Glycérine. — Je plaçai 1/2 minime de glycérine sur le disque de
3 feuilles; au bout de deux heures, quelques tentacules extérieurs de
ces feuilles étaient irrégulièrement infléchis; au bout de dix-neuf
heures, les feuilles étaient devenues flasques et semblaient mortes;
les glandes qui s'étaient trouvées en contact avec la glycérine étaient
incolores. J'appliquai des gouttes microscopiques (environ 1/20e de
minime) aux glandes de plusieurs tentacules; au bout de quelques
minutes, ces glandes se mirent en mouvement et atteignirent bientôt
le centre de la feuille. J'appliquai de la même façon, à plusieurs
glandes, des gouttes semblables d'un mélange contenant 4 gouttes de
glycérine pour une once d'eau; quelques tentacules se mirent en
mouvement, et encore ce mouvement fut-il très-lent et très-peu prononcé. Je plaçai 1/2 minime de ce même mélange sur le disque de
plusieurs feuilles; à ma grande surprise, aucune inflexion ne s'était
produite au bout de quarante-huit heures. Je plaçai alors sur ces
mêmes feuilles des petits morceaux de viande; le lendemain, les
tentacules étaient bien infléchis, quoique quelques-unes des glandes
du disque fussent presque incolores. Je plongeai 2 feuilles dans le
même mélange, mais je ne les y laissai séjourner que quatre heures;
leurs tentacules ne s'infléchirent pas; je les plongeai ensuite dans une
solution de carbonate d'ammoniaque (1 grain de carbonate pour une
once d'eau); au bout de deux heures trente minutes, les glandes
s'étaient noircies, les tentacules infléchis, et le *protoplasma* des cellules était agrégé. Il résulte de ces expériences qu'un mélange de
4 gouttes de glycérine pour une once d'eau n'est pas un poison et
ne provoque qu'une inflexion très-insignifiante; d'autre part, la glycérine pure est un poison, et, si on l'applique en quantité très-minime
aux glandes des tentacules extérieurs, elle provoque leur inflexion.

*Effets de l'immersion dans l'eau et dans diverses solutions,
relativement à l'action subséquente du phosphate et du carbonate
d'ammoniaque.* — Nous avons vu dans le troisième et le septième
chapitre, que l'immersion dans l'eau distillée provoque, au bout de
quelque temps, un certain degré d'agrégation du *protoplasma* et une
inflexion modérée, surtout chez les plantes que l'on a cultivées dans

un milieu ambiant ayant une température assez élevée. L'eau ne provoque pas des sécrétions abondantes. Il nous faut considérer actuellement les effets de l'immersion dans divers liquides relativement à l'action subséquente des sels d'ammoniaque et d'autres stimulants. J'ai placé sur 4 feuilles, que j'avais laissées dans l'eau pendant vingt-quatre heures, des petits morceaux de viande, mais les tentacules ne se refermèrent pas sur eux. Je plongeai 10 feuilles, après une immersion semblable, dans une forte solution de phosphate d'ammoniaque (1 grain de phosphate pour 20 onces d'eau); je les y laissai pendant vingt-quatre heures, et au bout de ce temps, j'observai, chez une seulement, une légère trace d'inflexion. Je laissai 3 de ces feuilles un jour de plus dans cette solution, et aucune d'elles ne fut affectée. Toutefois, quand quelques-unes de ces feuilles qui avaient été plongées d'abord dans l'eau pendant vingt-quatre heures, puis dans une solution de phosphate pendant vingt-quatre heures, furent plongées dans une solution de carbonate d'ammoniaque (1 partie de carbonate pour 218 parties d'eau), le *protoplasma* des cellules des tentacules s'agrégea fortement au bout de vingt-quatre heures, ce qui prouve que les glandes avaient absorbé ce sel, et qu'un effet avait été produit.

Une courte immersion de vingt minutes dans l'eau ne retarde pas l'action subséquente du phosphate d'ammoniaque ou des éclats de verre placés sur les glandes; toutefois, dans deux cas différents, une immersion de cinquante minutes dans l'eau a empêché tout effet d'une solution de camphre. Plusieurs feuilles que j'avais laissées pendant vingt minutes dans une solution d'une partie de sucre blanc pour 218 parties d'eau, furent plongées dans la solution de phosphate dont l'action fut retardée; tandis qu'une solution de sucre et de phosphate mélangées ensemble, n'a aucune influence sur les effets de ce dernier. Je plongeai dans une solution de carbonate d'ammoniaque (1 partie pour 218 parties d'eau) 3 feuilles que j'avais laissées pendant vingt minutes dans la solution de sucre; au bout de deux ou trois minutes, les glandes étaient noires, et, au bout de sept minutes, les tentacules étaient considérablement infléchis, de sorte que bien que la solution de sucre retarde l'action du phosphate, elle ne retarde pas celle du carbonate. L'immersion pendant vingt minutes dans une solution semblable de gomme arabique ne retarde en aucune façon l'action du phosphate. Je laissai 3 feuilles pendant vingt minutes dans un mélange d'une partie d'alcool pour 7 parties d'eau, puis je les plongeai dans la solution de phosphate; au bout de deux heures quinze minutes, j'observai chez une feuille une trace d'inflexion; au bout de cinq heures trente minutes, une seconde feuille fut légèrement affectée; l'inflexion augmenta subséquemment, mais très-lentement. Il résulte de cette expérience que l'alcool étendu d'eau qui, comme nous le verrons, est à peine un poison, retarde très-certainement l'action subséquente du phosphate d'ammoniaque.

J'ai démontré, dans le dernier chapitre, que des feuilles dont les tentacules ne s'infléchissent pas après un jour d'immersion dans les solutions de différents sels et de différents acides, se conduisent de façon toute différente les unes des autres quand on les plonge ensuite dans la solution de phosphate. Le tableau suivant résume les résultats obtenus.

NOMS DES SELS et des acides contenus dans la solution.	DURÉE de l'immersion des feuilles dans la solution d'acide ou de sel contenant 1 partie pour 437 parties d'eau.	EFFETS PRODUITS SUR LES FEUILLES par leur immersion subséquente pendant un laps de temps indiqué dans une solution contenant 1 partie de phosphate d'ammoniaque pour 8,750 parties d'eau, ou 1 grain pour 20 onces.
Chlorure de rubidium. .	22 heures.	Au bout de 30 m., forte inflexion des tentacules.
Carbonate de potasse. .	20 minutes.	Au bout de 5 h. seulement, une légère inflexion.
Acétate de chaux. . . .	24 heures.	Au bout de 24 h., inflexion très-légère.
Azotate de chaux. . . .	24 heures.	Au bout de 24 h., inflexion très-légère.
Acétate de magnésie. .	22 heures.	Inflexion légère qui devint très-marquée au bout de 24 h.
Azotate de magnésie. .	22 heures.	Au bout de 4 h. 30 m., inflexion assez prononcée, qui n'augmenta plus.
Chlorure de magnésium.	92 heures.	Au bout de quelques minutes, forte inflexion; au bout de 4 h., presque tous les tentacules étroitement infléchis.
Acétate de baryte. . .	22 heures.	Au bout de 24 h , les tentacules de 2 feuilles sur 4 sont légèrement infléchis.
Azotate de baryte. . . .	22 heures.	Au bout de 30 m., les tentacules d'une feuille considérablement infléchis, ceux de 2 autres modérément; ils restent en cet état pendant 24 h.

NOMS DES SELS et des acides contenus dans la solution.	DURÉE de l'immersion des feuilles dans la solution d'acide ou de sel contenant 1 partie pour 437 parties d'eau.	EFFETS PRODUITS SUR LES FEUILLES par leur immersion subséquente pendant un laps de temps indiqué dans une solution contenant 1 partie de phosphate d'ammoniaque pour 8,750 parties d'eau, ou 1 grain pour 20 onces.
Acétate de strontiane. .	22 heures.	Au bout de 25 m., les tentacules de 2 feuilles considérablement infléchis ; au bout de 8 h., ceux d'une 3e modérément, et ceux d'une 4e très-légèrement. Les 4 feuilles restent en cet état pendant 24 h.
Azotate de strontiane. .	22 heures.	Au bout de 8 h., les tentacules de 3 feuilles sur 5 modérément infléchis ; au bout de 24 h., les tentacules des 5 feuilles sont dans ce même état, mais aucun n'est étroitement infléchi.
Chlorure d'aluminium. .	24 heures.	3 feuilles dont les tentacules n'avaient pas été affectés ou ne l'avaient été que très-légèrement par le chlorure, s'infléchissent assez étroitement au bout de 7 h. 30 m.
Azotate d'alumine. . .	24 heures.	Au bout de 25 h., effet léger et douteux.
Chlorure de plomb. . .	23 heures.	Au bout de 24 h., les tentacules de 2 feuilles quelque peu infléchis, ceux de la 3e très-peu ; les feuilles restent dans cet état.
Chlorure de manganèse.	22 heures.	Au bout de 48 h., pas la moindre inflexion.
Acide lactique.	48 heures.	Au bout de 24 h., trace d'inflexion chez quelques tentacules dont les glandes n'avaient pas été tuées par l'acide.
Acide tannique.	24 heures.	Au bout de 24 h., aucune inflexion.
Acide tartrique.	24 heures.	Au bout de 24 h., aucune inflexion.
Acide citrique	21 heures.	Au bout de 50 m., les tentacules certainement infléchis ; au bout de 5 h. ils le sont fortement et restent dans cet état pendant 24 h.
Acide formique.	22 heures.	Je n'ai observé cette feuille qu'au bout de 24 h. ; les tentacules étaient alors considérablement infléchis, et le *protoplasma* agrégé.

Dans une grande majorité des vingt cas que nous venons de citer, la solution de phosphate d'ammoniaque a lentement causé un certain degré d'inflexion. Toutefois, dans quatre cas, l'inflexion a été rapide, car elle s'est produite en moins d'une demi-heure, ou tout au plus en cinquante minutes. Par contre, dans trois cas, la solution de phosphate n'a produit aucun effet. Or, que conclure de ces faits? Dix essais différents nous ont prouvé que l'immersion dans l'eau distillée suffit pour prévenir l'action subséquente de la solution de phosphate d'ammoniaque. On pourrait donc conclure que les solutions de chlorure de manganèse, d'acide tannique et d'acide tartrique qui ne sont pas des poisons, agissent exactement comme l'eau, car le phosphate d'ammoniaque n'a provoqué aucun effet chez les feuilles qui avaient été précédemment plongées dans ces trois solutions. La plus grande partie des autres solutions a exercé, dans une certaine mesure, une action semblable à celle de l'eau, car le phosphate d'ammoniaque n'a produit, après un laps de temps considérable, qu'un effet très-léger sur les feuilles plongées dans ces solutions. D'autre part, le phosphate d'ammoniaque a produit un effet rapide sur les feuilles plongées dans des solutions de chlorure de rubidium et de magnésium, d'acétate de strontiane, d'azotate de baryte et d'acide citrique. Or, faut-il conclure que les feuilles ont absorbé l'eau de ces cinq faibles solutions, et que, cependant, grâce à la présence des sels, l'action subséquente du phosphate n'a pas été empêchée? Ou bien, ne pouvons-nous pas supposer que les interstices des parois des glandes ont été bouchés par les molécules de ces cinq substances, de sorte qu'elles sont devenues imperméables? Ne savons-nous pas, en effet, d'après les dix expériences dont nous avons parlé plus haut, que si l'eau avait pénétré dans les glandes, le phosphate n'aurait ensuite produit aucun effet [1]? Il paraît, en outre, que les molécules du carbonate d'ammoniaque

1. Voir les curieuses expériences du Dr M. Traube sur la production des cellules artificielles et sur leur perméabilité pour différents sels. On trouvera les détails de ces expériences dans les mémoires suivants du docteur : « *Experimente zur Theorie der Zellenbildung und Endosmose* », Breslau, 1866; et « *Experimente zur physicalischen Erklärung der Bildung der Zellhaut, ihres Wachsthums durch Intussusception* », Breslau, 1874. Ces recherches expliquent peut-être les résultats que j'ai obtenus. Le Dr Traube a employé ordinairement, comme membrane, le précipité qui se forme quand l'acide tannique se trouve en contact avec une solution de gélatine. En laissant se former en même temps un précipité de sulfate de baryte, la membrane est imprégnée de ce sel ; et, en conséquence de l'interposition des molécules de sulfate de baryte au milieu des molécules du précipité de gélatine, les interstices moléculaires de la membrane deviennent plus petits. Dans cet état, la membrane ne se laisse plus traverser par le sulfate d'ammoniaque ou par l'azotate de baryte, bien qu'elle soit encore perméable pour l'eau et pour le chlorure d'ammoniaque.

peuvent pénétrer facilement dans les glandes qui, par suite d'une immersion de vingt minutes dans une faible solution de sucre, absorbent très-lentement le phosphate d'ammoniaque, ou chez lesquelles ce dernier sel ne produit qu'une action très-lente. D'autre part, quel que soit le traitement qu'on ait fait subir aux glandes, elles semblent toujours pénétrées facilement par les molécules de carbonate d'ammoniaque. Ainsi, des feuilles qui avaient été plongées dans une solution d'azotate de potasse (1 partie d'azotate pour 437 parties d'eau), pendant quarante-huit heures, dans une solution de sulfate de potasse pendant vingt-quatre heures, et dans une solution de chlorure de potassium pendant vingt-cinq heures, furent plongées dans une solution contenant 1 partie de carbonate d'ammoniaque pour 218 parties d'eau ; les glandes noircirent immédiatement, et au bout d'une heure les tentacules étaient quelque peu infléchis, et le *protoplasma* agrégé. Il serait d'ailleurs impossible d'essayer de déterminer les effets étonnamment divers de différentes solutions sur le *Drosera*.

Alcool (1 partie pour 7 parties d'eau). — Nous avons déjà dit qu'un demi-minime d'alcool dilué dans ces proportions, placé sur le disque des feuilles, ne provoque aucune inflexion, et que si, deux jours après, on place sur les feuilles des petits morceaux de viande, les tentacules s'infléchissent considérablement. J'ai plongé 4 feuilles dans un mélange tel que celui que je viens d'indiquer, et, au bout de trente minutes, j'ai passé sur elles le pinceau dont je m'étais déjà servi pour les feuilles plongées dans la solution de camphre ; cette excitation ne produisit aucun effet. Je laissai ces 4 feuilles dans le mélange d'alcool pendant vingt-quatre heures sans qu'il se produise aucune inflexion. Je plongeai alors l'une d'elles dans une infusion de viande crue, et je plaçai des petits morceaux de viande sur le disque des 3 autres, dont la tige plongeait dans l'eau. Le lendemain, une de ces feuilles semblait un peu malade, et je n'observai chez les 2 autres que de légères traces d'inflexion. Il faut toutefois se rappeler qu'une immersion de vingt-quatre heures dans l'eau empêche les tentacules de saisir des morceaux de viande. Il faut en conclure que l'alcool dilué dans les proportions que je viens d'indiquer n'est pas un poison, et qu'il ne stimule pas les feuilles comme le fait le camphre.

La vapeur de l'alcool agit différemment. J'ai placé sous une cloche d'une capacité de 19 onces, 60 minimes d'alcool dans un verre de montre, auprès d'un plant portant 3 belles feuilles. Au bout de vingt-cinq minutes, aucun mouvement ne s'était produit, mais quelques glandes s'étaient noircies et ridées, tandis que d'autres étaient devenues tout à fait pâles. Ces glandes pâles étaient distribuées de la manière la plus irrégulière sur toute la surface des feuilles, ce qui me rappela la façon dont la vapeur du carbonate d'ammoniaque affecte les glandes. Je plaçai des petits morceaux de viande crue sur beaucoup de glandes de ces feuilles, en choisissant particulièrement celles qui avaient conservé leur couleur, immédiatement après avoir retiré le plant de dessous la cloche. Au bout de quatre heures, pas un seul tentacule ne s'était encore infléchi. Au bout de deux heures, les glandes de tous les tentacules commencèrent à se dessécher, et le lendemain matin, au bout de vingt-deux heures, toutes les glandes étaient sèches, et les 3 feuilles semblaient mortes; seuls, les tentacules d'une feuille étaient infléchis en partie.

Je plaçai un second plant auprès d'un peu d'alcool sous une cloche d'une capacité de 12 onces, mais je l'y laissai pendant cinq minutes seulement; puis je plaçai des parcelles de viande sur les glandes de plusieurs tentacules. Au bout de dix minutes, quelques-uns des tentacules commencèrent à s'infléchir, et, au bout de cinquante-cinq minutes, ils étaient presque tous considérablement infléchis; toutefois, quelques-uns ne bougèrent pas. Il est probable, mais il n'est pas certain qu'il se produit là quelque effet anesthésique. Je laissai aussi pendant cinq minutes un troisième plant sous la même cloche, après avoir répandu une douzaine de gouttes environ d'alcool à l'intérieur du verre. Je plaçai ensuite des parcelles de viande sur les glandes de plusieurs tentacules, et quelques-uns se mirent en mouvement au bout de vingt-cinq minutes; au bout de quarante minutes, un grand nombre de tentacules étaient quelque peu infléchis, et au bout d'une heure dix minutes, presque tous l'étaient considérablement. La lenteur des mouvements des tentacules prouve indubitablement que leurs glandes avaient été rendues insensibles pendant quelque temps, par une exposition de cinq minutes à la vapeur de l'alcool.

Vapeur du chloroforme. — L'action de cette vapeur sur le *Drosera* varie beaucoup; cette action dépend, je crois, de la constitution ou de l'âge de la plante, ou de quelque condition inconnue. La vapeur du chloroforme provoque quelquefois chez les tentacules des mouvements extrêmement rapides, mais parfois aussi cette vapeur ne produit aucun effet semblable. Quelquefois, les glandes, à la suite de l'exposition à la vapeur, deviennent insensibles pendant un certain temps à l'action de la viande crue, mais parfois aussi elles ne sont pas affectées ou elles ne le sont que très-légèrement. Enfin, la plante se remet bientôt quand elle a été exposée à une petite dose de vapeur, mais une dose plus considérable la tue facilement.

J'ai laissé pendant trente minutes un plant de *Drosera* sous une cloche d'une capacité de 19 onces fluides (539 millil. 6) dans laquelle j'avais placé 8 gouttes de chloroforme; avant que la cloche ne fût enlevée, la plupart des tentacules s'étaient considérablement infléchis, bien qu'ils n'aient pas atteint le centre de la feuille. Après l'enlèvement de la cloche, je plaçai des morceaux de viande sur les glandes de plusieurs tentacules qui s'étaient quelque peu infléchis. Au bout de six heures trente minutes, ces glandes étaient devenues noires, mais le mouvement d'inflexion ne s'était pas continué. Au bout de vingt-quatre heures, les feuilles paraissaient presque mortes.

J'employai ensuite une cloche plus petite d'une capacité de 12 onces fluides (340,8 millil.), et j'y laissai une plante pendant 90 secondes avec 2 gouttes de chloroforme seulement. Dès que la cloche fut retirée, tous les tentacules s'infléchirent de façon à se tenir droits sur la feuille, et j'ai pu observer que quelques-uns s'avançaient rapidement par bonds, c'est-à-dire de la façon la plus extraordinaire; aucun d'eux, toutefois, n'atteignit le centre. Au bout de vingt-deux heures, les tentacules se redressèrent complétement, et ils s'infléchirent rapidement quand je plaçai ensuite sur les glandes des morceaux de viande, ou que je les chatouillai avec une aiguille; ces feuilles n'avaient donc pas été attaquées par la vapeur du chloroforme.

Je plaçai un autre plant sous la même cloche avec 3 gouttes de chloroforme; avant que deux minutes ne se fussent écoulées, les tentacules commencèrent à s'infléchir en avançant par une série de petits bonds. J'enlevai alors la cloche et, au bout de deux ou trois minutes à partir de ce moment, les tentacules atteignirent le centre de la feuille. Dans plusieurs autres essais, la vapeur de chloroforme ne produisit aucun mouvement de cette nature.

On remarque aussi une grande variabilité quant au degré d'insensibilité que le chloroforme provoque chez les glandes au point de vue de l'action subséquente de la viande. Dans la plante dont je viens de parler, qui avait été exposée deux minutes à l'action de 3 gouttes de chloroforme, quelques tentacules s'infléchirent, mais de façon seulement à se mettre dans une position perpendiculaire relativement à la feuille; je plaçai des morceaux de viande sur les glandes; au bout de cinq minutes les tentacules se mirent en mouvement, mais ce mouvement fut si lent qu'il se passa une heure trente minutes avant qu'ils n'aient atteint le centre de la feuille. Je plaçai un autre plant dans les mêmes conditions, c'est-à-dire que je l'exposai pendant deux minutes à l'action de 3 gouttes de chloroforme et que je plaçai ensuite des morceaux de viande sur les glandes de plusieurs tentacules qui avaient pris la position perpendiculaire ; un de ces tentacules se remit en mouvement au bout de huit minutes, mais ses mouvements furent ensuite très-lents ; aucun des autres tentacules ne bougea pendant quarante minutes. Toutefois, au bout d'une heure quarante-cinq minutes, à partir du moment où j'avais placé sur les glandes des petits morceaux de viande, tous les tentacules avaient atteint le centre de la feuille. Il est probable que, dans ce cas, un léger effet anesthésique avait été produit. Le lendemain, la plante était en parfait état.

Je soumis un autre plant portant 2 feuilles, pendant deux minutes, à l'action de 2 gouttes de chloroforme sous une cloche ayant une capacité de 19 onces ; je le sortis alors de la cloche pour l'examiner ; puis je l'exposai de nouveau pendant deux minutes à l'action de 2 gouttes de chloroforme, puis je le sortis de nouveau et je le réexposai une troisième fois, pendant trois minutes, à l'action de 3 gouttes de chloroforme ; de sorte que ce plant avait été exposé alternativement à l'air libre et pendant sept minutes à la vapeur de 7 gouttes de chloroforme. Je plaçai alors des morceaux de viande sur 13 glandes sur les 2 feuilles. Un seul tentacule sur la première se mit en mouvement au bout de quarante minutes, et deux autres au bout de cinquante-quatre minutes. Sur la deuxième feuille, quelques tentacules commencèrent à se mettre en mouvement au bout d'une heure onze minutes. Au bout de deux heures, beaucoup de tentacules des 2 feuilles étaient infléchis, mais aucun n'avait atteint le centre pendant ce laps de temps. On ne peut douter, dans ce cas, que le chloroforme ait exercé sur les feuilles un effet anesthésique.

D'autre part, j'exposai une autre plante sous la même cloche pendant beaucoup plus longtemps, c'est-à-dire pendant vingt minutes, à une quantité deux fois plus considérable de chloroforme. Je plaçai alors des morceaux de viande sur les glandes de beaucoup de tentacules, et tous, sauf un seul, atteignirent le centre de la feuille au bout de treize ou quatorze minutes. Dans ce cas, aucun effet anesthésique n'avait été produit, et je ne sais vraiment comment concilier ces résultats si différents.

Vapeur de l'éther sulfurique. — J'exposai un plant pendant trente minutes à l'action de 30 minimes d'éther sulfurique sous une cloche ayant une capacité de 19 onces, puis je plaçai des morceaux de viande crue sur beaucoup de glandes qui avaient pâli ; aucun des tentacules ne se mit en mouvement. Au bout de six heures trente minutes, les feuilles semblaient malades, et les glandes du disque étaient presque sèches. Le lendemain matin, beaucoup de tentacules

étaient morts, et, dans ce nombre, tous ceux sur lesquels avait été
placée la viande; ce qui prouve que les glandes avaient emprunté à
la viande des substances qui avaient augmenté les effets désastreux
de la vapeur. Au bout de quatre jours, la plante elle-même mourut.
J'exposai une autre plante sous la même cloche pendant quinze minutes à l'action de 40 minimes d'éther. Tous les tentacules d'une
jeune feuille toute petite s'infléchirent, et la feuille semblait considérablement attaquée. Je plaçai des parcelles de viande crue sur
plusieurs glandes des 2 autres feuilles qui étaient plus vieilles. Au
bout de six heures, ces glandes se desséchèrent et me semblèrent très-
malades; les tentacules ne bougèrent pas, sauf un toutefois qui finit
par s'infléchir un peu. Les glandes des autres tentacules continuèrent
à sécréter et ne semblèrent pas avoir été attaquées, mais au bout de
trois jours, toute la plante devint très-malade.

Dans les deux expériences précédentes, les doses étaient évidemment trop fortes et agirent comme poison. Avec des doses plus
faibles, les effets anesthésiques obtenus ressemblent à ceux produits
par le chloroforme. J'exposai une plante pendant cinq minutes à dix
gouttes d'éther sous une cloche ayant une capacité de 12 onces, et je
plaçai ensuite des morceaux de viande sur beaucoup de glandes.
Aucun des tentacules ainsi traités ne se mit en mouvement qu'au
bout de quarante minutes; mais alors quelques-uns d'entre eux s'infléchirent très-rapidement, de sorte que 2 avaient atteint le centre de
la feuille au bout de dix minutes seulement. Au bout de deux heures
douze minutes, à partir du moment où la viande avait été placée sur
les glandes, tous les tentacules atteignirent le centre de la feuille.
J'exposai, pendant cinq minutes, une autre plante portant 2 feuilles
dans le même réceptacle, à une dose un peu plus considérable
d'éther, et je plaçai des morceaux de viande sur plusieurs glandes.
Dans ce cas, un tentacule sur chaque feuille commença au bout de
cinq minutes son mouvement d'inflexion; au bout de douze minutes,
2 tentacules sur une feuille et un sur la seconde avaient atteint le
centre. Au bout de trente minutes, à partir du moment où la viande
avait été placée sur les glandes, tous les tentacules, ceux qui portaient de la viande et ceux qui n'en portaient pas, étaient étroitement
infléchis; on pourrait donc penser que la vapeur d'éther avait sti-
mulé ces feuilles, et qu'elle avait provoqué l'inflexion de tous les
tentacules.

Vapeur de l'éther azotique. — Cette vapeur semble avoir des
effets plus nuisibles que la vapeur de l'éther sulfurique. J'exposai une
plante, pendant cinq minutes, sous une cloche ayant une capacité de

12 onces, à la vapeur de huit gouttes d'éther azotique, et j'observai distinctement que quelques tentacules se recourbèrent avant que la cloche ne fût enlevée. Immédiatement après, je plaçai des morceaux de viande sur trois glandes, mais aucun mouvement ne se produisit dans un laps de temps de dix-huit minutes. Je replaçai la même plante sous la même cloche et je l'y laissai pendant seize minutes avec 10 gouttes d'éther. Aucun des tentacules ne bougea, et le lendemain matin ceux qui portaient la viande étaient encore dans la même position. Au bout de quarante-huit heures, une feuille paraissait être en bonne santé, mais les autres étaient très-malades.

J'exposai, pendant six minutes, une autre plante portant 2 belles feuilles sous une cloche ayant une capacité de 19 onces à la vapeur de 10 minimes d'éther; je plaçai ensuite des morceaux de viande sur les glandes de beaucoup de tentacules des 2 feuilles. Au bout de trente-six minutes, plusieurs tentacules d'une feuille s'infléchirent, et, au bout d'une heure, presque tous les tentacules, ceux qui portaient de la viande et ceux qui n'en portaient pas, avaient presque atteint le centre. Chez l'autre feuille, les glandes commencèrent à se dessécher au bout d'une heure quarante minutes, et, au bout de plusieurs heures, aucun tentacule n'était infléchi; toutefois, le lendemain matin, au bout de vingt et une heures, beaucoup de tentacules étaient infléchis, bien qu'ils semblassent très-malades. Dans cette expérience, comme dans la précédente, les feuilles avaient été si vivement attaquées qu'il est difficile de dire s'il s'était produit un effet anesthésique.

J'exposai, pendant quatre minutes seulement, sous la cloche ayant une capacité de 19 onces, un troisième plant portant 2 belles feuilles à la vapeur de 6 gouttes d'éther azotique. Je plaçai ensuite des morceaux de viande sur les glandes de 7 tentacules d'une même feuille. Au bout d'une heure vingt-trois minutes, un seul tentacule se mit en mouvement; au bout de deux heures trois minutes, plusieurs tentacules étaient infléchis, et, au bout de trois heures trois minutes, les 7 tentacules qui portaient des morceaux de viande étaient bien infléchis. La lenteur de ces mouvements prouve que cette feuille avait été rendue insensible pendant un certain temps à l'action de la viande. La seconde feuille fut affectée d'une façon assez différente : je plaçai des morceaux de viande sur les glandes de 5 tentacules; au bout de vingt-huit minutes, 3 s'étaient légèrement infléchis; au bout d'une heure vingt et une minutes, un de ces tentacules atteignit le centre de la feuille, mais les 2 autres n'étaient encore que légèrement infléchis; au bout de trois heures, ils l'étaient beaucoup plus, mais même au bout de cinq heures seize minutes, les 5 tentacules n'avaient pas encore atteint le centre de la feuille. Ainsi donc, quelques-uns de ces tentacules commencèrent à se mouvoir dans un délai assez court, mais ensuite leur mouvement s'accomplit avec une extrême lenteur. Le lendemain matin, au bout de vingt heures, la plupart des tentacules des 2 feuilles étaient fortement infléchis, mais ils ne l'étaient pas régulièrement. Au bout de quarante-huit heures, ni l'une ni l'autre de ces feuilles ne semblait attaquée, bien que les tentacules restassent encore infléchis; au bout de soixante-douze heures, une de ces feuilles était presque morte, tandis que l'autre se redressait et reprenait son aspect ordinaire.

Acide carbonique. — Je plaçai une plante sous une cloche d'une capacité de 122 onces remplie de gaz acide carbonique, et reposant sur l'eau; toutefois, je ne fis pas entrer dans mes calculs l'absorption du gaz par l'eau, de sorte que, dans la dernière partie de l'expérience, un peu d'air a dû pénétrer. Au bout de deux heures, je retirai la plante de la cloche et je plaçai des parcelles de viande crue sur les glandes de 3 feuilles. Une de ces feuilles était devenue un peu flasque et fut bientôt complétement recouverte par l'eau qui s'élevait dans la cloche à mesure que le gaz était absorbé. Les tentacules de la feuille sur lesquels j'avais placé des parcelles de viande s'infléchirent considérablement en deux minutes trente secondes, c'est-à-dire à peu près le temps normal. Aussi, j'en arrivai à la conclusion erronée que l'acide carbonique ne produit aucun effet; toutefois, je pensai ensuite que la feuille avait été protégée contre l'action du gaz, et qu'elle avait sans doute emprunté de l'oxygène à l'eau qui la recouvrait de plus en plus. Les tentacules chargés de viande sur les 2 autres feuilles se conduisirent de façon toute différente; 2 de ces tentacules commencèrent à se mettre en mouvement au bout d'une heure cinquante minutes, en comptant toujours à partir du moment où j'avais placé les parcelles de viande sur les glandes; au bout de deux heures vingt-deux minutes, ces tentacules étaient bien infléchis, et, au bout de trois heures vingt-deux minutes, ils avaient atteint le centre de la feuille. Trois autres tentacules ne commencèrent leur mouvement qu'au bout de deux heures vingt minutes, mais ils atteignirent le centre de la feuille à peu près en même temps que les autres, c'est-à-dire au bout de trois heures vingt-deux minutes.

Je répétai plusieurs fois cette expérience et j'obtins presque toujours les mêmes résultats, sauf toutefois que l'intervalle qui s'écoule jusqu'au moment où les tentacules se mettent en mouvement, varie quelque peu. Je ne citerai qu'un seul autre exemple : je plaçai une plante dans le même réceptacle, et je la laissai exposée à l'action du gaz pendant quarante-cinq minutes, puis je plaçai des parcelles de viande sur 4 glandes. Les tentacules ne bougèrent pas pendant une heure quarante minutes; au bout de deux heures trente minutes, tous quatre étaient bien infléchis, et, au bout de trois heures, ils avaient atteint le centre de la feuille.

Le phénomène singulier que je vais relater se présente quelquefois, mais, certes, pas toujours. J'exposai une plante pendant deux heures à l'action du gaz, puis je plaçai des parcelles de viande sur plusieurs glandes. Au bout de treize minutes, tous les tentacules sous-marginaux d'une feuille étaient considérablement infléchis; ceux qui étaient chargés de viande ne l'étant pas plus que les autres. Chez une seconde feuille assez vieille, les tentacules chargés de viande, ainsi que quelques autres, étaient modérément infléchis. Chez une troisième feuille, tous les tentacules étaient fortement infléchis, bien que je n'aie placé de la viande sur aucune des glandes. Je pense qu'on peut attribuer ce mouvement à une excitation provenant de l'absorption de l'oxygène. La dernière feuille dont je viens de parler, sur laquelle je n'avais placé aucun morceau de viande, s'était complétement redressée au bout de vingt-quatre heures, tandis que tous les tentacules des 2 autres feuilles étaient étroitement infléchis sur les parcelles de viande qui, au bout de ce temps, avaient été transportées jusqu'au centre. Ainsi, au bout de vingt-quatre heures, ces trois feuilles s'étaient parfaitement remises de l'action exercée sur elles par le gaz.

Dans une autre circonstance, je plaçai des parcelles de viande sur de belles plantes, immédiatement après un séjour de deux heures dans le gaz; quand elles furent exposées à l'air, la plupart de leurs tentacules s'infléchirent de façon à prendre une direction verticale ou presque verticale, mais de manière très-irrégulière, au bout de douze minutes; chez quelques feuilles, les tentacules d'un seul côté s'étaient infléchis, et les tentacules d'un autre côté chez les autres feuilles. Les tentacules restèrent en cet état pendant quelque temps; ceux qui étaient chargés de viande n'avançant pas d'abord, plus vite ou plus loin, que ceux sur lesquels il n'y en avait pas. Toutefois, au bout de deux heures vingt minutes, les premiers se mirent en mouvement et s'infléchirent progressivement jusqu'à ce qu'ils aient atteint le centre de la feuille. Le lendemain matin, au bout de vingt-deux heures, tous les tentacules de ces feuilles étaient étroitement refermés sur les parcelles de viande qui avaient été transportées jusqu'au centre, tandis que les tentacules qui avaient pris une direction verticale ou à peu près verticale chez les feuilles sur lesquelles aucun morceau de viande

n'avait été placé, s'étaient complétement redressés. Toutefois, à en
juger par l'action subséquente d'une faible solution de carbonate
d'ammoniaque sur l'une de ces dernières feuilles, elle n'avait pas
encore tout à fait recouvré, au bout de vingt-deux heures, son exci-
tabilité et sa faculté de mouvement; cependant, une autre feuille, au
bout d'un nouveau laps de temps de vingt-quatre heures, s'était
complétement remise, à en juger par la façon dont ses tentacules
embrassèrent une mouche placée sur le disque.

Encore un exemple. Après avoir soumis pendant deux heures une
autre plante à l'action du gaz, je plongeai une des feuilles dans une
solution assez forte de carbonate d'ammoniaque, en même temps
que j'y plongeais une feuille fraîche cueillie sur une autre plante. Au
bout de trente minutes, la plupart des tentacules de cette dernière
étaient fortement infléchis, tandis qu'à l'exception de deux, les tentacules de la feuille qui avait été exposée à l'action du gaz acide
carbonique restèrent vingt-quatre heures dans la solution sans qu'il
se produise aucune inflexion. Cette feuille avait été presque complétement paralysée et ne put recouvrer sa sensibilité tant qu'elle fut
plongée dans la solution, laquelle contenait probablement fort peu
d'oxygène, car elle avait été préparée avec de l'eau distillée.

*Conclusions sur les effets produits par les agents dont
nous venons de parler.* — Les glandes, quand elles sont
excitées, transmettent une impulsion aux tentacules environnants, ce qui provoque leur inflexion et ce qui augmente la sécrétion modifiée de leurs glandes; je désirais
donc savoir si les feuilles possèdent un élément quelconque
ayant la nature du tissu nerveux qui, bien que non continu,
pourrait servir de canal à la transmission de cette impulsion. Ceci me conduisit à expérimenter les diverses alcaloïdes et les autres substances qui, comme l'on sait,
exercent une influence considérable sur le système nerveux des animaux. Le fait que la strychnine, la digitaline
et la nicotine, qui exercent une action sur le système nerveux, agissent comme poison sur le *Drosera* et provoquent
un certain degré d'inflexion des tentacules, m'encouragea
tout d'abord dans mes expériences. En outre, l'acide cyanhydrique, poison si terrible pour les animaux, provoque

un mouvement rapide chez les tentacules du *Drosera*.
D'autre part, comme plusieurs acides inoffensifs extrêmement dilués, tels que l'acide benzoïque, l'acide acétique, etc., aussi bien que quelques huiles essentielles,
agissent comme des poisons violents sur le *Drosera* et
provoquent rapidement une forte inflexion, il me semblait
probable que l'inflexion causée par la strychnine, par la
nicotine, la digitaline et l'acide cyanhydrique provenait
d'une action de ces substances sur des éléments qu'on ne
saurait comparer aux cellules nerveuses des animaux. Si des
éléments de cette nature étaient présents dans les feuilles,
la morphine, la jusquiame, l'atropine, la vératrine, la
colchicine, le curare et l'alcool étendu d'eau auraient certainement dû produire quelque effet marqué, tandis qu'au
contraire ces substances ne sont pas vénéneuses pour le
Drosera et ne provoquent qu'une très-faible inflexion, si
même ils en provoquent une. Il faut observer cependant
que le curare, la colchicine et la vératrine sont des poisons
musculaires, c'est-à-dire qu'ils agissent sur des nerfs qui
ont quelques rapports spéciaux avec les muscles, et que,
par conséquent, il n'y avait pas lieu de s'attendre à ce
qu'ils agissent sur le *Drosera*. Le poison du cobra capello
est terrible pour les animaux en ce qu'il paralyse les
centres nerveux; cependant il n'est en aucune façon
vénéneux pour le *Drosera*, bien qu'il provoque une forte
inflexion [1].

Malgré les faits que je viens de citer et qui prouvent
combien est différent l'effet de certaines substances sur la
santé ou sur la vie des animaux et sur celle du *Drosera*, on
remarque cependant un certain parallélisme dans l'action
de quelques autres substances. Nous avons vu un excellent exemple de ce fait dans l'action causée par les sels de
soude et de potasse. En outre, divers sels métalliques et

1. Dr Fayrer, *The Thanatophidia of India,* 1872, p. 4.

divers acides, c'est-à-dire ceux d'argent, de mercure, d'or, d'étain, d'arsenic, de chrome, de cuivre et de platine, qui tous, ou presque tous, sont des poisons violents pour les animaux, le sont également pour le *Drosera*. Mais, fait très-singulier, le chlorure de plomb et deux sels de baryte n'empoisonnent pas cette plante. Il est un autre fait tout' aussi étrange, c'est que, bien que l'acide acétique et l'acide propionique constituent des poisons violents, leur allié l'acide formique n'en est pas un; on sait encore que, tandis que certains acides végétaux, tels que l'acide oxalique, l'acide benzoïque, etc., sont des poisons violents, l'acide gallique, l'acide tannique, l'acide tartrique et l'acide malique, étendus d'eau dans les mêmes proportions que les premiers, ne constituent pas un poison. L'acide malique provoque l'inflexion, tandis que les trois autres acides végétaux que nous venons d'indiquer n'ont pas cette propriété. D'ailleurs, il faudrait un codex tout entier pour décrire les effets divers de différentes substances sur le *Drosera*[1].

Plusieurs des alcaloïdes et des sels que j'ai employés ne possèdent en aucune façon la propriété de provoquer l'inflexion; d'autres, absorbés certainement, comme le prouve le changement de couleur des glandes, ne provoquent qu'une inflexion très-faible; d'autres enfin, tels que l'acétate de quinine et la digitaline, provoquent une forte inflexion.

---

1. L'acide acétique, l'acide cyanhydrique, l'acide chromique, l'acétate de strychnine et la vapeur de l'éther sont des poisons pour le *Drosera;* il est donc fort remarquable que le Dr Ransom, *Philosoph. Transact.*, 1867, p. 480, qui a employé des solutions beaucoup plus fortes de ces substances que je ne l'ai fait, dise « que la contractibilité rhythmique du jaune (de l'œuf d'un brochet) n'est pas matériellement influencée par les poisons qu'il a essayés, à condition qu'ils n'agissent pas chimiquement, sauf le chloroforme et l'acide carbonique ». Je lis dans plusieurs auteurs que le curare n'a aucune influence sur le sarcode ou *protoplasma;* or, nous avons vu que, bien que le curare provoque une certaine inflexion, il ne cause qu'une très-faible agrégation du *protoplasma*.

Les différentes substances énumérées dans ce chapitre affectent de façon bien différente la couleur 'des glandes. Les glandes prennent bien souvent d'abord une teinte foncée, puis elles deviennent très-pâles ou mêmes blanches, comme nous l'avons vu pour celles qui ont été traitées par le poison du cobra et par le citrate de strychnine. Dans d'autres cas, les glandes deviennent blanches tout d'abord comme celles des feuilles que l'on plonge dans l'eau chaude et dans divers acides ; il faut, je crois, attribuer cet effet à la coagulation de l'albumine. Parfois, sur une même feuille, quelques glandes deviennent blanches et d'autres très-foncées, comme il est arrivé chez des feuilles plongées dans une solution de sulfate de quinine ou exposées à la vapeur de l'alcool. Une immersion prolongée dans la nicotine, dans le curare, et même dans l'eau, noircit les glandes ; cela est dû, je crois, à l'agrégation du *protoplasma* des cellules. Cependant, le curare provoque une très-faible agrégation dans les cellules des tentacules, tandis que la nicotine et le sulfate de quinine provoquent une agrégation fortement marquée qui s'étend jusqu'à la base des tentacules. Les masses agrégées de *protoplasma* dans des feuilles qui avaient séjourné pendant trois heures quinze minutes dans une solution saturée de sulfate de quinine, offraient des changements incessants de forme qui, d'ailleurs, cessèrent au bout de vingt-quatre heures, la feuille étant devenue flasque et paraissant morte. D'autre part, chez des feuilles plongées pendant quarante-huit heures dans une forte solution du poison du cobra, les masses de *protoplasma* restèrent extraordinairement actives, tandis que les cils vibratiles et les corpuscules blancs du sang d'animaux plus élevés semblent être rapidement paralysés par cette substance.

Quand il s'agit des sels alcalins et terreux, c'est la nature de la base et non pas celle de l'acide qui détermine l'action physiologique exercée sur le *Drosera* ; il en est de

même chez les animaux. Toutefois, cette règle ne s'applique guère aux sels de quinine et de strychnine, car l'acétate
de quinine provoque une inflexion beaucoup plus considérable que le sulfate et ces deux sels sont des poisons,
tandis que l'azotate de quinine n'en est pas un, et qu'il
provoque une inflexion beaucoup plus lente que l'acétate.
En outre, l'action exercée par le citrate de strychnine est
quelque peu différente de celle exercée par le sulfate.

Une solution de phosphate d'ammoniaque n'agit que
très-lentement, n'agit même pas du tout sur des feuilles qui
ont séjourné pendant vingt-quatre heures dans l'eau, ou
pendant vingt minutes seulement dans de l'alcool étendu
d'eau, ou dans une faible solution de sucre, bien qu'une
solution de carbonate d'ammoniaque agisse très-rapidement
sur ces mêmes feuilles. Une immersion de vingt minutes
dans une solution de gomme arabique ne cause en aucune
façon les mêmes effets. Les solutions de certains sels et de
certains acides affectent les feuilles exactement de la même
façon que l'eau, au point de vue de l'action subséquente
du phosphate, tandis que l'immersion dans d'autres solutions n'empêche pas l'action rapide et énergique d'une
semblable solution de phosphate. Dans ce dernier cas, il
se peut que les interstices des parois des cellules aient été
bouchés par les molécules des sels contenus dans les
solutions où ont été plongées d'abord les feuilles, de façon
à rendre ces parois imperméables à l'eau, tandis que les
molécules du phosphate peuvent encore pénétrer, et celles
du carbonate d'ammoniaque plus facilement encore.

Le camphre dissous dans l'eau exerce une action remarquable, car il provoque non-seulement une rapide
inflexion, mais il semble encore rendre les glandes extrêmement sensibles à une irritation mécanique ; en effet, si
on passe une brosse douce sur des feuilles qui ont été
plongées pendant un laps de temps très-court dans une
solution de camphre, les tentacules commencent à s'inflé-

chir au bout de deux minutes environ. Il se peut toutefois que cet attouchement, qui ne constitue pas par lui-
même un stimulant suffisant, ne serve qu'à renforcer
l'action directe du camphre au point de vue de l'excitation d'un mouvement. D'autre part, la vapeur du camphre
agit comme narcotique.

Les solutions et les vapeurs de certaines huiles essentielles provoquent une inflexion rapide ; d'autres n'ont pas
cette faculté ; celles que j'ai essayées agissaient toutes
comme poison.

L'alcool étendu d'eau (1 partie d'alcool pour 7 parties
d'eau) n'est pas un poison ; il ne provoque pas l'inflexion
et n'augmente pas la sensibilité des glandes à l'irritation
mécanique. La vapeur de l'alcool se comporte comme un
narcotique ou un anesthésique, et un séjour prolongé dans
cette vapeur tue les feuilles.

Les vapeurs du chloroforme, de l'éther sulfurique et
de l'éther azotique, affectent d'une façon très-variable
différentes feuilles et les divers tentacules d'une même
feuille. Cela provient, je crois, de différences dans l'âge
ou la constitution des feuilles, et aussi de ce que certains
tentacules ont été récemment en action. Le changement
de couleur des glandes prouve qu'elles absorbent ces
vapeurs ; il faut remarquer toutefois que ces vapeurs
affectant aussi d'autres plantes qui ne possèdent pas de
glandes, il est probable qu'elles sont absorbées en même
temps par les stomates du *Drosera*. Ces vapeurs excitent
quelquefois une inflexion très-rapide, mais ce résultat
n'est pas invariable. Si on les laisse agir pendant un temps
même modérément long, elles tuent les feuilles ; tandis
qu'une faible dose, n'agissant que pendant peu de temps,
se comporte comme un narcotique ou un anesthésique.
Dans ce cas, des morceaux de viande placés sur les glandes
ne provoquent aucun mouvement chez les tentacules,
qu'ils se soient infléchis ou non, sous l'action de la vapeur,

jusqu'à ce qu'un temps considérable se soit écoulé. On croit généralement que ces vapeurs agissent sur les plantes et sur les animaux en arrêtant l'oxydation.

Le séjour d'une plante dans l'acide carbonique pendant deux heures, et, dans un cas, pendant quarante-cinq minutes seulement, a rendu aussi les glandes insensibles à l'action stimulante de la viande crue pendant un certain laps de temps. Toutefois, les feuilles ont recouvré toutes leurs facultés, et ne semblaient plus indisposées après un séjour de vingt-quatre à quarante-huit heures dans l'air pur. Nous avons vu, dans le troisième chapitre, que l'agrégation se trouve très-retardée chez les feuilles soumises pendant deux heures à l'action de ce gaz et plongées ensuite dans une solution de carbonate d'ammoniaque, de sorte qu'il s'écoule un temps considérable avant l'agrégation du *protoplasma* des cellules inférieures des tentacules. Dans quelques cas, les tentacules se sont mis spontanément en mouvement, peu de temps après que les feuilles ont été sorties du réceptacle contenant le gaz et ont été exposées à l'air libre; ce mouvement est dû, je pense, à l'irritation produite par l'action de l'oxygène. Toutefois, ces tentacules infléchis restent ensuite pendant quelque temps insensibles à une nouvelle irritation exercée sur les glandes. On sait que, chez d'autres plantes irritables, l'exclusion de l'oxygène empêche toute espèce de mouvement et arrête la circulation du *protoplasma* dans les cellules[1]; cependant, cet arrêt de mouvement est un phénomène qui diffère beaucoup du retard apporté à l'agrégation dans les conditions que nous venons d'indiquer. Or, je ne saurais dire s'il faut attribuer ce dernier fait à l'action directe de l'acide carbonique ou à l'exclusion de l'oxygène.

1. Sachs, *Traité de Bot.*, 1874, p. 846, 1037.

CHAPITRE X.

DE LA SENSIBILITÉ DES FEUILLES ET DE LA DIRECTION DANS LAQUELLE L'IMPULSION SE PROPAGE.

Les glandes et le sommet des tentacules sont seuls sensibles. — Propagation de l'impulsion dans les pédicelles des tentacules et à travers le limbe de la feuille. — Agrégation du protoplasma; c'est une action réflexe. — La première décharge de l'impulsion est soudaine. — Direction des mouvements des tentacules. — L'impulsion motrice se propage à travers le tissu cellulaire. — Mécanisme des mouvements. — Nature de l'impulsion motrice. — Redressement des tentacules.

Nous avons vu dans les chapitres précédents que beaucoup de stimulants bien différents, mécaniques et chimiques, excitent des mouvements chez les tentacules ainsi que dans le limbe de la feuille. Il nous faut considérer tout d'abord quels sont les points irritables ou sensibles, et, en second lieu, comment l'impulsion motrice se transmet d'un point à un autre. Les glandes sont presque exclusivement le siége de l'irritabilité; cependant, cette irritabilité doit s'étendre à une très-petite distance au-dessous des glandes, car, quand on les enlève avec de bons ciseaux, en ayant soin de ne pas les toucher elles-mêmes, les tentacules s'infléchissent souvent. Ces tentacules décapités se redressent fréquemment; j'ai placé ensuite sur eux des gouttes des deux plus puissants stimulants connus sans obtenir aucun effet. Néanmoins, ces tentacules décapités sont susceptibles d'une inflexion subséquente, si l'impulsion part du disque. Je suis parvenu, dans plusieurs occasions, en me servant de pinces très-petites, à écraser les glandes, mais cet écrasement n'a provoqué aucun mouvement du tentacule; la viande crue et les sels d'ammoniaque placés sur ces glandes écrasées ne provoquent non plus aucun mouvement. Il est probable qu'elles avaient été tuées si instantanément qu'elles n'avaient pu transmettre aucune impulsion motrice; en effet, dans les six cas observés (dans deux de ces cas, toutefois, la glande avait été complétement enlevée), le *protoplasma* des cellules des tentacules ne s'agrégea pas, tandis qu'il s'agrégea parfaitement dans quelques tentacules adjacents, qui s'étaient infléchis parce que je les avais touchés un peu rudement avec les pinces. De même, le *protoplasma* ne s'agrége pas dans une feuille tuée instantanément par son immersion dans l'eau bouillante. D'autre part, j'ai observé une agrégation distincte, quoique faible, chez les tentacules qui s'étaient infléchis, parce que j'avais enlevé les glandes avec des ciseaux coupant très-bien.

J'ai, à plusieurs reprises, frotté assez rudement les pédicelles des tentacules, j'ai placé sur eux de la viande crue ou d'autres substances excitantes sur toute la surface de la feuille, près de leur base, et sur d'autres parties, sans qu'il se produise jamais aucun mouvement distinct. Après avoir laissé pendant très-longtemps des morceaux de viande sur les pédicelles je les ai poussés un peu de façon à ce qu'ils arrivent à toucher les glandes, et, au bout d'un instant, les pédicelles commençaient à s'infléchir. Je crois donc que le limbe de la feuille est insensible à tous les stimulants. J'ai enfoncé dans le limbe de plusieurs feuilles la pointe d'une lancette; j'en ai piqué dix-neuf avec une aiguille à trois ou quatre reprises différentes: dans le premier cas, il ne se produisit aucun mouvement; mais, chez une douzaine de feuilles environ parmi celles que j'avais piquées à plusieurs reprises, quelques tentacules s'infléchirent irrégulièrement. Toutefois, comme il était nécessaire de soulever les feuilles pendant l'opération, il se peut que j'aie touché quelques-unes des glandes extérieures aussi bien que celles du disque, et cet attou-

chement a peut-être suffi pour provoquer le léger mouvement que j'ai observé. Nitschke[1] dit que les piqûres et
les coupures opérées sur la feuille n'excitent aucun mouvement. Le pétiole de la feuille est complétement insensible.

Le dessous des feuilles porte de nombreuses petites
papilles qui ne sont le siége d'aucune sécrétion, mais qui
possèdent une certaine faculté d'absorption. Ces papilles
sont, je crois, les rudiments de tentacules surmontés de
glandes qui devaient exister autrefois. J'ai fait beaucoup
d'expériences pour arriver à savoir si l'on peut exciter
d'une façon quelconque le dessous des feuilles et j'ai soumis 37 feuilles à ces expériences. J'ai chatouillé les unes
pendant longtemps avec une grosse aiguille, j'ai placé sur
les autres des gouttes de lait et d'autres fluides excitants,
de la viande crue, des mouches écrasées et diverses autres
substances. Ces substances se dessèchent bientôt, ce
qui prouve qu'aucune sécrétion ne s'est produite. En conséquence, j'humectai ces substances avec de la salive, avec
des solutions d'ammoniaque et de l'acide chlorhydrique
étendu d'eau, et, fréquemment aussi, avec de la sécrétion
prise sur la glande d'autres feuilles. Je conservai aussi
quelques feuilles sous une cloche humide après avoir placé
des objets excitants sur leurs côtés inférieurs; toutefois,
malgré l'attention la plus scrupuleuse je n'ai jamais pu
découvrir aucun mouvement véritable. Je fus conduit à
faire un si grand nombre d'essais parce que, contrairement
à tout ce que j'avais observé jusque-là, Nitschke affirme[2]
qu'après avoir fixé les objets aux côtés inférieurs des feuilles
à l'aide de la sécrétion visqueuse il a observé *souvent* que
les tentacules et, dans un cas, le limbe lui-même étaient
soumis à une action reflexe, s'il s'est produit réellement. Ce

1. *Bot. Zeitung,* 1860, p. 234.
2. *Bot. Zeitung,* 1860, p. 437.

mouvement serait très-anormal ; il impliquerait, en effet,
que les tentacules reçoivent une impulsion motrice d'une
source peu naturelle et qu'ils ont la faculté de se courber
dans une direction exactement contraire à celle qui leur
est habituelle ; en outre, cette faculté ne serait en aucune
façon utile à la plante, car les insectes ne peuvent adhérer
au dessous lisse des feuilles.

J'ai dit qu'aucun effet n'avait été produit dans les cas
précédents, mais cela n'est pas strictement vrai, car, dans
trois cas où j'avais ajouté un peu de sirop aux morceaux de
viande pour conserver ces morceaux humides pendant
quelque temps, j'observai, au bout de trente-six heures,
une trace de mouvement reflexe chez les tentacules d'une
feuille et chez le limbe d'une autre. Au bout d'un nouveau
laps de temps de douze heures, les glandes commençaient
à se dessécher et les trois feuilles paraissaient fortement
attaquées. Je plaçai alors 4 feuilles sous une cloche ; les
tiges de ces feuilles plongeaient dans l'eau et j'avais placé
sur le côté inférieur des gouttes de sirop, mais pas de
viande. Au bout d'un jour, quelques tentacules étaient
recourbés sur deux de ces feuilles. Les gouttes de sirop
ayant absorbé de l'humidité étaient alors devenues assez
grosses pour se répandre sur l'arrière de la feuille et sur
les tiges. Le second jour, le limbe d'une feuille s'était très-
recourbé ; le troisième jour, les tentacules de deux feuilles
étaient très-recourbés et le limbe de toutes l'était plus
ou moins. Le côté supérieur d'une de ces feuilles au
lieu d'être, comme à l'ordinaire, légèrement concave était
devenu très-convexe. Le cinquième jour, les feuilles ne
semblaient pas mortes. Or, comme le sucre n'excite en
aucune façon le *Drosera*, nous pouvons attribuer, sans
crainte de nous tromper, le recourbement des tentacules
et du limbe des feuilles dont nous venons de parler à une
exosmose qui s'est produite chez les cellules en contact avec
le sirop, exosmose suivie d'une contraction. Quand on place

des gouttes de sirop sur les feuilles de plantes dont les racines
pénètrent encore dans la terre humide, aucune inflexion
ne se produit parce que les racines, sans aucun doute,
pompent de l'eau assez rapidement pour remplacer celle
qui disparaît par l'exosmose. Mais, si l'on plonge des feuilles
coupées dans un sirop ou dans un liquide très-dense, les tentacules s'infléchissent beaucoup, bien qu'irrégulièrement,
et quelques-uns prennent la forme de tire-bouchons ; en
outre, les feuilles deviennent bientôt flasques. Si on plonge
alors les feuilles dans un liquide ayant une faible densité,
les tentacules se redressent. Nous pouvons conclure de ces
faits que les gouttes de sirop placées sur le côté inférieur
des feuilles n'agissent pas en déterminant une impulsion
motrice qui se propage jusque dans les tentacules ; elles
causent simplement un mouvement en arrière parce qu'elles
provoquent l'exosmose. Le docteur Nitschke a employé la
sécrétion pour fixer des insectes au-dessous des feuilles ;
je suppose qu'il en a employé une grande quantité et que
ce liquide étant très-dense a provoqué une exosmose.
Peut-être aussi a-t-il expérimenté sur des feuilles coupées
ou sur des plantes dont les racines ne pouvaient pas se
procurer une quantité d'eau suffisante.

Autant donc que nous pouvons le savoir jusqu'à présent,
nous pouvons conclure que l'irritabilité ou la sensibilité
dont sont douées les feuilles réside exclusivement dans les
glandes et dans les cellules des tentacules qui se trouvent
immédiatement au-dessous des glandes. On ne peut mesurer
le degré d'excitation d'une glande que par le nombre des
tentacules environnnants qui s'infléchissent et par la quantité
et la rapidité de leurs mouvements. Des feuilles également
vigoureuses exposées à la même température, ce qui est
une condition importante, se trouvent excitées à des degrés
divers dans les circonstances suivantes. Une petite quantité
d'une faible solution ne produit aucun effet ; si l'on augmente la quantité ou qu'on emploie une solution plus

forte les tentacules s'infléchissent. Si l'on touche une glande une ou deux fois, aucun mouvement ne se produit; qu'on la touche trois ou quatre fois et le tentacule s'infléchit. La nature de la substance placée sur la glande est un élément très-important : si l'on place sur le disque de plusieurs feuilles des parcelles, ayant un volume égal, de terre (qui n'agit que mécaniquement), de gélatine et de viande crue, la viande provoque des mouvements beaucoup plus rapides, beaucoup plus énergiques et s'étendant beaucoup plus loin que les deux autres substances. Le nombre des glandes excitées produit aussi une grande différence dans le résultat obtenu : que l'on place un morceau de viande sur une ou deux glandes du disque, et quelques-uns seulement des tentacules courts, immédiatement adjacents, s'infléchissent; que l'on fasse reposer ce même morceau sur plusieurs glandes, et un plus grand nombre de tentacules se mettent en mouvement; si on le fait enfin reposer sur 30 ou 40 glandes, tous les tentacules, y compris les tentacules marginaux extrêmes, s'infléchissent fortement. Nous voyons donc que les impulsions provenant d'un certain nombre de glandes se renforcent les unes les autres, s'étendent plus loin et agissent sur un plus grand nombre de tentacules que l'impulsion partie d'une seule glande.

Transmission de l'impulsion motrice. — Dans tous les cas, l'impulsion partie d'une glande doit parcourir au moins une courte distance pour arriver à la base du tentacule, la partie supérieure et la glande elle-même étant passivement emportées par l'inflexion de la partie inférieure. L'impulsion est donc toujours transmise dans presque toute la longueur du pédicelle. Quand on excite les glandes centrales et que les tentacules marginaux extrêmes s'infléchissent, l'impulsion est transmise à travers le demi-diamètre du disque; quand on excite les glandes situées d'un côté du disque, l'impulsion est transmise à

travers la largeur presque entière du disque. Une glande
transmet son impulsion beaucoup plus facilement et beaucoup plus rapidement dans le tentacule qu'elle surmonte
jusqu'à la partie flexible de ce tentacule, qu'elle ne la
transmet à travers le disque jusqu'au tentacule adjacent.
Ainsi, une dose très-petite d'une faible solution d'ammoniaque, placée sur la glande d'un tentacule extérieur,
fait infléchir ce tentacule de façon à ce qu'il atteigne le
centre de la feuille ; tandis qu'une goutte considérable de
la même solution, distribuée sur une vingtaine de glandes
du disque ne provoque pas la moindre inflexion des tentacules extérieurs. En outre, après avoir placé un morceau de viande sur la glande d'un tentacule extérieur, j'ai
vu un mouvement se produire au bout de 10 secondes et
fréquemment au bout d'une minute ; tandis qu'un morceau beaucoup plus gros, reposant sur plusieurs glandes
du disque, ne provoque l'inflexion des tentacules extérieurs qu'au bout d'une demi-heure et parfois même qu'au
bout de plusieurs heures.

L'impulsion motrice se propage graduellement de tous
les côtés, en partant comme d'un centre de la glande ou
des glandes qui ont été excitées, de telle sorte que les tentacules situés le plus près de ce centre sont toujours les
premiers affectés. En conséquence, quand on excite les
glandes situées au centre du disque, les tentacules marginaux extrêmes s'infléchissent les derniers. Toutefois, les
glandes situées sur différentes parties de la feuille transmettent leur impulsion motrice d'une façon quelque peu
différente. Si on place un morceau de viande sur la glande
allongée d'un tentacule marginal, l'impulsion se transmet
rapidement à la partie mobile de ce tentacule, mais, autant
toutefois que j'ai pu l'observer, cette impulsion n'est jamais
transmise aux tentacules adjacents ; en effet, ceux-ci ne
sont affectés que lorsque la viande a été transportée jusqu'aux glandes centrales dont l'impulsion combinée se

transmet alors à toutes les parties de la feuille. Dans quatre occasions, j'ai préparé des feuilles en enlevant, quelques jours avant l'expérience, toutes les glandes du centre, de façon à ce qu'il n'y ait plus d'excitation produite par les morceaux de viande apportés au centre de la feuille par l'inflexion des tentacules marginaux ; or, ces tentacules marginaux se redressèrent au bout d'un certain temps sans qu'aucun autre tentacule ait été affecté. Je préparai d'autres feuilles, de la même façon, puis je plaçai des morceaux de viande sur les glandes de deux tentacules situés à la troisième rangée en partant de l'extérieur, et sur les glandes de deux autres tentacules situés dans la cinquième rangée. Dans ces quatre cas l'impulsion se propagea d'abord latéralement, c'est-à-dire dans la même rangée concentrique de tentacules, puis elle se propagea vers le centre, mais elle ne partit pas du centre pour aller affecter les tentacules extérieurs. Dans un de ces cas, un seul tentacule de chaque côté de celui qui portait la viande se trouva affecté. Dans les trois autres cas, de 6 à 12 tentacules, latéralement et vers le centre, s'infléchirent entièrement ou à moitié. Enfin, dans dix autres expériences, je plaçai des petits morceaux de viande sur une seule glande ou sur deux glandes au centre du disque. Afin qu'aucune autre glande ne puisse toucher la viande par suite de l'inflexion des tentacules courts immédiatement adjacents, j'avais enlevé précédemment une demi-douzaine de glandes sur les tentacules situés autour de ceux que j'avais choisis. Chez huit de ces feuilles, 16 à 25 tentacules courts environnants s'infléchirent dans le cours d'un jour ou deux ; il résulte de cette expérience que l'impulsion motrice, partant d'une ou de deux glandes du disque, peut produire un effet considérable. Les tentacules décapités sont compris dans ce chiffre, car ils se trouvaient si près des autres qu'ils avaient été certainement affectés. Chez les deux autres feuilles, presque tous les tentacules courts du disque s'infléchirent. Quand on se sert d'un stimulant plus puissant que la viande, c'est-à-dire d'un peu de phosphate de chaux, humecté avec de la salive, 'impulsion partie d'une seule glande se propage plus loin et provoque de nombreuses inflexions; mais, même dans ce cas, les trois ou quatre rangées extérieures de entacules ne sont pas affectées. Il résulte de ces expériences que l'impulsion partie d'une seule glande du disque agit sur un plus grand nombre de tentacules que celle partie d'une glande de l'un des longs tentacules extérieurs. Ceci résulte probablement, au moins en partie, de ce que l'impulsion a moins de chemin à parcourir le long des pédicelles des tentacules centraux, de telle sorte qu'elle peut se propager en rayonnant jusqu'à une distance considérable.

En examinant ces feuilles, je fus frappé de ce que chez six, et peut-être même chez sept d'entre elles, les tentacules étaient beaucoup plus infléchis vers le sommet et vers la base de la feuille que sur les côtés; cependant, les tentacules situés sur les côtés se trouvaient aussi près de la glande sur laquelle reposait la viande que les tentacules situés aux deux extrémités. Il semblerait donc que l'impulsion motrice partie du centre de la feuille se propage plus facilement à travers le disque dans une direction longitudinale que dans une direction transversale. Or, comme cette observation me parut un fait nouveau et intéressant dans la physiologie des plantes, je fis 35 expériences nouvelles pour m'assurer de sa vérité. Je plaçai des petits morceaux de viande sur une seule glande, ou sur quelques glandes à la droite ou à la gauche du disque chez dix-huit feuilles; je plaçai d'autres morceaux de viande ayant le même volume sur des glandes situées à la base ou au sommet de dix-sept autres feuilles. Or, si l'impulsion motrice se propage avec une égale vigueur, ou avec une égale rapidité, à travers le limbe dans toutes les

directions, un morceau de viande placé sur un des côtés
ou à une des extrémités du disque doit affecter également
tous les tentacules situés à une même distance du tentacule sur lequel il repose; tel n'est certainement pas le
cas. Avant d'indiquer les résultats généraux que j'ai obtenus, je pense qu'il est bon de décrire trois ou quatre cas
assez extraordinaires.

1. — Je plaçai un petit morceau de mouche sur l'un des côtés du
disque; au bout de trente-deux minutes, 7 tentacules extérieurs,
situés à peu de distance du morceau, étaient bien infléchis; au bout
de dix heures, plusieurs autres tentacules étaient également infléchis,
et, au bout de vingt-trois heures, un bien plus grand nombre. A ce
moment le limbe de la feuille, de ce même côté du disque, s'était
recourbé de façon à former un angle droit avec l'autre côté. Toutefois, ni le centre de la feuille, ni les tentacules placés du côté
opposé n'avaient été affectés; la ligne de démarcation entre les deux
moitiés s'étendait de l'extrémité du pétiole au sommet de la feuille.
Cette feuille resta en cet état pendant trois jours; le quatrième jour,
elle commença à se redresser; pendant tout ce temps, pas un seul
tentacule ne s'était infléchi de l'autre côté.

2. — Je vais décrire un cas qui n'est pas compris dans les trente-
cinq expériences dont j'ai parlé plus haut. Je vis une petite mouche
fixée par les pattes au côté gauche du disque d'une feuille. Les tentacules situés de ce côté s'infléchirent rapidement et tuèrent la
mouche; mais, à cause probablement des efforts qu'avait faits la mouche
pour s'échapper, la feuille était si excitée, qu'au bout de vingt-
quatre heures environ tous les tentacules placés de l'autre côté s'étaient
infléchis; toutefois, leurs glandes n'atteignirent pas la mouche, et, ne
trouvant aucune proie à saisir, ils se redressèrent au bout de quinze
heures environ, tandis que les tentacules situés du côté gauche de la
feuille restèrent étroitement infléchis pendant plusieurs jours.

3. — Je plaçai sur la ligne médiane, à l'extrémité du disque
auprès de la tige, un morceau de viande un peu plus gros que ceux
que j'emploie ordinairement. Au bout de deux heures trente minutes,
quelques tentacules adjacents étaient infléchis; au bout de six heures,
les tentacules situés des deux côtés de la tige et quelques-uns placés
sur les deux côtés de la feuille étaient modérément infléchis; au bout

de huit heures, les tentacules situés à l'extrémité du disque étaient plus infléchis que ceux placés des deux côtés de la feuille. Au bout de vingt-trois heures tous les tentacules, sauf les tentacules extérieurs des deux côtés de la feuille, embrassaient le morceau de viande.

4. — Je plaçai un autre morceau de viande à l'extrémité opposée du disque, c'est-à-dire près du sommet d'une autre feuille, et j'obtins exactement les mêmes résultats relatifs.

5. — Je plaçai un petit morceau de viande sur un des côtés du disque; le lendemain les tentacules courts adjacents étaient infléchis, ainsi que 3 ou 4 tentacules situés de l'autre côté de la feuille, auprès de la tige. Toutefois, ces derniers n'étaient que légèrement infléchis, et le lendemain ils paraissaient vouloir se redresser. Je plaçai donc un nouveau morceau de viande à peu près au même endroit, et, deux jours après, quelques-uns des tentacules courts du côté opposé du disque s'étaient infléchis. Dès que ces tentacules commencèrent à se redresser, j'ajoutai un autre morceau de viande, et le lendemain tous les tentacules du côté opposé du disque s'étaient infléchis vers la viande. Or, nous avons vu que les tentacules placés du côté où la viande avait été posée avaient été affectés par le premier morceau.

Examinons actuellement les résultats généraux que j'ai obtenus. Je plaçai des morceaux de viande à droite ou à gauche du disque sur dix-huit feuilles; un grand nombre de tentacules s'infléchirent, chez huit, du côté où la viande avait été placée et, chez quatre, le limbe lui-même se recourba de ce côté tandis que pas un seul tentacule, pas plus d'ailleurs que le limbe, ne fut affecté du côté opposé. Ces feuilles présentaient un aspect curieux; il aurait semblé que le côté infléchi avait seul gardé son activité et que l'autre était paralysé. Chez les dix autres feuilles, quelques tentacules s'infléchirent au delà de la ligne médiane du côté opposé à celui où se trouvait la viande, mais, dans quelques-uns de ces cas, les tentacules seuls situés à la base ou au sommet de la feuille s'infléchirent. L'inflexion des tentacules sur le côté opposé de la feuille ne se produisit jamais que longtemps après celle des tentacules placés du même côté que la viande ; dans un cas, cette inflexion ne se produisit que le quatrième jour. Nous avons vu aussi, dans l'expérience n° 5 citée plus haut, qu'il m'a fallu ajouter par trois fois un nouveau morceau de viande avant que tous les tentacules courts placés au côté opposé du disque s'infléchissent.

Le résultat est tout différent quand on place les morceaux de viande sur la ligne médiane, à une des extrémités du disque, vers la base ou vers le sommet. Je fis 17 expériences dans ces conditions. Chez trois feuilles, soit à cause de l'état de la feuille, soit à cause de la petitesse du morceau de viande, les tentacules immédiatement adjacents furent seuls affectés ; mais, chez les quatorze autres feuilles, les tentacules situés à l'extrémité opposée s'infléchirent, bien qu'ils fussent aussi distants de la viande que pouvaient l'être ceux placés du côté opposé du disque dans les expériences que j'ai relatées d'abord. Dans quelques-unes des expériences qui nous occupent, les tentacules situés sur l'un des côtés de la feuille ne furent pas du tout affectés, ou ils le furent à un degré moindre, ou après un laps de temps plus considérable, que ceux placés à l'extrémité opposée. Il est utile de décrire en détail quelques-unes de ces expériences. Je plaçai des morceaux de viande, pas tout à fait aussi petits que ceux que j'emploie ordinairement, sur l'un des côtés du disque de quatre feuilles et des morceaux ayant le même volume à l'extrémité du disque, vers la base ou vers le sommet de quatre autres feuilles. Quand je comparai ces deux groupes de feuilles après un intervalle de vingt-quatre heures, je pus observer des différences frappantes. Les feuilles chez lesquelles les morceaux de viande avaient été placés d'un côté du disque étaient très-légèrement affectées de l'autre côté ; chez celles, au contraire, où le morceau de viande se trouvait vers la base ou le sommet, presque tous les tentacules et même les tentacules marginaux situés à l'extrémité opposée étaient étroitement infléchis. Au bout de quarante-huit heures, le contraste présenté par les feuilles des deux groupes était encore considérable ; cependant, les tentacules du disque et les tentacules sousmarginaux du côté opposé à celui où se trouvait la viande étaient quelque peu infléchis chez les feuilles sur lesquelles le morceau de viande reposait sur un des côtés ; j'ai attribué cet effet à la grosseur du morceau. En un mot, ces trente-cinq expériences, sans compter les six ou sept que j'avais faites précédemment, m'autorisent à conclure que l'impulsion motrice partant d'une seule glande, ou d'un petit groupe de glandes, se transmet aux autres tentacules, à travers le limbe, plus facilement et plus efficacement dans une direction longitudinale que dans une direction transversale.

Aussi longtemps que ces glandes restent excitées, et cette excitation peut durer pendant plusieurs jours, pendant onze jours même quand elles se trouvent en contact avec du phosphate de chaux, elles continuent à transmettre une impulsion motrice à la base ou partie mobile de leur propre pédicelle, car, autrement, les tentacules se redresseraient. On trouve la preuve du même fait dans la grande différence qui se remarque dans le laps de temps pendant lequel les tentacules restent infléchis sur des objets inorganiques et sur d'autres objets ayant un même volume, mais qui contiennent des matières azotées solubles. Toutefois, l'intensité de l'impulsion transmise par une glande excitée, qui a commencé à déverser ses sécrétions acides et qui, en même temps, absorbe les matières azotées, semble peu considérable, comparativement à celle qu'elle transmet quand elle commence à être excitée. Ainsi, quand on place des morceaux de viande modérément gros sur un des côtés du disque et que, par suite, les tentacules du disque et les tentacules sous-marginaux, situés aux côtés opposés de la feuille, s'infléchissent de façon à ce que leurs glandes touchent enfin la viande et absorbent les matières qu'elles contient, ces tentacules ne transmettent aucune impulsion motrice aux rangées extérieures de tentacules situées du même côté, car ils ne s'infléchissent jamais. Or, si on avait placé de la viande sur les glandes de ces mêmes tentacules avant qu'ils aient commencé à déverser des sécrétions abondantes et à absorber les matières azotées de la viande, ils auraient certainement transmis une impulsion aux rangées extérieures. Néanmoins, quand je plaçai du phosphate de chaux, qui est un stimulant très-puissant, sur quelques tentacules sous-marginaux, déjà considérablement infléchis, mais qui ne se trouvaient pas encore en contact avec du phosphate, placé précédemment sur deux glandes au centre du disque, les tentacules extérieurs situés du même côté se trouvaient affectés.

Dès qu'une glande est excitée, l'impulsion motrice se décharge en quelques secondes, ce que prouve l'inflexion du tentacule ; cette première décharge paraît s'effectuer avec beaucoup plus de vigueur que celles qui viennent ensuite. Ainsi, dans l'exemple que nous avons rapporté ci-dessus d'une petite mouche capturée naturellement par quelques glandes situées d'un côté d'une feuille, l'impulsion partie de ces glandes s'est lentement transmise à travers toute la largeur de la feuille et a provoqué une inflexion temporaire chez les tentacules situés de l'autre côté ; mais, bien que les glandes qui restaient en contact avec l'insecte aient continué pendant plusieurs jours à communiquer une impulsion à la partie mobile de leurs propres pédicelles, cette impulsion n'a pas empêché les tentacules situés du côté opposé de la feuille de se redresser rapidement ; on peut conclure de ce fait que l'impulsion a dû être d'abord plus énergique qu'elle n'a été ensuite.

Quand on place un objet quelconque sur le disque et que les tentacules environnants s'infléchissent, leurs glandes sécrètent plus abondamment et la sécrétion devient acide, de sorte qu'on peut conclure que les glandes du disque communiquent une impulsion aux glandes environnantes. Toutefois, ce changement dans la nature et dans la quantité de sécrétion ne peut pas dépendre de l'inflexion des tentacules, car les glandes des tentacules courts du disque déversent des sécrétions acides quand on place sur elles un objet quelconque, bien que leurs pédicelles ne s'infléchissent pas. J'en avais conclu que les glandes du disque communiquent une impulsion aux glandes des tentacules environnants et que ces glandes, à leur tour, renvoient une impulsion à la partie mobile de leur base; mais je m'aperçus bientôt que cette hypothèse n'est pas fondée. De nombreuses expériences m'ont prouvé que des tentacules dont les glandes ont été coupées avec des ciseaux bien aiguisés s'infléchissent souvent et se redressent ensuite en conservant toutes les apparences de la santé. J'en ai observé un qui est resté bien portant pendant dix jours après cette opération. J'enlevai donc à différentes époques, et sur différentes feuilles, les glandes de 25 tentacules; sur ce nombre, dix-sept s'infléchirent et se redressèrent ensuite. Le redressement commença environ huit ou neuf heures après l'inflexion et se compléta en vingt-deux ou trente heures. Au bout d'un jour ou deux, je plaçai de la viande crue humectée de salive sur le disque de ces dix-sept feuilles; je les observai le lendemain et je vis que sept tentacules privés de glandes embrassaient aussi étroitement la viande que les tentacules complets des mêmes feuilles; un huitième tentacule décapité s'infléchit au bout de trois autres jours. J'enlevai la viande d'une de ces feuilles et je lavai la surface avec un peu d'eau; au bout de trois jours, le tentacule décapité se redressa pour la *seconde fois*. Toutefois, ces tentacules décapités étaient dans un état différent de ceux qui, pourvus de leurs glandes, avaient absorbé les matières contenues dans la

viande, car le *protoplasma* des cellules des premiers avait
subi une agrégation beaucoup moindre. Ces expériences
sur les tentacules décapités prouvent évidemment que les
glandes, en ce qui concerne tout au moins l'impulsion
motrice, n'agissent pas de façon reflexe comme les ganglions nerveux des animaux.

Mais il est une autre action, celle de l'agrégation, que
l'on peut, dans certains cas, appeler reflexe, et c'est le seul
exemple qu'on en connaisse dans le règne végétal. Il faut
se rappeler que la marche de l'agrégation ne dépend pas
de l'inflexion antérieure des tentacules, ce que prouve
évidemment l'immersion des feuilles dans certaines solutions énergiques. Elle ne dépend pas non plus de l'augmentation de la sécrétion des glandes, ce que prouvent
plusieurs faits et notamment l'agrégation qui se produit
chez les papilles, qui cependant ne sécrètent pas si on les
met en contact avec du carbonate d'ammoniaque, ou une
infusion de viande crue. Si on excite directement une
glande de quelque façon que ce soit, au moyen de la pression d'une petite parcelle de verre par exemple, le *protoplasma* contenu dans les cellules de la glande s'agrége
d'abord, puis celui contenu dans les cellules placées immédiatement au-dessous de la glande, et enfin l'agrégation
se propage de cellule en cellule jusqu'à la base des tentacules, à condition toutefois que le stimulant soit assez
énergique et n'ait pas attaqué les glandes. Or, quand on
excite les glandes du disque, les tentacules extérieurs sont
affectés exactement de la même manière; l'agrégation
commence toujours dans les glandes bien qu'elles n'aient
pas été directement excitées, mais qu'elles aient seulement
reçu une impulsion partie du disque, ce que prouve
d'ailleurs l'augmentation de leurs sécrétions acides. Le
protoplasma contenu dans les cellules situées immédiatement au-dessous des glandes est affecté ensuite, et l'agrégation se propage de cellule en cellule, de haut en bas,

jusqu'à la base des tentacules. Ce phénomène mérite évidemment d'être appelé une action reflexe ; cette action est, en effet, la même que celle qui se produit lorsqu'on irrite un nerf sensitif ; celui-ci transmet une impression à un ganglion, lequel renvoie une impulsion à un muscle ou à une glande et provoque un mouvement ou une sécrétion plus abondante ; toutefois, l'action, dans les deux cas, a probablement une nature très-différente. Quand l'agrégation du *protoplasma* se termine dans un tentacule, la dissolution commence toujours dans la partie inférieure et se propage lentement de bas en haut jusqu'à la glande, de telle sorte que le *protoplasma* qui s'est agrégé en dernier lieu est le premier qui se redissolve. La seule cause de ce phénomène est probablement que le *protoplasma* est de moins en moins agrégé à mesure qu'on arrive aux cellules plus éloignées de la glande, comme on peut s'en assurer d'ailleurs quand l'excitation a été légère. Aussi, dès que l'action qui provoque l'agrégation vient à cesser, la dissolution commence naturellement dans le *protoplasma* moins fortement agrégé qui se trouve dans les cellules situées à la partie inférieure du tentacule, et cette dissolution se complète d'abord dans ces cellules.

Direction des tentacules infléchis. — Quand on place une parcelle de quelque substance que ce soit sur la glande d'un tentacule extérieur, ce tentacule se meut invariablement vers le centre de la feuille ; il en est de même de tous les tentacules d'une feuille plongée dans un liquide excitant, ainsi que nous l'avons montré dans une figure précédente (fig. 4, p. 11), les glandes des tentacules extérieurs forment alors un anneau qui entoure la partie centrale du disque. Les tentacules courts, situés à l'intérieur de cet anneau, conservent leur position verticale de même qu'ils le font d'ailleurs quand on place un gros objet sur leurs glandes ou que celles-ci capturent un insecte.

Il est facile de comprendre, dans ce dernier cas, que l'inflexion des tentacules courts du disque serait inutile, car
leurs glandes se trouvent déjà en contact avec la proie.

Le résultat est tout différent quand une seule glande
ou quelques glandes d'un groupe situé d'un côté du
disque sont excitées. Ces glandes transmettent une impulsion aux tentacules environ-
nants qui, alors, ne s'infléchissent pas vers le centre de la
feuille, mais vers le point d'où
est partie l'excitation. Nous devons cette observation importante à Nitschke[1] ; j'ai lu son
mémoire il y a quelques années,
et, depuis lors, j'ai eu souvent
l'occasion de vérifier ses asser-
tions. Si à l'aide d'une aiguille
on place un petit morceau de
viande sur une seule glande ou
sur 3 ou 4 glandes situées à peu
près à moitié distance du centre
à la circonférence de la feuille,
on peut s'assurer de la direction
que prennent les tentacules environnants. La figure 10 repré-

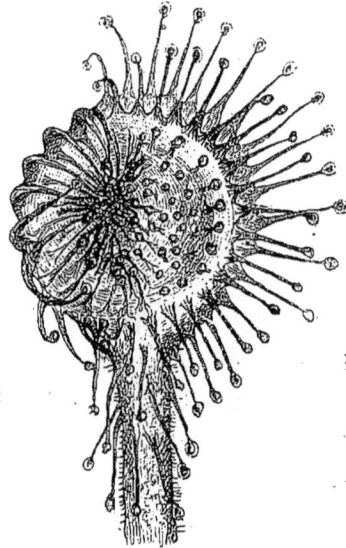

Fig. 10. — *Drosera rotundifolia.*

Feuille (grossie) dont les tentacules
sont infléchis sur un morceau de
viande placé sur un des côtés du
disque.

sente exactement une feuille supportant de la viande
placée dans cette position, et nous voyons que les tentacules, y compris quelques tentacules extérieurs, se dirigent exactement vers le point où se trouve la viande.
— Mais de beaucoup le meilleur système pour observer
ces effets est de placer une parcelle de phosphate de
chaux, humectée avec de la salive, sur une seule glande
située sur un des côtés du disque d'une grande feuille et

1. *Bot. Zeitung,* 1860, p. 240

une autre parcelle de la même substance sur une seule
glande située de l'autre côté du disque. Dans quatre expériences faites dans ces conditions, l'excitation n'a pas été
suffisante pour affecter les tentacules extérieurs, mais tous
les tentacules situés près des deux points où reposait le
phosphate de chaux se dirigeaient vers ces points de façon
à former deux roues sur le limbe d'une même feuille; les
pédicelles des tentacules formaient les rayons, et les glandes,
réunies en une seule masse sur le phosphate de chaux,
formaient le moyeu. Rien d'étonnant comme la précision
avec laquelle chaque tentacule se dirige vers la parcelle
de phosphate; dans bien des cas, il m'a été impossible
d'observer une seule déviation de la ligne droite. Ainsi
donc, bien que les tentacules courts du centre du disque
ne s'infléchissent pas quand on excite directement leurs
glandes, cependant s'ils reçoivent une impulsion motrice
d'un point situé sur un des côtés du disque, ils se dirigent vers ce point aussi bien que les tentacules du bord
de la feuille.

Les tentacules courts du disque qui se seraient dirigés
vers le centre, si la feuille avait été plongée dans un liquide
excitant, s'infléchissent, dans ces expériences, dans une
direction exactement opposée, c'est-à-dire vers la circonférence. Par conséquent, ces tentacules dévient de 180°
de la direction qu'ils auraient prise si leurs propres
glandes avaient été directement excitées, direction que
l'on peut considérer comme normale. J'ai observé tous
les degrés possibles de déviation chez les tentacules de
plusieurs feuilles. Malgré la précision avec laquelle les
tentacules se dirigent ordinairement vers la glande qui
supporte le phosphate de chaux, j'ai remarqué que quelques tentacules situés près de la circonférence d'une
feuille ne se dirigent pas vers un point assez éloigné situé
de l'autre côté du disque. Il semble que l'impulsion motrice, en passant transversalement à travers presque toute

la largeur du disque, ait quelque peu dévié de la ligne droite. Ceci concorde parfaitement avec la remarque que nous avons été à même de faire, c'est-à-dire que l'impulsion se propage moins facilement dans une direction transversale que dans une direction longitudinale. Dans quelques autres cas, les tentacules extérieurs ne me semblèrent pas aptes à des mouvements aussi définis que les tentacules plus courts et plus centraux.

Rien de frappant comme l'aspect de ces 4 feuilles chez chacune desquelles les tentacules se dirigeaient exactement vers les deux petites masses de phosphate placées sur le limbe. On s'imagine facilement en les regardant que l'on est en présence d'un animal d'une organisation inférieure qui embrasse sa proie avec ses bras. Dans le cas du *Drosera*, l'explication de cette faculté de mouvement si raisonnée repose sans doute dans le fait que l'impulsion motrice se propage dans toutes les directions et que, dès que cette impulsion frappe quelque côté que ce soit d'un tentacule, ce côté se contracte et le tentacule en conséquence s'incline vers le point d'où est partie l'excitation. Les pédicelles des tentacules sont aplatis ou elliptiques. Près de la base des tentacules courts du centre, la surface large ou aplatie se compose d'environ cinq rangées longitudinales de cellules ; chez les tentacules extérieurs du disque, cette surface se compose d'environ six ou sept rangées, et chez les tentacules marginaux extrêmes d'une douzaine de rangées. La précision des mouvements des tentacules est d'autant plus remarquable que les bases aplaties ne se composent que de quelques rangées de cellules ; en effet, quand l'impulsion motrice frappe la base du tentacule dans une direction très-oblique relativement à sa surface large, une ou deux cellules tout au plus, situées vers une des extrémités, se trouvent d'abord affectées et la contraction de ces cellules doit déterminer l'inflexion du tentacule entier dans la direction convenable. Le fait que

les pédicelles extérieurs ne se dirigent pas aussi régulièrement vers le point d'excitation que les tentacules plus
centraux provient peut-être de ce qu'ils sont plus ou
moins aplatis. Le mouvement raisonné, si je peux m'exprimer ainsi, des tentacules du *Drosera,* n'est pas un fait
unique dans le règne végétal, car les vrilles de beaucoup de plantes se courbent du côté qui a été touché ;
toutefois, le cas du *Drosera* est beaucoup plus intéressant,
car, chez lui, les tentacules ne sont pas directement excités, mais reçoivent une impulsion d'un point situé à une
certaine distance, ce qui n'empêche pas qu'ils se dirigent
exactement vers ce point.

*Nature des tissus à travers lesquels se transmet l'impul-
sion motrice.* — Il est tout d'abord nécessaire de décrire
brièvement la disposition des principaux faisceaux fibro-
vasculaires. La figure 11 représente ces principaux faisceaux chez une *petite* feuille. Des petits vaisseaux reliés aux
faisceaux adjacents pénètrent dans chacun des nombreux
tentacules qui couvrent la surface de la feuille ; nous ne
les avons pas représentés dans la figure. Le tronc central
partant du pétiole se bifurque près du centre de la feuille ;
puis, chaque branche se bifurque bien des fois selon la
grandeur de la feuille. Ce tronc central donne naissance,
de chaque côté, à une branche délicate qu'on peut appeler
la branche sous-latérale. Il y a aussi de chaque côté un
principal faisceau ou branche latérale qui se bifurque de la
même façon que les autres. La bifurcation n'implique pas
que chaque vaisseau se divise, mais qu'un faisceau se divise
en deux. Si l'on regarde de chaque côté de la feuille on verra
qu'une branche de la grande bifurcation centrale s'anastomose avec une branche du faisceau latéral et qu'il y a une
moindre anastomose entre les deux principales branches
du faisceau latéral. Le trajet des vaisseaux est très-com-
plexe au point de la plus grande anastomose ; là, des

vaisseaux conservant le même diamètre sont souvent formés par l'union des extrémités de deux vaisseaux se terminant en pointe, mais je ne sais si ces points communiquent l'un avec l'autre à l'endroit de la soudure. Au moyen de la double anastomose, tous les vaisseaux du même côté de la feuille sont en quelque sorte reliés les uns aux autres. Chez les plus grandes feuilles, les branches bifurquées se réunissent aussi auprès de la circonférence, puis se séparent de nouveau, formant une ligne continue en zigzag de vaisseaux autour de la circonférence entière. Mais l'union des vaisseaux dans cette ligne en zigzag semble être beaucoup moins intime qu'à l'anastomose principale. Je dois ajouter que la disposition des vaisseaux diffère quelque peu chez diverses feuilles et même dans les côtés opposés d'une même feuille, mais l'anastomose principale existe toujours.

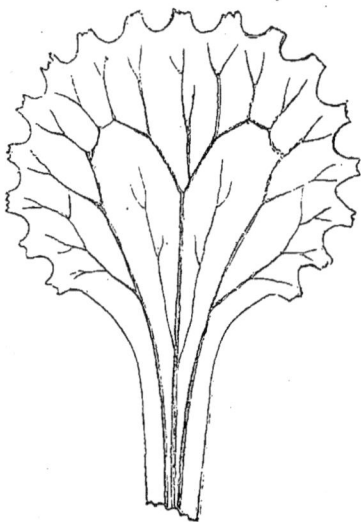

Fig. 11. — *Drosera rotundifolia.*

Figure indiquant la distribution du tissu vasculaire dans une petite feuille.

Dans mes premières expériences avec des morceaux de viande placés sur un côté du disque, il se trouva que pas un seul tentacule ne s'infléchit du côté opposé. Quand je vis que tous les vaisseaux placés du même côté de la feuille étaient reliés les uns aux autres par les deux anastomose, tandis que pas un vaisseau ne passait du côté opposé, il me sembla probable que l'impulsion motrice se propageait exclusivement le long de ce faisceau.

Afin de m'en assurer, je divisai transversalement, avec la pointe d'une lancette, le tronc central de 4 feuilles, juste au-dessous de la principale bifurcation ; deux jours après, je plaçai d'assez gros morceaux de viande (stimulants très-énergiques comme on sait) près du centre du disque au-dessus de l'incision, c'est-à-dire un peu vers le sommet de la feuille. J'obtins les résultats suivants :

1. — Cette feuille était peu active ; au bout de quatre heures quarante minutes (je compte, dans tous les cas, à partir du moment où la viande a été placée sur la feuille), les tentacules situés au sommet de la feuille étaient un peu infléchis, mais aucun autre ne l'était ; ils restèrent en cet état pendant trois jours et se redressèrent le quatrième. Je disséquai alors la feuille et je trouvai que le tronc ainsi que les deux branches sous-latérales avaient été divisés.

2. — Au bout de quatre heures trente minutes, beaucoup de tentacules situés au sommet de la feuille étaient bien infléchis. Le lendemain, le limbe et tous les tentacules situés à cette extrémité de la feuille étaient fortement infléchis et séparés par une ligne transversale distincte de la moitié de la feuille formant la base, qui n'était pas du tout affectée. Toutefois, le troisième jour, quelques tentacules courts du disque auprès de la base étaient très-légèrement infléchis. Je m'assurai, en disséquant la feuille, que l'incision s'étendait d'un côté à l'autre comme dans le dernier cas.

3. — Au bout de quatre heures trente minutes, forte inflexion des tentacules au sommet de la feuille qui ne se propagea pas, pendant les deux jours suivants, aux tentacules situés à la base. L'incision était la même que dans les deux cas précédents.

4. — Je n'observai cette feuille qu'au bout de quinze heures ; tous les tentacules, sauf ceux situés sur l'extrême bord, étaient alors également bien infléchis tout autour de la feuille. J'examinai cette feuille avec soin, et je m'assurai que les vaisseaux spiraux du tronc central étaient certainement divisés ; mais l'incision d'un côté n'avait pas pénétré dans le tissu fibreux qui entoure ces vaisseaux, bien que de l'autre côté elle ait traversé le tissu [1].

1. M. Ziegler a fait des expériences semblables en coupant les vaisseaux spiraux du *Drosera intermedia* (*Compt. rendus*, 1874, p. 1417), mais il en est arrivé à des conclusions très-différentes des miennes.

L'aspect présenté par les feuilles deux et trois était très-curieux : on aurait pu le comparer à l'aspect d'un homme dont la colonne vertébrale serait brisée et dont les extrémités inférieures seraient paralysées. Ces feuilles étaient dans le même état que quelques-unes de celles sur lesquelles, dans des expériences précédentes, j'avais placé un morceau de viande sur un des côtés du disque ; mais, dans ce cas, la ligne qui séparait les deux moitiés de la feuille était transversale au lieu d'être longitudinale. L'exemple de la feuille quatre prouve que les vaisseaux spiraux du tronc central peuvent être divisés et que cependant l'impulsion motrice se propage encore du sommet de la feuille à la base. Ceci me conduisit d'abord à penser que la force motrice se propage à travers le tissu fibreux qui enveloppe étroitement les faisceaux et que si une moitié de ce tissu n'est pas divisée, elle suffit pour assurer une transmission complète. Toutefois, on peut citer à l'encontre de cette conclusion le fait qu'aucun vaisseau ne passe directement d'un côté de la feuille à l'autre, et cependant, comme nous l'avons vu, si l'on place sur l'un des côtés un morceau de viande un peu gros, l'impulsion motrice se propage, lentement et imparfaitement il est vrai, dans une direction transversale à travers toute la largeur de la feuille. On ne peut pas expliquer ce dernier fait par l'hypothèse que la transmission s'effectue à travers les deux anastomoses ou à travers la ligne d'union en zigzag qui règne à la circonférence de la feuille, car, s'il en était ainsi, les tentacules extérieurs, situés de l'autre côté du disque, seraient affectés avant les tentacules plus centraux, ce qui n'arrive jamais. Nous avons vu aussi que les tentacules marginaux extrêmes ne semblent pas aptes à transmettre une impulsion aux tentacules adjacents ; cependant, le petit faisceau de vaisseaux qui pénètre dans chaque tentacule marginal envoie une petite branche aux tentacules situés de chaque côté, ce que je n'ai pas observé chez les autres tentacules ; il en résulte donc que les tentacules marginaux sont plus étroitement reliés que tous les autres par des vaisseaux spiraux et que, cependant, ils sont beaucoup moins aptes que les autres à se communiquer une impulsion motrice.

Outre ces divers faits et ces divers arguments, nous avons la preuve concluante que l'impulsion motrice ne se propage pas, au moins exclusivement, à travers les vaisseaux spiraux ou à travers le tissu qui les entoure immédiatement. Nous savons que si l'on place un morceau de viande sur une glande que l'on a isolée en enlevant les glandes voisines, à quelque endroit d'ailleurs du disque que se trouve cette glande, tous les tentacules courts qui l'entourent s'inclinent vers elle presque simultanément et avec une grande précision. Or, il y a des tentacules du disque, ceux par exemple situés près des extrémités des faisceaux sous-latéraux (voir fig. 11) ; qui sont reliés à des vaisseaux qui ne se trouvent pas en relation avec les nervures qui pénètrent dans les tentacules environnants, sauf par un détour très-long. Toutefois, si l'on place un morceau de viande sur la glande d'un tentacule de cette espèce, tous les tentacules environnants s'infléchissent vers lui avec une grande précision. Bien entendu, il est possible que l'impulsion motrice se propage en faisant un long circuit, mais il est évidemment impossible que la direction du mouvement puisse se communiquer ainsi et surtout de façon que tous les tentacules environnants s'inclinent exactement vers le point excité. L'impulsion se transmet donc, sans aucun doute, en ligne droite, dans toutes les directions, de la glande excitée aux tentacules environnants ; cette impulsion ne peut donc se propager le long des faisceaux fibro-vasculaires. On peut attribuer à ce qu'une partie considérable du tissu cellulaire a été divisée le fait que la section des vaisseaux centraux, dans les exemples rapportés ci-dessus, a empêché la transmission de l'impulsion motrice du sommet à la base de la feuille. Nous verrons bientôt, quand nous nous occuperons de la *Dionée*, que cette même conclusion, à savoir que l'impulsion motrice n'est pas transmise par les faisceaux fibro-vasculaires, est absolument confirmée ; le professeur Cohn en est arrivé à la même conclusion pour l'*Aldrovandia*, qui appartient aussi à la famille des *Droséracées*.

Comme l'impulsion motrice ne se propage pas le long des vaisseaux, il ne reste pour son passage que le tissu cellulaire ; or, la structure de ce tissu explique dans une certaine mesure comment il se fait que l'impulsion se propage si rapidement jusqu'aux longs tentacules extérieurs et beaucoup plus lentement à travers le limbe de la feuille. Nous verrons aussi pourquoi l'impulsion traverse le limbe plus rapidement dans la direction longitudinale que dans la direction transversale, bien qu'avec le temps elle se propage dans toutes les directions. Nous savons que le même stimulant provoque un mouvement des tentacules et l'agrégation du *protoplasma*, et que ces deux influences prennent leur source dans les glandes et en partent dans un même espace de temps très-court. Il semble donc probable que l'impulsion motrice consiste en un commencement de changement moléculaire dans le *protoplasma*, changement qui devient visible quand il s'est bien développé et que nous avons désigné sous le nom d'agrégation ; toutefois, j'aurai à revenir sur ce sujet. Nous savons, en outre, que le principal délai dans la transmission de l'agrégation se produit au passage des parois transversales des cellules ; car, à mesure que l'agrégation passe de cellule en cellule, en se dirigeant vers la base des tentacules, le contenu de chaque cellule successive semble se transformer en une masse nuageuse avec la rapidité de l'éclair. Nous pouvons donc en conclure que, de la même façon, l'impulsion motrice est retardée principalement lorsqu'elle traverse les parois des cellules.

La rapidité plus grande avec laquelle l'impulsion se transmet dans les longs tentacules extérieurs qu'elle ne se transmet à travers le disque, peut s'expliquer par ce fait qu'elle est étroitement confinée dans un pédicelle étroit, au lieu de rayonner dans toutes les directions, comme il arrive sur le disque. D'ailleurs, outre cet emprisonnement, les cellules des tentacules extérieurs sont certainement deux fois aussi longues que celles du disque, de sorte que, pour une longueur donnée d'un tentacule, l'impulsion n'a à traverser qu'un nombre moitié moins grand de cloisons transversales comparativement à ce qui se passe sur le disque ; or il doit y avoir une rapidité proportionnelle dans la transmission. En outre, d'après les coupes des tentacules extérieurs données par le Dr Warming [1], les cellules parenchymateuses sont encore plus allongées ; or ces cellules forment la ligne de communication la plus directe entre la glande et la partie mobile du tentacule. Si l'impulsion se propageait à travers les cellules extérieures, elle aurait à traverser 20 ou 30 cloisons transversales ; elle en a, au contraire, un peu moins à traverser si elle se propage à travers le tissu parenchymateux intérieur. Dans les deux cas, il est remarquable que l'impulsion puisse traverser tant de cloisons en parcourant toute la longueur du pédicelle et agir sur la partie mobile du tentacule au bout de dix secondes environ. Je ne comprends pas pourquoi l'impulsion, après avoir traversé si rapidement toute la longueur d'un tentacule marginal et parcouru environ 1/20 de pouce (0,1269 de centimètres), n'affecte jamais, autant toutefois que j'ai pu l'observer, les tentacules adjacents. Il se peut qu'une grande partie de l'énergie de l'impulsion soit dépensée dans la rapidité de la transmission.

1. *Videnskabelige Meddelelser de la Soc. d'hist. nat. de Copenhague* n°s 10-12, 1872, fig. 4 et 5.

La plupart des cellules du disque, les cellules superficielles aussi bien que les cellules plus larges qui forment les cinq ou six rangées situées au-dessous, sont environ quatre fois aussi longues que larges. Elles sont disposées presque longitudinalement et rayonnent toutes autour de la tige. En conséquence, quand l'impulsion motrice se transmet à travers le disque, elle a à traverser près de quatre fois plus de parois cellulaires que quand elle se propage dans une direction longitudinale; en conséquence, aussi, cette transmission doit être très-retardée dans le premier cas. Les cellules du disque convergent vers la base des tentacules, elles sont donc aptes à transmettre tout autour d'elles l'impulsion motrice aux tentacules. En résumé, la disposition de la forme des cellules, aussi bien celles du disque que celles des tentacules, jette beaucoup de lumière sur la rapidité et sur le mode de diffusion de l'impulsion motrice. Mais il est difficile d'expliquer pourquoi l'impulsion partant des glandes des rangées extérieures des tentacules tend à se propager latéralement et vers le centre de la feuille, mais non pas suivant une direction centrifuge.

Mécanisme des mouvements et nature de l'impulsion motrice. — Quelles que puissent être les causes du mouvement, les tentacules extérieurs vu leur délicatesse, s'infléchissent avec beaucoup de force. J'ai fixé, dans une pince, une soie de cochon de façon qu'une longueur d'un pouce (2,539 centimètres) sorte de la pince; cette soie a cédé quand j'ai essayé de relever avec elle un tentacule infléchi qui était un peu plus mince que la soie elle-même. L'étendue du mouvement est, elle aussi, considérable. Les tentacules complétement redressés décrivent en s'infléchissant un angle de 180°; s'ils sont réfléchis, comme cela arrive souvent, l'angle décrit est beaucoup plus considérable. Il est probable que ce sont les cellules superficielles situées à la partie mobile du tentacule qui se contractent principalement ou même exclusivement; en effet, les cellules intérieures ont des parois très-délicates et se trouvent en si petit nombre, qu'elles pourraient à peine faire incliner un tentacule avec précision vers un point donné. Bien que j'aie observé avec soin un grand nombre de feuilles, je n'ai jamais pu découvrir une seule ride à la surface reployée intérieure du tentacule, même dans le cas d'un tentacule qui s'était recourbé complétement en cercle dans des circonstances que je décrirai bientôt.

L'impulsion motrice traverse toutes les cellules mais elle n'agit pas sur toutes. Quand on excite la glande d'un long tentacule extérieur, les cellules supérieures du tentacule ne sont pas du tout affectées; vers la moitié du tentacule, on peut remarquer une légère inclinaison, mais le principal mouvement est confiné à un court espace situé près de la base; chez les tentacules intérieurs, la base seule se recourbe. L'impulsion motrice peut se propager dans le limbe de la feuille à travers beaucoup de cellules, du centre jusqu'à la circonférence, sans qu'aucune de ces cellules soit affectée; dans d'autres cas, l'impulsion motrice peut agir énergiquement sur les cellules et le limbe s'infléchit alors considérablement. Dans ce dernier cas, le mouvement semble dépendre en partie de l'énergie du stimulant et en partie de sa nature, quand les feuilles, par exemple, sont plongées dans certains liquides.

L'aptitude au mouvement que possèdent diverses plantes quand on les irrite, a été attribuée par de hautes autorités à l'exsudation rapide d'un liquide hors de certaines cellules qui, précédemment à l'état de tension, se contractent immédiatement [1].

Que ce soit là ou non la cause première de ces mouvements, le liquide doit sortir des cellules fermées quand

1. Sachs, *Traité de Bot.*, 3ᵉ édit., 1874, p. 1038. Cette hypothèse a été, e crois, suggérée pour la première fois par Lamarck.

elles se contractent ou qu'elles sont pressées les unes
contre les autres dans une même direction, à moins toutefois que les cellules ne puissent s'étendre dans quelque
autre direction. Par exemple, on peut voir exsuder certains
liquides de la surface d'un rejeton jeune et vigoureux
que l'on ploie lentement en demi-cercle [1]. Dans le cas du
Drosera, il y a certainement un transport considérable
de fluide dans tout l'intérieur des tentacules pendant
l'inflexion. On peut trouver beaucoup de feuilles chez
lesquelles le liquide pourpre des cellules a une teinte
également foncée du côté supérieur ou du côté inférieur
des tentacules et des deux côtés jusque près de la base.
Si l'on provoque un mouvement chez les tentacules d'une
de ces feuilles, on observe ordinairement, au bout de
quelques heures, que les cellules du côté concave sont
beaucoup plus pâles qu'elles n'étaient auparavant, ou sont
même tout à fait incolores, tandis que celles du côté convexe sont devenues beaucoup plus foncées en couleur. J'ai
pu observer très-facilement, dans deux cas, ce changement
de couleur des deux côtés d'un tentacule après qu'un petit
fragment de cheveu avait été placé sur les glandes, et que,
au bout d'une heure dix minutes environ, les tentacules
étaient à moitié inclinés vers le centre de la feuille. Dans
un autre cas, après avoir placé un morceau de viande sur
une glande, j'ai pu observer que la couleur pourpre passait
à intervalles de la partie supérieure à la partie inférieure
du tentacule, en descendant le long du côté convexe de ce
tentacule en train de s'infléchir. Mais il ne résulte pas de
ces observations que les cellules du côté convexe contiennent, pendant l'acte de l'inflexion, plus de liquide qu'elles
n'en contenaient auparavant, car, pendant cet acte, le
liquide peut se rendre dans le disque ou dans les glandes,
qui se mettent alors à sécréter abondamment.

1. Sachs, *Ibid.*, p. 919.

L'inflexion des tentacules, quand les feuilles sont plongées dans un liquide dense, et leur redressement subséquent dans un liquide moins dense, prouvent que le passage du liquide qui entre dans les cellules ou qui en sort peut provoquer des mouvements ressemblant aux mouvements naturels. Mais l'inflexion provoquée dans ces conditions est surtout irrégulière, car les tentacules extérieurs se recourbent quelquefois en spirale. D'autres mouvements contre nature sont de même causés par l'application de liquides denses, dans le cas, par exemple, de gouttes de sirop apposées aux côtés inférieurs des feuilles et des tentacules. On peut comparer ces mouvements aux contorsions que subissent beaucoup de tissus végétaux quand ils sont soumis à l'exosmose. Il est par conséquent douteux que ces phénomènes jettent quelque lumière sur les mouvements naturels.

Si nous admettons que la sortie du liquide est la cause de l'inflexion des tentacules, nous devons supposer que les cellules, avant l'acte de l'inflexion, se trouvent à un degré extraordinaire de tension et qu'elles sont élastiques au suprême degré, car, autrement, leurs contractions ne feraient pas décrire aux tentacules un angle de plus de 180°. Dans son intéressant mémoire sur les mouvements des étamines de certaines *Composées*, le professeur Cohn affirme que ces organes quand ils sont morts sont aussi élastiques que des fils de caoutchouc, et qu'ils n'ont alors que la moitié de la longueur qu'ils avaient pendant leur vie [1]. Il croit que le *protoplasma* vivant contenu dans les cellules est ordinairement à l'état d'expansion, mais qu'il est paralysé par l'irritation et qu'il est même sujet à une mort temporaire ; l'élasticité des parois des cellules entre alors en jeu et cause la contraction des étamines. Or, les

---

1. *Abhand. der Schles. Gesell. für vaterlaend. Cultur.*, 1861 ; Heft I; les *Annals and Mag. of nat. hist.*, 3ᵉ série, 1863, vol. XI, p 188-197, contiennent un excellent résumé de ce mémoire.

cellules du côté supérieur ou concave de la partie flexible
des tentacules du *Drosera* ne paraissent pas être à l'état
de tension ou être extrêmement élastiques; car, si une
feuille est tuée soudainement, ou si elle vient à mourir lentement, ce n'est pas le côté supérieur des tentacules, mais
bien le côté inférieur qui se contracte par suite de son
élasticité. Nous pouvons donc conclure qu'on ne peut expliquer les mouvements des tentacules par l'élasticité
inhérente à certaines cellules, qui s'opposent à ces mouvements aussi longtemps qu'elles sont vivantes et qu'elles
ne sont pas irritées par l'état de tension de leur contenu.

D'autres physiologistes soutiennent une hypothèse
quelque peu différente, à savoir que le *protoplasma*, quand
il est irrité, se contracte comme le sarcode mou des muscles des animaux. Chez le *Drosera*, le liquide contenu
dans les cellules des tentacules à la partie flexible, a, examiné au microscope, l'aspect d'un liquide peu dense et
homogène; après l'agrégation, ce liquide se transforme
en petites masses de substances molles subissant des
changements de forme incessants et flottant dans un
liquide presque incolore. Ces masses se dissolvent complétement quand les tentacules se redressent. Or il semble
à peine possible que ces matières soient douées d'une
puissance mécanique directe ; mais si, par suite de quelques
changements moléculaires, elles occupent un espace moins
considérable qu'auparavant, les parois des cellules doivent,
sans aucun doute, se refermer et se contracter. Mais, dans
ce cas, on devrait apercevoir des rides sur les parois et l'on
n'en a jamais observé. En outre, le contenu de toutes les
cellules semble avoir exactement la même nature avant et
après l'agrégation, et cependant quelques cellules de la
base se contractent seules, car tout le tentacule reste
droit.

Quelques physiologistes ont avancé une troisième hypothèse, qui est d'ailleurs rejetée par presque tous les autres,

c'est-à-dire que la cellule entière y compris les parois se
contracte énergiquement. Si les parois se composent uniquement de cellulose non azotée, cette hypothèse est très-
improbable ; mais on peut à peine douter que ces parois ne
soient pénétrées par des matières protéiques, tout au moins
pendant la croissance. Il ne semble d'ailleurs y avoir
aucune improbabilité absolue à ce que les parois des cellules du *Drosera* se contractent, si l'on considère la perfection de leur organisation prouvée par la faculté qu'ont
les glandes d'absorber et de sécréter, et par leur sensibilité exquise à la pression des corps les plus légers. Les
parois des cellules des pédicelles sont aptes aussi à recevoir et à transmettre diverses impulsions qui se traduisent
par le mouvement et par une augmentation de sécrétion ou d'agrégation. En résumé, l'hypothèse que les
parois de certaines cellules se contractent et chassent, pendant cette contraction, une partie du liquide qu'elles
contiennent, est peut-être, de toutes, celle qui concorde
le mieux avec les faits observés. Si l'on rejette cette hypothèse, il faut accepter comme la plus probable celle qui
veut que le liquide contenu dans les cellules diminue
de volume par suite d'une modification de son état moléculaire et du rétrécissement des parois qui en est la
conséquence. En tout cas, il est difficile d'attribuer le
mouvement à l'élasticité des parois combinée à une tension
antécédente.

Quant à la nature de l'impulsion motrice qui part des
glandes pour descendre jusqu'à la base des pédicelles et
qui rayonne à travers le disque, il ne paraît pas improbable qu'elle est étroitement liée à cette influence qui provoque l'agrégation du *protoplasma* dans les cellules des
glandes ou des tentacules. Nous avons vu que ces deux
forces prennent leur origine dans les glandes, qu'elles
partent toutes deux de ces glandes à quelques secondes
d'intervalle et qu'elles sont provoquées par les mêmes

causes. L'agrégation du *protoplasma* dure presque aussi longtemps que l'inflexion des tentacules, même quand cette inflexion persiste pendant plus d'une semaine; toutefois, le *protoplasma* se dissout à la partie flexible du tentacule peu de temps avant qu'il se redresse, ce qui prouve que la cause provoquant le phénomène de l'agrégation a alors entièrement cessé. Le contact avec l'acide carbonique retarde beaucoup le phénomène de l'agrégation et la transmission de l'impulsion motrice jusqu'à la base des tentacules. Nous savons que l'agrégation éprouve un certain retard lorsqu'elle a à traverser les parois des cellules; or nous avons d'excellentes raisons pour croire qu'il en est de même pour l'impulsion motrice, car nous pouvons expliquer ainsi l'inégalité de durée de la transmission de cette impulsion longitudinalement ou transversalement à travers le disque. Examiné avec un fort grossissement, le premier signe de l'agrégation est la formation d'un nuage, puis, bientôt après, des granules extrêmement petits apparaissent dans le liquide pourpre homogène contenu dans les cellules; cet aspect est probablement dû à la réunion des molécules du *protoplasma*. Or il ne paraît y avoir rien d'improbable à l'hypothèse que cette même tendance au rapprochement des molécules se communique à la surface intérieure des parois des cellules qui se trouvent en contact avec le *protoplasma*; s'il en est ainsi, les molécules des parois se rapprocheraient les unes des autres et la paroi elle-même se contracterait.

On peut, il est vrai, objecter à cette hypothèse, et cela avec beaucoup de raison, que lorsqu'on plonge des feuilles dans diverses solutions énergiques, ou qu'on les soumet à une chaleur de plus de 130° F (54°,4 centig.), il se produit une agrégation, mais aucun mouvement. En outre, divers acides et quelques autres liquides provoquent des mouvements rapides, mais aucune agrégation; ou bien ce dernier phénomène se présente de façon anormale et seulement après un laps de temps considérable; mais comme la plupart de ces liquides attaquent plus ou moins les feuilles, ils peuvent arrêter ou empêcher l'agrégation en attaquant ou en tuant le *protoplasma*. Il y a une autre différence plus importante encore entre les deux phénomènes : quand les glandes du disque sont excitées, elles transmettent une certaine impulsion aux tentacules environnants, impulsion qui agit sur les cellules de la partie flexible des tentacules, mais qui ne provoque pas l'agrégation jusqu'à ce qu'elle ait atteint les glandes; ce sont les glandes qui réfléchissent une autre impulsion, laquelle provoque l'agrégation du *protoplasma,* d'abord dans les cellules supérieures, puis dans les cellules inférieures.

Redressement des tentacules. — Ce mouvement est toujours lent et graduel. Quand le centre de la feuille est excité ou qu'une feuille est plongée dans une solution convenable, tous les tentacules s'infléchissent directement vers le centre, puis ensuite se redressent en s'éloignant directement du centre. Mais, quand le point excité se trouve sur un des côtés du disque, les tentacules environnants s'infléchissent vers ce point et, par conséquent, dans une direction oblique à la direction normale; quand ils se redressent ensuite, ils se redressent aussi obliquement pour reprendre leur position d'origine. Les tentacules les plus éloignés d'un point excité, quelque part d'ailleurs que puisse se trouver ce point, sont les derniers et les moins affectés, et, probablement, en conséquence de ce fait, ce sont les premiers qui se redressent. La partie flexible d'un tentacule fortement infléchi se trouve dans un état de contraction active, ce que prouve l'expérience suivante. Je plaçai de la viande sur une feuille; après que les tentacules se furent fortement infléchis et eurent complétement accompli leur mouvement, je coupai des bandes étroites du disque portant quelques tentacules extérieurs et je les plaçai sous le microscope. Après plusieurs essais, je parvins à couper la surface convexe de la partie reployée d'un tentacule. Il se mit immédiatement en mouvement et la partie déjà considérablement reployée continua à se reployer jusqu'à ce qu'il eût formé un cercle parfait, la partie droite du tentacule passant sous un des côtés de la bande. La surface convexe devait donc être intérieurement dans un état de tension suffisant pour balancer la tension de la surface concave qui, mise en liberté, se recourba de façon à former un anneau parfait.

Les tentacules d'une feuille ouverte et non excitée sont modérément rigides et élastiques; si on les courbe au moyen d'une aiguille, l'extrémité supérieure cède beaucoup plus facilement que la base plus épaisse, qui est la seule partie apte à s'infléchir. La rigidité de cette base semble provenir de ce que la tension de la surface extérieure contrebalance un état de contraction active et persistante des cellules de la surface intérieure. Je crois que c'est là la véritable explication, car si l'on plonge une feuille dans l'eau bouillante, les tentacules se réfléchissent immédiatement, ce qui paraît indiquer que la tension de la surface extérieure est mécanique, tandis que celle de la surface intérieure est vitale et que cette dernière est instantanément détruite par l'action de l'eau bouillante. Ceci nous explique aussi pourquoi les tentacules, à mesure qu'ils deviennent vieux et faibles, se réfléchissent lentement de plus en plus. Si on plonge dans l'eau bouillante une feuille dont les tentacules sont fortement infléchis, ils se soulèvent un peu, mais sans se redresser complétement. Cela peut provenir de ce que la chaleur détruit rapidement la tension et l'élasticité des cellules de la surface convexe; mais il m'est difficile de croire que la tension, à quelque temps que ce soit, suffise pour ramener les tentacules à leur position normale au repos, en leur faisant souvent décrire un angle de plus de 180°. Il est plus probable que le

liquide qui, comme nous le savons, circule dans les tentacules pendant le phénomène de l'inflexion, est lentement
attiré dans les cellules de la surface convexe, ce qui
augmente ainsi graduellement et continuellement leur
tension.

Je ferai, à la fin du chapitre suivant, la récapitulation
des principaux faits et des principales observations contenus dans ce chapitre.

———————

CHAPITRE XI.

J'ai fait, à la fin de presque tous les chapitres, un résumé de ce que contient le chapitre, il suffira donc ici de récapituler de façon aussi brève que possible les points principaux. J'ai consacré le premier chapitre à une esquisse préliminaire de la structure des feuilles et à la façon dont elles capturent les insectes. Elles y parviennent au moyen de gouttes de liquide très-visqueux qui entourent les glandes et par le mouvement des tentacules vers le centre de la feuille. Comme les plantes se procurent la plus grande partie de leur alimentation par ce moyen, leurs racines sont très-peu développées et elles poussent souvent dans des endroits où aucune autre plante, sauf des mousses, peut à peine exister. Les glandes, outre la faculté qu'elles ont de sécréter, peuvent aussi absorber. Elles sont très-sensibles à divers stimulants et principalement à des attouchements répétés, à la pression de corps très-petits, à l'absorption de substances animales et de divers liquides, à la chaleur et à l'action galvanique. J'ai vu un tentacule sur la glande duquel une parcelle de viande crue a été posée commencer à s'infléchir au bout de dix secondes, être fortement infléchi en cinq minutes et atteindre le centre de la feuille en une demi-heure. Le limbe de la feuille se recourbe aussi très-souvent dans des proportions telles qu'il forme une coupe enfermant l'objet placé sur la feuille.

Quand une glande est excitée, elle transmet non-seulement une impulsion à la base de son propre tentacule, ce qui le fait s'infléchir, mais elle transmet aussi une impulsion aux tentacules environnants qui s'infléchissent également; la partie flexible d'un tentacule peut donc être appelée au mouvement par une impulsion reçue de directions opposées, c'est-à-dire d'une impulsion partant de la glande qui la surmonte ou partant d'une ou de plusieurs glandes surmontant les tentacules qui l'environnent. Au bout d'un certain temps, les tentacules infléchis se redressent et, pendant ce redressement, les glandes sécrètent moins abondamment ou se dessèchent même tout à fait. Dès que les glandes recommencent à sécréter, les tentacules sont prêts à agir de nouveau. Ces mouvements peuvent se répéter au moins trois fois et probablement un bien plus grand nombre de fois.

J'ai démontré dans le second chapitre que les matières animales placées sur le disque provoquent une inflexion beaucoup plus prompte et beaucoup plus énergique que des corps inorganiques ayant le même volume, ou que la simple irritation mécanique. Toutefois, il y a une différence encore plus marquée dans le laps de temps très-notable pendant lequel les tentacules restent infléchis sur des matières contenant des substances solubles et nutritives que sur celles qui n'en contiennent pas. Des parcelles extrêmement petites de verre, de charbon, de cheveux, de fil, de craie, etc., placées sur les glandes des tentacules extérieurs provoquent l'inflexion de ces tentacules. Une parcelle ne produit aucun effet, à moins qu'elle ne pénètre la sécrétion et qu'elle ne touche par un point la surface même de la glande. Un petit morceau de cheveu humain très-fin, ayant 8/1000 de pouce (0,203 de millim.) de longueur et pesant seulement 1/78740 de grain (0,000822 de milligr.), bien que supporté en grande partie par la sécrétion visqueuse, suffit pour provoquer l'inflexion d'un tentacule. Il n'est pas probable que la pression, dans ce cas, soit équivalente à celle d'un millionième de grain. Des parcelles encore plus petites suffisent pour provoquer un léger mouvement, ainsi qu'on peut s'en assurer au moyen d'une loupe. Des parcelles beaucoup plus grandes que celles dont nous venons d'indiquer les mesures ne produisent aucune sensation quand on les place sur la langue, une des parties les plus sensibles du corps humain.

Un attouchement, répété trois ou quatre fois sur une glande, provoque un mouvement ; mais si l'on ne touche la glande qu'une fois ou deux, bien qu'avec une force considérable et avec un corps dur, le tentacule ne s'infléchit pas. Il en résulte que la plante ne se livre pas à des mouvements inutiles, car, pendant les grands vents, il est certain que les glandes doivent être ordinairement heurtées par les feuilles des plantes voisines. Bien qu'insensibles à un seul attouchement, les glandes, comme nous venons de le dire, sont extrêmement sensibles à la plus légère pression, si elle se prolonge pendant quelques secondes ; cette aptitude rend évidemment de grands services à la plante pour la capture des petits insectes. Le plus petit insecte qui vient poser ses pattes délicates sur les glandes est rapidement capturé. Les glandes sont insensibles au poids et à la percussion répétée des gouttes de pluie quelque grosses qu'elles soient, ce qui évite encore à la plante beaucoup de mouvements inutiles.

Nous avons interrompu la description des mouvements des tentacules pour consacrer le troisième chapitre à la description du phénomène d'agrégation. L'agrégation commence toujours dans les cellules des glandes dont le contenu devient d'abord nuageux ; cette transformation nuageuse a été observée dans les dix secondes qui ont suivi l'excitation d'une glande. Il se produit bientôt, quelquefois en moins d'une minute, dans les cellules placées au-dessous des glandes, des granules que l'on peut à peine distinguer avec un grossissement très-considérable ; ces granules s'agrègent alors et forment des petits globules.

L'agrégation se propage ensuite le long des tentacules,
s'arrêtant pendant un court instant à chaque cloison transversale. Les petits globules se réunissent alors pour en
former de plus gros, ou se transforment en masses ovales,
en masses affectant la forme d'une tige surmontée d'une
boule, ou la forme de fils ou de colliers, masses de *protoplasma* qui, en suspension dans un liquide presque incolore,
changent incessamment et spontanément de forme. Ces
masses se réunissent fréquemment pour se séparer de
nouveau. Si la glande a été puissamment excitée, toutes les
cellules sont affectées jusqu'à la base du tentacule. Dans
les cellules, et surtout dans celles qui contiennent un
liquide rouge foncé, le commencement du phénomène consiste souvent dans la formation d'une masse de *protoplasma*,
en forme de sac rouge foncé, qui se divise ensuite et subit
les changements de forme ordinaires. Avant l'agrégation
une couche de *protoplasma* incolore renfermant des granules (l'utricule primordial de Mohl) circule le long des
parois des cellules ; cette couche devient plus distincte dès
que le contenu de la cellule s'est agrégé en partie en
globules ou en masses ressemblant à un sac. Au bout d'un
certain temps, les granules de cette couche sont attirés
par les masses centrales et s'unissent à elles ; on ne peut
plus alors distinguer la couche en mouvement, mais il y a
encore un courant de liquide transparent à l'intérieur des
cellules.

Presque tous les stimulants qui provoquent le mouvement des tentacules provoquent aussi l'agrégation du
protoplasma : ainsi, par exemple, les attouchements répétés
deux ou trois fois sur les glandes, la pression de parcelles
inorganiques extrêmement petites, l'absorption de divers
liquides, l'immersion même longtemps prolongée dans
l'eau distillée, l'exosmose et la chaleur. Parmi les nombreux stimulants que j'ai essayés, le carbonate d'ammoniaque est le plus énergique et celui qui agit le plus rapide-

ment; une dose de 1/134400 de grain (0,00048 de millig.) posée sur une seule glande suffit pour provoquer au bout d'une heure une agrégation bien marquée dans les cellules supérieures du tentacule. L'agrégation se continue aussi longtemps seulement que le *protoplasma* est vivant, vigoureux et à l'état oxygéné.

Que la glande ait été excitée directement ou qu'elle ait reçu une impulsion d'autres glandes éloignées, le résultat est exactement le même sous tous les rapports. Il y a, toutefois, une différence importante : quand on excite les glandes centrales elles transmettent une impulsion qui remonte le long des pédicelles des tentacules extérieurs jusqu'aux glandes, en allant du centre à la circonférence ; au contraire, le phénomène immédiat de l'agrégation va de la circonférence au centre, car il part des glandes des tentacules extérieurs pour se propager, en descendant, le long des pédicelles. En conséquence, l'impulsion transmise d'une partie de la feuille à une autre doit être différente de l'impulsion immédiate qui provoque l'agrégation. Ce phénomène ne résulte pas de ce que les glandes sécrètent plus abondamment qu'elles ne le faisaient auparavant, et il se produit indépendamment de l'inflexion des tentacules. L'agrégation persiste aussi longtemps que les tentacules restent infléchis et, dès que ces tentacules sont complétement redressés, les petites masses de *protoplasma* se dissolvent toutes; les cellules se remplissent alors de liquide pourpre homogène, de même qu'elles l'étaient avant l'excitation de la feuille.

Le phénomène de l'agrégation peut se produire à la suite de quelques attouchements ou d'une pression exercée par des corps insolubles, il se produit donc indépendamment de l'absorption de substances quelles qu'elles soient et doit être de nature moléculaire. D'ailleurs, alors même que l'agrégation se produit à la suite de l'absorption de carbonate d'ammoniaque ou d'autres sels d'ammoniaque ou d'une infusion de viande, elle semble être exactement de même nature. Or, pour que le liquide protoplasmique soit affecté par des causes aussi légères et aussi variées, il faut qu'il soit dans un état particulièrement instable. Les physiologistes croient que, lorsqu'on touche un nerf et que ce nerf transmet une impulsion à d'autres parties du système nerveux, il se produit chez lui un changement moléculaire que nous ne pouvons percevoir. Il est donc fort intéressant d'observer sur les cellules d'une glande les effets de la pression d'une parcelle de cheveu ne pesant que le 1/78700 de grain (0,000822 de millig.), parcelle qui est en outre supportée par la sécrétion visqueuse, car cette pression extrêmement petite provoque bientôt une modification visible dans le *protoplasma*, modification qui se propage dans toute la longueur du tentacule et qui produit chez lui, tout au moins, une sorte d'aspect tacheté que l'on peut facilement distinguer à l'œil nu.

J'ai démontré dans le quatrième chapitre que les feuilles plongées pendant un court espace de temps dans de l'eau portée à la température de 110° F (43°,3 centigr.) s'infléchissent quelque peu ; cette immersion les rend aussi plus sensibles qu'elles ne l'étaient auparavant à l'action de la viande. Si l'on expose les feuilles à une température variant entre 115° et 125° F (46°,1 à 51°,6 centigr.), elles s'infléchissent rapidement et le *protoplasma* s'agrège ; plongées ensuite dans l'eau froide les tentacules se redressent. Exposées à 130° F (54°,4 centigr.), l'inflexion ne se produit pas immédiatement, mais les feuilles sont seulement paralysées pour quelques instants, car, si on les plonge dans l'eau froide elles s'infléchissent souvent et se redressent ensuite. J'ai vu distinctement le *protoplasma* se mettre en mouvement chez une feuille traitée de cette façon. Une agrégation très-considérable s'est produite chez d'autres feuilles traitées de la même manière et plongées ensuite dans une solution de carbonate d'ammoniaque. Les feuilles

plongées dans l'eau froide après avoir été exposées à une
température de 145° F (62°,7 centigr.) s'infléchissent quelquefois légèrement, mais très-lentement; l'immersion dans
une solution de carbonate d'ammoniaque provoque ensuite
l'agrégation énergique du contenu des cellules. Toutefois,
la durée de l'immersion est un élément important, car,
si on plonge les feuilles dans de l'eau portée à la température de 145° F. (62°,7 centigr.) ou même à 140° F.
(60° centigr.) et qu'on les y laisse jusqu'à ce que l'eau soit
refroidie, elles meurent et le contenu des glandes devient
blanc et opaque. Ce dernier résultat semble dû à la coagulation de l'albumine et est presque toujours causé par
une courte exposition à une température de 150° F (65°,5
centigr.); toutefois, différentes feuilles et même les diverses
cellules d'un même tentacule diffèrent considérablement
au point de vue de la résistance à la chaleur. Enfin, le
carbonate d'ammoniaque provoque l'agrégation chez les
feuilles, à moins que la chaleur n'ait été suffisante pour
coaguler l'albumine.

J'ai étudié, dans le cinquième chapitre, les effets produits par des gouttes de divers liquides organiques azotés
et non azotés placés sur le disque des feuilles, et j'ai démontré que les feuilles découvrent avec une certitude
presque absolue la présence de l'azote. Une décoction de
pois verts ou de feuilles de chou fraîches agit presque
aussi énergiquement qu'une infusion de viande crue, tandis
qu'une infusion de feuilles de chou, faite en conservant les
feuilles pendant longtemps dans de l'eau tiède, est beaucoup moins énergique. Une décoction de feuilles d'herbe
est moins efficace qu'une décoction de pois verts ou de
feuilles de chou.

Ces résultats m'ont conduit à rechercher si le *Drosera*
est apte à dissoudre les substances animales solides. J'ai
relaté en détail, dans le sixième chapitre, les expériences
qui prouvent que les feuilles sont aptes à une digestion

véritable et que les glandes absorbent les matières digérées. Ce sont là, peut-être, les observations les plus intéressantes que j'aie faites sur le *Drosera*, car on ne connaissait
pas encore dans le règne végétal une aptitude de ce
genre. Il est aussi un fait intéressant, c'est que les glandes
du disque, quand elles sont excitées, transmettent une impulsion aux glandes des tentacules extérieurs, impulsion
qui provoque chez ces dernières des sécrétions plus abondantes et acides, comme si elles avaient été excitées directement par un objet placé sur elles. Le suc gastrique des
animaux contient, comme on sait, un acide et un ferment
qui sont tous deux indispensables à la digestion; il en est
de même de la sécrétion du *Drosera*. Quand on excite
mécaniquement l'estomac d'un animal il sécrète un acide;
quand on place des parcelles de verre ou d'autres objets
semblables sur les glandes du *Drosera*, la sécrétion de la
glande directement excitée et celle des glandes environnantes devient plus abondante et devient en même temps
acide. Mais, selon Schiff, l'estomac d'un animal ne sécrète
le ferment convenable, la pepsine, qu'autant qu'il a absorbé
certaines substances qu'il appelle peptogènes; or, il semble
résulter de mes expériences que les glandes du *Drosera*
doivent absorber certaines substances avant de sécréter le
ferment convenable. Il a été démontré, par l'addition de
petites doses d'un alcali qui arrêtent entièrement le phénomène de la digestion, que la sécrétion contient un ferment qui n'agit sur les substances animales solides qu'autant qu'il se trouve en présence d'un acide; en effet, la
digestion recommence dès qu'on neutralise l'alcali au
moyen d'un peu d'acide chlorhydrique étendu d'eau. De
nombreuses expériences, faites avec une grande quantité de
substances, ont démontré que la sécrétion du *Drosera* agit
exactement comme le suc gastrique sur les substances
qu'elle dissout complétement, qu'elle attaque partiellement ou qu'elle laisse intactes. Nous pouvons donc con-

clure que le ferment du *Drosera* ressemble beaucoup à la pepsine des animaux ou qu'il est identique avec elle.

Les substances digérées par le *Drosera* agissent très-différemment sur les feuilles. Les unes provoquent une inflexion énergique et rapide des tentacules et les font rester infléchis pendant beaucoup plus longtemps que les autres. Nous sommes donc conduits à supposer que les premières sont plus nutritives que les secondes, de même qu'il arrive pour quelques-unes de ces mêmes substances données aux animaux ; par exemple, la viande comparativement à la gélatine. La dissolution rapide par la sécrétion du *Drosera* et l'absorption subséquente d'une substance aussi dure que le cartilage, sur laquelle l'eau a si peu d'action, est peut-être un des cas les plus extraordinaires que l'on puisse citer. Toutefois, ce cas n'est certainement pas plus remarquable que la digestion de la viande, qui est dissoute par la sécrétion de la même manière et en passant par les mêmes degrés qu'elle l'est par le suc gastrique. La sécrétion dissout les os et même l'émail des dents, mais cette dissolution est due simplement à la grande quantité d'acide sécrété et provient sans doute de l'affinité de la plante pour le phosphore. Dans le cas des os, le ferment n'a d'action qu'autant que tout le phosphate de chaux a été décomposé et qu'il se trouve de l'acide libre ; dans ce cas, la base fibreuse des os est rapidement dissoute. En outre, la sécrétion attaque et dissout des substances contenues dans les graines vivantes qu'elle tue quelquefois ou qu'elle attaque profondément, ce que prouve l'état maladif des rejetons de ces graines. Enfin, la sécrétion absorbe certaines matières contenues dans le pollen et dans des morceaux de feuilles.

J'ai consacré le septième chapitre à l'action des sels d'ammoniaque. Tous ces sels provoquent l'inflexion des tentacules et souvent même du limbe de la feuille et l'agrégation du *protoplasma*. Ces sels agissent avec une énergie bien différente : le citrate d'ammoniaque est le moins énergique ; le phosphate d'ammoniaque est de beaucoup le plus énergique, grâce sans doute à la présence dans ce sel du phosphore et de l'azote. Toutefois, je n'ai déterminé avec soin que l'efficacité relative de trois sels d'ammoniaque seulement, c'est-à-dire le carbonate, l'azotate et le phosphate. J'ai fait mes expériences en plaçant 1/2 minima (0,0296 de millil.) de solutions de différentes forces sur le disque des feuilles, en appliquant une petite goutte (environ 1/20e de minime, ou 0,00296 de millilitre) pendant quelques secondes à 3 ou 4 glandes ; enfin, en plongeant des feuilles entières dans une quantité de liquide toujours la même. Il était nécessaire d'abord, comme terme de comparaison, de déterminer les effets de l'eau distillée sur les feuilles, et j'ai trouvé, comme on pourra le voir par les détails, que les feuilles les plus sensibles sont affectées par l'eau distillée, mais seulement dans de petites proportions.

Les racines absorbent une solution de carbonate d'ammoniaque ; cette absorption provoque une agrégation du contenu des cellules, mais n'affecte pas les feuilles. La vapeur de ce sel, absorbée par les glandes, provoque l'inflexion aussi bien que l'agrégation du *protoplasma*. Une goutte d'une solution contenant 1/960e de grain (0,0675 de milligr.) placée sur les glandes du disque est la quantité la plus petite qui provoque l'inflexion des tentacules extérieurs. Toutefois, une goutte miscroscopique contenant 1/14400e de grain (0,00445 de milligr.) appliquée pendant quelques secondes à la sécrétion qui entoure une glande provoque l'inflexion du tentacule. Quand une feuille très-sensible est plongée dans une solution de carbonate et qu'on l'y laisse le temps nécessaire à l'absorption, le 1/268800e de grain (0,00024 de milligr.) suffit pour exciter un mouvement chez un tentacule.

L'azotate d'ammoniaque provoque l'agrégation du

protoplasma beaucoup moins vite que le carbonate, mais il est beaucoup plus énergique pour provoquer l'inflexion. Une goutte d'une solution d'azotate d'ammoniaque contenant 1/2400e de grain (0,027 de milligr.) de sel placée sur le disque exerce une action énergique sur tous les tentacules extérieurs qui n'ont pas été eux-mêmes touchés par la solution ; une goutte contenant 1/2800e de grain (0,026 de milligr.) de sel n'a provoqué que l'inflexion de quelques tentacules extérieurs, mais a affecté le limbe dans des proportions plus considérables. Une goutte miscroscopique contenant 1/28800e de grain (0,0025 de milligr.) appliquée à une glande a causé l'inflexion du tentacule. J'ai pu démontrer, en plongeant des feuilles entières dans la solution, que l'absorption par une glande du 1/691200e de grain (0,0000937 de milligr.) de sel suffit à provoquer un mouvement dans le tentacule.

Le phosphate d'ammoniaque est beaucoup plus énergique que l'azotate. Une goutte contenant 1/3840e de grain (0,0169 de milligr.) de sel placée sur le disque d'une feuille sensible provoque l'inflexion de la plupart des tentacules extérieurs ainsi que celle du limbe de la feuille. Une goutte microscopique contenant 1/153600e de grain (0,000423 de milligr.) de sel appliquée pendant quelques secondes à une glande agit sur le tentacule comme le prouve son inflexion. Quand on plonge une feuille dans 30 minimes (1,7748 millilitres) d'une solution contenant une partie en poids de sel pour 21875000 parties d'eau, l'absorption par une glande de 1/19760000e de grain (0,00000328 de milligr.) de sel, c'est-à-dire un peu plus que le 1/20000000e de grain, suffit pour que le tentacule portant cette glande s'infléchisse jusqu'au centre de la feuille. Dans cette expérience, si l'on tient compte de la présence de l'eau de cristallisation, le tentacule n'a pu absorber tout au plus que le 1/30000000 de grain de sel. Il n'y a rien d'étonnant à ce que les glandes absorbent des quantités aussi minimes, car tous les phy-

siologistes admettent que les sels d'ammoniaque sont
absorbés par les racines alors qu'ils sont apportés en
quantités moindres encore par la pluie. Il n'est pas surprenant non plus que le *Drosera* bénéficie de l'absorption
de ces sels, car la levûre et d'autres formes de champignons
infimes se développent dans les solutions d'ammoniaque
s'ils se trouvent en présence des autres éléments nécessaires. Mais le fait étonnant sur lequel d'ailleurs je ne
veux pas m'étendre davantage, c'est qu'une quantité aussi
extraordinairement petite que le un vingt millionième de
grain de phosphate d'ammoniaque provoque dans une
glande du *Drosera* un changement suffisant pour développer une impulsion qui se propage dans toute la longueur du tentacule, impulsion assez vive pour faire décrire
à ce tentacule un angle de plus de 180°. Je ne sais réellement si l'on doit plus s'étonner de ce fait ou du mouvement rapide provoqué par la pression d'un bout de
cheveu soutenu par la sécrétion visqueuse. En outre,
il ne faut pas perdre de vue que cette extrême sensibilité,
excédant celle des parties les plus délicates du corps
humain, ainsi que la faculté de la transmission des diverses
impulsions d'une partie de la feuille à l'autre, ont été
acquises sans l'intervention d'un système nerveux.

Comme on connaît jusqu'à présent peu de plantes qui
possèdent des glandes spécialement adaptées pour l'absorption, il m'a semblé utile de déterminer les effets de
divers autres sels, outre ceux d'ammoniaque, et de divers
acides sur le *Drosera*. Leur action est décrite dans le huitième
chapitre; elle ne correspond pas strictement à leurs affinités
chimiques telles qu'on peut les déduire de la classification
ordinairement adoptée. La nature de la base exerce une
action beaucoup plus grande que celle de l'acide; or, l'on
sait qu'il en est de même chez les animaux. Par exemple,
9 sels de soude ont tous provoqué une inflexion bien
marquée et aucun d'eux, employé à petite dose, n'a fait

l'effet de poison, tandis que 7 des sels correspondants de potasse n'ont produit aucun effet sur les feuilles et que 2 seulement ont provoqué une légère inflexion. En outre, les petites doses de quelques-uns des sels de potasse injectés dans les veines des animaux ont de même une action toute différente. Les sels terreux, comme on les appelle, ne produisent guère d'effet sur le *Drosera*. D'autre part, les sels métalliques provoquent une inflexion rapide et énergique et sont des poisons violents ; il y a toutefois quelques singulières exceptions à cette régle : ainsi, le chlorure de plomb et le chlorure de zinc, aussi bien que deux sels de baryte n'ont provoqué aucune inflexion et n'agissent pas comme poison.

La plupart des acides essayés, bien que très-étendus d'eau (1 partie d'acide pour 437 parties d'eau) et employés en petite quantité, ont agi énergiquement sur le *Drosera* ; 19 acides sur 24 ont provoqué l'inflexion plus ou moins énergique des tentacules. La plupart de ces acides, même les acides organiques, sont des poisons et souvent des poisons violents pour le *Drosera* ; ce fait est d'autant plus remarquable que le suc d'un grand nombre de plantes contient des acides. L'acide benzoïque, inoffensif pour les animaux, semble être pour le *Drosera* un poison aussi violent que l'acide cyanhydrique. D'autre part, l'acide chlorhydrique n'est un poison ni pour les animaux, ni pour le *Drosera*, il ne provoque chez ce dernier qu'une inflexion modérée. Beaucoup d'acides provoquent chez les glandes la sécrétion d'une quantité extraordinaire de mucus ; en outre, le *protoplasma* contenu dans les cellules des glandes semble être souvent tué, ce que l'on peut conclure de la teinte rose que prend le liquide environnant. Il est étrange que des acides alliés exercent sur les feuilles une action très-différente ; ainsi l'acide formique ne provoque qu'une légère inflexion et n'agit pas comme poison, tandis que l'acide acétique dilué dans les mêmes proportions agit très-éner-

giquement et est un poison violent. L'acide lactique est
aussi un poison, mais il ne provoque l'inflexion qu'après
un laps de temps considérable. L'acide malique exerce une
action légère, tandis que l'acide citrique et l'acide tartrique
ne produisent aucun effet.

J'ai décrit dans le neuvième chapitre les effets que produit l'absorption de divers alcaloïdes et de certaines autres
substances. Bien que quelques-uns agissent comme poisons,
il y en a cependant plusieurs qui ne produisent aucun
effet sur le *Drosera*, quoiqu'ils exercent une action puissante
sur le système nerveux des animaux; nous pouvons en
conclure que l'extrême sensibilité des glandes et la faculté
qu'elles possèdent de transmettre une impulsion à d'autres
parties de la feuille pour provoquer le mouvement, la modification des sécrétions ou l'agrégation, ne dépend pas de
la présence d'un élément analogue au tissu nerveux. Un
des faits les plus remarquables à cet égard est qu'une
longue immersion dans une solution du poison du cobra
n'arrête en aucune façon, mais semble au contraire stimu-
ler les mouvements spontanés du *protoplasma* dans les
cellules du tentacule. Des solutions de divers sels et certains acides dilués se comportent tout différemment en ce
qu'ils retardent ou empêchent complétement l'action subséquente d'une solution de phosphate d'ammoniaque. Le
camphre dissous dans l'eau joue le rôle de stimulant ainsi
que le font d'ailleurs des petites doses de certaines huiles
essentielles, car elles provoquent une inflexion rapide et
énergique. L'alcool n'est pas un stimulant. Les vapeurs de
camphre, d'alcool, de chloroforme, d'éther sulfurique et d'é-
ther azotique à doses assez grandes, agissent comme poison, mais à petites doses elles jouent le rôle de narcotiques
on d'anesthésiques et retardent considérablement l'action
subséquente de la viande. Toutefois, quelques-unes de ces
vapeurs jouent aussi le rôle de stimulants et provoquent
chez les tentacules des mouvements rapides presque spas-

modiques. L'acide carbonique est aussi un narcotique; il retarde l'agrégation du *protoplasma* quand on place ensuite la glande en présence d'une solution de carbonate d'ammoniaque. Le premier accès de l'air autour des plantes qui ont été plongées dans ce gaz joue quelquefois le rôle de stimulant et provoque un mouvement. Mais, comme je l'ai déjà fait remarquer, il faudrait écrire un traité spécial pour décrire les effets divers que produisent différentes substances sur les feuilles du *Drosera*.

J'ai démontré dans le dixième chapitre que la sensibilité des feuilles paraît entièrement limitée aux glandes et aux cellules placées immédiatement au-dessous des glandes. J'ai démontré, en outre, que l'impulsion motrice, les autres forces ou influences, partant des glandes excitées, se propagent à travers le tissu cellulaire et non pas le long des faisceaux fibro-vasculaires. La glande envoie avec une grande rapidité une impulsion motrice dans toute la longueur du pédicelle qu'elle surmonte jusqu'à la base du tentacule qui seul est flexible. L'impulsion motrice dépassant alors cette base se propage dans toutes les directions vers les tentacules environnants, en affectant d'abord ceux qui se trouvent le plus près. Mais cette impulsion en se disséminant ainsi perd de sa force et se propage beaucoup plus lentement qu'elle ne l'a fait le long des pédicelles, parce que les cellules du disque ne sont pas aussi allongées que celles des tentacules. En raison aussi de la direction et de la forme des cellules, l'impulsion motrice se propage plus facilement et plus rapidement dans une direction longitudinale à travers le disque que dans une direction transversale. L'impulsion partant des glandes des tentacules marginaux extrêmes ne semble pas avoir assez de force pour affecter les tentacules adjacents, ce qui provient sans doute, en partie, de la longueur de ces tentacules. L'impulsion partant des glandes des quelques premières rangées intérieures se propage principalement

dans les tentacules situés de chaque côté de la glande
excitée et vers le centre de la feuille; mais l'impulsion
partant des glandes des tentacules courts du disque se
propage presque également dans toutes les directions.

Quand une glande est fortement excitée par la quantité
ou la qualité de la substance qu'on a placée sur elle, l'impulsion motrice se propage plus loin que celle partie d'une
glande plus légèrement excitée; si on excite simultanément plusieurs glandes, l'impulsion partie de chacune
d'elles se combine et se propage encore plus loin. Dès
qu'une glande est excitée, elle décharge, pour ainsi dire,
une impulsion qui se propage jusqu'à une distance considérable, mais ensuite, quand la glande sécrète et absorbe,
l'impulsion qui en part suffit seulement à maintenir infléchi
le tentacule qu'elle surmonte, quand bien même l'inflexion
persisterait pendant plusieurs jours.

Si la partie flexible d'un tentacule reçoit une impulsion
de sa propre glande, ce tentacule se meut toujours vers
le centre de la feuille; il en est de même pour tous les
tentacules quand leurs glandes sont excitées par une immersion dans un liquide convenable. Il faut toutefois en
excepter les tentacules courts de la partie centrale du
disque, qui ne s'infléchissent pas du tout à la suite de
semblables excitations. D'autre part, quand l'impulsion
motrice part d'un des côtés du disque, les tentacules environnants, y compris même les tentacules courts qui se
trouvent au centre de la feuille, s'infléchissent tous avec
précision vers le point excité, quelque part que se trouve
ce point. C'est là, sous tous les rapports, un phénomène
remarquable; en effet, la feuille paraît alors faussement
douée des sens d'un animal. Ce phénomène est d'autant
plus remarquable que, lorsque l'impulsion motrice frappe
la base d'un tentacule obliquement par rapport à sa surface aplatie, la contraction des cellules doit se limiter à
1, 2, ou quelques rangées seulement d'une des extrémités.

En outre, il faut que l'impulsion agisse sur plusieurs tentacules environnants pour que tous s'inclinent avec précision vers le point excité.

L'impulsion motrice partant d'une ou de plusieurs glandes et se propageant à travers le disque, pénètre dans la base des tentacules environnants et agit immédiatement sur leurs parties flexibles. Cette impulsion ne se propage pas d'abord jusqu'aux glandes des tentacules de façon à exciter celles-ci et à envoyer une impulsion reflexe jusqu'à la base. Néanmoins, une certaine impulsion se propage jusqu'aux glandes, car leur sécrétion augmente bientôt et devient acide ; alors les glandes ainsi excitées renvoient quelque autre impulsion qui ne dépend ni de l'augmentation de la sécrétion ni de l'inflexion des tentacules, mais qui provoque l'agrégation du *protoplasma* de cellule en cellule jusqu'à la base. On pourrait appeler cette impulsion une action réflexe, bien qu'elle soit probablement très-différente de l'impulsion qui part des ganglions nerveux d'un animal ; c'est là, d'ailleurs, le seul cas connu d'action réflexe dans le règne végétal.

Nous savons fort peu de choses sur le mécanisme des mouvements et sur la nature de l'impulsion motrice. Il est certain que, pendant l'acte de l'inflexion, des liquides sont transportés d'une partie des tentacules à une autre. Toutefois, l'hypothèse qui concorde le mieux avec les faits observés est que l'impulsion motrice est, de sa nature, alliée au phénomène d'agrégation ; qu'en outre, ce phénomène fait rapprocher l'une de l'autre les molécules des parois des cellules de la même façon que les molécules du *protoplasma* contenues dans les cellules; il en résulte que les parois des cellules se contractent. Mais on peut élever quelques sérieuses objections contre cette hypothèse. Le redressement des tentacules est dû, en grande partie, à l'élasticité des cellules extérieures, élasticité qui entre en jeu dès que les cellules intérieures cessent de se contracter avec une force prédominante. Toutefois, nous avons raison de supposer que le liquide est constamment et lentement attiré dans les cellules extérieures pendant l'acte du redressement, ce qui augmente la tension de ses cellules.

Je viens de récapituler en quelques mots les principaux faits que j'ai observés relativement à la structure, aux mouvements, à la constitution et aux habitudes du *Drosera rotundifolia*. On est actuellement à même de juger combien peu nous savons par rapport à ce qui reste inexpliqué et à ce qui nous est inconnu.

CHAPITRE XII.

STRUCTURE ET MOUVEMENTS DE QUELQUES AUTRES
ESPÈCES DE *DROSERA.*

Drosera anglica. — Drosera intermedia. — Drosera capensis. — Drosera
spathulata. — Drosera filiformis. — Drosera binata. — Conclusions.

J'ai étudié d'autres espèces de *Drosera* dont quelques-
unes habitent des pays fort éloignés; mon étude a porté
principalement sur le fait de savoir si ces *Drosera* capturent
ou non des insectes. Cet examen me paraissait d'autant
plus nécessaire que les feuilles de quelques espèces diffèrent
considérablement sous le rapport de la forme des feuilles
arrondies du *Drosera rotundifolia.* Toutefois, on remarque
fort peu de différences entre elles au point de vue de la
fonction.

Drosera anglica (Hudson [1]). — On m'a envoyé d'Irlande plusieurs
feuilles de cette espèce de *Drosera;* ces feuilles sont très-allongées
et s'élargissent graduellement à partir de la tige jusqu'au sommet qui
se termine en une pointe grossière. Elles se tiennent presque droites;
le limbe a quelquefois un pouce (2,54 centim.) de longueur,
tandis que la largeur n'atteint que le 1/5 de pouce (0,51 centim.)
Les glandes de tous les tentacules ont la même conformation, de sorte
que les glandes marginales extrêmes ne diffèrent pas des autres
comme chez le *Drosera rotundifolia.* Quand on irrite ces glandes par
des attouchements un peu rudes ou en les mettant en contact avec des
parcelles inorganiques microscopiques, ou avec des matières animales, ou enfin en leur faisant absorber du carbonate d'ammoniaque,
les tentacules s'infléchissent; la base du tentacule est le siége principal du mouvement. On n'excite aucun mouvement chez les tentacules

---

1. Mme Treat a fait dans le *American Naturalist.*, déc. 1873, p. 705, une
excellente description du *Drosera longifolia* qui, sous bien des rapports,
ressemble au *Drosera anglica*, au *D. rotundifolia* et au *D. filiformis.*

en coupant ou en piquant le limbe. Ces feuilles capturent fréquemment des insectes, et les glandes des tentacules infléchis déversent alors d'abondantes sécrétions acides. J'ai placé des morceaux de viande rôtie sur quelques glandes et les tentacules se mirent en mouvement au bout d'une minute ou d'une minute trente secondes; au bout d'une heure dix minutes, les glandes avaient atteint le centre. J'ai placé sur cinq glandes, à l'aide d'un instrument qui avait été plongé dans l'eau bouillante, deux parcelles de liége bouilli, une de fil bouilli et deux petits morceaux de charbon tirés directement du feu; j'avais pris ces précautions superflues à cause des remarques faites par M. Ziegler. Une des parcelles de charbon provoqua une légère inflexion au bout de huit heures quarante-cinq minutes, et l'autre au bout de vingt-trois heures; le morceau de fil et les deux morceaux de liége provoquèrent aussi un mouvement au bout du même laps de temps. Je touchai trois glandes six fois de suite avec une aiguille; un des tentacules s'infléchit considérablement au bout de dix-sept minutes, et se redressa au bout de vingt-quatre heures; les deux autres ne furent pas affectés. Le liquide homogène, contenu dans les cellules des tentacules s'agrége après que ces derniers se sont infléchis; il s'agrége surtout si on met les glandes en contact avec une solution de carbonate d'ammoniaque; enfin, j'ai observé les mouvements ordinaires dans les masses de *protoplasma*. Dans un cas, l'agrégation se produisit une heure dix minutes après qu'un tentacule avait transporté un morceau de viande au centre de la feuille. Il résulte clairement de ces faits que les tentacules du *Drosera anglica* se comportent de la même façon que celles du *Drosera rotundifolia*.

Si l'on place un insecte sur les glandes centrales, ou que l'insecte s'y pose naturellement, le sommet de la feuille se recourbe vers le centre. Par exemple, j'ai placé des mouches mortes sur trois feuilles près de la base du limbe; au bout de vingt-quatre heures, le sommet de ces feuilles, qui jusque-là était droit, s'était recourbé complétement, de façon à embrasser et à cacher les mouches; le sommet de la feuille avait donc décrit un angle de 180°. Au bout de trois jours, le sommet de la feuille et les tentacules commencèrent à se redresser. Toutefois, autant que j'ai pu m'en assurer, et j'ai fait de nombreux essais à ce sujet, les côtés des feuilles ne s'infléchissent jamais, ce qui établit une différence de fonction entre cette espèce et le *Drosera rotundifolia*.

Drosera intermedia (Hayne). — Cette espèce est tout aussi commune que le *Drosera rotundifolia* dans quelques parties de l'Angleterre. Elle ne diffère du *Drosera anglica*, en ce qui concerne les feuilles, que parce qu'elles sont plus petites, et que leur sommet est ordinairement un peu réfléchi. Le *Drosera intermedia* capture un grand nombre d'insectes. Toutes les causes que j'ai déjà citées provoquent l'inflexion des tentacules; puis vient l'agrégation du *protoplasma* et le mouvement des masses protoplasmatiques. En me servant d'une loupe, j'ai pu voir un tentacule qui commençait à s'infléchir, moins d'une minute après que j'avais placé un morceau de viande crue sur la glande. Le sommet de la feuille se recourbe pour embrasser un objet qui excite les glandes, comme nous venons de le voir chez le *Drosera anglica*. Les glandes déversent d'abondantes sécrétions acides sur les insectes capturés. Une feuille dont tous les tentacules avaient embrassé une mouche commença à se redresser au bout de trois jours environ.

Drosera capensis. — Cette espèce m'a été envoyée par le Dr Hooker. Les feuilles sont allongées, légèrement concaves au milieu, et se rétrécissent vers le sommet qui se termine en pointe grossière, et qui est quelque peu réfléchi. Ces feuilles sortent d'un axe presque ligneux, et leur plus grande particularité consiste en ce que leurs tiges foliacées vertes sont presque aussi larges et souvent plus longues que le limbe qui porte les glandes. Il est donc probable que cette espèce tire une plus grande partie de son alimentation de l'air, et, par conséquent, une moindre partie des insectes capturés que ne le font les autres espèces du genre. Néanmoins, le disque est couvert de tentacules très-rapprochés extrêmement nombreux; les tentacules marginaux sont beaucoup plus longs que les tentacules centraux. Toutes les glandes ont la même forme; la sécrétion est très-visqueuse et acide.

Le spécimen que j'ai examiné venait seulement de recouvrer la santé. C'est ce qui explique peut-être que les tentacules ont été animés de mouvements très-lents quand j'ai placé des parcelles de viande sur les glandes, et, aussi, que je ne suis jamais arrivé à provoquer un mouvement chez eux en chatouillant longtemps les glandes avec une aiguille. Je dois toutefois ajouter que, chez toutes les espèces de ce genre, ce dernier stimulant est le moins efficace. Je plaçai des parcelles de verre, de liége et de charbon sur les glandes de six tentacules; un seul se mit en mouvement au bout de deux heures trente minutes. Toutefois, deux glandes se montrèrent extrêmement sensibles à de très-petites doses d'azotate d'ammoniaque, c'est-à-dire à environ 1/20e de minime d'une solution (1 partie de sel pour 5,250 parties d'eau), contenant seulement 1/115200e de grain (0,000562 de milligr.) de sel. Je plaçai des fragments de mouche sur le limbe de deux feuilles près du sommet; ce sommet se recourba au bout de quinze heures. Je plaçai aussi une mouche au milieu de la feuille; au bout de quelques heures, les tentacules placés de chaque côté l'avaient embrassée, et, au bout de huit heures, la partie de la feuille située directement au-dessous de la mouche s'était un peu reployée transversalement. Le lendemain matin, au bout de vingt-trois heures, la feuille s'était si complétement recourbée que le sommet reposait sur l'extrémité supérieure de la tige. Dans aucun cas, les côtés des feuilles ne s'infléchirent. Je plaçai une mouche écrasée sur la tige foliacée, mais sans qu'aucun effet se produisît.

Drosera spathulata envoyé par le docteur Hooker. — J'ai fait seulement quelques expériences sur cette espèce australienne; elle a de longues feuilles étroites qui s'élargissent graduellement vers le sommet. Les glandes des tentacules marginaux extrêmes, de même que chez le *Drosera rotundifolia,* sont allongées et ne ressemblent pas aux autres. Je plaçai une mouche sur une feuille; au bout de dix-huit heures, les tentacules adjacents l'avaient embrassée. Des gouttes d'eau gommée placées sur une feuille ne produisirent aucun effet. Je plongeai un morceau d'une feuille dans quelques gouttes d'une solution contenant une partie de carbonate d'ammoniaque pour 146 parties d'eau; toutes les glandes noircirent instantanément, et je pus observer distinctement que l'agrégation se propageait rapidement dans les cellules des tentacules; les granules de *protoplasma* se transformèrent bientôt en sphères et en masses affectant diverses formes, agitées des mouvements ordinaires. Je plaçai ensuite sur le centre d'une feuille 1/2 minime d'une solution contenant 1 partie d'ammoniaque pour 146 parties d'eau; au bout de six heures, quelques tentacules marginaux placés aux deux côtés de la feuille s'étaient infléchis, et, au bout de neuf heures, ils se réunirent au centre. Les bords latéraux de la feuille se recourbèrent aussi, de façon à former un demi-cylindre; toutefois, dans aucune des quelques expériences que j'ai pu faire, le sommet de la feuille ne s'infléchit. La dose employée d'azotate d'ammoniaque dans l'expérience dont je viens de parler (c'est-à-dire 1/320e de grain, ou 0,202 de milligr.) était trop énergique, car au bout de vingt-trois heures la feuille mourut.

Drosera filiformis. — Cette espèce, de l'Amérique du Nord, se trouve en si grande abondance dans certaines parties du New-Jersey qu'elle recouvre presque le terrain. Selon Mme Treat[1], cette plante

1. *American Naturalist.,* décembre 1873, p. 705.

capture une quantité extraordinaire d'insectes grands et petits, et même de grosses mouches du genre *Asilus*, des phalènes et des papillons. Le docteur Hooker a bien voulu m'envoyer le plant que j'ai examiné; les feuilles ont de six à douze pouces de longueur (de 15,234 centim. à 30,468 centim.), et ressemblent à un fil; la surface supérieure est convexe, la surface inférieure plate et légèrement ondulée. Toute la surface convexe jusqu'aux racines, car ces feuilles ne sont pas supportées par une tige distincte, est recouverte de tentacules courts terminés par une glande; les tentacules marginaux sont plus longs que les autres et quelque peu réfléchis. Des morceaux de viande placés sur les glandes de quelques tentacules provoquèrent chez eux une légère inflexion au bout de vingt minutes; il est bon d'ajouter que la plante n'était pas très-vigoureuse. Au bout de six heures, les tentacules avaient décrit un angle de 90°, et, au bout de vingt-quatre heures, ils avaient atteint le centre; les tentacules adjacents commencèrent alors à s'infléchir. Enfin, les glandes réunies sur le morceau de viande déversèrent sur lui une grosse goutte de sécrétion extrêmement visqueuse et légèrement acide. Plusieurs autres glandes furent touchées avec un peu de salive; les tentacules s'infléchirent en moins d'une heure, et se redressèrent au bout de dix-huit heures. Je plaçai des parcelles de verre, de liége, de charbon, de fil, de feuilles d'or sur de nombreuses glandes appartenant à deux feuilles; au bout d'une heure environ, quatre tentacules s'infléchirent et quatre autres au bout d'un nouveau laps de temps de deux heures trente minutes. Je ne parvins jamais à provoquer un mouvement en chatouillant longtemps les glandes avec une aiguille; Mme Treat a bien voulu répéter souvent cette même expérience, mais sans obtenir non plus aucun résultat. Je plaçai des petites mouches sur plusieurs feuilles auprès de leur extrémité; mais le limbe, dans une occasion seulement, se recourba légèrement, immédiatement au-dessous de l'endroit où reposait l'insecte. Ceci indique peut-être que le limbe des feuilles appartenant à des plantes vigoureuses se recourberait sur les insectes capturés, ce qui arrive d'après le Dr Canby; toutefois, ce mouvement ne doit pas être bien prononcé, car Mme Treat ne l'a jamais observé.

Drosera binata ou *dichotoma*. — Je dois à l'obligeance de lady Dorothy Nevill un magnifique exemplaire de cette espèce australienne presque gigantesque; elle diffère par bien des points intéressants des espèces que nous avons décrites jusqu'à présent. Dans ce spécimen, les tiges des feuilles ressemblent à un jonc et ont vingt pouces (50,78 centim.) de longueur. Le limbe de la feuille se bifurque à sa

jonction avec la tige, puis ensuite il se bifurque encore deux ou trois
fois, et se recourbe de la façon la plus irrégulière. La feuille est
étroite, n'ayant que 3/20ᵉ de pouce (0,38 de centim.) de largeur. Le
limbe d'une de ces feuilles avait sept pouces et demi de longueur
(19,342 centim.), de sorte que la feuille entière, y compris la tige,
atteignait une longueur de plus de 27 pouces (68,55 centim.). Les
deux surfaces sont légèrement déprimées, la surface supérieure est
recouverte de tentacules disposés en rangées alternes; les tentacules
du milieu sont courts et rapprochés les uns des autres; les tentacules
marginaux sont plus longs et ils atteignent même une longueur
égale à deux ou trois fois la largeur de la feuille. Les glandes des
tentacules extérieurs sont d'un rouge beaucoup plus foncé que
celles des tentacules centraux. Tous les pédicelles sont verts. Le
sommet de la feuille s'amincit et porte de très-longs tentacules.
M. Copland m'apprend que les feuilles d'un plant qu'il a conservé
pendant quelques années étaient, avant de se faner, ordinairement
recouvertes d'insectes capturés.

Ces feuilles ne diffèrent par aucun point essentiel, quant à la conformation ou à la fonction, de celles des espèces précédemment
décrites. Des morceaux de viande ou un peu de salive placés sur les
glandes des tentacules extérieurs ont provoqué un mouvement bien
marqué au bout de trois minutes, et des parcelles de verre ont agi
au bout de quatre minutes. Les tentacules portant ces dernières parcelles se sont redressés au bout de vingt-deux heures. Je plongeai
un morceau d'une feuille dans quelques gouttes d'une solution contenant une partie de carbonate d'ammoniaque pour 437 parties d'eau ;
au bout de cinq minutes, toutes les glandes étaient devenues noires,
et tous les tentacules s'étaient infléchis. Un morceau de viande crue
placé sur plusieurs glandes de la rangée centrale fut parfaitement embrassé au bout de deux heures dix minutes par les tentacules marginaux appartenant aux deux côtés de la feuille. Des morceaux de
viande rôtie et des petites mouches n'agirent pas aussi rapidement;
l'albumine et la fibrine agirent encore plus lentement. Un des
morceaux de viande provoqua de si nombreuses sécrétions (sécrétions
toujours acides), que la liqueur visqueuse coula jusqu'à une certaine
distance le long du sillon central de la feuille, en provoquant l'inflexion
des tentacules de chaque côté de ce sillon jusqu'au point où elle s'était
arrêtée. Des parcelles de verre placées sur les glandes de la rangée centrale de tentacules ne les stimula pas assez pour qu'elles puissent transmettre une impulsion motrice aux tentacules extérieurs. Dans aucun
cas, le limbe de la feuille ni même le sommet aminci ne s'est infléchi.

A la surface supérieure et à la surface inférieure du limbe, on remarque de nombreuses petites glandes presque sessiles composées de 4 à 8 ou 12 cellules. A la surface inférieure, ces glandes sont pourpre pâle et verdâtres à la surface supérieure. On remarque des organes presque semblables sur la tige, mais ils sont plus petits et souvent ridés. Les petites glandes placées sur le limbe de la feuille peuvent absorber rapidement; ainsi, j'ai plongé un morceau de feuille dans une solution contenant une partie de carbonate d'ammoniaque pour 218 parties d'eau (1 grain pour 2 onces d'eau), et, au bout de cinq minutes, ces glandes étaient devenues presque noires, et le contenu de leurs cellules était agrégé. Autant que j'ai pu l'observer, elles ne sécrètent pas spontanément; toutefois, deux ou trois heures après avoir frotté une feuille avec un morceau de viande crue, humectée avec de la salive, ces glandes m'ont paru sécréter abondamment; divers autres faits m'ont confirmé plus tard dans cette conclusion. Ces glandes sont donc, comme nous le verrons bientôt, homologues avec les glandes sessiles qui se trouvent sur les feuilles de la Dionée et du *Drosophyllum*. Dans ce dernier genre, ces glandes sont associées, comme dans le cas actuel, à des glandes qui sécrètent spontanément, c'est-à-dire sans avoir besoin d'être excitées.

Le *Drosera binata* présente une autre singularité plus remarquable encore, c'est-à-dire la présence de quelques tentacules sur le dessous des feuilles auprès du bord. Ces tentacules ont une conformation parfaite; des vaisseaux spiraux pénètrent dans leur pédicelle, et leurs glandes sont environnées par des gouttes de sécrétions visqueuses; enfin, elles jouissent de la propriété d'absorber certaines substances. On peut démontrer ce dernier fait en plongeant une feuille dans une petite quantité d'une solution contenant une partie de carbonate d'ammoniaque pour 437 parties d'eau; en effet, les glandes noircissent immédiatement et le *protoplasma* s'agrège. Ces tentacules, situés au-dessous de la feuille, sont courts; ils sont loin, en effet, d'égaler en longueur les tentacules marginaux situés à la partie supérieure de la feuille; quelques-uns sont même si courts qu'ils se confondent presque avec les petites glandes sessiles. La présence, le nombre et la grandeur de ces tentacules varient selon les feuilles, et ils sont disposés assez irrégulièrement. J'en ai compté jusqu'à vingt-un sur un des côtés de la surface inférieure d'une feuille.

Ces tentacules dorsaux diffèrent par un point important de ceux situés à la partie supérieure de la feuille, c'est-à-dire qu'ils ne possèdent aucune faculté de mouvement de quelque façon qu'on les puisse exciter. Ainsi, j'ai plongé, à différentes reprises, des morceaux provenant de quatre feuilles dans des solutions de carbonate d'ammo-

niaque (1 partie pour 437 parties ou pour 218 parties d'eau); tous les
tentacules situés à la surface supérieure de la feuille s'infléchirent
bientôt fortement, tandis que les tentacules dorsaux ne bougèrent
pas, bien que les feuilles eussent séjourné pendant plusieurs heures
dans la solution, et que la couleur noire des glandes ait prouvé qu'ils
avaient évidemment absorbé une certaine quantité de sel. Il faut
choisir pour ces expériences des feuilles assez jeunes, car les tentacules dorsaux, quand ils deviennent vieux, et qu'ils commencent à
se faner, s'inclinent souvent spontanément vers le milieu de la feuille.
La faculté du mouvement possédée par ces tentacules ne les aurait
pas rendus plus utiles à la plante; ils ne sont pas, en effet, assez
longs pour se replier autour du bord de la feuille, de façon à atteindre
un insecte capturé par la partie supérieure. Il eût été inutile aussi
que ces tentacules pussent se mouvoir vers le milieu de la surface
dorsale, car il ne se trouve là aucune glande visqueuse qui puisse
capturer les insectes. Bien que ces tentacules n'aient pas la faculté du
mouvement, ils rendent probablement quelques services à la feuille
en absorbant les matières animales de quelque petit insecte qu'ils ont
pu capturer, et en absorbant aussi l'ammoniaque qui se trouve dans
l'eau de pluie. Mais le fait même qu'ils n'existent pas toujours, que
leur grandeur varie beaucoup, que leur position est irrégulière,
indique qu'ils ne rendent pas beaucoup de services à la plante et
qu'ils tendent à disparaître. Nous verrons dans un chapitre subséquent que le *Drosophyllum,* avec ses feuilles allongées, représente
probablement la condition d'un des ancêtres primitifs du genre
Drosera ; or, aucun des tentacules du *Drosophyllum,* pas plus ceux
situés à la surface supérieure des feuilles que ceux situés à la surface
inférieure, ne sont capables de bouger quand on les excite, bien
qu'ils capturent de nombreux insectes qui servent à l'alimentation de
la feuille. Il semble donc que le *Drosera binata* a conservé des
restes de certains caractères primitifs, c'est-à-dire quelques tentacules
immobiles situés à la partie inférieure des feuilles et des glandes
sessiles assez bien développées, caractères qu'ont perdu toutes ou
presque toutes les autres espèces de ce genre[1].

1. M. Édouard Morren a étudié le *Drosera binata* Labill. de la Nouvelle-
Hollande (voyez J.-E. Planchon, *sur la famille des Droseracées ;* Ann.
Sciences naturelles, 1848, p. 206.) qu'il a cultivé en serre. La feuille, dit-
il, offre quatre divisions longues et étroites, légèrement creusées en gout-
tière et hérissées de tentacules de longueur variée : les marginaux ont
jusqu'à cinq millimètres de long et sont couverts de grands stomates dont
l'ostiole a souvent 0,02 de millim. de longueur. Ces tentacules agissent comme
ceux des *Drosera* européens et M. Morren a vérifié tous les phénomènes

Conclusions. — D'après ce que nous avons vu on peut à peine douter que presque toutes, ou probablement toutes les espèces de *Drosera*, sont adaptées de façon à capturer les insectes en se servant des mêmes moyens ou à peu près. Outre les deux espèces australiennes que nous venons de décrire, on dit[1] qu'il existe en Australie deux autres espèces, le *Drosera pallida* et le *Drosera sulfurea* « qui referment leurs feuilles sur les insectes avec une grande rapidité ; on observe le même phénomène chez une espèce indienne, le *Drosera lunata*, et chez plusieurs espèces du cap de Bonne-Espérance, surtout chez le *Drosera trinervis* ». Une autre espèce australienne, le *Drosera heterophylla* dont Lindley a fait un genre distinct, le *Sondera*, est remarquable à cause de la forme particulière de ses feuilles ; mais je ne peux rien dire sur la faculté qu'elle possède de capturer les insectes, car je n'en ai vu que des spécimens desséchés. Les feuilles forment des petites coupes aplaties et la tige s'attache non pas à une des extrémités de la feuille, mais au centre. La surface intérieure et le bord des coupes sont garnis de tentacules qui comprennent des faisceaux fibro-vasculaires un peu différents de ceux que j'ai observés dans toutes les autres espèces ; en effet, quelques-uns des vaisseaux sont barrés et ponctués au lieu d'être spiraux, les glandes sécrètent abondamment à en juger par la quantité de sécrétion desséchée qui adhérait encore aux feuilles que j'ai examinées.

de capture observés par M. Ch. Darwin sur des insectes ou des substances azotées et l'indifférence de ces mêmes tentacules pour des substances telles que du papier, de la moelle de sureau, la cire, la bougie, etc. L'inflexion des tentacules s'opère plus rapidement que dans le *D. rotundifolia* et le lobe même de la feuille se courbe en arc de cercle. Un morceau d'albumine enlacé devient transparent au bout de huit à dix heures et ne se putréfie pas. L'auteur réserve la question de l'absorption et de la nutrition sur lesquelles il se propose d'instituer de nouvelles expériences. (Voyez pour plus de détails le *Bulletin de l'Académie de Belgique*, 2e série, t. XL, novembre 1875.)   Ch. M.

1. *Gardener's Chronicle*, 1874, p. 209.

CHAPITRE XIII.

D I O N Æ A   M U S C I P U L A.

Structure des feuilles. — Sensibilité des filaments. — Mouvement rapide des lobes causé par l'irritation des filaments. — Les glandes, leur faculté de sécrétion. — Mouvements lents causés par l'absorption de matières animales. — Preuves de l'absorption tirées de l'agrégation dans les glandes. — Puissance digestive de la sécrétion. — Action du chloroforme, de l'éther et de l'acide cyanhydrique. — Mode de capture des insectes. — Utilité des poils marginaux. — Nature des insectes capturés. — Transmission de l'impulsion motrice et mécanisme des mouvements. — Redressement des lobes.

Cette plante, que l'on appelle ordinairement la trappe de Vénus à cause de la rapidité et de la force de ses mouvements, est une des plus étonnantes qui soit au monde [1] :

1. Je crois devoir donner ici l'historique de la découverte des propriétés insectivores du *Dionæa muscipula*. Je traduis le Résumé publié par M. J.-D. Hooker, en 1874, dans son discours inaugural à l'Association britannique, réunie à Belfast, en le complétant par quelques additions.

En 1765, Ellis, naturaliste bien connu en Angleterre, écrivait à Linnée : « Notre excellent ami M. Peter Collinson m'a envoyé un échantillon sec d'une plante curieuse qu'il a reçue de M. John Bartram de Philadelphie, botaniste du dernier roi. » (*A botanical description of the Dionæa muscipula in a letter to Sir Charles Linnæus*, p. 38.) Et en 1768, il lui adressait un dessin de cette plante, qu'il avait nommée *Dionæa muscipula*. Ayant reçu des pieds vivants d'Amérique, Ellis vit la plante fleurir dans sa chambre. Voici la relation qu'il adressait au grand naturaliste suédois qui, émerveillé de son récit, appelait la *Dionæa* un *miraculum naturæ* (Smith, *Correspondance de Linnée*, t. I, p. 38). « La plante dont cette lettre contient une figure avec des échantillons des feuilles et des fleurs montre que la nature semble l'avoir douée d'un mode de nutrition spécial, car le limbe de la feuille offre une articulation médiane qui lui permet de saisir une proie ; le dard qui perce le malheureux insecte se trouve au milieu. De petites glandes rouges couvrent sa surface et sécrètent peut-être un liquide sucré qui attire le pauvre animal. A peine a-t-il goûté la perfide liqueur que les deux lobes, garnis de deux rangs de poils, se rapprochent et l'écrasent. S'il fait des efforts pour s'échapper, trois épines droites saillantes au milieu de chaque lobe le transpercent et mettent fin à ses convulsions. Les lobes ne s'écartent pas tant que le cadavre de l'animal gît entre eux. Il

elle appartient à la petite famille des *Droséracées* et se trouve seulement dans la partie orientale de la Caroline du Nord; elle se plaît dans les endroits marécageux. Les racines sont petites; celles d'un plant assez beau que j'ai eu entre les mains consistaient en deux radicelles ayant environ un pouce de longueur (2,54 centim.) partant d'une sorte de bulbe. Ces racines servent probablement, comme chez le *Drosera*, uniquement à l'absorption de l'eau; en effet, un jardinier qui a obtenu

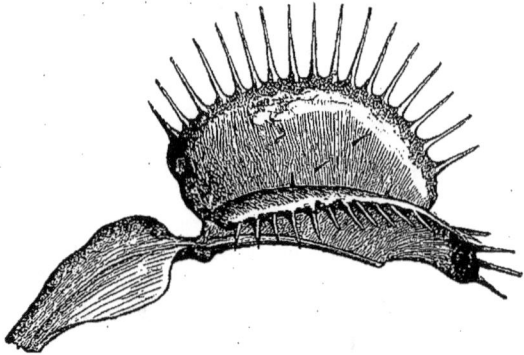

Figure 12.

Dionæa muscipula.
Feuille étendue, vue de côté.

est certain néanmoins que la plante ne sait pas distinguer une substance animale d'une substance minérale ou végétale; car si l'on introduit une épingle ou une paille entre les deux lobes, ils se referment comme si c'était un insecte. »

Linnée n'admettait pas, comme le soupçonnait Ellis, que la Dionée fût réellement insectivore; il croyait qu'elle lâchait l'insecte dès qu'il ne remuait plus (*Mantissa altera*, 1771, p. 238). Pour lui ces phénomènes étaient analogues à ceux de la sensitive, la capture de l'insecte n'était qu'un effet accidentel et il n'ajoutait pas foi à l'assassinat du prisonnier par les épines du limbe de la feuille.

Notre grand philosophe Diderot, le promoteur et le principal collaborateur de l'*Encyclopédie*, entendit probablement parler des phénomènes de la *Dionæa* à cette époque; il en fut frappé, prévit leurs conséquences, et c'est lui qui le premier parla de *plantes carnivores*, expression qui devait rencontrer tant d'incrédulité et susciter tant de colère chez ceux qui de nos jours encore opposent des passages de la Bible, où il est dit que les végétaux ont été créés pour nourrir les animaux, à l'observation et à l'expérience démontrant que cette loi générale n'est pas sans exceptions. Le nom de celui qui le premier prononça ces paroles prophétiques ne peut qu'ajouter à l'irritation des adversaires de la nutrition directe de certaines plantes se nourrissant de petits animaux capturés, tués et absorbés par elles. Le passage de Diderot est fort clair; il se trouve dans une collec-

de grands succès dans la culture de cette plante la
fait pousser comme une orchidée épiphyte sur de la

tion de notes, conservées à la Bibliothèque du palais de l'Ermitage, près
de Pétersbourg, et a été publié pour la première fois dans l'édition de
Diderot par Assezat, t. IX, p. 257. Voici ce passage : « Contiguïté du règne
végétal et du règne animal. — Plante de la Caroline appelée *Muscipula
Dionæa*, a les feuilles étendues à terre par paires et à charnières ; ces
feuilles sont recouvertes de papilles. Si une mouche se place sur la feuille,
cette feuille et sa compagne se ferment comme l'huître, sentent et gardent
leur proie, la sucent et ne la rejettent que quand elle est épuisée de sucs.
Voilà une plante *presque carnivore*, Je ne doute pas que la *Muscipula* ne
donnât à l'analyse de l'alcali volatil (ammoniaque), produit caractéristique
du règne animal. »

En 1784, Broussonnet s'efforça d'expliquer le rapprochement des limbes
de la feuille : il croyait que l'insecte la titillait et provoquait l'excrétion
du liquide qui la rendait turgescente (*Mém. de l'Acad. des Sciences*, 1784,
p. 614). Érasme Darwin supposait que la *Dionæa* était entourée de pièges
qui devaient préserver ses fleurs des déprédations des insectes (*Botanic
Garden*, pl. II, p. 15).

M. Sydenham Edwards, dessinateur du *Botanical Magazine,* constata
le premier, en 1804, dans le texte qui accompagne la planche 785 du
vingtième volume de ce recueil, que les organes filiformes de la feuille du
Dionæa sont doués de sensibilité et déterminent le rapprochement de ses
deux lobes, et vers 1818, un jardinier anglais bien connu par ses expériences sur la direction de la radicule des graines germantes, *Andrew
Knight*, constatait qu'un pied de *Dionæa*, sur les feuilles duquel il étendait
de petites lanières de viande, végétait plus vigoureusement qu'un autre qui
était abandonné à lui-même. (*Spencer's Introduction to Entomology,* 1818,
t. I, p. 295.)

En 1803, mon prédécesseur, R. Delile, nommé consul à Wilmington
(Caroline du Nord), où croît la *Dionæa,* l'étudia sur place et rapporta des
échantillons conservés dans l'herbier du jardin des plantes de Montpellier.
Sur l'un d'eux une grosse araignée est emprisonnée dans la feuille. Mais il
ne publia pas ses observations ; cette tâche fut remplie par Curtis, qui
habitait également Wilmington. Sa note se trouve à la page 123 du 1er volume du *Journal of natural history* de Boston, paru en 1834. « La feuille,
dit-il, est un peu concave à sa face interne qui porte trois organes filiformes
placés de façon qu'un insecte qui traverse la feuille les touche nécessairement ; alors les deux lobes se rapprochent, l'emprisonnent avec une force
supérieure à la sienne. Les poils qui bordent les deux moitiés de la feuille
s'entre-croisent comme les doigts de deux mains jointes ; mais la sensibilité
réside exclusivement dans les organes filiformes dont nous avons parlé, et
on peut toucher ou presser toute autre partie de la feuille sans déterminer
la contraction. L'insecte prisonnier n'est point écrasé ou assassiné, car souvent j'ai délivré des mouches et des araignées qui s'échappaient saines et
sauves. D'autres fois je les ai trouvées entourées d'un liquide mucilagineux
qui semblait dissoudre leur cadavre. » On voit que si Ellis a observé le

mousse humide sans terrain d'aucune sorte[1]. La figure
12 représente les deux lobes de la feuille avec sa tige
foliacée. Ces deux lobes ne forment pas tout à fait entre
eux un angle droit. Trois petits processus pointus ou filaments disposés triangulairement surmontent la surface
supérieure de chacun de ces lobes; toutefois, j'ai vu deux
feuilles armées de 4 filaments de chaque côté et une autre
qui n'en avait que deux. Ces filaments sont remarquables
à cause de leur extrême sensibilité au moindre attouchement, sensibilité qui se traduit, non pas par un mouvement qui leur soit propre, mais par le mouvement des
lobes. Le bord de la feuille se prolonge en saillies rigides
pointues, que j'appellerai des poils, dans chacun desquels
pénètre un faisceau de vaisseaux spiraux. Ces poils se
trouvent placés en position telle que, quand les lobes se
referment, ils entrent les uns dans les autres comme

fait de la capture des insectes, Curtis a pressenti, comme Diderot, la digestion et l'absorption de leur corps.

Il faut arriver à l'année 1868 pour trouver de nouvelles observations sur
la *Dionœa;* elles sont dues à M. Canby, botaniste américain habitant Wilmington. Plaçant sur les feuilles de petits morceaux de viande de bœuf, il
vit qu'ils avaient été complétement dissous et absorbés. La surface interne de
la feuille, en s'ouvrant de nouveau, était complétement sèche et prête à
prendre un autre repas. Il trouva que le fromage ne convenait pas aux feuilles,
qu'elles devenaient noires et périssaient ensuite. Les vains efforts d'un
Curculio pour s'échapper de sa prison lui prouvèrent que le liquide dissolvant est sécrété par la feuille et non le résultat de la décomposition du
corps animal. Ce *Curculio* étant d'une nature énergique parvint à s'échapper en faisant un trou à la feuille; le liquide sécrété s'écoula par le même
orifice. (*Notes on Dionœa muscipula Mechan's Gardeners Monthly,* 1868,
p. 220.)

A la réunion de l'Association britannique, en 1873, le Dr Burdon-Sanderson communiqua des expériences qu'il avait faites sur la contraction des
feuilles de *Dionœa.* De même que pendant la contraction d'un muscle le
pouvoir électromoteur disparaît, de même, sous l'influence de la contraction
du *protoplasma* qui remplit les cellules de la feuille du *Dionœa,* ce pouvoir
électromoteur est également suspendu. Telles sont les observations qui ont
précédé celles de M. Ch. Darwin. Celles qui lui sont postérieures seront
consignées dans les notes qui accompagnent cette traduction.

Cͪ. M.

2. *Gardener's Chronicle,* 1874, p. 464.

les dents d'une ratière. La côte médiane de la feuille sur
la surface inférieure est fortement développée et proémi-
nente.

La surface supérieure de la feuille est recouverte, sauf
vers les bords, d'un grand nombre de petites glandes affectant une teinte rouge ou pourpre ; le reste de la feuille
est vert. Il n'existe pas de glandes sur les poils, ni sur
la tige foliacée. Les glandes se composent de 20 ou 30
cellules polygonales remplies de liquide pourpre. La surface supérieure de ces glandes est convexe. Elles sont
situées au sommet de pédicelles très-courts dans lesquels
ne pénètrent pas les vaisseaux spiraux et elles diffèrent à
cet égard des tentacules du *Drosera*. Ces glandes sécrètent,
mais seulement quand elles sont excitées par l'absorption
de certaines substances qu'elles possèdent la faculté d'absorber. Des petites saillies portant 8 bras divergents de
couleur brun rougeâtre ou orangé, et ayant au microscope l'apparence d'élégantes petites fleurs, sont répandues
en nombre considérable sur la tige, sur la surface inférieure des feuilles et sur les poils ; on en trouve aussi
quelques-unes sur la surface supérieure des lobes. Ces
saillies octofides sont, sans doute, homologues aux papilles
que l'on observe sur les feuilles du *Drosera rotundifolia*.
On trouve aussi à la surface inférieure des feuilles quelques
poils, très-petits, simples, pointus, ayant environ $7/12000^e$
de pouce (0,0148 de millim.) de longueur.

Les filaments sensibles sont formés par plusieurs rangées de cellules allongées remplies de liquide pourpre. Ils
ont un peu plus de $1/20^e$ de pouce de longueur (1,27 millim.) de longueur ; ils sont minces, délicats et se terminent
en pointe. J'ai examiné la base de plusieurs de ces filaments et j'en ai fait des coupes, mais je n'ai pu apercevoir
aucune trace de l'entrée d'un vaisseau quel qu'il soit. Le
sommet est quelquefois bifide ou même trifide, grâce à
une légère séparation entre les cellules pointues terminales.

Vers la base se trouve un rétrécissement formé de cellules plus larges; au-dessous, on observe une articulation surmontant une base plus considérable qui comporte des cellules polygonales de forme différente. Les filaments faisant un angle droit avec la surface de la feuille, ils auraient été exposés à se briser chaque fois que les lobes se ferment, s'il n'y avait pas eu cette articulation qui leur permet de se replier sur la feuille.

Ces filaments sont très-sensibles dans toutes leurs parties, du sommet à la base, à un attouchement momentané. Il est presque impossible de les toucher assez légèrement ou assez rapidement avec un objet dur quel qu'il soit, sans que les lobes se referment immédiatement. Un cheveu humain très fin, ayant 2 pouces 1/2 de longueur (6,33 centim.), suspendu au-dessus d'un filament et agité de façon à le toucher, n'a provoqué aucun mouvement; mais un fil de coton un peu plus gros agité de la même façon a provoqué la fermeture des lobes. Une pincée de farine de froment tombant d'une certaine hauteur ne produit aucun effet. J'ai ensuite fixé dans un manche le cheveu dont je m'étais servi plus haut, et je l'ai coupé de façon à ce qu'une longueur d'un pouce fît saillie sur le manche; le cheveu était alors suffisamment rigide pour rester à peu près dans la ligne horizontale. Je touchai latéralement et très-lentement avec l'extrémité de ce cheveu le sommet d'un filament et la feuille se ferma immédiatement. Dans une autre occasion, il fallut répéter deux ou trois fois ces attouchements avant qu'il se produise un mouvement. Si l'on pense à l'extrême flexibilité d'un cheveu très-fin, on peut se faire quelque idée de la légèreté de l'attouchement que l'on peut produire quand on se sert pour faire cet attouchement de l'extrémité d'un morceau ayant un pouce de longueur et agité très-lentement.

Bien que ces filaments soient si sensibles à un attou-

chement délicat et momentané, ils sont bien moins sensibles que les glandes du *Drosera* à une pression prolongée.
J'ai réussi plusieurs fois, en me servant d'une aiguille et
en procédant avec une extrême lenteur, à placer des morceaux de cheveux humains assez gros sur l'extrémité d'un
filament ; or, ces morceaux ne provoquèrent aucun mouvement, bien qu'ils fussent dix fois plus longs que ceux
qui causent l'inflexion des tentacules du *Drosera* et bien
que, chez cette dernière plante, les morceaux fussent, en
grande partie, supportés par la sécrétion visqueuse. D'autre
part, on peut frapper les glandes du *Drosera* avec une
aiguille ou un corps dur une, deux ou même trois fois avec
une grande force sans qu'il se produise aucun mouvement.
Cette singulière différence dans la nature de la sensibilité
des filaments de la *Dionæa* et des glandes du *Drosera* provient évidement d'une différence dans les habitudes des deux
plantes. Si un petit insecte vient se poser sur les glandes
du *Drosera*, il est arrêté par la sécrétion visqueuse et la
pression prolongée qu'il exerce, quelque légère qu'elle
soit, avertit la glande de la présence d'une proie, dont
elle s'empare par la lente inflexion des tentacules. Au contraire les filaments sensitifs de la *Dionée* ne sont pas
visqueux, et cette plante ne peut arriver à capturer les
insectes que si ses filaments sont extrêmement sensibles à
un attouchement momentané suivi de la fermeture ins-
tantanée des lobes.

Comme je viens de le dire, les filaments ne sont pas
glandulaires et ne sécrètent pas. Ils n'ont pas non plus la
faculté d'absorber, ce que l'on peut conclure du fait que
des gouttes d'une solution de carbonate d'ammoniaque,
contenant une partie de sel pour 146 parties d'eau,
placées sur deux filaments, n'ont produit aucun effet sur le
contenu des cellules et n'ont pas amené la fermeture des
lobes. Toutefois, quand une petite portion de feuille comprenant un filament fut coupée et plongée dans la même

solution, le liquide contenu dans les cellules de la base s'agrégea presque instantanément en masses de substance pourpre ou incolore et aux formes irrégulières. L'agrégation se propage dans toute la longueur du filament de cellule en cellule depuis la base jusqu'à l'extrémité, c'est-à-dire dans une direction opposée à celle qu'elle suit dans les tentacules du *Drosera* quand les glandes ont été excitées.

J'ai coupé plusieurs autres filaments tout auprès de la base et je les ai laissés pendant une heure trente minutes dans une solution assez faible contenant 1 partie de carbonate pour 218 parties d'eau; le liquide de toutes les cellules s'agrégea en commençant comme auparavant à la base du filament.

Une immersion prolongée des filaments dans l'eau distillée provoque aussi l'agrégation. Il n'est même pas rare de trouver le contenu de quelques-unes des cellules terminales agrégé spontanément. Les masses agrégées changent lentement et incessamment de forme, s'unissent et se séparent; quelques-unes semblent tourner autour de leur axe. On peut aussi voir un courant de *protoplasma* granuleux incolore circuler le long des parois des cellules. Ce courant cesse d'être visible dès que le contenu des cellules est bien agrégé; toutefois ce courant persiste probablement encore, bien qu'il ne soit plus visible, parce que tous les granules de la couche en circulation se sont unis aux masses centrales de *protoplasma*. Sous tous ces rapports, les filaments de la *Dionée* se comportent exactement comme les tentacules du *Drosera*.

Malgré cette similitude il existe entre eux une différence importante. Après que les glandes du *Drosera* ont subi des attouchements répétés, ou qu'on a placé sur elles une parcelle d'un corps quelconque, les tentacules s'infléchissent et le liquide contenu dans les cellules s'agrège fortement. L'attouchement exercé sur le filament de la *Dionée* ne produit aucun effet semblable ; j'ai comparé, au bout d'une heure ou deux, des filaments qui avaient été touchés avec d'autres qui ne l'avaient pas été ; j'ai fait la même comparaison au bout d'un laps de temps de vingt-cinq heures et je n'ai pu observer aucune différence dans le contenu des cellules. Pendant tout le temps qu'ont duré ces expériences, j'ai eu soin de placer des petites chevilles de bois pour tenir les feuilles ouvertes et pour empêcher les filaments d'aller se heurter contre le lobe opposé.

Des gouttes d'eau, ou même un mince filet d'eau tombant d'une certaine hauteur sur les filaments, ne provoque pas la fermeture des lobes, et, cependant, je me suis assuré que les filaments sur lesquels j'ai expérimenté étaient très-sensibles. Aussi n'y a-t-il pas lieu de douter que la *Dionée*, de même que le *Drosera*, reste indifférente aux ondées les plus fortes. J'ai laissé tomber bien des fois, d'une certaine hauteur, des gouttes d'une solution contenant 1/2 once de sucre pour une once fluide d'eau. Ces gouttes ne produisent aucun effet, à moins toutefois qu'elles n'adhèrent aux filaments. Bien des fois aussi j'ai soufflé de toute ma force sur les filaments en me servant d'un chalumeau, sans qu'il se produisît aucun effet ; assurément les feuilles sont aussi indifférentes à ce souffle qu'elles le sont aux vents les plus impétueux. Ces expériences prouvent que la sensibilité des filaments a une nature toute spéciale et qu'elle répond plutôt à un attouchement momentané qu'à une pression prolongée ; elles prouvent, en outre, que l'attouchement doit être exercé par quelque corps solide et non pas par des fluides comme l'air ou l'eau.

Quoique la chute de gouttes d'eau ou d'une solution modérément forte de sucre sur les filaments ne les excite pas, l'immersion d'une feuille dans l'eau pure fait quelquefois fermer les lobes. J'ai plongé une feuille pendant une heure dix minutes, et trois autres feuilles pendant quelques minutes seulement dans de l'eau, à une température variant entre 59° et 69° F. (15° à 18°,3 centigr.) sans qu'aucun effet ait été produit. Toutefois, une de ces quatre feuilles se ferma assez rapidement au moment où je la sortais de l'eau avec précaution. Je m'assurai que les trois autres feuilles se trouvaient dans une bonne condition ; en effet, elles se fermèrent dès que je touchai leurs filaments. Deux autres feuilles plongées dans de l'eau à la température de 75° à 62°,5 F. (23°,8 à 16°,9 centigr.) se fermèrent instantanément. Je plongeai alors la tige de ces feuilles dans l'eau, et, au bout de vingt-trois heures, elles se rouvrirent en partie. Une d'elles se referma dès que je touchai ses filaments. Après un nouveau laps de temps de vingt-quatre heures, cette dernière feuille se rouvrit de nouveau ; je touchai ensuite les filaments des deux feuilles qui se refermèrent encore une fois. Nous voyons donc qu'une courte immersion dans l'eau ne fait aucun mal aux feuilles, mais qu'elle provoque quelquefois la fermeture des lobes. Dans les cas que je viens de rapporter, le mouvement n'a certainement pas été causé par la température de l'eau. Je me suis assuré qu'une immersion prolongée fait agréger le liquide pourpre contenu dans les cellules des filaments sensibles ; or, les tentacules du *Drosera* subissent les mêmes effets à la suite d'une longue immersion, et souvent s'infléchissent quelque peu. Dans les deux cas, ce résultat est probablement dû à une légère exosmose.

Les effets obtenus quand on plonge une feuille de *Dionée* dans une solution modérément concentrée de sucre me confirment dans cette supposition ; en effet, une feuille qui avait séjourné pendant une heure dix minutes dans l'eau, sans qu'il se soit produit aucun effet, se ferma assez rapidement dès qu'elle fut plongée dans la solution, les extrémités des poils marginaux se croisèrent au bout

de deux minutes trente secondes, et la feuille était complétement fermée au bout de trois minutes. Je plongeai
alors trois feuilles dans une solution contenant 1/2 once
de sucre pour une once fluide d'eau, et ces trois feuilles se
fermèrent rapidement. Désireux de savoir si le mouvement
était dû aux cellules qui recouvrent la partie supérieure
des lobes ou à ce que les filaments sensitifs éprouvaient
les effets de l'exosmose, j'essayai d'abord de verser une
petite quantité de la même solution dans le sillon formé
par les deux lobes sur la côte qui est le siége principal du
mouvement. Je laissai la solution en cet endroit pendant
quelque temps sans qu'aucun mouvement se manifestât. Je
couvris alors avec un pinceau enduit de la même solution
la surface supérieure de la feuille entière, sauf toutefois
les parties voisines de la base des filaments sensitifs,
dans la crainte de les toucher. Aucun effet ne se produisit.
Il ressort de cette expérience que les cellules de la surface supérieure ne sont pas affectées dans ces conditions.
Mais quand, après de nombreux essais, je parvins à fixer
une goutte de la solution à un des filaments, la feuille se
ferma rapidement. Je crois donc que nous sommes autorisés à conclure que, par suite de l'exosmose, la solution
fait sortir une certaine quantité de liquide des cellules
délicates des filaments, ce qui provoque quelques changements moléculaires dans le contenu de ces filaments,
changements analogues à ceux que doit produire un
attouchement.

L'immersion des feuilles dans une solution de sucre
les affecte pour un laps de temps plus considérable que ne
le fait l'immersion dans l'eau ou un attouchement exercé
sur les filaments; dans ces derniers cas, en effet, les lobes
commencent à se rouvrir au bout de moins d'un jour.
D'autre part, sur les trois feuilles plongées pendant si peu
de temps dans la solution, puis lavées ensuite à l'intérieur
au moyen d'une seringue insérée entre les lobes, l'une se

rouvrit au bout de deux jours, la seconde au bout de sept jours, et la troisième au bout de neuf jours. La feuille qui se ferma par suite de l'adhérence d'une goutte de la solution à un des filaments se rouvrit au bout de deux jours.

Dans deux occasions, je concentrai la chaleur des rayons du soleil au moyen d'une lentille sur la base de plusieurs filaments, et je poussai l'expérience jusqu'à décolorer et à brûler cette base; à ma grande surprise, je ne provoquai ainsi aucun mouvement; cependant, les feuilles étaient à l'état actif, car elles se fermèrent, bien qu'assez lentement, quand je touchai un des filaments du lobe opposé à celui qui avait été brûlé. Dans un troisième essai, la feuille se ferma au bout d'un certain temps, mais très-lentement et un attouchement exercé sur un des filaments qui n'avait pas été attaqué n'augmenta pas la rapidité du mouvement. Au bout d'un jour, ces trois feuilles se rouvrirent, et elles se montrèrent de nouveau sensibles quand je touchai un des filaments non attaqués. L'immersion soudaine d'une feuille dans l'eau bouillante ne la fait pas fermer. A en juger par analogie avec le *Drosera*, la chaleur, dans ces divers cas, est trop considérable et appliquée trop soudainement. La surface du limbe des lobes est très-peu sensible; on peut la manipuler librement sans provoquer aucun mouvement. Ainsi, par exemple, je chatouillai assez vivement le limbe d'une feuille avec une aiguille sans qu'elle se fermât; mais quand je chatouillai de la même façon l'espace triangulaire situé entre les trois filaments d'une autre feuille, les lobes se fermèrent. Les lobes se ferment toujours quand on pique ou qu'on coupe profondément la côte qui les supporte. On peut laisser longtemps sur les lobes, sans qu'il se produise aucun mouvement (j'ai fait de nombreuses expériences à ce sujet), des corps inorganiques, même assez gros, tels que des éclats de pierre ou de verre, etc., ou des corps organiques qui ne contiennent pas des substances azotées solubles, tels que des morceaux de bois, de liége, de la mousse, etc., ou des corps contenant des substances azotées solubles, à condition qu'ils soient parfaitement secs, tels que des morceaux de viande, d'albumine, de gélatine, mais le résultat est tout différent, comme nous le verrons ci-après, si on laisse sur les lobes des corps organiques azotés, qui ont un certain degré d'humidité ; dans ce cas, les lobes se referment par un mouvement lent et graduel très-différent du mouvement provoqué par un attouchement exercé sur l'un des filaments sensitifs. La tige n'est pas du tout sensible ; on peut y enfoncer une épingle, ou on peut la couper sans qu'il se produise aucun mouvement.

La surface supérieure des lobes est recouverte, comme nous l'avons déjà dit, d'un grand nombre de petites glandes presque sessiles, affectant une teinte pourprée. Ces glandes jouissent de la faculté de sécréter et d'absorber ; mais, contrairement à celles du *Drosera*, elles ne sécrètent que lorsqu'elles ont été excitées par l'absorption de matières azotées. Aucune autre excitation, autant toutefois que j'ai pu m'en assurer, ne produit cet effet. On peut laisser, pendant un temps indéterminé, en contact avec la surface d'une feuille des objets tels que des morceaux de bois, de liége, de mousse, de papier, de pierre ou de verre, et cette surface reste parfaitement sèche. Peu importe d'ailleurs que les lobes se referment sur ces objets, le résultat reste le même. Par exemple, j'ai placé sur une feuille des petites boules de papier buvard, puis j'ai touché un filament ; au bout de vingt-quatre heures, les lobes commencèrent à se rouvrir, j'enlevai les boules avec des petites pinces, et je trouvai qu'elles étaient parfaitement sèches. Si, au contraire, on place en contact avec la surface d'une feuille ouverte un morceau de viande humide, ou un morceau de mouche écrasée, les glandes sécrètent considérablement au bout d'un certain temps. Dans un cas semblable, j'ai observé un peu de sécrétion immédiatement au-dessous de la viande au bout de quatre heures; au bout d'un nouveau laps de temps de trois heures, les sécrétions s'étaient accumulées en quantité considérable tout autour du morceau. Dans un autre cas, le morceau de viande était tout humecté par la sécrétion au bout de trois heures quarante minutes; mais aucune glande ne sécréta, sauf celle qui touchait la viande ou qui était recouverte par la sécrétion contenant des matières animales en dissolution.

Toutefois, si l'on fait refermer les lobes sur un morceau de viande ou sur un insecte, le résultat est tout différent, car alors les glandes de toute la surface se mettent à sécréter copieusement. Comme, dans ce cas, les glandes des deux lobes se trouvent pressées contre la viande ou l'insecte. La sécrétion est dès l'abord deux fois aussi grande que quand le morceau de viande est placé à la surface d'un lobe, et comme les deux lobes se trouvent en contact presque immédiat, la sécrétion, contenant des matières animales dissoutes, s'étend par suite de l'attraction capillaire et fait sécréter de nouvelles glandes des deux côtés dans un rayon qui s'augmente toujours. La sécrétion est presque incolore, légèrement mucilagineuse, et, à en juger par la teinte qu'elle communique au papier de tournesol, beaucoup plus acide que celle du *Drosera*. Ces sécrétions sont si abondantes que, dans un cas où un trou avait été pratiqué à une feuille, sur lequel un petit cube d'albumine avait été placé, des gouttes s'échappèrent par l'ouverture pendant quarante-cinq heures. Dans un autre cas, une feuille refermée sur un morceau de viande rôtie se rouvrit spontanément au bout de huit jours, et il restait tant de sécrétion sur le sillon surmontant la côte, qu'elle s'échappa en un petit courant au moment de la réouverture des lobes. Je plaçai sur une feuille, après avoir eu soin d'enlever une partie de la base de l'un des lobes, de façon à pouvoir examiner l'intérieur, une grosse mouche (*Tipula*) écrasée ; la sécrétion s'écoula régulièrement par l'ouverture pendant neuf jours, c'est-à-dire pendant tout le temps que je l'observai. En relevant un peu l'un des lobes, je pus m'assurer que toutes les glandes sécrétaient abondamment.

Nous avons vu que les corps inorganiques et non azotés, placés sur les feuilles, ne provoquent chez elles aucun mouvement ; mais les corps azotés, s'ils sont le moins du monde humides, provoquent au bout de quelques heures la fermeture des lobes. Ainsi, je plaçai, aux deux extrémités de la même feuille, des morceaux parfaitement secs de viande et de gélatine ; au bout de vingt-quatre heures, ces morceaux n'avaient excité chez la feuille ni mouvement, ni sécrétion. Je plongeai alors ces morceaux dans de l'eau, puis, après en avoir séché la surface sur du papier buvard, je les replaçai sur la même feuille en ayant soin de recouvrir la plante avec une cloche en verre. Au bout de vingt-quatre heures, la viande humide avait excité quelques sécrétions acides, et les lobes, à cette extrémité de la feuille, étaient presque refermés. A l'autre extrémité où se trouvait la gélatine humide, la feuille était encore complétement ouverte et aucune sécrétion ne s'était produite. Il résulte de ces expériences que, de même que pour le *Drosera,* la gélatine est loin d'être une substance aussi excitante que la viande. Pour me rendre compte de l'état de la sécrétion qui se trouvait sous la viande, je passai dessous une bande étroite de papier de tournesol, en ayant soin de ne pas toucher les filaments ; cette légère excitation suffit toutefois pour faire fermer la feuille. Elle se rouvrit le onzième jour, mais l'extrémité où se trouvait la gélatine se rouvrit plusieurs heures avant l'extrémité où se trouvait la viande.

Je laissai pendant vingt-quatre heures sur une feuille

un morceau de viande rôtie qui paraissait sec, bien qu'il
n'ait pas été expressément desséché ; pendant ce laps de
temps, il ne se produisit ni mouvement, ni sécrétion. Je
recouvris alors la plante avec une cloche en verre, et la
viande absorba quelque humidité répandue dans l'air ;
ceci suffit à exciter des sécrétions acides, et le lendemain
matin la feuille était étroitement refermée. Je plaçai sur
une feuille un autre morceau de viande, desséché de façon
à ce qu'il fût tout à fait cassant, puis je recouvris le
tout avec une cloche en verre ; au bout de vingt-quatre
heures, ce morceau était devenu légèrement humide ; il
s'ensuivit quelque sécrétion, mais pas de mouvement.

Je plaçai à l'extrémité d'une feuille un morceau assez
gros d'albumine parfaitement sèche ; je l'y laissai pendant
vingt-quatre heures sans qu'aucun effet ait été produit.
Je plongeai alors ce morceau pendant quelques minutes
dans l'eau, puis je le roulai sur du papier buvard et je le
replaçai sur la feuille ; au bout de neuf heures, quelques
sécrétions légèrement acides commencèrent à se manifes-
ter, et, au bout de vingt-quatre heures, l'extrémité de la
feuille où il se trouvait était fermée en partie. Le morceau
d'albumine était alors entouré par une grande quantité de
sécrétions ; je l'enlevai en ayant grand soin de ne toucher
aucun filament, et cependant les lobes se refermèrent.
Dans ce cas, comme dans le précédent, il semble que
l'absorption de matières animales par les glandes ait rendu
la surface de la feuille beaucoup plus sensible à un attouchement qu'elle ne l'est ordinairement, ce qui constitue
un fait curieux. Deux jours après, l'extrémité de la feuille
où je n'avais rien placé commença à se rouvrir, et le troisième jour cette extrémité était beaucoup plus ouverte que
l'extrémité opposée sur laquelle avait reposé l'albumine.

Enfin, je plaçai sur quelques feuilles de grosses gouttes
d'une solution contenant une partie de carbonate d'ammoniaque pour 146 parties d'eau, sans qu'il se produisît

aucun mouvement immédiat. Je ne connaissais pas alors les mouvements lents provoqués par les substances animales, car autrement j'aurais observé les feuilles pendant plus longtemps, et très-probablement elles se seraient fermées, bien que la solution, à en juger par ce qui arrive pour le *Drosera*, ait peut-être été trop énergique.

Il résulte des faits que nous venons de citer que des morceaux de viande et d'albumine, à condition qu'ils soient légèrement humides, provoquent non-seulement des sécrétions chez les glandes, mais aussi la fermeture des lobes. Ce mouvement est très-différent de la fermeture rapide, provoquée par un attouchement exercé sur l'un des filaments. Nous comprendrons toute l'importance de ces différences quand nous nous occuperons de la façon dont la *Dionée* capture les insectes. Il y a un grand contraste entre le *Drosera* et la *Dionée*, au point de vue des effets produits par l'irritation mécanique d'un côté, et, d'un autre, au point de vue des effets produits par l'absorption des matières animales. Des parcelles de verre placées sur les glandes des tentacules extérieurs du *Drosera* provoquent un mouvement dans le même temps ou à peu près que le font les parcelles de viande, bien que cependant ces dernières semblent être les plus efficaces; mais quand les glandes du disque ont reçu des parcelles de viande, elles transmettent une impulsion motrice aux tentacules extérieurs beaucoup plus rapidement que ne le font ces glandes quand elles supportent des parcelles d'un corps inorganique, ou qu'elles sont irritées par des attouchements répétés. Chez la *Dionée*, l'attouchement des filaments excite des mouvements incomparablement plus rapides que l'absorption des matières animales par les glandes. Néanmoins, dans certains cas, ce dernier stimulant est le plus puissant des deux. J'ai observé par trois fois des feuilles qui, en raison de quelque cause, étaient inactives, de telle sorte que leurs lobes ne se fermaient que légèrement, quelle que fût l'irritation que l'on exerçât sur les filaments; or, l'insertion d'insectes écrasés entre les lobes fit fermer étroitement la feuille au bout d'un jour.

Les faits que nous venons d'indiquer prouvent que les glandes jouissent de la faculté d'absorber certaines substances, car autrement il serait impossible d'expliquer que les corps azotés ou non azotés, et que les corps azotés, à l'état sec ou à l'état humide, affectent les feuilles si différemment. Il est surprenant de voir quel petit degré d'humidité est nécessaire à un morceau de viande ou d'albumine pour exciter les sécrétions et ensuite un mouvement lent; il est également surprenant de voir quelles quantités microscopiques de matières animales absorbées suffisent pour produire ces deux effets. Il semble à peine croyable, et c'est cependant un fait certain, qu'un morceau de blanc d'œuf durci, parfaitement desséché d'abord, puis trempé pendant quelques minutes dans l'eau, et essuyé soigneusement ensuite avec du papier buvard, fournisse en quelques heures assez de matières animales aux glandes pour causer une sécrétion chez elles et pour provoquer bientôt la fermeture des lobes. Le laps de temps si différent, comme nous le verrons ci-après, pendant lequel les lobes restent refermés sur des insectes et sur d'autres corps qui fournissent des substances azotées solubles et sur des corps qui n'en fournissent pas est une autre preuve que les glandes possèdent la faculté de l'absorption. Nous trouvons d'ailleurs la preuve directe de cette faculté dans l'état des glandes qui sont restées pendant quelque temps en contact avec des substances animales. Ainsi, j'ai placé à plusieurs reprises sur des glandes des morceaux de viande et des insectes écrasés, puis, au bout de quelques heures, j'ai comparé ces glandes avec d'autres situées dans une autre partie de la même feuille. Or, alors qu'il était impossible de découvrir la moindre trace d'agrégation chez ces dernières, celles qui avaient été en con-

tact avec les matières animales étaient parfaitement agrégées. On peut voir l'agrégation se produire très-rapidement
si l'on plonge un morceau de feuille dans une faible solution de carbonate d'ammoniaque. Enfin j'ai laissé pendant
huit jours sur une feuille des petits cubes d'albumine et
de gélatine, puis j'ai ouvert la feuille. La surface entière
était recouverte de sécrétions acides, et, dans les nombreuses glandes que j'ai examinées, le contenu de chaque
cellule était admirablement agrégé en masses globulaires
de *protoplasma* incolore, ou affectant une teinte foncée ou
pourpre pâle. Ces masses changeaient lentement, mais
incessamment de forme, se séparant quelquefois les unes
des autres, puis se réunissant, en un mot, se comportant
exactement comme les masses qui remplissent les cellules
du *Drosera*. L'eau bouillante rend le contenu des cellules
des glandes blanc et opaque, mais le blanc n'est pas aussi
pur et ne ressemble pas tant à la porcelaine que chez
le *Drosera*. Je ne saurais dire comment il se fait que
les insectes vivants, capturés naturellement, excitent chez
les glandes des sécrétions aussi rapides qu'il arrive ordinairement; je suppose, toutefois, que la grande pression
à laquelle sont soumis ces insectes fait sortir quelques
excréments par les deux extrémités de leur corps; or,
nous avons vu qu'une quantité très-petite de matières
azotées suffit pour exciter les glandes.

Avant d'aborder le sujet de la digestion, il est bon de
constater que j'ai essayé, sans succès, de découvrir les
fonctions des petits processus octofides qui émaillent les
feuilles. D'après certains faits que je citerai dans les chapitres relatifs à l'Aldrovandie et aux Utriculaires, il m'avait
semblé probable qu'ils servent à absorber les matières en
décomposition laissées par les insectes capturés; toutefois, leur position à la surface inférieure des feuilles et
sur la tige rend cette explication fort peu probable. Néanmoins, je plongeai des feuilles dans une solution conte-

nant une partie d'urée pour 437 parties d'eau, et au bout de vingt-quatre heures la couche orange de *protoplasma* contenue dans les bras de ces processus ne parut pas plus agrégée que dans d'autres spécimens plongés dans l'eau. J'essayai alors de suspendre une feuille dans une bouteille au-dessus d'une infusion très-putride de viande crue, pour voir si ces processus absorberaient la vapeur, mais leur contenu ne fut pas affecté.

Puissance digestive de la sécrétion[1]. — Quand une feuille se referme sur un objet quel qu'il soit, on peut dire que cette feuille se transforme en un estomac temporaire. Si l'objet enfermé fournit des matières animales en si petite quantité que ce soit, ces matières servent, pour employer l'expression de Schiff, de peptogène, et les glandes de la surface déversent leurs sécrétions acides, qui agissent comme le suc gastrique des animaux. J'avais fait tant d'expériences sur la puissance digestive du *Drosera*, que j'en fis quelques-unes seulement sur la *Dionée*, mais elles sont plus que suffisantes pour prouver que cette feuille digère. En outre, cette plante n'est pas si propre que le *Drosera* aux observations, car la digestion

---

1. Le docteur W. Canby de Wilmington, à l'obligeance duquel je dois de nombreux détails sur la Dionée à l'état sauvage, a publié dans le *Gardener's Monthly*, Philadelphie, août 1868, quelques observations intéressantes. Il s'est assuré que la sécrétion digère les substances animales telles que le contenu des insectes, les morceaux de viande, etc., et que la sécrétion est réabsorbée. Il savait aussi que les lobes restent fermés beaucoup plus longtemps quand ils se trouvent en contact avec des matières animales que quand ils se ferment à la suite d'un attouchement ou sur des corps qui ne fournissent aucun aliment soluble; il savait, en outre, que, dans ces derniers cas, les glandes ne sécrètent pas. Le révérend docteur Curtis a observé le premier la sécrétion des glandes (*Boston Journal nat. hist.*, vol. I, p. 123). Je puis ajouter ici qu'un jardinier, M. Knight a, dit-on, observé (Kirby et Spencer, *Introduction to Entomology*, 1818, vol. I, p. 295) qu'un plant de Dionée sur les feuilles duquel « il plaçait des filaments très-fins de bœuf cru, avaient une végétation beaucoup plus puissante que ceux qu'il ne traitait pas de la même façon ».

se fait à l'intérieur des lobes refermés. Les insectes, et même les scarabées, après avoir été soumis à la sécrétion pendant plusieurs jours, sont singulièrement ramollis, bien que leur enveloppe chitineuse ne soit pas corrodée.

Première expérience. — Je plaçai à une des extrémités d'une feuille un cube d'albumine ayant 1/10e de pouce (2,54 millim.) de côté, et, à l'autre extrémité, un morceau oblong de gélatine, ayant 1/5e de pouce (5,08 millim.) de longueur, et 1/10e de pouce (2,54 millim.) de largeur, puis je provoquai la fermeture de la feuille. Je rouvris la feuille au bout de quarante-cinq heures. L'albumine était dure et comprimée, ses angles n'étaient qu'un peu arrondis; la gélatine était corrodée et avait pris une forme ovale; ces deux substances étaient entourées d'une si grande quantité de sécrétion que des gouttes tombaient à chaque instant de la feuille. La digestion se fait, sans doute, plus lentement que chez le *Drosera,* ce qui explique le laps de temps plus long pendant lequel ces feuilles restent refermées sur les corps digestibles.

Deuxième expérience. — Je plaçai sur une feuille un morceau d'albumine ayant 1/10e de pouce carré (2,54 millim.), mais ayant seulement 1/20e de pouce (1,27 millim.) d'épaisseur, et un morceau de gélatine ayant le même volume que celui employé dans l'expérience précédente; huit jours après, j'ouvris la feuille. La surface intérieure était complétement recouverte de sécrétions très-acides, légèrement adhérentes, et toutes les glandes étaient complétement agrégées. Je ne trouvai plus trace de l'albumine ou de la gélatine. J'avais placé en même temps, pour contrôler l'expérience, des morceaux de ces deux substances, ayant un volume égal, sur un morceau de mousse humide, de façon à ce qu'ils fussent soumis à des conditions presque analogues; au bout de huit jours, ces morceaux avaient pris une teinte brune, s'étaient putrifiés, et étaient pénétrés de toutes parts par des fibres en putréfaction, mais ils n'avaient pas disparu.

Troisième expérience. — Je plaçai sur une feuille un morceau d'albumine ayant 3/20e de pouce (3,81 millim.) de longueur, et 1/20e de pouce (1,27 millim.) de largeur et d'épaisseur, et un morceau de gélatine ayant le même volume que ceux employés dans les expériences précédentes; j'ouvris la feuille au bout de sept jours. Je ne trouvai plus trace de l'une ou l'autre substance, et il n'existait à la surface qu'une quantité modérée de sécrétion.

Quatrième expérience. — Je plaçai sur une feuille des morceaux d'albumine et de gélatine ayant le même volume que dans l'expérience précédente; la feuille se rouvrit spontanément au bout de douze jours, et cette fois encore il ne restait pas trace de l'un ou l'autre corps; j'observai un petit amas de sécrétion à l'une des extrémités de la côte centrale.

Cinquième expérience. — Je plaçai sur une feuille des morceaux d'albumine et de gélatine ayant le même volume que dans l'expérience précédente; au bout de douze jours, les lobes étaient encore parfaitement refermés, mais la feuille commençait à se faner. J'ouvris cette feuille et elle ne contenait plus qu'une trace de substance brunâtre là où avait reposé l'albumine.

Sixième expérience. — Je plaçai sur une feuille un cube d'albumine ayant 1/10e de pouce (2,54 millim.) de côté, et un morceau de gélatine ayant le même volume que dans les expériences précédentes; la feuille se rouvrit spontanément au bout de treize jours. Le morceau d'albumine, qui était deux fois aussi gros que dans les expériences précédentes, agit trop énergiquement sur la feuille, car les glandes qui se trouvaient en contact avec lui avaient été attaquées, et semblaient sur le point de se détacher; je retrouvai une couche d'albumine devenue brunâtre et quelque peu putréfiée. Toute la gélatine avait été absorbée et il ne restait qu'un peu de sécrétion acide sur la côte centrale.

Septième expérience. — Je plaçai aux deux extrémités d'une feuille un morceau de viande à demi rôtie dont je ne gardai pas la mesure et un morceau de gélatine; la feuille se rouvrit spontanément au bout de onze jours. Je retrouvai à l'intérieur une trace de la viande, et la surface de la feuille était noircie là où elle avait reposé; la gélatine avait complétement disparu.

Huitième expérience. — Je plaçai sur une feuille un morceau de viande à demi rôtie dont je ne gardai pas la mesure; j'insérai entre les lobes un petit morceau de buis pour les empêcher de se refermer, de sorte que la viande ne plongea que par sa surface inférieure dans la sécrétion très-acide. Toutefois, au bout de vingt-deux heures et demie, la viande était incomparablement plus amollie qu'un autre morceau de la même viande que j'avais conservée dans un endroit humide.

Neuvième expérience. — Je plaçai sur une feuille un cube très-compacte, ayant 1/10ᵉ de pouce (2,54 millim.) de côté de bœuf rôti; la feuille se rouvrit spontanément au bout de douze jours. Il restait alors tant de sécrétions faiblement acides sur la feuille, que cette sécrétion s'écoula au moment de la réouverture. La viande avait été complétement désagrégée, mais elle n'était pas entièrement dissoute; il n'y avait aucune trace de moisissure. Je plaçai sous le microscope le morceau qui restait; quelques fibrilles du centre avaient encore leurs stries transversales; les stries avaient disparu complétement sur d'autres fibrilles, et on pouvait établir une gradation parfaite entre ces deux états. Il restait, en outre, des globules qui me parurent être de la graisse, et quelques parties de tissu fibro-élastique qui n'avaient pas été digérées. En un mot, la viande se trouvait dans cet état de demi-digestion que nous avons déjà décrit en nous occupant du *Drosera*. La Dionée semble digérer la viande, de même que l'albumine, plus lentement que ne le fait le *Drosera*. A l'extrémité opposée de la même feuille, j'avais placé une boulette de pain fortement comprimée; cette boulette était complétement désagrégée, grâce, je crois, à la digestion du gluten par la feuille; elle était toutefois très-peu réduite en volume.

Dixième expérience. — Je plaçai aux deux extrémités d'une même feuille un cube de fromage ayant 1/20ᵉ de pouce (1,27 millim.) de côté, et un cube d'albumine. Au bout de neuf jours les lobes s'ouvrirent spontanément, mais dans une faible proportion à l'extrémité où se trouvait le fromage, qui semblait avoir été peu dissous, bien qu'il fût amolli et qu'il baignât dans la sécrétion. Deux jours plus tard, c'est-à-dire onze jours après la fermeture des lobes, la feuille se rouvrit spontanément du côté où avait été placée l'albumine; il n'en restait plus qu'une très-petite quantité noircie et desséchée.

Onzième expérience. — Je répétai la même expérience avec du fromage et de l'albumine sur une autre feuille qui me semblait à l'état peu actif. Au bout de six jours, les lobes se rouvrirent spontanément à l'extrémité où se trouvait le fromage qui était considérablement ramolli, mais qui n'était pas dissous, et dont le volume avait très-peu diminué. Douze heures après, l'extrémité où se trouvait l'albumine se rouvrit à son tour; le morceau d'albumine s'était alors transformé en une grosse goutte de liquide transparent, visqueux et non acide.

Douzième expérience. — Je répétai les deux dernières expériences; cette fois encore l'extrémité de la feuille contenant le fromage se rouvrit avant l'extrémité contenant l'albumine. Mais je ne gardai aucune autre note sur cette expérience.

Treizième expérience. — Je plaçai sur une feuille un globule ayant environ 1/10ᵉ de pouce (2,54 millim.) de diamètre de caséine préparée chimiquement; la feuille se rouvrit spontanément au bout de huit jours. La caséine s'était alors transformée en une masse molle, visqueuse, mais dont le volume avait à peine diminué; cette masse baignait dans la sécrétion acide.

Ces expériences suffisent pour prouver que la sécrétion des glandes de la *Dionée* dissout l'albumine, la gélatine et la viande, à condition toutefois qu'on ne place pas des morceaux trop gros sur les feuilles. Les globules de graisse et le tissu fibro-élastique ne sont pas digérés. La feuille absorbe ensuite la sécrétion avec les matières qu'elle a dissoutes, à condition que ces dernières ne se trouvent pas en excès. D'autre part, bien que la caséine, préparée chimiquement, et le fromage provoquent chez la *Dionée*, tout comme chez le *Drosera*, des sécrétions abondantes très-acides, en raison, je crois, des matières albumineuses que contiennent ces substances, elles ne sont cependant pas digérées, et si elles sont réduites en volume, cette réduction n'est pas appréciable[1].

---

1. M. Balfour, professeur de botanique à l'Université d'Édimbourg, a publié un mémoire intitulé : *Account of some experiments on Dionœa muscipula,* dans le recueil intitulé : *Transactions of the botanical Society of Edinburgh,* t. XII, p. 334. La communication verbale à la Société est du 10 juin 1875.

Irritabilité. — Elle existe seulement dans les six poils de la face supérieure de la *Dionœa;* mais ne se rétablit pas immédiatement après l'absorption de matières animales. Ainsi une grosse mouche bleue placée sur une feuille fut prise entre les valves, et absorbée en vingt-six jours. Le vingt-septième, ces poils stimulés à plusieurs reprises ne donnèrent aucun signe de sensibilité; celle-ci varie suivant diverses circonstances : le soleil la favorise, l'eau n'exerce aucune action, même lorsque les poils sont noyés dans le liquide. Le chloroforme, au contraire, agit énergiquement. Si on coupe les poils sensibles, la feuille se ferme encore sous l'influence d'un choc ou d'une irritation, mais d'une manière irrégulière et incomplète.

Effets des vapeurs du chloroforme, de l'éther sulfurique et de l'acide cyanhydrique. — Je plaçai un pied de *Dionée* portant une

l'on coupe une valve de la feuille et qu'on y place une mouche, cette valve se replie sur elle comme une feuille de *Drosera*.

Fermeture des valves. — Elle se produit quelle que soit la nature du corps étranger interposé entre elles, mais ne persiste que dans le cas où le corps peut servir à la nutrition de la plante; ainsi les valves ne restent pas appliquées l'une contre l'autre, si on introduit entre elles un fragment de bois, une épingle, du plâtre, un fragment de feuille. L'auteur essaya de tromper la *Dionæa* en lui donnant une mouche vivante enrobée de plâtre et un fragment de feuille, mais le lendemain les appendices marginaux étaient rouges et la feuille presque ouverte, la mouche n'avait nullement été attaquée et les petits fragments de plâtre semblaient avoir été mouillés, puis séchés de nouveau. Les valves, en se fermant, se rejoignent par leurs bords, mais au milieu elles laissent une cavité dans laquelle l'insecte est libre : en se rapprochant plus tard elles l'écrasent s'il a un corps mou, tel que les papillons, les araignées, les millepieds. Les coléoptères ne sont pas écrasés, mais conservent leurs formes, ce sont les appendices marginaux de la feuille qui, en s'entre-croisant, retiennent l'insecte prisonnier. Après une prise, les valves ne se séparent qu'au bout de deux à trois semaines. Quant au mécanisme du rapprochement des deux valves, M. Balfour confesse ses incertitudes qui seront partagées par plus d'un lecteur.

Sécrétion. — Le professeur Dewar a trouvé que le liquide sécrété renfermait de l'acide formique en petite quantité. Il existe aussi dans les orties brûlantes. La sécrétion n'a lieu que quelque temps après la capture de l'insecte et elle est due aux glandes vertes ou rouges dont la surface de la feuille est couverte. M. Balfour s'est assuré qu'elle n'avait lieu que lorsqu'un animal ou de la viande étaient emprisonnés dans la feuille.

Digestion. — M. Murray et d'autres auteurs combattent cette expression et nient toute analogie entre la dissolution de substances animales et une véritable digestion stomachale ayant pour résultat l'assimilation de ces substances à nos tissus. M. Balfour admet cette expression et cite des expériences de M. Lindsay, qui a vu des *Drosera* mis à l'abri de la visite des insectes par une cloche en verre végéter moins vigoureusement que ceux qui étaient en plein air. Il y a des substances que la *Dionæa* ne digère pas, le fromage, par exemple. M. Canby a vu périr une plante qu'il avait mise à ce régime, et M. Balfour a constaté qu'une feuille rejetait un liquide sentant fortement le fromage qu'on avait introduit entre les valves. En gorgeant les feuilles de nourriture, MM. Balfour et Lindsay ont déterminé de véritables indigestions avec vomissement d'une partie des substances ingérées et diminution du pouvoir digestif de la feuille. Deux mouches, deux araignées paraissent être la dose limite qu'il ne faut pas dépasser.

Absorption et assimilation. — L'insecte converti en pulpe blanchâtre disparaît, il y a donc absorption. Comment s'opère-t-elle? M. Balfour a teint des insectes et de la viande en rouge par la cochenille, en bleu par l'indigo, espérant que ces principes colorants seraient absorbés, ils ne le furent pas, mais rejetés au dehors. Il se demande si les organes ressemblant à des sto-

seule feuille dans un grand flacon, dont l'ouverture était imparfaitement bouchée avec de la ouate, contenant un drachme (3,549 millil.)
de chloroforme. La vapeur du chloroforme provoqua chez les lobes
un mouvement imperceptible au bout d'une minute; au bout de
trois minutes, les poils des bords se croisèrent et la feuille fut bientôt
complétement fermée. Toutefois, la dose était beaucoup trop considérable, car, au bout de deux ou trois heures, la feuille avait tout
l'aspect d'avoir été exposée au feu, et elle mourut bientôt.

J'exposai, pendant trente minutes, dans un vase ayant une capacité de deux onces, deux feuilles de *Dionée* à la vapeur de 30 minimes
(1,774 millil.) d'éther sulfurique. Une feuille se ferma au bout d'un
certain temps, et l'autre au moment où je la retirais du vase avec
beaucoup de précautions. Ces deux feuilles avaient été vivement
attaquées. J'exposai une autre feuille, pendant vingt minutes, à la
vapeur de 15 minimes (0,88 millil.) d'éther; les lobes de cette feuille
se fermèrent dans une certaine mesure et les filaments devinrent
complétement insensibles. Au bout de vingt-quatre heures, cette
feuille recouvra sa sensibilité, bien qu'elle fût encore assez engour-
die. Une feuille exposée, pendant trois minutes seulement, dans un
grand flacon, à la vapeur de dix gouttes d'éther sulfurique, devint
insensible. Au bout de cinquante-deux minutes, elle recouvra sa

mates et placés au centre des cellules ne seraient pas des organes absorbants.

Quand les auteurs cherchent *pourquoi* les feuilles des *Dionæa, Drosera,
Pinguicula,* etc., capturent les insectes, ils supposent toujours un but
déterminé, une cause finale. Il est probable en effet qu'il en résulte quelque
avantage pour la plante. Néanmoins on doit aussi se poser la question préjudicielle de savoir si, en effet, ces captures profitent à la plante et si elles
ne sont pas dépourvues pour elle de toute utilité réelle, comme les nombreux organes évidemment inutiles aux végétaux et aux animaux qui en sont
pourvus. Il peut en être de même des fonctions et cette chasse aux insectes,
cette dissolution, cette absorption de leurs tissus pourrait bien n'avoir
aucune utilité immédiate et n'être que l'ébauche d'une fonction habituelle
chez les animaux inférieurs *fixes* tels que les Polypes, les Actinies, etc., où la
digestion et l'assimilation ne sont pas douteuses. Manifeste chez les Droseracées, absente ou obscure dans les autres plantes, cette fonction complémentaire des fonctions de nutrition par les racines, qui subsistent toujours,
ne serait qu'un argument de plus en faveur de l'origine commune des végétaux et des animaux. Je ne dis pas qu'il en soit ainsi, je ne le crois même
pas, mais la question peut se poser, et ici, comme toujours, il faut s'en tenir
aux faits observés et à leurs conséquences immédiates sans supposer un
but final qui peut-être n'existe pas.

CH. M.

sensibilité et se ferma quand je touchai un des filaments; les lobes se rouvrirent au bout de vingt heures. Enfin, j'exposai une autre feuille, pendant quatre minutes, à la vapeur de quatre gouttes d'éther seulement; elle devint assez insensible pour ne pas se fermer à la suite d'attouchements répétés exercés sur les filaments, mais elle se ferma quand je coupai l'extrémité de la feuille. Cette dernière expérience prouve que les parties intérieures de la feuille n'avaient pas été rendues insensibles, ou qu'une incision est un stimulant plus puissant que de nombreux attouchements sur les filaments. Je ne saurais dire si les doses plus fortes de chloroforme ou d'éther qui ont provoqué la lente fermeture des feuilles ont agi sur les filaments sensitifs ou sur la feuille elle-même.

Du cyanure de potassium placé dans une bouteille engendre de l'acide prussique ou cyanhydrique. J'ai exposé une feuille, pendant une heure trente-cinq minutes, aux vapeurs ainsi formées. Durant ce laps de temps, les glandes devinrent si incolores, si ratatinées qu'elles étaient à peine visibles, et je pensai d'abord qu'elles s'étaient toutes détachées de la feuille. Toutefois, la feuille ne devint pas insensible, car elle se ferma dès que je touchai un des filaments, mais elle avait certainement souffert, car elle ne se rouvrit qu'au bout de deux jours et semblait avoir perdu toute sa sensibilité. Cependant, au bout d'un autre jour, elle recouvra toutes ses facultés et se referma quand je touchai un des filaments, pour se rouvrir ensuite. Une autre feuille, exposée pendant un temps plus court à la même vapeur, se comporta presque exactement de la même façon.

Mode de capture des insectes. — Examinons actuellement l'action des feuilles quand des insectes touchent un des filaments sensitifs. Ce fait s'est présenté souvent dans ma serre; toutefois, je ne saurais dire si les insectes sont attirés d'une manière spéciale par les feuilles. Dans son pays natal, la *Dionée* capture un grand nombre d'insectes. Dès qu'un filament est touché, les deux lobes se ferment avec une rapidité étonnante; et, comme ils font entre eux moins d'un angle droit, ils ont beaucoup de chance de capturer les insectes qui se sont aventurés dans l'espace qui les sépare. L'angle qui existe entre le limbe et la tige ne se modifie pas quand les lobes se ferment. Le siége principal du mouvement se trouve près de la côte centrale,

mais il n'est pas cependant limité à cette partie ; car à
mesure que les lobes se ferment chacun d'eux se recourbe
intérieurement dans toute sa largeur ; toutefois les poils
marginaux ne se recourbent pas. J'ai pu examiner avec succès ce mouvement inhérent au lobe entier chez une feuille
à laquelle j'avais donné une grosse mouche, après avoir eu
soin de couper une des extrémités de l'un des lobes ; de
sorte que le lobe opposé, ne rencontrant aucune résistance
dans cette partie, se recourbât beaucoup au delà de la ligne
médiane. J'enlevai ensuite la totalité du lobe dont j'avais
d'abord coupé une partie ; le lobe opposé se recourba
alors complétement en décrivant un angle de 120° à 130°,
de façon à occuper une position presque à angle droit
avec celle qu'il aurait occupée, si l'autre lobe avait été
présent.

En raison de cette courbe intérieure qu'affectent les
deux lobes au moment où ils se précipitent l'un sur l'autre,
les poils marginaux droits se croisent d'abord à leur
extrémité, puis enfin jusqu'à la base. La feuille est alors
complétement fermée, et il existe une petite cavité entre
les deux lobes. Si on a fait fermer la feuille en touchant
simplement un des filaments sensitifs, ou s'il se trouve à
l'intérieur un corps qui ne fournit pas des matières azotées
solubles, les deux lobes conservent leur forme concave
intérieure jusqu'à ce qu'ils se rouvrent. J'ai observé, dans
dix cas, la réouverture des lobes dans ces circonstances,
c'est-à-dire quand aucune substance organique n'est
enfermée à l'intérieur. Dans tous ces cas, les lobes se sont
redressés jusqu'aux deux tiers environ de leur position
normale dans les vingt-quatre heures qui ont suivi l'instant de leur fermeture. La feuille même à laquelle j'avais
enlevé une partie de lobe se rouvrit dans les mêmes
proportions, pendant le même laps de temps. Dans un cas,
une feuille se rouvrit jusqu'aux deux tiers environ de sa
position normale au bout de sept heures, et complétement

au bout de trente-deux heures, mais je dois ajouter qu'un seul des filaments avait été touché légèrement avec un cheveu, juste de façon à amener la fermeture. Sur ces dix feuilles, quelques-unes seulement se redressèrent complétement en moins de deux jours, deux ou trois demandèrent un temps un peu plus long. Toutefois, avant d'être complétement redressées, elles sont prêtes à se fermer instantanément si l'on vient à toucher un des filaments sensitifs. Je ne saurais dire combien de fois de suite une feuille peut se fermer et se rouvrir, si l'on ne place à l'intérieur aucune substance animale ; cependant, j'ai fait fermer et rouvrir quatre fois de suite une feuille dans l'intervalle de six jours ; la dernière fois qu'elle se rouvrit elle captura une mouche et resta fermée pendant plusieurs jours. Cette faculté de se rouvrir rapidement après que les filaments ont été accidentellement touchés par des brins d'herbe ou par des objets chassés par le vent sur la feuille, ce qui arrive quelquefois quand elle pousse à l'état sauvage[1], doit avoir une certaine importance pour la plante, car, aussi longtemps qu'une feuille reste fermée, il lui est impossible de capturer des insectes.

Quand les filaments sont irrités et qu'on fait fermer la feuille sur un insecte, sur un morceau de viande, sur de l'albumine, de la gélatine, de la caséine et probablement sur toute autre substance contenant des matières azotées solubles, les lobes, au lieu de rester concaves, ce qui laisse une place libre à l'intérieur, se pressent lentement l'un contre l'autre dans toute leur largeur. A mesure que cette pression se produit, les bords s'écartent un peu, de sorte que les poils qui se croisaient tout d'abord se projettent ensuite en deux rangées parallèles. Les lobes se pressent l'un contre l'autre avec tant de force que j'ai vu un petit

1. Docteur Curtis, dans *Boston Journal of nat. hist.*, vol. I, 1837, p. 123.

cube d'albumine très-aplati et présentant l'impression distincte des petites glandes proéminentes; toutefois, cette dernière circonstance peut provenir en partie de l'action corrosive exercée par la sécrétion. En tout cas, les lobes sont si exactement collés l'un sur l'autre que si un gros insecte ou tout autre objet a été saisi par la feuille, on voit distinctement à l'extérieur la protubérance causée par cet objet. Quand les deux lobes sont ainsi complètement fermés, ils résistent avec une force étonnante à l'insertion entre eux d'un petit coin et se laissent ordinairement briser plutôt que de céder. S'ils ne sont pas brisés et qu'on retire le coin, ils se referment, comme me l'apprend le docteur Canby, en produisant un bruit assez fort. Mais si on insère le doigt entre les deux lobes ou qu'on y place un petit morceau de bois, de façon à les empêcher de se fermer, ils excercent dans cette position très-peu de force.

J'avais pensé d'abord que la pression graduelle exercée par les deux lobes était exclusivement causée par le fait que les insectes capturés se débattent à l'intérieur et, en en le faisant, irritent constamment les filaments sensitifs; cette hypothèse m'a semblé encore plus probable quand le Dr Burdon Sanderson m'a appris que le courant électrique normal est troublé chaque fois qu'on irrite les filaments d'une feuille dont les lobes sont fermés. Toutefois, cette irritation n'est en aucune façon nécessaire, car un insecte mort, un morceau de viande ou d'albumine, produisent exactement les mêmes effets, ce qui prouve que c'est l'absorption des matières animales qui excite les lobes à se presser lentement l'un contre l'autre. Nous avons vu que l'absorption d'une petite quantité de matières animales provoque aussi la lente fermeture de la feuille; or, ce mouvement est absolument analogue à la pression des lobes concaves l'un contre l'autre. Cette pression a une haute importance fonctionnelle pour la plante, car les glandes des deux côtés se trouvent ainsi mises en contact avec l'insecte capturé et, en conséquence, ces glandes commencent à sécréter. La sécrétion contenant des matières animales en dissolution est portée par l'action capillaire sur toute la surface de la feuille, ce qui excite des sécrétions chez toutes les glandes et leur permet d'absorber des matières animales. Le mouvement excité par l'absorption de ces matières, bien que fort lent, suffit pour amener la fermeture de la feuille, tandis que le mouvement résultant de l'attouchement opéré sur un des filaments sensitifs est très-rapide, ce qui est indispensable pour la capture des insectes. Ces deux mouvements excités par des moyens si complétement différents sont tous deux admirablement adaptés, comme toutes les autres fonctions de la plante, au but qu'ils servent à remplir.

Il existe une autre différence considérable dans l'action des feuilles qui renferment des objets, tels que des morceaux de bois, du liége, des boulettes de papier, ou que l'on a fait fermer par un simple attouchement sur les filaments, et celles qui renferment des corps organiques fournissant des substances azotées solubles. Dans le premier cas, comme nous l'avons déjà vu, les feuilles se rouvrent dans les vingt-quatre heures et sont toutes prêtes, avant même d'être complétement ouvertes, à se refermer de nouveau. Si, au contraire, elles se sont fermées sur des corps organiques azotés, elles restent en cet état pendant plusieurs jours; après leur réouverture elles semblent plongées dans la torpeur et n'agissent plus, ou tout au moins ne le font qu'après un temps considérable. Dans quatre cas, des feuilles, après avoir capturé des insectes, ne se rouvrirent plus, mais commencèrent à se faner; l'une resta fermée pendant quinze jours sur une mouche; une seconde pendant vingt-quatre jours, bien que la mouche fût petite; une troisième vingt-quatre jours sur un cloporte, et une quatrième trente-cinq jours sur une grosse *Tipula*. Dans deux autres cas, des feuilles restèrent fermées pendant neuf jours au moins sur des mouches, et je ne saurais même dire au bout de combien de temps elles se rouvrirent. Je dois ajouter, cependant, que dans deux cas, où des insectes extrêmement petits avaient été naturellement capturés, la feuille se rouvrit aussi vite que si elle n'avait rien pris ; je suppose qu'il faut attribuer cette exception au fait que des insectes aussi petits n'avaient pas été écrasés, ou qu'ils n'avaient rejeté aucune matière animale, de sorte que les glandes n'avaient pas été excitées. Je plaçai aux deux extrémités de trois feuilles des petits morceaux angulaires d'albumine et de gélatine ; deux de ces feuilles restèrent fermées pendant treize jours, et l'autre pendant douze jours. Deux autres feuilles restèrent fermées sur des morceaux de viande pendant onze jours, une troisième pendant huit jours, et une quatrième, qui avait été, il est vrai, cassée en partie et abîmée d'autre façon, pendant six jours seulement. Je plaçai à une des extrémités de trois feuilles des morceaux de fromage ou de caséine et des morceaux d'albumine à l'autre extrémité ; les extrémités contenant le fromage ou la caséine se rouvrirent au bout de six, de huit et de neuf jours, tandis que les extrémités opposées se rouvrirent un peu plus tard. Aucun de ces morceaux de viande, d'albumine etc., n'excédait un cube ayant 1/10e de pouce (2,54 millim.) de côté, et quelquefois même ils étaient plus petits ; cependant ces petits morceaux ont suffi à faire rester les feuilles fermées pendant plusieurs jours. Le docteur Canby m'apprend que les feuilles restent fermées plus longtemps sur les insectes que sur la viande ; d'après ce que j'ai pu voir, il en est certainement ainsi, surtout si les insectes sont gros.

Dans tous les cas que je viens de citer, et dans beaucoup d'autres où les feuilles sont restées fermées pendant une période inconnue, mais très-longue, sur des insectes capturés naturellement, ces feuilles étaient plus ou moins inertes après s'être rouvertes. Elles sont ordinairement si complétement inertes pendant bien des jours, qu'aucune excitation des filaments ne provoque le moindre mouvement. Dans un cas cependant, le lendemain de la réouverture d'une feuille qui avait capturé une mouche, elle se referma avec une extrême lenteur quand je touchai un des filaments; or, bien que je n'aie laissé aucun objet dans la feuille, elle était si inerte qu'elle ne se rouvrit, pour la seconde fois, qu'au bout de quarante-quatre heures. Dans un second cas, une feuille qui s'était redressée après être restée fermée pendant neuf jours au moins sur une mouche mit en mouvement, à la suite de nombreuses excitations, un seul de ses lobes, et conserva cette position anormale pendant les deux jours suivants. Un troisième cas offre l'exception la plus extraordinaire que j'aie pu observer ; une feuille, après être restée fermée sur une mouche pendant un laps de temps inconnu, finit par se rouvrir ; je touchai un de ses filaments, et elle se referma, bien qu'assez lentement. Le docteur Canby, qui a pu observer aux États-Unis un grand nombre de plantes qui, bien que ne se trouvant pas dans leur pays natal, étaient probablement plus vigoureuses que les miennes, m'informe qu'il a vu « souvent des feuilles vigoureuses dévorer une proie à plusieurs reprises ; mais qu'ordinairement la digestion de deux insectes, où plus souvent encore d'un seul, suffit à les mettre hors de service ». Mme Treat, qui a cultivé beaucoup de *Dionées* dans le New-Jersey, m'apprend aussi que « plusieurs feuilles ont pris successivement trois insectes chacune, mais que la plupart d'entre elles ne pouvaient pas digérer la troisième mouche et mouraient en essayant de le faire. Toutefois, cinq feuilles ont digéré chacune trois mouches et se sont refermées sur une quatrième, mais elles sont mortes peu de temps après cette quatrième capture. Beaucoup de feuilles n'ont même pas pu digérer un gros insecte. » Il semble donc que la puissance digestive de la

Dionée est quelque peu limitée, et il est certain que les feuilles restent toujours fermées pendant plusieurs jours sur un insecte et ne recouvrent pas la faculté de se refermer pendant un temps indéterminé. Sous ce rapport, la *Dionée* diffère du *Drosera*, qui attaque et digère beaucoup d'insectes après des intervalles plus courts.

Nous pouvons actuellement comprendre l'usage des poils marginaux qui forment un caractère si remarquable de l'aspect de la plante (voir fig. 12, page 331), et qui, dans mon ignorance, me paraissaient d'abord être des appendices inutiles. Par suite de la courbe intérieure des lobes, au moment où ils se rapprochent l'un de l'autre, les poils marginaux commencent par se croiser au sommet, et ensuite à la base. Jusqu'à ce que les bords des lobes se trouvent en contact, des espaces allongés variant du 1/15e à 1/10e de pouce (1,693 millim. à 2,54 millim.) en longueur, selon la taille de la feuille, restent ouverts. En conséquence, un insecte dont le corps n'est pas plus gros que ces intervalles peut aisément s'échapper entre les poils croisés, quand il est troublé par la fermeture des lobes et l'obscurité qui en est la conséquence; un de mes fils a vu un petit insecte s'échapper de cette façon. D'autre part, si un insecte modérément gros essaye de s'échapper à travers les barreaux, il est forcément repoussé dans cette horrible prison dont les murs se referment sur lui, car les poils continuent à s'entre-croiser de plus en plus jusqu'à ce que les bords du lobe se trouvent en contact. Toutefois, un insecte très-fort pourrait sans doute recouvrer la liberté, et Mme Treat a vu, aux États-Unis, un scarabée *(Macrodactylus subspinosus)* forcer les barreaux de la cage. Or, ce serait manifestement un grand désavantage pour la plante que de rester fermée plusieurs jours sur un insecte microscopique, et que d'avoir à attendre ensuite des jours et des semaines pour recouvrer sa sensibilité; en effet, un insecte aussi petit ne lui donnerait que peu de nourriture. Il vaut donc bien mieux pour la plante permettre aux petits insectes de s'échapper et attendre qu'elle puisse capturer un insecte modérément gros ; or, les poils marginaux en se croisant lentement remplissent exactement le rôle des grandes mailles d'un filet qui permettent aux petits poissons inutiles de s'échapper.

J'étais désireux de savoir si cette hypothèse est correcte, et je rapporte ce fait comme un excellent exemple de l'imprudence qu'il y a à conclure, hâtivement comme je l'avais fait relativement à ces poils marginaux, qu'une conformation bien développée, quelque singulière qu'elle puisse paraître, est inutile. Je m'adressai donc au docteur Canby. Il visita le pays natal de la plante au commencement de la saison, avant que les feuilles aient atteint tout leur développement, et il m'envoya quatorze feuilles contenant des insectes capturés naturellement. Quatre de ces feuilles avaient capturé d'assez petits insectes, à savoir, trois d'entre elles des fourmis, et la quatrième une mouche assez petite ; mais les dix autres feuilles avaient toutes capturé de gros insectes, c'est-à-dire cinq taupins (*Elater*), deux chrysomèles, un charançon (*Curculio*), une araignée épaisse et large, et un scolopandre. Sur ces dix insectes, huit étaient des scarabées[1], et sur les quatorze il n'y en avait qu'un, un insecte diptère, qui pouvait se sauver facilement. Le *Drosera*, au contraire, se nourrit principalement d'insectes

---

1. Le docteur Canby fait remarquer (*Gardener's Monthly*, août 1868), « qu'en règle générale les scarabées et les insectes de cette espèce, bien que toujours tués, semblent avoir une enveloppe trop dure pour servir d'aliment, et sont rejetés après un temps très-court. » Je suis quelque peu surpris de cette affirmation, tout au moins par rapport aux taupins, car les cinq que j'ai examinés étaient *extrêmement* fragiles et vides comme si l'intérieur de leur corps avait été en partie digéré. Mme Treat m'apprend que les plantes qu'elle cultive dans le New-Jersey attrapent principalement des diptères.

qui volent bien, surtout de diptères, qu'il capture au moyen de sa sécrétion visqueuse. Mais ce qui nous importe le plus, c'est la taille des dix gros insectes. La longueur moyenne de ces insectes, depuis la tête jusqu'à la queue, était de 0,256 de pouce (7 millim. environ) ; les lobes des feuilles avaient en moyenne 0,53 de pouce de longueur (13 millim. de longueur), de sorte que les insectes étaient à peu près la moitié aussi longs que les feuilles qui les enfermaient. Ainsi donc, un bien petit nombre de ces feuilles avaient dépensé leurs forces à capturer une proie trop exiguë, bien qu'il soit fort probable que beaucoup de petits insectes s'étaient promenés sur elle, avaient été capturés, mais s'étaient échappés à travers les barreaux.

Transmission de l'impulsion motrice et moyens de mouvement. — Il suffit de toucher l'un des six filaments pour faire fermer les deux lobes qui, en même temps, se recourbent dans toute leur largeur. L'excitation exercée sur l'un des filaments doit donc rayonner dans toutes les directions. Cette excitation doit aussi se transmettre avec une grande rapidité à travers toute la feuille, car, dans tous les cas ordinaires, les deux lobes se meuvent simultanément, autant toutefois qu'on peut en juger à la vue. La plupart des physiologistes croient que chez les plantes sensitives l'excitation se transmet le long des faisceaux fibro-vasculaires, ou est en tout cas en rapport immédiat avec eux. Chez la *Dionée*, la disposition de ces vaisseaux, composés de tissus spiraux et de tissus vasculaires ordinaires, semble tout d'abord venir à l'appui de cette hypothèse ; en effet, ces vaisseaux forment un gros faisceau dans toute l'étendue de la côte centrale, faisceau qui se divise en plus petits faisceaux faisant avec lui de chaque côté des angles presque droits. Ces petits faisceaux se bifurquent quelquefois quand ils arrivent près du bord de la feuille, et, tout à fait au bord, des petits branchements partis des vaisseaux adjacents se réunissent pour pénétrer dans les poils marginaux. A quelques-uns de ces points de réunion, les vaisseaux décrirent des cercles curieux, semblables à ceux que nous avons décrits en parlant du *Drosera*. Ainsi donc une ligne continue en zigzag de vaisseaux règne tout autour de la circonférence de la feuille, et tous les vaisseaux se trouvent immédiatement en contact dans la côte centrale; de telle sorte que toutes les parties de la feuille semblent, jusqu'à un certain point, communiquer entre elles. Néanmoins, la présence des vaisseaux n'est pas nécessaire à la transmission de l'impulsion motrice, car cette impulsion part du sommet des filaments sensitifs qui ont environ 1/20e de pouce (1,27 millim.) de longueur, et dans lesquels ne pénètre aucun vaisseau; il m'eût été difficile, en effet, de ne pas les remarquer, car j'ai fait des sections verticales très-minces, de la feuille à la base des filaments.

A plusieurs reprises, j'ai fait avec une lancette, à la base des filaments, des incisions ayant environ 1/10e de pouce de longueur (2,54 millim.) parallèlement à la côte centrale, c'est-à-dire sur le chemin même des vaisseaux. J'ai opéré ces incisions tantôt entre les filaments et la côte centrale, tantôt en dehors des filaments; quelques jours après la réouverture des feuilles, je touchai les filaments un peu rudement, car ils sont toujours rendus plus ou moins inactifs par l'opération; les lobes se fermèrent alors comme à l'ordinaire, bien que lentement, et quelquefois après un laps de temps considérable. Ces faits prouvent que l'impulsion motrice ne se transmet pas le long des vaisseaux; ils prouvent, en outre, qu'une communication directe entre le filament touché avec la côte, ainsi qu'avec le lobe opposé, ou avec les parties extérieures du même lobe, n'est pas nécessaire.

Je fis ensuite, de la même façon qu'auparavant, sur cinq feuilles distinctes, deux incisions parallèles à la côte

centrale, de chaque côté de la base d'un filament, de telle
sorte que la petite bande supportant le filament ne se reliait
plus au reste de la feuille que par ses deux extrémités. Ces
bandes avaient presque toutes la même grandeur; j'en
mesurai une avec soin et elle comportait 12 pouces
(3,048 millim.) de longueur et 8 pouces (2,032 millim.)
de largeur; au milieu se trouvait le filament. L'une de ces
bandes seulement se fana et périt. Après que les feuilles
se furent remises de l'opération, bien que les incisions restassent encore ouvertes, je touchai un des filaments assez
rudement, et les deux lobes ou un seul lobe, selon les cas,
se fermèrent lentement. Dans deux cas, l'attouchement
exercé sur le filament ne produisit aucun effet; j'enfonçai
alors la base d'une aiguille dans la bande, à la base du
filament, et les lobes se fermèrent lentement. Or, dans
ces cas, l'impulsion doit avoir parcouru la bande étroite
dans une direction parallèle à la côte centrale, et avoir
ensuite rayonné, soit par les deux extrémités, soit par
une extrémité seule de la bande, sur toute la surface des
deux lobes.

Je fis sur deux autres feuilles deux incisions parallèles,
une de chaque côté de la base des filaments, semblables,
en un mot, aux incisions dont je viens de m'occuper, mais
à angle droit avec la côte centrale. Après que les feuilles
se furent remises de l'opération, je touchai rudement le
filament isolé et les lobes se fermèrent lentement; dans
ce cas, l'impulsion a dû se propager sur une courte distance dans une direction perpendiculaire à la côte centrale, puis elle a dû rayonner de tous côtés sur les deux
lobes. Ces divers faits prouvent que l'impulsion motrice
se propage dans toutes les directions à travers le tissu
cellulaire, indépendamment de la direction des vaisseaux.

Nous avons vu que chez le *Drosera* l'impulsion motrice se propage également dans toutes les directions à
travers le tissu cellulaire, mais que la vitesse de sa trans-

mission dépend beaucoup de la longueur des cellules et de la direction de leur axe le plus allongé. Un de mes fils a fait des sections très-minces d'une feuille de *Dionée,* et il a trouvé que les cellules, celles appartenant aux couches centrales aussi bien que celles appartenant aux couches superficielles, sont très-allongées, et que leur axe le plus long est tourné vers la côte centrale; c'est donc dans cette direction que l'impulsion motrice doit se propager avec la plus grande rapidité d'un lobe à l'autre, quand tous deux se ferment simultanément. Les cellules centrales parenchymateuses sont plus grandes, reliées plus lâchement les unes aux autres, et ont des parois plus délicates que les cellules plus superficielles. Une masse épaisse de tissu cellulaire forme la surface supérieure de la côte centrale au-dessus du grand faisceau central des vaisseaux.

Quand on touche rudement le filament à la base duquel on a fait des incisions, soit sur un seul de ses côtés, soit sur les deux côtés, soit parallèlement à la côte centrale, soit à angle droit avec cette côte, un seul des lobes ou les deux lobes se mettent en mouvement. Dans une de ces expériences, le lobe seul qui portait le filament excité se mit en mouvement; mais, dans trois autres cas, le lobe opposé seul se mit en mouvement; il semble résulter de ces faits qu'une blessure suffisante pour empêcher un lobe de se mettre en mouvement ne l'a pas empêché de transmettre une excitation qui a fait refermer le lobe opposé. Cette expérience nous apprend aussi que, bien que normalement les deux lobes se meuvent ensemble, chacun d'eux cependant est doué de la faculté du mouvement d'une façon indépendante. J'ai déjà, d'ailleurs, cité un cas où, chez une feuille inerte, qui venait de se rouvrir après avoir capturé un insecte, un seul des lobes se mit en mouvement après une excitation. Nous avons vu, en outre, dans quelques-unes des expériences précédentes, qu'une des extrémités d'un même lobe peut se

fermer et se rouvrir indépendamment de l'autre extrémité.

Quand les lobes qui sont assez épais se ferment, on
ne peut distinguer aucune trace de rides sur une partie
quelconque de leur surface supérieure. Il semble résulter
de ce fait que les cellules doivent se contracter. Le siége
principal du mouvement se trouve évidemment dans la
masse épaisse de cellules qui recouvre le faisceau central
de vaisseaux dans la côte. Pour m'assurer si cette partie
se contracte, j'attachai une feuille sur le chariot d'un
microscope, de façon à ce que les deux lobes ne puissent
pas se fermer tout à fait, puis je fis deux petits points
noirs sur la côte centrale dans une direction transversale,
et un peu le long des côtés; examinés à l'aide du micromètre, je trouvai que ces points étaient distants l'un de
l'autre de 17 millièmes d'un pouce (0,4318 de millim.).
J'excitai alors l'un des filaments et les lobes se fermèrent;
mais, comme je l'ai dit, j'avais disposé l'expérience de
façon à ce qu'ils ne puissent pas se réunir, et de façon
aussi à ce que je puisse continuer de voir les deux points;
ils se trouvaient alors à 15 millièmes de pouce (0,381 de
millim.) de distance l'un de l'autre, de telle sorte qu'une
petite partie de la surface supérieure de la côte s'était
contractée dans une direction transversale de 2 millièmes
de pouce (0,0508 de millim.).

Nous savons que les lobes, quand ils se ferment, se
recourbent légèrement dans toute leur largeur. Ce mouvement paraît dû à la contraction des couches superficielles des cellules sur la surface entière. Afin d'observer
cette contraction, j'enlevai sur l'un des lobes une bande
étroite, à angle droit avec la côte centrale, de façon à
pouvoir observer la surface du lobe opposé quand la
feuille serait refermée. Après que la feuille se fut remise
des suites de l'opération et se fut rouverte, je fis trois
petits points noirs sur la surface opposée à la bande que

j'avais enlevée, et je disposai ces points sur une ligne formant un angle droit avec la côte centrale. Les points étaient distants l'un de l'autre de 40 millièmes d'un pouce (1,016 millim.), de sorte que les deux points extrêmes étaient distants l'un de l'autre de 80 millièmes d'un pouce (2,032 millim.). Je touchai alors un des filaments et la feuille se ferma, puis je mesurai les distances entre les points; les deux points les plus proches de la côte s'étaient rapprochés l'un de l'autre de 1 à 2 millièmes de pouce (0,0254 à 0,0508 de millim.) et les deux points les plus éloignés de 3 à 4 millièmes de pouce (0,0762 à 0,1016 de millim.), de sorte que les deux points extrêmes se trouvaient maintenant plus près l'un de l'autre d'environ 5 millièmes de pouce (0,127 de millim.) qu'ils n'étaient auparavant. Si nous supposons que toute la surface supérieure du lobe qui avait 400 millièmes de pouce de largeur (10,16 millim.) s'est contractée dans la même proportion, la contraction totale a dû se monter à environ 25 millièmes ou 1/40e de pouce (0,635 de millim.); mais je ne saurais dire si cette contraction est suffisante pour expliquer la légère courbure intérieure du lobe entier.

Enfin, tout le monde connaît aujourd'hui, par rapport au mouvement des feuilles, l'étonnante découverte du docteur Burdon Sanderson[1], à savoir qu'il existe un courant électrique normal dans le limbe et dans la tige, et que, lorsqu'on irrite les feuilles, le courant est troublé de la même façon que pendant la contraction du muscle d'un animal.

Redressement des feuilles. — Le redressement des feuilles se fait lentement et insensiblement, qu'un objet

1. *Proc. royal Soc.*, vol. XXI, p. 495, et conférence à l'Institution royale, 5 juin 1874, reproduite dans *Nature*, 1874, p. 105 et 127.

ait été ou non enfermé entre les lobes[1]. Nous avons vu par
l'exemple de la feuille inerte, dont un seul lobe s'était
fermé, qu'un lobe seul peut se redresser de lui-même.
Nous avons vu aussi, dans les expériences avec le fromage
et l'albumine, que les deux extrémités d'un même lobe
peuvent se redresser dans une certaine mesure indépendamment l'un de l'autre. Mais, dans tous les cas ordinaires, les deux lobes se rouvrent en même temps. Les
filaments sensitifs ne jouent aucun rôle dans ce redressement; pour m'en assurer, je pris trois feuilles et je coupai au ras de la base les trois filaments d'un lobe; les
trois feuilles ainsi traitées se redressèrent, la première
jusqu'à un certain point en vingt-quatre heures, la
seconde jusqu'au même point en quarante-huit heures, et
la troisième, qui avait été précédemment blessée, au bout
du sixième jour seulement. Après leur redressement, ces
feuilles se refermèrent rapidement quand j'irritai les filaments qui se trouvaient sur l'un des lobes; je coupai alors
ceux-ci sur l'une des feuilles, de façon à ce qu'elle ne
portât plus de filaments. Malgré la perte de tous ses filaments, cette feuille mutilée se redressa au bout de deux
jours tout comme à l'ordinaire. Quand on a excité les filaments en les plongeant dans une solution de sucre, les
lobes ne se redressent pas aussi vite que si l'on s'est
contenté d'opérer un attouchement sur les filaments; je
pense que cela provient de ce que les filaments ont été
fortement affectés par l'exosmose, de telle sorte qu'ils con-

---

1. Nuttall, dans son *Gen. american plants,* p. 277 (note), dit que quand
il recueillait cette plante dans son pays natal, « il a eu l'occasion d'observer
qu'une feuille détachée fait de grands efforts pour s'exposer à l'influence du
soleil ; ces efforts consistent dans un mouvement ondulatoire des poils marginaux, accompagné par l'ouverture partielle et la fermeture subséquente
des lobes, et se terminent enfin par un redressement complet et la
destruction de la sensibilité. » C'est le professeur Oliver qui a bien voulu
m'indiquer cette note, mais je dois avouer que je ne comprends pas bien ce
que l'auteur veut dire.

tinuent pendant quelque temps à transmettre une impulsion motrice à la surface supérieure de la feuille.

Les faits suivants me portent à croire que les différentes couches des cellules constituant la surface intérieure de la feuille sont toujours à l'état de tension, et que c'est grâce à cet état mécanique, aidé probablement par l'attraction de nouveaux liquides dans les cellules, que les lobes commencent à se séparer ou à se redresser, dès que la contraction de la surface supérieure diminue. Je coupai une feuille et je la plongeai soudainement et perpendiculairement dans de l'eau bouillante; je m'attendais à ce que les lobes se fermeraient, mais, au lieu de le faire, ils s'écartèrent un peu. Je pris alors une autre belle feuille dont les lobes faisaient entre eux un angle de près de 80°; je la plongeai dans l'eau bouillante, comme la feuille précédente, et l'angle décrit par les feuilles augmenta soudain et fut porté à 90°. Je pris une troisième feuille qui venait de se rouvrir après avoir capturé un insecte, et qui était en conséquence si inerte que des attouchements répétés exercés sur les filaments ne provoquaient pas le moindre mouvement; néanmoins, quand je la plongeai de la même façon dans l'eau bouillante, les lobes se séparèrent un peu. Comme ces feuilles avaient été plongées perpendiculairement dans l'eau bouillante, les deux surfaces et les deux filaments devaient avoir été également affectés, et je ne puis m'expliquer la divergence des lobes qu'en supposant que les cellules du côté inférieur, grâce à leur état de tension, avaient agi mécaniquement et séparèrent ainsi soudainement les lobes, dès que les cellules de la surface supérieure furent tuées et eurent perdu leur puissance de contraction. Nous avons vu que l'eau bouillante fait aussi recourber en arrière les tentacules du *Drosera*; or, c'est là un mouvement analogue à la divergence des lobes de la *Dionée*.

J'ajouterai dans le XVe chapitre quelques remarques finales sur les Droseracées, et je comparerai alors les différentes sortes d'irritabilité dont sont doués les divers genres et la façon différente qu'ils emploient pour capturer les insectes[1].

1. M. Casimir de Candolle a publié, dans le numéro d'avril 1876 des *Archives des sciences physiques et naturelles de Genève*, un mémoire sur la structure et les mouvements des feuilles du *Dionæa muscipula*, dont voici la substance : l'auteur disposait de quatre pieds vivants, deux grands et deux petits; il les accoupla de façon à former deux couples de deux plantes, l'une grande, l'autre petite, placées dans des conditions identiques sous une cloche de verre. L'une des couples reçut sur ses feuilles des insectes et de la viande, dont l'autre fut totalement privée: il n'observa aucune différence dans le développement et la croissance des deux couples. Sans tirer aucune conclusion définitive d'une seule expérience, il se décida à sacrifier ces quatre plantes, pour voir si le régime différent auquel elles avaient été soumises se traduirait par quelque différence dans la structure de leurs tissus. Il n'en trouva pas, mais ses recherches sur la structure des feuilles et le mécanisme de leurs mouvements méritent l'attention des physiologistes.

Chaque feuille correspond à une racine qui meurt avec elle. La nervure médiane du pétiole ailé est parcourue par un faisceau qui se ramifie dans le limbe dont il est bordé. Ce limbe porte à sa partie inférieure des poils étoilés et des stomates qui existent en moindre nombre à la surface supérieure. Le parenchyme se compose de cellules sinueuses et allongées, suivant diverses directions. L'extrémité du pétiole est unie à la base du limbe *mobile* par une portion grêle et courte parcourue par le faisceau central, qui se prolonge dans la côte médiane du limbe ou charnière; il émet à angle droit une vingtaine de nervures parallèles secondaires qui s'anastomosent entre elles sur les bords des deux valves mobiles et se relient à une série de faisceaux provenant des appendices marginaux. L'ensemble de ces nervures constitue donc deux systèmes distincts appartenant à la catégorie des feuilles dionères (*Théorie de la feuille*, par C. de Candolle, *Arch. sc. natur.*, mai 1868). Cette structure n'est pas sans importance pour l'explication du mouvement.

L'épiderme des valves se compose de cellules très-allongées parallèles aux nervures secondaires et par conséquent perpendiculaires à la nervure médiane. Celles de la face inférieure sont notablement plus longues et plus étroites. Des deux côtés, les parois des cellules épidermiques sont fort épaisses et leurs couches cuticulaires s'exfolient continuellement. La face inférieure est munie de poils étoilés et de nombreux stomates, la face supérieure en est totalement dépourvue; en revanche, elle porte une multitude de petites glandes, presque sessiles, composées chacune d'une trentaine de cellules, réunies en une masse de forme turbinée. Le bord des valves, au niveau de l'anastomase des nervures, en est dépourvu : elles reparaissent à la base des appendices marginaux.

Les trois poils excitables, situés au milieu de la face supérieure de chaque valve, sont les agents principaux du mouvement de ces valves. Leur partie supérieure présente la forme d'un long cône effilé, dont les cellules, très-allongées, ont une consistance rigide; entre ce cône et la base se trouve une partie plus transparente, formée de deux grandes cellules arquées et plissées, adossées l'une à l'autre et parallèles aux nervures secondaires. M. C. de Candolle appelle cette partie *l'articulation*. Au-dessous se trouve la base même du poil, qui n'est guère plus longue que l'articulation et se compose de cellules dont les externes sont la continuation de celles de l'épiderme du limbe, et, forment une couche d'épaisseur égale à celle de l'épiderme. En résumé, le cône rigide peut osciller sur son pivot ; ce mouvement est plus libre dans le sens transversal. Ces oscillations ont pour effet d'ébranler directement le tissu intérieur de la base du poil, et, par suite, le parenchyme foliaire sous-épidermique dont il n'est qu'un prolongement. Étudiant le développement de ces organes, M. de Candolle constate que les poils excitables sont d'une nature beaucoup plus complexe que les glandes ou les poils étoilés. Ils rentrent dans la catégorie de ce que les auteurs modernes appellent les *émergences* (Sachs, *Traité de botanique*, p. 188), et on peut, jusqu'à un certain point, les comparer aux appendices marginaux, avec lesquels ils semblent alterner. A partir d'un certain âge, les feuilles du *Dionæa* deviennent insensibles : on constate alors que les cellules de leur parenchyme supérieur ont acquis les mêmes dimensions que celles de leur parenchyme inférieur. Mais quand les cellules des couches sont de longueur et de largeur inégales sur les deux faces, la turgence du parenchyme de la face supérieure diminuant ou cessant complétement, la turgence du parenchyme de la face inférieure détermine une tension qui a pour effet de courber et de rapprocher les deux valves. Les appendices des bords de la feuille ne se rabattent et ne s'entre-croisent que postérieurement au rapprochement des valves, parce que ces appendices forment un mériphylle distinct du corps principal de la feuille. L'épiderme des deux surfaces joue un rôle complétement passif.

Les poils irritables étant un prolongement du parenchyme supérieur de chaque valve, leur ébranlement agit directement sur ce parenchyme, et il est nécessaire de blesser l'épiderme jusqu'à une assez grande profondeur et de lui faire absorber des réactifs chimiques pour amener la fermeture des valves sans agir sur les poils excitables. Ces explications ne contredisent en rien celles de M. Darwin, mais M. de Candolle est parvenu à provoquer le mouvement en projetant des gouttes d'eau, de manière à ce qu'elles atteignissent le poil dans une direction latérale, et il attribue plutôt le mouvement à la diminution de la turgence du parenchyme de la face supérieure qu'à la contraction du parenchyme de la face supérieure, comme le veut M. Darwin. L'auteur pense que le parenchyme inférieur joue le rôle passif d'un ressort qui, n'étant plus tendu, reprend sa position naturelle. L'eau bouillante qui amène l'accroissement de divergence des valves s'explique, selon lui, parce que la face inférieure, plus impressionnée, cède alors à la force expansive du parenchyme supérieur.

Сн. M.

CHAPITRE XIV.

ALDROVANDIA VESICULOSA.

Capture des crustacés. — Conformation de ses feuilles comparativement à
celles de la Dionée. — Absorption par les glandes, par les processus
quadrifides et par des pointes sur les bords repliés. — *Aldrovandia vesiculosa,* var. *australis.* — Capture de certaines proies. — Absorption des
matières animales. — *Aldrovandia vesiculosa,* variété *verticillata.* —
Conclusions.

On pourrait dire que cette plante est une *Dionée* aquatique en miniature. Stein a découvert, en 1873, que les
feuilles bilobées, que l'on trouve ordinairement closes en
Europe, s'ouvrent quand la température est suffisamment
élevée, et qu'elles se ferment soudainement au moindre
attouchement[1]. Les feuilles se rouvrent au bout de vingt-
quatre ou de trente-six heures, mais seulement, paraît-il,
quand elles ont capturé des objets inorganiques. Les
feuilles contiennent quelquefois des bulles d'air; on supposait autrefois qu'elles étaient des vessies; de là le nom
spécifique de *vesiculosa.* Stein a observé qu'elles capturent quelquefois des insectes aquatiques, et, tout récemment, le professeur Cohn a trouvé à l'intérieur des feuilles
de plantes croissant à l'état sauvage plusieurs espèces de
crustacés et de larves[2]. Il plaça des plantes, qu'il avait

1. Depuis la publication de son mémoire, Stein a trouvé que l'irritabilité
des feuilles de l'*Aldrovandia* avait été observée par Augé de Lassus, ainsi
qu'il appert d'un mémoire publié dans le *Bulletin de la Société botanique
de France,* en 1861. Delpino affirme dans son mémoire publié en 1871
(*Nuovo Giornale bot. ital.,* vol. III, p. 174) que « una quantità di chioccioline e di altri animalcoli acquatici » est capturée et étouffée par les
feuilles. Je suppose que l'auteur entend par *chioccioline* des mollusques
d'eau douce. Il serait intéressant de savoir si les coquilles de ces mollusques
sont corrodées par l'acide contenu dans la sécrétion digestive.

2. Je désire exprimer toute ma reconnaissance à cet éminent naturaliste

jusque-là conservées dans de l'eau filtrée, dans un vase contenant de nombreux crustacés du genre *Cypris*; le lendemain matin, il trouva beaucoup de ces crustacés emprisonnés, mais vivant encore et nageant à l'intérieur des feuilles refermées; ils étaient voués à une mort certaine.

Après avoir lu le mémoire du professeur Cohn, je pus me procurer, grâce à l'obligeance du docteur Hooker, des plantes vivantes venant d'Allemagne. Comme je n'ai rien à ajouter à l'excellente description du professeur Cohn, je me contenterai de donner deux figures, l'une d'un verticille de feuilles empruntée à son ouvrage, l'autre représentant une feuille ouverte et étendue, dessinée par mon fils Francis. J'ajouterai, en outre, quelques remarques sur les différences que l'on observe entre cette plante et la *Dionée*.

L'*Aldrovandia* n'a pas de racines; elle flotte librement dans l'eau. Les feuilles sont disposées en verticilles autour de la tige. Leur large pétiole se termine par quatre ou six projections[1] rigides surmontées chacune d'un poil court et raide. La feuille bilobée, dont la côte centrale se termine aussi par un poil, est placée au milieu de ces projections qui lui servent évidemment de défense. Les lobes de la feuille sont formés d'un tissu si délicat qu'il est translucide; selon Cohn, les lobes s'ouvrent à peu près autant que les deux valves d'une moule vivante, et, par conséquent, beaucoup moins que les lobes de la *Dionée*; ceci doit tendre à rendre la capture des animaux aquatiques beaucoup plus facile. A l'extérieur des feuilles les pétioles sont recouverts de petites papilles à deux branches qui

qui m'a envoyé un exemplaire de son mémoire sur l'*Aldrovandia* avant sa publication dans son *Beiträge zur Biologie der Pflanzen,* drittes Heft, 1875, p. 71.

1. Les botanistes ont longuement discuté sur la nature homologique de cette projection. Le docteur Nitschke (*Bot. Zeitung,* 1861, p. 146) croit que ces projections correspondent aux corps frangés ressemblant à des écailles, que l'on trouve à la base du pétiole du *Drosera*.

correspondent évidemment aux papilles à huit rayons de la *Dionée*.

Chaque lobe a une convexité d'un peu plus d'un demi-cercle, et se compose de deux parties concentriques très-différentes; la partie intérieure et la plus petite, qui se trouve la plus rapprochée de la côte centrale, est légèrement concave et se compose, selon Cohn, de trois couches de cellules. La surface supérieure de cette partie est couverte de glandes incolores qui ressemblent à celles de la *Dionée*, mais qui sont plus simples que ces dernières; ces glandes sont supportées par des tiges distinctes, compo-

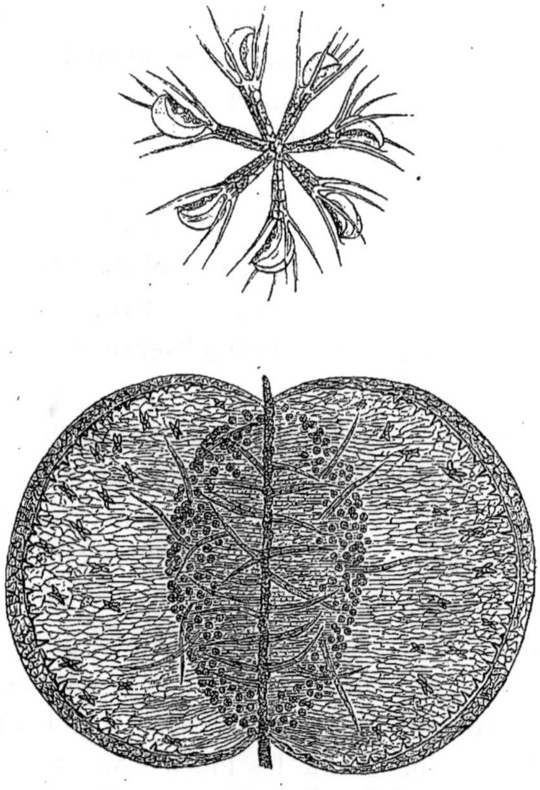

Fig. 13. — Aldrovandia vesiculosa.

La figure supérieure représente un verticille de feuilles (d'après le professeur Cohn).

La figure inférieure représente une feuille ouverte, pressée à plat, considérablement grossie.

sées de deux rangées de cellules. La partie extérieure et plus large du lobe est plate et très-mince, elle est composée de deux couches de cellules seulement. La surface supérieure de cette partie ne porte pas de glandes, mais des petits processus quadrifides qui se composent chacun de quatre projections terminées en pointes, qui surmontent une proéminence commune. Ces processus se composent d'une membrane très-délicate, doublée d'une couche de *drotoplasma;* ils contiennent quelquefois des globules agrégés de substance hyaline. Deux des branches, légèrement divergentes, se dirigent vers la circonférence, et les deux autres vers la côte centrale, formant ensemble une sorte de croix grecque. Quelquefois, une seule branche en remplace deux, et la projection est alors trifide. Nous verrons, dans un chapitre subséquent, que ces projections ressemblent beaucoup à celles que l'on trouve à l'intérieur de la vessie des *Utriculariées,* et plus particulièrement de l'*Utricularia montana,* bien que ce genre ne soit pas voisin de l'*Aldrovandia.*

Un étroit rebord de la partie large extérieure plate de chaque lobe se replie à l'intérieur, de telle sorte que quand les lobes sont fermés, les surfaces extérieures des parties repliées se trouvent en contact. Le bord lui-même porte une rangée de pointes coniques, aplaties, transparentes, à large base, qui ressemblent aux piquants qui se trouvent sur la tige d'une ronce ou *Rubus.* Quand le bord est reployé à l'intérieur, ses pointes se dirigent vers la côte centrale et elles semblent tout d'abord adaptées de façon à empêcher la proie de s'échapper ; toutefois, il est douteux que ce soit là leur principale fonction, car ces pointes se composent d'une membrane très-délicate et très-flexible qui se plie facilement et que l'on peut repousser en arrière sans qu'elle se casse. Néanmoins, les bords repliés et les pointes doivent quelque peu empêcher les mouvements rétrogrades d'un petit animal au moment où les lobes commencent à se fermer.

La partie périphérique de la feuille de l'*Aldrovandia* diffère donc considérablement de celle de la *Dionée;* on ne peut pas non plus considérer les pointes qui se trouvent sur le bord comme homologues aux poils qui entourent les feuilles de la *Dionée,* car ces derniers sont des prolongements du limbe et non pas de simples productions épidermiques; elles semblent, en outre, servir à un but tout différent.

Sur la partie concave des lobes, qui porte des glandes, et surtout sur la côte centrale, se trouvent de nombreux poils longs, se terminant en pointes très-fines; on ne peut douter, comme le professeur Cohn le fait remarquer, que ces poils ne soient sensibles au moindre attouchement qui, exercé sur eux, fait fermer la feuille. Ces poils se composent de deux rangées de cellules, ou quelquefois même de quatre selon Cohn, et ne contiennent aucun tissu vasculaire. Ils diffèrent aussi des six filaments sensibles de la *Dionée*, en ce qu'ils sont incolores, et en ce qu'ils ont une articulation vers le milieu de leur longueur aussi bien qu'à la base. C'est sans aucun doute à ces deux articulations qu'il faut attribuer qu'ils ne sont pas brisés malgré leur longueur quand les lobes se ferment.

Bien que j'aie soumis à une haute température les plantes que l'on m'a envoyées de Kew au commencement d'octobre, les feuilles ne se sont jamais ouvertes. Après avoir examiné la conformation de quelques-unes d'entre elles, j'expérimentai sur deux seulement dans l'espoir que les plantes grandiraient, mais je regrette aujourd'hui de n'en avoir pas sacrifié un plus grand nombre.

J'ai coupé une feuille en opérant la section près de la côte centrale, et j'ai examiné les glandes avec un fort grossissement. Je l'ai plongée ensuite dans quelques gouttes d'une infusion de viande crue. Au bout de trois heures vingt minutes, je n'observai aucun changement; mais quand je l'examinai ensuite, au bout de vingt-trois heures vingt minutes, je m'aperçus que les cellules extérieures des glandes contenaient, au lieu d'un liquide limpide, des masses sphériques d'une substance granuleuse, ce qui prouve qu'elles avaient emprunté quelques matières à l'infusion. Il est aussi très-probable, d'après leur ana-

logie avec celles de la *Dionée*, que ces glandes sécrètent
un liquide qui dissout ou digère les matières animales
contenues dans le corps des animaux que capture la
feuille. Si nous pouvons nous fier à la même analogie,
les parties concaves et intérieures des deux lobes se referment probablement lentement, dès que les glandes ont
absorbé une légère quantité de matières animales déjà
solubles. L'eau que contiennent les lobes doit alors disparaître sous la pression, et la sécrétion doit rester assez
forte pour pouvoir agir. Il m'a été impossible de déterminer
si l'infusion avait agi sur les processus quadrifides situés
à la partie extérieure des lobes, car la couche de *protoplasma* s'était déjà quelque peu contractée avant l'immersion. La couche de *protoplasma* contenue dans les pointes
situées sur les bords repliés s'était aussi contractée dans
la plupart d'entre elles, et contenait des granules sphériques de matières hyalines.

J'essayai ensuite une solution d'urée. Je choisis cette
substance parce qu'elle est absorbée par les processus
quadrifides, et plus particulièrement par les glandes de
l'*Utricularia*, plante qui, comme nous le verrons bientôt,
se nourrit de matières animales en décomposition. L'urée
étant un des derniers produits des changements chimiques
qui s'accomplissent dans le corps vivant, il est naturel
qu'elle représente les premiers degrés de la décomposition
du cadavre. Je fus aussi conduit à choisir l'urée à cause
d'un petit fait curieux que rapporte le professeur Cohn,
c'est-à-dire qu'au moment où des crustacés assez gros
sont capturés entre les lobes qui se referment, ils sont
pressés avec tant de force en cherchant à s'échapper, qu'ils
évacuent souvent leurs masses d'excréments en forme de
saucisse, que l'on retrouve dans la plupart des feuilles. Or,
sans aucun doute, ces masses contiennent de l'urée. Elles
doivent reposer, soit sur la large surface extérieure des
lobes où sont situés les processus quadrifides, soit à l'inté-

rieur de la concavité qui s'est refermée. Dans ce dernier cas, l'eau, chargée d'excréments et de matières en décomposition, doit, si, comme je le crois, les lobes concaves se contractent au bout d'un certain temps comme ceux de la *Dionée*, s'écouler lentement à l'extérieur, et par conséquent baigner les processus quadrifides. En outre, l'eau ainsi chargée doit, dans tous les cas et à tous les moments, s'écouler au dehors, surtout quand des bulles d'air se forment à l'intérieur de la concavité.

Je coupai une feuille en deux et je l'examinai avec soin. Les cellules extérieures des glandes ne contenaient que du liquide limpide. Quelques-uns des processus quadrifides renfermaient quelques granules sphériques, mais plusieurs étaient transparents et vides, et je notai leur position. Je plongeai alors cette feuille dans une petite quantité d'une solution contenant une partie d'urée pour 146 parties d'eau. Au bout de trois heures quarante minutes, il ne s'était produit aucun changement ni dans les glandes, ni dans les processus quadrifides; je ne saurais même pas dire qu'il se soit opéré un changement certain dans les glandes au bout de vingt-quatre heures; ainsi donc, autant qu'on peut en juger par un seul essai, l'urée n'agit pas sur les glandes de la même façon qu'une infusion de viande crue. L'effet produit sur les processus quadrifides est tout différent; en effet, le *protoplasma* qu'ils contiennent, au lieu de présenter une texture uniforme, était alors légèrement contracté et j'ai pu, dans bien des endroits, observer des points et des amas jaunâtres, épais, irréguliers, ressemblant exactement à ceux qui se produisent dans les processus quadrifides de l'*Utriculaire*, quand on les traite avec cette même solution. En outre, plusieurs processus quadrifides, qui étaient vides auparavant, contenaient actuellement des globules de matière jaunâtre très-petits ou de taille moyenne, plus ou moins agrégés, comme il arrive aussi dans les mêmes circonstances chez l'*Utriculaire*. Quelques pointes des bords repliés des lobes étaient semblablement affectées ; en effet, le *protoplasma* qu'elles contiennent était un peu contracté, et j'ai pu observer au milieu des points jaunâtres ; celles qui auparavant étaient vides contenaient actuellement des petites sphères et des masses irrégulières de matières hyalines plus ou moins agrégées. Ainsi donc, les pointes des bords et les processus quadrifides avaient, dans un laps de temps de vingt-quatre heures, absorbé des matières provenant de la solution ; j'aurai, d'ailleurs, à revenir sur ce point. Les processus quadrifides d'une autre feuille assez vieille à laquelle je n'avais rien donné, mais que j'avais conservée dans l'eau sale, contenaient des globules translucides agrégés. Ces processus quadrifides ne subirent aucun changement quand j'expérimentai sur eux avec une solution contenant une partie de carbonate d'ammoniaque pour 218 parties d'eau ; ce résultat négatif concorde avec les observations que j'ai faites dans des circonstances semblables sur l'*Utriculaire*.

Aldrovandia vesiculosa, variété *australis*. — Le professeur Oliver m'a envoyé des feuilles desséchées de cette plante provenant de Queensland, en Australie, qui se trouvaient dans l'herbier de Kew. Jusqu'à ce que les fleurs aient été examinées par un botaniste, on ne saurait dire si l'on doit considérer cette plante comme une espèce distincte ou une variété. Les projections qui se trouvent à l'extrémité supérieure du pétiole, au nombre de quatre ou de six, sont, comparativement au limbe, beaucoup plus ténues que celles de la plante européenne. Elles sont recouvertes, jusque près de leur extrémité, de poils recourbés qui sont tout à fait absents chez la plante européenne, et elles portent ordinairement à l'extrémité des lobes deux ou trois poils droits au lieu d'un. La feuille bilobée paraît aussi un peu plus longue et un peu

plus large, et le pédicelle qui la rattache à l'extrémité
supérieure du pétiole semble un peu plus long. Les
pointes situées sur les bords repliés sont aussi un peu
différentes; elles ont des bases plus étroites et sont plus
pointues; en outre, les pointes longues et courtes alternent
avec plus de régularité que dans la forme européenne.
Les glandes et les poils sensitifs sont semblables dans les
deux formes. Je n'ai pu distinguer sur plusieurs feuilles
aucun processus quadrifide, mais je suis persuadé qu'ils
doivent exister, bien qu'ils soient devenus invisibles à
cause de leur délicatesse, et parce qu'ils s'étaient recro-
quevillés; d'ailleurs, j'ai pu les observer distinctement
sur une feuille dans les circonstances que je vais rapporter.

Quelques feuilles fermées ne contenaient aucune
proie; mais, dans l'une d'elles, j'ai trouvé un assez gros
scarabée que, d'après ses jambes aplaties, je suppose être
une espèce aquatique, sans que toutefois elle appartienne
au *Colymbetes*. Tous les tissus mous de ce scarabée
étaient complétement dissous, et les téguments chitineux
aussi propres que si on les avait fait bouillir dans de la
potasse caustique; ils avaient donc dû rester enfermés
pendant un temps considérable. Les glandes étaient plus
brunes, plus opaques, que celles des feuilles qui n'avaient
rien capturé, et j'ai pu distinguer facilement les processus
quadrifides, parce qu'ils étaient en partie remplis de
matières brunes granuleuses, tandis que, comme je viens
de le dire, je n'ai pas pu les distinguer sur les autres
feuilles. C'est là une nouvelle preuve que les glandes, les
processus quadrifides et les pointes marginales peuvent
absorber des substances, bien que probablement d'une
nature différente.

J'ai trouvé dans une autre feuille les restes décomposés
d'un animal assez petit; cet animal, qui n'était pas un
crustacé, avait des mandibules simples, fortes, opaques,
et une grande armure chitineuse non articulée. J'ai trouvé

enfermé dans deux autres feuilles un amas de matières organiques noires, peut-être de nature végétale; mais dans l'une de ces feuilles, se trouvait aussi un petit ver très-décomposé. Il est d'ailleurs très-difficile de reconnaître la nature de corps décomposés, en partie digérés, qui ont été comprimés, qui sont desséchés depuis longtemps et que l'on plonge ensuite dans l'eau. Toutes les feuilles contenaient, en outre, des algues unicellulaires ou autres, ayant encore une couleur verdâtre, qui avaient évidemment vécu à l'intérieur de la plante, comme cela se voit, selon Cohn, à l'intérieur des feuilles de cette plante en Allemagne.

Aldrovandia vesiculosa, variété *verticillata*. — Le docteur King, directeur du jardin botanique, a bien voulu m'envoyer des spécimens desséchés de cette plante provenant des environs de Calcutta. Cette forme a été, je crois, classée par Wallich, comme une espèce distincte, sous le nom de *verticillata*. Elle ressemble beaucoup plus à la forme australienne qu'à la forme européenne, principalement en ce que les projections situées à l'extrémité supérieure du pétiole sont très-ténues et recouvertes de poils recourbés; elles se terminent aussi par deux petits poils droits. Les feuilles bilobées sont, je crois, plus longues et certainement plus larges que celles de la forme australienne, de telle sorte que la plus grande convexité de leurs bords saute aux yeux. Si l'on représente par 100 la longueur d'une feuille ouverte, il faudra représenter par 173 environ la largeur de la plante qui habite le Bengale, par 147 celle de la plante australienne, et par 134 celle de la plante allemande. Les pointes situées sur les bords repliés ressemblent à celles de la plante australienne. J'ai examiné quelques feuilles; trois d'entre elles contenaient des crustacés entomostracés.

Conclusions. — Les feuilles des trois espèces ou variétés étroitement alliées entre elles dont nous venons de parler sont évidemment adaptées pour la capture d'animaux vivants. Quant aux fonctions des diverses parties, on peut à peine douter que les longs poils articulés ne soient sensibles comme ceux de la *Dionée* et qu'ils provoquent la fermeture des lobes quand on les touche. Si l'on considère l'analogie de cette plante avec la *Dionée*, il devient très-probable que les glandes secrètent un véritable fluide digestif et absorbent ensuite les matières digérées ; nous avons d'ailleurs d'autres preuves tendant à la même conclusion ; le liquide limpide contenu dans les cellules s'agrége en masses sphériques après avoir absorbé une infusion de viande crue ; l'état opaque et granulaire des glandes de la feuille qui avait tenu un scarabée enfermé pendant longtemps, l'état de propreté des téguments de cet insecte aussi bien que des crustacés décrits par Cohn, qui ont été capturés depuis longtemps[1]. En outre, l'effet produit sur les processus quadrifides par une immersion de vingt-quatre heures dans une solution d'urée et la présence de matières granuleuses brunes dans les quadrifides de la feuille qui avait capturé un scarabée, l'analogie avec l'*Utriculaire*, nous autorisent à penser que ces processus absorbent les matières animales excrémentielles en décomposition. Mais, fait beaucoup plus curieux, les pointes situées sur les bords repliés semblent servir

---

1. M. J. Duval-Jouve a constaté (*Bull. soc. bot. France*, t. XXIII, p. 130 et suiv.) que les feuilles d'hiver de l'*Aldrovandia* sont réduites au pétiole et à ses lanières terminales, sans l'expansion qui constitue le limbe-piége ; ces feuilles incomplètes, serrées fortement les unes contre les autres, constituent à la fin de l'automne une masse sphérique et gemmiforme qui, survivant à la destruction des tiges et des autres feuilles, tombe au fond de l'eau et ne remonte à la surface qu'au printemps. Or, pour ces feuilles dépourvues de limbe-piége et tassées en bourgeon très-dense, le rôle de l'absorption d'une proie capturée et décomposée est absolument impossible ; cependant le pétiole et les lanières de ces mêmes feuilles sont munies non-seulement des glandes ou exodermies capitées auxquelles M. Darwin attribue la double fonction de sécréter un fluide digestif et

à absorber les matières animales en décomposition de la même manière que les processus quadrifides. Cela nous explique comment il se fait que les bords repliés des lobes sont garnis de pointes délicates dirigées vers l'intérieur, et que les parties extérieures larges et plates portent des processus quadrifides; en effet, ces surfaces doivent être arrosées par l'eau qui s'écoule de la concavité de la feuille et qui est restée longtemps en contact avec des animaux en décomposition. L'écoulement de cette eau doit être amené par plusieurs causes différentes : la contraction graduelle de la concavité, la sécrétion abondante de liquide, la génération de bulles d'air. Sans doute, les observations ne sont pas suffisantes pour se prononcer sur ce point; mais, si mon hypothèse est correcte, nous pouvons observer ici ce fait remarquable que différentes parties d'une même feuille remplissent des fonctions toutes différentes, une partie servant à la véritable digestion, et une autre à l'absorption de matières animales en décomposition. Ceci nous explique aussi comment il se fait qu'à la suite de la perte graduelle de l'une ou de l'autre de ces propriétés, une plante puisse s'adapter graduellement à une fonction à l'exclusion de l'autre. Or, nous démontrerons tout à l'heure que les deux genres, *Pinguicula* et *Utricularia*, appartenant à la même famille, se sont adaptés à ces deux fonctions si différentes.

ensuite d'en absorber le résultat, mais encore de ces processus (ou exodermies quadrifides) auxquelles est attribuée l'absorption des matières excrémentitielles ou corrompues. Il en est de même sur le pétiole et les lanières des feuilles complètes, régions où les fonctions de sécrétion et d'absorption ne paraissent pas avoir à s'accomplir. M. J. Duval-Jouve fait en outre remarquer que les feuilles de *Callitriche* ont aux faces supérieure et inférieure des exodermies capitées semblables à celles des *Aldrovandia, Utricularia, Genlisia, Pinguicula*, etc.; que la face inférieure des feuilles des *Nuphar luteum, Nymphœa alba, N. cœrulea*, etc., est couverte des mêmes exodermies, et qu'en conséquence, si ces organes de plantes aquatiques sont des organes d'absorption, leur fonction a une toute autre étendue que celle qui leur a été attribuée.   Ch. M.

CHAPITRE XV.

DROSOPHYLLUM. — RORIDULA. — BYBLIS.
POILS GLANDULEUX D'AUTRES PLANTES.
CONCLUSIONS SUR LES DROSÉRACÉES.

Drosophyllum. — Structure des feuilles. — Nature de la sécrétion. — Mode
de capture des insectes. — Faculté d'absorption. — Digestion des substances animales. — Résumé sur le Drosophyllum. — Roridula. —
Byblis. — Poils glanduleux d'autres plantes; leur faculté d'absorption. — Saxifrages. — Primula. — Pelargonium. — Erica. — Mirabilis,
— Nicotiana. — Résumé sur les poils glanduleux. — Remarques finales
sur les Droséracées.

DROSOPHYLLUM LUSITANICUM.

Cette plante rare ne se trouve qu'en Portugal; toutefois, d'après le docteur Hooker, elle existe également au
Maroc. J'ai pu m'en procurer des plants vivants, grâce à
l'obligeance de M. W. C. Tait, et, plus tard, de M. G. Maw
et du docteur Moore. M. Tait m'informe que cette plante
pousse en grande abondance sur les flancs des collines
desséchées qui entourent Oporto, et qu'un nombre considérable de mouches adhèrent à ses feuilles. Les villageois
connaissent parfaitement ce caractère de la plante à laquelle ils ont donné le nom de gobe-mouches; ils la pendent
dans leur maison pour les attraper. Un pied que j'ai cultivé dans ma serre a attrapé tant d'insectes de tout
genre pendant la première partie d'avril, bien que la température fût assez froide et les insectes fort rares, que le
Drosophyllum doit les attirer fortement. Dans le courant
de l'automne, j'ai trouvé que huit, dix, quatorze et seize
petits insectes, principalement des Diptères, adhéraient
aux quatre feuilles d'une plante toute jeune et encore toute

petite. J'ai négligé d'examiner les racines, mais le docteur Hooker m'apprend qu'elles sont très-petites, comme
celles de toutes les espèces de la famille des *Droséracées*
dont nous nous sommes déjà occupés.

Les feuilles sortent d'une tige presque ligneuse ; elles
sont linéaires, se terminent en pointe et ont plusieurs
pouces de longueur. La surface supérieure des feuilles est
concave, la surface inférieure convexe, avec un canal étroit
dans le milieu. Les deux surfaces, à l'exception de ce canal,
sont recouvertes de glandes supportées par des pédicelles
et disposées en rangées longitudinales et régulières. Je
donnerai à ces organes le nom de tentacules, à cause de
leur grande ressemblance avec les organes du *Drosera*,
bien qu'ils n'aient pas la faculté de se mouvoir. Les tentacules d'une même feuille ont des longueurs bien diverses.
Les glandes ont aussi des grosseurs différentes; elles
affectent une couleur rose brillant ou pourpre; leur surface
supérieure est convexe, et leur surface inférieure plate et
même concave, ce qui les fait ressembler à des champignons microscopiques. Les glandes se composent, je
crois, de deux couches de cellules délicates angulaires,
renfermant huit ou dix cellules plus grandes, dont les
parois en zigzag sont plus épaisses. A l'intérieur de ces
cellules plus grandes, il y en a d'autres que l'on distingue
à leurs lignes spirales, et qui semblent se relier aux
vaisseaux spiraux qui pénètrent dans les pédicelles verts
multicellulaires. Les glandes sécrètent de grosses gouttes
de sécrétion visqueuse. On trouve sur les pédoncules et
dans le calice de la fleur d'autres glandes ayant le même
aspect général.

Outre ces glandes supportées par des pédicelles longs
ou courts, on en trouve un grand nombre d'autres sur les
deux surfaces des feuilles, mais si petites qu'on peut à
peine les distinguer à l'œil nu. Ces glandes sont incolores, presque sessiles, et affectent une forme circulaire ou

ovale; celles qui présentent cette dernière forme sont plus ordinairement placées à la surface inférieure des feuilles (fig. 14). Intérieurement, ces glandes ont la même conformation que les glandes plus grosses portées par des pédicelles; on observe, d'ailleurs, des gradations insensibles entre ces deux espèces de glandes. Mais les glandes sessiles diffèrent des autres à un point de vue important; en effet, elles ne sécrètent jamais spontanément, autant toutefois que j'ai pu m'en assurer, et je dois ajouter que je les ai examinées avec un très-fort grossissement pendant des journées très-chaudes, et alors que les glandes supportées par des pédicelles sécrétaient abondamment. Toutefois, si l'on place sur ces glandes sessiles des morceaux d'albumine humide ou de fibrine, elles se mettent à sécréter au bout d'un certain temps, tout comme le font les glandes de la *Dionée*, quand on les traite de la même façon. Je crois qu'elles sécrètent aussi quand on se contente de les frotter avec un morceau de viande crue. Les glandes sessiles et les glandes supportées par des pédicelles ont la propriété d'absorber rapidement les substances azotées.

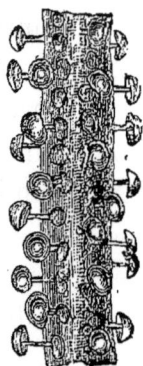

Fig. 14.

Drosophyllum lusitanicum.

Partie d'une feuille grossie sept fois (surface inférieure).

La sécrétion des glandes portées par des pédicelles diffère d'une manière fort remarquable de celle des glandes du *Drosera*; en effet, elle est acide avant que les glandes aient été excitées, et, à en juger par la teinte communiquée au papier de tournesol, elle est beaucoup plus acide que celle du *Drosera*. J'ai observé ce fait à bien des reprises; une fois j'ai choisi une jeune feuille qui ne sécrétait pas beaucoup et qui n'avait jamais capturé un insecte, cependant la sécrétion de toutes les glandes colorait le papier de tournesol en rouge brillant. La rapidité avec laquelle les glandes extraient les substances animales de matières telles que la fibrine ou le cartilage bien lavé me porte à penser qu'il doit y avoir dans la sécrétion, avant que les glandes soient excitées, une petite quantité du ferment convenable, de sorte que les matières animales sont rapidement dissoutes.

Grâce à la nature de la sécrétion ou à la forme des glandes, les gouttes de sécrétion s'enlèvent avec une facilité singulière. Il est même assez difficile de placer sur les gouttes une petite parcelle, de quelque nature que ce soit, à l'aide d'une aiguille bien pointue et bien polie un peu humectée dans l'eau ; en retirant l'aiguille, on enlève ordinairement la goutte de sécrétion : chez le *Drosera*, cette difficulté n'existe pas, bien qu'on enlève quelquefois ces gouttes. En conséquence de cette particularité, quand un petit insecte vient se poser sur une feuille de *Droso-phyllum*, les gouttes adhèrent à ses ailes, à ses pattes ou à son corps, et se détachent de la glande ; l'insecte se traîne alors un peu plus loin, et d'autres gouttes adhèrent à son corps, de sorte qu'enfin, enveloppé complétement par la sécrétion visqueuse, il tombe et meurt, reposant sur les petites glandes sessiles qui recouvrent la surface presque entière de la feuille. Chez le *Drosera*, un insecte qui vient toucher un ou plusieurs tentacules extérieurs est transporté par leurs mouvements jusqu'au centre de la feuille ; chez le *Drosophyllum*, ce même effet s'obtient par les efforts que fait l'insecte pour se débarrasser, car ses ailes surchargées par la sécrétion ne lui permettent plus de s'envoler.

Il existe une autre différence entre les glandes de ces deux plantes au point de vue de leurs fonctions : nous savons que les glandes du *Drosera* sécrètent plus abon-damment quand elles sont convenablement excitées. Or j'ai placé sur les glandes du *Drosophyllum*, sans que la quantité de sécrétion ait jamais paru augmenter, des parcelles de carbonate d'ammoniaque, des gouttes d'une solution de ce sel ou d'azotate d'ammoniaque, de la salive, des petits insectes, des morceaux de viande crue ou rôtie, de l'albumine, de la fibrine ou du cartilage, aussi bien que des parcelles inorganiques. Comme les insectes n'adhèrent pas ordinairement aux grandes glandes, mais qu'ils se contentent d'en enlever la sécrétion, nous comprenons qu'il ait été peu utile pour la plante que les glandes prissent l'habitude de sécréter plus abondamment quand elles sont stimulées; chez le *Drosera*, au contraire, cette sécrétion plus abondante est avantageuse, et la plante a acquis cette habitude. Toutefois, les glandes du *Drosophyllum* sécrètent continuellement, sans avoir besoin d'être excitées, afin de remplacer constamment les pertes qu'elles éprouvent par l'évaporation. Ainsi, si l'on place une plante sous une petite cloche de verre dont la surface intérieure et le support ont été bien mouillés, il n'y a plus d'évaporation, et la sécrétion, dans ce cas, s'accumule en si grande quantité en un seul jour, qu'elle coule le long des tentacules et recouvre une grande partie des feuilles.

Les glandes sur lesquelles j'ai placé les substances et les liquides azotés que je viens d'énumérer n'ont pas, comme nous l'avons dit, sécrété plus abondamment; au contraire, elles ont réabsorbé leurs propres gouttes de sécrétion avec une rapidité étonnante. J'ai placé sur cinq glandes des parcelles de fibrine humide, et, quand je les observai au bout d'une heure douze minutes, la fibrine était presque sèche, et toute la sécrétion avait été réabsorbée. Il en a été de même pour trois cubes d'albumine, au bout d'une heure dix-neuf minutes, et pour les autres cubes, bien que je n'aie pu observer ces derniers, qu'au bout de deux heures quinze minutes. J'ai obtenu les mêmes résultats en une heure quinze minutes, et en une heure trente minutes, en plaçant des parcelles de cartilage et de viande sur plusieurs glandes. Enfin, j'ai ajouté à la sécrétion entourant trois glandes une petite goutte (envi-

ron 1/20ᵉ de minime) d'une solution contenant une partie
d'azotate d'ammoniaque pour 146 parties d'eau, de façon
à ce que la quantité de liquide entourant chaque glande
fût légèrement augmentée; cependant, quand je les observai deux heures après, ces trois glandes étaient sèches.
D'autre part, je plaçai, sur dix glandes, sept parcelles de
verre et trois parcelles de charbon, ayant à peu près le
même volume que les parcelles des substances organiques
dont je viens de parler; j'observai quelques-unes de ces
glandes pendant dix-huit heures, et d'autres pendant deux
ou trois jours, sans pouvoir découvrir le moindre signe
de réabsorption de la sécrétion. Dans les premiers cas,
l'absorption de la sécrétion doit donc provenir de la présence de quelques substances azotées, déjà solubles, ou
devenues telles par la sécrétion. Comme la fibrine dont
je me suis servi était pure, et qu'elle avait été bien
lavée dans l'eau distillée, après avoir été conservée dans
de la glycérine, et comme le cartilage avait longtemps
séjourné dans l'eau, je pense que la sécrétion avait agi
sur ces substances et les avait rendues solubles pendant le
court intervalle que j'ai indiqué ci-dessus.

Les glandes n'ont pas seulement la faculté de réabsor-
ber facilement leur sécrétion, mais elles ont aussi celle de
sécréter facilement de nouveau; cette dernière faculté a
sans doute été acquise par la glande en conséquence de
ce que les insectes enlèvent ordinairement les gouttes de
sécrétion qui doivent être remplacées le plutôt possible.
J'ai estimé, dans quelques cas seulement, la durée de
la période au bout de laquelle les glandes recommencent
à sécréter. Au bout de vingt-deux heures, les glandes qui
s'étaient desséchées en une heure trente minutes, par suite
de l'apposition sur elles de morceaux de viande, sécrétaient
de nouveau; il en a été de même, au bout de vingt-quatre
heures, pour une glande sur laquelle j'avais placé un morceau d'albumine. Les trois glandes sur lesquelles j'avais

placé une goutte d'une solution d'azotate d'ammoniaque, et qui s'étaient desséchées au bout de deux heures, se mirent à sécréter de nouveau douze heures après.

Les tentacules ne sont pas doués de mobilité. — J'ai observé, avec le plus grand soin, beaucoup de grands tentacules auxquels adhéraient des insectes; j'ai placé sur les glandes de beaucoup d'autres tentacules des fragments d'insectes, des morceaux de viande crue, d'albumine, etc., des gouttes d'une solution de deux sels d'ammoniaque et de salive, sans pouvoir jamais découvrir la moindre trace de mouvement. A bien des reprises, j'ai irrité les glandes avec une aiguille, j'ai gratté et piqué le limbe de la feuille, sans que ni le limbe ni les tentacules se soient jamais infléchis. Nous pouvons donc en conclure que les tentacules n'ont pas la faculté de se mouvoir.

De la faculté d'absorption possédée par les glandes. — J'ai déjà démontré indirectement que les glandes surmontant les pédicelles absorbent les substances animales. Leur changement de couleur et l'agrégation de leur contenu, quand on laisse les glandes en contact avec des substances ou des liquides azotés, est une nouvelle preuve à l'appui de ce fait. Les observations suivantes s'appliquent aux glandes surmontant les pédicelles et aux petites glandes sessiles. Avant qu'une glande ait été stimulée, les cellules extérieures ne contiennent ordinairement qu'un liquide pourpre limpide; les cellules plus centrales contiennent des masses de matière granuleuse pourpre qui affectent à peu près la forme d'une mûre. Je plaçai une feuille dans une petite quantité d'une solution contenant une partie de carbonate d'ammoniaque pour 146 parties d'eau (3 grains de sel pour une once d'eau), les glandes noircirent immédiatement et devinrent bientôt tout à fait noires. Ce changement est dû à l'agrégation fortement

prononcée du liquide contenu dans les cellules, et plus
particulièrement dans les cellules intérieures. Je plongeai
une autre feuille dans une solution d'azotate d'ammoniaque faite au même degré. Au bout de vingt-cinq
minutes, les glandes avaient pris une teinte un peu plus
foncée, au bout de cinquante minutes, la teinte devint
plus foncée encore, et, au bout d'une heure trente minutes,
elles étaient devenues d'un rouge si foncé qu'elles paraissaient presque noires. Je plongeai d'autres feuilles dans
une faible infusion de viande crue et dans de la salive
humaine; au bout de vingt-cinq minutes, les glandes
avaient pris une teinte plus foncée, et, au bout de quarante minutes, elles étaient devenues si foncées qu'on
aurait presque pu dire qu'elles étaient noires. L'immersion
même, pendant un jour entier, dans l'eau distillée cause
quelquefois une certaine agrégation à l'intérieur des glandes,
et elles prennent, en conséquence, une teinte un peu plus
foncée. Dans tous ces cas, les glandes sont affectées
exactement de la même façon que celles du *Drosera*.
Toutefois, le lait qui agit si énergiquement sur le *Drosera*,
semble avoir un peu moins d'action sur le *Drosophyllum*,
car les glandes de ce dernier n'avaient guère changé de
couleur après une immersion d'une heure vingt minutes,
mais elles prirent une teinte plus foncée au bout de trois
heures. Je plongeai dans la solution de carbonate d'ammoniaque des feuilles que j'avais laissées pendant sept
heures dans une infusion de viande crue ou dans la salive,
les glandes prirent alors une couleur verdâtre; si, au
contraire, je les avais placées tout d'abord dans la solution
de carbonate, elles seraient devenues noires. Dans ce
dernier cas, l'ammoniaque se combine probablement avec
l'acide de la sécrétion, et n'exerce, par conséquent, aucune
action sur la matière colorante; quand, au contraire, les
glandes sont plongées d'abord dans un liquide organique,
l'acide est employé pour le travail de la digestion, ou les

parois des cellules deviennent plus perméables, de sorte
que le carbonate non décomposé pénètre dans les cellules
et agit sur la matière colorante. Si l'on place sur une glande
une parcelle de carbonate d'ammoniaque sec, la couleur
pourpre disparaît rapidement, à cause probablement d'un
excès de sel. En outre, la glande est tuée.

Occupons-nous actuellement de l'action exercée par
les substances organiques. Les glandes sur lesquelles je
plaçai des morceaux de viande crue prirent une teinte
plus foncée, et, au bout de dix-huit heures, le contenu des
cellules était visiblement agrégé. Je plaçai sur plusieurs
glandes des morceaux d'albumine et de fibrine; elles
prirent une teinte plus foncée au bout de deux ou trois
heures; dans un cas, la couleur pourpre disparut complétement. Je comparai des glandes qui avaient capturé
des mouches à d'autres glandes qui se trouvaient tout
auprès; bien qu'elles ne différassent pas beaucoup en couleur, il y avait une différence bien prononcée dans leur
état d'agrégation. Dans quelques cas, toutefois, je ne pus
observer aucune différence sensible, ce qui paraissait
provenir de ce que les insectes avaient été capturés depuis
longtemps, et que, par conséquent, les glandes avaient
repris leur état naturel. Dans un cas, un groupe de glandes
sessiles incolores auxquelles adhérait une petite mouche
présentait un aspect tout particulier; ces glandes, en
effet, étaient devenues pourpres, grâce à des matières
granuleuses pourpres qui revêtaient les parois de leurs
cellules. Il me faut ici faire une réserve, c'est que peu de
temps après l'arrivée de mes plantes du Portugal, au
printemps, les glandes paraissaient insensibles à l'action
des morceaux de viande, des insectes ou d'une solution
d'ammoniaque; c'est là une circonstance que je ne peux
expliquer.

Digestion des substances animales solides. — En es-

sayant de placer des petits cubes d'albumine sur deux des
glandes supportées par des pédicelles, ces cubes glissèrent,
et, enduits de la sécrétion, restèrent sur quelques petites
glandes sessiles. Au bout de vingt-quatre heures, l'un de
ces cubes était complétement liquéfié, bien que quelques
filaments blancs fussent encore visibles; l'autre était
presque complétement arrondi, mais n'était pas encore
dissous. Je plaçai deux autres cubes sur les glandes élevées, et je les y laissai pendant deux heures quarante-
cinq minutes, au bout duquel temps toute la sécrétion était
absorbée; toutefois, les cubes n'avaient pas été perceptiblement attaqués, bien que, sans aucun doute, les glandes
aient dû puiser chez eux une minime quantité de matières
animales. Je plaçai alors ces cubes sur les petites glandes
sessiles qui, stimulées de cette façon, se mirent à sécréter
abondamment pendant sept heures. L'un de ces cubes
avait été presque complétement liquéfié pendant ce court
espace de temps; tous deux l'étaient complétement au bout
de vingt et une heures quinze minutes; toutefois, on pouvait encore observer dans les petites masses liquides
quelques filaments blancs. Ces filaments disparurent après
une nouvelle période de six heures trente minutes, et le
lendemain matin, c'est-à-dire quarante-huit heures après
que les cubes avaient été placés sur les glandes, les matières liquéfiées étaient complétement absorbées. Je plaçai
sur une autre glande pedicellée un cube d'albumine; cette
glande absorba d'abord la sécrétion, puis se remit à
sécréter au bout de vingt-quatre heures. Le cube, entouré
de la sécrétion, resta sur la glande pendant une nouvelle
période de vingt-quatre heures, sans être attaqué ou ne
l'étant que fort peu. Nous pouvons conclure de ces
expériences que la sécrétion des glandes pedicellées,
bien que fortement acide, a peu de puissance digestive,
ou bien que la quantité de sécrétion déversée par une
seule glande ne suffit pas pour dissoudre une parcelle

d'albumine qui, pendant le même laps de temps, aurait été dissoute par la sécrétion de plusieurs petites glandes sessiles. La mort de ma dernière plante m'a empêché de déterminer laquelle de ces hypothèses était la vraie.

Je pris quatre petites parcelles de fibrine pure que je disposai de façon à ce que chacune d'elles reposât sur une, deux ou trois glandes pedicellées. Au bout de deux heures trente minutes, la sécrétion de ces glandes avait été absorbée, et les parcelles de fibrine étaient presque desséchées. Je les plaçai alors sur des glandes sessiles. Au bout de deux heures trente minutes, une de ces parcelles me parut complétement dissoute, mais j'ai pu me tromper. Au bout de dix-sept heures vingt-cinq minutes, une seconde parcelle était liquéfiée, mais le liquide examiné au microscope contenait encore des granules de fibrine flottant çà et là. Les deux autres parcelles étaient complétement liquéfiées au bout de vingt et une heures trente minutes ; mais j'ai pu encore distinguer quelques granules dans une des gouttes. Toutefois, ces granules étaient complétement dissous après une nouvelle période de six heures trente minutes, et la surface de la feuille était, sur un certain espace, recouverte d'un liquide limpide. Il résulte de ces expériences que le *Drosophyllum* digère l'albumine et la fibrine un peu plus rapidement que le *Drosera*, ce qu'il faut peut-être attribuer au fait que l'acide, et probablement aussi une petite quantité de ferment, sont présents dans la sécrétion avant que les glandes aient été stimulées, de telle sorte que la digestion commence immédiatement.

Conclusions. — Les feuilles linéaires du *Drosophyllum* ne diffèrent que légèrement de celles de certaines espèces de *Drosera*. Les principales différences sont : 1° la présence de petites glandes sessiles qui, comme celles de la *Dionée*, ne sécrètent qu'après avoir été excitées par l'absorption de matières azotées. Toutefois, on observe des glandes semblables sur les feuilles du *Drosera binata,* et elles paraissent être représentées par les papilles sur les feuilles du *Drosera rotundifolia.* 2° La présence de tentacules sur la surface inférieure des feuilles; mais nous avons vu que quelques tentacules, disposés irrégulièrement et tendant à disparaître, existent encore sur le côté inférieur des feuilles du *Drosera binata.* Il y a de plus grandes différences de fonctions entre les deux genres. La plus importante de ces différences est que les tentacules du *Drosophyllum* sont privés de motilité, faculté qui est compensée en partie par le fait que les gouttes de sécrétion visqueuse se détachent facilement des glandes; de telle sorte que, dès qu'un insecte se trouve en contact avec une goutte, il peut encore s'éloigner, mais il touche bientôt d'autres gouttes, puis, étouffé par la sécrétion, il tombe sur les glandes sessiles et meurt. Une autre différence est que la sécrétion des glandes pedicellées, avant que ces glandes aient été excitées, est fortement acide et contient peut-être une petite quantité du ferment convenable. Enfin, ces glandes ne sécrètent pas plus abondamment quand elles sont excitées par l'absorption de matières azotées; au contraire, elles réabsorbent leur propre sécrétion avec une rapidité extraordinaire, et, au bout de quelque temps, elles se remettent à sécréter. Toutes ces circonstances découlent probablement du fait que les insectes n'adhèrent pas ordinairement aux glandes avec lesquelles ils se sont trouvés d'abord en contact, bien que cela arrive quelquefois, et aussi du fait que c'est la sécrétion des glandes sessiles qui dissout principalement les substances animales continues dans le corps des insectes.

RORIDULA.

Roridula dentata. — Cette plante est originaire de la
région occidentale du cap de Bonne-Espérance; un spécimen m'a été envoyé du jardin de Kew, mais à l'état
sec. Le *Roridula* a une tige et des branches presque
ligneuses; il semble atteindre une hauteur de quelques
pieds; les feuilles sont linéaires et elles se terminent en
pointe au sommet. Leurs surfaces supérieure et inférieure sont concaves, la partie médiane ayant une grande
épaisseur; ces deux surfaces sont couvertes de tentacules
qui diffèrent beaucoup en longueur; les uns sont très-
longs, particulièrement ceux qui se trouvent au sommet
des feuilles, les autres sont très-courts. Les glandes diffèrent aussi beaucoup en grosseur; elles sont quelque
peu allongées et portées sur des pédicelles multicellulaires.

Cette plante ressemble donc, sous bien des points, au
Drosophyllum, bien qu'elle diffère de ce dernier sous les
rapports suivants. Je n'ai pas pu découvrir de glandes
sessiles; ces glandes seraient d'ailleurs inutiles à la plante,
car la surface supérieure des feuilles est complétement
recouverte de poils pointus unicellulaires, formant un
angle droit avec le limbe. Les pédicelles des tentacules
ne contiennent pas de vaisseaux spiraux, et il n'y a aucune
cellule spirale à l'intérieur des glandes. Les feuilles se
présentent souvent par touffes; elles sont pinnatifides, les
lobes faisant un angle droit avec le principal limbe
linéaire. Les lobes latéraux sont souvent très-courts et ne
portent qu'un seul tentacule terminal accompagné de
deux ou trois autres tentacules courts situés près de lui.
On ne peut établir aucune ligne de démarcation bien
marquée entre les pédicelles des longs tentacules terminaux et le sommet très-pointu des feuilles. Il est possible

toutefois de fixer arbitrairement l'endroit jusqu'où s'étendent les vaisseaux spiraux partant du limbe, mais il n'existe aucune autre distinction.

Les nombreuses parcelles de substance collées aux glandes prouvent évidemment que celles-ci sécrètent une grande quantité de matière visqueuse. Un grand nombre d'insectes appartenant à des espèces variées adhéraient aussi aux feuilles. Je n'ai pu découvrir aucune trace d'une inflexion des tentacules sur les insectes capturés; si ces tentacules avaient été doués de la faculté du mouvement, j'aurais pu, sans aucun doute, m'en apercevoir, même sur un spécimen desséché. Ce caractère négatif semble prouver que le *Roridula* ressemble à l'espèce septentrionale, le *Drosophyllum*.

Byblis gigantea (Australie occidentale). — Les directeurs du jardin de Kew m'ont envoyé un spécimen desséché de *Byblis* ayant environ 18 pouces de hauteur et une forte tige. Les feuilles atteignent quelques pouces de longueur; elles sont linéaires, légèrement aplaties, avec une petite côte à la surface inférieure et recouvertes de tous côtés par des glandes de deux espèces : des glandes sessiles disposées en rangées et d'autres glandes supportées par des pédicelles assez longs. Ces pédicelles sont plus longs vers le sommet étroit des feuilles; en cet endroit, ils égalent le diamètre de la feuille. Les glandes affectent une teinte pourpre; elles sont très-aplaties et consistent en une seule couche de cellules rayonnantes au nombre de 40 ou 50 dans les glandes les plus grandes. Les pédicelles se composent de cellules simples allongées, aux parois incolores et très-délicates, sur lesquelles on remarque les traces de lignes spirales très-fines. Je ne saurais dire si ces lignes proviennent de la contraction résultant du desséchement des parois, mais le pédicelle entier est souvent roulé en spirale. Ces poils glandulaires ont une conformation beaucoup plus simple que les prétendus tentacules des genres précédents, et ils ne diffèrent pas essentiellement des poils d'une foule d'autres plantes. Les pédoncules des fleurs portent des glandes semblables. Le caractère le plus singulier de ces feuilles est que la pointe s'élargit de façon à former une petite protubérance recouverte de glandes, protubérance qui est environ un tiers plus large que les parties adjacentes de la feuille qui se termine en pointe. Dans deux endroits, des mouches mortes adhéraient aux glandes. Comme on ne connaît aucun exemple de conformations unicellulaires douées de motilité[1], le *Byblis*, sans aucun doute, capture les insectes uniquement à l'aide de ses sécrétions visqueuses. Ces insectes étouffés par la sécrétion tombent probablement sur les petites glandes sessiles qui, à en juger par analogie avec le *Drosophyllum*, déversent alors leur sécrétion et s'assimilent ensuite les substances digérées.

Observations supplémentaires sur la puissance d'absorption au moyen des poils glandulaires d'autres plantes. — Il ne sera pas inutile de faire ici quelques observations sur ce sujet. Comme les glandes de beaucoup d'espèces, sinon de toutes les espèces de *Droséracées* absorbent différents liquides, ou tout au moins permettent à ces liquides de les pénétrer facilement[2], il semble désirable de nous assurer jusqu'à quel point les glandes d'autres plantes qui ne sont pas spécialement adaptées pour la capture des insectes, possèdent la même propriété. Les plantes choi-

1. Sachs, *Traité de Bot.*, 3ᵉ édit., 1874, p. 1026.
2. On est loin de comprendre la distinction qui existe entre la véritable absorption et la simple imbibition. (Voir Müller, *Physiology,* trad. angl., 1838, vol. I, p. 280.)

sies pour ces expériences ont été prises au hasard, sauf toutefois deux espèces de Saxifrages sur lesquels j'ai voulu expérimenter, parce qu'elles appartiennent à une famille alliée aux *Droséracées*. La plupart de mes expériences ont consisté à plonger les glandes dans une infusion de viande crue, ou plus ordinairement dans une solution de carbonate d'ammoniaque, cette dernière substance agissant très-énergiquement et très-rapidement sur le *protoplasma*. Il me semblait aussi très-important de déterminer si l'ammoniaque est absorbée par ces plantes, parce que l'eau de pluie en contient toujours quelques traces. Chez les *Droséracées*, la sécrétion d'un liquide visqueux par les glandes n'empêche pas qu'elles n'aient la faculté d'absorber; il se pourrait donc que les glandes d'autres plantes excrétassent des matières superflues ou sécrétassent un liquide odoriférant pour se défendre contre les attaques des insectes ou dans tout autre but, et qu'elles aient cependant aussi la faculté d'absorber. Je regrette de n'avoir pas, dans les expériences suivantes, essayé de déterminer si la sécrétion peut digérer ou rendre solubles les matières animales; mais ces expériences auraient été très-difficiles à cause du petit volume des glandes et de la petite quantité de matière qu'elles sécrètent. Nous verrons, dans le chapitre suivant que la sécrétion provenant des poils glanduleux du *Pinguicula* dissout certainement les matières animales.

Saxifraga umbrosa. — Les pédoncules des fleurs et les pétioles des feuilles sont recouverts de poils courts portant des glandes roses; ces glandes se composent de plusieurs cellules polygonales, et le pédicelle est divisé par des cloisons en cellules distinctes qui sont ordinairement incolores, mais qui affectent cependant parfois une teinte rose. Les glandes sécrètent un liquide visqueux jaunâtre qui sert quelquefois, quoique rarement, à capturer des petits diptères[1]. Les

1. M. Druce dit (*Pharmaceutical Journal,* mai 1875), en parlant du *Saxifraga tridactylites,* qu'il a examiné plusieurs douzaines de plantes et

cellules des glandes contiennent un liquide rose brillant chargé de granules ou de masses globulaires de matière pulpeuse rosée. Cette matière doit être du *protoplasma,* car si l'on place une glande sous une goutte d'eau et qu'on l'examine au microscope, on voit que cette matière subit des changements de forme lents, mais incessants. On a observé des mouvements semblables chez des glandes qui avaient séjourné dans l'eau pendant une, trois, cinq, dix-huit et vingt-sept heures. Au bout même de ce laps de temps, les glandes conservent leur couleur rose brillant, et le *protoplasma* contenu dans les cellules ne paraît pas s'être agrégé. Les changements de forme constants des petites masses de *protoplasma* ne sont pas dus à l'absorption de l'eau, car on a observé ces mouvements dans des glandes parfaitement sèches.

Le 29 mai, j'ai ployé une tige supportant une fleur et encore attachée à la plante, de façon à la plonger pendant vingt-trois heures trente minutes dans une forte infusion de viande crue. La couleur du liquide contenu dans les glandes se modifia quelque peu; il prit une teinte plus pourpre et plus foncée qu'auparavant. Le contenu des cellules paraissait aussi plus agrégé, car les espaces séparant les petites masses de *protoplasma* étaient plus grands; toutefois, ce dernier résultat n'a pas accompagné d'autres expériences analogues. Les masses de *protoplasma* semblaient aussi changer plus rapidement de forme que chez les glandes plongées dans l'eau, de telle sorte que les cellules variaient d'aspect toutes les quatre ou cinq minutes. Les masses allongées se transformaient en masses sphériques au bout d'une ou deux minutes; elles s'allongeaient et s'unissaient à d'autres. Des masses microscopiques augmentaient rapidement de volume, et j'ai vu trois globules parfaitement distincts se réunir en un seul. En un mot, les mouvements produits dans le *protoplasma* ressemblaient exactement à ceux que j'ai décrits pour le *Drosera*. Les cellules des pédicelles ne furent pas affectées par l'infusion; je puis ajouter qu'elles ne le furent pas non plus dans l'expérience suivante.

Je plongeai de la même façon, et pendant le même laps de temps, une autre tige à fleurs dans une solution contenant une partie d'azotate d'ammoniaque pour 146 parties d'eau (3 grains d'azotate pour une once d'eau); l'effet produit sur les glandes, au point de vue de la couleur, fut exactement le même que celui produit par l'infusion de viande crue.

Je plongeai une autre tige à fleurs, dans les conditions que je viens

---

qu'il a trouvé sur presque toutes des restes d'insectes adhérant aux feuilles. Un de mes amis m'apprend qu'il en est de même en Irlande.

de dire précédemment, dans une solution contenant 1 partie de carbonate d'ammoniaque pour 109 parties d'eau. Au bout d'une heure trente minutes, les glandes n'étaient pas décolorées; mais, au bout de trois heures quarante-cinq minutes, la plupart d'entre elles avaient pris une teinte pourpre sale, d'autres une teinte vert noirâtre, et quelques-unes n'avaient pas été affectées. Les petites masses de *protoplasma* à l'intérieur des cellules étaient en mouvement. Les cellules des pédicelles n'avaient pas été affectées. Je répétai l'expérience sur une autre tige à fleurs que je laissai vingt-trois heures dans la solution. J'obtins dans ce cas un résultat considérable; toutes les glandes avaient beaucoup noirci, et le liquide précédemment transparent des cellules des pédicelles, jusqu'à la base de ces derniers, contenait alors des masses sphériques de matière granuleuse. En comparant beaucoup de poils différents, il devint évident pour moi que les glandes absorbent d'abord le carbonate, et que l'effet ainsi produit se propage de cellule en cellule dans toute la longueur des poils. Le premier changement qu'on observe est un aspect nuageux dans le liquide contenu dans les cellules, aspect nuageux qui est dû à la formation de granules très-petits qui s'agrégent ensuite en plus grosses masses. En somme, la coloration plus foncée des glandes et la propagation de l'agrégation de cellule en cellule, jusqu'à la base des pédicelles, présente une analogie frappante avec ce qui se passe chez le *Drosera*, quand on plonge un tentacule dans une faible solution du même sel. Toutefois, les glandes de Saxifrage absorbent beaucoup plus lentement que celles du *Drosera*. Outre les poils glandulaires, le Saxifrage porte des organes en forme d'étoiles, organes qui ne paraissent pas sécréter et qui ne sont en aucune façon affectés par les solutions dont nous venons de parler.

Bien que, dans le cas où la tige et les feuilles n'ont pas été endommagées, le carbonate semble absorbé seulement par les glandes, il pénètre beaucoup plus rapidement par une surface fraîchement coupée. J'enlevai des morceaux de l'écorce d'une tige, et je m'assurai que les cellules des pédicelles ne contenaient que du liquide transparent incolore, les cellules des glandes contenant, comme à l'ordinaire, quelques matières granuleuses. Je plongeai alors ces morceaux dans la même solution qu'auparavant (1 partie de carbonate pour 109 parties d'eau); au bout de quelques minutes, des matières granuleuses firent leur apparition dans les cellules *inférieures* de tous les pédicelles. Je répétai l'expérience à plusieurs reprises, et l'action commença toujours dans les cellules inférieures, c'est-à-dire dans les cellules les plus rapprochées de la partie mise à nu, et se propagea graduellement en remontant dans les cellules des poils jusqu'à ce qu'elle eût atteint les glandes, c'est-à-dire dans une direction contraire à celle que l'on observe dans la tige qui n'a pas été endommagée. Les glandes changèrent alors de couleur, et les matières granuleuses qu'elles contenaient déjà s'agrégèrent en grosses masses. Je plongeai deux autres petits morceaux d'une tige, pendant deux heures quarante minutes, dans une solution plus faible, contenant 1 partie de carbonate pour 218 parties d'eau; dans ces deux spécimens aussi les pédicelles des poils, près des extrémités coupées, se remplirent de matières granuleuses et les glandes changèrent complétement de couleur.

Enfin, je plaçai des parcelles de viande sur quelques glandes, que j'examinai au bout de vingt-trois heures, en même temps que d'autres qui me semblaient avoir capturé des petites mouches peu de temps auparavant; mais ni les unes ni les autres ne semblaient différer des glandes des autres poils. Peut-être n'avais-je pas alloué un temps suffisant pour l'absorption; je serais assez disposé à le croire, car d'autres glandes sur lesquelles des mouches mortes avaient évidemment reposé pendant fort longtemps, affectaient une couleur pourpre pâle sale, ou étaient même devenues presque incolores; en outre, les matières granuleuses contenues dans les cellules présentaient un aspect extraordinaire et quelque peu singulier. Nous pouvons conclure que ces glandes avaient absorbé des matières animales provenant des mouches, probablement par exosmose dans la sécrétion visqueuse, non-seulement à cause de la modification survenue dans leur couleur, mais aussi parce que, plongées dans une solution de carbonate d'ammoniaque, quelques cellules de leurs pédicelles se remplirent de matières granuleuses, tandis que les cellules d'autres poils qui n'avaient pas capturé de mouches ne contenaient qu'une petite quantité de matières granuleuses après avoir été plongées le même laps de temps dans la solution. Toutefois, il faut de nouvelles preuves avant d'admettre complétement que les glandes de cette Saxifrage peuvent absorber, même en allouant un temps considérable, des matières animales provenant des petits insectes qu'elles capturent quelquefois accidentellement.

Saxifraga rotundifolia (?). — Les poils qui recouvrent les tiges à fleurs de cette espèce sont plus longs que ceux que nous venons de décrire et supportent des glandes brun pâle. J'ai examiné beaucoup de ces poils, et j'ai trouvé que les cellules des pédicelles sont tout à fait transparentes. Je plongeai une tige recourbée dans une solution contenant 1 partie de carbonate d'ammoniaque pour 109 parties d'eau; au bout de trente minutes, deux ou trois des cellules supérieures des pédicelles contenaient des matières granuleuses ou agrégées; les glandes avaient pris une couleur vert jaunâtre brillant. Les glandes de cette espèce absorbent donc le carbonate beaucoup plus rapidement que celles du *Saxifraga umbrosa,* et les cellules supérieures des pédicelles sont aussi affectées beaucoup plus rapidement. Je coupai des morceaux de la tige et je les plongeai dans la même solution; l'agrégation se propagea alors dans une direction contraire et les cellules situées près de la surface coupée furent les premières affectées.

Primula sinensis. — Les tiges à fleurs, les surfaces supérieures et inférieures des feuilles, ainsi que leurs tiges, sont toutes recouvertes d'une multitude de poils plus ou moins longs. Des cloisons transversales divisent les pédicelles des poils les plus longs en huit ou neuf cellules. La cellule terminale, un peu plus grande, est globulaire et constitue une glande qui sécrète une quantité très-variable de matière jaune brunâtre, épaisse, légèrement visqueuse, mais non pas acide.

J'ai plongé pendant deux heures trente minutes un morceau d'une jeune tige à fleurs dans de l'eau distillée; les poils glandulaires n'ont pas été affectés. J'ai examiné avec soin un autre morceau de tige portant 25 poils courts et 9 poils longs. Les glandes de ces derniers ne contenaient aucune matière solide ou demi-solide, et deux glandes seulement des 25 poils courts contenaient quelques globules. Je plongeai cette tige dans une solution contenant 1 partie de carbonate d'ammoniaque pour 109 parties d'eau, et je l'y laissai pendant deux heures; au bout de ce temps, les glandes des 25 poils courts, à deux ou trois exceptions près, contenaient soit une grosse masse sphérique de matière demi-solide, soit de deux à cinq petites masses sphériques. Trois glandes des 9 poils contenaient aussi des masses semblables. Enfin, j'ai observé chez quelques poils des globules dans les cellules situées immédiatement au-dessous des glandes. En résumé, l'examen des 34 poils démontrait clairement que les glandes avaient absorbé une certaine quantité du carbonate. Je plongeai un autre morceau de tige dans la même solution, et je l'y laissai pendant une heure; au bout de ce temps, des masses agrégées étaient présentes dans toutes les glandes. Mon fils Francis examina quelques glandes des poils longs qui contenaient des petites masses de matière avant d'avoir été plongées dans aucune solution; ces masses changeaient lentement de forme, ce qui prouve qu'elles se composaient de *protoplasma.* Il arrosa alors ces poils pendant une heure quinze minutes, tout en les tenant sur le chariot du microscope, avec une solution contenant 1 partie de carbonate d'ammoniaque pour 218 parties d'eau. Les glandes ne furent pas perceptiblement affectées, ce à quoi d'ailleurs on ne pouvait guère s'attendre, car le contenu de leurs cellules était déjà agrégé; mais de nombreuses sphères de matière presque incolore se formèrent dans les cellules des pédicelles; ces sphères changèrent de forme et se réunirent lentement les unes aux autres, l'aspect des cellules changeant totalement à divers intervalles.

Les glandes d'une jeune tige à fleurs, après avoir séjourné pendant deux heures quarante-cinq minutes dans une forte solution (1 partie de carbonate d'ammoniaque pour 109 parties d'eau), contenaient un grand nombre de masses agrégées; mais je ne saurais dire si ces masses avaient été engendrées par l'action du sel. Je replaçai ce morceau de tige dans la solution, de façon à ce que l'immersion se prolongeât pendant six heures quinze minutes; j'observai alors un grand changement, car presque toutes les masses sphériques, dans les cellules des glandes, avaient disparu pour faire place à des matières granuleuses brun foncé. Je répétai trois fois cette expérience, et, dans les trois cas, j'obtins des résultats presque identiques. Dans une de ces expériences, le morceau de tige resta plongé dans la solution pendant huit heures trente minutes, et, bien que presque toutes les masses sphériques se fussent changées en matière granuleuse brune, il en restait cependant encore quelques-unes. Si la production des masses sphériques de matière agrégée avait eu uniquement pour cause, à l'origine, une action chimique ou physique, il semble étrange qu'une immersion un peu plus longue dans la même solution ait pu modifier si complétement leur caractère. Mais, comme les masses qui changeaient lentement et spontanément de forme devaient se composer de *protoplasma* vivant, il n'y a rien de surprenant à ce que ce *protoplasma* ait été endommagé ou tué, et à ce que son aspect se soit complétement modifié à la suite d'une longue immersion dans une solution aussi forte de carbonate d'ammoniaque que celle employée dans ces expériences. Une solution de cette force paralyse toute espèce de mouvement chez le *Drosera*, mais ne tue pas le *protoplasma;* une solution encore plus forte empêche le *protoplasma* de s'agréger en masses globulaires ayant le volume ordinaire, et, sous l'influence de cette solution, ces masses deviennent granuleuses et opaques, bien qu'elles ne se désagrègent pas. L'eau trop chaude et certaines solutions, par exemple une solution de sel de soude ou de potasse, agissent à peu près de la même manière, en ce qu'elles causent d'abord une sorte d'agrégation imparfaite dans les cellules du *Drosera,* agrégation qui se termine par la rupture des petites masses et la formation de matières granuleuses ou pulpeuses brunes. Toutes les expériences précédentes ont été faites sur des tiges à fleurs; toutefois, j'ai plongé un morceau de feuille dans une forte solution de carbonate d'ammoniaque (1 partie de carbonate ponr 109 parties d'eau); après une immersion de trente minutes, des masses globulaires parurent dans toutes les glandes, qui ne contenaient auparavant qu'un liquide limpide.

J'ai fait aussi plusieurs expériences pour déterminer quelle est l'action de la vapeur du carbonate d'ammoniaque sur les glandes; je me contenterai de citer quelques exemples. Je bouchai à la cire l'extrémité coupée de la tige d'une jeune feuille, puis je la plaçai sous une petite cloche où je mis aussi une forte pincée de carbonate d'ammoniaque. Au bout de dix minutes, les glandes présentaient un degré considérable d'agrégation, et le *protoplasma* contenu dans les cellules des pédicelles s'était un peu écarté des parois. Une autre feuille, laissée sous la cloche pendant cinquante minutes, présenta la même apparence, sauf toutefois que les poils, dans toute leur longueur, avaient pris une teinte brunâtre. J'exposai une troisième feuille pendant une heure cinquante minutes à la vapeur du carbonate d'ammoniaque; au bout de ce temps, il y avait beaucoup de matières agrégées dans les glandes, mais quelques-unes des masses agrégées semblaient sur le point de se résoudre en matière granuleuse brune. Je replaçai cette même feuille dans la vapeur, de façon à ce qu'elle y restât exposée pendant un laps de temps total de cinq heures trente minutes; au bout de ce temps, bien que j'aie examiné un grand nombre de glandes, je ne trouvai des matières agrégées que dans deux ou trois; dans toutes les autres, les masses qui étaient auparavant globulaires s'étaient transformées en matières brunes opaques et granuleuses. Cette expérience prouve que l'exposition à la vapeur d'ammoniaque, pendant un laps de temps considérable, produit les mêmes effets qu'une longue immersion dans une solution du même sel. Dans les deux cas, on ne peut douter que le sel ait été absorbé principalement ou exclusivement par les glandes.

Dans une autre occasion, je plaçai sur quelques feuilles des morceaux de fibrine humide, ou des gouttes d'une infusion faible de viande crue ou des gouttes d'eau; au bout de vingt-quatre heures j'examinai les poils, mais, à ma grande surprise, ceux qui avaient été touchés par ces substances ne différaient aucunement des autres. Toutefois, la plupart des cellules contenaient des petites sphères hyalines immobiles qui ne semblaient pas être composées de *protoplasma,* mais, à ce que je crois, de quelque baume ou huile essentielle.

Pelargonium zonale (variété bordée de blanc). — Les feuilles de cette plante portent de nombreux poils multicellulaires, les uns se terminant simplement en pointes, les autres portant des glandes et différant beaucoup en longueur. J'examinai les glandes d'un morceau de feuille, et je m'assurai que ces glandes ne contenaient qu'un liquide limpide ; j'enlevai la plus grande partie de l'eau qui recouvrait ce morceau de feuille sur le chariot du microscope, et j'ajoutai une petite goutte d'une solution contenant 1 partie de carbonate d'ammoniaque pour 146 parties d'eau ; je mis donc la feuille en présence d'une dose très-petite. Au bout de trois minutes seulement j'observai des signes d'agrégation à l'intérieur des glandes des poils les plus courts ; au bont de cinq minutes, beaucoup de petits globules affectant une teinte brun pâle parurent dans toutes les glandes ; j'observai des globules semblables, mais plus grands, dans les glandes plus considérables des poils plus longs. Quand la feuille eut séjourné pendant une heure dans la solution, j'observai que plusieurs petits globules avaient changé de position ; en outre, à l'intérieur de deux ou trois des globules les plus gros il s'était formé un espace vide ou une petite sphère (je ne saurais dire lequel des deux) affectant une teinte un peu plus foncée. J'observai en même temps de petits globules dans quelques-unes des cellules supérieures des pédicelles, et le revêtement de *protoplasma* s'était légèrement écarté des parois des cellules inférieures. Après une immersion totale de deux heures trente minutes, les gros globules, à l'intérieur des glandes des poils longs, se transformèrent en masses de matière granuleuse brun foncé. En conséquence, d'après ce que nous avons vu chez le *Primula sinensis,* ces masses se composaient certainement dans le principe de *protoplasma* vivant.

Je plaçai sur une feuille une goutte d'une faible infusion de viande crue ; au bout de deux heures trente minutes, je pus observer beaucoup de sphères dans les glandes. J'ai examiné de nouveau ces sphères au bout de trente minutes ; elles avaient légèrement changé de forme et de position, et l'une d'elles s'était divisée en deux ; mais les modifications survenues ne ressemblaient pas tout à fait à celles que l'on observe dans le *protoplasma* du *Drosera*. En outre, ces poils n'avaient pas été examinés avant l'immersion, et il se trouvait des sphères semblables dans quelques glandes qui ne s'étaient pas trouvées en contact avec l'infusion.

Erica tetralix. — Quelques poils glandulaires longs hérissent les bords de la surface supérieure des feuilles. Les pédicelles se composent de plusieurs rangées de cellules, surmontées par une glande globulaire assez grosse sécrétant des matières visqueuses dans les-

quelles viennent se prendre, assez rarement d'ailleurs, des petits
insectes. J'ai laissé séjourner quelques feuilles pendant vingt-trois
heures dans une faible infusion de viande crue et d'autres dans l'eau ;
je comparai alors les poils, mais je ne pus guère observer la moindre
différence entre eux. Dans les deux cas, le contenu des cellules semblait un peu plus granuleux qu'auparavant ; toutefois, je ne pus distinguer aucun mouvement. Je plongeai d'autres feuilles dans une
solution contenant 1 partie de carbonate d'ammoniaque pour 218 parties d'eau ; au bout de vingt-trois heures, les matières granuleuses
me parurent avoir aussi augmenté ; mais une de ces masses garda
exactement la même forme après un intervalle de cinq heures ; de
sorte qu'il est difficile de penser qu'elle se composait de *protoplasma*
vivant. Ces glandes semblent posséder à un très-faible degré la propriété d'absorption ; en tous cas, elles la possédent beaucoup mieux
que les plantes dont nous nous sommes occupé précédemment.

Mirabilis longiflora. — Les tiges et les surfaces des feuilles
portent des poils visqueux. Je possède quelques jeunes plants qui ont
de 12 à 18 pouces de hauteur ; ces plants, placés dans une serre, ont
capturé tant de petits diptères, de coléoptères et de larves qu'ils en
sont absolument couverts. Les poils sont courts, de longueur inégale ;
ils se composent d'une seule rangée de cellules, surmontées par une
cellule plus grande qui sécrète des matières visqueuses. Ces cellules
terminales ou glandes contiennent des granules et souvent des globules de matière granuleuse. A l'intérieur d'une glande, qui avait
capturé un petit insecte, une de ces masses changeait incessamment
de forme, et on aurait dit qu'un vide se formait de temps en temps
à l'intérieur. Je ne crois pas toutefois que ce *protoplasma* ait été
engendré par les matières provenant de l'insecte mort et que la
glande aurait absorbées ; en effet, en comparant diverses glandes
qui avaient ou qui n'avaient pas capturé d'insectes, je n'ai pas
remarqué la moindre différence entre elles, et toutes contenaient de
fines matières granuleuses. Je plongeai un morceau de feuille dans
une solution contenant 1 partie de carbonate d'ammoniaque pour
218 parties d'eau. Après y avoir séjourné vingt-quatre heures, les poils
semblaient fort peu affectés ; peut-être cependant les glandes étaient-
elles devenues un peu plus opaques. Mais dans le limbe de la feuille,
les grains de chlorophylle, près des surfaces coupées, s'étaient coa-
gulés ou agrégés. Les glandes d'une autre feuille ne furent pas affectées par une immersion de vingt-quatre heures dans une infusion de
viande crue ; toutefois le *protoplasma* contenu dans les cellules des
pédicelles s'était beaucoup écarté des parois. Ce dernier effet peut

être attribué à l'exòsmose, car l'infusion était forte. Nous pouvons donc conclure que les glandes de cette plante ne possèdent pas la propriété d'absorber, ou que le *protoplasma* qu'elles contiennent n'est pas influencé par une solution de carbonate d'ammoniaque ou par une infusion de viande, ce qui semble à peine croyable.

Nicotiana tabacum. — Cette plante est recouverte d'innombrables poils d'une longueur inégale et capture beaucoup de petits insectes. Les pédicelles des poils sont divisés par des cloisons transversales, et les glandes qui sécrètent se composent de beaucoup de cellules contenant des matières verdâtres et des petits globules d'une certaine substance. J'ai laissé séjourner pendant vingt-six heures des feuilles dans une infusion de viande crue et d'autres dans l'eau; mais je ne pus discerner aucune différence. Je plongeai alors, pendant plus de deux heures, quelques-unes de ces mêmes feuilles dans une solution de carbonate d'ammoniaque, mais sans qu'il se produisît aucun effet. Je regrette de n'avoir pas fait d'autres expériences avec plus de soin, car M. Schlœsing a démontré [1] que les plants de tabac, traités par la vapeur du carbonate d'ammoniaque, donnent à l'analyse une plus grande quantité d'azote que d'autres plants qui n'ont pas été ainsi traités; or, d'après ce que nous avons vu, il est probable que les poils glandulaires absorbent une certaine quantité de vapeur.

Résumé des observations sur les poils glandulaires. — Les observations précédentes, quelque peu nombreuses ou quelque incomplètes qu'elles soient, nous prouvent que les glandes de deux espèces de *Saxifraga*, d'un *Primula* et d'un *Pelargonium* possèdent la faculté d'absorber rapidement; tandis que les glandes d'un *Erica*, du *Mirabilis* et du *Nicotiana* ne possèdent pas cette faculté ou que tout au moins le contenu de leurs cellules n'est pas affecté par les liquides employés, c'est-à-dire une solution de carbonate d'ammoniaque ou une infusion de viande crue. Comme les glandes du *Mirabilis* contiennent du *protoplasma* qui ne s'est pas agrégé à la suite d'une immersion dans les liquides que nous venons d'indiquer, bien que

---

1. *Comptes rendus,* 15 juin 1874. Le *Gardener's Chronicle* du 11 juillet 1874 a publié un excellent résumé de ce mémoire.

le contenu des cellules du limbe de la feuille ait été considérablement affecté par le carbonate d'ammoniaque, nous pouvons en conclure que les glandes ne sont pas douées du pouvoir d'absorption et, en outre, que les innombrables insectes capturés par cette plante ne lui sont pas plus utiles que ne le sont aux marronniers d'Inde les insectes qui adhèrent aux écailles visqueuses et caduques des bourgeons des feuilles.

Le cas le plus intéressant sans contredit, à notre point de vue tout au moins, est celui des deux espèces de Saxifrages, car ce genre est un allié éloigné du *Drosera*. Les glandes de ces espèces absorbent des matières qu'elles empruntent à une infusion de viande crue, à des solutions de nitrate et de carbonate d'ammoniaque et probablement à des insectes en décomposition. Le changement de la couleur pourpre sale du *protoplasma* contenu dans les cellules des glandes, l'état d'agrégation de ce *protoplasma* et évidemment aussi ses mouvements spontanés plus rapides prouvent cette absorption. L'agrégation commençant dans les glandes se propage en descendant le long des pédicelles des poils, et nous sommes autorisés à penser que toute matière absorbée finit par pénétrer dans les tissus de la plante. D'autre part l'agrégation se propage en remontant dans les poils chaque fois qu'une surface coupée est exposée au contact d'une solution de carbonate d'ammoniaque.

Les glandes qui recouvrent les tiges à fleurs et les feuilles du *Primula sinensis* absorbent rapidement une solution de carbonate d'ammoniaque et le *protoplasma* qu'elles contiennent s'agrége. Dans quelques cas, l'agrégation, partie des glandes, se propage jusque dans les cellules supérieures des pédicelles. Une exposition de dix minutes à la vapeur du carbonate d'ammoniaque provoque aussi l'agrégation. Quand les feuilles sont plongées pendant six à sept heures dans une forte solution, ou sont exposées

pendant longtemps à la vapeur du carbonate d'ammoniaque, les petites masses de *protoplasma* se désagrégent
et se transforment en matière brune granuleuse ; évidemment le *protoplasma* est tué. Une infusion de viande
crue ne produit aucun effet sur ces glandes.

. Le contenu liquide des glandes du *Pelargonium zonale*
devient nuageux et granuleux après une immersion de trois
à cinq minutes dans une faible solution de carbonate
d'ammoniaque ; au bout d'une heure des granules apparaissent dans les cellules supérieures des pédicelles. Les
masses agrégées changent lentement de forme et se désagrégent quand on les laisse pendant longtemps dans
une forte solution ; on ne peut donc guère douter qu'elles
ne se composent de *protoplasma*. Il est douteux qu'une
infusion de viande crue produise un effet quelconque.

Les physiologistes pensent ordinairement que les poils
glandulaires des plantes ordinaires ne sont que des organes sécrétant ou excrétant ; nous savons actuellement que
ces poils ont le pouvoir, au moins en quelque cas, d'absorber une solution d'ammoniaque et la vapeur de cette
base. Or, comme l'eau de pluie contient une minime
quantité d'ammoniaque et l'atmosphère une très-petite
quantité de carbonate d'ammoniaque, cette propriété doit
être utile à la plante. Cet avantage, d'ailleurs, est loin
d'être aussi insignifiant qu'on pourrait le supposer d'abord,
car un plant moyen de *Primula sinensis* porte le nombre
étonnant de deux millions et demi de poils glandulaires
qui sont tous à même d'absorber l'ammoniaque que leur
apporte la pluie[1]. Il est probable, en outre, que les

_____

1. Mon fils Francis a compté les poils sur un espace mesuré au moyen
du micromètre, et en a trouvé 35,336 sur un pouce carré (6,4475 centimètres carrés), à la surface supérieure d'une feuille, et 30,035 à la surface inférieure ; c'est-à-dire à peu près dans la proportion de 100 sur la surface
supérieure pour 85 sur la surface inférieure. Au total, le nombre des poils
sur un pouce carré des deux surfaces s'élevait à 65,371 poils. Il prit alors un
plant moyen portant douze feuilles (les plus grandes ayant un peu plus de

glandes de quelques-unes des plantes que nous venons
d'énumérer absorbent des matières animales, empruntées
aux insectes qu'elles capturent quelquefois au moyen de
leurs sécrétions visqueuses.

CONCLUSIONS SUR LES DROSÉRACÉES.

J'ai actuellement décrit, autant que mes moyens me
l'ont permis, dans leur rapport avec le sujet qui m'occupe, les six genres connus qui composent cette famille.
Tous capturent des insectes. Le *Drosophyllum*, le *Roridula*
et le *Byblis* effectuent cette capture uniquement au moyen
du liquide visqueux sécrété par leurs glandes ; le *Drosera*
par le même moyen et en outre grâce à la motilité de ses
tentacules ; la *Dionée* et l'*Aldrovandia* par la fermeture des
lobes de la feuille. Dans ces deux derniers genres la rapidité du mouvement compense l'absence de la sécrétion visqueuse. En tout cas c'est une partie seulement de la feuille
qui se meut. Chez l'*Aldrovandia* il semble que ce soit la
base seule qui se contracte et qui entraîne avec elle les
bords larges et minces des lobes. Chez la *Dionée* le lobe
tout entier, à l'exception des prolongements marginaux ou
poils, se recourbe entièrement, bien que le siége principal
du mouvement se trouve auprès de la nervure moyenne.
Chez le *Drosera* le siége principal du mouvement est
placé à la partie inférieure des tentacules, qui homologi-

---

deux pouces de diamètre (5,078 centim.), et, au moyen d'un planimètre, il
calcula la superficie de toutes les feuilles, y compris leurs tiges, mais sans y
comprendre les tiges à fleurs ; la superficie totale s'éleva à 39,285 pouces carrés,
de telle sorte que la superficie totale des deux surfaces s'élevait à 78,57 pouces
carrés. En conséquence, la plante, non compris les tiges à fleurs, devait
porter le nombre extraordinaire de 2,568,099 poils glandulaires. Les poils
furent comptés à la fin de l'automne, et, au printemps suivant (mai), les
feuilles étaient d'un tiers à un quart plus larges et plus longues qu'auparavant ; de sorte que, sans aucun doute, le nombre des poils glandulaires avait augmenté et dépassait alors de beaucoup 3 millions.

quement peuvent être considérés comme un prolongement de la feuille; toutefois, le limbe entier se recourbe souvent et convertit la feuille en un estomac temporaire.

Il n'est guère possible de douter actuellement que toutes les plantes appartenant à ces six genres ne possèdent la propriété de dissoudre les substances animales au moyen de leur sécrétion qui contient un acide outre un ferment dont la nature est presque identique à la pepsine; elles absorbent ensuite les substances ainsi digérées. Il est évident que les choses se passent ainsi chez le *Drosera,* le *Drosophyllum* et la *Dionée*; il est presque certain qu'il en est de même chez l'*Aldrovandia,* et, par analogie, il est très-probable que le *Roridula* et le *Byblis* participent à ces avantages. Cela nous explique comment il se fait que les trois premiers genres aient des racines si petites et que l'*Aldrovandia* n'en ait pas du tout; nous ne savons absolument rien relativement aux racines des deux autres genres. Sans doute, il est fort étonnant qu'un groupe tout entier de plantes (et, comme nous le verrons tout à l'heure, quelques autres plantes qui ne sont pas alliées aux *Droséracées*) subsistent en partie par la digestion de matières animales et en partie par la décomposition de l'acide carbonique, au lieu de s'en tenir exclusivement à ce dernier moyen en y ajoutant l'absorption de certaines substances du sol à l'aide de leurs racines. Toutefois, nous pourrions citer un cas également anormal dans le règne animal : les Crustacés rhizocéphales ne se nourrissent pas par la bouche comme les autres animaux, car ils ne possèdent pas de canal alimentaire; ils se nourrissent en absorbant, par des processus qui ressemblent à des racines, les sucs des animaux sur lesquels ils vivent en parasites[1].

Sur les six genres composant la famille, le *Drosera* a

1. Fritz Müller; *Facts for Darwin,* traduct. anglaise, 1869, p. 139. Les Crustacés rhizocéphales sont alliés aux Cirripèdes. Il est difficile d'imaginer une différence plus considérable que celle qui existe entre un animal doué

de beaucoup le mieux réussi dans la lutte pour l'existence;
on peut attribuer une grande partie de son succès à son
mode de capturer les insectes; le *Drosera* est une forme
dominante, car il comprend, croit-on, environ cent espè-
pèces[1], qui s'étendent, dans le vieux monde, depuis les
régions arctiques jusqu'aux parties méridionales de l'Inde
au cap de Bonne-Espérance, à Madagascar et à l'Australie;
et, dans le nouveau monde, du Canada à la Terre de Feu.
Sous ce rapport il offre un contraste remarquable avec les
cinq autres genres qui paraissent des groupes destinés à
disparaître. La *Dionée* ne comprend qu'une seule espèce,
confinée dans un district de la Caroline. Les trois variétés ou
les trois espèces, étroitement alliées d'*Aldrovandia,* comme
tant d'autres plantes aquatiques, ont un habitat considérable qui s'étend de l'Europe centrale au Bengale et à
l'Australie. Le *Drosophyllum* ne comprend qu'une seule
espèce limitée au Portugal et au Maroc. Le *Roridula* et le
Byblis ont, m'apprend le professeur Oliver, chacun deux
espèces; le premier est confiné aux parties occidentales du
cap de Bonne-Espérance, le second à l'Australie. Il est
étrange que la *Dionée,* qui est une des plantes les plus

---

de membres préhensiles, d'une bouche bien construite et d'un canal alimentaire, et un animal privé de tous ces organes et se nourrissant par
absorption au moyen de processus ramifiés qui ressemblent à des racines. Si
un cirripède fort rare, l'*Anelasma squalicola,* avait disparu, il eût été
extrêmement difficile de conjecturer comment un changement aussi prodigieux a pu se produire graduellement. Mais, ainsi que Fritz Müller le fait
remarquer, nous trouvons dans l'*Anelasma* un animal dans une condition
presque exactement intermédiaire, car il possède des processus ressemblant à des racines qu'il enfonce dans la peau du requin, sur lequel il vit
en parasite, et ses cirrhes préhensiles et sa bouche (ainsi qu'elles ont été
décrites dans ma monographie sur les *Lépadidées, Ray soc.,* 1851, p. 169)
se trouvent réduits à un état atrophique et presque rudimentaire. Le
Dr R. Kossmann, dans son ouvrage sur les *Suctoria* et les *Lépadidées,* 1873,
s'est livré à une discussion très-intéressante sur ce sujet. (Voir aussi
Dr Dohrn, *Der Ursprung der Wirbelthiere,* 1875, p. 77.)

1. Bentham et Hooker, *Genera plantarum.* L'Australie est la métropole
du genre, car, ainsi que me l'apprend le professeur Oliver, on en a trouvé
quarante et une espèces dans ce pays.

admirablement adaptées qu'il y ait dans le règne végétal, soit évidemment en train de disparaître. Le fait est d'autant plus étrange que les organes de la *Dionée* sont plus hautement différenciés que ceux du *Drosera*; ses filaments sont exclusivement des organes du toucher; les lobes servent à capturer les insectes et les glandes, quand elles sont excitées, servent à sécréter aussi bien qu'à absorber; chez le *Drosera*, au contraire, les glandes remplissent ces différentes fonctions et sécrètent sans être excitées.

Si nous comparons la conformation des feuilles, leur degré de complication et leurs parties rudimentaires dans les six genres, nous sommes conduits à conclure que leur ancêtre commun avait des caractères semblables à ceux du *Drosophyllum*, du *Roridula* et du *Byblis*. Les feuilles de cette ancienne forme étaient presque certainement linéaires peut-être divisées et portaient, à leur surface supérieure et inférieure, des glandes ayant la propriété de sécréter et d'absorber. Certaines de ces glandes surmontaient des pédicelles; d'autres étaient presque sessiles; ces dernières se mettaient à sécréter seulement quand elles avaient été stimulées par l'absorption de matières azotées. Chez le *Byblis* les glandes consistent en une seule couche de cellules, supportée par un pédicelle unicellulaire; chez le *Roridula* les glandes ont une structure plus complexe et reposent sur des pédicelles composés de plusieurs rangées de cellules; chez le *Drosophyllum* les glandes contiennent des cellules spirales et les pédicelles un faisceau de vaisseaux spiraux. Mais, dans ces trois genres, ces organes ne possèdent pas la faculté du mouvement, et il est évident qu'ils participent de la nature des poils ou trichômes. Bien qu'on ait des exemples innombrables d'organes foliaires, qui se meuvent quand ils sont excités, on ne connaît aucun cas de trichômes qui aient cette faculté[1]. Nous sommes

---

1. Sachs, *Traité de Bot.*, 3e édit., 1874, p. 1026.

ainsi conduits à nous demander comment les prétendus tentacules du *Drosera*, qui manifestement ont la même nature générale que les poils glandulaires des trois genres dont nous venons de parler, ont pu acquérir la faculté de se mouvoir. Beaucoup de botanistes soutiennent que ces tentacules ne sont que des prolongements de la feuille parce qu'ils contiennent du tissu vasculaire, mais on ne peut plus considérer ce caractère comme une distinction à laquelle on puisse se fier[1]. La possession de la faculté du mouvement lors d'une excitation aurait été une preuve plus sûre. Toutefois, quand on considère le grand nombre de tentacules qui recouvrent les deux surfaces des feuilles du *Drosophyllum* et la surface supérieure des feuilles du *Drosera*, il semble à peine possible que chaque tentacule ait été dans le principe un prolongement de la feuille. Le *Roridula* nous indique peut-être comment on peut concilier ces difficultés relativement à la nature homologique des tentacules. Les divisions latérales des feuilles de cette plante se terminent par de longs tentacules; ces tentacules contiennent des vaisseaux spiraux qui ne pénètrent à l'intérieur que sur une courte distance sans qu'il y ait de ligne de démarcation entre ce qui est évidemment le prolongement de la feuille et le pédicelle d'un poil glandulaire. Il n'y aurait donc rien d'anormal ou d'extraordinaire à ce que la base de ces tentacules, qui correspondent aux tentacules marginaux du *Drosera*, aient acquis la faculté du mouvement; or, nous savons que chez le *Drosera* c'est seulement la partie inférieure du tentacule qui a la faculté de s'infléchir. Mais, pour comprendre comment il se fait que, dans ce dernier genre, non-seulement les tentacules marginaux, mais aussi tous les tentacules intérieurs, ont acquis la faculté du mouvement, nous devons supposer ou

---

1. Dr Warming, *Sur la différence entre les Trichómes*, Copenhague, 1873, p. 6. — *Extrait des Videnskabelige Meddelelser de la Soc. d'hist. nat. de Copenhague*, nos 10-12, 1872.

bien qu'en vertu du principe de la corrélation du développement, cette faculté du mouvement a été transmise à la base des poils, ou bien que la surface de la feuille s'est prolongée sur d'innombrables points de façon à s'unir avec les poils et à constituer ainsi la base des tentacules intérieurs.

Les trois genres dont nous venons de parler, *Drosophyllum*, *Roridula* et *Byblis*, qui semblent avoir conservé des caractères primordiaux, portent encore des poils glandulaires sur les deux surfaces de leurs feuilles. Les poils situés à la surface inférieure ont depuis disparu chez les genres mieux développés, à l'exception toutefois d'une espèce le *Drosera binata*. Les petites glandes sessiles ont aussi disparu dans quelques genres, remplacées qu'elles ont été chez le *Roridula* par des poils et chez la plupart des espèces de *Drosera* par des papilles absorbantes. Le *Drosera binata*, avec ses feuilles linéaires et bifurquées, se trouve dans un état intermédiaire. Il porte encore des glandes sessiles sur les deux surfaces de ses feuilles, et, à la surface inférieure, quelques tentacules irrégulièrement placés qui sont privés de la faculté du mouvement. Une légère modification convertirait les feuilles linéaires de cette espèce en feuilles oblongues semblables à celles du *Drosera anglica*, et celles-ci se transformeraient aisément aussi en feuilles orbiculaires avec tiges telles que celles du *Drosera rotundifolia*. Les tiges de cette dernière espèce portent des poils multicellulaires qui, nous avons de bonnes raisons pour le croire, représentent des tentacules avortés.

L'ancêtre de la *Dionée* et de l'*Aldrovandia* semble avoir été étroitement allié au *Drosera*; il possédait sans doute des feuilles arrondies, supportées par des petioles distincts et garnies de tentacules tout autour de la circonférence avec d'autres tentacules et des glandes sessiles sur la surface supérieure des feuilles. Ce qui me porte à le croire,

c'est que les poils marginaux de la *Dionée* représentent
évidemment les tentacules marginaux extrêmes du *Drosera*; les six et quelquefois les huit filaments sensitifs de
la surface supérieure de la feuille de la *Dionée*, aussi bien
que les filaments sensitifs plus nombreux de l'*Aldrovandia*
correspondent aux tentacules centraux du *Drosera* dont
les glandes ont avorté, mais qui ont gardé toute leur sensibilité. A ce sujet nous devons nous rappeler que le sommet des tentacules du *Drosera*, immédiatement au-dessous
des glandes, est sensible.

Les trois caractères les plus remarquables que possèdent les divers membres de la famille des *Droséracées*
consistent en ce que les feuilles de quelques-uns ont la
faculté de se mouvoir quand elles sont excitées, en ce que
leurs glandes sécrètent un liquide qui digère les matières
animales et en ce qu'elles absorbent ces matières digérées. Ne serait-il pas possible de jeter quelque lumière
sur les phases et les transformations graduelles qui
ont permis à ces plantes d'acquérir ces facultés remarquables?

Les parois des cellules étant nécessairement perméables
pour que les glandes puissent sécréter, il n'est pas surprenant qu'elles permettent facilement aux liquides de
passer de l'extérieur à l'intérieur; or, ce passage mérite
d'être appelé un acte d'absorption si les liquides qui pénètrent à l'intérieur des glandes se combinent avec leur
contenu. A en juger par les preuves que nous avons accumulées, les glandes sécrétantes de beaucoup d'autres
plantes peuvent absorber les sels d'ammoniaque que la
pluie leur apporte en petite quantité. Deux espèces de Saxifrages sont douées de cette faculté; en outre, les glandes
de l'une de ces espèces absorbent probablement des substances provenant des insectes qu'elles capturent et certainement des matières contenues dans une infusion de
viande crue. Il n'y a donc rien d'anormal à ce que les *Dro-*

séracées aient acquis la faculté de l'absorption à un degré beaucoup plus élevé.

Mais il est un problème beaucoup plus difficile à résoudre : comment les membres de cette famille, comment le *Pinguicula* et, ainsi que le docteur Hooker l'a récemment démontré, les *Nepenthes*, ont-ils pu acquérir la faculté de sécréter un liquide qui dissout ou digère les substances animales? Un ancêtre commun a sans doute transmis cette faculté par héritage aux six genres des Droséracées, mais cette explication ne peut s'appliquer ni aux *Pinguicula*, ni aux *Nepenthes*, car ces plantes ne sont alliées en aucune façon aux *Droséracées*. Toutefois la difficulté est loin d'être aussi grande qu'elle peut le sembler tout d'abord. En premier lieu, les sucs de beaucoup de plantes contiennent un acide, et il semble que tout acide doit servir à un acte de digestion. En second lieu, comme le docteur Hooker l'a fait remarquer dans le discours qu'il a prononcé sur ce sujet à Belfast (1874) et comme Sachs le répète si souvent[1], les embryons de quelques plantes sécrètent un liquide qui dissout les substances albumineuses qui se trouvent dans l'endosperme, bien que l'endosperme ne soit pas immédiatement uni à l'embryon, mais qu'il se trouve seulement en contact avec lui. En outre, toutes les plantes possèdent la faculté de dissoudre les substances albumineuses et protéiques telles que le *protoplasma*, la chlorophylle, le gluten, l'aleurone, et les transportent d'une partie à l'autre de leurs tissus. Cette dissolution doit s'effectuer au moyen d'un dissolvant qui se compose probablement d'un ferment joint à un acide[2]. Or, dans le cas des plantes qui peuvent absorber des matières déjà solubles provenant d'insectes capturés, bien qu'elles ne soient pas capables d'opérer une

1. *Traité de Bot.*, 3e édit., 1874, p. 844. Voir aussi, pour les faits suivants, p. 64, 76, 828, 831.
2. Depuis que cette phrase a été écrite, j'ai reçu un mémoire de M. Gorup-Besanez (*Berichte der Deutschen chemischen Gesellschaft*, Berlin, 1874,

véritable digestion, le dissolvant dont nous venons de parler,
qui doit parfois être présent dans les glandes, est sans doute
apte à sortir de ces glandes en même temps que la sécrétion visqueuse, car l'endosmose est toujours accompagnée
d'exosmose. Quand une semblable exudation a lieu, le
dissolvant doit agir sur les substances animales contenues
dans les insectes capturés, et ceci constituerait un acte
de véritable digestion. Or, comme il est certain que ce
procédé rendrait d'immenses services aux plantes qui
croissent dans un sol très-pauvre, la sélection naturelle
doit constamment tendre à le perfectionner. En conséquence,
toute plante ordinaire portant des glandes visqueuses qui
capturent accidentellement des insectes, pourrait ainsi se
transformer, les circonstances étant favorables, en une
espèce apte à digérer réellement. Il n'est donc pas très-
extraordinaire que plusieurs genres de plantes qui ne
sont en aucune façon étroitement alliées les unes aux
autres aient acquis isolément cette faculté.

Comme il existe plusieurs plantes dont les glandes,
autant que nous le sachions du moins, ne peuvent digérer
les substances animales bien qu'elles puissent absorber les
sels d'ammoniaque et les liquides animalisés, il est probable que cette dernière faculté est le premier degré vers
l'acquisition de la faculté de la digestion. Il se pourrait
toutefois que, dans certaines conditions, une plante après
avoir acquis la faculté de la digestion dégénère et soit désormais apte seulement à absorber les substances animales
en solution ou à l'état de décomposition, ou enfin les produits définitifs de la décomposition, c'est-à-dire les sels
d'ammoniaque. Il semble que c'est là ce qui s'est passé en
partie chez les feuilles de l'*Aldrovandia* dont les parties

p. 1478) qui, avec le concours du Dr H. Will, a découvert que les graines
de la Vesce contiennent un ferment, et que ce ferment, extrait au moyen
de la glycérine, dissout les matières albumineuses telles que la fibrine,
et les transforme en véritables peptones.

extérieures possèdent des organes absorbants, mais n'ont pas de glandes aptes à sécréter un liquide digestif, ces glandes étant confinées dans les parties internes[1].

1. Convaincu de l'absorption des matières animales par les feuilles des *Drosera*, des *Dionaea*, des *Nepenthes*, etc. M. Édouard Morren s'est demandé quel pouvait être le mode d'assimilation de ces substances par l'organisme végétal : il a soumis ses idées à l'Académie de Bruxelles dans sa séance du 21 octobre 1876, sous la forme d'un mémoire intitulé : *la Digestion végétale, Note sur le rôle des ferments dans la nutrition des Plantes.* La digestion animale est, dit-il, considérée dans son essence comme une fermentation indirecte : elle consiste dans une hydratation suivie du dédoublement des matières digestibles ou fermentescibles ; ces substances sont converties en composés simples diffusibles et par suite absorbables. Cette transformation est opérée par les ferments indirects ou solubles qui dérivent probablement des matières albuminoïdes et semblent faire partie du *protoplasma.* Ces ferments sont particulièrement abondants dans les sucs appelés digestifs tels que la salive, le suc gastrique, le suc pancréatique et le suc intestinal. La ptyaline se trouve dans la salive, la pepsine dans le suc gastrique et sous la forme de ferment albuminosique dans le suc pancréatique avec de la diastase et du ferment inversif. La sécrétion du pancréas saccharifie l'amidon, saponifie les graisses et peptonifie les albuminoïdes. Le ferment des sucres dit inversif fait partie du suc intestinal ; c'est sous l'influence de ces ferments que la fibrine, les huiles, les fécules et les sucres sont dédoublés et rendus absorbables et assimilables.

La digestion des végétaux est comparable en tout point à celle des animaux ; elle porte sur les mêmes substances et s'exerce par les mêmes ferments qui sont plus nombreux que ceux des animaux.

La *diastase* ou ferment glycosique est le ferment des matières amylacées ; sous son influence, l'amidon se dédouble en dextrine et en glycose et, finalement, en glycoses solubles et absorbables ; c'est le rôle de la ptyaline. La diastase a été découverte dans l'orge en germination, elle attaque l'amidon accumulé et le rend assimilable pour l'embryon. La diastase existe également dans les tubercules de pomme de terre près des bourgeons et quand ils se développent, la fécule est convertie en glycose et absorbée. Pour les chimistes, la diastase végétale ne diffère pas de la diastase animale.

Ferment inversif. — La saccharose (sucre de canne) est comme l'amidon accumulée dans certains tissus en vue de la nutrition ; ex. : la canne à sucre, les graminées en général, la racine de betterave avant la floraison. Le sucre n'est point absorbé ni assimilé s'il est converti par le ferment inversif en glycose (sucre de raisin) et en lévulose (sucre incristalisable) dont le mélange prend le nom de *sucre interverti.* Le ferment inversif existe dans le suc intestinal de l'homme, des chiens, des lapins, des oiseaux, du ver à soie, etc., il se trouve également dans les plantes, avant leur floraison, et transforme leur saccharose en glucose qui est immédiatement utilisée à l'état de cellulose pour la formation des parois des cellules.

Ferment émulsif et saponifiant. — Les corps gras dans les animaux sont

Il est difficile de jeter quelque lumière sur le troisième caractère remarquable que possèdent les genres les plus hautement développés des *Droséracées,* c'est-à-dire la

émulsionnés, puis saponifiés par le suc pancréatique. L'émulsion est une division mécanique qui permet l'absorption. Dans le lait, la matière grasse se trouve naturellement émulsionnée, de là sa digestibilité. Le ferment émulsif se produit dans les graines oléagineuses broyées dans l'eau ; ex.: celles des Crucifères, des Papaveracées, des *Linum,* des bulbes de l'oignon.

Ferment albuminosique. — *Pepsine.* — Sous leur influence, les matières azotées ou albuminoïdes, la fibrine, par exemple, passent à l'état de syntonine et se dédoublent en peptones. Quoique ces transformations ne soient pas encore parfaitement connues, M. Darwin et M. Morren ne doutent pas, d'après les analyses de MM. Franckland, Max Rees et H. Will, que la pepsine n'existe dans les glandes du *Drosera* d'où ils l'ont retirée et fait servir à la digestion artificielle de la fibrine.

M. Masters a constaté le pouvoir digestif du nectar des fleurs de l'Hellebore sur l'albumine coagulée ; et on sait que le latex du *Carica papaya* dissout la viande. De même MM. Gorup-Besanez et H. Will ont extrait des graines germées des pois des ferments tels que le gluten, la légumine et l'aleurone qui se trouvent dans les graines des Papilionacées à cotylédones épais. En l'isolant, ce ferment présente les mêmes phénomènes que le suc pancréatique. Quelques gouttes de sa solution dans l'eau ou la glycérine transforment de notables quantités de farine en sucre. De la fibrine du sang fut convertie en un liquide opalescent donnant toutes les réactions des peptones.

On peut affirmer que les phénomènes digestifs sont plus variés, plus nombreux dans ces végétaux que dans les animaux et ont pour effet de transformer les substances plasmiques approvisionnées en principes solubles, cristalloïdes, diffusibles et assimilables. On a constaté depuis longtemps l'analogie qui existe entre la composition du lait sec et la farine de froment sèche. Or l'amidon entre dans la constitution de la plupart des graines.

Dans les végétaux inférieurs dépourvus de chlorophylle, Myxomycetes, moisissures, Champignons, c'est le *protoplasma* qui seul est doué du pouvoir digestif ; mais dans la plupart des végétaux, la chlorophylle intervient efficacement : elle absorbe l'acide carbonique et avec le concours de la lumière élabore la fécule : la chlorophylle prépare les matériaux qui seront digérés et assimilés par le *protoplasma* qui résume toute l'activité végétale, mais son activité se manifeste avec une prodigieuse variété : 1° *l'élaboration* consiste dans la production d'un hydrate de carbone, c'est l'œuvre de la chlorophylle sous l'influence de la lumière ; le produit c'est l'amidon mis en réserve ; 2° la *digestion* s'opère par le *protoplasma* en mouvement activé par l'oxygène ; il y a production d'acide carbonique. L'amidon passe à l'état de glycose ; 3° *l'assimilation* c'est l'application de cette matière à l'organisme, le *protoplasma* se revêt de sa membrane cellulaire, dans le sein du *cambium.* On voit combien la nutrition végétale a de rapports avec la nutrition animale. Qu'un grain de blé serve à nourrir un animal ou à nourrir la plante

faculté du mouvement à la suite d'une excitation. Toutefois, il faut se rappeler que les feuilles et leurs homologues, aussi bien que les pédoncules des fleurs, ont dans d'innombrables cas acquis cette faculté indépendamment de toute hérédité d'un ancêtre commun ; par exemple, les plantes portant des vrilles et celles qui grimpent au moyen de leurs feuilles, c'est-à-dire les plantes dont les feuilles, les pétioles, les pédoncules des fleurs, etc., se sont modifiés pour la préhension : ces plantes appartiennent à un grand nombre des ordres les plus distincts. Les feuilles de beaucoup de plantes qui dorment la nuit ou qui se mettent en mouvement à la suite d'un attouchement ; les étamines et les pistils irritables de beaucoup d'espèces sont dans le même cas. Nous pouvons donc conclure que la faculté du mouvement peut s'acquérir facilement par divers moyens. Ces mouvements impliquent l'irritabilité ou la sensibilité ; toutefois, comme l'a fait remarquer Cohn[1], les tissus des plantes douées de ces facultés n'ont pas un caractère commun qui les différencie de ceux des plantes ordinaires ; il est donc probable que toutes les feuilles sont plus ou moins irritables. Quand un insecte se pose sur une

à laquelle il donne naissance, les choses se passeront exactement de la même manière ; c'est ainsi que M. Van Tighem a pu nourrir des embryons de Belle de nuit extraits de la graine et séparés de leur albumen au moyen d'une pâte de fécule ou de sarrazin.

La similitude de la nutrition dans les deux règnes nous explique pourquoi certains produits : les acides butyrique, formique, palmitique, oxalique, leur sont communs. On s'explique de même l'unité de structure organique, du *protoplasma*, dans les deux règnes ; il est la base et la cause de leur activité vitale. Ainsi les phénomènes des plantes carnivores sont un cas particulier d'une fonction générale. Chez elles la pepsine se sécrète à la surface de même que la levure de bière (*Saccharomyces cerevisiæ*) excrète le ferment inversif du sucre de canne. Seulement les faits constatés chez les *Drosera* et qualifiés légèrement par des juges incompétents ou prévenus, ont eu pour résultat de nous ouvrir de nouveaux horizons sur la physiologie comparée des deux branches du règne organisé, les végétaux et les animaux.

CH. M.

1. Voir l'extrait de son mémoire sur les tissus contractiles des plantes dans les *Annals and Magaz. of Nat. hist.*, 3e série, vol. XI, p. 188.

feuille il est même probable qu'un léger changement moléculaire se transmet à une certaine distance à travers les tissus, avec cette seule différence qu'il ne se produit pas d'effet perceptible. Le fait qu'un seul attouchement des glandes du *Drosera* ne provoque pas l'inflexion est une preuve à l'appui de cette hypothèse. Cependant, cet attouchement doit produire quelque effet, car, si les glandes ont été plongées préalablement dans une solution de camphre, l'inflexion après l'attouchement se produit plus rapidement que si le camphre avait agi tout seul. De même, chez la *Dionée*, on peut toucher le limbe de la feuille à l'état ordinaire sans qu'elle se ferme, cependant cet attouchement doit produire un certain effet qui se transmet à travers toute la feuille, car si les glandes ont récemment absorbé des substances animales, un attouchement très-délicat suffit pour faire fermer les lobes instantanément. En résumé, nous pouvons conclure que l'acquisition d'une sensibilité très-développée et de la faculté du mouvement par plusieurs genres des *Droséracées* ne présente pas une explication plus difficile que celle que l'on aurait à faire pour des facultés analogues, mais plus faibles, possédées par une multitude d'autres végétaux.

La nature spéciale de la sensibilité que possèdent le *Drosera*, la *Dionée* et certaines autres plantes, mérite toute notre attention. On peut frapper une fois, deux fois, trois fois même, une glande de *Drosera* sans qu'il se produise aucun effet, tandis que la pression continue d'une parcelle très-petite provoque un mouvement. D'autre part, on peut déposer avec précaution un corps assez lourd sur un des filaments de la *Dionée* sans qu'aucun effet se produise, mais si l'on chatouille une fois seulement ce filament avec l'extrémité d'un poil très-fin les lobes se ferment immédiatement. Or, cette différence dans la nature de la sensibilité de ces deux plantes est une adaptation manifeste à leur façon de capturer les insectes. De même, lorsque les

glandes centrales du *Drosera* absorbent des substances
azotées, elles transmettent une impulsion motrice aux
tentacules extérieurs beaucoup plus rapidement que lorsqu'on les irrite mécaniquement; chez la *Dionée*, au contraire, l'absorption des substances azotées détermine les
lobes à se presser l'un contre l'autre avec une extrême
lenteur, tandis qu'un attouchement excite un mouvement
rapide. On peut observer des exemples à peu près analogues, comme je l'ai démontré dans un autre ouvrage,
sur les vrilles de diverses plantes; les unes sont plus excitées quand elles se trouvent en contact avec des fibres
très-petites, les autres quand elles se trouvent en contact
avec des poils durs, d'autres enfin avec des surfaces plates
ou crevassées[1]. Les organes sensitifs du *Drosera* et de la
Dionée ont aussi contracté des habitudes spéciales de façon
à ne pas se laisser affecter inutilement par le poids ou
par le choc des gouttes de pluie ou des courants d'air. On
peut expliquer ce phénomène par l'hypothèse que ces
plantes et leurs ancêtres ont fini par s'accoutumer si bien
à l'action répétée de la pluie et du vent, que ces causes
ne provoquent chez elles aucun changement moléculaire;
tandis qu'au contraire la sélection naturelle les a rendues
de plus en plus sensibles au contact et à la pression
plus rare des corps solides. Bien que l'absorption de divers
liquides par les glandes du *Drosera* provoque un mouvement, il existe une grande différence dans l'action des
liquides combinés, par exemple la combinaison de certains
acides végétaux avec le citrate ou le phosphate d'ammoniaque. La nature spéciale et la perfection de la sensibilité chez ces deux plantes est d'autant plus étonnante
que personne ne suppose qu'elles possèdent des nerfs;
j'ai expérimenté sur le *Drosera* avec plusieurs substances

---

1. Charles Darwin, les mouvements et les habitudes des plantes grimpantes. Traduction française par le Dr R. Gordon, p. 221.

qui agissent puissamment sur le système nerveux des animaux, et il ne m'a pas paru que les feuilles de cette plante ne renfermassent des matières diffuses analogues au tissu nerveux.

Bien que les cellules du *Drosera* et de la *Dionée* soient tout aussi sensibles à certains stimulants que le sont les tissus qui entourent l'extrémité des nerfs chez les animaux les plus élevés, cependant ces plantes sont inférieures même aux animaux placés fort bas sur l'échelle, en ce qu'elles ne sont affectées que par des stimulants qui se trouvent en contact avec leurs parties sensibles. Toutefois, elles seraient probablement affectées par la chaleur rayonnante, car l'eau chaude excite chez elles des mouvements énergiques. Quand on excite une glande de *Drosera* ou un des filaments de la *Dionée*, l'impulsion motrice rayonne dans toutes les directions, et ne se dirige pas, comme chez les animaux, vers des points ou des organes spéciaux. On observe ce fait chez le *Drosera* même; si l'on place quelque substance excitante sur deux points du disque tous les tentacules adjacents s'infléchissent avec une précision merveilleuse vers ces deux points. La rapidité avec laquelle se transmet l'impulsion motrice, bien que très-grande chez la *Dionée*, est beaucoup plus lente que chez les animaux en général. Ce fait, ainsi que celui que l'impulsion motrice ne se dirige pas spécialement vers certains points, est dû sans doute à l'absence des nerfs. Toutefois, le fait que la transmission de l'impulsion motrice s'effectue beaucoup plus rapidement entre les tentacules adjacents du *Drosera* que partout ailleurs, et que cette transmission est un peu plus rapide à travers le disque dans le sens longitudinal que dans le sens transversal, nous explique peut-être l'origine de la formation des nerfs chez les animaux. L'absence de toute action reflexe, sauf toutefois en ce sens que les glandes du *Drosera* excitées à une certaine distance reçoivent une impulsion qui fait

agréger le contenu des cellules jusqu'à la base des tentacules, démontre encore plus ouvertement l'infériorité de
ces plantes comparativement aux animaux. Mais ce qui
constitue leur plus grande infériorité, c'est qu'elles ne
possèdent pas un organe central, apte à recevoir des impressions de toutes parts et transmettre leurs effets dans
une direction définie, à les accumuler et à les reproduire.

CHAPITRE XVI.

PINGUICULA.

Pinguicula vulgaris. — Conformation des feuilles. — Nombre des insectes et des autres objets capturés. — Mouvement des bords des feuilles. — Utilité de ce mouvement. — Sécrétion, digestion et absorption. — Action de la sécrétion sur diverses matières animales et végétales. — Effets sur les glandes des matières qui ne contiennent pas de substances azotées solubles. — *Pinguicula grandiflora,* — *Pinguicula lusitanica,* capture les insectes. — Mouvement des feuilles, sécrétion et digestion.

PINGUICULA VULGARIS

Cette plante croît dans les endroits humides, ordinairement sur les montagnes, elle porte, en moyenne, huit feuilles oblongues, assez épaisses, d'un vert clair, surmontant une tige très-courte. Une feuille arrivée à sa croissance parfaite a environ 1 pouce 1/2 de longueur et 3/4 de pouce de largeur. Les jeunes feuilles centrales sont très-concaves et presque verticales; les plus vieilles feuilles, qui forment une espèce de cercle ayant de 3 à 4 pouces de diamètre autour de la plante, sont plates ou convexes et reposent sur le sol. Les bords des feuilles sont recourbés. Leur surface supérieure est couverte de deux espèces de poils glandulaires, différents par le volume des glandes et la longueur des pédicelles. Vues d'en haut les plus grosses glandes semblent rondes et ont une épaisseur modérée; elles sont divisées au moyen de cloisons rayonnantes en seize cellules contenant un liquide homogène vert clair et surmontent un pédicelle allongé, unicellulaire avec un noyau et un nucléole et reposant sur une légère proéminence. Les petites glandes ne diffèrent des grandes qu'en ce qu'elles comportent environ la moitié moins de cellules contenant un liquide beaucoup plus clair et qu'elles surmontent un pédicelle beaucoup plus court. Auprès de la nervure médiane, vers la base de la feuille, les pédicelles sont multicellulaires, en outre, ils sont plus longs que partout ailleurs et portent des glandes plus petites. Toutes les glandes sécrètent un liquide incolore tellement visqueux que j'ai pu l'étirer en un fil fin sur une longueur de 18 pouces (45 centim.); toutefois, je dois ajouter que dans ce cas le liquide était sécrété par une glande qui avait été excitée. Le bord de la feuille est translucide et ne porte pas de glandes; les vaisseaux spiraux, partant de la côte centrale, se terminent dans le bord par des cellules marquées par une ligne spirale ressemblant un peu à celles qui se trouvent dans les glandes du *Drosera*.

Les racines sont courtes. Je déracinai trois plantes dans le nord du pays de Galles, le 20 juin, et je les lavai avec soin; chacune avait cinq ou six racines sans ramifications dont la plus longue avait seulement 1 pouce 2/10 de longueur (3,039 centim.). J'examinai le 28 septembre deux plantes assez jeunes; ces plantes avaient un grand nombre de racines c'est-à-dire l'une huit, l'autre dix-huit, mais toutes avaient moins d'un pouce de longueur et fort peu de divisions.

M. W. Marshall m'a appris que, sur les montagnes du Cumberland, beaucoup d'insectes adhèrent aux feuilles de cette plante; c'est ce qui m'a conduit à étudier ses habitudes avec soin :

Un de mes amis m'a envoyé, le 23 juin, trente-neuf feuilles provenant des parties septentrionales du pays de Galles, qu'il avait choisies parce qu'un assez grand nombre d'objets de toute sorte adhéraient à ces plantes. Sur ces trente-neuf feuilles, trente-deux avaient capturé 142 insectes, soit, en moyenne, 4,4 insectes par feuille et encore n'ai-je pas compté les petits fragments. Outre les insectes, des petites feuilles, appartenant à quatre espèces différentes de plantes, celles de l'*Erica tetralix* étant de beaucoup la plus commune, et trois petites plantes microscopiques emportées par le vent adhéraient à dix-neuf feuilles. Une de ces feuilles avait capturé jusqu'à dix feuilles de l'*Erica*. En outre, j'ai trouvé sur six feuilles des graines, des fruits, le plus ordinairement des *Carex* et un *Juncus* outre des fragments de mousses et d'autres fragments. Le même ami, le 27 juin, recueillit neuf plantes portant soixante-quatorze feuilles qui toutes, à l'exception de trois, avaient capturé des insectes; je comptai 30 insectes sur une feuille, 18 sur une deuxième et 16 sur une troisième. Un autre de mes amis examina, le 22 juin, quelques plants de *Pinguicula* dans le comté de Donegal en Irlande; ces plantes portaient cent cinquante-sept feuilles, sur lesquelles soixante-dix avaient capturé des insectes; il m'envoya quinze de ces feuilles qui chacune portait en moyenne 24 insectes. En outre, à neuf de ces feuilles adhéraient d'autres feuilles, principalement d'*Erica tetralix;* toutefois, je dois ajouter qu'il avait choisi tout particulièrement les feuilles de *Pinguicula* qu'il m'a envoyées à cause de cette dernière particularité. Il est bon d'ajouter enfin, qu'au commencement d'août, mon fils trouva des feuilles de cette même *Erica* et les fruits d'un *Carex* adhérant aux feuilles d'une espèce de *Pinguicula* en Suisse, probablement le *Pinguicula alpina;* quelques insectes, mais en petit nombre, adhéraient aussi aux feuilles de cette plante qui a des racines beaucoup plus développées que celles du *Pinguicula vulgaris*. M. Marshall, habitant le Cumberland, examina avec beaucoup de soin, le 3 septembre, dix plantes portant quatre-vingts feuilles; il trouva des insectes sur soixante-trois de ces feuilles, c'est-à-dire sur soixante-dix-neuf pour cent; elles portaient 143 insectes, de telle sorte que chaque feuille portait en moyenne 2,27 insectes. Quelques jours plus tard, il m'envoya quelques plants sur lesquels je trouvai soixante graines ou fruits adhérents à quatorze feuilles. J'ai retrouvé une graine d'une même espèce sur trois feuilles de la même plante. Les seize graines appartenaient à neuf espèces différentes que je ne pus reconnaître, sauf une graine de *Ranunculus* et plusieurs autres appartenant à trois ou quatre espèces distinctes de *Carex*. Il semble que le *Pinguicula* capture moins d'insectes au commencement de l'automne que plus tôt dans l'année; ainsi, dans le Cumberland, on a pu observer au milieu de juillet, des feuilles portant de 20 à 24 insectes, tandis qu'au commencement de septembre le nombre moyen des insectes capturés ne s'élève plus qu'à 2,27 par feuille. La plupart des insectes capturés dans les cas que nous venons de citer sont des diptères, mais on y trouve aussi beaucoup de petits hyménoptères, y compris quelques fourmis, et, en outre, quelques petits coléoptères, des larves, des araignées et même des petits papillons.

Nous voyons ainsi que les feuilles visqueuses capturent de nombreux insectes et d'autres objets; mais ce fait ne nous donne pas le droit de conclure que l'habitude est avantageuse à la plante plus qu'elle ne l'est au *Mirabilis* ou au Marronnier d'Inde. On va voir, cependant, que les insectes et les autres substances azotées provoquent chez les glandes une augmentation de sécrétion; que cette sécrétion devient alors acide et qu'elle a la faculté de digérer les substances animales telles que l'albumine, la fibrine, etc. En outre, les substances azotées dissoutes sont absorbées par les glandes, ce qui est prouvé par ce fait que leur contenu liquide s'agrége en masses granuleuses de *protoplasma* se mouvant lentement. Les mêmes résultats se produisent quand les insectes sont capturés naturellement, et comme la plante a des racines petites et qu'elle vit dans un sol pauvre, on ne peut douter qu'elle ne tire certains avantages de la faculté dont elle est douée de digérer et d'absorber les substances qu'elle capture ordinairement en si grand nombre. Mais, avant d'aller plus loin, il est indispensable de décrire les mouvements des feuilles.

Mouvements des feuilles. — On n'aurait jamais soupçonné que des feuilles aussi grandes et aussi épaisses que celles du *Pinguicula vulgaris* puissent se recourber en dedans à la suite d'une excitation. Pour s'en assurer par l'expérience, il faut choisir des feuilles dont les glandes sécrètent bien et que l'on a empêché de capturer beaucoup d'insectes; en effet, les vieilles feuilles, ou tout au moins celles des pieds qui vivent à l'état sauvage, ont déjà les bords si complétement recourbés qu'elles se meuvent fort peu ou très-lentement. Je commencerai par donner le détail des expériences les plus importantes que j'ai faites, puis j'en tirerai quelques conclusions.

Première expérience. — Je choisis une feuille jeune et presque perpendiculaire, dont les deux bords latéraux étaient très-légèrement et très-également recourbés. Je plaçai sur un des bords une rangée de petites mouches. Quand j'observai la feuille, le lendemain matin, au bout de quinze heures, ce bord était recourbé à l'intérieur comme le pavillon d'une oreille humaine, sur une largeur d'environ 1/10 de pouce (0,25 centim.), de façon à recouvrir en partie la rangée de mouches (fig. 15); l'autre bord n'avait pas bougé. Les glandes, sur lesquelles reposaient les mouches, aussi bien que les glandes du bord qui s'était recourbé et qui, par conséquent, s'étaient trouvées en contact avec les mouches, sécrétaient toutes abondamment.

Deuxième expérience. — Je plaçai une rangée de mouches sur le bord d'une feuille assez vieille reposant sur le sol, après le même intervalle que dans le cas précédent c'est-à-dire au bout de quinze heures, le bord portant les mouches commençait à se recourber; mais les glandes avaient déversé tant de sécrétion que l'extrémité supérieure de la feuille, qui affecte quelque peu la forme d'une cuiller, était remplie de ces matières sécrétées.

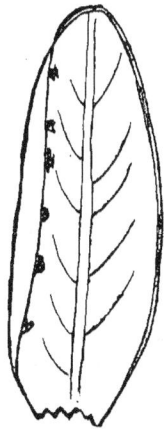

Fig. 15.
Pinguicula vulgaris

Tracé d'une feuille dont le bord gauche s'est infléchi sur une rangée de petites mouches.

Troisième expérience. — Je plaçai des fragments d'une grosse mouche auprès de l'extrémité supérieure d'une feuille vigoureuse, et d'autres fragments sur la moitié de la longueur de l'un des bords. Au bout de quatre heures vingt minutes, la feuille s'était évidemment recourbée; elle continua de le faire un peu pendant l'après-midi, mais, le lendemain matin, je la retrouvai dans le même état. Les deux bords s'étaient recourbés près du sommet. Dans aucun cas, je n'ai vu le sommet lui-même se replier vers la base de la feuille. Au bout de quarante-huit heures, en comptant toujours depuis le moment où les mouches furent posées sur la feuille, les bords commencèrent à se redresser.

Quatrième expérience. — Je plaçai un gros fragment de mouche sur le milieu d'une feuille un peu au-dessous du sommet. Au bout de trois heures, les deux bords latéraux étaient perceptiblement recourbés; au bout de quatre heures vingt minutes, ils l'étaient à tel point que le fragment était embrassé par les deux bords. Au bout de vingt-quatre heures, les deux bords recourbés près du sommet, car la partie inférieure de la feuille n'avait pas été affectée, ont été mesurés et

ils se trouvaient alors éloignés l'un de l'autre de 0,11 de pouce
(2,794 millim.). J'enlevai alors la mouche et je fis couler de l'eau
sur la feuille de façon à bien laver la surface; au bout de vingt-
quatre heures les bords étaient à 0,25ᵉ de pouce (6,349 millim.) l'un
de l'autre, ce qui prouve qu'ils s'étaient considérablement redressés.
Au bout d'un nouveau laps de temps de vingt-quatre heures, ils
étaient complétement redressés. Je plaçai alors une autre mouche au
même endroit pour voir si cette feuille, sur laquelle la première
mouche avait reposé vingt-quatre heures, se mettrait de nouveau en
mouvement; au bout de dix heures, la feuille s'était quelque peu recourbée, mais elle resta immobile pendant les vingt-quatre heures
qui suivirent. Je plaçai aussi un morceau de viande
sur le bord d'une feuille qui s'était refermée quatre
jours avant sur une mouche et qui s'était ensuite redressée; mais la viande ne provoqua même
pas une trace d'inflexion. Tout au contraire, le bord
sembla se recourber quelque peu en arrière, comme
s'il était endommagé, et il resta dans cet état pendant
les trois jours suivants, c'est-à-dire aussi longtemps
que je l'ai observé.

Cinquième expérience. — Je plaçai un gros
morceau de mouche à une distance égale de la base
et du sommet et à une distance égale de la côte centrale et de l'un des bords. Une petite partie de ce
bord, juste en face de la mouche, présentait des traces
d'inflexion au bout de trois heures, inflexion qui
se développa fortement au bout de sept heures. Au
bout de vingt-quatre heures, le bord recourbé ne se
trouvait plus qu'à 16/100 d'un pouce (4,064 millim.)
de la côte centrale. Le bord commença alors à se
redresser, bien que j'aie laissé la mouche sur la
feuille, de telle sorte que, le lendemain matin, c'est-à-dire quarante-huit heures à partir du moment où j'avais placé la mouche
sur la feuille, le bord recourbé avait presque repris sa position
originelle; il se trouvait alors éloigné d'environ 3/10 de pouce
(7,62 millim.) du centre de la feuille, au lieu de 16/100 de pouce.
Cependant une trace d'inflexion était encore visible.

Sixième expérience. — Je choisis une jeune feuille concave dont
les bords étaient légèrement et naturellement recourbés. Je plaçai
sur ces feuilles deux morceaux rectangulaires oblongs, assez gros, de

Fig. 16.
Pinguicula vulgaris

Tracé d'une feuille
dont le bord droit
est infléchi sur
2 morceaux carrés
de viande.

viande rôtie, de façon à ce que leurs extrémités touchassent le bord
recourbé et à ce qu'il y ait une distance entre eux de 46/100 de pouce
(11,68 millim.). Au bout de vingt-quatre heures, le bord était considérablement et également recourbé (voir fig. 16) sur tout cet espace
et sur une longueur de 12 à 13 centièmes de pouce (3,048 à 3,302 millim.) au-dessus et au-dessous de chaque morceau de viande ; de telle
sorte que le bord avait été affecté sur une longueur plus grande
entre les deux morceaux, grâce à leur action combinée, qu'au delà
de chacun des morceaux. Les morceaux de viande étaient trop gros
pour que le bord recourbé pût les embrasser, mais ils furent soulevés,
et l'un d'eux avait pris une position presque verticale. Au bout de
quarante-huit heures, les bords s'étaient presque complétement redressés et les morceaux de viande étaient retombés à leur place primitive. J'examinai de nouveau la feuille deux jours après : le bord
s'était complétement redressé, à l'exception de sa courbe naturelle ;
un des morceaux de viande qui, dans le principe, touchait le bord, se
trouvait actuellement à 0,067 de pouce (1,70 millim.) de distance, ce
qui prouve qu'il avait été repoussé par l'inflexion du bord sur le
limbe de la feuille.

Septième expérience. — Je plaçai un morceau de viande tout
auprès du bord recourbé d'une feuille assez jeune ; après que le bord
se fut redressé, le morceau de viande se trouvait à 11/100 de pouce
(2,795 millim.) du bord. La distance du bord à la côte centrale de la
feuille, bien étendue, s'élevait à 0,35 de pouce (8,89 millim.) ; de
sorte que le morceau de viande avait été repoussé vers le centre et
avait parcouru près d'un tiers du demi-diamètre de la feuille.

Huitième expérience. — Je plaçai en contact immédiat avec le
bord recourbé de deux feuilles, une vieille et une jeune, des cubes
d'éponge imbibée d'une forte infusion de viande crue. Je mesurai
avec soin la distance des bords de la feuille à la côte centrale. Au
bout d'une heure dix-sept minutes, je crus remarquer une trace d'inflexion. Au bout de deux heures dix-sept minutes, les deux feuilles
étaient évidemment infléchies ; la distance qui séparait les bords de
la côte centrale n'était plus alors que la moitié de ce qu'elle était
dans le principe. L'inflexion augmenta légèrement pendant les
quatre heures et demie qui suivirent, puis elle resta à peu près la
même pendant dix-sept heures trente minutes. Trente-cinq heures
après que les éponges eurent été placées sur les feuilles, les bords
s'étaient un peu redressés, un peu plus chez la plus jeune feuille que
chez la plus vieille. Cette dernière ne se redressa complétement que le

troisième jour, et les deux parcelles d'éponge avaient été alors transportées à la distance de 0,1 de pouce (2,54 millim.) du bord, ou environ le quart de la distance entre le bord et la côté centrale. Un troisième morceau d'éponge adhérait au bord, et celui-ci, en se redressant, ramena l'éponge dans sa position primitive.

Neuvième expérience. — Je plaçai tout auprès du bord naturellement reployé d'une feuille, sur toute l'étendue d'un des côtés de cette feuille, une chaîne de fibres de viande rôtie aussi ténues que des soies de porc et humectées avec de la salive. Au bout de trois heures, ce côté s'était recourbé dans toute sa longueur ; au bout de huit heures, il formait un cylindre ayant environ 1/20e de pouce (1,27 millim.) de diamètre qui cachait complétement la viande. Ce cylindre resta en cet état pendant trente-deux heures ; au bout de quarante-huit heures, le bord s'était à moitié redressé et, au bout de soixante-douze heures, il avait repris sa position naturelle et ne pouvait pas se distinguer du bord opposé de la feuille qui n'avait pas reçu de viande. Les fibres de viande ayant été complétement enveloppées par le bord ne furent pas poussées vers le centre du limbe de la feuille.

Dixième expérience. — Je plaçai en rangée longitudinale, tout auprès du bord étroit recourbé d'une feuille, six graines de chou que j'avais fait tremper dans l'eau pendant une nuit. Nous verrons ci-après que ces graines cèdent des matières solubles aux glandes. Au bout de deux heures vingt-cinq minutes, le bord s'était certainement infléchi ; au bout de quatre heures, il s'étendait sur les graines, sur la moitié environ de leur longueur, et, au bout de sept heures, sur les trois quarts de leur largeur, formant un cylindre ayant environ 0,7 de pouce (1,778 millim.) de diamètre, mais qui n'était pas tout à fait fermé du côté inférieur. Au bout de vingt-quatre heures, l'inflexion n'avait pas augmenté, peut-être même avait-elle diminué un peu. Les glandes qui s'étaient trouvées en contact avec les surfaces supérieures des graines sécrétaient alors abondamment. Trente-six heures après que les graines eurent été posées sur la feuille, le bord s'était considérablement redressé ; quarante-huit heures après il l'était complétement. Les graines n'étant plus retenues par le bord infléchi et la sécrétion commençant à manquer, elles roulèrent à quelque distance dans le canal marginal.

Onzième expérience. — Je plaçai des fragments de verre sur les bords de deux belles feuilles toutes jeunes. Au bout de deux heures trente minutes, le bord de l'une s'était certainement légèrement

recourbé ; toutefois, l'inflexion n'augmenta pas et disparut au bout de
seize heures trente minutes, à partir du moment où les fragments
avaient été placés sur la feuille. J'observai chez la seconde feuille, au
bout de deux heures quinze minutes, une trace d'inflexion, qui se dessina un peu plus au bout de quatre heures trente minutes et qui, au
bout de sept heures, était encore plus fortement prononcée ; toutefois, au bout de dix-neuf heures trente minutes, cette inflexion avait
évidemment diminué. Les fragments de verre excitèrent tout au plus
une augmentation légère, très-douteuse même, de la sécrétion ; d'ailleurs, dans deux autres expériences, je n'ai pu discerner aucune augmentation de la sécrétion. Des parcelles de cendres et de charbon, placées sur une feuille, ne produisirent aucun effet, soit à cause de
leur légèreté, soit parce que la feuille n'était pas à l'état actif.

Douzième expérience. — Occupons-nous actuellement des liquides. Je plaçai, le long des bords de deux feuilles, une rangée de
gouttes d'une forte infusion de viande crue ; je plaçai en même temps,
le long des bords opposés, des morceaux carrés d'éponge imbibés de
la même infusion. Je voulais m'assurer si un liquide agit aussi énergiquement qu'une substance portant aux glandes la même matière
soluble. Je ne pus constater aucune différence ; il n'y en avait certainement aucune dans le degré de l'inflexion ; mais l'inflexion autour
des morceaux d'éponge dura un peu plus longtemps, ce à quoi il
fallait peut-être s'attendre, parce que l'éponge reste humide plus
longtemps et fournit aussi plus longtemps des matières azotées.
Les bords portant les gouttes s'étaient certainement infléchis au bout
de deux heures dix-sept minutes ; l'inflexion augmenta ensuite quelque peu, mais au bout de vingt-quatre heures elle avait considérablement diminué.

Treizième expérience. — Je plaçai des gouttes de la même
infusion de viande crue le long de la côte centrale d'une jeune
feuille et offrant une concavité très-prononcée. La distance, à la
partie la plus large de la feuille, entre les bords naturellement recourbés, s'élevait à 0,55 de pouce (13,97 millim.). Au bout de
trois heures vingt-sept minutes, cette distance avait un peu diminué ;
au bout de six heures ving-sept minutes, cette distance s'élevait exactement à 0,45 de pouce (11,43 millim.) ; elle avait donc diminué de
0,1 de pouce (2,54 millim.). Au bout de dix heures trente-sept minutes, les bords commencèrent à se redresser, car la distance d'un bord
à l'autre était alors un peu plus grande et, au bout de vingt-quatre
heures vingt minutes, la feuille avait repris absolument l'aspect qu'elle

avait quand j'y déposai les gouttes. Cette expérience nous enseigne
que l'impulsion motrice peut se transmettre à une distance de 0,22
de pouce (5,59 millim.) dans une direction transversale allant de la
côte centrale aux deux bords; mais il serait plus juste de dire 0,2 de
pouce (5,08 millim.), car les gouttes s'étalent un peu en dehors de la
côte centrale. L'inflexion ainsi produite dure pendant un laps de
temps très-court.

Quatorzième expérience. — Je plaçai sur le bord d'une feuille
trois gouttes d'une solution contenant une partie de carbonate d'ammoniaque pour 218 parties d'eau (2 grains de sel pour 1 once d'eau).
Ces gouttes excitèrent une sécrétion si abondante qu'au bout de
une heure vingt-deux minutes elles s'étaient confondues et n'en formaient plus qu'une ; mais, bien que j'aie observé cette feuille pendant
vingt-quatre heures, je ne remarquai chez elle aucune trace d'inflexion. Nous savons qu'une solution assez forte de ce sel paralyse la
puissance motrice des feuilles du *Drosera,* bien qu'elle n'attaque pas
ces feuilles, et les expériences suivantes me prouvent que l'on peut
appliquer la même remarque au *Pinguicula.*

Quinzième expérience. — Je plaçai sur le bord d'une feuille une
rangée de gouttes d'une solution contenant 1 partie de carbonate
d'ammoniaque pour 875 parties d'eau (1 grain de sel pour 2 onces
d'eau); au bout d'une heure, je crus remarquer une légère inflexion,
qui était fortement prononcée au bout de trois heures trente minutes.
Au bout de vingt-quatre heures, les bords s'étaient presque complétement redressés.

Seizième expérience. — Je plaçai sur le bord d'une feuille une
rangée de grosses gouttes d'une solution contenant 1 partie de phosphate d'ammoniaque pour 4,375 parties d'eau (1 grain de sel pour
10 onces d'eau). Aucun effet ne se produisit; au bout de huit heures,
je plaçai de nouvelles gouttes sur le même bord sans le moindre effet.
Nous savons qu'une solution de cette force agit énergiquement sur le
Drosera, mais il est possible que cette solution ait été trop forte. Je
regrette de n'avoir pas essayé une solution plus faible.

Dix-septième expérience. — Comme la pression de fragments
de verre cause l'inflexion, je chatouillai pendant quelques minutes les
bords de deux feuilles avec une aiguille émoussée, mais il ne se produisit aucun effet. Je chatouillai aussi, pendant dix minutes, avec
l'extrémité d'une soie de porc, la surface d'une feuille au-dessous

d'une goutte d'une forte infusion de viande crue, de façon à imiter les ébats d'un insecte capturé ; mais cette partie du bord ne s'infléchit pas plus rapidement que les autres parties où se trouvaient des gouttes de solution que je ne troublai pas.

Les expériences précédentes nous apprennent que les bords des feuilles se recourbent en dedans quand elles sont excitées par la simple pression d'objets qui ne fournissent aucune matière soluble, par des objets qui fournissent ces matières et par quelques liquides, à savoir : une infusion de viande crue et une faible solution de carbonate d'ammoniaque. Une solution plus concentrée, contenant deux grains de ce sel pour 1 once d'eau, paralyse la feuille, bien qu'elle excite chez elle des sécrétions abondantes. Des gouttes d'eau ou des gouttes d'une solution de sucre ou de gomme ne produisent aucun mouvement chez les feuilles. J'ai chatouillé la surface d'une feuille pendant quelques minutes sans aucun résultat. Par conséquent, autant tout au moins que nous le savons jusqu'à présent, deux causes seules, c'est-à-dire une pression légère continue et l'absorption de matières azotées, provoquent un mouvement chez la feuille. Chez le *Pinguicula* ce sont les bords seuls de la feuille qui se recourbent, car le sommet ne s'incline jamais vers la base. Les pédicelles des poils glanduleux ne sont pas doués de la faculté du mouvement. J'ai observé, dans plusieurs occasions, que la surface de la feuille devient légèrement concave aux endroits où ont reposé pendant longtemps des morceaux de viande ou de grosses mouches, mais cet effet peut être dû à une sorte de maladie due à une stimulation excessive.

Le temps le plus court au bout duquel j'ai pu observer un mouvement bien prononcé a été de deux heures dix-sept minutes ; cela s'est produit seulement quand j'ai placé sur les feuilles des matières ou des liquides azotés.

Je crois toutefois avoir, dans quelques cas, distingué une trace de mouvement au bout d'une heure ou d'une heure trente minutes. La pression exercée par des fragments de verre excite un mouvement presque aussi rapide que l'absorption des matières azotées, mais le degré d'inflexion produite est beaucoup moindre. Une feuille qui s'est bien infléchie et qui s'est ensuite redressée ne répond pas de longtemps à une nouvelle excitation. Le bord d'une feuille a été affecté longitudinalement sur une distance de 0,13 de pouce (3,302 millim.), de chaque côté d'un point excité; l'excitation s'est propagée sur une longueur de 0,46 de pouce entre deux points excités et transversalement sur une distance de 0,2 de pouce (5,08 millim.). L'impulsion motrice n'est pas accompagnée, comme il arrive chez le *Drosera*, d'une impulsion quelconque causant une augmentation de sécrétion; en effet, quand on excite une seule glande de *Pinguicula* de façon à la faire sécréter abondamment, les glandes environnantes ne sont pas du tout affectées. L'inflexion du bord se produit indépendamment d'une augmentation de sécrétion, car les fragments de verre ne produisent que peu ou pas de sécrétion et cependant ils provoquent un mouvement; au contraire, une forte solution de carbonate d'ammoniaque provoque rapidement des sécrétions abondantes, mais ne cause aucun mouvement.

Un des faits les plus curieux relativement au mouvement des feuilles du *Pinguicula* est le court laps de temps pendant lequel elles restent infléchies, bien qu'on laisse sur elles l'objet qui a causé l'excitation. Dans la majorité des cas, j'ai observé un redressement bien marqué vingt-quatre heures après avoir placé sur les feuilles des morceaux de viande même assez gros, ou des substances analogues; dans tous les cas le redressement s'est opéré dans les quarante-huit heures. Dans un cas, le bord d'une feuille est resté étroitement recourbé pendant trente-deux heures sur des fibres de viande très-minces; dans un autre cas où j'avais placé sur la feuille un morceau d'éponge imbibé d'une forte infusion de viande crue, le bord a commencé à se redresser au bout de trente-cinq heures. Les bords de la feuille restent infléchis moins longtemps sur des fragments de verre que sur des substances azotées; en effet, le redressement complet s'opère en seize heures trente minutes quand la feuille a été excitée avec des fragments de verre. Les liquides azotés agissent pendant moins longtemps que les substances azotées; ainsi, quand j'ai placé des gouttes d'une infusion de viande crue sur la côte centrale d'une feuille, les bords infléchis ont commencé à se redresser au bout de dix heures trente-sept minutes; c'est là, d'ailleurs, le redressement le plus rapide que j'aie observé, mais il faut peut-être en chercher l'explication dans la distance qui séparait les bords de la nervure centrale sur laquelle reposaient les gouttes.

Ces faits nous amènent naturellement à nous demander quelle est l'utilité de ce mouvement qui se prolonge pendant si peu de temps. Si l'on place tout auprès du bord des objets très-petits, tels que des fibres de viande, ou des objets assez petits, tels que des petites mouches ou des graines de chou, ces objets sont enveloppés complétement ou en partie par le bord. Les glandes du bord qui s'enroule se trouvent ainsi placées en contact avec ces objets; elles déversent leur sécrétion et absorbent ensuite les substances digérées. Mais comme l'inflexion dure fort peu de temps, le bénéfice que la plante en peut retirer doit avoir seulement une bien petite importance, plus grande cependant peut-être qu'on ne le penserait tout d'abord. Le *Pinguicula* habite les régions humides, et les insectes qui adhèrent à toutes les parties de la feuille sont transportés, par toutes les averses un peu fortes, dans le canal étroit formé par les bords naturellement relevés. Par exemple, un de mes amis, habitant le nord du pays de Galles, plaça plusieurs insectes sur quelques feuilles;

deux jours après, il avait plu fortement dans l'intervalle; il trouva que quelques-uns de ces insectes avaient disparu, mais que beaucoup d'autres avaient été poussés vers les bords, qui s'étaient complétement refermés sur eux et dont les glandes sécrétaient alors sans aucun doute. Ceci nous explique comment il se fait que l'on trouve ordinairement un si grand nombre d'insectes et de fragments d'insectes dans le canal formé par les bords recourbés des feuilles.

L'inflexion du bord, dû à la présence d'un objet excitant, doit rendre à la plante des services probablement plus importants à un autre point de vue. Nous avons vu que, quand on place sur la feuille de gros morceaux de viande ou d'éponge imbibée de suc de viande, le bord ne peut pas les envelopper en se recourbant; mais, à mesure qu'il s'infléchit, il pousse très-lentement ces morceaux vers le centre de la feuille et les amène à une distance du bord qui s'élève au moins à 0,1 de pouce (2,54 millim.), c'est-à-dire qu'il leur fait parcourir un tiers ou un quart de la distance qui sépare le bord de la nervure centrale. Un objet quel qu'il soit, un insecte assez gros, par exemple, doit être ainsi placé lentement en contact avec un bien plus grand nombre de glandes et provoquer ainsi beaucoup plus de sécrétions et d'absorptions qu'il n'y en aurait eu autrement. Nous pouvons conclure que c'est là une qualité très-utile à la plante, car le *Drosera* a acquis une faculté de mouvement très-développée dans le seul but de pouvoir placer toutes ses glandes en contact avec les insectes capturés. De même, quand une feuille de *Dionée* a capturé un insecte, la pression lente qu'exercent l'un sur l'autre les deux lobes ne sert qu'à placer les glandes des deux côtés en contact avec cet insecte et provoque aussi la répartition de la sécrétion, chargée de matières animales, sur toute la surface de la feuille, au moyen de l'attraction capillaire. Chez le *Pinguicula,* dès

qu'un insecte a été poussé sur une certaine distance vers
le centre du limbe, le redressement immédiat des bords
doit être avantageux pour la plante, car ces mêmes bords
ne peuvent capturer une nouvelle proie qu'à la condition
de s'être d'abord redressés. Les services rendus à la plante
par cette poussée, aussi bien que celui rendu par le contact, quelque court qu'il soit, des glandes marginales avec
la surface supérieure des petits insectes capturés, suffisent
peut-être à expliquer les mouvements particuliers des
feuilles du *Pinguicula*; autrement, il faut regarder ces
mouvements comme le reste de facultés plus développées
que possédaient autrefois les ancêtres du genre.

Chez les quatre espèces britanniques et, comme me
l'apprend le professeur Dyer, chez toutes, ou chez presque
toutes les espèces du genre, les bords des feuilles sont
naturellement plus ou moins recourbés de façon permanente. Cette position sert, comme nous l'avons déjà vu, à
empêcher les insectes d'être entraînés par la pluie; elle
sert, en outre, à atteindre un autre but. Quand un grand
nombre de glandes ont été énergiquement excitées par des
morceaux de viande, des insectes ou tout autre objet, la
sécrétion découle souvent sur la feuille et les bords recourbés l'empêchent de tomber en dehors et de se perdre.
A mesure que cette sécrétion traverse le canal ainsi formé,
de nouvelles glandes sont mises à même d'absorber les
matières animales qu'elle contient en solution. En outre,
la sécrétion se réunit souvent en petits amas dans le
canal ou vers le sommet de la feuille qui ressemble alors
à une cuiller; or, je me suis assuré que des morceaux
d'albumine, de fibrine et de gluten se dissolvent plus
rapidement et plus complétement au milieu de ces amas
qu'ils ne le font sur la surface de la feuille là où la sécrétion ne peut pas s'accumuler; il doit en être de même pour
les insectes capturés naturellement. J'ai vu la sécrétion se
rassembler ainsi bien des fois sur les feuilles de plantes

protégées contre la pluie ; or, les plantes exposées à la
pluie ont encore bien plus besoin d'un agencement quelconque pour empêcher, autant que possible, la déperdition
complète de la sécrétion et des matières animales qu'elle
contient en dissolution.

J'ai déjà fait remarquer que les bords des feuilles des
plantes croissant à l'état sauvage sont beaucoup plus fortement recourbés que ceux des plantes cultivées en pot
que l'on empêche de capturer beaucoup d'insectes. Nous
avons vu que les insectes entraînés par la pluie viennent
souvent se placer près des bords, qui, excités par leur
présence, se recourbent de plus en plus ; or, nous pouvons
penser que cette action, répétée bien des fois pendant la
vie de la plante, prédispose ses bords à rester de plus en
plus recourbés d'une façon permanente. Je regrette de
n'avoir pas pensé en temps utile à cette hypothèse pour
pouvoir déterminer par l'expérience si elle est fondée.

Je puis ajouter ici, bien que ce fait ne se rapporte pas
immédiatement au sujet qui nous occupe, que, lorsqu'on
arrache une plante, les feuilles s'inclinent immédiatement
de façon à cacher presque entièrement les racines ; cette
remarque a été faite par beaucoup de personnes. Je suppose
que ce fait est dû à la même tendance qui pousse les
feuilles extérieures les plus vieilles à reposer sur le sol. Il
paraît, en outre, que les tiges à fleurs sont irritables dans
une certaine mesure, car le docteur Johnson constate
qu'elles s'inclinent en arrière si on les saisit un peu rudement[1].

Sécrétion, absorption et digestion. — Je vais donner
d'abord le détail de mes observations et de mes expériences et je donnerai ensuite le résumé des résultats obtenus.

1. *English Botany*, par sir J.-E. Smith, avec des figures coloriées par
J. Sowerby, édit. de 1832, pl. 24, 25 et 26.

EFFETS PRODUITS PAR LES SUBSTANCES
CONTENANT DES MATIÈRES AZOTÉES SOLUBLES.

1. — J'ai placé des *mouches* sur beaucoup de feuilles et j'ai amené ainsi les glandes à sécréter abondamment; la sécrétion devient toujours acide, bien qu'elle ne le soit pas au commencement de l'expérience. Au bout d'un certain laps de temps, ces insectes deviennent si mous qu'on peut détacher les membres de leur corps au moyen d'un simple attouchement, ce qui provient sans doute de la digestion et de la désagrégation des muscles. Les glandes, placées en contact avec une petite mouche continuèrent à sécréter, pendant quatre jours et se desséchèrent ensuite presque complétement. Je coupai une bande étroite de cette feuille et je comparai au microscope les glandes des poils longs et courts, qui étaient restés pendant quatre jours, en contact avec la mouche, avec les glandes qui ne l'avaient pas touchée; ces glandes présentaient un contraste extraordinaire. Celles qui s'étaient trouvées en contact avec la mouche étaient remplies de matière granuleuse brunâtre, les autres de liquide homogène. Il était donc impossible de douter que les premières avaient absorbé des substances tirées de la mouche.

2. — Des petits morceaux de *viande rôtie* placés sur une feuille provoquent toujours des sécrétions acides abondantes dans le courant de quelques heures; dans un cas, l'effet s'est produit au bout de quarante minutes. J'ai placé un jour des fibres très-menues de viande sur le bord d'une feuille presque verticale; les sécrétions ont été si abondantes qu'elles ont coulé sur le sol. Des morceaux angulaires de viande placés dans des petits amas de sécrétion, près du bord, ont été, au bout de trois jours, réduits considérablement en volume et arrondis; en outre, ils sont devenus plus ou moins incolores et transparents, et ils se sont tellement ramollis qu'ils tombaient en morceaux dès qu'on les touchait. Dans un cas seulement une parcelle de viande très-petite a été complétement dissoute au bout de quarante-huit heures. Quand les sécrétions ne sont pas très-abondantes, elles sont généralement réabsorbées dans un laps de temps qui varie de vingt-quatre à quarante-huit heures, et les glandes se dessèchent. Quand, au contraire, les sécrétions sont abondantes, soit autour d'un seul morceau assez gros de viande, soit autour de plusieurs petits morceaux, les glandes ne se dessèchent qu'au bout de six ou sept jours. Le cas le plus rapide de réabsorption que j'aie observé se pro-

duisit à la suite du dépôt d'une petite goutte d'une infusion de viande crue sur une feuille; en effet, les glandes étaient presque desséchées au bout de trois heures vingt minutes. Quand les glandes ont été excitées au moyen de petites parcelles de viande et qu'elles ont rapidement réabsorbé leur propre sécrétion, elles recommencent à sécréter au bout de sept ou huit jours, à partir du moment où la viande a été posée sur elles.

3. — Je plaçai sur une feuille trois petits cubes de *cartilage dur,* provenant de l'os de la patte d'un mouton. Au bout de dix heures trente minutes, quelques sécrétions acides se produisirent, mais le cartilage ne paraissait pas affecté du tout ou ne l'était que fort peu. Au bout de vingt-quatre heures, les cubes étaient arrondis et avaient considérablement diminué de volume ; au bout de trente-deux heures, ils étaient amollis jusqu'au centre et l'un d'eux était complétement liquéfié; au bout de trente-cinq heures, il ne restait plus que des traces de cartilage solide; au bout de quarante-huit heures, j'ai pu, en me servant d'un verre grossissant, distinguer encore une trace de cartilage dans un des trois cubes seulement. Au bout de quatre-vingt-deux heures, les trois cubes s'étaient non-seulement complétement liquéfiés, mais toutes les sécrétions étaient réabsorbées et les glandes s'étaient desséchées.

4. — Je plaçai sur une feuille des petits cubes d'*albumine*. Au bout de huit heures, des sécrétions faiblement acides s'étendaient d'environ 1/10e de pouce autour de ces cubes et les angles de l'un d'eux s'étaient arrondis. Au bout de vingt-quatre heures, les angles de tous les cubes étaient arrondis, et ils étaient très-amollis dans toutes leurs parties; au bout de trente heures, les sécrétions commencèrent à diminuer, et, au bout de quarante-huit heures, les glandes s'étaient desséchées; mais il restait encore des parcelles très-petites d'albumine qui n'avaient pas été dissoutes.

5. — Je plaçai sur quatre glandes des cubes plus petits d'*albumine* ayant environ 1/50e ou 1/60e de pouce (0,508 de millim. ou 0,423 de millim.) de côté. Au bout de dix-huit heures, l'un des cubes était complétement dissous ; les autres avaient beaucoup diminué de volume, s'étaient amollis et étaient devenus transparents. Au bout de vingt-quatre heures, deux des cubes étaient complétement dissous et les sécrétions recouvrant les glandes étaient presque complétement réabsorbées. Au bout de quarante-deux heures, les deux autres cubes étaient complétement dissous. Ces quatre glandes recommencèrent à sécréter au bout de huit ou neuf jours.

6. — Je plaçai deux gros cubes d'*albumine* (ayant environ 1/20ᵉ de pouce, soit 1,27 millim. de côté), l'un près de la nervure centrale et l'autre près du bord d'une feuille. Au bout de six heures, des sécrétions abondantes s'étaient produites, et elles augmentèrent de façon qu'au bout de quarante-huit heures elles s'accumulèrent autour du cube placé près du bord. Ce cube fut dissous dans des proportions beaucoup plus considérables que celui qui reposait sur le limbe de la feuille; au bout de trois jours, son volume avait beaucoup diminué et tous ses angles s'étaient arrondis, mais il était trop gros pour être complétement dissous. Les sécrétions furent réabsorbées en partie au bout de quatre jours. Le cube placé sur le limbe diminua beaucoup moins de volume, et les glandes sur lesquelles il reposait commencèrent à se dessécher au bout de deux jours seulement.

7. — La *fibrine* excita des sécrétions moins abondantes que la viande ou l'albumine. J'ai fait un assez grand nombre d'expériences avec cette substance, mais je n'en rapporterai que trois. Je plaçai sur quelques glandes deux petites parcelles de fibrine; au bout de trois heures quarante-cinq minutes, la sécrétion de ces glandes avait certainement augmenté. L'une de ces parcelles de fibrine, la plus petite, était complétement liquéfiée au bout de six heures vingt-cinq minutes, et l'autre au bout de vingt-quatre heures; mais, même après quarante-huit heures, j'ai pu encore observer à l'aide d'un verre grossissant quelques granules de fibrine flottant dans les gouttes de la sécrétion. Au bout de cinquante heures trente minutes, ces granules étaient complétement dissous. Je plaçai une troisième parcelle de fibrine dans un petit amas de sécrétion qui s'était formé près du bord d'une feuille, là où une graine avait reposé; cette parcelle fut complétement dissoute au bout de quinze heures trente minutes.

8. — Je plaçai sur une feuille cinq morceaux très-petits de *gluten;* les sécrétions devinrent si abondantes qu'un des morceaux fut entraîné vers le bord. Au bout d'un jour, ces cinq morceaux me semblèrent avoir considérablement diminué de volume, mais aucun d'eux n'était complétement dissous. Le troisième jour, je poussai deux de ces morceaux, qui commençaient à se dessécher, sur de nouvelles glandes. Le quatrième jour je pus encore distinguer des traces non dissoutes de trois morceaux, les deux autres ayant complétement disparu; mais je ne saurais dire s'ils avaient été complétement dissous. Je plaçai alors deux autres morceaux de gluten sur une autre feuille, en posant l'un près du centre et l'autre près du bord de la feuille; tous deux excitèrent des sécrétions extraordinairement abondantes; un amas de sécrétion se forma autour du morceau placé près du bord, et il diminua beaucoup plus de volume que celui placé sur le milieu du limbe; toutefois, il n'était pas encore complétement dissous au bout de quatre jours. Le gluten exerce donc une action très-énergique chez les glandes, mais il est dissous avec beaucoup de difficulté; or, c'est exactement là ce qui arrive chez le *Droséra*. Je regrette de n'avoir pas expérimenté sur cette substance, après l'avoir trempée dans de l'acide chlorhydrique étendu d'eau, car elle se serait probablement, dans ce cas, dissoute plus rapidement.

9. — Je plaçai sur une feuille un petit morceau carré très-mince de *gélatine* pure humectée d'eau. Cette substance, au bout de cinq heures trente minutes, n'avait excité que peu de sécrétions, mais elles allèrent en augmentant. Au bout de vingt-quatre heures, le morceau tout entier était complétement liquéfié, ce qui ne serait pas arrivé si je l'avais laissé dans l'eau. Le liquide était acide.

10. — De petits morceaux de *caséine*, préparée chimiquement, excitèrent des sécrétions acides, mais ne furent pas complétement dissous au bout de deux jours, et les glandes commencèrent alors à se dessécher. D'après ce que nous avons vu de l'action du *Drosera* sur cette substance, on ne pouvait pas s'attendre à une dissolution complète.

11. — Je plaçai sur une feuille des petites gouttes de lait écrémé qui provoquèrent des sécrétions abondantes dans les glandes. Au bout de trois heures, le lait s'était caillé; au bout de vingt-trois heures, les grumeaux s'étaient dissous. Je plaçai alors les gouttes devenues claires sous le microscope et je ne pus rien découvrir que quelques globules d'huile. Par conséquent, la sécrétion dissout la caséine fraîche.

12. — Je plongeai, pendant dix-sept heures, deux fragments de feuilles chacun dans une drachme d'une solution de *carbonate d'ammoniaque* préparée à deux degrés différents; l'une contenait 1 partie de carbonate pour 437 parties d'eau, et l'autre 1 partie de carbonate pour 218 parties d'eau. Après cette immersion, j'examinai les glandes des poils longs et courts; leur contenu s'était agrégé en matière granuleuse affectant une teinte vert brunâtre. Mon fils vit ces masses granuleuses changer lentement de forme et, sans aucun doute, elles se composaient de *protoplasma*. L'agrégation était plus ortement prononcée et les mouvements du *protoplasma* plus rapides

dans les glandes soumises à la solution plus concentrée que dans les autres. Je répétai l'expérience avec le même résultat; dans cette seconde expérience, j'observai que le *protoplasma* s'était un peu écarté des parois des cellules allongées formant le pédicelle. Afin d'observer la marche de l'agrégation, je plaçai une bande étroite d'une feuille sur le chariot du microscope; les glandes étaient tout à fait transparentes; j'ajoutai alors une petite quantité de la solution plus concentrée, c'est-à-dire de la solution contenant 1 partie de carbonate pour 218 parties d'eau. Au bout d'une heure ou deux, les glandes contenaient des matières granuleuses très-fines qui se transformèrent lentement en matières grossièrement granuleuses et légèrement opaques; au bout de cinq heures, la teinte n'était pas encore devenue brunâtre, mais alors parurent à l'extrémité supérieure du pédicelle quelques masses globulaires transparentes et assez grosses, et le *protoplasma* s'écarta un peu des parois des cellules. Il est donc évident que les glandes du *Pinguicula* absorbent le carbonate d'ammoniaque; mais elles ne l'absorbent pas aussi vite que les glandes du *Drosera,* et ce sel n'exerce pas à beaucoup près sur elles une action aussi rapide que sur ces dernières.

13. — De petites masses de *pollen* orange, provenant du pois commun, placées sur plusieurs feuilles, excitèrent chez les glandes des sécrétions abondantes. Quelques grains tombés accidentellement sur une seule glande, firent tant augmenter au bout de vingt-trois heures la goutte de sécrétion qui entourait cette glande, qu'elle était évidemment plus grosse que les gouttes des glandes avoisinantes. Des grains de *pollen* soumis à l'action de la sécrétion pendant quarante-huit heures ne s'ouvrirent pas; ils se décolorèrent et m'ont semblé contenir moins de substance qu'auparavant, les substances restant à l'intérieur des grains ayant pris une couleur sale et renfermant des globules d'huile. Leur aspect différait donc de celui d'autres grains conservés dans l'eau pendant le même laps de temps. Les glandes qui s'étaient trouvées en contact avec les grains de *pollen* avaient évidemment absorbé des substances qu'elles avaient empruntées à ces grains, car elles avaient perdu leur teinte naturelle vert pâle et contenaient des masses globulaires agrégées de *protoplasma.*

14. — Des morceaux carrés de feuilles d'épinard, de chou, de saxifrage et des feuilles entières d'*Erica tetralix* excitèrent une augmentation de sécrétion chez les glandes. La feuille d'épinard provoqua l'action la plus énergique, car elle fit augmenter la sécrétion

dans des proportions évidentes au bout d'une heure quarante minutes; la sécrétion finit même par s'étendre sur une partie de la feuille, mais les glandes commencèrent bientôt à se dessécher, c'est-à-dire au bout de trente-cinq heures. L'action des feuilles d'*Erica tetralix* ne commença qu'au bout de sept heures trente minutes, mais elles ne provoquèrent jamais beaucoup de sécrétion; il en fut de même pour les morceaux de feuilles de saxifrage, bien que, dans ce cas, les glandes aient continué de sécréter pendant sept jours. On m'envoya du nord du pays de Galles des feuilles de *Pinguicula* auxquelles adhéraient des feuilles d'*Erica tetralix* et d'une plante inconnue; le contenu des glandes qui se trouvaient en contact avec ces feuilles était visiblement agrégé, tout comme si elles s'étaient trouvées en contact avec des insectes; les autres glandes des mêmes feuilles contenaient seulement un liquide clair homogène.

15. — *Graines.* — J'essayai un nombre considérable de graines ou de fruits choisis au hasard, les uns frais, les autres de la récolte précédente, les uns trempés pendant quelque temps dans l'eau, les autres secs. Les dix sortes suivantes : le chou, le radis, l'*Anemone nemorosa*, *Rumex acetosa*, *Carex sylvatica*, ainsi que la moutarde, le navet, le cresson, le *Ranunculus acris* et l'*Avena pubescens* excitèrent des sécrétions abondantes; j'expérimentai ces sécrétions dans plusieurs cas et je les trouvai toujours acides. Les cinq premières graines que nous venons de citer exercent sur les glandes une action bien plus énergique que les autres. Les sécrétions ne commencent à être abondantes qu'au bout de vingt-quatre heures, sans doute parce que les parois des graines ne sont pas facilement perméables. Néanmoins les graines de chou provoquent des sécrétions au bout de quatre heures trente minutes, et ces sécrétions augmentent tant en dix-huit heures, qu'elles coulent tout le long des feuilles. A l'état sauvage on trouve sur les feuilles du *Pinguicula* les graines ou plutôt les fruits du *Carex* beaucoup plus souvent que ceux d'aucun autre genre; or, les fruits du *Carex sylvatica* excitèrent des sécrétions si abondantes, qu'au bout de vingt-cinq heures elles coulaient le long des bords relevés, mais les glandes cessèrent de sécréter après quarante heures. D'autre part, les glandes sur lesquelles je plaçai des graines de *Rumex* et d'*Avena* continuèrent de sécréter pendant neuf jours.

Les neuf sortes suivantes de graines, c'est-à-dire le céleri, le panais, le carvi, le *Linum grandiflorum*, le *Cassia*, le *Trifolium pannonicum*, le *Plantago*, l'oignon et le *Bromus* n'excitèrent que des sécrétions peu abondantes. Ces sécrétions ne se produisirent avec la plupart de ces graines qu'au bout de quarante-huit heures, et une seule graine de *Trifolium* exerça une action, et cela seulement au bout du troisième jour. Bien que les graines de *Plantago* aient excité des sécrétions peu abondantes, les glandes continuèrent à sécréter pendant six jours. Enfin les cinq espèces suivantes, c'est-à-dire la laitue, l'*Erica tetralix,* l'*Atriplex hortensis,* le *Phalaris canariensis* et le froment, ne provoquèrent aucune sécrétion, bien que je les aie laissées sur les feuilles pendant deux ou trois jours. Toutefois, si l'on ouvre en deux les graines de la laitue, du froment et de l'*Atriplex,* et qu'on les applique aux feuilles, des sécrétions abondantes sont produites au bout de dix heures et même quelquefois au bout de six heures. Dans le cas de l'*Atriplex,* les sécrétions coulèrent le long des bords, et, au bout de vingt-quatre heures, je copie mes notes, « ces sécrétions étaient aussi considérables qu'elles étaient acides ». Les graines ouvertes de *Trifolium* et de céleri exercent aussi une action énergique et rapide, bien que la graine entière, comme nous l'avons vu, ne provoque que peu de sécrétions après un long intervalle de temps. Une tranche de pois commun, que je n'ai pas essayé à l'état entier, a provoqué des sécrétions au bout de deux heures. Ces faits nous autorisent à conclure que la grande différence qui existe dans le degré et la rapidité avec lesquels différentes espèces de graines provoquent la sécrétion provient principalement ou entièrement de la perméabilité différente de leurs parois.

Je plaçai sur une feuille des tranches minces de pois commun que j'avais eu le soin de faire tremper dans l'eau depuis une heure ; elles provoquèrent rapidement d'abondantes sécrétions acides. Au bout de vingt-quatre heures, je comparai ces tranches en me servant d'un fort grossissement au microscope avec d'autres tranches que j'avais laissées séjourner dans l'eau pendant le même laps de temps ; ces dernières contenaient un si grand nombre de granules fins de légumine, qu'il était presque impossible d'observer la tranche devenue absolument boueuse. Les tranches, au contraire, qui avaient été soumises à l'action de la sécrétion étaient beaucoup plus transparentes, les granules de légumine ayant été évidemment dissous. Je coupai en tranches une graine de chou qui était restée sur une feuille pendant deux jours et qui avait provoqué d'abondantes sécrétions ; je comparai ces tranches avec d'autres qui étaient restées pendant le même laps de temps dans l'eau. Les tranches soumises à l'action de la sécrétion avaient une teinte beaucoup plus pâle ; les parois surtout présentaient la plus grande différence, car elles avaient perdu leur couleur brun-marron pour prendre une teinte pâle sale. Les glandes sur lesquelles avaient reposé les graines de chou, aussi bien que celles sur lesquelles la sécrétion s'était étendue, avaient un aspect tout différent de celui des autres glandes de la même feuille; toutes, en effet, contenaient des matières granuleuses brunâtres, ce qui prouve qu'elles avaient absorbé des substances provenant des graines.

Le fait que quelques graines ont été tuées par la sécrétion et que presque toutes les plantes qui sortent des graines soumises à son action dépérissent bientôt prouve que la sécrétion agit sur les graines. Je plaçai 14 graines de chou sur des feuilles et je les y laissai pendant trois jours; elles provoquèrent d'abondantes sécrétions. Je les plaçai ensuite sur du terreau humide dans des conditions très-favorables à la germination; trois graines ne germèrent pas, ce qui constituait une proportion beaucoup plus considérable de morts que chez les graines du même lot qui n'avaient pas été soumises à l'action de la sécrétion, mais qui autrement avaient été traitées de la même façon. Sur les onze plantes qui poussèrent, les cotylédons de trois avaient le bord légèrement bruni comme s'ils avaient été brûlés; les cotylédons d'une autre affectaient une curieuse forme dentelée. Deux graines de moutarde germèrent, mais leurs cotylédons étaient couverts de taches brunes et leurs radicelles étaient difformes. Deux graines de radis ne germèrent pas, tandis que, sur beaucoup de graines du même lot qui n'avaient pas été soumises à l'action de la sécrétion, une seule ne germa pas. Sur deux graines de *Rumex,* l'une mourut et l'autre germa, mais la radicelle de cette dernière était brune et se dessécha bientôt. Deux graines d'*Avena* germèrent; l'une poussa bien, mais la radicelle de l'autre était brune et se flétrit bientôt. Je plantai six graines d'*Erica,* après les avoir soumises à l'action de la sécrétion: aucune ne germa; après les avoir laissées pendant cinq mois sur le terreau humide, je coupai ces graines et une seule me parut vivante. Je trouvai 22 graines de différentes sortes qui adhéraient aux feuilles de *Pinguicula* à l'état sauvage; je plantai ces graines et je les laissai pendant cinq mois dans du terreau humide, aucune d'elles ne germa: évidemment la plupart étaient mortes.

EFFETS PRODUITS PAR LES CORPS QUI NE CONTIENNENT PAS DES MATIÈRES AZOTÉES SOLUBLES.

16. — Nous avons déjà vu que des morceaux de verre placés sur les feuilles excitent peu ou pas de sécrétion. J'ai examiné une petite quantité de sécrétion qui se trouvait au-dessous de fragments de verre, et j'ai trouvé qu'elle n'était pas acide. Un morceau de bois n'excite pas de sécrétion; les graines dont les parois ne se laissent pas

traverser par la sécrétion n'en excitent pas non plus et agissent par
conséquent comme des corps inorganiques. De petits cubes de
graisse, laissés pendant deux jours sur une feuille, n'ont produit
aucun effet.

17. — Un morceau de sucre raffiné placé sur une feuille a provoqué, au bout d'une heure dix minutes, la formation d'une grosse
goutte de sécrétion qui s'est augmentée dans le courant de deux autres
heures assez considérablement pour se répandre vers le bord de la feuille
naturellement repliée. Ce liquide n'était pas du tout acide; il commença
à sécher, ou, plus probablement, fut réabsorbé au bout de cinq heures
trente minutes. Je répétai cette expérience de la façon suivante : je
plaçai des parcelles de sucre sur une feuille en même temps que je
plaçais sur un morceau de verre des parcelles de sucre ayant le même
volume que j'humectai avec un peu d'eau, puis je recouvris le tout
d'une cloche en verre. Je disposai ainsi l'expérience pour m'assurer si
je liquide plus abondant produit sur les feuilles n'est pas dû simplement
à la déliquescence; il me fut prouvé qu'il n'en est rien. La parcelle de
sucre placée sur la feuille provoqua des sécrétions si abondantes,
qu'au bout de quatre heures, ces sécrétions recouvraient les 2/3 de
la feuille. Au bout de huit heures, la feuille avait pris une forme
concave et était absolument remplie d'un liquide visqueux; il faut
remarquer tout particulièrement que, dans cette expérience comme
dans l'expérience précédente, le liquide n'était pas du tout acide. On
peut, je crois, attribuer cette abondante sécrétion à l'exosmose. Les
glandes qui, pendant vingt-quatre heures, étaient restées couvertes
par ce liquide, ne différaient pas, examinées au microscope, des autres
glandes de la même feuille qui ne s'étaient pas trouvées en contact
avec lui. C'est là un fait intéressant, si l'on se rappelle que les glandes
qui ont été baignées par la sécrétion contenant des matières en dissolution présentent toujours des signes plus ou moins grands d'agrégation.

18. — Je plaçai sur une feuille deux petits morceaux de *gomme
arabique;* ils provoquèrent certainement, au bout d'une heure vingt
minutes, une petite augmentation de sécrétion. La sécrétion continua
à augmenter pendant les cinq heures suivantes, c'est-à-dire aussi
longtemps que j'ai observé la feuille.

19. — Je plaçai sur une feuille six petites parcelles d'*amidon* sec
du commerce; l'une de ces parcelles provoqua quelque sécrétion au
bout d'une heure quinze minutes, et les autres au bout de huit ou

neuf heures. Les glandes chez lesquelles la sécrétion avait été ainsi excitée se desséchèrent bientôt et ne recommencèrent pas à sécréter jusqu'au sixième jour. Je plaçai alors sur une feuille un morceau plus gros d'amidon; il n'avait provoqué aucune sécrétion au bout de cinq heures trente minutes, mais, au bout de huit heures, les sécrétions devinrent abondantes, et elles augmentèrent si considérablement pendant les vingt-quatre heures suivantes, qu'elles couvrirent la feuille sur un espace de 3/4 de pouce. Cette sécrétion, bien que si abondante, n'était pas du tout acide. Cependant cette abondance et le fait que des graines adhèrent fréquemment aux feuilles de plantes à l'état sauvage me firent penser que les glandes ont peut-être la faculté de sécréter un ferment semblable à la ptyaline, capable de dissoudre l'amidon; j'observai donc avec soin, pendant plusieurs jours, les six parcelles dont je viens de parler, mais leur volume ne me sembla pas du tout réduit. Je plongeai aussi une parcelle d'amidon dans un petit amas de sécrétion provoquée par un morceau de feuille d'épinard; je l'y laissai pendant deux jours, mais bien que la parcelle fût très-petite, je n'observai aucune diminution de volume. Nous pouvons conclure de ces faits que la sécrétion n'a pas le pouvoir de dissoudre l'amidon. Je crois donc que l'on peut attribuer à l'exosmose l'augmentation de sécrétion causée par cette substance. Toutefois, je suis surpris que l'amidon, bien que sous ce rapport inférieur au sucre, ait agi si rapidement et avec tant d'énergie. On sait que les colloïdes possèdent un léger pouvoir de dyalyse; si l'on place des feuilles de *Primula* dans l'eau et d'autres dans du sirop ou dans de l'amidon dissous, celles qui sont placées dans l'amidon deviennent flasques, mais à un degré moindre et avec moins de rapidité que celles qui sont placées dans le sirop; celles qui sont plongées dans l'eau pendant le même laps de temps conservent leur aspect ordinaire.

Les expériences et les observations que nous venons de rapporter prouvent que les corps qui ne contiennent pas des substances solubles n'exercent que peu ou pas d'action sur les glandes au point de vue de la sécrétion. Les liquides non azotés, à condition qu'ils soient denses, provoquent chez les glandes d'abondantes sécrétions de liquides visqueux, mais pas du tout acides. D'autre part, les sécrétions provoquées par le contact des glandes avec des solides ou des liquides azotés sont toujours acides et sont si abondantes, qu'elles coulent sur les feuilles et se rassemblent dans les réceptacles formés par les bords naturellement repliés de ces feuilles. En cet état, la sécrétion jouit de la faculté de dissoudre rapidement, c'est-à-dire de digérer les muscles des insectes, la viande, le cartilage, l'albumine, la fibrine, la gélatine et la caséine telle qu'elle existe dans le caillé du lait. La caséine, préparée chimiquement, et le gluten exercent une action énergique sur les glandes; mais ces substances, à condition toutefois que le gluten n'ait pas séjourné quelque temps dans de l'acide chlorhydrique très-étendu, ne sont dissoutes que partiellement, tout comme nous l'avons vu pour le *Drosera*. Quand la sécrétion contient des matières animales en dissolution, que ces matières proviennent de solides ou de liquides tels qu'une infusion de viande crue, du lait, ou une faible solution de carbonate d'ammoniaque, elle est facilement réabsorbée; les glandes qui étaient auparavant limpides et qui affectaient une couleur verdâtre deviennent brunâtres et se remplissent de masses agrégées de matières granuleuses. Les mouvements spontanés de ces matières indiquent qu'elles se composent de *protoplasma*. Les liquides non azotés ne provoquent aucun effet semblable. Quand les glandes, à la suite d'une excitation, ont sécrété abondamment, elles cessent de le faire pendant quelque temps, mais elles recouvrent cette faculté au bout de quelques jours.

Les glandes qui se trouvent en contact avec du pollen, avec les feuilles d'autres plantes et avec diverses espèces de graines, déversent d'abondantes sécrétions acides et absorbent ensuite des matières probablement albumineuses qu'elles leur empruntent. Les avantages qu'elles s'assurent ainsi sont loin d'être insignifiants, car une quantité considérable de pollen provenant de nombreuses graminées, de *Carex*, etc., qui croissent dans les endroits qu'affectionne le *Pinguicula*, doit être portée par le vent sur les feuilles de cette plante, qui sont dans toute leur étendue recouvertes de glandes visqueuses disposées en larges rosaces. Quelques grains de pollen, posés sur une seule glande, suffisent pour provoquer des sécrétions abondantes. Nous avons vu aussi que les petites feuilles de l'*Erica tetralix* et d'autres plantes, ainsi que diverses espèces de graines et de fruits, provenant principalement des *Carex*, adhèrent fréquemment aux feuilles. J'ai vu une feuille de *Pinguicula* à laquelle adhéraient dix petites feuilles d'*Erica*, et trois feuilles d'un même pied qui avaient chacune capturé une graine. Les graines soumises à l'action de la sécrétion sont tuées quelquefois ; en tout cas, les rejetons qui en sortent sont toujours mal portants. Nous pouvons donc conclure que le *Pinguicula vulgaris*, n'ayant que de petites racines, se nourrit, non-seulement, dans une grande mesure, d'un nombre extraordinaire d'insectes qu'il capture ordinairement, mais aussi de pollen, de feuilles et de graines d'autres plantes qui adhèrent souvent à ses feuilles. On peut, en conséquence, dire que cette plante est en partie carnivore et en partie herbivore.

PINGUICULA GRANDIFLORA.

Cette espèce est si étroitement alliée au *Pinguicula vulgaris*, que le Dr Hooker l'a classée comme une sous-espèce. Elle diffère du *Pinguicula vulgaris* principalement en ce qu'elle a des feuilles plus grandes et en ce que les poils glanduleux situés près de la base sont plus longs. Mais sa constitution est aussi toute différente. M. Ralfs, qui a été assez bon pour m'envoyer des plants de la Cornouailles, m'apprend, en effet, que le *Pinguicula grandiflora* affectionne des sites différents, et le Dr Moore, directeur du jardin botanique de Glasnevin, m'informe qu'il se laisse cultiver plus facilement que le *Pinguicula vulgaris* ; il pousse bien et fleurit annuellement, tandis que ce dernier doit être renouvelé chaque année. M. Ralfs a trouvé sur presque toutes les feuilles du *Pinguicula grandiflora* des insectes et des fragments d'insectes, principalement des Diptères; il y a trouvé aussi quelques Hyménoptères, quelques Homoptères, quelques Coléoptères et une phalène. Sur une seule feuille, il a compté neuf insectes morts et quelques-uns encore vivants. Il a aussi observé sur les feuilles quelques fruits du *Carex pulicaris* aussi bien que des graines du *Pinguicula* lui-même. Je n'ai fait que deux expériences sur cette espèce : j'ai placé une mouche près du bord d'une feuille, et, au bout de seize heures, ce bord était considérablement infléchi. Dans une seconde expérience j'ai placé plusieurs petites mouches le long du bord d'une autre feuille ; le lendemain matin ce bord tout entier s'était recourbé absolument comme le fait dans le même cas celui du *Pinguicula vulgaris*.

PINGUICULA LUSITANICA.

M. Ralfs m'a envoyé de la Cornouailles quelques plants vivants de cette espèce qui diffère considérablement des deux précédentes. Les feuilles sont un peu plus petites, beaucoup plus transparentes, et on aperçoit sur elles des veines pourpres qui s'entrecroisent. Les bords des feuilles sont beaucoup plus recourbés, et chez les vieilles feuilles cette courbe s'étend sur près de 1/3 de l'espace compris entre la nervure centrale et le bord extrême de la feuille. Les poils glanduleux, tout comme chez les deux autres espèces, sont longs ou courts et ont la même conformation ; mais les glandes diffèrent en ce qu'elles ont une couleur pourpre et en ce qu'elles contiennent souvent des matières granuleuses avant d'avoir été excitées. La partie inférieure de la feuille sur presque la moitié de l'es-

pace entre la nervure centrale et le bord est dépourvue de
glandes; elles sont remplacées par des poils multicellulaires, longs et assez rudes, qui s'entrecroisent par-dessus la
nervure centrale. Ces poils servent peut-être à empêcher
les insectes de se poser sur cette partie de la feuille, qui
ne porte pas de glandes visqueuses de nature à les capturer; toutefois, il est peu probable que ces poils se soient
développés dans ce but. Les vaisseaux spiraux, partant de
la nervure centrale, se terminent par des cellules spirales
dans l'extrême bord de la feuille; mais ces cellules sont loin
d'être aussi bien développées que dans les deux espèces
précédentes. Les pédoncules des fleurs, les sépales et les
pétales sont pourvus de poils glanduleux ressemblant à
ceux des feuilles.

Les feuilles de cette espèce capturent beaucoup de
petits insectes que l'on trouve principalement sur les bords
recourbés où ils ont été probablement portés par les pluies.
Les glandes sur lesquelles des insectes ont reposé longtemps changent de couleur; elles deviennent brunâtres
ou pourpre pâle, et chez elles on trouve des matières
granuleuses grossières; il est donc évident que ces glandes
absorbent des matières qu'elles empruntent à leur proie.
Des feuilles d'*Erica tetralix*, des fleurs de *Galium*, des
écailles de graminées, etc., adhèrent souvent aux feuilles.
J'ai répété sur le *Pinguicula lusitanica* plusieurs des expériences que j'avais faites sur la *Pinguicula vulgaris*; voici
les résultats que j'ai obtenus :

1. — Je plaçai sur un côté d'une feuille à peu près à moitié chemin
entre la nervure centrale et le bord naturellement recourbé un morceau
angulaire assez gros d'*albumine*. Au bout de deux heures quinze
minutes les glandes commencèrent à sécréter abondamment et le
bord se recourba plus que ne l'était le bord opposé de la feuille.
L'inflexion augmenta et, au bout de trois heures trente minutes, elle
s'étendait presque jusqu'au sommet de la feuille. Au bout de vingt-
quatre heures le bord s'était complétement enroulé en un cylindre dont

la surface extérieure touchait le limbe de la feuille et n'était séparé de la nervure centrale que par 1/20ᵉ de pouce environ. Au bout de quarante-huit heures le bord commença à se redresser et au bout de soixante-douze heures il l'était complétement. Le cube s'était arrondi et son volume avait beaucoup diminué; ce qui en restait se trouvait à l'état semi-liquide.

2. — Je plaçai près du sommet d'une feuille sous le bord naturellement recourbé un morceau assez gros d'*albumine*. Au bout de deux heures trente minutes les sécrétions devinrent abondantes, et le lendemain matin le bord de ce côté de la feuille était beaucoup plus recourbé que le bord opposé, mais pas aussi complétement que dans l'expérience précédente. Le bord se redressa dans le même laps de temps. Une grande partie de l'albumine fut dissoute mais il en resta cependant encore un peu.

3. — Je disposai en rangées, au milieu de deux feuilles, de gros morceaux d'*albumine;* au bout de vingt-quatre heures aucun effet n'avait été produit; c'était là ce que j'attendais d'ailleurs, car en admettant même que des glandes eussent existé en cet endroit de la feuille, les longs poils durs dont j'ai parlé auraient empêché l'*albumine* de se trouver en contact avec elles. Je poussai alors les morceaux d'*albumine* du côté de l'un des bords de chaque feuille; au bout de trois heures trente minutes, ce bord s'infléchit si considérablement que la surface extérieure touchait le limbe; le bord opposé ne fut pas du tout affecté. Au bout de trois jours les bords de deux feuilles enfermant l'*albumine* étaient encore complétement infléchis et les glandes continuaient de déverser des sécrétions abondantes. Je n'ai jamais vu l'inflexion persister aussi longtemps chez le *Pinguicula vulgaris*.

4. — Je plaçai près des bords d'une feuille deux *graines de chou* que j'avais laissées tremper dans l'eau pendant une heure; au bout de trois heures vingt minutes ces graines provoquèrent des sécrétions abondantes et une inflexion prononcée. Au bout de vingt-quatre heures la feuille s'était redressée en partie mais les glandes continuaient encore à sécréter abondamment. Les glandes commencèrent à se dessécher au bout de quarante-huit heures et, au bout de soixante-douze heures, elles étaient presque sèches. Je plaçai alors les deux graines sur du terreau humide dans des conditions favorables à la germination, mais elle ne germèrent jamais, et, au bout de quel-

que temps, elles étaient pourries. Sans aucun doute ces graines avaient été tuées par la sécrétion.

5. — De petits morceaux d'une feuille d'épinard provoquèrent au bout d'une heure vingt minutes d'abondantes sécrétions, et au bout de trois heures vingt minutes l'inflexion bien marquée du bord. Le bord était considérablement infléchi au bout de neuf heures quinze minutes, mais au bout de vingt-quatre heures il était presque complétement redressé. Au bout de soixante-douze heures, les glandes en contact avec la feuille d'épinard s'étaient complétement desséchées. J'avais placé la veille des morceaux d'*albumine* sur le bord opposé de cette même feuille et j'en avais fait autant pour la feuille sur laquelle j'avais placé des graines de chou; ces bords restèrent complétement infléchis pendant soixante-douze heures, ce qui prouve que l'action de l'*albumine* est beaucoup plus persistante que celle des feuilles d'épinard ou des graines de chou.

6. — Je plaçai le long des bords d'une feuille une rangée de petits *fragments de verre*; aucun effet ne s'était produit au bout de deux heures dix minutes, mais au bout de trois heures vingt-cinq minutes je crus remarquer une trace d'inflexion, qui devint distincte quoique pas très-prononcée au bout de six heures. Les glandes qui se trouvaient en contact avec les fragments de verre se mirent alors à sécréter abondamment; elles paraissent donc excitées plus facilement par la pression des objets inorganiques que les glandes du *Pinguicula vulgaris*. La légère inflexion du bord ne s'était pas augmentée au bout de vingt-quatre heures et les glandes commençaient alors à se dessécher. Je frottai et je grattai pendant quelque temps la surface d'une feuille près de la nervure centrale et près de la base, mais sans qu'il se produisît aucun mouvement. Je traitai de la même façon les longs poils situés près de la base sans obtenir aucun résultat. Je fis cette dernière expérience parce qu'il me vint à l'idée que ces poils étaient peut-être sensibles à un attouchement comme les filaments de la *Dionœa muscipula*.

7. — Les pédoncules des fleurs, les sépales et les pétales portent des glandes qui ressemblent beaucoup à celles des feuilles. Je plongeai donc un morceau du pédoncule d'une fleur dans une solution comprenant une partie de carbonate d'ammoniaque pour 437 parties d'eau et je l'y laissai séjourner pendant une heure. Cette immersion altéra la couleur des glandes qui de rose brillant devinrent pourpre sombre, mais sans que leur contenu présentât aucune trace d'agréga-

tion distincte. Au bout de huit heures trente minutes ces glandes devinrent incolores. Je plaçai deux petits cubes d'*albumine* sur les glandes des pédoncules d'une fleur et un autre cube sur les glandes d'un sépale; les glandes ne sécrétèrent pas et l'*albumine* au bout de deux jours n'était pas du tout amollie. La fonction de ces glandes semble donc différer beaucoup de la fonction des glandes des feuilles.

Les observations précédentes sur le *Pinguicula lusitanica* nous prouvent que les bords naturellement très-recourbés des feuilles se recourbent davantage encore quand ils se trouvent en contact avec des corps organiques ou inorganiques; que l'albumine, les graines de chou, les morceaux de feuilles d'épinard et les fragments de verre provoquent chez les feuilles des sécrétions très-abondantes; que l'albumine est dissoute par la sécrétion et que les graines de chou sont tuées par elle; et, enfin, que les glandes absorbent des matières animales qu'elles empruntent aux insectes qui sont capturés en grand nombre par la sécrétion visqueuse. Les glandes situées sur les pédoncules des fleurs ne semblent pas jouir de ces facultés. Cette espèce diffère du *Pinguicula vulgaris* et du *Pinguicula grandiflora* en ce que les bords des feuilles excitées par des corps organiques s'infléchissent beaucoup plus et que l'inflexion dure plus longtemps. Les glandes semblent aussi être plus facilement excitées à sécréter abondamment par des corps qui ne contiennent pas des matières azotées solubles. Sous tous les autres rapports, autant toutefois que j'ai pu m'en assurer par mes observations, ces trois espèces ont des facultés fonctionnelles identiques[1].

1. M. Édouard Morren a publié ses observations personnelles sur les procédés insecticides des *Pinguicula* (*Bulletins de l'Acad. roy. de Belgique*, juin 1875). Le savant professeur a opéré sur des pieds de *Pinguicula alpina* et *P. longifolia* provenant des Pyrénées et cultivés en serre avec succès. Leurs feuilles toutes radicales sont recouvertes à leur face supérieure d'une matière visqueuse L'épiderme est recouvert de papilles unicellulaires, courtes, peu espacées et terminées par un capitule glanduleux. Le stipe de ces poils est formé d'une cellule cylindrique fusiforme dans laquelle

on remarque un suc hyalin, du *protoplasma* granuleux et un noyau opaque ou transparent. Cette cellule se termine en forme de dôme dans une sorte de turban formé de huit à seize cellules disposées comme les quartiers d'une orange. Cette petite tête fonctionne comme une glande et s'enveloppe d'un liquide visqueux, translucide, qui rougit le papier de tournesol; entre ces poils on constate l'existence d'autres glandes sessiles formées de huit cellules remplies de granules et différentes des glandes stipitées; il existe en outre de nombreux stomates d'une grandeur extraordinaire.

Le 22 mai, M. Morren a examiné au microscope un moucheron qui était gisant sur une feuille depuis un jour ou deux; il a eu soin de le soulever avec tout le mucus environnant et a immédiatement constaté la présence de monades, de nombreuses bactéries, de cellules de ferment et de formations mycéliennes appartenant au genre *Torula* et à des Mucédinées. Ainsi donc les éléments de la putréfaction et de la fermentation, en un mot de la décomposition, sont réunis sur les cadavres des mouches qui périssent sur les feuilles de *Pinguicula*.

Depuis la lecture du présent volume, les idées de M. Morren paraissent s'être modifiées. Les phénomènes que présentent les matières azotées placées sur les feuilles des plantes insectivores ne s'expliquent pas en admettant une simple putréfaction; c'est ce que l'auteur a reconnu très-explicitement dans une lecture sur la *Théorie des plantes carnivores* faite à l'Académie royale de Belgique, le 16 décembre 1875, publiée dans son Bulletin du même mois et dans la Note dont nous donnons l'extrait page 423 du présent volume.

Cн. M.

CHAPITRE XVII.

UTRICULARIA.

Utricularia neglecta. — Conformation de la vessie. — Destination des différentes parties. — Nombre des animaux emprisonnés. — Mode de capture. — Les vessies ne peuvent pas digérer les matières animales, mais elles absorbent les produits de leur décomposition. — Expériences sur l'absorption de certains liquides par les processus quadrifides. — Absorption par les glandes. — Résumé des observations sur l'absorption. — Développement des vessies. — *Utricularia vulgaris.* — *Utricularia minor.* — *Utricularia clandestina.*

J'ai été conduit à étudier les habitudes et la conformation des espèces de ce genre parce qu'elles appartiennent à la même famille naturelle que le *Pinguicula*, et surtout parce que M. Holland m'a affirmé que l'on trouve souvent des insectes aquatiques emprisonnés dans les vessies, et qu'il émet l'idée que la plante tire quelque nourriture de ces insectes[1]. Les plants que l'on m'a envoyés du *New Forest*, forêt dans le Hampshire, et de la Cornouailles sous le nom d'*Utricularia vulgaris*, et sur lesquels j'ai principalement expérimenté, ont été examinés par le Dr Hooker, qui est arrivé à la conclusion qu'ils appartiennent à une espèce anglaise très-rare : l'*Utricularia neglecta*[2], Lehm. Subséquemment on m'a envoyé du Yorkshire le vrai *Utricularia vulgaris*.

1. *Quart. Mag. of the Nat. Hist. Soc. High Wycombe*, juillet 1868, p. 5. Delpino, *Ult. Osservaz. sulla Dicogamia*, etc., 1868-69, p. 16. dit aussi que Crouan a trouvé (1858) des crustacés à l'intérieur des vessies de l'*Utricularia vulgaris*.

2. Je suis aussi fort reconnaissant au révérend H. M. Wilkinson, de Bistern, qui m'a envoyé plusieurs beaux plants de cette espèce provenant du *New Forest*. M. Ralfs a été aussi assez bon pour m'envoyer des plantes vivantes de la même espèce trouvées près de Penzance dans le Cornouailles.

Depuis que j'ai écrit la rédaction de la description suivante, faites d'après mes propres observations et celles de mon fils Francis, le professeur Cohn a publié un important mémoire sur l'*Utricularia vulgaris*[1]; j'ai été fort heureux de trouver que mes observations concordent presque complétement avec celles de cet éminent naturaliste. Je vais publier ces observations telles qu'elles étaient écrites avant la publication du professeur Cohn; mais je lui emprunterai de temps en temps quelques remarques.

Utricularia neglecta. — La fig. 17 représente l'aspect général d'une branche, grossie environ deux fois, avec ses feuilles pinnatifides qui portent des vessies. Les feuilles se bifurquent indéfiniment, ce qui fait qu'arrivée à sa crois-

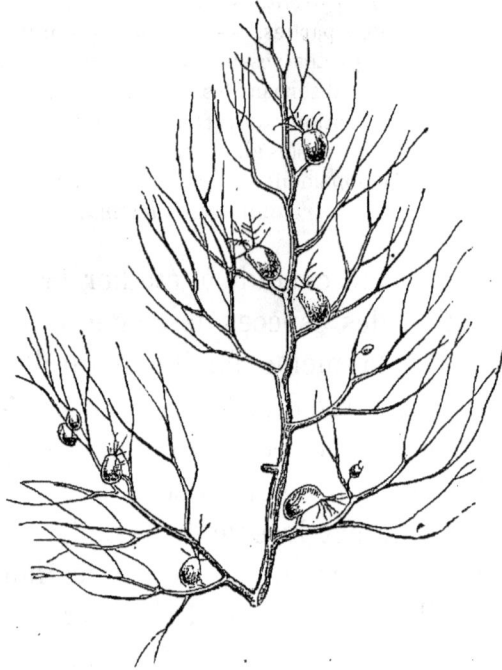

Fig. 17. — Utricularia neglecta.

Branche dont les feuilles divisées portent des vessies, grossie environ deux fois.

sance complète, une feuille comporte vingt ou trente pointes. Chaque pointe se termine par un piquant court et droit; de légères entailles sur les côtés de la feuille portent des piquants semblables. On remarque sur les deux surfaces de la feuille un grand nombre de petites

1. *Beiträge Zur Biologie der Pflanzen, Drittes Heft*, 1875.

papilles couronnées de deux cellules hémisphériques étroitement en contact l'une avec l'autre. Ces plantes flottent
près de la surface de l'eau; elles sont entièrement dépourvues de racines, même pendant la première période de
leur croissance [1], elles habitent ordinairement, comme
plus d'un observateur l'a fait remarquer, des fossés remplis d'eau sale.

Les vessies constituent la partie la plus intéressante de
la feuille. Il s'en trouve souvent deux ou trois sur la même
feuille divisée, ordinairement près de la base ; toutefois j'en
ai vu une isolée placée sur la tige. Les vessies sont supportées
par un court pédicule. Complétement développées, elles
ont près de 1/10 de pouce (2,54 millim.) de longueur.
Elles sont translucides, verdâtres, et les parois se composent de deux couches de cellules. Les cellules extérieures
sont polygonales et assez grandes; mais dans les points
où les angles se rencontrent, on trouve des cellules plus
petites et arrondies. Ces dernières supportent de courtes
projections coniques, surmontées par deux cellules hémisphériques apposées si étroitement l'une à l'autre qu'elles
paraissent unies; mais elles se séparent souvent un peu
quand elles sont plongées dans certains liquides. Les papilles ainsi formées ressemblent exactement à celles qui
sont placées à la surface des feuilles. Les papilles d'une
même vessie ont une grosseur très-variable. Quelques-
unes, surtout sur les vessies très-jeunes, sont elliptiques
au lieu d'être circulaires. Les deux cellules terminales
sont transparentes, mais elles doivent contenir beaucoup
de matières en solution, s'il faut en juger d'après la quantité qui se coagule à la suite d'une immersion prolongée
dans l'alcool ou dans l'éther.

---

1. Je conclus que tel est le cas d'après un dessin d'une petite plante donnée
par le docteur Warming, dans son mémoire *Bidrag til Kundskaben om
Lentibulariaceæ from the Videnskabelige Meddelelser*, Copenhague, 1874,
n° 3-7, p. 33-58.

Les vessies sont remplies d'eau. Ordinairement, mais pas toujours, elles contiennent des bulles d'air. Elles varient beaucoup en épaisseur, selon la quantité d'eau et d'air qu'elles contiennent; mais elles sont toujours un peu comprimées. Au commencement de la croissance, la surface plate ou ventrale regarde l'axe ou la tige; toutefois, les tiges qui les supportent doivent être douées d'une certaine faculté de mouvement, car, chez les plantes cultivées dans ma serre, la surface ventrale est ordinairement droite ou tournée obliquement vers le bas. Le révérend H.-M. Wilkinson a examiné des plantes à l'état sauvage et a trouvé que chez elles la surface ventrale est ordinairement disposée de la même façon, mais que souvent les valves des jeunes vessies sont tournées vers le haut.

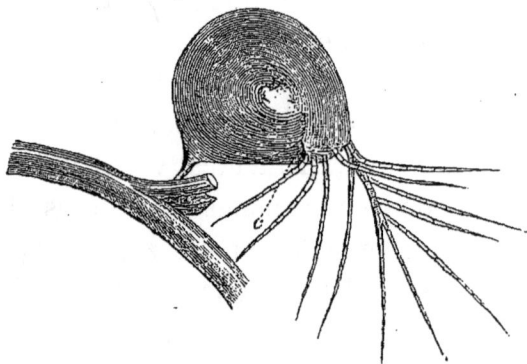

Fig. 18. — Utricularia neglecta.

Vessie considérablement grossie. — c, col vu indistinctement à travers les parois.

La figure 18 représente l'aspect général d'une vessie vue de côté, avec les appendices qui se trouvent du côté exposé à la vue. Le côté inférieur, relié à la tige, est presque plat, et c'est ce que j'ai appelé la surface ventrale. L'autre surface, ou surface dorsale, est convexe et se termine par deux longs appendices, composés de plusieurs rangées de cellules contenant de la chlorophylle; elle porte, en outre, principalement à l'extérieur, six ou sept poils multicellulaires, longs et pointus. On peut, pour plus de commodité, appeler *antennes* ces prolongements de la vessie, car l'appareil entier ressemble

assez bien (voir la fig. 17) à un crustacé entomostracé;
la tige courte représente la queue. Dans la figure 18,
l'antenne la plus rapprochée est seule figurée. Au-
dessous des deux antennes, l'extrémité de la vessie est
légèrement tronquée, et c'est là que se trouve la partie
la plus importante de tout l'organisme, c'est-à-dire l'entrée et la valve. De chaque côté de l'entrée se trouvent
de trois à sept, mais rarement ce dernier nombre, longs
poils multicellulaires qui se projettent vers l'extérieur;
la figure ne représente que quatre de ces poils. Ces poils,
ainsi que ceux portés par l'antenne, forment une sorte de
cône creux qui entoure l'entrée.

La valve est disposée en biais dans la cavité de la vessie ou de bas en haut, comme dans la figure 18. Elle est
attachée de tous les côtés à la vessie, excepté par son bord
postérieur ou son bord inférieur comme dans la figure 19;
ce bord reste libre et forme un des côtés de l'orifice en
fente qui conduit dans la vessie. Ce bord est à arêtes
vives, minces et polies et repose sur le bord d'un collier
qui s'enfonce profondément dans la vessie, comme on le
voit dans la coupe longitudinale, figure 20, du collier de
la valve. Il est aussi représenté en *c*, figure 18. Le bord
de la valve ne peut donc s'ouvrir que de l'extérieur à
l'intérieur. Comme la valve et le collier s'enfoncent dans
la vessie, on trouve là un creux ou une dépression à la
base duquel se trouve l'orifice en fente.

La valve est incolore, très-transparente, flexible et
élastique. Elle est convexe dans une direction transversale, mais la figure 19 la représente aplatie, ce qui augmente sa largeur apparente. Elle se compose, selon Cohn,
de deux couches de petites cellules qui forment la continuation des deux couches de plus grandes cellules constituant
les parois de la vessie, dont elle est évidemment un prolongement. Deux paires de piquants pointus, transparents,
à peu près aussi longs que la valve elle-même, partent

d'un endroit situé près du bord postérieur libre (fig. 18)
et se dirigent obliquement vers l'extérieur, dans la direction des antennes. On trouve aussi à la surface de la valve
de nombreuses glandes; je leur donne ce nom parce
qu'elles ont la faculté d'absorber, bien que je doute
qu'elles sécrètent jamais. On remarque trois sortes de ces
glandes qui, jusqu'à un certain point, se confondent les
unes avec les autres. Celles qui sont situées autour du

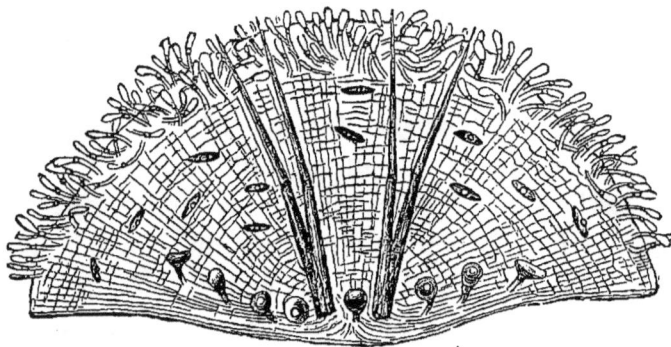

Fig. 19. — Utricularia neglecta.
Valve de la vessie, considérablement grossie.

bord antérieur de la valve (bord supérieur dans la fig. 19)
sont très-nombreuses et très-rapprochées les unes des
autres; elles se composent d'une tête oblongue portée par
un long pédicelle. Le pédicelle lui-même est f,rmé d'une
cellule allongée, surmonté d'une cellule plus courte. Les
glandes situées près du bord libre postérieur sont beaucoup plus grandes, bien moins nombreuses, presque sphériques, et elles surmontent des pédicelles courts; la glande
est formée par la confluence de deux cellules, dont la plus
basse répond à la courte cellule supérieure des pédicelles
des glandes oblongues. Les glandes de la troisième sorte
sont allongées transversalement et surmontent des tiges
très-courtes; en conséquence, elles sont parallèles à la
surface de la valve et situées tout près d'elle; on peut les

appeler glandes à deux bras. Les cellules composant toutes
ces glandes contiennent un noyau et sont revêtues d'une
couche mince de *protoplasma* plus ou moins granuleux,
ce qui constitue l'utricule primordiale de Mohl. Elles sont
remplies d'un liquide qui doit contenir beaucoup de matières en solution, à en juger par la quantité qui se coagule après une longue immersion dans l'alcool ou dans
l'éther. La dépression où se trouve la valve est aussi
recouverte d'innombra-
bles glandes; celles si-
tuées sur les côtés ont
des têtes oblongues et
des pédicelles allongés
et ressemblent absolu-
ment aux glandes si-
tuées sur les parties ad-
jacentes de la valve.

Le col, que Cohn
appelle le *péristôme*,
est évidemment formé
comme la valve par
une projection inté-
rieure des parois de
la vessie. Les cellules qui forment la surface extérieure
ou qui se trouvent en face de la valve ont des parois
assez épaisses; elles sont brunâtres, très-petites, très-
nombreuses et très-allongées; les cellules inférieures
sont divisées en deux par des cloisons verticales. Le tout
a un aspect élégant et compliqué. Les cellules qui forment
la surface intérieure sont continues avec celles qui recouvrent toute la surface intérieure de la vessie. L'espace
compris entre la surface intérieure et la surface extérieure
se compose de tissu cellulaire grossier (fig. 20). La surface
intérieure est complétement recouverte de processus bifides
délicats que nous décrirons tout à l'heure. Le col est donc

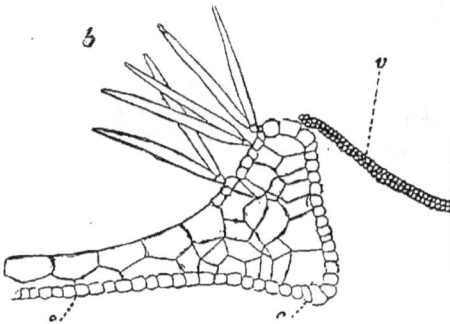

Fig. 20. — Utricularia neglecta.

Coupe verticale longitudinale à travers la partie
ventrale de l'utricule; on voit la valve et le
collier. — *v*, valve; toute la projection au-
dessus de *c* forme le collier; *b*, processus bifides; *s*, surface ventrale de l'utricule.

épais, et il est assez rigide pour conserver la même forme
alors que la vessie contient plus ou moins d'air ou d'eau.
Cette disposition est d'une grande importance pour la
plante, car, autrement, la valve, mince et flexible, serait
exposée à être tordue, et dans ce cas, ne pourrait plus agir
convenablement.

En résumé, l'entrée dans la vessie, formée de la
valve transparente avec ses quatre poils qui se projettent
obliquement, ses glandes nombreuses et de formes différentes, entourée par le col qui porte
des glandes à l'intérieur et des poils
à l'extérieur, outre les poils portés
par les antennes, présente au microscope un aspect extraordinairement compliqué.

Examinons actuellement la conformation intérieure de la vessie.
Examinée au microscope avec un
oculaire modérément puissant, toute
la surface intérieure, à l'exception
de la valve, est recouverte d'une
masse compacte de processus (voyez

Fig. 21.
Utricularia neglecta.

Petite partie de l'intérieur de
la vessie montrant les processus quadrifides considérablement grossis.

fig. 21). Chacun de ces processus se compose de quatre
bras divergents, d'où leur nom de processus quadrifides. Ils surmontent les petites cellules angulaires,
situées à la jonction des angles des plus grandes cellules
qui forment l'intérieur de la vessie. La partie médiane de
la surface supérieure de ces petites cellules est un peu
bombée et se contracte ensuite en une tige très-courte et
très-étroite qui porte quatre bras (fig. 22). De ces quatre
bras deux sont plus longs, mais ne sont pas toujours de
longueur absolument égale; ils sont tournés obliquement
vers l'intérieur et par conséquent vers l'extrémité postérieure de la vessie. Les deux autres bras sont beaucoup
plus courts; ils forment un angle beaucoup plus petit,

c'est-à-dire qu'ils sont presque horizontaux et se dirigent vers l'extrémité antérieure de la vessie. Ces bras ne sont que modérément pointus; ils se composent d'une membrane transparente très-mince, de sorte qu'on peut les courber ou même les ployer dans toutes les directions sans les briser. Ils contiennent une couche très-délicate de *protoplasma*, de même d'ailleurs que la courte projection conique qu'ils surmontent. Ordinairement, mais pas toujours, chaque bras, contient un petit noyau légèrement brun, arrondi ou plus communément allongé, animé sans cesse de mouvements browniens. Ces noyaux changent lentement de position et parcourent les bras d'une extrémité à l'autre; toutefois, ils se trouvent le plus ordinairement près de la base. Ces noyaux existent dans les processus quadrifides des jeunes vessies qui n'ont encore atteint que 1/3 environ de leur grosseur complète : ils ne ressemblent pas aux noyaux ordinaires; je crois toutefois que ce sont des noyaux modifiés, car quand ils n'existent pas, j'ai pu parfois découvrir à leur place un amas délicat de matières entourant un point un peu plus foncé. En outre, les processus quadrifides de l'*Utricularia montana* contiennent des noyaux un peu plus grands et beaucoup plus régulièrement sphériques, mais du reste analogues, qui ressemblent beaucoup aux *nuclei* des cellules qui constituent les parois des vessies. Dans le cas présent, j'ai observé jusqu'à deux, trois, ou même plus de noyaux presque semblables dans un seul bras; mais, comme nous le verrons bientôt, la présence de plus d'un noyau semble toujours se relier à l'absorption des matières en décomposition.

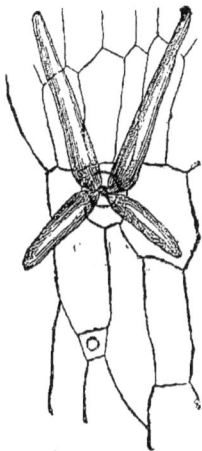

Fig. 22.
Utricularia neglecta.
Processus quadrifide
considérablement grossi.

La paroi intérieure du col (voir la fig. 20) est recouverte de plusieurs rangées de processus rapprochés les
uns des autres et qui ne diffèrent sous aucun rapport
important des processus quadrifides, sauf toutefois en ce
qu'ils n'ont que deux bras au lieu de quatre; en outre,
ces processus sont un peu plus étroits et plus délicats. Je
les appellerai des processus bifides. Ils se projettent dans
la vessie et se dirigent vers son extrémité postérieure.
Les processus bifides et quadrifides sont sans doute homologues aux papilles placées à l'extérieur de la vessie et
des feuilles, et nous allons voir qu'ils se développent sur
des papilles fort analogues.

Fonction des différentes parties. — Occupons-nous
des fonctions des différentes parties, maintenant que nous
en avons fait une description un peu longue peut-être, mais
nécessaire. Quelques auteurs ont supposé que les vessies
servent à faire flotter la plante; mais j'ai vu flotter parfaitement, grâce à l'air contenu dans les espaces intra-
cellulaires, des branches qui ne portaient aucune vessie
et d'autres auxquels je les avais enlevées. Les vessies qui
contiennent des animaux morts contiennent aussi ordinairement des bulles d'air; mais ces bulles n'ont pas pu être
engendrées seulement par la décomposition des matières
animales, car j'en ai observé souvent dans des vessies
jeunes, propres et complétement vides; d'autre part, j'ai
vu de vieilles vessies contenant beaucoup de matière en
décomposition qui néanmoins ne contenaient pas des bulles
d'air.

La véritable fonction des vessies consiste à capturer
des petits animaux aquatiques, ce qu'elles font sur une
vaste échelle. Dans le premier lot de plantes, que j'ai reçu
de la *New Forest* au commencement de juillet, la plupart des vessies, ayant atteint leur croissance parfaite,
contenaient un certain nombre d'animaux; dans un second

lot, reçu au commencement d'août, la plupart des vessies étaient vides, mais on avait choisi ces plantes dans une eau très-pure. Mon fils a examiné dix-sept vessies du premier lot, qui toutes contenaient des animaux; huit de ces vessies contenaient des crustacés entomostracés, trois des larves d'insectes, dont une encore vivante, les six autres des restes d'animaux si décomposés qu'il fut impossible de les déterminer. J'ouvris cinq vessies qui me semblaient bien pleines et je trouvai dans quatre d'entre elles cinq, huit et dix crustacés, et dans la cinquième une seule larve très-allongée. Dans cinq autres vessies, choisies au nombre de celles qui contenaient des restes d'animaux, mais qui ne me paraissaient pas très-pleines, je trouvai un, deux, quatre, deux et cinq crustacés. Cohn plaça un soir dans de l'eau contenant beaucoup de crustacées un plant d'*Utricularia vulgaris,* qui avait vécu jusque-là dans de l'eau presque pure; le lendemain matin, la plupart des vessies contenaient plusieurs de ces animaux qui s'étaient laissés prendre et qui continuaient à nager dans l'intérieur de leur prison. Ils restèrent vivants quelques jours, puis ils périrent asphyxiés, après avoir absorbé, je crois, tout l'oxygène contenu dans l'eau. Cohn a aussi trouvé dans quelques vessies des vers d'eau douce. Dans tous les cas, les vessies contenant des débris en décomposition regorgeaient d'algues vivantes de beaucoup d'espèces, d'infusoires et d'autres organismes inférieurs qui évidemment vivaient là en parasites.

Les animaux pénètrent dans la vessie en repoussant à l'intérieur le bord libre postérieur de la valve; or ce bord est très-élastique et se referme instantanément. Comme il est en outre très-mince et qu'il se colle étroitement contre le bord du col et que tous deux pénètrent à l'intérieur de la vessie (voir la coupe fig. 20), il doit être évidemment très-difficile à un insecte de ressortir quand il est une fois entré, et je suis persuadé qu'il ne parvient jamais à s'échapper. Pour montrer l'adaptation parfaite du bord contre le col, je puis ajouter que mon fils a trouvé un *Daphnia* dont une des antennes était restée fixée dans l'ouverture, et qui ne put se dégager pendant un jour tout entier. Dans trois ou quatre occasions, j'ai vu des larves longues et étroites, vivantes ou mortes, prises entre le coin de la valve et le col, et dont une moitié du corps était à l'intérieur de la vessie et l'autre moitié à l'extérieur.

Je m'expliquai difficilement, je l'avoue, que des animaux aussi petits et aussi faibles que ceux capturés la plupart du temps pussent parvenir à pénétrer dans la vessie; aussi je fis un assez grand nombre d'expériences pour arriver à savoir comment ils pouvaient y parvenir. Le bord libre de la valve se ploie si aisément qu'on ne ressent aucune résistance quand on veut insérer dans la vessie une aiguille ou un poil mince. Un cheveu humain délié, fixé à un manche et coupé de façon à avoir environ 1/4 de pouce de longueur au delà du manche, pénètre avec quelque difficulté; un morceau plus long céde au lieu d'entrer. Dans trois occasions je plaçai sur des valves, plongées dans l'eau, des parcelles très-petites de verre bleu, de façon à pouvoir les distinguer facilement; en essayant de les déplacer un peu avec une aiguille, ces parcelles disparurent si soudainement, que ne comprenant pas ce qui était arrivé, je pensai qu'elles étaient tombées au fond de l'eau; mais en examinant les vessies, je les trouvai à l'intérieur. La même chose arriva à mon fils, qui plaça des petits cubes de buis vert, ayant environ 1/60 de pouce (0,423 de millim.) de côté sur quelques valves; par trois fois, alors qu'il plaçait ces cubes sur la valve ou qu'il essayait de les transporter doucement à un autre endroit, la valve s'ouvrit soudainement et les cubes se trouvèrent emprisonnés. Il plaça alors d'autres morceaux de bois

semblables sur d'autres valves et les déplaça pendant
quelque temps, mais ils ne pénétrèrent pas à l'intérieur.
Je plaçai aussi des parcelles de verre bleu sur trois valves
et des morceaux extrêmement petits de plomb sur deux
autres valves; au bout d'une heure ou deux, aucun de ces
morceaux n'avait pénétré à l'intérieur; mais au bout de
deux à cinq heures, tous étaient emprisonnés. Une des
parcelles de verre consistait en un éclat assez long dont
une des extrémités reposait obliquement sur la valve; au
bout de quelques heures, ce morceau était pris entre la
valve et le colet complétement entouré, sauf à un des
angles où un petit espace était ouvert, la moitié de l'éclat
de verre ayant pénétré dans la vessie et l'autre moitié
restant au dehors. Cet éclat de verre était fixé si solide-
ment dans sa position, tout comme la larve dont j'ai parlé
plus haut, qu'il ne se dégagea pas quand j'arrachai la vessie de la branche et que je la secouai. Mon fils plaça
aussi sur trois valves des petits cubes de buis vert ayant
environ 1/65 de pouce (0,391 de millim.) de côté et juste
assez lourds pour tomber au fond de l'eau. Au bout de
dix-neuf heures trente minutes, ces morceaux de buis
reposaient encore sur les valves; mais au bout de vingt-
deux heures trente minutes, l'un d'eux avait pénétré à
l'intérieur. Je puis ajouter ici que j'ai trouvé un grain de
sable dans une vessie appartenant à une plante à l'état
sauvage, et trois grains dans un autre vessie; ces grains ont
dû tomber par accident sur les valves et pénétrer ensuite à
l'intérieur, comme l'ont fait les parcelles de verre.

L'inflexion lente de la valve sous le poids des parcelles
de verre et même sous le poids des cubes de buis, bien
que ces derniers soient, en grande partie, soutenus par
l'eau, est, je crois, analogue à la lente inflexion des substances colloïdes. Par exemple, je plaçai des parcelles de
verre sur divers points de bandes étroites de gélatine
humide, et ces bandes finirent par céder et par se courber,

mais avec une extrême lenteur. Il est beaucoup plus difficile de comprendre comment il se fait qu'une valve s'ouvre
soudainement quand on meut doucement une parcelle
d'un point à l'autre de la valve. Je pensai d'abord que
les valves sont douées d'une certaine irritabilité; pour
m'en assurer, je chatouillai la surface de plusieurs avec
une aiguille ou avec un pinceau de poil de chameau, de
façon à imiter autant que possible le mouvement des petits
crustacés; mais la valve ne s'ouvrit pas. Avant de cha-
touiller les valves, je plaçai les vessies dans de l'eau portée
à une température variant entre 80° et 130° F. (26°,6 à
50°,4 centig.) et je les y laissai séjourner pendant quelque
temps; car, à en juger par l'analogie, ce traitement aurait
dû rendre les valves plus sensibles à l'irritation ou aurait dû
provoquer un mouvement; toutefois, aucun effet ne fut produit. Nous pouvons donc conclure que les animaux pénètrent dans les vessies en s'ouvrant de force un passage
à travers l'orifice et que leur tête agit comme un coin.
Mais je suis surpris que des animalcules aussi petits et
aussi faibles que ceux qui sont souvent capturés, comme,
par exemple, le *Nauplius* d'un crustacé et un tardigrade
soient assez forts pour agir de cette façon, surtout quand
je pense qu'il est difficile de faire pénétrer l'extrémité d'un
morceau de cheveu ayant 1/4 de pouce de longueur.
Néanmoins il est évident que des animaux très-petits et
très-faibles pénètrent dans les vessies, et M\ :sup:me Treat de
New-Jersey, plus heureuse que la plupart des observateurs, a souvent assisté à l'entrée des petits animaux dans
les vessies de l'*Utricularia clandestina*[1]. Elle a vu un tardigrade circuler lentement autour de la vessie, comme s'il
cherchait à se rendre compte de ce qu'il voyait; il entra
enfin dans la dépression où se trouve la valve et pénétra
facilement à l'intérieur. Elle a pu observer la capture de

New-York Tribune, reproduit dans le *Gardener's Chron.*, 1875, p. 303,

divers crustacés très-petits. « Le *Cypris*, dit-elle, est très-prudent, toutefois il est souvent capturé. Il se place à l'entrée d'une vessie, hésite un instant, puis s'éloigne ; un autre vient tout auprès de la valve, pénètre même dans la dépression, puis se retire comme s'il était effrayé. Un troisième, plus étourdi, ouvre la porte et entre : mais il n'est pas plutôt à l'intérieur qu'il manifeste quelque inquiétude, il rentre ses pattes et ses antennes et se renferme dans sa coquille. Les larves, probablement celles du Cousin qui circulent près de la valve, heurtent la plupart du temps de la tête l'entrée de la prison d'où elles ne peuvent plus sortir. Quelquefois il s'écoule trois ou quatre heures avant qu'une grosse larve ne soit avalée, et chaque fois que j'ai assisté à ce spectacle, je n'ai pu m'empêcher de penser à ce qui se passe quand un petit serpent se met en tête d'avaler une grosse grenouille. » Toutefois, comme la valve ne paraît nullement irritable, le mouvement en avant de la larve doit être dû aux efforts de cette dernière.

Il est difficile de comprendre ce qui peut inciter tant de petits animaux, crustacés se nourrissant d'animaux et de végétaux, vers, tardigrades, et larves diverses à pénétrer dans les vessies. Mme Treat affirme que les larves qui y pénètrent, se nourrissent de végétaux et qu'elles semblent aimer tout particulièrement les longs poils qui entourent la valve ; mais ce goût n'explique pas l'entrée dans la vesvie des crustacés qui se nourrissent d'animaux. Peut-être les petits animaux aquatiques essayent-ils ordinairement de pénétrer dans toutes les petites crevasses, comme celle qui se trouve entre la valve et le col, espérant y trouver des aliments ou un abri. Il n'est pas probable que la transparence remarquable de la valve soit une circonstance accidentelle, et le point lumineux ainsi formé peut servir de fanal. Les longs poils disposés autour de l'entrée remplissent apparemment le même but. Je serais disposé à croire qu'il en est ainsi parce que les vessies de quelques espèces épiphytiques et marécageuses de l'*Utricularia*, qui vivent enfouies soit au milieu d'une masse de végétation, soit dans la boue, ne possèdent pas ces poils autour de l'entrée, poils qui, dans ces conditions, ne pourraient servir de fanal. Néanmoins, ces espèces épiphytiques et marécageuses possèdent, tout comme les espèces aquatiques, deux paires de poils qui partent de la surface de la valve; elles servent probablement à empêcher les animaux trop gros d'essayer d'entrer dans la vessie, entrée qui aurait pour résultat de dégrader l'orifice.

Il est impossible de douter que la plante n'ait été spécialement adaptée pour capturer des animaux, si l'on considère que, placées dans des circonstances favorables, la plupart des vessies parviennent à capturer une proie, et nous avons vu que, dans un cas, j'ai trouvé jusqu'à dix crustacés dans l'une d'elles; que la valve est admirablement disposée pour permettre aux animaux d'entrer et pour les empêcher de sortir; et que l'intérieur de la vessie présente une conformation si singulière, recouverte qu'elle est d'innombrables processus bifides et quadrifides. D'après l'analogie de l'*Utricularia* avec le *Pinguicula*, qui appartient à la même famille, je m'attendais naturellement à ce que les vessies digérassent leur proie; mais tel n'est pas le cas, car elles ne possèdent aucune glande disposée pour sécréter le liquide convenable. Néanmoins, dans le but de déterminer si les vessies possèdent la faculté digestive, je poussai à l'intérieur des vessies de plantes vigoureuses des petits fragments de viande rôtie, trois petits cubes d'albumine et trois de cartilage. Je les laissai de un à trois jours et demi à l'intérieur des vessies que j'ouvris ensuite; mais aucune des substances que je viens d'indiquer ne montrait le moindre signe de digestion, les angles du cube étant aussi nets qu'ils l'étaient auparavant. Je fis ces recherches après toutes celles auxquelles je m'étais livré sur le *Drosera*, sur la *Dionée*, sur le

Drosophyllum et sur le *Pinguicula*; j'étais donc très-familier avec l'aspect de ces substances quand elles commencent à ressentir les premiers effets de la digestion ou que la digestion est presque complète. Nous pouvons donc conclure que l'*Utricularia* ne peut pas digérer les animaux qu'il capture ordinairement.

Dans la plupart des vessies les animaux capturés sont décomposés, au point qu'ils forment une masse pulpeuse brun pâle, et leurs revêtements chitineux deviennent si mous qu'ils tombent en morceaux au moindre attouchement. Le pigment noir des yeux est de toutes les parties celle qui semble le mieux se conserver. On trouve souvent les membres, les mâchoires, etc., séparés du reste du corps; j'attribue ce résultat à la lutte des animaux récemment capturés pour sortir de leur prison. J'ai souvent été surpris de la petite proportion des animaux capturés conservant encore leur forme avec la masse de ceux qui sont complétement décomposés. Mme Treat remarque au sujet des larves dont nous avons déjà parlé, que « moins de deux jours après la capture d'une grosse larve, le contenu liquide de la vessie prend un aspect nuageux ou boueux, et devient souvent si dense qu'on ne peut plus distinguer la forme de l'animal ». Cette remarque nous autorise à penser que les vessies sécrètent quelque ferment qui active la décomposition. Il n'y a là rien d'improbable si l'on se rappelle que la viande plongée pendant dix minutes dans de l'eau mélangée au suc laiteux du papayer, devient très-molle et se putréfie presque immédiatement, comme l'a fait remarquer Browne dans son Histoire naturelle de la Jamaïque.

D'ailleurs, que la putréfaction des animaux emprisonnés soit activée ou non, il n'en est pas moins certain que les processus bifides ou quadrifides absorbent des substances provenant de ces animaux. La nature très-délicate de la membrane qui constitue ces processus, leur surface consi-

dérable, grâce à leur nombre infini dans tout l'intérieur de
la vessie, sont des circonstances qui favorisent au plus haut
degré l'absorption. J'ai ouvert plusieurs vessies parfaitement propres et qui n'avaient jamais capturé un animal ;
or en me servant d'un objectif n° 8 de Hartnack, je n'ai
rien pu distinguer dans le revêtement protoplasmique
informe et si délicat des bras qu'un petit point jaunâtre
ou un nucleus modifié. On trouve parfois deux ou même
trois points semblables dans un seul bras ; mais, dans ce
cas, on peut remarquer en même temps dans la vessie des
traces de matières en décomposition. D'autre part, les processus présentent un aspect tout différent dans les vessies
qui contiennent soit un gros animal en décomposition,
soit plusieurs petits animaux putréfiés. J'ai examiné avec
soin six vessies, dont l'une contenait une longue larve
enroulée, une autre un seul gros crustacé entomostracé,
et les autres de deux à cinq petits crustacés, tous en décomposition. Un grand nombre des processus quadrifides de
ces six vessies renfermait des masses de substance transparente, souvent jaunâtre, plus ou moins confluente, sphérique ou ayant une forme irrégulière. Toutefois, quelques-uns des processus ne contenaient que des matières
granuleuses fines, dont les particules étaient si petites qu'il
était impossible de déterminer parfaitement leur forme
avec un objectif n° 8 de Hartnack. La couche délicate de
protoplasma qui garnit les parois des bras se trouvait,
dans quelques cas, un peu écartée des parois. Dans trois
occasions les petites masses de matière que je viens de
décrire ont été observées et dessinées à de courts intervalles de temps ; or il est certain qu'elles changent de
position relativement l'une à l'autre et relativement aux
parois des bras. Les masses séparées se réunissent parfois
pour se séparer encore. Une petite masse isolée émet
souvent des projections qui s'en séparent au bout de
quelque temps. En conséquence, il est impossible de douter

que ces masses ne se composent de *protoplasma*. J'ai
examiné avec tout autant de soin beaucoup de vessies
parfaitement propres, et je n'ai jamais remarqué chez
elles un aspect semblable; nous sommes donc autorisés à
conclure que le *protoplasma*, dans les cas que je viens de
citer, a été engendré par l'absorption de matières azotées,
provenant d'animaux en décomposition. Dans deux ou trois
autres vessies, qui paraissaient d'abord parfaitement
propres, j'ai fini par découvrir quelques processus dont
les bras renfermaient des matières brunâtres, ce qui
prouve que la vessie avait capturé quelque petit animal
qui s'était putréfié; dans ce cas, les bras de ces processus
contenaient quelques masses agrégées plus ou moins sphériques; les processus dans les autres parties de la vessie
étaient vides et transparents. D'autre part, je dois ajouter
que les processus étaient complétement vides dans trois
vessies contenant des crustacés morts. Il se peut que les
animaux dans ce cas ne soient pas encore arrivés à un
degré suffisant de putréfaction ou qu'il ne se soit pas passé
assez de temps pour la génération du *protoplasma* ou
pour son absorption subséquente et son transport à d'autres
parties de la plante; c'est là la seule explication que je
puisse donner de ce fait. On verra bientôt que, dans trois
ou quatre autres espèces d'*Utricularia*, les processus
quadrifides qui se trouvent en contact avec des animaux
en décomposition contiennent aussi des masses agrégées
de *protoplasma*.

*Absorption de certains liquides par les processus qua-
drifides et bifides.* — J'entrepris ces expériences pour
m'assurer si certains liquides qui me semblaient convenables provoquent chez les processus les mêmes effets
que l'absorption de matières animales en décomposition.
Je dois remarquer que ces expériences sont très-difficiles
à faire; en effet, il ne suffit pas de placer une branche de

la plante dans le liquide, car la valve ferme si parfaitement que le liquide ne pénètre pas dans la vessie. J'ai essayé d'introduire des soies dans l'orifice, mais dans la plupart des cas elles ont été enveloppées si complétement par le bord flexible de la valve, que le liquide n'a pas pénétré dans la vessie; les expériences faites de cette façon sont donc si douteuses qu'il est inutile d'en indiquer les résultats. Le meilleur moyen, sans contredit, est de pratiquer une ouverture dans la vessie; mais je n'ai songé à employer ce moyen qu'alors qu'il était trop tard, sauf dans un ou deux cas. En outre, on ne saurait affirmer positivement qu'une vessie, quelque transparente qu'elle soit, ne contient pas quelque petit animal arrivé à demi-putréfaction. En conséquence, pour faire la plupart de mes expériences, j'ai coupé les utricules longitudinalement en deux; j'ai commencé par examiner les processus quadrifides en me servant d'un objectif n° 8 de Hartnack, puis, après cet examen, j'ai versé quelques gouttes du liquide sur la vessie placée sur le chariot du microscope, et je l'ai examinée à certains intervalles en me servant du même grossissement.

J'ai d'abord étudié de la façon que je viens de décrire, pour servir de contrôle à mes expériences, quatre vessies, plongées dans une solution contenant 1 partie de gomme arabique pour 218 parties d'eau et deux autres vessies plongées dans une solution contenant 1 partie de sucre pour 237 parties d'eau; au bout de vingt et une heures je n'ai pu apercevoir aucun changement dans les processus quadrifides ou bifides soumis à ce traitement. Je traitai alors de la même façon quatre vessies avec une solution contenant 1 partie d'azotate d'ammoniaque pour 437 parties d'eau et je les examinai au bout de vingt et une heures. Deux processus quadrifides me parurent alors pleins de matière granuleuse très-fine et la couche de *protoplasma* ou utricule primordial s'était un peu séparée des parois. Dans la troisième vessie les processus quadrifides contenaient des granules distinctement visibles et l'utricule primordial s'était un peu séparé des parois au bout de huit heures seulement. Dans la quatrième vessie le *protoplasma* contenu dans la plupart des processus formait çà et là des petits points jaunâtres irréguliers et, à en juger par la gradation que j'ai pu remarquer dans ce cas et dans quelques autres, ces points jaunâtres semblent amener la formation des gros granules libres que j'ai remarqués dans quelques-uns des processus. Je perçai d'autres vessies qui, autant que j'en ai pu juger, n'avaient jamais capturé aucun animal et je les laissai séjourner dans la même solution pendant dix-sept heures; les processus quadrifides contenaient alors des matières granuleuses très-fines.

Je coupai en deux une vessie, je l'examinai et je déposai sur elle une solution contenant 1 partie de carbonate d'ammoniaque pour 437 parties d'eau. Au bout de huit heures trente minutes les processus quadrifides contenaient un assez grand nombre de granules et l'utricule primordial s'était quelque peu séparé des parois; au bout de vingt-trois heures les processus quadrifides et bifides contenaient beaucoup de sphères de matières hyalines et je pus compter jusqu'à vingt-quatre sphères semblables assez grosses dans un seul bras. Je traitai par la solution de carbonate d'ammoniaque deux vessies coupées en deux qui avaient antérieurement séjourné pendant vingt et une heures dans la solution de gomme (1 partie de gomme pour 218 parties d'eau) sans être affectées; les processus quadrifides de ces deux vessies se trouvaient modifiés d'une façon à peu près analogue à celle que je viens de décrire, chez l'un au bout de neuf heures seulement, chez l'autre au bout de vingt-quatre heures. Je perçai et je plongeai dans la solution deux vessies qui me parurent n'avoir jamais capturé aucune proie; j'examinai les processus quadrifides de l'une au bout de dix-sept heures et je les trouvai légèrement opaques; les processus quadrifides de l'autre, examinés au bout de quarante-cinq heures, présentaient des modifications assez importantes, les utricules primordiaux s'étaient plus ou moins séparés des parois, et des taches jaunâtres semblables à celles dues à l'action de l'azotate d'ammoniaque s'étaient formées en plusieurs endroits. Je plongeai dans la même solution aussi bien que dans une solution plus faible, c'est-à-dire une solution contenant une partie d'azotate pour 1750 parties d'eau, plusieurs vessies non percées; au bout de deux jours, les processus quadrifides étaient devenus plus ou moins opaques et ils contenaient des matières granuleuses; toutefois, je ne saurais dire si la solution avait pénétré par l'orifice ou si elle avait été absorbée du dehors par la paroi de la vessie.

Je traitai deux vessies coupées en deux avec une solution contenant 1 partie d'urée pour 218 parties d'eau; mais en employant cette solution j'oubliai que je l'avais gardée pendant plusieurs jours dans une chambre chaude et que probablement elle contenait de l'ammoniaque; quoi qu'il en soit, les processus quadrifides furent affectés au bout de vingt et une heures comme si j'avais employé une solution de carbonate d'ammoniaque; en effet, l'utricule primordial s'était épaissi en certains endroits et formait des taches qui semblaient disposées à se diviser en granules séparés. Je traitai trois autres vessies coupées en deux avec une solution fraîche d'urée préparée dans les mêmes proportions; au bout de vingt et une heures les processus quadrifides étaient beaucoup moins affectés que dans le cas précédent; toutefois, le *protoplasma,* dans quelques-uns des bras, s'était un peu séparé des parois et dans d'autres il s'était divisé en deux sacs presque symétriques.

Après avoir examiné avec soin trois vessies coupées en deux, je les traitai par une infusion de viande crue très-putride et sentant très-mauvais. Au bout de vingt-trois heures les processus quadrifides et bifides des trois vessies regorgeaient de petites masses sphériques hyalines et, chez beaucoup, le *protoplasma* s'était un peu séparé des parois. Je traitai aussi trois vessies avec une infusion fraîche de viande crue; à ma grande surprise, les processus quadrifides de l'une me parurent au bout de vingt-trois heures remplis de matières granuleuses fines, le *protoplasma* s'était quelque peu séparé des parois et contenait des points jaunâtres; l'infusion fraîche avait donc agi de la même façon que l'infusion putride ou que les sels d'ammoniaque. Quelques processus quadrifides de la deuxième vessie présentèrent les mêmes résultats bien qu'à un degré moindre; ceux de la troisième vessie ne furent pas du tout affectés.

Ces expériences prouvent clairement que les processus bifides et quadrifides ont la faculté d'absorber le carbonate et l'azotate d'ammoniaque, ainsi que certaines matières qu'ils extraient d'une infusion putride de viande. J'ai choisi pour mes essais les sels d'ammoniaque, parce qu'ils sont rapidement engendrés par la décomposition des matières animales en présence de l'air et de l'eau, et que très-certainement ils doivent se produire à l'intérieur des vessies qui ont capturé des animaux. L'effet produit sur les processus par les sels d'ammoniaque et par une infusion putride de viande crue ne diffère de l'effet produit par la décomposition des animaux capturés naturellement qu'en ce que les masses agrégées de *protoplasma* ont, dans ce dernier cas, un volume plus considérable. Toutefois, il est probable que les granules et les petites sphères hyalines produites par les solutions se grouperaient en masses plus considérables au bout d'un certain laps de temps. Nous avons vu que le premier effet produit par une faible solution de carbonate d'ammoniaque sur le contenu des cellules du *Drosera* est la production de granules très-petits qui se groupent ensuite en masses plus volumineuses plus ou moins arrondies; nous avons vu, en outre, que les granules contenus dans la couche de *protoplasma* qui circule le long des parois des cellules finissent par se réunir à ces masses. Les changements de cette nature sont cependant beaucoup plus rapides chez le *Drosera* que chez l'*Utricularia*. Les vessies n'ayant pas la faculté de digérer l'albumine, le cartilage ou la viande rôtie, j'ai été surpris de voir que, au moins dans un cas, elles avaient absorbé certaines matières provenant d'une infusion fraîche de viande crue. J'ai été surpris aussi, d'après ce que nous allons voir relativement aux glandes qui entourent l'orifice, qu'une solution fraîche d'urée n'ait produit qu'un effet insignifiant sur les processus quadrifides.

Ces processus quadrifides se développent sur des papilles qui ressemblent beaucoup à celles qui revêtent l'extérieur des vessies et la surface des feuilles. Or, les deux cellules hémisphériques qui surmontent ces dernières papilles et qui, à l'état naturel, sont complétement transparentes, absorbent aussi le carbonate et l'azotate d'ammoniaque. En effet, après une immersion de vingt-trois heures dans des solutions contenant 1 partie de ces sels pour 437 parties d'eau, leurs utricules primordiaux s'étaient quelque peu ratatinés; ils avaient pris une teinte brun pâle et étaient parfois devenus granuleux. J'ai observé les mêmes résultats, après une immersion qui a duré près de trois jours, d'une branche entière dans une

solution contenant 1 partie de carbonate pour 1 750 parties d'eau. Les grains de chlorophylle contenus dans les
cellules des feuilles de cette branche s'agrégèrent aussi en
beaucoup d'endroits en petites masses vertes, reliées
souvent les unes aux autres par des fils extrêmement fins.

*Absorption de certains liquides par les glandes pla-
cées sur la valve et sur le col.* — Les glandes placées
autour de l'orifice des vessies encore jeunes ou que l'on
a laissé séjourner longtemps dans de l'eau assez pure sont
incolores, et leurs utricules primordiaux ne sont que légèrement ou nullement granuleux. Mais la plupart des
glandes avaient une teinte brunâtre pâle chez le plus
grand nombre des plantes que j'ai observées à l'état
sauvage (on sait que ces plantes croissent ordinairement
dans de l'eau très-sale, et chez celles que j'ai conservées
dans l'eau sale d'un aquarium ; en outre, chez ces plantes,
les utricules primordiaux sont plus ou moins ratatinés,
quelquefois rompus, et le liquide qu'ils contiennent est
souvent grossièrement granuleux ou agrégé en petites
masses. Or, je ne puis douter que cet état des glandes
soit dû à ce qu'elles ont absorbé certaines matières qui
se trouvent dans l'eau ; en effet, comme nous allons le
voir, les mêmes résultats se produisent à la suite d'une
immersion de quelques heures dans diverses solutions.
Il est peu probable d'ailleurs que cette absorption soit
inutile à la plante, car elle se produit presque universel-
lement chez les plantes à l'état sauvage, sauf toutefois
chez celles qui habitent de l'eau très-pure.

Les glandes situées immédiatement auprès de l'orifice
sur la valve et sur le col ont des pédicelles courts, tandis
que les glandes plus éloignées ont des pédicelles beaucoup
plus longs et qui se dirigent vers l'intérieur. Les glandes
sont donc bien placées pour être baignées par le liquide
qui sort de la vessie par l'orifice. D'ailleurs la valve ferme

si parfaitement, s'il faut en juger par les résultats qu'a produits l'immersion dans diverses solutions de vessies non endommagées, qu'il est très-douteux que des liquides putrides s'échappent ordinairement de la vessie. Mais il ne faut pas oublier qu'une vessie capture ordinairement plusieurs animaux, et que chaque fois qu'un nouvel animal pénètre à l'intérieur, une certaine quantité d'eau chargée de matières en putréfaction doit s'échapper et baigner les glandes. En outre, j'ai observé bien des fois que si l'on appuie doucement sur des vessies qui contiennent de l'air, des bulles très-petites s'échappent par l'orifice ; enfin, si l'on dépose une vessie sur du papier buvard et qu'on la presse doucement, on s'aperçoit qu'il s'é- chappe un peu d'eau. Dans ce dernier cas, dès que la pression cesse, l'air pénètre dans la vessie, qui reprend sa forme accoutumée. Si l'on replace alors cette vessie sous l'eau et qu'on la presse doucement, on voit s'échapper des petites bulles d'air par l'orifice seul, ce qui prouve que les parois de la vessie n'ont pas été rompues. Je rap- porte ce dernier fait parce que Cohn cite une affirmation de Treviranus, d'après laquelle on ne peut faire sortir de l'air d'une vessie sans la rompre. Nous pouvons donc con- clure que, quand il se forme de l'air dans une vessie déjà pleine d'eau, une petite quantité d'eau s'échappe lentement par l'orifice. On ne peut donc douter que les nombreuses glandes entourant l'orifice ne soient adaptées de façon à absorber des matières contenues dans l'eau pu- tréfiée, eau qui s'échappe quelquefois des vessies qui contiennent des animaux en décomposition.

J'expérimentai diverses solutions sur les glandes afin de prouver ces conclusions. Je me servis des solutions d'ammoniaque comme je l'avais fait pour les processus quadrifides parce que ces sels sont en- gendrés par la décomposition finale des matières animales plongées dans l'eau. Malheureusement on ne peut examiner les glandes avec soin tant qu'elles restent attachées aux vessies. Je me décidai donc

à couper le sommet des vessies de façon à enlever la valve, le col
et les antennes et j'observai l'état des glandes; je les arrosai
ensuite avec les solutions pendant qu'elles se trouvaient sur le chariot du microscope; au bout d'un certain temps, je les examinai
avec le grossissement dont je m'étais déjà servi, c'est-à-dire un objectif n° 8 de Hartnack. Toutes les expériences suivantes ont été faites
dans ces conditions.

Comme moyen de contrôle j'employai d'abord des solutions contenant, les unes 1 partie de sucre blanc et les autres 1 partie de gomme
pour 18 parties d'eau afin de m'assurer si ces solutions produisaient
quelque changement dans les glandes. Il était indispensable aussi de
s'assurer si les glandes étaient affectées par la section que j'étais
obligé de faire du sommet des vessies; j'expérimentai dans ce but
sur quatre vessies; j'observai l'une deux heures trente minutes après
la section et les trois autres vingt-trois heures après la section, mais
je ne pus découvrir aucun changement prononcé dans les glandes
d'aucune d'elles.

J'arrosai avec une solution de carbonate d'ammoniaque contenant
1 partie de sel pour 218 parties d'eau deux sommets de vessies portant des glandes tout à fait incolores; au bout de cinq minutes les
utricules primordiaux de la plupart des glandes s'étaient quelque peu
contractés; il s'était formé aussi dans les glandes des points et des
amas et elles avaient pris une teinte brun pâle. Je les observai de
nouveau au bout d'une heure trente minutes et la plupart des glandes
présentaient alors un aspect quelque peu différent. Je traitai le sommet d'une troisième vessie avec une solution plus faible de carbonate
d'ammoniaque, c'est-à-dire avec une solution contenant 1 partie de
sel pour 437 parties d'eau; au bout d'une heure les glandes étaient
devenues brun pâle et contenaient de nombreux granules.

J'arrosai quatre sommets de vessies avec une solution contenant
1 partie d'ammoniaque pour 437 parties d'eau. J'examinai l'une au bout
de quinze minutes et les glandes me parurent affectées; au bout de
une heure dix minutes un changement plus considérable s'était produit, car les utricules primordiaux de la plupart des glandes s'étaient
quelque peu contractés et contenaient beaucoup de granules. Dans le
second spécimen les utricules primordiaux s'étaient au bout de
deux heures considérablement contractés et étaient devenus brunâtres.
J'observai des effets semblables chez les deux autres spécimens, bien
que je n'aie observé ces derniers qu'au bout de vingt et une heures.
Les nuclei de beaucoup de glandes semblèrent avoir augmenté de
volume. Je coupai et j'examinai cinq vessies sur une branche que
j'avais conservée longtemps dans de l'eau assez propre; les glandes

étaient à peine modifiées. Je plongeai le reste de cette branche dans la solution d'azotate et l'y laissai vingt et une heures; au bout de ce temps j'examinai deux vessies dont toutes les glandes étaient devenues brunâtres et leurs utricules primordiaux quelque peu contractés contenaient des granules très-fins.

J'arrosai avec quelques gouttes d'une solution mélangée d'azotate et de phosphate d'ammoniaque, contenant chacune 1 partie de sel pour 437 parties d'eau, le sommet d'une autre vessie dont les glandes se trouvaient dans une très-bonne condition. Au bout de deux heures, quelques glandes étaient devenues brunâtres. Au bout de huit heures presque toutes les glandes oblongues étaient brunes et beaucoup plus opaques qu'auparavant; les utricules primordiaux s'étaient quelque peu contractés et contenaient des matières granuleuses agrégées. Les glandes sphériques étaient encore blanches, mais leurs utricules s'étaient divisés en trois ou quatre petites sphères hyalines outre une masse agrégée au milieu de la base. Ces petites sphères changèrent de forme au bout de quelques heures et quelques-unes d'entre elles disparurent. Le lendemain matin, au bout de vingt-trois heures trente minutes, toutes les sphères avaient disparu et les glandes étaient devenues brunes; leurs utricules formaient alors une masse globulaire qui occupait le centre. Les utricules des glandes oblongues s'étaient fort peu contractés, mais leur contenu était quelque peu agrégé. Enfin, je traitai avec la même solution le sommet d'une vessie qui était restée pendant vingt et une heures dans une solution contenant 1 partie de sucre pour 218 parties d'eau sans être affectée; sous l'influence de la solution mélangée d'azotate et de phosphate d'ammoniaque les glandes devinrent brunes au bout de huit heures trente minutes et leurs utricules primordiaux se ratatinèrent quelque peu.

J'arrosai quatre sommets de vessies avec une infusion putride de viande crue. Je n'observai pendant quelques heures aucun changement dans les glandes, mais au bout de vingt-quatre heures la plupart d'entre elles étaient devenues brunâtres et plus opaques, et plus granuleuses qu'elles ne l'étaient auparavant. Les nuclei de ces spécimens ainsi que ceux des sommets de vessies arrosés avec les sels d'ammoniaque semblaient avoir augmenté en volume et en solidité; toutefois je ne les mesurai pas. J'arrosai aussi cinq sommets avec une infusion fraîche de viande crue; trois de ces sommets ne furent pas du tout affectés au bout de vingt-quatre heures, mais les glandes des deux autres semblaient être devenues plus granuleuses. J'arrosai avec la solution mélangée d'azotate et de phosphate d'ammoniaque un des sommets qui n'avait pas été affecté par l'infusion fraîche de viande crue; au bout de vingt-cinq minutes seulement, les glandes contenaient de quatre à douze granules et, au bout d'un nouveau laps de temps de six heures, leurs utricules primordiaux s'étaient considérablement contractés.

J'examinai avec soin le sommet d'une vessie; toutes les glandes étaient incolores et leurs utricules primordiaux n'étaient pas du tout contractés; cependant beaucoup de glandes oblongues contenaient des granules qu'il était à peine possible de distinguer avec un objectif n° 8 de Hartnack. J'arrosai alors cette partie de vessie avec quelques gouttes d'une solution contenant 1 partie d'urée pour 218 parties d'eau. Au bout de deux heures vingt-cinq minutes, les glandes sphériques étaient encore incolores; les glandes oblongues et à deux bras avaient au contraire pris une teinte brunâtre, leurs utricules primordiaux s'étaient très-contractés et quelques-uns contenaient des granules distinctement visibles. Au bout de neuf heures quelques glandes sphériques étaient devenues brunâtres; les glandes oblongues se modifièrent encore plus, mais elles contenaient moins de granules séparés; d'autre part leurs nuclei paraissaient plus grands comme s'ils avaient absorbé les granules. Au bout de vingt-trois heures, toutes les glandes étaient devenues brunes, leurs utricules primordiaux étaient très-contractés et presque tous rompus.

J'expérimentai alors sur une vessie qui avait été déjà quelque peu affectée par l'eau environnante; en effet, les utricules primordiaux des glandes sphériques étaient légèrem ent contractés, bien que les glandes elles-mêmes fussent incolores; et les utricules primordiaux des glandes oblongues devenues brunâtres étaient très-notablement mais très-irrégulièrement contractés. J'arrosai le sommet de la vessie avec la solution d'urée et au bout de neuf heures il était peu affecté; au bout de vingt-trois heures les glandes sphériques avaient pris une teinte plus foncée et leurs utricules étaient plus contractés. Un grand nombre des autres glandes étaient encore plus brunes et leurs utricules s'étaient contractés en petites masses irrégulières.

Je traitai avec la même solution d'urée le sommet de deux autres vessies dont les glandes étaient incolores et les utricules primordiaux à l'état normal. Au bout de cinq heures, beaucoup de glandes avaient pris une légère teinte brune et leurs utricules s'étaient légèrement contractés. Au bout de vingt heures quarante mi nutes, quelques glandes étaient devenues tout à fait brunes et contenaient des masses irrégulièrement agrégées; d'autres étaient encore incolores, bien que leurs utricules se fussent contractés; toutefois le plus grand nombre n'était pas très-affecté. Cette expérience nous prouve que les glandes d'une même vessie sont souvent affectées très-inégalement, cas qui se rencontre fréquemment chez les plantes à l'état sauvage. Je traitai deux autres sommets de vessies avec une solution d'urée que j'avais conservée pendant plusieurs jours dans une chambre chaude ; j'examinai les glandes au bout de vingt et une heures, mais je ne pus découvrir chez elles aucune altération.

Je préparai une solution plus faible contenant 1 partie d'urée pour 437 parties d'eau. J'expérimentai avec cette solution sur les sommets de six vessies que j'avais examinées avec beaucoup de soin avant de les soumettre à son action. Je réexaminai le premier sommet au bout de huit heures trente minutes ; les glandes y compris les glandes sphériques étaient devenues brunes ; les utricules primordiaux de la plupart des glandes oblongues étaient très rétrécis et renfermaient des granules. Avant d'être soumis à la solution, le second sommet avait été quelque peu affecté par l'eau qui l'entourait, car les glandes sphériques n'avaient pas un aspect absolument uniforme et quelques glandes oblongues étaient brunes avec leurs utricules primordiaux contractés. Les glandes oblongues incolores avant d'être soumises à l'action de la solution devinrent brunes au bout de trois heures douze minutes, et leurs utricules primordiaux se contractèrent légèrement. Les glandes sphériques ne devinrent pas brunes, mais l'aspect de leur contenu sembla se modifier et, au bout de vingt-trois heures, me parut encore plus changé et plus granuleux. La plupart des glandes oblongues étaient alors d'un brun foncé, mais leurs utricules primordiaux s'étaient peu contractés. J'examinai les quatre autres sommets au bout de trois heures trente minutes, de quatre heures et de neuf heures ; il nous suffira d'indiquer brièvement les modifications qui s'étaient opérées chez eux. Les glandes sphériques n'étaient pas devenues brunes, mais quelques-unes d'entre elles contenaient des granules extrêmement fins. La plupart des glandes oblongues étaient devenues brunes ; les utricules primordiaux de ces glandes ainsi que ceux des glandes qui étaient restées incolores s'étaient plus ou moins contractés, et quelques-uns renfermaient des petites masses de matières agrégées.

Résumé des observations sur l'absorption. — Les faits que nous venons de relater ne nous permettent pas de douter que les glandes à formes diverses qui se trouvent sur la valve et autour du col n'aient la faculté d'absorber les matières contenues dans les faibles solutions de certains sels d'ammoniaque et d'urée et dans une infusion putride de viande crue. Le professeur Cohn croit que ces glandes sécrètent des matières visqueuses, mais je n'ai pu observer aucune trace d'une action semblable, si ce n'est toutefois après l'immersion dans l'alcool ; alors on peut voir quelquefois des lignes extrêmement fines rayonner à leur surface. L'absorption affecte les glandes de plusieurs façons ; souvent les glandes prennent une teinte brune ; parfois elles contiennent des granules très-fins, des grains ayant un volume modéré ou des petites masses irrégulièrement agrégées ; parfois les nuclei semblent augmenter de volume ; les utricules primordiaux se contractent ordinairement plus ou moins et se rompent quelquefois. On remarque des changements analogues dans les glandes des plantes qui croissent et prospèrent dans l'eau trouble. Les glandes sphériques sont ordinairement affectées d'autre façon que les glandes oblongues et à deux bras. Les premières prennent plus rarement la teinte brune et cèdent plus lentement à l'action exercée sur elles. Nous pouvons donc conclure que les fonctions naturelles de ces glandes diffèrent quelque peu. Il est un point qu'il importe de noter, c'est l'inégalité de l'action exercée sur les glandes des vessies poussant sur une même branche et même sur les glandes d'une même espèce sur une même vessie par l'eau trouble dans laquelle croissent les plantes et par les solutions que j'ai employées. Dans le premier cas, je suppose que cette inégalité provient soit de petits courants qui apportent des matières à quelques glandes sans en apporter à d'autres, soit de différences inconnues dans leur constitution. Quand une solution affecte différemment les glandes d'une même vessie, nous pouvons soupçonner que quelques-unes de ces glandes ont précédemment absorbé une petite quantité de matières contenues dans l'eau où séjournait la vessie. Quoi qu'il en soit, nous avons vu que les glandes sur une même feuille de *Drosera* sont quelquefois très-inégalement affectées, surtout quand on les expose à l'action de certaines vapeurs.

Si l'on arrose avec quelque solution active des glandes qui ont déjà pris une teinte brune et dont les utricules primordiaux sont contractés, l'action ne s'exerce que légèrement et lentement sur ces glandes. Toutefois, si une glande ne contient que quelques granules grossiers, cela n'empêche pas la solution d'agir. Rien ne m'a jamais autorisé à penser que les glandes qui ont été fortement affectées par l'absorption d'une matière quelle qu'elle soit puissent recouvrer leur aspect incolore primitif, leur condition homogène et la faculté d'absorber de nouveau.

La nature des solutions que j'ai employées me fait penser que les glandes absorbent l'azote; mais ni moi, ni mon fils, nous n'avons jamais vu le contenu modifié, brunâtre, plus ou moins contracté ou agrégé des glandes oblongues, subir les changements spontanés de forme qui caractérisent le *protoplasma*. D'autre part, le contenu des grosses glandes sphériques se sépare souvent en petits globules hyalins ou en masses irrégulières, qui changent très-lentement de forme et finissent par s'agglomérer pour former une masse centrale très-contractée. Quelle que puisse être la nature du contenu des diverses espèces de glandes, après qu'elles ont subi l'action de l'eau trouble ou d'une des solutions azotées, il est probable que les matières ainsi engendrées constituent un avantage pour la plante et finissent par être transportées dans d'autres parties.

Les glandes semblent absorber plus rapidement que ne le font les processus bifides et quadrifides. Or, d'après l'hypothèse que nous venons de soutenir, c'est-à-dire qu'elles absorbent des substances contenues dans l'eau putréfiée qui sort de temps en temps des vessies, elles doivent agir plus rapidement que les processus; ces derniers, en effet, restent toujours en contact avec les animaux capturés en décomposition.

En résumé, nous pouvons conclure des expériences et des observations qui précèdent que les vessies n'ont pas la faculté de digérer les matières animales, bien que les processus quadrifides semblent être quelque peu affectés par une infusion fraîche de viande crue. Il est certain, d'autre part, que les processus situés à l'intérieur des vessies et que les glandes situées à l'extérieur absorbent certaines substances contenues dans les sels d'ammoniaque, dans une infusion putride de viande crue et dans l'urée. Une solution d'urée semble agir plus énergiquement sur les glandes que sur les processus, et une infusion de viande crue moins énergiquement sur les premières que sur les seconds. Le cas de l'urée est tout particulièrement intéressant, parce que nous avons vu qu'elle n'a aucune action sur le *Drosera*, dont les feuilles sont adaptées de façon à digérer des substances animales fraîches. Mais le fait le plus important de tous est que, dans l'espèce dont nous nous occupons et dans les espèces suivantes, les processus bifides et quadrifides des vessies renfermant des matières en décomposition contiennent ordinairement des petites masses de *protoplasma*, animées de mouvements spontanés, tandis que ces masses n'existent pas dans les vessies, qui ne contiennent pas de semblables matières[1].

1. M. J. Duval-Jouve a constaté que les feuilles d'un verticille d'*Aldro-vandia* et les ascidies d'une feuille d'*Utricularia* qui, tandis que les autres restent fraîches, prennent la coloration indice de leur mort prochaine, sont précisément celles qui contiennent les restes d'un animalcule. Ce fait et cet autre que les premières feuilles des *Utricularia* et des *Aldrovandia* sont dépourvues d'appareil de capture et que cependant les jeunes pousses ont un développement très-rapide, et enfin les observations de MM. Canby, Tait et Éd. Morren, avaient porté d'abord ce botaniste à penser que la capture, la sécrétion d'un liquide dissolvant et peut-être l'absorption ne constituaient point une fonction normale aboutissant à un résultat profitable, mais qu'au contraire la présence de l'insecte déterminait par irritation une sécrétion surabondante avec issue fatale à l'organe. (*Revue des Sciences naturelles*, V; septembre 1876.) Mais M. J. Duval-Jouve s'est bientôt rappelé qu'un assez grand nombre d'organes, simples ou très-composés, périssent aussitôt après avoir rempli la fonction par laquelle ils concourent au

Développement des vessies. — J'ai passé beaucoup de temps, aidé par mon fils, à élucider ce sujet, mais sans grand succès. Nos observations ont été faites sur l'*Utricularia neglecta* et principalement sur l'*Utricularia vulgaris*, qui possède des vessies au moins deux fois aussi grandes. Au commencement de l'automne, les tiges se terminent par de gros bourgeons qui tombent au fond de l'eau et ne végètent pas pendant l'hiver. Les jeunes feuilles formant ces bourgeons portent des vessies arrivées à diverses phases de leur développement. Quand les vessies de l'*Utricularia vulgaris* ont environ 1/100 de pouce (0,254 de millim.) de diamètre ou 1/200 de pouce (0,127 de millim.) chez l'*Utricularia neglecta*, ils sont circulaires et portent un orifice transversal étroit, presque fermé, conduisant dans un espace rempli d'eau ; d'ailleurs, les vessies sont creuses

développement de l'individu ou à la conservation de l'espèce. Les exodermies radicellaires (*Poils radicaux; Succiatori* de Gasparrini) et même toute la zone corticale des racines des Monocotylédones, se flétrissent et tombent après avoir puisé dans le sol les substances azotées et autres nécessaires à la plante (op. cit. p. 213); les organes protecteurs, sépales et pétales, ceux de la fécondation, étamines, stigmates et styles, les tiges entières des plantes herbacées vivaces se flétrissent et tombent aussitôt qu'elles ont fonctionné. En conséquence, il n'y a rien d'anormal à ce que les limbes-piéges de l'*Aldrovandia* et les ascidies des *Utricularia* se flétrissent et meurent aussitôt que par leur fonction elles ont concouru à l'entretien de la plante, c'est-à-dire après que les délicates membranes de leurs exodermies ont, comme celles des exodermies radicellaires, secreté d'abord un suc acide capable de dissoudre des substances azotées que l'eau ne dissout pas et ensuite absorbé ces substances nutritives. La carnivorité serait ainsi un fait commun aux radicelles de la plupart des plantes et aux feuilles de quelques-unes seulement.

Resterait à voir encore, comme l'indique M. J. Duval-Jouve, si le *protoplasma* des exodermies radicellaires subit après l'absorption les modifications qui ont été constatées dans les exodermies des feuilles carnivores.

Le même auteur mentionne aussi dans son article précité que de nombreux pucerons sont capturés et tués aux sommets du *Sonchus asper*, et ce, parce que la piqûre de ces petits animaux fait sortir une gouttelette de suc laiteux, devenant visqueux par évaporation, et dans lequel s'engluent les ailes ou les pattes de l'insecte, sans qu'il y ait lieu de voir dans la succession de ces faits aucun principe de finalité.

Ch. M.

longtemps avant d'être arrivées à un développement de
1/100 de pouce (0,254 de millim.) en diamètre. Les orifices
sont tournés vers l'intérieur ou vers l'axe de la plante.
Pendant cette phase primitive, les vessies sont aplaties dans
le plan de l'orifice et, par conséquent, à angle droit avec
l'aplatissement des vessies bien développées. Extérieurement elles sont recouvertes de papilles de différentes grosseurs, dont beaucoup ont une forme
elliptique. Un faisceau de vaisseaux,
formé de cellules simples allongées,
constitue la courte tige qui les porte
et se divise à la base de la vessie.
Une des branches de ce faisceau
s'étend jusqu'au milieu de la surface
dorsale, et l'autre jusqu'au milieu
de la face ventrale. Chez les vessies
complétement développées, le faisceau ventral se divise immédiatement au-dessous du col et les deux
branches se prolongent de chaque
côté jusqu'auprès du point où les
coins de la valve s'unissent avec le col ; mais on ne peut
pas apercevoir ces branches dans les vessies très-
jeunes.

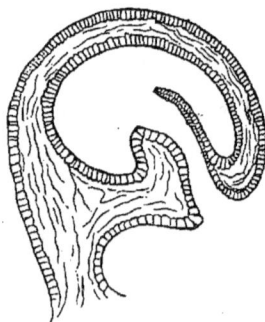

Fig. 23.—Utricularia vulgaris

Coupe longitudinale d'une
jeune vessie ayant 1/100 de
pouce (0,254 de millim.) de
longueur, mais dont l'orifice
est trop ouvert.

La figure 23 représente une coupe très-exacte suivant le
plan médian d'une vessie d'*Utricularia vulgaris* ayant 1/100
de pouce de diamètre, à travers le pédicelle et au milieu
des antennes naissantes. Cette vessie était très-molle et la
valve se séparait du col plus qu'il n'arrive d'ordinaire ;
nous l'avons représentée dans cet état. Or, nous voyons
clairement que la valve et le col sont des prolongements
reployés des parois de la vessie. Même à ce moment du
développement primitif on peut apercevoir des glandes sur
la valve ; nous décrirons tout à l'heure l'état des processus
quadrifides. A cette période les antennes consistent en

petites projections cellulaires qui ne paraissent pas dans la figure 23, car elles ne se trouvent pas dans le plan médian ; ces projections portent bientôt des rudiments de soies. Dans cinq cas, les jeunes antennes n'avaient pas une longueur tout à fait égale ; or, ce fait s'explique facilement, si l'on suppose, comme je le crois, que ces antennes représentent deux divisions de la feuille partant des extrémités de la vessie ; car, autant que j'ai pu m'en assurer, les divisions chez les vraies feuilles très-jeunes ne sont jamais rigoureusement en face l'une de l'autre. Elles doivent donc se développer l'une après l'autre et il doit en être de même des deux antennes.

A un âge beaucoup plus tendre, alors que les vessies à demi formées n'ont que 1/300 de pouce (0,0846 de millim.) de diamètre ou à peine plus, elles présentent un aspect tout différent. La figure 24 représente une de ces jeunes vessies, située au côté gauche de la feuille. Les jeunes feuilles, pendant cette phase de leur développement, ont de larges segments aplatis, et leurs divisions futures sont représentées par des proéminences, dont l'une est indiquée au côté droit de la figure. Or, dans un grand nombre de spécimens qu'a examinés mon fils, les jeunes vessies semblent formées par le reploiement oblique de l'apex et d'un bord portant une proéminence contre le bord opposé. Le trou circulaire situé entre la pointe et la proéminence repliées semble se contracter en un orifice étroit où se développeront la valve et le col ; la vessie elle-même sera formée par la confluence des bords opposés du reste de la feuille. Mais il y a de fortes objections contre cette hypothèse, car il faut supposer, dans ce cas, que la valve et le col se développent asymétriquement sur les côtés de l'apex et de la proéminence. En outre, les faisceaux de tissu vasculaire doivent se disposer en lignes qui ne tiennent aucun compte de la forme originelle de la feuille. Or, jusqu'à ce qu'on ait pu prouver qu'il existe des gradations entre ce premier état et une vessie jeune et parfaite, le cas doit rester douteux.

Les processus bifides et quadrifides formant une des plus grandes particularités du genre, j'ai observé avec soin leur développement dans l'*Utricularia neglecta*. Dans les vessies qui ont environ 1/100 de pouce de diamètre, la surface intérieure est émaillée de papilles sortant de cellules placées à la jonction de cellules plus grandes. Ces papilles consistent en une protubérance conique délicate qui se rétrécit pour former une tige très-courte, surmontée par deux petites cellules. Ces papilles, sauf qu'elles sont plus petites et un peu plus proéminentes, occupent la même position relative que celles qui se trouvent à l'extérieur des vessies et à la surface des feuilles et res-

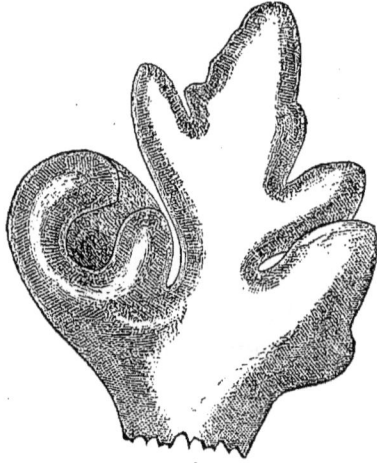

Fig. 24. — Utricularia vulgaris.
Jeune feuille provenant d'un bourgeon d'hiver. A gauche, on voit une vessie dans sa première phase de développement.

semblent beaucoup à ces dernières. Les deux cellules terminales des papilles s'allongent d'abord beaucoup dans une ligne parallèle à la surface intérieure de la vessie ; ensuite chacune d'elle est divisée par une cloison longitudinale. Bientôt après, les deux demi-cellules ainsi formées se séparent l'une de l'autre et constituent quatre cellules ou un processus quadrifide naissant. Comme les deux nouvelles cellules n'ont pas la place de se développer en largeur dans leur plan originel, elles se glissent en partie l'une sous l'autre. Leur mode de croissance change alors et leurs côtés extérieurs continuent à se développer aux lieu et place de leur base. Les deux cellules inférieures qui se sont placées en partie au-dessous des deux cellules supé-

rieures constituent les bras les plus longs et les plus verti-
caux du processus, tandis que les deux cellules supérieures
constituent les deux bras les plus courts et les plus horizontaux; ces quatre bras réunis forment un processus quadrifide parfait. On peut voir encore à la base des processus
les plus longs une trace de la division primitive des deux
cellules au sommet des papilles. Le developpement des
processus quadrifides est facilement arrêté. J'ai vu une
vessie ayant 1/50 de pouce de longueur qui ne contenait
qu'une papille primordiale; j'ai vu aussi une vessie ayant
atteint à peu près la moitié de son développement, chez
laquelle les processus quadrifides se trouvaient encore
dans les premières phases de leur développement.

Autant que j'ai pu m'en assurer, les processus bifides
se développent de la même façon que les processus quadrifides, sauf toutefois que les deux cellules terminales pri-
maires ne se divisent jamais et augmentent seulement en
longueur. Les glandes situées sur la valve et sur le col
apparaissent à une époque si primitive que je n'ai pas pu
observer leur développement; toutefois, il est raisonnable
de supposer qu'elles proviennent de papilles semblables à
celles qui se trouvent sur l'extérieur de la vessie, mais
dont les cellules terminales ne se divisent pas en deux.
Les deux segments constituant les pédicelles des glandes
représentent probablement la protubérance conique et la
courte tige des processus bifides et quadrifides. Le fait que
chez l'*Utricularia amethystina* les glandes s'étendent sur
toute la surface ventrale de la vessie jusque près de la
tige, me confirme dans l'opinion que les glandes se développent de papilles ressemblant à celles qui se trouvent
à l'extérieur des vessies utriculaires.

UTRICULARIA VULGARIS.

Le Dr Hooker m'a envoyé des plantes vivantes du Yorkshire. Cette espèce diffère de la précédente en ce que les tiges et les feuilles sont plus épaisses et plus grossières; leurs divisions forment les unes avec les autres des angles plus aigus; les entailles sur les feuilles portent trois ou quatre soies courtes au lieu d'une; et les vessies sont deux fois aussi grosses, car elles ont environ 1/5 de pouce (5 millim. 08) de diamètre. Sous tous les rapports essentiels, les vessies de cette espèce ressemblent à celles de l'*Utricularia neglecta;* toutefois, les côtés du péristome sont peut-être un peu plus proéminents et portent toujours, autant que j'ai pu le voir, sept ou huit longs poils multicellulaires. Chaque antenne se termine par onze longs poils, y compris le couple terminal. J'ai examiné cinq vessies contenant des animaux de plusieurs espèces. La première contenait cinq *Cypris,* un gros copépode et un *Diaptomus;* la deuxième contenait quatre *Cypris;* la troisième, un seul crustacé assez gros; la quatrième, six crustacés; et la cinquième, dix. Mon fils a examiné les processus quadrifides d'une vessie contenant les restes de deux crustacés, et a trouvé quelques-uns d'entre eux pleins de masses de matière sphérique ou irrégulière, animées de mouvements et qui s'agglomérait. Ces masses se composent donc de *protoplasma.*

UTRICULARIA MINOR.

M. John Price a eu l'obligeance de m'envoyer du Cheshire cette espèce fort rare. Ses feuilles et ses vessies sont beaucoup plus petites que celles de l'*Utricularia neglecta.* Les feuilles portent des poils plus courts et moins nombreux; les vessies sont plus globulaires. Les antennes, au lieu de se projeter en avant des vessies, sont enroulées sur la valve et armées de douze à quatorze poils multicellulaires très-longs, disposés ordinairement par couples. Ces poils, ainsi que sept ou huit autres poils très-longs, placés de chaque côté du péristome, forment une sorte de filet tendu au-dessus de l'entrée, qui doit empêcher les animaux, sauf les très-petits, de pénétrer dans la vessie. La valve et le col ont la même structure essentielle que dans les deux espèces précédentes, mais les glandes ne sont pas tout à fait aussi nombreuses; les glandes oblongues sont un peu plus allongées, tandis

que les glandes bifides le sont un peu moins. Les quatre poils qui
partent obliquement du bord inférieur de la valve sont courts.
Il est parfaitement clair que ces poils ne sont si courts, comparativement à ceux qui se trouvent sur la valve des espèces précédentes,
dans l'hypothèse que j'ai émise, et d'après laquelle ces poils servent
à empêcher les animaux trop gros de pénétrer dans la vessie, au risque
de l'endommager, que parce que la valve, dans l'espèce qui nous
occupe, est déjà protégée jusqu'à un certain point par les antennes
recourbées et par les poils latéraux. Les processus bifides de l'espèce
qui nous occupe ressemblent à ceux des espèces précédentes; mais
les processus quadrifides représentés par la figure 25 diffèrent en ce
que les quatre bras se dirigent du même côté; les
deux bras les plus longs se trouvent au milieu, et
les deux bras plus courts de chaque côté.

Les plantes qui m'ont été envoyées avaient été
recueillies au milieu de juillet. J'ai examiné le contenu de cinq vessies qui, à en juger par leur opacité, devaient être pleines de proies différentes. La
première ne contenait pas moins de vingt-quatre
petits crustacés d'eau douce, la plupart consistant
en coquillages vides ou ne contenant que quelques
gouttes d'une substance huileuse rouge; la deuxième
en contenait vingt; la troisième, quinze; la quatrième, dix, mais quelques-uns étaient un peu
plus gros qu'à l'ordinaire; la cinquième, qui

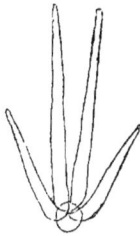

Fig. 25.
Utricularia minor.

Processus quadri-
fides très-grossis.

semblait absolument pleine, n'en contenait que sept, mais cinq
étaient d'une grosseur extraordinaire. A en juger par le contenu
de ces cinq vessies, l'*Utricularia minor* capture exclusivement
des crustacés d'eau douce, dont la plupart semblent appartenir à
des espèces distinctes de celles trouvées dans les vessies des deux
espèces précédentes. Dans une vessie, les processus quadrifides en
contact avec une masse en décomposition renfermaient de nombreuses
sphères de matières granuleuses qui changeaient lentement de forme et
de position.

UTRICULARIA CLANDESTINA.

Cette espèce de l'Amérique du Nord, aquatique comme les trois
précédentes, a été décrite par Mme Treat de New-Jersey, dont nous
avons eu maintes fois occasion de citer les excellentes observations.
Je n'ai pas encore vu une description bien complète faite par elle de

la structure de la vessie, mais elle paraît recouverte comme les autres de processus quadrifides. On a trouvé dans les vessies un grand nombre d'animaux capturés : au nombre de ces animaux se trouvaient des crustacés, mais la plupart du temps des larves délicates et allongées. Je suppose que c'étaient des *Culicidæ.* « Sur quelques tiges, dit Mme Treat, neuf vessies sur dix contenaient ces larves ou leurs restes. » Les larves « vivaient encore de vingt-quatre à trente-six heures après leur emprisonnement », puis elles périssaient.

CHAPITRE XVIII.

UTRICULARIA *(suite)*.

Utricularia montana. — Description des vessies qui se trouvent sur les rhizomes souterrains. — Insectes capturés par les vessies des plantes à l'état cultivé et à l'état sauvage. — Absorption par les processus quadrifides et par les glandes. — Tubercules servant de réservoir pour l'eau. — Diverses autres espèces d'*Utricularia.* — *Polypompholyx.* — *Genlisea ;* nature différente de la trappe pour capturer les insectes. — Modes divers d'alimentation des plantes.

UTRICULARIA MONTANA.

Cette espèce habite les parties tropicales de l'Amérique du Sud. On dit que cette plante est épiphyte, mais, à en juger par l'état des racines (rhizomes) de quelques spécimens desséchés qui se trouvent dans l'herbier de Kew, elle vit aussi dans la terre, probablement dans les crevasses des rochers. Dans les serres anglaises on la cultive dans un sol tourbeux. Lady Dorothy Nevill a eu l'obligeance de m'en donner un beau pied et j'en ai reçu un autre du Dr Hooker. Les feuilles sont entières, allongées au lieu d'être très-divisées, comme chez les espèces aquatiques précédentes. Elles ont environ un pouce et demi (3 centim. 80) de largeur et sont portées sur un pétiole distinct. La plante produit de nombreux rhizomes incolores aussi fins que des fils, et qui portent de petites vessies ; parfois ces rhizomes se gonflent au point de former un tubercule, comme nous allons le décrire ci-après. Ces rhizomes ressemblent exactement à des racines, mais il en sort parfois des rejetons verts. Ils pénètrent quelquefois dans la terre jusqu'à une profondeur de plus de deux pouces (6 cent. 07); quand la plante est épiphyte, les rhizomes rampent au milieu des mousses, des racines, de l'écorce plus ou moins pourrie, etc., qui recouvre tous les arbres des pays tropicaux.

Les vessies étant attachées aux rhizomes sont nécessairement souterraines. Elles se trouvent en nombre extraordinaire. Un de mes plants, quoique jeune, devait en porter plusieurs centaines, car un seul rhizome pris au hasard au milieu de tous les autres en portait 32, et un autre ayant environ 6 pouces de longueur, mais dont l'une des extrémités et un des côtés étaient rompus, en portait 73[1]. Ces vessies sont comprimées et arrondies; la surface ventrale ou celle qui se trouve entre le sommet de la longue tige délicate et la valve est extrêmement courte (fig. 27). Ces vessies sont incolores et presque aussi transparentes que le verre; en conséquence, elles paraissent plus petites qu'elles ne le sont réellement; les plus grandes n'atteignent pas 1/20 de pouce (1 millim. 27) dans leur plus long diamètre. Elles se composent de cellules angulaires assez grandes; à la jonction de celles-ci naissent des papilles oblongues qui correspondent à celles qui se trouvent à la surface des vessies des espèces précédentes. Des papilles semblables abondent sur les rhizomes et même sur les feuilles entières, mais sur ces der-

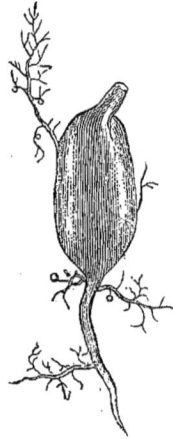

Fig. 26.
Utricularia montana.
Rhizome devenu tuberculeux. Les branches portent de petites vessies; grandeur naturelle.

---

1. Le professeur Oliver a décrit un échantillon de l'*Utricularia Jamesoniana* (*Proc. Linn. Soc.*, vol. IV., p. 169) qui a des feuilles entières et des rhizomes comme l'espèce dont nous nous occupons. Mais les bords de la moitié terminale de quelques feuilles sont transformés en vessie. Ce fait indique clairement que les vessies existant sur les rhizomes de l'espèce dont nous nous occupons et sur ceux des espèces suivantes sont des segments modifiés de la feuille. Ces vessies correspondent donc à celles qui sont attachées aux feuilles divisées et flottantes des espèces aquatiques.

nières elles sont un peu plus grosses. Des vaisseaux,
rayés de barres parallèles au lieu de l'être par une
ligne spirale, circulent dans toute la longueur des tiges et
s'étendent assez pour pénétrer jusque dans la base des
vessies; mais ils ne se bifurquent pas pour s'étendre sur
la surface dorsale et sur la surface ventrale comme dans
les espèces précédentes.

Les antennes sont assez longues et se terminent par
une pointe fine; elles dif-
fèrent complétement de
celles que nous avons déjà
décrites en ce qu'elles ne
sont pas armées de poils.
Leur base se recourbe si
abruptement, que les extrémités de chacune d'elles
reposent de chaque côté sur
le milieu de la vessie, quelquefois même près du bord.
Leur base recourbée forme
ainsi un abri pour la cavité
où se trouve la valve; mais
il existe toujours de chaque
côté un petit passage circulaire qui conduit dans la ca-

Fig. 27. — Utricularia montana.
Vessie grossie environ 27 fois.

vité, comme on peut le voir dans la figure 27, ainsi qu'un
passage étroit entre les bases des deux antennes. Comme les
vessies sont souterraines, la cavité dans laquelle se trouve
la valve aurait pu être bouchée par de la terre et de
menus débris; la courbure des antennes est donc utile à
la plante. L'extérieur du col ou péristome ne porte pas
de poils comme celui des espèces précédentes.

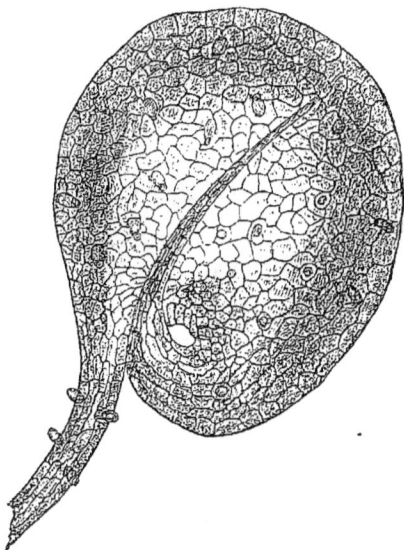

La valve est petite et profondément inclinée; le bord
postérieur libre vient s'arc-bouter contre un col demi-
circulaire et profond. Cette valve est assez transparente et

porte deux paires de poils rudes et courts qui occupent la
même position que ceux des autres espèces. La présence
de ces quatre poils, qui contraste si complétement avec
l'absence de poils sur les antennes et sur le col, indique
qu'ils jouent un rôle important; ils sont destinés, je crois,
à empêcher les animaux trop gros de pénétrer dans l'orifice. L'*Utricularia montana* ne possède pas les nombreuses
glandes de diverses formes disposées sur la valve et autour
du col des espèces précédentes, à l'exception toutefois
d'une douzaine environ de cellules bifides ou allongées
transversalement, qui sont placées près des bords de la
valve et qui surmontent des tiges
très-courtes. Ces glandes ont seulement les 3/4 d'un millième d'un
pouce (0,019 de millim.) de longueur; si petites qu'elles soient,
elles servent à absorber. Le col
est épais, rigide et presque demi-

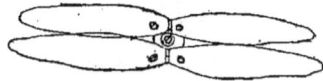

Fig. 28.
Utricularia montana.
Processus quadrifides très-grossis.

circulaire; il se compose du même tissu particulier brunâtre que celui des espèces précédentes.

Les vessies sont remplies d'eau et contiennent quelquefois des bulles d'air. Intérieurement elles portent des
processus quadrifides, courts, épais, disposés en rangées
presque concentriques. Les deux paires de bras qui les
composent diffèrent très-peu en longueur et occupent une
position particulière (fig. 28); les deux bras les plus longs
se trouvent sur une même ligne et les deux bras plus courts
sur une ligne parallèle. Chaque bras contient une petite
masse sphérique de matière brunâtre; si l'on écrase cette
matière, elle se brise en morceaux angulaires. Je ne doute
pas que ces sphères ne soient des nucléi, car on en trouve
d'autres presque exactement analogues dans les cellules
formant les parois des vessies. Des processus bifides,
dont les bras sont courts et ovales, occupent la position
ordinaire à l'intérieur du col.

Ces vessies ressemblent donc sous tous les rapports essentiels aux vessies plus grosses des espèces précédentes. Elles en diffèrent principalement en ce qu'elles ne possèdent pas de nombreuses glandes sur la valve et autour du col, et en ce qu'elles ne possèdent que quelques glandes d'une seule espèce sur la valve. Une autre différence importante est l'absence des longs poils sur les antennes et sur l'extérieur du col. La présence de ces poils dans les espèces dont nous avons déjà parlé se rattache probablement à la capture des animaux aquatiques.

Il m'a semblé intéressant de m'assurer si les petites vessies de l'*Utricularia montana* servent, comme celles des espèces précédentes, à capturer des animaux vivant dans la terre ou dans l'épaisse végétation recouvrant les arbres sur lesquels cette espèce est épiphyte. Dans ce cas, en effet, nous aurions une nouvelle sous-classe de plantes carnivores, c'est-à-dire des plantes carnivores souterraines. J'ai donc examiné beaucoup de vessies avec les résultats suivants :

1° Une petite vessie ayant moins de 1/30 de pouce (0 millim. 847) de diamètre contenait une petite masse de matières brunes très-décomposées. A l'aide du microscope j'ai pu m'assurer de la présence dans cette masse d'un tarse portant quatre ou cinq jointures et se terminant par un double crochet; je crois que c'était le reste d'un tarse de *thysanure*. Les processus quadrifides en contact avec ce tarse en décomposition contenaient, soit de petites masses de matières jaunâtres transparentes, ordinairement plus ou moins globulaires, soit de fins granules. Dans les parties distantes de la même vessie, les processus étaient transparents et tout à fait vides, à l'exception toutefois de leurs nucléi solides. Mon fils a dessiné à de courts intervalles de temps l'une de ces masses agrégées dont nous venons de parler, et s'est assuré qu'elles changeaient continuellement et complétement de forme, se séparant parfois pour se réunir de nouveau. Évidemment l'absorption de quelque élément provenant de matières animales en décomposition avait engendré du *protoplasma*.

2° Une autre vessie contenait un amas encore plus petit de ma

tières brunâtres en décomposition; les processus quadrifides adjacents contenaient des matières agrégées, exactement comme dans le
cas précédent.

3° Une troisième vessie contenait un animal beaucoup plus gros,
mais dans un état de décomposition tel, que j'ai tout au plus pu
m'assurer qu'il était poilu. Les processus quadrifides n'étaient pas
très-affectés dans ce cas, si ce n'est que les nucléi cellulaires des
différents bras différaient beaucoup de volume; quelques-uns d'entre
eux contenaient deux masses ayant un aspect semblable.

4° Une quatrième vessie contenait un organisme articulé, car j'ai
pu distinguer les restes d'un membre terminé par un crochet. Je n'ai
pas examiné les processus quadrifides.

5° Une cinquième vessie renfermait beaucoup de matières en décomposition provenant évidemment de quelque animal, mais dont il m'a
été impossible de reconnaître la conformation. Les processus quadrifides qui se trouvaient en contact avec ces matières contenaient de
nombreuses sphères de *protoplasma*.

6° J'ai examiné quelques vessies de la plante que j'ai reçue de
Kew. Dans l'une d'elles, j'ai trouvé un animal ayant la forme d'un ver,
dont la décomposition était peu avancée, outre les restes d'un animal
semblable très-décomposé. Plusieurs bras des processus en contact
avec ces restes, contenait deux masses sphériques ressemblant au
nucléus solide que l'on trouve toujours dans chaque bras. Dans une
autre vessie, j'ai trouvé un petit grain de quartz, ce qui m'a rappelé deux trouvailles analogues que j'ai faites dans les vessies de
l'*Utricularia neglecta*.

J'ai pensé que cette plante devait capturer un plus grand nombre
d'animaux dans son pays natal qu'à l'état cultivé; je demandai donc
et j'obtins la permission de prendre de petites parties des rhizomes
des spécimens desséchés qui se trouvent dans l'herbier de Kew. Je
ne crus pas d'abord qu'il fût utile de faire tremper les rhizomes
dans l'eau pendant deux ou trois jours, et qu'il fût nécessaire d'ouvrir les vessies et de répandre leur contenu sur une plaque de
verre; toutefois cela est indispensable, car il est impossible autrement de discerner leur nature; en effet, ils ont été desséchés et pressés,
et se trouvent dans un grand état de décomposition. J'examinai
d'abord plusieurs vessies d'une plante qui avait poussé dans de la
terre noire à la Nouvelle-Grenade. Quatre de ces vessies contenaient

des restes d'animaux. La première, un *Acarus* poilu si décomposé qu'il ne restait plus que son enveloppe transparente; elle contenait aussi la tête jaune, chitineuse, de quelque animal ayant une fourchette intérieure à laquelle était suspendu l'œsophage, mais je n'ai pu apercevoir de mandibules; elle contenait encore le double crochet du tarse de quelque animal, outre un animal allongé très-décomposé; elle contenait enfin un organisme curieux en forme de poire, dont l'enveloppe se composait de cellules arrondies. Le professeur Claus a étudié ce dernier organisme; il a cru reconnaître l'enveloppe d'un rhizopode et probablement du groupe des Arcellides. J'ai trouvé dans cette vessie ainsi que dans plusieurs autres des algues unicellulaires et une algue multicellulaire, lesquelles sans doute vivaient là en parasites.

Une seconde vessie contenait un *Acarus* beaucoup moins décomposé que celui dont nous avons parlé tout à l'heure, car ses huit pattes existaient encore; il contenait, en outre, les restes de plusieurs autres animaux articulés. Une troisième vessie contenait l'extrémité de l'abdomen et les deux membres postérieurs d'un animal que j'ai cru reconnaître pour un *Acarus*. Une quatrième vessie contenait les restes d'un animal soyeux, très-certainement articulé, et de plusieurs autres organismes, outre une grande quantité de matières organiques brun foncé dont il me fut impossible de distinguer la nature.

J'examinai ensuite, mais avec moins de soin que les autres, parce qu'elles n'avaient pas trempé assez longtemps dans l'eau, quelques vessies provenant d'une plante épiphyte de la Trinidad, aux Antilles. Quatre de ces vessies contenaient beaucoup de matières brunes, translucides et granuleuses, évidemment organiques, mais dont il était impossible de distinguer aucune partie. Les processus quadrifides, dans deux de ces utricules, étaient brunâtres, et leur contenu granuleux; il est évident qu'ils avaient absorbé certaines substances. Une cinquième vessie contenait un organisme en forme de poire, semblable à celui dont nous avons parlé plus haut. Dans une sixième vessie se trouvait un animal en forme de ver, très-long et très-décomposé. Enfin une septième vessie contenait un organisme dont il m'a été impossible de distinguer la nature.

Je n'ai essayé qu'une seule expérience sur les processus quadrifides et sur les glandes, pour déterminer leur faculté d'absorption. J'ai percé une vessie et je l'ai laissé pendant vingt-quatre heures dans un solution contenant 1 partie d'urée pour 437 parties d'eau; les processus

bifides et quadrifides ont été très-affectés. Dans quelques
bras, il n'y avait qu'une seule masse globulaire symétrique
plus grosse que le nucléus ordinaire et se composant de
matières jaunâtres ordinairement translucides, mais quelquefois granuleuses; d'autres contenaient deux masses
ayant un volume différent, l'une grosse et l'autre petite;
d'autres contenaient des globules aux formes irrégulières.
En résumé, il semblait que le contenu limpide des processus, par suite de l'absorption de certaines substances
contenues dans la solution, s'était agrégé quelquefois autour du nucléus et quelquefois en masses séparées qui
tendaient à s'agglomérer. L'utricule primordial ou le revêtement protoplasmique des processus s'était aussi agglo-
méré çà et là en masses irrégulières et à formes diverses
de matières jaunâtres translucides, de même que nous
l'avons vu chez l'*Utricularia neglecta* soumise à un traitement semblable. Ces masses ne semblaient pas changer
de forme.

La solution affecta aussi les petites glandes à deux bras
situées sur la vulve. En effet ces glandes contenaient après
l'immersion jusqu'à six ou huit masses presque sphériques de matières translucides teintées de jaune, qui changeaient lentement de forme et de position. Je n'ai jamais
observé ces masses dans ces glandes à l'état ordinaire;
nous pouvons donc en conclure qu'elles servent à l'absorption. Chaque fois qu'un peu d'eau est expulsé d'une vessie contenant des restes d'animaux par un des moyens
que nous avons déjà indiqués et plus particulièrement par
la génération de bulles d'air, cette eau remplit la cavité
dans laquelle se trouve la vulve, et les glandes peuvent
ainsi utiliser des matières décomposées qui autrement
eussent été perdues.

Enfin, comme cette plante, à l'état sauvage et à l'état
cultivé, capture de nombreux petits animaux, on ne peut
douter que les vessies, bien que très-petites, sont loin

d'être à l'état rudimentaire; elles constituent, au contraire, des trappes très-efficaces. On ne peut douter non plus que les processus bifides et quadrifides absorbent des matières provenant de leur proie décomposée, et que du *proto-plasma* ne soit ainsi formé. Mais je ne saurais exprimer aucune conjecture relativement à ce qui peut amener des animaux si divers à pénétrer dans la cavité formée par les antennes recourbées, et ensuite à passer par le petit orifice qui se trouve entre la valve et le col pour entrer dans les vessies remplies d'eau.

Tubercules. — Ces organes, dont l'un est représenté de grandeur naturelle dans la figure 26, méritent quelques remarques. J'en ai trouvé vingt sur les rhizomes d'une seule plante; toutefois, on ne peut les dénombrer strictement, car, outre les vingt dont je parle, j'ai observé toutes les gradations possibles entre un rhizome imperceptiblement gonflé et un autre qui l'était tant qu'on aurait pu lui appliquer le nom de tubercule. Quand ces tubercules sont bien développés ils affectent une forme ovale et ordinairement plus symétrique que celle représentée dans la figure. Le plus grand que j'aie vu avait 1 pouce (25 millim. 4) de longueur et 0,45 de pouce (11 millim. 43) de largeur. Ils se trouvent ordinairement près de la surface; d'autres parfois sont enterrés à une profondeur de deux pouces. Ces derniers sont blanc sale; ceux, au contraire, qui sont en partie exposés à la lumière deviennent verdâtres, par suite du développement de la chlorophylle dans leurs cellules superficielles. Ils se terminent par un rhizome qui se pourrit souvent et qui tombe. Les tubercules ne contiennent pas d'air et tombent au fond quand on les plonge dans l'eau; leur surface est couverte des papilles ordinaires. Le faisceau de vaisseaux qui traverse chaque rhizome se divise, dès qu'il entre dans le tubercule, en trois faisceaux distincts qui se réunissent à

l'extrémité opposée. Une tranche assez épaisse d'un tubercule est presque aussi transparente que le verre, et se
compose de grandes cellules angulaires remplies d'eau qui
ne contiennent ni amidon, ni matière solide. J'ai plongé
quelques tranches de rhizome dans l'alcool, et je les y ai
laissées pendant plusieurs jours. Quelques granules extrêmement petits se précipitèrent sur les parois des cellules;
mais ces granules étaient beaucoup plus petits et en bien
moins grand nombre que ceux précipités, à la suite du même
traitement, sur les parois des cellules des rhizomes et des
vessies. Nous pouvons en conclure que les tubercules ne
servent pas de réservoir pour l'alimentation de la plante,
mais tout simplement de réservoir d'eau pour l'usage de
la plante pendant la saison sèche. Les nombreuses petites
vessies remplies d'eau jouent probablement en partie le
même rôle.

Pour m'assurer de la vérité de cette hypothèse, j'arrosai abondamment une petite plante qui poussait dans de
la terre légère, dans un pot n'ayant que 4 pouces 1/2
sur 4 pouces 1/2, mesure extérieure; puis je le plaçai
dans la serre, en ayant soin de ne jamais lui donner une
goutte d'eau. J'avais eu soin de découvrir d'abord deux
des tubercules supérieurs et de les mesurer, puis je les avais
recouverts d'un peu de terre. Au bout de quinze jours, la
terre du pot était devenue extrêmement sèche; toutefois,
les feuilles ne furent pas affectées jusqu'au trente-cinquième jour; mais alors elles s'infléchirent quelque
peu, bien qu'en restant encore molles et vertes. Cette
plante, qui ne portait que dix tubercules, aurait sans doute
résisté plus longtemps à la sécheresse, si je n'avais précédemment enlevé trois tubercules et coupé plusieurs
longs rhizomes. Le trente-cinquième jour j'enlevai la terre
du pot; elle était alors aussi sèche que de la poussière.
La surface des tubercules, au lieu d'être polie et tendue
comme à l'ordinaire, était toute ridée. Ils s'étaient tous

ratatinés, mais je ne saurais dire exactement dans quelle proportion ; car, comme ils étaient dans le principe d'un ovale parfaitement symétrique, je n'avais mesuré que leur longueur et leur épaisseur ; or, ils s'étaient contractés, selon une ligne transversale, beaucoup plus dans une direction que dans une autre, de façon à s'aplatir beaucoup. L'un des deux tubercules que j'avais mesurés n'avait plus que les 3/4 de sa longueur originelle et les 2/3 de son épaisseur dans la direction où je l'avais mesuré ; mais dans une autre direction il n'avait plus que le 1/3 de son ancienne épaisseur. L'autre tubercule avait diminué de 1/4 en longueur, de 1/8 en épaisseur dans une direction, et de 1/2 dans l'autre.

Je coupai un de ces tubercules ridés et j'en examinai une tranche. Les cellules contenaient encore beaucoup d'eau et pas d'air, mais elles étaient plus arrondies et moins anguleuses qu'auparavant, et les parois n'étaient pas aussi droites ; évidemment les cellules s'étaient contractées. Tant qu'ils restent vivants les tubercules ont une forte attraction pour l'eau : je plongeai dans l'eau le tubercule ridé dont j'avais coupé une tranche ; au bout de vingt-deux heures trente minutes, sa surface était devenue aussi polie et aussi ferme qu'elle l'était dans le principe. D'autre part, un tubercule ridé qui s'était trouvé par accident séparé de son rhizome, ne gonfla pas dans l'eau, bien que je l'y aie laissé plusieurs jours.

Chez beaucoup d'espèces de plantes, les tubercules, les bulbes, etc., servent sans aucun doute en partie de réservoirs pour l'eau ; mais je ne connais aucun cas, outre celui dont nous nous occupons, où de semblables organes aient été développés uniquement dans ce but. Le professeur Oliver m'informe que deux ou trois autres espèces d'*Utricularia* sont pourvues de ces appendices, et le groupe qui les contient a reçu en conséquence le nom d'*Orchidioides*. Toutes les autres espèces d'*Utricularia*, aussi bien

que celles qui appartiennent à certains genres étroitement
alliés, sont des plantes aquatiques ou marécageuses ; or,
en vertu du principe que les plantes étroitement alliées
ont ordinairement une constitution semblable, il est probable qu'il importe beaucoup à l'espèce dont nous nous
occupons d'avoir toujours de l'eau en abondance. Ceci
nous aide à comprendre pourquoi les tubercules se sont
développés et comment il se fait qu'on en compte jusqu'à vingt sur certaines plantes.

UTRICULARIA NELUMBIFOLIA, AMETHYSTINA, GRIFFITHII, COERULEA, ORBICULATA, MULTICAULIS.

Désirant m'assurer si les vessies placées sur les rhizomes des autres espèces d'*Utricularia* et sur ceux d'espèces de certains genres étroitement alliés ont la même
conformation essentielle que ceux de l'*Utricularia montana ;* désirant m'assurer, en outre, si, comme ces derniers,
ils capturent des animaux, je demandai au professeur
Oliver de m'envoyer des fragments de certaines espèces
représentées dans l'herbier de Kew. Il voulut bien choisir
quelques-unes des formes les plus distinctes ayant des
feuilles entières, et qu'on suppose habiter l'eau ou les ma-
récages. Mon fils Francis examina ces spécimens et me
remit le résultat suivant de ses observations. Je dois faire
remarquer qu'il est extrêmement difficile de se rendre
compte de la conformation d'organes si petits et si délicats après qu'ils ont été desséchés et pressés [1].

Utricularia nelumbifolia (montagnes des Orgues, Brésil). — L'habitat de cette espèce est remarquable. D'après

---

1. Le professeur Oliver a donné dans les *Proc. Linn. Soc.*, vol. IV,
p. 169, la description des vessies de deux espèces de l'Amérique du Sud,
Utricularia Jamesoniana et de l'*Utr. peltata,* mais il ne semble pas s'être
occupé particulièrement de ces organes.

M. Gardner[1] qui l'a découverte, cette espèce est aquatique, mais « elle ne pousse que dans l'eau qui se réunit
au fond des feuilles d'un grand *Tillandsia,* qui habite en
grande quantité une partie rocheuse et aride de la montagne, à une élévation d'environ 5,000 pieds au-dessus
du niveau de la mer. Cette plante, outre qu'elle se reproduit au moyen de graines, se propage aussi par des rejetons qui partent de la base de la tige à fleur; ce rejeton
se dirige toujours vers le *Tillandsia* le plus proche, et, dès
qu'il est arrivé à l'eau que celui-ci contient, il donne
naissance à une nouvelle plante qui, à son tour, envoie
de nouveaux rejetons. J'ai vu six plantes unies de cette
façon ». Les vessies de cette espèce ressemblent sous
tous les rapports essentiels à celles de l'*Utricularia montana;* cette ressemblance va même jusqu'à la présence de
quelques petites glandes à deux bras sur la vulve. A l'intérieur d'une de ces vessies se trouvait le reste de l'abdomen d'une larve ou d'un crustacé de grande taille, portant
au sommet une touffe de longues soies assez rudes. D'autres
vessies renfermaient des fragments d'animaux articulés,
et beaucoup contenaient des morceaux brisés d'un curieux
organisme dont personne ne put reconnaître la nature.

Utricularia amethystina (Guyane). — Cette espèce a
des petites feuilles entières et semble être une plante ma-
récageuse; toutefois elle doit pousser dans des endroits
où existent des crustacés, car on en trouva deux petites
espèces dans l'une des vessies. Les vessies ont presque
exactement la même forme que celles de l'*Utricularia montana;* elles sont recouvertes à l'extérieur par les papilles
ordinaires, mais elles en diffèrent d'une façon remarquable
en ce que les antennes sont réduites à deux courtes pointes
unies par une membrane creusée au milieu. Cette mem-

---

1. *Travels in the Interior of Brazil,* 1836-1841, p. 527.

brane est recouverte d'innombràbles glandes oblongues, soutenues par de longs pédicelles disposés la plupart en deux rangées convergeant vers la valve. Toutefois, quelques-unes de ces glandes sont placées sur les bords de la membrane; la courte surface ventrale de la vessie, entre le pétiole et la valve, est aussi recouverte d'une grande quantité de glandes. La plupart de ces glandes étaient tombées et les pédicelles seuls restaient, de sorte qu'étudiés avec un faible grossissement, la surface ventrale et l'orifice paraissaient revêtus de soies très-fines. La valve est étroite et porte quelques glandes presque sessiles. Le col contre lequel vient s'appuyer cette valve est jaunâtre et présente la structure ordinaire. A en juger par le grand nombre de glandes placées sur la surface ventrale et autour de l'orifice, il est probable que cette espèce habite des eaux très-troubles, dans lesquelles elle trouve des matières qu'elle absorbe, de même qu'elle en absorbe certaines autres provenant des animaux qu'elle a capturés.

Utricularia Griffithii (Malaisie et Bornéo). — Les vessies sont transparentes et petites; j'en ai mesuré une qui n'avait que 28 millièmes de pouce (0,711 de millim.) de diamètre. Les antennes ne sont pas très-longues et se projettent droit en avant; elles sont unies à la base par une membrane, et portent un nombre assez considérable de soies ou de poils, non pas simples comme ceux des espèces précédentes, mais surmontés de glandes. Les vessies diffèrent aussi beaucoup de ceux des espèces précédentes en ce qu'elles ne contiennent que des processus bifides et aucun processus quadrifide. Dans une vessie se trouvait une petite larve aquatique; dans une autre les restes d'un animal articulé, et dans presque toutes des grains de sable.

Utricularia cœrulea (Inde). — Les vessies ressemblent à celles de la dernière espèce par le caractère général des antennes et en ce que les processus de l'intérieur sont exclusivement bifides. Ces vessies contenaient des restes de crustacés entomostracés.

Utricularia orbiculata (Inde). — Les feuilles orbiculaires et les tiges qui portent les vessies flottent évidemment dans l'eau. Les vessies ne diffèrent pas beaucoup de celles des dernières espèces. Les antennes, réunies sur une faible longueur à leur base, portent à leur surface extérieure et à leur sommet de nombreux poils longs multicellulaires surmontés par des glandes. Les processus à l'intérieur des vessies sont quadrifides, et les quatre bras divergents ont une longueur égale. Ces vessies contenaient des crustacés entomostracés.

Utricularia multicaulis (Sikkin, Inde, 7 à 11,000 pieds d'altitude). — Les vessies attachées aux rhizomes sont remarquables à cause de la structure des antennes. Celles-ci sont grandes, larges et aplaties; elles portent sur leurs bords des poils multicellulaires terminés par des glandes. Leur base s'unit en un seul pédicelle assez étroit, et elles paraissent ainsi former une grande expansion digitée à une des extrémités de la vessie. A l'intérieur les processus quadrifides ont des bras divergents d'égale longueur. Les vessies contenaient des restes d'animaux articulés.

POLYPOMPHOLYX.

Ce genre, qui est restreint à l'Australie occidentale, se caractérise par un calice quadripartite. Sous tous les autres rapports, comme le fait remarquer le professeur Oliver[1], c'est un *Utricularia*.

1. *Proc. Linn. Soc.*, vol. IV, p. 171.

Polypompholyx multifida. — Les vessies sont attachées en verticilles au sommet de fortes tiges. Les deux
antennes sont représentées par une petite fourchette membraneuse, dont la base forme une sorte de capuchon
au-dessus de l'orifice. Ce capuchon se prolonge de façon à
constituer deux ailes de chaque côté de la vessie. L'ex-
tension de la surface dorsale du pétiole semble former une
troisième aile ou crête; mais il a été impossible de connaître exactement la structure de ces trois ailes, à cause de
l'état des échantillons. La surface intérieure du capuchon
est garnie de longs poils simples, contenant des matières
agrégées ressemblant à celles qui se trouvent dans les
processus quadrifides des espèces précédemment décrites,
quand ces processus se trouvent en contact avec des animaux en décomposition. Ces poils semblent donc jouer le
rôle d'organes absorbants. Il existe une valve, mais je n'ai pu
déterminer sa conformation. Sur le col, autour de la valve,
de nombreuses papilles unicellulaires ayant des pédicelles
très-courts remplacent les glandes qui se trouvent ordinairement en cet endroit. Les processus quadrifides ont des
bras divergents d'égale longueur. Les vessies contenaient
des restes de crustacés entomostracés.

Polypompholyx tenella. — Les vessies sont plus
petites que celles de la dernière espèce, mais elles ont la
même conformation générale. Elles étaient pleines de
débris probablement organiques, mais je n'ai pu distinguer
aucun reste d'animal articulé.

GENLISEA.

Ce genre remarquable se distingue techniquement du
genre *Utricularia* en ce que, comme me l'apprend le professeur Oliver, il a un calice quinquepartite. On trouve des

espèces de ce genre dans différentes parties du monde, et on les désigne sous le nom de *herbæ annuæ paludosæ*.

Genlisea ornata (Brésil). — Cette espèce a été décrite et dessinée par le docteur Warming [1], qui affirme qu'elle porte deux espèces de feuilles, auxquelles il donne le nom de spatulées et d'utriculifères. Ces dernières sont creusées de cavités; comme ces cavités diffèrent beaucoup des vessies des espèces précédentes, il conviendra de les appeler des utricules. La figure 29 représente une des feuilles utriculifères grossie environ trois fois. Cette figure aidera à comprendre la description suivante faite par mon fils, et qui concorde sur tous les points essentiels avec celle du docteur Warming. L'utricule (*b*) est formé par un léger gonflement de la lame étroite de la feuille. Un col creux (*n*), qui n'a pas moins de quinze fois la longueur de l'utricule lui-même, établit un passage entre l'orifice transversal (*o*) et la cavité de l'utricule. Mon fils a mesuré un utricule et a trouvé qu'il avait 1/36 de pouce (0,705 de millim.) dans son plus long diamètre; le col avait 15/36 de pouce (10 millim. 583) de longueur et 1/100 de pouce (0,254 de millim.) de largeur. De chaque côté de l'orifice se trouve un long bras ou tube (*a*) en spirale; on comprendra mieux la conformation de ce bras par l'exemple suivant : Prenez un ruban étroit et enroulez-le en spirale autour d'un cylindre mince, de façon à ce que les bords du ruban se trouvent en contact dans toute leur longueur; puis relevez les deux bords du ruban, de façon à former une petite crête qui s'enroulera en spirale autour du cylindre comme un fil autour d'une vis. Si alors on enlève le cylindre, on obtiendra un tube semblable à un de ces bras en spirale. Les deux bords relevés ne sont pas soudés l'un à l'autre, et on peut facilement passer une aiguille

---

1. *Bidrag til Kundskaben om Lentibulariaceæ*, Copenhague, 1874.

entre eux. Ils sont même, en bien des endroits, un peu
écartés l'un de l'autre, ce qui constitue des entrées étroites
dans le tube; mais cela est peut-être dû au desséchement
des spécimens. Les lames qui forment
le tube semblent être un prolongement latéral de la lèvre de l'orifice, et
la ligne spirale qui se trouve entre les
deux bords relevés continue le coin
de l'orifice. Si on loge une soie fine
dans un de ces bras, elle tombe et
pénètre dans le col que nous avons
décrit. Il a été impossible de déterminer si ces bras tubulaires sont ouverts ou fermés à leur extrémité, car
cette extrémité était brisée dans tous
les spécimens; en outre, il ne paraît
pas que le docteur Warming ait élu-
cidé ce point.

Voilà pour la conformation extérieure. Intérieurement, la partie inférieure de l'utricule est couverte de
papilles sphériques formées de quatre
cellules et quelquefois de huit, selon
le docteur Warming; ces papilles ré-
pondent évidemment aux processus
quadrifides qui se trouvent à l'intérieur des vessies des *Utricularia*.
Elles s'étendent un peu sur la surface
dorsale et sur la surface ventrale de
l'utricule; on en trouve même quel-
ques-unes, selon le docteur Warming, à la partie supérieure. Cette région supérieure est pourvue de plusieurs
rangées transversales, placées l'une au-dessus de l'autre,
de poils courts rapprochés les uns des autres et se dirigeant vers le bas. Ces poils ont une large base; leur extré-

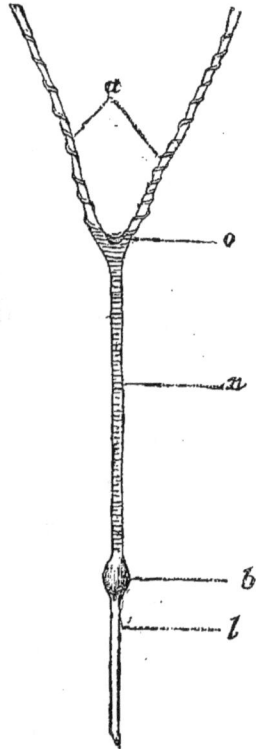

Fig. 29.
Genlisea ornata.

Feuille utriculifère grossie
environ 3 fois.

l, partie supérieure de la
lame de la feuille; — *b*,
utricule ou vessie; — *n*, col
de l'utricule; — *o*, orifice;
— *a*, bras enroulés en spirale, dont l'extrémité est
brisée.

mité est formée par une cellule séparée. Ils ne se trouvent pas à la partie inférieure de l'utricule, où abondent les papilles. Le col est aussi garni dans toute sa longueur de rangées transversales de poils longs, minces et transparents, ayant une large base bulbeuse (fig. 30), avec des pointes aiguës ressemblant à celles des poils de l'utricule. Ces poils sortent de côtes un peu soulevées formées de cellules épidermiques rectangulaires. Les poils varient un peu en longueur, mais leur pointe va généralement toucher la rangée inférieure; de sorte que, si l'on ouvre le col et qu'on l'aplatisse, la surface intérieure ressemble à un papier dans lequel on a piqué des épingles, les poils représentant les épingles et les petites côtes transversales représentant les plis du papier par lesquels passent les épingles. Ces rangées de poils sont indiquées dans la figure 29 par de nombreuses lignes transversales qui traversent le col. L'intérieur du col est aussi pourvu de papilles; celles qui se trouvent à la partie inférieure sont sphériques et se composent de quatre cellules, comme dans la partie inférieure de l'utricule; celles qui se trouvent à la partie supérieure se composent de deux cellules très-allongées au-dessous de leur point d'attache. Ces papilles à deux cellules semblent correspondre aux processus bifides qui se trouvent à la partie supérieure des vessies de l'*Utricularia*. L'étroit orifice transversal (o, fig. 29) est placé entre les bases des deux bras spiraux. Je n'ai pu découvrir aucune valve en cet endroit, et le docteur Warming n'y a vu non plus aucune conformation semblable. Les lèvres de l'orifice sont armées d'un grand nombre de poils ou de dents courtes, épaisses, se terminant en pointe aiguë et quelque peu recourbée.

Les deux bords de la lame enroulée en spirale, formant les tubes dont nous avons parlé, sont pourvus de dents ou de poils courts et recourbés ressemblant exactement à ceux des lèvres de l'orifice. Ces poils se projettent à l'intérieur en faisant un angle droit avec la ligne spirale de jonction entre les deux bords. La surface intérieure de la lame est pourvue de papilles allongées à deux cellules, ressemblant à celles de la partie supérieure du col, mais en différant légèrement, d'après le Dr Warming, en ce que leurs supports sont formés par des prolongements de grandes cellules épidermiques, tandis que les papilles du col reposent sur des petites cellules enfouies au milieu des plus grandes. Ces tubes en spirale constituent une différence considérable entre le genre dont nous nous occupons et les *Utricularia*.

Enfin, un faisceau de vaisseaux spiraux, partant de la partie inférieure de la feuille linéaire, se divise immédiatement au-dessous de l'utricule. Une des branches s'étend le long de la surface dorsale, et l'autre le long de la surface ventrale de l'utricule et du col. L'une de ces branches pénètre dans un des tubes et l'autre dans le second tube.

Les utricules examinés contenaient beaucoup de débris ou de

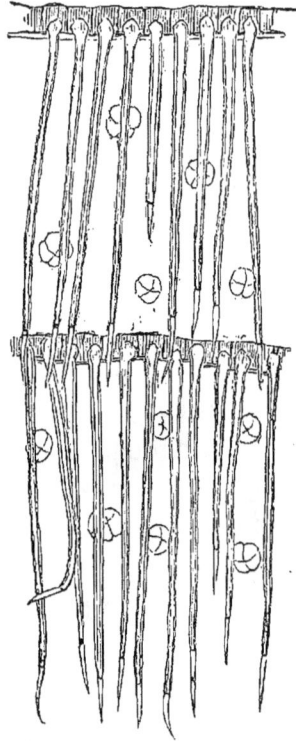

Fig. 30.
Genlisea ornata.

Partie de l'intérieur du col communiquant avec l'utricule; les poils pointus et dirigés de haut en bas sont considérablement grossis; on voit en outre, sur les parois, des petites cellules ou processus quadrifides.

matières décomposées qui m'ont paru organiques, bien que je n'aie pu reconnaître aucun organisme distinct. D'ailleurs, il n'est guère possible qu'un objet autre qu'une créature vivante puisse pénétrer par le petit orifice et descendre dans le col long et étroit. J'ai trouvé à l'intérieur du col de quelques spécimens un ver aux mâ-

cho'res cornées, l'abdomen de quelque animal articulé et
des amas de matières putréfiées provenant probablement
d'autres petits animaux. Beaucoup de papilles de l'utricule et du col étaient décolorées comme si elles avaient
absorbé des substances animales.

On comprendra facilement, d'après cette description,
comment le *Genlisea* attrape sa proie. Dès que des petits
animaux ont pénétré par l'orifice étroit, — sans que nous
puissions dire quelle raison les pousse à y pénétrer, pas
plus que nous ne savons pourquoi ils entrent dans les
vessies de l'*Utricularia*, — les poils recourbés des lèvres
doivent rendre leur sortie difficile; mais dès qu'ils se sont
engagés dans le col, il leur serait impossible de remon-
ter, arrêtés qu'ils seraient par les nombreuses rangées
transversales de poils longs et droits qui se dirigent du
haut en bas, et par les côtes sur lesquelles ces poils sont
implantés. Ces animaux doivent donc périr soit dans le
col, soit dans l'utricule, et les papilles bifides et quadrifides doivent absorber les substances provenant de leurs
restes décomposés. Les rangées transversales de poils sont
si nombreuses, qu'elles semblent superflues si elles ne servent qu'à empêcher la proie de s'échapper; mais, comme
ces poils sont minces et délicats, il est probable qu'ils se
chargent aussi d'absorber de la même façon que les poils
flexibles sur les bords recourbés des feuilles de l'*Aldrovandia*. Les tubes spiraux constituent sans doute des
trappes accessoires. On ne peut dire, jusqu'à ce qu'on ait
examiné de nouvelles feuilles, si la ligne de jonction des
lames enroulées en spirale est un peu ouverte tout le
long de la spirale, ou si elle présente seulement çà et là
quelques ouvertures. En tout cas, un petit animal qui
aurait pénétré dans le tube, à quelque point que ce soit,
s'échapperait très-difficilement à cause des poils recourbés,
tandis qu'il pourrait se diriger facilement vers le col, et
de là descendre dans l'utricule. S'il venait à mourir à

l'intérieur des tubes spiraux, ses restes en décomposition seraient absorbés et utilisés par les papilles bifides qui s'y trouvent en grand nombre. Ainsi le *Genlisea* capture des animaux, non pas au moyen d'une soupape élastique, comme les espèces précédentes, mais au moyen d'un appareil qui ressemble beaucoup à un piége à anguilles, bien qu'il soit un peu plus compliqué.

Genlisea africana (Afrique méridionale). — Des fragments de feuilles utriculifères de cette espèce présentent la même conformation que les feuilles du *Genlisea ornata*. J'ai trouvé dans l'utricule ou dans le col, car la note prise n'est pas bien précise, de l'une de ces feuilles un *Acarus* presque entier.

Genlisea aurea (Brésil). — Un fragment du col d'un utricule a été examiné avec soin ; il est pourvu de rangées transversales de poils et de papilles allongées, absolument comme le col du *Genlisea ornata*. Il est donc probable que l'utricule entier est conformé de la même façon.

Genlisea filiformis (Bahia, Brésil). — Mon fils a examiné beaucoup de feuilles de cette espèce, et chez aucune il n'a aperçu d'utricule, alors qu'il est difficile de trouver des feuilles dépourvues de cet organe chez les trois espèces dont nous venons de parler. D'autre part, les rhizomes portent des vessies ressemblant par tous les points importants à celles qui se trouvent sur les rhizomes de l'*Utricularia*. Ces vessies sont transparentes et très-petites, car elles n'ont guère que 1/100 de pouce (0 millim. 254) de longueur. Les antennes ne sont pas unies à la base et semblent porter de longs poils. On remarque quelques papilles seulement à l'extérieur des vessies, et, à l'intérieur, très-peu de processus quadrifides ; par contre, ces derniers sont extrêmement gros, comparativement à la gros-

seur de la vessie; leurs quatre bras divergents ont une
longueur égale. On n'a pu distinguer aucun reste d'animal
à l'intérieur de ces vessies microscopiques. Les rhizomes
de cette espèce étant pourvus de vessies, on a examiné
avec le plus grand soin les rhizomes du *Genlisea africana*,
du *G. ornata* et du *G. aurea*, mais sans en découvrir
aucune. Que faut-il conclure de ces faits? Les trois espèces
que nous venons de citer possédaient-elles à l'origine
comme leurs proches alliés, les *Utricularia*, des vessies sur
leurs rhizomes, qu'elles ont ensuite perdues pour se procurer à la place des feuilles utriculifères? On peut dire, à
l'appui de cette hypothèse, que les vessies du *Genlisea
filiformis* semblent, à en juger par leur petitesse et par le
nombre si limité de leurs processus quadrifides, tendre à
disparaître. Mais alors on peut se demander pourquoi
cette espèce n'a pas acquis des feuilles utriculifères comme
ses congénères.

CONCLUSION.

Nous avons actuellement démontré que beaucoup d'espèces d'*Utricularia* et de deux genres étroitement alliés,
habitant les parties les plus éloignées du monde, l'Europe,
l'Afrique, l'Inde, l'archipel de la Malaisie, l'Australie, l'Amérique du Nord et du Sud, sont admirablement adaptées
pour capturer par deux moyens les petits animaux aquatiques ou terrestres, et qu'elles absorbent les produits de
la décomposition de ces animaux. Les plantes ordinaires
des genres supérieurs vont chercher dans le sol, au moyen
de leurs racines, les éléments inorganiques dont elles ont
besoin, et absorbent au moyen de leurs feuilles et de
leurs tiges l'acide carbonique contenu dans l'atmosphère.
Nous avons vu, d'autre part, au commencement de cet
ouvrage, qu'il y a une classe de plantes qui digèrent et
qui absorbent ensuite les matières animales; ces plantes,

comme on l'a vu, sont les *Drosera* et les *Pinguicula;* le docteur Hooker y a ajouté les *Nepenthes,* et il faudra sans doute probablement joindre d'autres espèces à cette catégorie de végétaux. Ces plantes ont la faculté de dissoudre les matières contenues dans certaines substances végétales, telles que le pollen, les graines et les morceaux de feuille. Sans aucun doute, leurs glandes absorbent aussi les sels d'ammoniaque contenus dans l'eau de pluie. Nous avons démontré, en outre, que quelques autres espèces peuvent absorber de l'ammoniaque au moyen de leurs poils glanduleux, et ces plantes, sans aucun doute, doivent profiter des sels qui leur sont apportés par la pluie. Il y a une seconde catégorie de végétaux qui, comme nous venons de le voir, ne peuvent pas digérer, mais qui absorbent les produits de la décomposition des animaux qu'ils capturent. Il faut ranger dans cette classe les *Utricularia* et leurs proches alliés, et très-probablement, d'après les excellentes observations du docteur Mellichamp et du docteur Canby, les *Sarracenia* et les *Darlingtonia,* bien qu'on ne puisse pas encore considérer ce fait comme absolument prouvé. On admet aujourd'hui qu'il existe une troisième catégorie de plantes qui se nourrissent des produits de la décomposition des matières végétales, par exemple le *Neottia,* etc. Enfin, il y en a une quatrième bien connue, celle des parasites, tels que le *Gui,* qui se nourrissent des sucs des plantes vivantes. Toutefois, la plupart des plantes appartenant à ces quatre catégories empruntent, comme les espèces ordinaires, une partie de leur carbone à l'atmosphère. Tels sont les moyens divers, autant que nous pouvons le savoir jusqu'à présent, qu'emploient les végétaux les mieux organisés pour s'assurer leur subsistance.

FIN.

TABLE ANALYTIQUE.

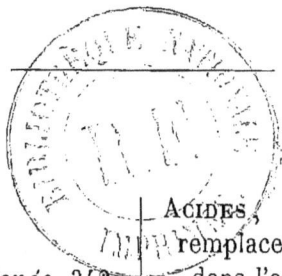

A

ABSORPTION, par la *Dionée*, 342.
— par le *Drosera*, 18, 19.
— par le *Pinguicula*, 445.
— par le *Drosophyllum*, 393.
— par les glandes de l'*Utricularia*, 487, 492.
— par les poils glandulaires, 401.
— par les processus quadrifides de l'*Utricularia*, 482, 492.
— par l'*Utricularia montana*, 510.
— fonction peut-être inutile, 355.
ACIDE (Nature de l'), dans la sécrétion digestive du *Drosera*, 96.
— présent dans diverses espèces de *Drosera*, de *Dionée*, de *Drosophyllum* et de *Pinguicula*, 322, 349, 394, 445, 446.
— cyanhydrique (Effets de l') sur la *Dionée*, 356.
ACIDES (Action de divers), sur le *Drosera*, 216.
— arsénieux et chromique, action sur le *Drosera*, 212.

ACIDES, de la série acétique, remplacent l'acide chlorhydrique dans l'acte de la digestion, 97.
— étendus d'eau, amènent une osmose négative, 227.
AGRÉGATION dans le *Drosera*, amenée par le sel d'ammoniaque, 47.
— dans le *Drosera*, causée par de petites doses de carbonate d'ammoniaque, 160.
— du protoplasma, dans divers espèces de *Drosera*, 322.
— du protoplasma dans la *Dionée*, 337, 348.
— du protoplasma dans le *Drosera*, 41.
— du Protoplasma dans les *Drosera* est une action reflexe, 281.
— du protoplasma dans le *Drosophyllum*, 393, 395.
— du protoplasma dans les *Pinguicula*, 433, 456.
— du protoplasma dans l'*Utricularia*, 481, 483, 501, 502, 508.
ALBUMINE, digérée par les *Drosera*, 100.

ALBUMINE liquide, son action sur les *Drosera*, 87.

ALCOOL étendu, son action sur les *Drosera*, 85, 251.

ALDROVANDIA VESICULOSA, 375.

— (Absorption et digestion par l'), 379.

— (Variétés d'), 384.

ALGUES (Agrégation dans les frondes des), 71.

ALIMENTATION (Différents modes d') des plantes, 526.

ALKALIS, arrêtent la digestion chez le *Drosera*, 103.

ALUMINIUM (Sels de), leur action sur le *Drosera*, 210.

AMIDON (Action de l') sur le *Drosera*, 85, 140.

AMMONIAQUE (Quantité d') dans l'eau de pluie, 195.

— (Azotate d'). Petitesse des doses provoquant l'inflexion chez les *Drosera*, 164, 191.

— (Carbonate d'), son action sur les *Drosera*, 155.

— — son action sur les feuilles échauffées des *Drosera*, 75.

— — petitesse des doses qui provoquent l'agrégation chez les *Drosera*, 159.

— — petitesse des doses provoquant l'inflexion chez les *Drosera*, 159, 191.

— — (Vapeur de l'), absorbée par les glandes des *Drosera*, 155.

— (Phosphate d'), petitesse des doses provoquant l'inflexion chez les *Drosera*, 172, 191.

— — grosseur des parcelles affectant les *Drosera*, 196.

— (Sels d'), leur action ur les *Drosera*, 149.

AMMONIAQUE (Sels d'), leur action modifiée par une immersion des feuilles dans l'eau et diverses solutions, 246.

— — provoquent l'agrégation chez les *Drosera*, 47.

— — provoquent l'inflexion chez les *Drosera*, 187, 188.

ANTIMOINE (Tartrate d'), son action sur les *Drosera*, 211.

ARÉOLAIRE, tissu, est digéré par les *Drosera*, 112.

ARGENT (Azotate d'), son action sur les *Drosera*, 207.

ARSÉNIEUX (Acide), son action sur les *Drosera*, 212.

ATROPINE, son action sur les *Drosera*, 235.

ATTOUCHEMENTS répétés, provoquent l'inflexion chez les *Drosera*, 37, 38.

B

BALFOUR, expériences sur la *Dionœa*, 353.

BARIUM (Sels de), leur action sur les *Drosera*, 208.

BASE FIBREUSE DES OS, digérée par les *Drosera*, 118.

BASES DES SELS (Action prépondérante des) sur les *Drosera*, 213.

BELLADONE (Action de l'extrait de) sur les *Drosera*, 92.

BENNETT (A.-W.) affirme que les insectes ne digèrent pas les enveloppes des grains de pollen, 129.

— sur les *Drosera*, 2.

BINZ de l'action vénéneuse de

la quinine sur les organismes inférieurs, 233.

BINZ, action de la quinine sur les corpuscules blancs du sang, 232.

BROUSSONET, p. 332.

BRUNTON (LAUDER), sur la composition de la caséine, 127.

— sur la digestion de la chlorophylle, 139.

— sur la digestion de la gélatine, 123.

— sur la digestion de l'urée, 137.

BURDON-SANDERSON, 333.

BYBLIS, 400.

C

CADMIUM (Chlorure de), son action sur les *Drosera*, 209.

CÆSIUM (Chlorure de), son action sur les *Drosera*, 206.

CALCIUM (Sels de), leur action sur les *Drosera*, 207.

CAMPHRE, son action sur les *Drosera*, 241.

CANBY (Dr.), sur la *Dionée*, 333, 349, 354, 361, 364.

— sur les *Drosera filiformis*, 325.

CANDOLLE (Casimir de), structure des feuilles de la *Dionœa*, 331.

CARBONIQUE (Acide), son action sur les *Drosera*, 257.

— — retarde l'agrégation chez les *Drosera*, 64.

CARTILAGE, digéré par le *Drosera*, 113.

CARVI (Huile de), son action sur les *Drosera*, 245.

CASÉINE, digérée par les *Drosera*, 126.

CELLULOSE, n'est pas digérée par les *Drosera*, 138.

CHALEUR, provoque l'agrégation chez les *Drosera*, 58.

— (Effets de la) sur la *Dionée*, 341, 372.

— — sur les *Drosera*, 72.

CHAUX (Carbonate de) précipité, provoque l'inflexion des *Drosera*, 35.

— (Phosphate de), son action sur les *Drosera*, 120.

— (Précipité de), provoque l'inflexion chez les *Drosera*, 35, 36.

CHITINE, n'est pas digérée par les *Drosera*, 137.

CHLOROFORME (Effets du) sur la *Dionée*, 354.

— — sur le *Drosera*, 252.

CHLOROPHYLLE (Grains de), dans les plantes vivantes, digérés par les *Drosera*, 138.

— pure, n'est pas digérée par les *Drosera*, 138.

CHONDRINE, digérée par les *Drosera*, 123.

CHOU (Décoction de), son action sur les *Drosera*, 91.

CHROMIQUE (Acide), son action sur les *Drosera*, 212.

COBALT (Chlorure de), son action sur les *Drosera*, 213.

COBRA (Poison du), son action sur les *Drosera*, 238.

COHN (proff.,) sur l'*Aldrovandia*, 375.

— sur les mouvements des étamines des Composées, 296.

— sur les tissus contractiles des plantes, 425.

COHN (proff.) sur l'*Utricularia*, 466.

COLCHICINE (Action de la), sur les *Drosera*, 235.

COLLE DE POISSON (Solution de), son action sur les *Drosera*, 88.

COTON-POUDRE, n'est pas digéré par les *Drosera*, 138.

CRISTALLINE, digérée par les *Drosera*, 132.

CUIVRE (Chlorure de), son action sur les *Drosera*, 212.

CURARE, son action sur les *Drosera*, 236.

CURTIS (Dr), sur la *Dionée*, 332, 349.

D

DARWIN (Francis), effets exercés par un courant d'induction sur les *Drosera*, 40.

— sur la digestion des grains de chlorophylle, 139.

— sur l'agrégation du protoplasma dans les *Drosera*, 41.

— sur l'*Utricularia*, 515.

DELPINO, sur l'*Aldrovandia*, 375.

— sur l'*Utricularia*, 464.

DENTINE, digérée par les *Drosera*, 116.

DIDEROT, 331.

DIGESTION de diverses substances par la *Dionée*, 349.

— (Origine du pouvoir de la), 420.

— par les *Drosera*, 93.

— par les *Drosophyllum*, 394-95.

— par les *Pinguicula*, 445.

DIGITALINE, son action sur les *Drosera*, 233.

DIONÆA MUSCIPULA (Absorption par la), 342.

— — (Digestion par la), 349.

— — (Effets du chloroforme sur la), 354.

— — mode de capture des insectes, 356.

— — petitesse des racines, 330.

— — réouverture des lobes, 370.

— — (Sécrétion par la), 342.

— — sensibilité des filaments, 335.

— — structure des feuilles, 333.

— — transmission de l'impulsion motrice, 365.

DIRECTION des tentacules infléchis des *Drosera*, 282.

DOHRN (Dr), sur les crustacés rhizocéphales, 416.

DONDERS (proff.). Petitesse de la dose d'atropine qui affecte l'iris de l'œil du chien, 196.

DROSERA, espèces de la France, 5.

— *anglica*, 321.

— *binata*, vel *dichotoma*, 325.

— *capensis*, 323.

— *filiformis*, 324.

— *heterophylla*, 329.

— *intermedia*, 322.

— *rotundifolia*, le dessous des feuilles n'est pas sensible, 268.

— — (Effets de la chaleur sur les), 72.

— — (Effets des liquides azotés sur les) 83.

— — leur puissance digestive, 93.

— — structure des feuilles, 45.

— — transmission de l'impulsion motrice, 271.

— — résumé général, 303.

— SPATHULATA, 324.

DROSÉRACÉES (Conclusions sur les), 414.
— leur sensibilité comparée à celle des animaux, 428.
DROSOPHYLLUM (Absorption par le), 393.
— (Digestion par le), 394.
— (Sécrétion par le), 389.
— structure des feuilles, 388.
DUVAL-JOUVE, sur l'*Aldrovandia*, 385, 495.

ÉTHER nitrique, son action sur les *Drosera*, 255.
— sulfurique, son action sur la *Dionée*, 354.
— — son action sur les *Drosera*, 254.
EUPHORBIA (Agrégation dans les racines de l'), 70.
EXOSMOSE, se produisant sur le protoplasma du dessous des feuilles des *Drosera*, 268.

E

EAU DE PLUIE (Quantité d'ammoniaque dans l'), 495.
— (Effets de l'eau) et de diverses solutions sur l'action ultérieure de l'ammoniaque, 246-47.
— (Gouttes d'eau), ne provoquent pas l'inflexion des *Drosera*, 39.
— provoquent l'agrégation chez les *Drosera*, 57.
— son influence au point de vue de l'inflexion chez les *Drosera*, 152.
ÉLECTRICITÉ (Courant d'), provoque l'inflexion des *Drosera*, 40.
— ses effets sur la *Dionée*, 370.
ELLIS, sur la *Dionœa*, p. 330.
ÉMAIL, digéré par les *Drosera*, 116.
ERICA TETRALIX (Poils glandulaires de l'), 409.
ÉTAIN (Chlorure d'), son action sur les *Drosera*, 211.
ÉTHER (Effets de l') sur la *Dionée*, 354.
— — sur les *Drosera*, 254.

F

FAYRER (D^r), de l'action du poison du cobra-capello sur le protoplasma des animaux, 240.
— sur la nature du poison du cobra, 238.
— le poison du cobra paralyse les centres nerveux, 260.
FER (Chlorure de), son action sur les *Drosera*, 212.
FERMENT (Nature du) présent dans la sécrétion des *Drosera*, 103-105.
FEUILLES DES DROSERA (Le dessous des) n'est pas sensitif, 268.
FIBREUSE (Base) des os, digérée par les *Drosera*, 118.
FIBRINE, digérée par les *Drosera*, 110.
FIBRO-CARTILAGE, digéré par les *Drosera*, 114.
FIBRO-ÉLASTIQUE (Tissu), n'est pas digéré par les *Drosera*, 134.
FOURNIER, sur les acides provoquant des mouvements dans les étamines des *Berberis*, 226.
FRANKLAND (proff.), sur la nature

de l'acide contenu dans la sécrétion des *Drosera*, 96.

FROMAGE, digéré par les *Drosera*, 127.

G

GARDNER, sur l'*Utricularia nelumbifolia*, 546.

GÉLATINE pure, digérée par les *Drosera*, 121.

GENLISEA AFRICANA, 525.

— *filiformis*, 525.

— *ornata*, mode de capture des insectes, 524.

— — (Structure de la), 520.

GIROFLE (Huile de), son action sur les *Drosera*, 245.

GLANDULAIRES (Absorption par les poils), 401.

— (Résumé sur les), 411.

GLOBULINE, digérée par les *Drosera*, 132.

GLUTEN, digéré par les *Drosera*, 129.

GLYCÉRINE, provoque l'agrégation chez les *Drosera*, 57.

— son action sur le *Drosera*, 246.

GOMME (Action de la) sur les *Drosera*, 85.

GORUP-BESANEZ, sur la présence d'un dissolvant dans les graines de la vesce, 421.

GRAINES VIVANTES (Action des *Drosera* sur les), 140.

— — (Action du *Pinguicula* sur les), 451, 457.

GRAISSE, n'est pas digérée par les *Drosera*, 139.

GRAY, ASA, sur les *Droseracées*, 2.

GROENLAND, sur le *Drosera*, 6.

H

HECKEL, sur l'état des étamines du *Berberis* après une excitation, 46.

HÉMATINE, sa digestion par le *Drosera*, 133.

HERBES (Décoction d'), son action sur les *Drosera*, 92.

HOFMEISTER, sur l'arrêt que cause la pression dans les mouvements du *protoplasma*, 67.

HOLLAND (M.), sur l'*Utricularia*, 464.

HOOKER (Joseph), historique des observations sur la *Dionée*, 330.

— sur la faculté de digestion possédée par les *Nepenthes*, 106.

— discours sur les plantes carnivores, 2.

I

IMPULSION motrice chez la *Dionée*, 365.

— — chez les *Drosera*, 271, 298.

J

JOHNSON (D^r), sur les mouvements des tiges à fleurs du *Pinguicula*, 445.

JUSQUIAME, son action sur les *Drosera*, 92, 237.

K

KLEIN (Dr), sur le caractère microscopique des os à demi digérés, 116-17.

— sur l'état du fibro-cartilage à demi-digéré, 114.

— sur le volume des *Micrococcus*, 196.

KNIGHT, sur l'alimentation de la *Dionée*, 349.

KOSSMANN (Dr), sur les crustacés rhizocéphales, 416.

L

LAIT, son action sur les *Drosera*, 86.

— digéré par les *Drosera*, 125.

— provoque l'agrégation chez les *Drosera*, 56.

LÉGUMINE, sa digestion par les *Drosera*, 128.

LEMNA (Agrégation dans les feuilles du), 71.

LIBELLULE, capturée par les *Drosera*, 3.

LIQUIDES azotés (Effets des) sur les *Drosera*, 83.

LITHIUM (Sels de), leur action sur les *Drosera*, 206.

LINNÉE, sur la *Dionœa*, p. 331.

M

MAGNESIUM (Sels de), leur action sur les *Drosera*, 208.

MANGANÈSE (Chlorure de), son action sur les *Drosera*, 212.

MARSHALL (W.), sur le *Pinguicula*, 431.

MARTINS (Ch.). Notes, p. 2, 5, 163, 328, 330, 353, 373, 385, 423, 462, 495.

MERCURE (Perchlorure de), son action sur le *Drosera*, 209.

MIRABILIS LONGIFLORA (Poils glandulaires de la), 410.

MODES DE MOUVEMENT chez la *Dionée*, 365.

— — chez les *Drosera*, 293.

MOGGRIDGE (TRAHERNE), de l'action malfaisante des acides sur les graines, 141.

MOORE (Dr), sur le *Pinguicula*, 457.

MORREN (ÉDOUARD), sur le *Drosera binata*, p. 328.

— comparaison de la digestion végétale et animale, 423.

— sur les *Pinguicula*, p. 462.

MORPHINE (Acétate de), son action sur le *Drosera*, 237.

MOUVEMENT (Origine de la faculté du), 424.

MOUVEMENTS des feuilles du *Pinguicula*, 433.

— des tentacules de la *Dionée* (Modes de), 365.

— des tentacules des *Drosera* (Modes de), 293.

MUCINE, n'est pas digérée par les *Drosera*, 135.

MUCUS, son action sur les *Drosera*, 87.

MULLER (Fritz), sur les crustacés rhizocéphales, 445.

N

NEPENTHES, leur pouvoir digestif, 106.

NICKEL (Chloru e de), son action sur les *Drosera*, 213.

NICOTIANA TABACUM (Poils glandulaires du), 411.

NICOTINE, son action sur les *Drosera*, 234.

NITSCHKE (Dr), note relative à sa Bibliographie sur le *Drosera*, 1.

— sur l'*Aldrovandia*, 376.

— sur la direction que prennent les tentacules infléchis des *Drosera*, 283.

— sur la sensibilité du dessous des feuilles des *Drosera*, 268.

NUTTALL (D.), sur la réouverture des lobes de la *Dionée*, 371.

O

ODEUR de pepsine que répandent les feuilles du *Drosera*, 97.

OLIVE (Huile d'), son action sur les *Drosera*, 85, 139.

OLIVER (proff.), sur l'*Utricularia*, 505, 514, 519.

OR (Chlorure d'), son action sur les *Drosera*, 210.

Os, digérés par les *Drosera*, 115.

P

PAPAYER (Suc du), active la putréfaction, 480.

PARCELLES (Petitesse des) provoquant l'inflexion chez les *Drosera*, 30, 31, 36.

PELARGONIUM ZONALE (Poils glandulaires du), 408.

PEPSINE, n'est pas digérée par les *Drosera*, 133.

PEPSINE (Odeur de), émise par les feuilles des *Drosera*, 97.

— (La sécrétion de la) chez les animaux ne commence qu'après l'absorption, 142.

PEPTOGÈNES, 142.

PINGUICULA GRANDIFLORA, 457.

— LUSITANICA, 458.

— VULGARIS, conformation des feuilles et des racines, 430.

— — (Effets de la sécrétion du) sur les graines vivantes, 457.

— — faculté du mouvement, 433.

— — nombre des insectes capturés, 431.

— — (Sécrétion, absorption et digestion par les), 445.

PLANCHON (J.-E.), 2.

PLOMB (Chlorure de), son action sur les *Drosera*, 211, 213.

POILS glandulaires (Absorption par les), 401.

— — (Résumé sur les), 411.

POIS (Décoction de), son action sur les *Drosera*, 90.

POLLEN, digéré par les *Drosera*, 128.

POLYPOMPHOLYX (Conformation du), 518.

POTASSIUM (Phosphate de), n'est pas décomposé par les *Drosera*, 204, 214.

— (Sels de), provoquent l'agrégation chez les *Drosera*, 55.

— — leur action sur les *Drosera*, 203.

PRICE (John), sur l'*Utricularia*, 501.

PRIMULA SINENSIS (Poils glandulaires du), 406, 413.

PROTOPLASMA (Agrégation du) chez la *Dionée*, 337, 348.

Protoplasma (Agrégation du) chez les *Drosera,* 41.

— — constitue une action réflexe, 281.

— — causée par de petites doses de carbonate d'ammoniaque, 159-160.

— — chez diverses espèces de *Drosera,* 321-22.

— — chez le *Drosophyllum,* 393, 394-395.

— — chez le *Pinguicula,* 433, 456.

— — chez l'*Utricularia,* 481, 501, 502, 508.

— agrégé (Dissolution du), 58.

Q

Quinine (Sels de), leur action sur le *Drosera,* 232.

R

Racines de la *Dionée,* 331.

— des *Drosera,* 19, 20.

— — absorbent le carbonate d'ammoniaque, 155.

— du *Drosophyllum,* 388.

— — (Mode d'agrégation dans les), 69.

— du *Pinguicula,* 431.

Ralfs (M.), sur le *Pinguicula,* 457.

Ransom (Dr), action des poisons sur le jaune des œufs, 261.

Redressement des lobes de la feuille du *Dionœa,* 370.

— des tentacules du *Drosera,* 300.

Redressement des tentacules décapités du *Drosera,* 260.

Roridula, 399.

Rubidium (Chlorure de), son action sur le *Drosera,* 207.

S.

Sachs (proff.), effets de la chaleur sur le *Protoplasma,* 66, 72, 76.

— sur la dissolution des composés protéiques dans les tissus des plantes, 421.

Salive, son action sur les *Drosera,* 88.

Sanderson (Burdon), différents effets exercés par le *sodium* et le *potassium* sur les animaux, 214.

— sur la digestion de la base fibreuse de l'os, 119.

— sur la digestion de la chlorophylle, 138.

— sur la coagulation de l'albumine par la chaleur, 84.

— sur la digestion du gluten, 130.

— sur la digestion de la globuline, 136.

— sur les acides remplaçant l'acide chlorhydrique dans la digestion, 97.

— sur les courants électriques dans la *Dionée,* 370.

Saxifraga umbrosa (Poils glandulaires du), 402.

Schiff, sur la coagulation du lait, 125.

— sur la digestion de la caséine, 127.

Schiff sur la digestion du *Mucus*, 135.

— sur la dissolution de l'albumine coagulée par l'acide chlorhydrique, 94.

— sur le mode de digestion de l'albumine, 101.

— sur les modifications de la viande pendant la digestion, 108.

— sur les peptogènes, 142.

Schloesing, sur l'absorption de l'azote par le *Nicotiana*, 411.

Scott, sur les *Drosera*, 2.

Sécrétion de la *Dionée*, 342.

— des *Droserà*, devient acide à la suite d'une excitation, 94.

— — nature de son ferment, 103-105.

— — remarques générales, 14, 15.

— — son pouvoir antiseptique, 16.

— du *Drosophyllum*, 389.

— du *Pinguicula*, 445.

Sels et Acides (Effets des divers) sur l'action ultérieure de l'ammoniaque, 248.

Sensibilité de la *Dionée*, 335.

— (Localisation de la) chez le *Drosera*, 266.

— du *Pinguicula*, 433.

Sodium (Sels de), leur action sur les *Drosera*, 199.

— provoquent l'agrégation chez les *Drosera*, 55.

Sorby, sur la matière colorante des *Drosera*, 6.

Sondera heterophylla, 329.

Spectroscope, sa puissance comparativement à celle du *Drosera*, 193.

Stein, sur l'*Aldrovandia*, 375.

Strontium (Sels de), leur action sur les *Drosera*, 209.

Strychnine (Sels de), leur action sur les *Drosera*, 229.

Sucre (Solution de), son action sur les *Drosera*, 85.

— — provoque l'agrégation chez les *Drosera*, 56.

Sydenham (Edwards), 332.

Syntonine, son action sur les *Drosera*, 111.

T

Tait, sur le *Drosophyllum*, 387.

Taylor (Alfred), sur la découverte de doses infinitésimales de poison, 193.

Tentacules des *Drosera* (Inflexion et direction des), 282.

— — modes de mouvement, 293.

— — redressement, 300.

— — se mettent en mouvement quand on coupe les glandes, 40, 266.

Térébenthine, son action sur les *Drosera*, 245.

Thé (Infusion de), son action sur les *Drosera*, 86.

Théine, son action sur les *Drosera*, 235.

Tissu aréolaire, digéré par les *Drosera*, 112.

— fibro-élastique, n'est pas digéré par les *Drosera*, 134.

Tissus à travers lesquels se

transmet l'impulsion chez la *Dionée,* 365.

Tissus à travers lesquels se transmet l'impulsion chez les *Drosera,* 286.

Transmission de l'impulsion motrice chez les *Drosera,* 271, 365.

Traube (D^r), sur les cellules artificielles, 250.

Treat (Mme), sur la *Dionée,* 362.

— sur le *Drosera filiformis,* 324.

— sur l'*Utricularia,* 477, 502.

Trécul, sur les *Drosera,* 1.

Tubercules de l'*Utricularia montana,* 512.

U

Urée, n'est pas digérée par le *Drosera,* 136.

Urine, son action sur les *Drosera,* 87.

Utricularia clandestina, 502.

— (Différentes espèces d'), 515.

— *minor,* 501.

— *montana* (Absorption par l'), 510.

— — (Animaux capturés par l'), 508.

— — conformation des vessies, 504.

— — (Tubercules de l'), servent de réservoirs, 512.

— neglecta (Absorption par l'), 482.

— — (Résumé sur l'absorption par l'), 492.

Utricularia neglecta (Animaux capturés par l'), 473.

— — conformation des vessies, 466.

— — (Développements des vessies chez l'), 496.

— *vulgaris,* 501.

V

Vaisseaux dans les feuilles de la *Dionée,* 365.

— dans les feuilles du *Drosera,* 286-87.

Venin du cobra-capello et de la vipère, leur action sur les *Drosera,* 238.

Vératrine, son action sur les *Drosera,* 235.

Viande (Infusion de), son action sur les *Drosera,* 87.

— — digérée par les *Drosera,* 107.

— — provoque l'agrégation chez les *Drosera,* 55-56.

Vipère (Poison de la), son action sur les *Drosera,* 238.

Vogel, sur les effets du camphre sur les plantes, 242.

W

Warming (D^r), sur les cellules parenchymateuses des tentacules du *Drosera,* 292.

— sur le *Drosera,* 2, 8.

— sur le *Genlisea,* 520.

— sur les racines de l'*Utricularia,* 466.

— sur les *trichomes,* 418.

WILKINSON (Rév.), sur l'*Utricularia,* 467.

Z

ZIEGLER, ses affirmations relativement au *Drosera,* 26.

ZIEGLER. Ses expériences sur la section des vaisseaux des *Drosera,* 288.

ZINC (chlorure de), son action sur le *Drosera,* 210.

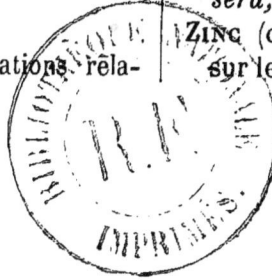

FIN DE LA TABLE ANALYTIQUE.

PARIS. — Impr. J. CLAYE. — A. QUANTIN et C° rue Saint-Benoît. [130].